现代环境水力学理论及应用

——武周虎教授论文选集

尹海龙　武桂芝　路成刚　等　编著

武周虎　主审

中国水利水电出版社
www.waterpub.com.cn

·北京·

内 容 提 要

流域水环境管理迫切需要环境水力学在应用方面的理论突破作为支撑。武周虎教授和他带领的研究团队将数学、力学引入环境水力学的应用理论研究，突破了一系列困扰学术界和水环境管理工作者的理论瓶颈，在水环境预测理论与方法方面取得了一系列创新成果，发展了现代环境水力学理论。

本书收集的44篇文章，内容包括河流、水库浓度分布理论分析，河流、水库污染混合区理论与计算方法，水环境问题简化计算的判别条件与分类准则，概念修正和相似准则及其参数确定方法、其他条件下的浓度分布理论分析以及应用举例。已应用于环境水力学和环境水质模型的课堂教学，部分成果已编入《环境影响评价技术导则 地表水环境》（HJ 2.3—2018）。

本书可供水利、给排水、环境专业本科生和研究生作为环境水力学、环境流体力学及水质模型等相关课程的补充教材或参考书，也可作为水环境模拟与预测、环境影响评价、水环境容量计算、水域纳污能力计算及水环境规划与管理专业技术人员的参考用书。

图书在版编目（CIP）数据

现代环境水力学理论及应用：武周虎教授论文选集 / 尹海龙等编著. -- 北京：中国水利水电出版社，2025.3. -- ISBN 978-7-5226-3254-4

Ⅰ. X52-53

中国国家版本馆CIP数据核字第20258V30U1号

书　　名	现代环境水力学理论及应用——武周虎教授论文选集 XIANDAI HUANJING SHUILIXUE LILUN JI YINGYONG ——WU ZHOUHU JIAOSHOU LUNWEN XUANJI
作　　者	尹海龙　武桂芝　路成刚　等 编著 武周虎　主审
出版发行	中国水利水电出版社 （北京市海淀区玉渊潭南路1号D座　100038） 网址：www.waterpub.com.cn E - mail：sales@mwr.gov.cn 电话：（010）68545888（营销中心）
经　　售	北京科水图书销售有限公司 电话：（010）68545874、63202643 全国各地新华书店和相关出版物销售网点
排　　版	中国水利水电出版社微机排版中心
印　　刷	天津嘉恒印务有限公司
规　　格	184mm×260mm　16开本　30.25印张　736千字
版　　次	2025年3月第1版　2025年3月第1次印刷
印　　数	0001—1000册
定　　价	138.00元

凡购买我社图书，如有缺页、倒页、脱页的，本社营销中心负责调换

版权所有·侵权必究

《现代环境水力学理论及应用——武周虎教授论文选集》编辑委员会

主　任：尹海龙

副主任：武桂芝　王海波　路成刚　任　杰

委　员：尹海龙　武桂芝　姜雅萍　王志霞　龚春生　郭　烽
　　　　李向心　王秀英　周玉华　付莎莎　陈　翔　焦义坤
　　　　夏存娟　张　娜　陈　洁　陈　娟　何国峰　王海波
　　　　孔德刚　钱国艳　孔凡铭　武　文　路成刚　刘环环
　　　　朱　婕　胡德俊　张晓波　张芳园　徐美娥　任　杰
　　　　陈　珊　董国栋　辛　颖　梁永亮　张双双　类宏程
　　　　王　冉　薛　白　王　芳　张　洁　杨正涛　牟天瑜
　　　　丁　敏　祝帅举　陈　妮　徐　斌　冯　娜　彭　亮
　　　　王　瑜　张晓翠　马　景　李　琪　邹艳均　任　鹏

武周虎教授是我国较早培养的环境水力学研究生之一，自 1989 年第一届全国环境水力学学术会议以来，他一直活跃在环境水力学的学术舞台。他克服数学上的困难，突破困扰学术界和生产应用中的理论瓶颈，发表了水环境预测理论与方法系列论文，为现代环境水力学的发展作出了突出贡献。

中国工程院院士

2024 年 9 月 2 日于上海

武周虎教授简介

武周虎，汉族，1959年出生于陕西省岐山县武新庄，中国共产党党员，中国民主同盟盟员。青岛理工大学二级教授，硕士/博士研究生导师，环境与市政工程学院学术委员会主任，《水电能源科学》编委。曾任西安理工大学水力学教研室主任/水力学研究所常务副所长，青岛建筑工程学院（今青岛理工大学）教务处副处长、环境工程系主任等职，曾兼任中国人民政治协商会议第九届青岛市委员会委员，中国水利学会水力学专业委员会委员，《青岛理工大学学报》编委等。

1982年毕业于陕西机械学院水利系（今西安理工大学水利水电学院）水利水电工程建筑专业，获学士学位，毕业后留校任教。1984—1985年在成都科技大学（今四川大学）水利水电工程助教进修班学习。1986—1987年在成都科技大学水力学及河流动力学学科攻读硕士学位，师从赵文谦教授，研究方向为环境水力学。1988年获硕士学位。1995年初调入青岛建筑工程学院任教，主要从事水力学及河流动力学和水环境模拟与污染防治领域的教学科研工作。

1988年他开始主讲水力学、工程流体力学、环境水力学、环境水质模型、高等流体力学等课程。1997年开始招收环境水力学研究方向的硕士研究生，已指导培养52人（含非全日制3人）。其中11人考取博士生，获全国三好学生、国家奖学金、全国数学建模竞赛、山东省优秀硕士学位论文、山东省研究生优秀科技创新成果和山东省优秀硕士毕业生等奖励30余人次。他主持或参加的教育教学改革项目获陕西省教学成果一等奖、二等奖各1项，获山东省教学成果三等奖3项。武周虎教授获原机械电子工业部青年教师教书育人特等奖，被聘为青岛理工大学首届师德导师。他开创的"一学、二套、三创造"教学方法，已载入新华出版社出版的《中国当代教育教研成果概览》一书。他公开发表教育教学研究论文15篇，其中《科教兴国 首先应发展高教》在1998年发表于《联合日报》，对后来的高校扩招产生了积极意义。

武周虎教授主持完成50余项科研项目，其中包括国家自然科学基金、国家"八五""十五"科技攻关项目子题、国家重大水污染控制专项子题、教育部首批高等学校骨干教师资助计划、水利部公益性科研专项子题等20余项。他主持或参加的科研项目获山东省科技进步一等奖1项、二等奖2项，获教育部和青岛市科技进步三等奖各1项，获联合国技术信息促进系统（TIPS）中国国家分部"发明创新科技之星奖"1项，获领跑者5000——中国精品科技期刊顶尖学术论文，获山东省有突出贡献的中青年专家和陕西省优秀青年科技工作者称号，获山东省南四湖水专项工作突出贡献个人，获民盟山东省和民盟青岛市杰出盟员称号。他公开发表学术论文171篇，其中独立作者和第一作者论文103篇；获国家专利授权15项，其中11项发明专利中有5项已转化应用。

武周虎教授的学术论文主要发表在《水利学报》《水科学进展》《水动力学研究与进展》《水力发电学报》《中国给水排水》《水利水电科技进展》《水电能源科学》《环境科学研究》《水资源保护》《海洋环境科学》《环境工程学报》《南水北调与水利科技》等国内专业性期刊上，也有部分论文发表在 Environmental Science and Pollution Research、Water Science and Technology、World Journal of Engineering and Technology 等国外期刊上，国际会议交流论文16篇。他用扎实的专业知识、高度的敬业精神，赢得了同行的赞誉和尊敬。他用自己的行动诠释了习近平总书记期许的广大科技工作者要"把论文写在祖国的大地上，把科技成果应用在实现现代化的伟大事业中"这句话。武老师的事迹《教以睿智　潜心专研》《辛勤耕耘结硕果》等，已载入青岛理工大学网页（工会）、《青岛盟讯》和四川大学出版社出版的《神州之魂》辞书。

武周虎教授在国内外学术会议和高校、科研院所作学术报告、特邀报告和专题讲座100余场次。同行专家评价：武教授的研究成果理论水平高、创新性强，具有重大学术指导意义和实用价值，部分科技成果已编入国家环境保护标准《环境影响评价技术导则 地表水环境》（HJ 2.3—2018）。

序 PREFACE

水是生命之源，也是美丽中国建设的重要着眼点。统筹水资源、水环境、水生态治理，创新流域管理和构建综合治理新体系，是美丽河湖、幸福河湖建设不可或缺的手段，环境水力学在其中发挥着基础支撑作用。

为了总结武周虎教授40年执教生涯的成就，发扬光大武老师和他带领的研究团队在环境水力学领域的研究成果，2025年中国水利水电出版社出版了《现代环境水力学理论及应用——武周虎教授论文选集》。

武老师虽然已经退休了，但看上去依然英姿飒爽，充满着自信和魅力。他的箴言是"学知识，强基础，重创新，教科研，创佳绩；学历史，知天下，循天道，养身心，享太平"。2023年，他和师母3次自驾旅行近1万千米，研学地理、历史、人文、民俗与绿水青山，享祖国大好河山。他还作了4场次的学术报告/专题讲座，包括2023年（第七届）水环境模拟与预测学术论坛（广州）、西安理工大学生态水利大讲堂、天津大学水利工程仿真与安全创新基地——智汇讲坛和清华大学水环境预测理论与方法专题报告，并在《国际应用数学进展》和《土木建筑工程信息技术》等期刊上发表了学术论文。

1997年，我考取了青岛建筑工程学院（今青岛理工大学）的首届环境工程专业硕士研究生，由此开启了学术研究生涯。我考研时水力学课程成绩89分，是当时所有参加考研同学的专业课最高分。武老师是水力学名师，我就抢先联系武老师，武老师很开心地收下了我。武老师给我留下深刻的印象：帅气与才华并存，有着严谨博学的师德风范！他总是很忙碌，工作效率之高，令人惊讶。当年，他担任环境工程系主任（院长），学校正值教育部本科教学工作合格评价的评建准备工作阶段，他还主持有山东省自然科学青年基金项目、冶金工业部有偿与资助项目、水利水电科学基金项目和山东省高等教育面向21世纪教学内容和课程体系改革计划重点项目，武老师经常废寝忘食、夜以继日，各项工作有条不紊地向前推进。

武老师给我们班讲授"环境水力学"课程时，他对扩散输移方程及其求解过程的逻辑分析和数学推导十分严谨，数学功底之深厚，让同学们赞叹不已。这也使我深深地喜欢上环境水力学研究方向，更加崇拜我的导师武周虎教授，并暗自为此感到庆幸和自豪。武老师把我带进了环境水力学的科学殿堂，为我后来的发展打下了很好的基础，对此我永远铭记在心。

我的硕士学位论文题目是"石油在水中悬浮物上的吸附和输移扩散研究"，结合的是山东省自然基金和冶金工业部资助项目，其研究内容包括水体中悬浮物上石油的吸附动力学实验研究和水面油膜下油滴浓度分布及其污染带数值计算两部分。

武老师安排我先做大沽河泥沙对两种油品的吸附动力学实验，探索实验研究的方法步骤、存在问题和解决途径。我当时想实验应该比较简单，本科学习阶段化学实验做了不少，每次实验都能获得满意的结果，实验报告大多都为优秀。所以，我就把主要精力放在学习和使用计算机，求解油滴输移扩散方程，进行数值计算和验证。那时的计算机，不像现在这么普遍，都很稀罕。我买了钢丝床，住在实验室，学习经常通宵达旦。

当我做泥沙对石油的吸附动力学实验时，才发现和想象的完全不一样。水中的泥沙和石油浓度都不会太大，一滴油加入锥形瓶中的石油浓度就大大超过了实验要求。采用水中初始石油浓度与泥沙吸附后水中的石油浓度之差（总量）计算泥沙的吸附量，在理论上没有问题。但在实际中，实验使用的锥形瓶壁面对石油的吸附量如何考虑又是一个问题。实验测试水中石油浓度是用石油醚萃取，不同厂家、不同批次石油醚的实际透光率与商标标注都不尽相同。当时，751紫外分光光度计是化学实验室的贵重仪器，通常只是给本科生入学教育时参观展示一下，我们团队的研究课题是首次使用，需要进行仪器的检定、校准。以上问题都是我们想不到的。我反复探索实验了一个多月，几乎没有获得有价值的实验结果，只是摸索了一些实验方法，发现了一些问题。在武老师和化学实验室老师的指导帮助下，我懂得了科学研究所进行的实验不同于课程实验，武老师教会我使用正交实验设计法。后来，泥沙对石油的吸附动力学实验才一步一步走向正轨，我也一步一步地走向了科学研究之路。

转眼到了 2000 年硕士毕业，武老师大力支持我考博，并给予大力推荐。得益于硕士期间在环境水力学方面的研究工作积累，我考上了同济大学环境科学与工程学院的博士研究生，有幸在徐祖信教授（水力学和环境工程领域的知名专家、现为中国工程院院士）的指导下深入学习。在硕士研究生三年的学习和生活中，武老师对我的悉心指导、培养和关心，铸就了深厚的师生感情，是任何东西也无法换来的宝贵财富，让我受益匪浅，终生难忘。

2003 年我在同济大学博士研究生毕业后留校任教，至今在上海已经生活了 24 年。从同济大学的博士生到讲师、副教授、教授、博士生导师，我觉得自己是幸运的。每一步走出去都是脚踏实地、不哗众取宠、不图虚名。我深感自己学习了武老师身上那种朴实、正直的人格和严谨求实的态度。这种力量能够支撑着我一直走下去、走得踏实、走得越来越好。因此，我衷心感激武老师，我会继续努力为武老师争光，不辜负老师的期望。

从青岛毕业后，我和武老师一直有联系，经常对他走访看望，多次一起参加学术研讨会，进行学术交流、切磋和勉励，共叙师生情谊，持续得到武老师的关心、支持和鼓励。

武周虎教授在学术上的主要贡献、重要学术成就和具有创新性的代表性研究成果，可归纳为以下六方面。

一、水环境预测理论与方法——现代环境水力学理论的系列成果

武老师创造性地将数学、力学引入环境水力学的应用理论研究，突破困扰学术界和生产应用中的理论瓶颈，创建了现代环境水力学的系列理论成果。在此过程中主持完成国家自然科学基金和教育部首批高等学校骨干教师资助计划项目 3 项，发表学术论文 50 余篇，其中水利学报 8 篇（2 次连载）。武老师定义了修正贝克来数（P_w）、降解数（De）、离岸系数（η）、排放数（W_t）和武氏数（Wu）等多个量纲一分类参数，创建了 10 个水环境问题简化计算的判别条件与分类准则，求解了 15 种

条件下的污染物浓度分布解析解以及 12 种条件下的污染混合区解析解。他还推导证明了河流岸边排放与中心排放二维浓度分布的相似性关系，提出了对环境水力学某些概念的修正、相似准则、横向扩散系数的快速估算方法和有关计算参数的确定方法等 7 项。该成果已形成完善的理论体系，广泛应用于水环境影响预测与评价、水环境容量计算、水域纳污能力计算以及环境规划与管理，部分理论成果已编入国家环境保护标准《环境影响评价技术导则 地表水环境》（HJ 2.3—2018）。

二、"南水北调南四湖二维水流水质数值模拟与应用研究"等科技成果

山东省南四湖是我国南水北调东线工程的重要调蓄水库和输水干线通道。在 2002 年之前，南四湖流域内的大部分排污单位未实现达标排放，使得南四湖的水质受到严重污染，被专家称为"天下治污第一难"，成为制约南水北调东线工程成败的关键。在 2001—2020 年期间，武老师主持完成与"南水北调南四湖、东平湖水环境模拟与污染防治"相关的科研项目 12 项，发表学术论文 40 余篇。他主持或主研完成的"南水北调南四湖二维水流水质数值模拟与应用研究""南水北调水环境保护研究""南水北调东线南四湖流域污染综合治理技术体系创新与应用"等成果，获山东省科技进步一等奖和二等奖等 3 项。对创立山东省"治用保"流域污染综合控制模式和南四湖输水航道及泵站工程建设，发挥了科技支撑引领作用。

武老师按照南水北调东线南四湖水质对应的《地表水环境质量标准》（GB 3838—2002）达标要求，采用水质数学模型倒逼计算了南四湖入湖河流的纳污量和相应的污染物排放浓度限值。据此，制定了全国首个水污染物综合排放的地方标准——《山东省南水北调沿线水污染物综合排放标准》（DB37/599—2006），为南水北调东线工程在 2013 年水质全线达标和顺利通水作出了积极贡献。

三、"南四湖、东平湖人工湿地水质净化技术中试研究"成果的推广应用

按照流域水污染治理"治用保"三步走策略，山东将人工湿地的作用定位在"保护"阶段，即接纳和处理点源经过污水处理工程（处理厂）

达到相应排放标准的尾水。2003年，武老师首次提出了"人工湿地水质净化工程"的名词概念，以区别于我国传统人工湿地污水处理工程作为点源污染的直接处理措施。武老师主持的"南四湖、东平湖人工湿地水质净化技术中试研究"项目，在济宁建设了2000m²的中试实验基地，将济宁市污水处理厂尾水作为人工湿地中试实验的进水，创建了A-B两段人工湿地水质净化工艺，实行分类栽植双实验系统运行，开展实验研究。2004年山东省环境保护局在济宁组织召开了"南水北调山东南四湖水环境保护与污染防治高级专家研讨会"，与会专家对"人工湿地中试实验研究成果"给予充分肯定。

2005年，基于武老师带领团队的"人工湿地中试实验研究成果"，占地5000余亩的"南四湖新薛河人工湿地水质净化示范工程"建成。同年10月31日，国务院副总理亲临新薛河人工湿地现场视察，对水质净化效果给予高度评价。经过十几年的大力推广，截至目前山东省已建设和修复人工湿地230余处，总面积66万亩。为规范人工湿地水质净化工程的设计、建设和运维管理，考虑其生态效益、水资源调蓄功能和景观效果，武老师指导制定了山东省地方标准《人工湿地水质净化工程技术指南》(DB37/T 3394—2018)。

华东师范大学终身教授、博士生导师陆健健，在"第二届千佛山论坛——流域水污染控制与生态修复高峰研讨会"（济南，2019）上听取了武老师的报告后，充分肯定了武周虎教授近20年来在山东省人工湿地水质净化工程创建与推广应用方面的突出成绩，称赞武周虎教授"做了很多很好的工作，很落地"。

四、石油污染风险预报模型和油膜下油滴浓度分布理论

这项成果发表学术论文20篇，由两部分组成：

（1）结合国家"七五"科技攻关项目，假定海面油膜扩延速度等于扩展速度与离散速度的叠加，武老师创建了"不平静海面溢油的扩展、离散和迁移模型"，该模型是我国首个预报海面瞬时事故溢油（油膜）位置和形状范围动态变化的计算模式及程序。该成果已编入权威工具书《水环境容量综合手册》，获教育部科技进步三等奖和联合国TIPS中国国家分部"发明创新科技之星奖"。

(2) 1990年，武老师阅读到某权威期刊上的文章，发现其在求解水面油膜下油滴浓度分布时，存在严重的数学假设、推证和结论错误，就一直试图给予纠正。功夫不负有心人，终于在十年后，武老师和于进伟（本校数学老师）在《海洋环境科学》2000年第3期上，发表论文《水面油膜下油滴输移扩散方程的解析解》纠正了这一错误。后来，武老师又求解了水面有限长油膜下和水库中悬移油滴浓度分布的解析解等。该成果已编入综合专著《环境水力学进展》，获山东省高等学校优秀科研成果三等奖。

五、安康水库洪水传播特性水槽试验研究

早在1993年，武老师受陕西省水利厅防汛抗旱指挥办公室委托主持完成了"安康水库洪水传递水槽试验研究"项目，首次创造性提出了宽度比尺（函数）随着库水位变化的模型设计方法。根据安康水库资料，建造了大型水槽高变率变态模型试验系统，针对其非恒定流动特点采用模型试验与理论分析相结合的方法，研究了安康水库洪水传播的若干特性，研究成果发表在《水利学报》1997年第5期上。该项研究不仅对安康水库防洪具有重要价值，对类似水库防洪也具有重要指导意义。

六、创建了异形椭圆、异形椭球和异形超椭圆方程

2017年至今，武老师基于常系数简化二维移流扩散方程求解的等浓度线方程，创建了异形椭圆方程——武氏曲线（Wu's curve）方程。该方程多阶可导，与现行水工隧洞和交通隧道的马蹄形断面形状十分相似。将其应用于交通隧道和水工隧洞等断面设计，比马蹄形断面参数少，连续性、光滑性和整体性好。他以异形椭圆和椭圆为基本图形，采用解析几何方法，构建了7种类型的异形椭球面方程——武氏曲面（Wu's surface）方程，据此可设计出多种新型的蛋形仿生建筑外形。

武老师又基于变系数简化二维移流扩散方程求解的等浓度线方程和镜面成像原理，创建了异形超椭圆方程——广义武氏曲线（Generalized Wu's curve）方程，并定义了丰度指数和偏度指数。基于此给出了蛋形、飞机截面、鱼雷、飞碟等20种图形/图案相应的异形超椭圆特征参数，为隧道与地下工程、建筑与桥梁工程、液体运输罐和飞行器与水中航行器等设计提供了理论方法。

武老师的这部分创新成果，已发表学术论文 8 篇，涉及数学、交通、水利和土木建筑四大领域的专业期刊，获国家专利授权 3 项，其中发明专利 2 项。武老师将现代环境水力学理论拓展到跨学科研究，开辟了数学与力学理论的崭新研究方向。

值此《现代环境水力学理论及应用——武周虎教授论文选集》出版之际，我很高兴回顾武老师和他带领的研究团队以往的岁月，走进武老师的执教生涯。学习他热爱教育事业，敬业乐道为育人的高尚品德；学习他对科研的执着探索精神和对学术的批判精神，让我们受益终身。衷心感谢武老师的悉心教导，愿我们的友谊永存。

下面是武老师的执教准则：

以学生为立教之本，用科研服务于社会。

以理论创新推进学科发展，用科技成果丰富教学内容。

坚持学术交流，促进成果应用，拓展知识领域，开阔研究视野。

践行只有痴迷于科学，才能感受研究的快乐，就会获得丰硕的成果。

懂得自然界的许多事物服从指数衰减规律，确信成功与失败、荣誉与挫折随时间衰减。

以此告诫同学们：只有持之以恒地努力拼搏，才能使自己立于不败之地。

过去人常说：火车跑得快，全靠车头带；现在和谐号动车/复兴号高铁跑得更快了，靠的是每节车厢的动力系统共同发力。

以此告诫同学们：只有团队协作、合力共赢，才是当今社会的人心所向，就能够产生巨大的正能量。

同济大学环境科学与工程学院教授，博士生导师
可持续城市水系统国际联合研究中心副主任　　　尹海龙
中国力学学会环境力学专业委员会副主任

2024 年 8 月 13 日于上海

前言

环境水力学是20世纪七八十年代新形成的一门水力学分支学科，对水环境中污染物扩散输移规律的研究，主要包括分子扩散、随流扩散和紊动扩散、剪切流动的离散、河流中的混合、河口及海湾中的混合和污水浮力射流等内容。环境水力学在应用理论方面的研究，远不能满足水环境影响预测与评价、水环境容量计算、水域纳污能力计算以及水功能区划与流域水环境管理的需要。河流、水库污染混合区理论与计算方法以及多种水质模型的简化判别条件与分类准则等亟待解决的理论问题，严重制约着涉水和环境保护行业的发展。

在2000—2019年间，武周虎教授克服数学上的困难，突破了一系列困扰学术界和生产应用中的理论瓶颈，发表了50余篇水环境预测理论与方法系列论文。本书收集了其中的44篇文章，内容包括河流、水库浓度分布理论分析（8篇），河流、水库污染混合区理论与计算方法（12篇），水环境问题简化计算的判别条件与分类准则（10篇），概念修正和相似准则及其参数确定方法（7篇），其他条件下的浓度分布理论分析（7篇）以及应用举例（17题）。其中大部分研究成果已在全国水力学与水利信息学大会、全国环境与生态水力学学术会议、水环境模拟与预测学术论坛和国际水利学大会（IAHR World Congress）等学术会议上以及高校、科研院所的专题讲座中进行了报告交流，已应用于环境水力学和水质模型的课堂教学。

记得在第九届全国环境与生态水力学学术会议（2010，武汉）上报告了"明渠混合污染物侧向和垂向扩散系数的计算方法及其应用"之后，长江水利委员会水文上游局副总工程师吕平毓当即建议说："武教授应该出一本书，您的研究成果太有价值了"。在第一期环境影响预测技术复核培训会（2013，青岛）和第一届全国水环境影响评价研讨会暨环评工程师培训会（2013，杭州）报告了"河流一维水质模型分类准则及二维污染混合区理论"之后，参加培训会的部分环评工程师强烈建议：将水质模型分类准则和污染混合区理论与计算公式写入《地表水环境影响评价技术导则》，就可以在环评中使用了。2015年3月，原环境保护部环境工程评估中心副总工程师陈凯麒组织召开了"水环境预测理论与方法系列成果"专题讨论会（北京），环境水力学资深专家清华大学李玉梁教授和中国环境科学研究院富国研究员等专家对其成果给予高度评价和肯定。于2016年11月又在该评估中心开设了题为"地表水环境影响预测理论与方法系列成果"的专题讲座（16课时），促成了将其部分理论成果编入《环境影响评价技术导则 地表水环境》（HJ 2.3—2018）。

美国弗吉尼亚大学土木与环境工程系教授、教授级高工龙梧生（Wu-Seng Lung，国际知名水质模型专家，特邀代表），在第四届水环境模拟与预测学术论坛（2019，北京）上，听取了我作的"考虑河流流速和横向扩散系数变化的污染混合区理论分析及其分类"报告，进行了深入的交流讨论，请我发了"水环境预测理论与方法"系列论文（电子版），可谓遇到了国际学术知音。之后，他给我发送了他新出的专著 *Water Quality Modeling That Works*。最近，龙教授来信息说"这几年未能参加水质建模全国大会，只有在线上听您的演讲，非常精彩，请您发送报告PPT"。

任睎峰在《地表水环境》（公众号）2019年发布的"浅谈设置混合区管理以支撑建设项目环境影响评价"一文中指出："在众多科学研究成果中，尤以青岛理工大学武周虎教授针对排污混合区的研究成果最为突出，已形成比较完善的理论体系，为污染混合区范围或排污负荷的确定提供了理论支持。"

2019年，尹海龙、武桂芝、路成刚等看到环境水力学理论成果已形成体系，就提议出一本专著。由于之前该系列成果尚未完成研究，而后来我又开创了新的研究领域——异形椭圆和异形超椭圆方程及其应用，因此写专著的事就拖延了下来。为尽快给水利、给排水、环境专业本科生和研究生提供作为环境水力学、环境流体力学及水质模型等相关课程的补充教材或参考书，并作为水环境模拟与预测、环境影响评价及水环境规划与管理专业技术人员的参考用书，由本书编辑委员会编撰《现代环境水力学理论及应用——武周虎教授论文选集》（以下简称《论文选集》）。

  我欣慰地看到众多曾经和我一起学习、从事科研工作、参加学术交流的年轻人已经茁壮成长起来，他们有热情、有作为、勇担当，已经挑起了各自工作岗位的重担。《论文选集》的编辑出版，是我们共同回顾曾经一起学习、科研创新、切磋学术、修改论文的难忘岁月以及分享论文录用发表和通过毕业答辩获得学位的喜悦。

  在《论文选集》出版之际，衷心感谢 52 名弟子和在学术会上给予我支持鼓励的参会代表，你们是我不断进取、持之以恒，搞研究的重要动力。衷心感谢编辑委员会和出版社编辑的辛勤付出。

武周虎

2024 年 7 月 14 日于青岛

编 者 说 明

原论文发表期刊和时间不同，论文格式要求不一。《论文选集》在编撰过程中，做了格式上的统一。部分论文数学推证严密，偏重数学术语的表述，分析说明相对简略，由武周虎教授亲自修订润色、图表重制和全书主审。

为便于阅读，论文中繁复的数学推导和由偏微分方程经拉普拉斯变换推演出常微分方程的具体过程予以省略。拉普拉斯变换函数 $U(p,x)$ 与平均流速 U 的符号重复，改用 $F(p,x)$。在污染混合区理论中，排污引起的允许浓度升高值（＝水功能区浓度标准值－背景浓度）在早期发表的论文中，采用的符号是 C_d，统一改为 C_a。曾使用过的"佩克莱特数 Pe"，现予以统一为"贝克来数 Pe"。在有些论文发表时，对部分推导过程压减过多，不便阅读，在此给予适当补充完善，文中公式的编号作了相应调整。

需要注意的是，在论文中，$\exp(x)$ 等同于 e 的 x 次方（即 e^x）；$\mathrm{erf}(x)$ 为误差函数，$\mathrm{erfc}(x)$ 为余误差函数。在给定降解系数 K 的单位是（1/d）时，先要换算为（1/s），才能代入相关的公式进行计算。除特殊说明外，各参数和变量均使用公制单位。

"无量纲"和"量纲一"在原论文中用法不一。按照现在国标要求的术语，《论文选集》统一修改为"量纲一"。武周虎教授提出或新定义的量纲一数说明见下表。

量 纲 一 数 说 明 表

名称	表达式	符 号 说 明	应　　用	论文编号
降解数	$De=\dfrac{KL_s}{U}$ $=KT_s$	U 为流速，K 为降解系数，L_s 为污染混合区最大长度，T_s 为迁移扩散时间	$De\leqslant 0.027$（二维）或 $De\leqslant 0.054$（三维）时，可忽略降解作用	2-01 2-05 2-06 4-02
相对浓度升高值	$C_a'=\dfrac{C_a}{C_m}$	$C_m=\dfrac{m}{Q}=\dfrac{m}{UHB}$ 为排污引起的全断面均匀混合浓度，其他符号见论文	$C_a'\geqslant 1.2$ 时，可忽略边界反射作用，按宽阔河流处理	2-02 3-04
贝克来数*	$Pe=\dfrac{UL_t}{E}$	特征长度 L_t 为深度平均污染混合区最大长度，E 为横向和垂向扩散系数，U 为流速	揭示了倾斜岸坡深度平均污染混合区形状随贝克来数的变化规律	2-07
	$Pe=\dfrac{UL}{E_L}$	E_L 为纵向离散系数，当 $S\leqslant 3B$ 时，特征长度 L 取水深 H；当 $S>3B$ 时，L 取河宽 B；S 为污染源与上游环境敏感点之间的距离	给出了贝克来数 Pe 和 O'Connor 数 α 两个分类参数的一维水质模型分类准则	3-01 4-02
	$Pe=\dfrac{UL}{E_L}$	$L=\dfrac{(\beta P)^2}{4\pi E_y UH^2}$ 为特征长度，$P=\dfrac{m}{C_a}$ 为等标污染负荷	不考虑边界反射： (1) 系统地提出了二维移流扩散方程的简化计算条件。 (2) 在 O'Connor 数 α 和 Pe 满足给定的关系式条件下，可忽略降解作用	3-02

续表

名称	表达式	符号说明	应用	论文编号
修正贝克来数	$P_w = \dfrac{\beta UB}{2\sqrt{E_L E_y}}$	B 为河宽，β 为边界反射系数，对于中心排放取 $\beta=1$，对于岸边排放取 $\beta=2$	考虑边界反射：系统地提出了二维移流扩散方程的简化计算条件	3-03 3-04
离岸系数	$\eta = \dfrac{a}{b_{s0}}$	a 为排放口距离近岸的离岸距离，b_{s0} 为宽阔河流中心排放的污染混合区最大半宽度	提出了岸边、离岸和中心排放分类准则	3-05 3-06
贝克来数*	$Pe = \dfrac{UL_d}{E_L}$	污染混合区下游长度 $L_d = \dfrac{\beta P}{4\pi\sqrt{E_y E_z}}$ 为特征长度，$P = \dfrac{m}{C_a}$ 为等标污染负荷	系统地提出了铅垂岸水库三维移流扩散方程定量化的简化条件	3-07
	$Pe = \dfrac{UL_d}{E_L}$	污染混合区下游长度 $L_d = \dfrac{\beta P}{4\pi E}$ 为特征长度，$P = \dfrac{m}{C_a}$ 为等标污染负荷	系统地提出了倾斜岸水库三维移流扩散方程定量化的简化条件	3-08
排放数	$W_t = \dfrac{u^2 t_0}{D_x}$	u 为平均流速，D_x 为纵向离散系数，t_0 为有限时段源的持续排放时间，t 为从开始排放计算的移流扩散历时	给出了有限时段源简化为瞬时源的判别条件：临界 $Wu_k = 0.77$	3-09
武氏数（Wu's 数）	$Wu = \dfrac{ut_0}{\sqrt{4D_x t}}$ $Wu_i = \dfrac{2a_i}{\sqrt{4D_i t}}$	$i=x$、y、z，a_i 为起始有限分布源在 i 坐标方向的半长度，D_i 为 i 坐标方向的扩散系数	分别给出了一维、二维、三维起始有限分布源与瞬时平面源、线源、点源分类的临界 Wu's 数和分类准则	3-10
O'Connor 数	$\alpha = \dfrac{De}{Pe} = \dfrac{KE_L}{u^2}$	O'Connor 数为表征物质降解·扩散通量与移流通量平方的比值，其值等于降解数与贝克来数的比值，各符号含义同前	河流一维水质模型分类参数之一	4-02

注　贝克来数*定义了各自的特征长度。

目录

序
前言
编者说明

一、河流、水库浓度分布理论分析

1-01 间隙性点源排放的一维移流离散 ……………………………………………… (3)
1-02 水库水质预测的解析计算 ……………………………………………………… (9)
1-03 河流离岸排放污染物二维浓度分布特性分析 ……………………………… (13)
1-04 倾斜岸坡角形域顶点排污浓度分布的理论分析 …………………………… (26)
1-05 倾斜岸坡角形域顶点排污浓度分布规律探讨 ……………………………… (34)
1-06 倾斜岸坡角形域顶点排污浓度分布的实验研究 …………………………… (43)
1-07 倾斜岸河库水面污染源下浓度分布的理论分析 …………………………… (52)
1-08 倾斜岸河流和水库水面污染带下的污染物质量浓度分布 ………………… (59)

二、河流、水库污染混合区理论与计算方法

2-01 河流污染混合区的解析计算方法 …………………………………………… (69)
2-02 考虑边界反射作用河流污染混合区的简化算法 …………………………… (77)
2-03 考虑边界反射的河流离岸排放污染混合区计算方法 ……………………… (87)
2-04 弯曲河段污染混合区几何特征参数的实用化算法 ………………………… (101)
2-05 水库铅垂岸地形污染混合区的三维解析计算方法 ………………………… (110)
2-06 水库倾斜岸坡地形污染混合区的三维解析计算方法 ……………………… (117)
2-07 倾斜岸坡深度平均浓度分布及污染混合区解析计算 ……………………… (124)
2-08 静止液体中射流和浮力羽流污染混合区的理论分析 ……………………… (135)
2-09 Calculation Method for Steady-State Pollutant Concentration in Mixing Zones Considering Variable Lateral Diffusion Coefficient ……… (144)
2-10 变扩散系数倾斜岸三维浓度分布及混合区计算 …………………………… (160)

2-11　Theoretical Analysis of Pollutant Mixing Zone Considering Lateral Distribution of Flow Velocity and Diffusion Coefficient ……………… (173)
2-12　考虑河流流速和横向扩散系数变化的污染混合区理论分析及其分类 …… (189)

三、水环境问题简化计算的判别条件与分类准则

3-01　河流移流离散水质模型的简化和分类判别条件分析 …………………… (205)
3-02　河流混合污染物浓度二维移流扩散方程的解析计算及其简化计算的条件Ⅰ：顺直宽河流不考虑边界反射 …………………………………… (212)
3-03　河流混合污染物浓度二维移流扩散方程的解析计算及其简化计算的条件Ⅱ：顺直河流考虑边界反射 …………………………………………… (220)
3-04　基于环境扩散条件的河流宽度分类判别准则 ……………………………… (229)
3-05　河流污染混合区特性计算方法及排污口分类准则Ⅰ：原理与方法 ……… (236)
3-06　河流污染混合区特性计算方法及排污口分类准则Ⅱ：应用与实例 ……… (247)
3-07　铅垂岸水库污染混合区的理论分析及简化条件 …………………………… (254)
3-08　倾斜岸水库污染混合区的理论分析及简化条件 …………………………… (264)
3-09　有限时段源一维水质模型的求解及其简化条件 …………………………… (274)
3-10　有限分布源与瞬时源浓度分布计算的分类准则 …………………………… (290)

四、概念修正和相似准则及其参数确定方法

4-01　对环境水力学"污染带扩展阶段"一词的修正 …………………………… (303)
4-02　明渠移流扩散中无量纲数与相似准则及其应用 …………………………… (309)
4-03　水环境影响预测中背景浓度与允许浓度升高值的确定方法 ……………… (316)
4-04　水环境影响预测中计算参数的确定及敏感性分析 ………………………… (324)
4-05　明渠混合污染物侧向和垂向扩散系数的计算方法及其应用 ……………… (333)
4-06　河流排污混合区横向扩散系数快速估算方法 ……………………………… (341)
4-07　MatLab 图像处理技术在水环境扩散实验研究中的应用 ………………… (349)

五、其他条件下的浓度分布理论分析

5-01　水面油膜下油滴输移扩散方程的解析解 …………………………………… (357)
5-02　水面有限长油膜下油滴输移扩散方程的解析解 …………………………… (363)
5-03　水面有限长油膜下油滴浓度分布及其污染带的数值计算 ………………… (368)
5-04　恒定条件下物质输移扩散方程的几种解析解 ……………………………… (374)

5－05　强透水层上均质土壤中溶质浓度分布的解析解 …………………… (380)
5－06　不透水层上均质土壤中溶质浓度分布的解析解 …………………… (385)
5－07　Advection and Diffusion of Poisonous Gas Contaminant Released from Bottom Sludge in Open Channel ………………………… (389)

六、应 用 举 例

6－01　一维水质问题的计算 ………………………………………………… (397)
6－02　二维水质问题的计算 ………………………………………………… (408)

附　　录

附录一　主要参考书目 ……………………………………………………… (418)
附录二　武周虎教授获奖和兼职目录 ……………………………………… (420)
附录三　武周虎教授论著目录 ……………………………………………… (423)
附录四　武周虎教授专利目录 ……………………………………………… (435)
附录五　听武老师讲故事 …………………………………………………… (437)
后记 …………………………………………………………………………… (446)

一、河流、水库浓度分布理论分析

1-01　间隙性点源排放的一维移流离散[*]

摘　要：本文在间隙性点源的定解条件下，通过严格的数学推演，给出了间隙性点源排放一维移流离散水质模型方程的解析解。分析了解析解的合理性，讨论了与可对比解析解的一致性，其结果令人满意。

关键词：间隙性排放；点源；移流离散；解析解

污染物质的排放若不是一次瞬时完成，也不是持续不变，而是持续一段时间，停止一段时间，再持续一段时间……，依次循环，这样的污染源称为间隙性排放源。在实际生产、生活中，间隙性点源排放尤其常见。本文在间隙性点源排放周期 T、每次排放持续时间 t_0（$t_0 < T$）以及排放时点源处浓度保持不变的条件下，从一维移流离散水质模型方程出发，求解污染物质浓度随着时间的沿程变化规律。

1　基本方程及定解条件

考虑间隙性点源排放沿一维空间（x 方向）的移流离散。将坐标原点 O 取在点源中心，在初始（$t=0$）时刻整个 x 轴上浓度为 0。在时间 $nT < t \leqslant nT + t_0$（$n=0, 1, 2, 3, \cdots$），$x=0$ 处浓度 C_0 保持不变；在时间 $nT + t_0 < t \leqslant (n+1)T$，$x=0$ 处浓度保持为 0。应用移流离散水质模型方程为

$$\frac{\partial C}{\partial t} + U \frac{\partial C}{\partial x} = D \frac{\partial^2 C}{\partial x^2} - KC \tag{1}$$

式中：C 为污染物质浓度；t 为间隙性点源排放扩散时间；x 为一维纵向坐标；U 为水流流速；D 为纵向离散系数；K 为污染物质的降解系数。

初始条件：$C|_{t=0, 对一切 x} = 0$。

边界条件：$C|_{nT < t \leqslant nT+t_0, x=0} = C_0$，$C|_{nT+t_0 < t \leqslant (n+1)T, x=0} = 0$；$C|_{t>0, x=L} = 0$。其中：$L$ 足够大。

2　解析求解

首先，进行第一次变量替换，令 $C(t,x) = \exp\left(\dfrac{Ux}{2D}\right) Q(t,x)$，代入式（1），则

$$\frac{\partial Q}{\partial t} = D\frac{\partial^2 Q}{\partial x^2} - \left(K + \frac{U^2}{4D}\right)Q = D\frac{\partial^2 Q}{\partial x^2} - K'Q \tag{2}$$

式中：$K' = K + \dfrac{U^2}{4D}$。

定解条件相应地变为：$Q|_{t=0, 对一切 x} = 0$；$Q|_{nT < t \leqslant nT+t_0, x=0} = C_0$，$Q|_{nT+t_0 < t \leqslant (n+1)T, x=0} =$

---

[*] 原文载于《青岛大学学报》(工程技术版)，2000，15 (1)，作者：武周虎。

0；$Q|_{t>0,x=L}=0$。

进行第二次变量替换，令 $Q(t,x)=e^{-K't}V(t,x)$，代入式（2），则

$$\frac{\partial V}{\partial t}=D\frac{\partial^2 V}{\partial x^2} \tag{3}$$

定解条件相应地变为：$V|_{t=0,\text{对一切}x}=0$；$V|_{nT<t\leqslant nT+t_0,x=0}=C_0 e^{K't}$，$V|_{nT+t_0<t\leqslant(n+1)T,x=0}=0$；$V|_{t>0,x=L}=0$。

其次，对式（3）关于 t 取拉普拉斯变换 $F(p,x)=\int_0^\infty V(t,x)e^{-pt}dt$（注：$t=nT$ 和 $t=nT+t_0$ 均属于第一类间断点，满足拉普拉斯变换的存在条件）

$$\frac{d^2 F(p,x)}{dx^2}-\frac{1}{D}[pF(p,x)-V(0^+,x)]=0 \tag{4}$$

将 $V|_{t=0,\text{对一切}x}=0$ 代入式（4）则有

$$\frac{d^2 F(p,x)}{dx^2}-\frac{p}{D}F(p,x)=0 \tag{5}$$

定解条件相应地变为：当 $nT<t\leqslant nT+t_0$ 时，$F(p,0)=L[C_0 e^{K't}]=C_0/(p-K')$；当 $nT+t_0<t\leqslant(n+1)T$ 时，$F(p,0)=0$；对所有 $t>0$，$F(p,L)=0$。

二阶常系数齐次线性常微分方程式（5）的通解为

$$F(p,x)=C_1\exp\left(-\sqrt{\frac{p}{D}}x\right)+C_2\exp\left(\sqrt{\frac{p}{D}}x\right) \tag{6}$$

由定解条件 $F(p,L)=0$ 求得 $C_2=0$。当 $nT<t\leqslant nT+t_0$ 时，由 $F(p,0)=\dfrac{C_0}{p-K'}$ 求得 $C_1=\dfrac{C_0}{p-K'}$；当 $nT+t_0<t\leqslant(n+1)T$ 时，由 $F(p,0)=0$ 求得 $C_1=0$。

将 C_1 和 C_2 代入式（6）得到

$$F(p,x)=\begin{cases}\dfrac{C_0}{p-K'}\exp\left(-\sqrt{\dfrac{p}{D}}x\right) & (nT<t\leqslant nT+t_0)\\ 0 & (nT+t_0<t\leqslant(n+1)T)\end{cases} \tag{7}$$

对式（7）取拉普拉斯逆变换得到

$$V(t,x)=L^{-1}\left[\frac{C_0}{p-K'}\exp\left(-\sqrt{\frac{p}{D}}x\right)\right]=C_0 L^{-1}\left[\frac{1}{p-K'}\exp\left(-\sqrt{\frac{p}{D}}x\right)\right]=C_0 g_1(t)*g_2(t) \tag{8}$$

式中：$g_1(t)*g_2(t)$ 为函数 $g_1(t)$ 和 $g_2(t)$ 的卷积（这里的"$*$"为卷积符号）。

即有

$$g_1(t)=L^{-1}\left(\frac{1}{p-K'}\right)=e^{K't},\quad g_2(t)=L^{-1}\left[\exp\left(-\sqrt{\frac{p}{D}}x\right)\right]=\frac{x}{2\sqrt{\pi D}t^{3/2}}\exp\left(-\frac{x^2}{4Dt}\right)$$

将 $g_1(t)$、$g_2(t)$ 代入式（8）并使用卷积公式，当 $nT<t\leqslant nT+t_0$ 时：

$$V(t,x) = \frac{2C_0}{\sqrt{\pi}} \left\{ \sum_{j=0}^{n-1} \int_{jT}^{jT+t_0} e^{K'\tau} \exp\left[-\left(\frac{x}{2\sqrt{D(t-\tau)}}\right)^2\right] d\left(\frac{x}{2\sqrt{D(t-\tau)}}\right) + \right.$$

$$\left. \int_{nT}^{t} e^{K'\tau} \exp\left[-\left(\frac{x}{2\sqrt{D(t-\tau)}}\right)^2\right] d\left(\frac{x}{2\sqrt{D(t-\tau)}}\right) \right\} \tag{9}$$

当 $nT+t_0 < t \leqslant (n+1)T$ 时：

$$V(t,x) = \frac{2C_0}{\sqrt{\pi}} \sum_{j=0}^{n} \int_{jT}^{jT+t_0} e^{K'\tau} \exp\left[-\left(\frac{x}{2\sqrt{D(t-\tau)}}\right)^2\right] d\left(\frac{x}{2\sqrt{D(t-\tau)}}\right) \tag{10}$$

令 $v = \frac{x}{\sqrt{4D(t-\tau)}}$，则有 $\tau = t - \left(\frac{x}{\sqrt{4D}v}\right)^2$。中间变量 τ 与 v 的对应关系见表1。

表 1 中间变量 τ 与 v 的对应关系

τ	$jT+t_0$	jT	t	nT
v	$\dfrac{x}{2\sqrt{D(t-jT-t_0)}}$	$\dfrac{x}{2\sqrt{D(t-jT)}}$	∞	$\dfrac{x}{2\sqrt{D(t-nT)}}$

代入新的中间变量 v，式（9）中的后一项积分变为

$$\int_{nT}^{t} e^{K'\tau} \exp\left[-\left(\frac{x}{2\sqrt{D(t-\tau)}}\right)^2\right] d\left(\frac{x}{2\sqrt{D(t-\tau)}}\right) = e^{K't} \int_{\frac{x}{2\sqrt{D(t-nT)}}}^{\infty} \exp\left[-\left(\frac{K'x^2}{4Dv^2} + v^2\right)\right] dv$$

$$= \frac{\sqrt{\pi}}{4} e^{K't} \left[\exp\left(-\sqrt{\frac{K'}{D}}x\right) \text{erfc}\left(\frac{x}{2\sqrt{D(t-nT)}} - \sqrt{K'(t-nT)}\right) + \right.$$

$$\left. \exp\left(\sqrt{\frac{K'}{D}}x\right) \text{erfc}\left(\frac{x}{2\sqrt{D(t-nT)}} + \sqrt{K'(t-nT)}\right) \right]$$

$$= \frac{\sqrt{\pi}}{4} e^{K't} \exp\left(-\frac{Ux}{2D}\right) f(t-nT, x) \tag{11}$$

式中：$f(t,x) = \exp\left(\frac{Ux}{2D}\right) \left[\exp\left(-\sqrt{\frac{K'}{D}}x\right) \text{erfc}\left(\frac{x}{2\sqrt{Dt}} - \sqrt{K't}\right) + \exp\left(\sqrt{\frac{K'}{D}}x\right) \text{erfc}\left(\frac{x}{2\sqrt{Dt}} + \sqrt{K't}\right)\right]$。

该函数 $f(t,x)$ 右边表达式中的最后一项，在远离排污口处，可以忽略不计。

同理，对式（9）中各项采用上式积分表达式化简得到

$$V(t,x) = \frac{C_0}{2} e^{K't} \exp\left(-\frac{Ux}{2D}\right) \left[\sum_{j=0}^{n} f(t-jT, x) - \sum_{j=0}^{n-1} f(t-jT-t_0, x)\right] \quad (nT < t \leqslant nT+t_0) \tag{12}$$

对式（10）中各项采用上式积分表达式化简得到

$$V(t,x) = \frac{C_0}{2} e^{K't} \exp\left(-\frac{Ux}{2D}\right) \sum_{j=0}^{n} [f(t-jT, x) - f(t-jT-t_0, x)] \quad [nT+t_0 < t \leqslant (n+1)T] \tag{13}$$

按照两次变量替换的表达式，进行逆向变量替换，当 $nT < t \leqslant nT+t_0$ 时的浓度分布为

一、河流、水库浓度分布理论分析

$$C(t,x) = \exp\left(-\frac{Ux}{2D}\right)Q = \exp\left(-\frac{Ux}{2D}\right)e^{-K't}V(t,x) = \frac{C_0}{2}\left[\sum_{j=0}^{n} f(t-jT,x) - \sum_{j=0}^{n-1} f(t-jT-t_0,x)\right]$$
(14)

当 $nT+t_0 < t \leqslant (n+1)T$ 时的浓度分布为

$$C(t,x) = \frac{C_0}{2}\sum_{j=0}^{n}\left[f(t-jT,x) - f(t-jT-t_0,x)\right]$$
(15)

式（14）和式（15）就是间隙性点源排放一维移流离散水质模型方程的解析解。

3 解析解的分析与讨论

3.1 解析解的分析

取河流具有代表性的参数，水流流速 $U=1.0\text{m/s}$，纵向离散系数 $D=30\text{m}^2/\text{s}$，间隙性点源排放周期 $T=2\text{h}$，每次排放持续时间 $t_0=1\text{h}$，则由式（14）和式（15）计算的污染物质沿程浓度分布如图1和图2所示。图中实线→表示降解系数 $K=0$ 的保守物质，虚线→表示降解系数 $K=0.26$ (1/d) 的非保守物质（下同）。

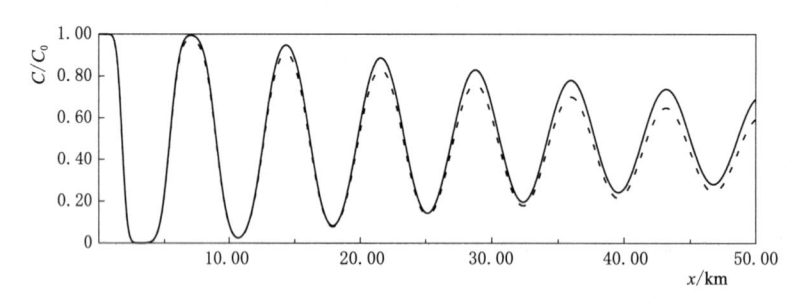

图1 间隙性点源排放时段中间的沿程浓度分布
($t=nT+t_0/2$，其中：$T=2\text{h}$，$t_0=1\text{h}$，$n \geqslant 7$)

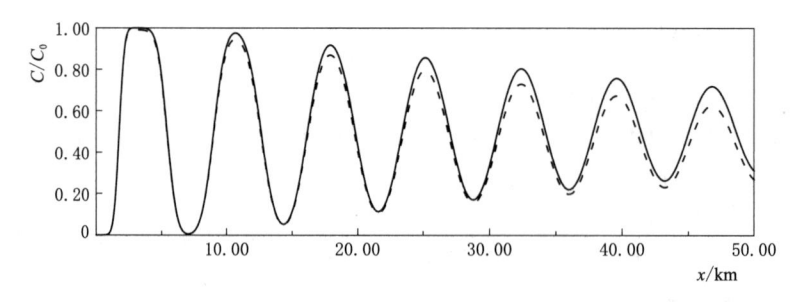

图2 间隙性点源停排时段中间的沿程浓度分布
$[t=nT+(T+t_0)/2$，其中：$T=2\text{h}$，$t_0=1\text{h}$，$n \geqslant 7]$

由图1可以看出，间隙性点源排放时段中间 $t=nT+t_0/2$ 时，点源中心（$x=0$）处浓度为 C_0，由于移流作用，前期排放的污染物质按照排放周期（$X=UT$）依此向下游移动，形成周期性变化的沿程浓度分布规律；由于离散作用，排放时段相应的浓度沿程减小，停排时段相应的浓度沿程增大，最大浓度与最小浓度之差减小。

当 $x=Ut$ 较大时，最大浓度和最小浓度都将趋于排放点浓度等于 $C_0 t_0/T$ 的恒定连续点源一维移流离散水质模型方程的沿程浓度分布[1]，即：当 $K=0$，$x \to \infty$ 时，最大浓度和最小浓度均以 $C/C_0=t_0/T$ 的水平线为渐近线或振荡轴线；当 $K \neq 0$，$x \to \infty$ 时，最大浓度和最小浓度均以 $C^*(x)$ 的下降曲线为渐近线或振荡轴线。当然，如果间隙性点源排放周期 T 较长，停排时段 $(T-t_0)$ 也较长，沿程浓度分布的周期性变化规律将维持相当长的距离或全流程。

其中：$C^*(x)=\dfrac{C}{C_0}=\dfrac{t_0}{T}\exp\left[\dfrac{Ux}{2D}\left(1-\sqrt{1+\dfrac{4KD}{U^2}}\right)\right]$，下同。

由图 2 可以看出，间隙性点源停排时段中间 $t=nT+(T+t_0)/2$ 时，点源中心 $(x=0)$ 处浓度为零，呈周期性变化的沿程浓度分布曲线较图 1 向下游移流离散了半个周期，沿程浓度分布规律与对图 1 的分析相类似。

当间隙性点源排放周期 $T=3\text{h}$，每次排放持续时间 $t_0=1\text{h}$，排放时段中间 $t=nT+t_0/2$ 时的沿程浓度分布，如图 3 所示；当间隙性点源排放周期 $T=3\text{h}$，每次排放持续时间 $t_0=2\text{h}$，排放时段中间 $t=nT+t_0/2$ 时的沿程浓度分布，如图 4 所示。

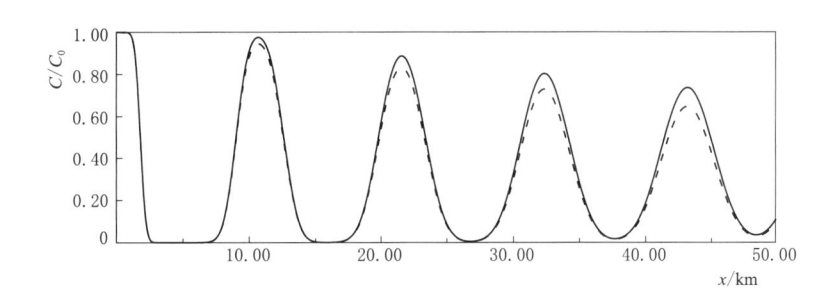

图 3　间隙性点源排放时段中间的沿程浓度分布
($t=nT+t_0/2$，其中：$T=3\text{h}$，$t_0=1\text{h}$，$n \geqslant 5$)

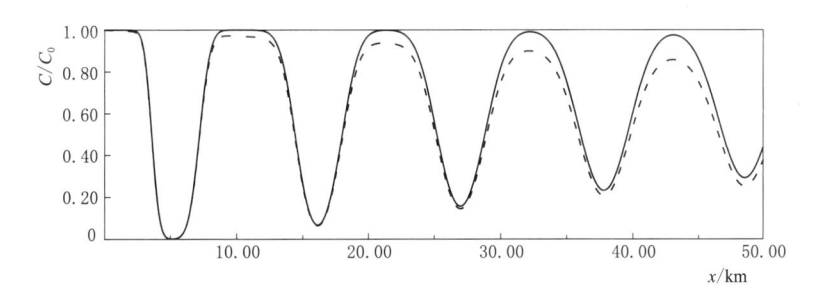

图 4　间隙性点源排放时段中间的沿程浓度分布
($t=nT+t_0/2$，其中：$T=3\text{h}$，$t_0=2\text{h}$，$n \geqslant 5$)

由图 3、图 4 可以看出与图 1 相同的沿程浓度分布规律，只是周期加长了。图 3 中停排时段大于排放持续时间，低浓度流段长；图 4 中停排时段小于排放持续时间，高浓度流段长。当 x 较大时，沿程浓度分布各自以 $C^*(x)$ 的曲线为渐近线或振荡轴线。

3.2 解析解的讨论

间隙性点源排放一维移流离散浓度分布，式（14）和式（15）与可对比已知解析解的讨论如下：

（1）当 $t_0 = T$ 时，相应于在整个排放周期内，点源不间断地持续稳定排放情况，式（14）和式（15）变为统一公式

$$C(t,x) = \frac{C_0}{2} \exp\left(\frac{Ux}{2D}\right) \left[\exp\left(-\sqrt{\frac{K'}{D}}x\right) \mathrm{erfc}\left(\frac{x}{2\sqrt{Dt}} - \sqrt{K't}\right) + \exp\left(\sqrt{\frac{K'}{D}}x\right) \mathrm{erfc}\left(\frac{x}{2\sqrt{Dt}} + \sqrt{K't}\right) \right] \tag{16}$$

这与参考文献[2]时间连续点源一维移流离散水质模型方程的解析解相同。

（2）当 $U=0$，$K=0$，$n=0$ 时，相应于在时间 $0 < t \leq t_0$ 时，点源的持续稳定排放情况，式（14）和式（15）变为

$$C = \begin{cases} C_0 \mathrm{erfc}\left(\dfrac{x}{2\sqrt{Dt}}\right) & (0 < t \leq t_0) \\ C_0 \left[\mathrm{erfc}\left(\dfrac{x}{2\sqrt{Dt}}\right) - \mathrm{erfc}\left(\dfrac{x}{2\sqrt{D(t-t_0)}}\right) \right] & (t > t_0) \end{cases} \tag{17}$$

这与参考文献[3]类似问题的解析解形式相同。

4 结语

通过推导证明和对解析解的分析与讨论，表明解析解式（14）和式（15）与可对比解析解完全相同，浓度分布规律正确。因此，式（13）和式（14）是式（1）一维移流离散水质模型方程在间隙性点源排放条件下的解析解。

参考文献

[1] 余常昭，M. 马尔柯夫斯基，李玉梁. 水环境中污染物扩散输移原理与水质模型[M]. 北京：中国环境科学出版社，1989.

[2] 李炜. 环境水力学进展[M]. 武汉：武汉水利电力大学出版社，1999.

[3] 李文勋. 水力学中的微分方程及其应用[M]. 韩祖恒，郑开琪，译. 上海：上海科学技术出版社，1982.

1-02 水库水质预测的解析计算[*]

摘 要：本文通过对水库恒定时间连续污染源输移扩散特征的分析，在其简化条件下求得一维水质模型方程的解析解。结合河道型水库断面几何参数的沿程变化规律，给出了 2 座水库沿程 BOD_5 浓度分布，并分别将解析计算结果与相应水库的一维水质数值模型预测值进行比较，沿程 BOD_5 浓度分布吻合良好。

关键词：水库；污染物；输移扩散；解析解

随着沿江河城镇的发展，下游水库的污染也日益加剧。水库的水质预测是水利工程环境影响评价的主要内容之一。对于河道型水库常常是用一维水质模型预测水质的纵向变化规律和出库水质，求解方法多用有限差分法。求解过程包括差分格式选取、稳定性分析、网格划分、初边值定解条件的处理和模型检验。笔者在对 2 座河道型水库的一维水质数值模型预测结果与解析计算结果进行比较后发现，二者吻合良好。而解析计算方法简单，表达式清晰，水质变化规律一目了然。

1 入库断面恒定时间连续源的输移

假定：①水库流量 Q、过水断面面积 A、断面平均流速 V 均为流程 x 的函数，水流恒定；②恒定时间连续源引起在 $x=0$ 处入库断面上的污染物浓度为 C_0＝常数，则 $\partial C/\partial t = 0$；③污染物以随流输移为主，纵向离散作用可以忽略。那么，水库输移水质模型方程可简化为[1]

$$\frac{1}{A}\frac{d(QC)}{dx} = -KC \tag{1}$$

式中：K 为污染物的一级反应衰减系数。

1.1 情况 1

对水库、水闸上游形成的壅水水面线，令 $Q=Q_0$，$A=A_0 e^{\alpha x}$，当 $x=0$ 时 $A=A_0$，α＝常数。代入式（1）为

$$\frac{dC}{dx} = -\frac{KA_0}{Q_0}e^{\alpha x}C \tag{2}$$

对式（2）积分并代入求解条件，可以得到水库沿程浓度分布为

$$C = C_0 \exp\left[\frac{KA_0}{\alpha Q_0}(1-e^{\alpha x})\right] \tag{3}$$

1.2 情况 2

流量和过水断面面积均沿程增加，令 $Q=Q_0(1+qx)$，$A=A_0(1+\beta x)$，其中，q、β 均为常数，分别代表单位流程流量增长率和过水断面面积增长率。代入式（1）为

---

[*] 原文载于《环境科学研究》，2000，13（4），作者：武周虎。

一、河流、水库浓度分布理论分析

$$\frac{dC}{dx} = -\frac{q + KA_0(1+\beta x)/Q_0}{(1+qx)}C \tag{4}$$

对式（4）积分得到

$$\ln\left(\frac{C}{C_0}\right) = -\left[\ln(1+qx) + \frac{KA_0}{Q_0}\int_0^x \frac{1+\beta x}{1+qx}dx\right] = -\left\{\ln(1+qx) + \frac{KA_0}{Q_0}\left[\frac{\beta x}{q} + \frac{q-\beta}{q^2}\ln(1+qx)\right]\right\}$$

化简得到相应求解条件下的水库沿程浓度分布为

$$C = \frac{C_0}{1+qx}\exp\left\{-\frac{KA_0}{Q_0}\left[\frac{\beta x}{q} + \frac{q-\beta}{q^2}\ln(1+qx)\right]\right\} \tag{5}$$

式（3）和式（5）分别为各自情况下水库沿程污染物浓度分布公式。

2 水库水质解析计算公式的适用条件

根据水库水质解析计算公式（3）和式（5）的求解条件，水库水流以随流输移为主，忽略纵向离散作用。而由环境水力学对于纵向离散的定义知，如果把随流输移按断面平均流速的均匀流计算，那么由于实际上各点流速与平均流速不同，将引起附加的物质分散，即称为纵向离散[2]。由此可见，水库水质解析计算公式的适用条件应是狭长河道型水库，水流断面流速分布均匀，没有垂直方向的分层现象，无滩槽水流之分，即水库淤积的纵剖面形态为锥体淤积或带状淤积。

因此，适用于水库水质解析计算公式的判据，建议同时满足三个条件：①水库回水区长度与平均宽度的比值大于60～80；②水库最大宽度与平均宽度的比值小于2；③没有垂直方向分层的完全混合型水库，即水库混合系数 γ（年径流/总库容）大于20。

3 水库水质解析计算及与数值模型预测结果的比较

3.1 小峡水库

小峡水库位于黄河干流甘肃省兰州市下游包兰桥至什川约20km的河段上，该河段是V形峡谷河道。已知水库回水长度18.8km，平均水深11.4m，最大水深23.4m，平均水面宽度182m，水面面积3.42km²，库容 $3.9 \times 10^7 \text{m}^3$，多年平均年径流量 $3.31 \times 10^{10} \text{m}^3$，多年平均流量 $1050\text{m}^3/\text{s}$，BOD₅ 衰减系数0.444（1/d），过水断面面积沿程变化列入表1[3]。

表1 小峡水库断面面积沿程变化

x/m	A/m^2	x/m	A/m^2
0	341	11868	1987
1628	973	13582	1906
3405	730	14822	3164
4829	1541	15829	2231
6253	892	17199	4056
8047	1136	19332	2758
9549	1014		

按照①水库回水区长度与平均宽度的比值=103，超过60～80；②水库最大宽度与平均宽度的比值为1.6，小于2；③水库混合系数 $\gamma=849$ 大于20 的判据，均满足水库水质解析计算公式的适用条件。

根据表1中的数据，应用最小二乘法拟合断面面积 A 与流程 x 的变化关系得到

$$A = 660e^{0.0001x} \quad (\text{m 单位制}) \tag{6}$$

将已知条件代入式（3）得到小峡水库中沿程 BOD₅ 浓度变化关系列入表2。式（3）

计算值与表2中所列文献[3]预测值吻合是相当好的。

表2　小峡水库 BOD₅ 浓度沿程变化比较

x/km	C/C_0 式（3）计算	C/C_0 文献[3]预测	x/km	C/C_0 式（3）计算	C/C_0 文献[3]预测
2	0.993	0.994	16	0.880	0.876
6	0.974	0.975	18.8	0.836	0.836
10	0.946	0.941			

3.2　大峡水库

大峡水库坝址位于甘肃省榆中县和白银市交界处的黄河大峡峡谷出口处，库尾属于皋兰县，距离上游的兰州市中心（中山桥）河道距离 65km，库区为一狭长沟谷。已知水库回水长度 32.3km，平均水深 13m，最大水深 30m，平均水面宽度 217m，最大水面宽度 269m，水面面积 7km²，库容 $9\times10^7\mathrm{m}^3$，多年平均径流量 $3.25\times10^{10}\mathrm{m}^3$，多年平均流量 1030m³/s，BOD₅ 衰减系数 0.444（1/d）[4]。

按照①水库回水区长度与平均宽度的比值＝149，超出 60～80 范围；②水库最大宽度与平均宽度的比值＝1.2 小于 2；③水库混合系数 $\gamma=361$ 大于 20 的判据，均满足水库水质解析计算公式的适用条件。

断面面积 A 与流程 x 的拟合曲线为

$$A = 687\mathrm{e}^{0.000071x} \quad （\mathrm{m}\text{ 单位制}） \tag{7}$$

将已知条件代入式（3）得到大峡水库中沿程 BOD₅ 浓度变化关系列入表3。式（3）计算值与表3中所列文献[4]预测值吻合良好。

表3　大峡水库 BOD₅ 浓度沿程变化比较

	x/km	2	6	10	16	20	26	32.3
C/C_0	式（3）计算	0.993	0.975	0.951	0.903	0.859	0.773	0.65
	文献[4]预测	0.991	0.978	0.956	0.912	0.872	0.78	0.67

4　结论

（1）河道型水库水质预测的基础是一维水质模型方程在给定初边值条件下的求解。

（2）对于可忽略水库区间污染源排放影响的河道型水库，在满足笔者给出的水库判据条件下，一维水质模型方程的解析计算是可靠的。在这种情况下，无须花大量时间去进行数值计算。

（3）对于有沿程入流的河道型水库可用水库水质解析计算式（5）计算沿程污染物浓度分布。

（4）对于河道型水库，只有在需要考虑水库区间污染源排放影响，特别是岸边污染带等局部浓度分布计算时，才需要选用数值计算模型。

参考文献

[1] 武周虎. 明渠非均匀流和非恒定流中污染物的输移 [J]. 青岛化工学院学报, 1997, 18 (S1): 135-138.

[2] 赵文谦. 环境水力学 [M]. 成都: 成都科技大学出版社, 1986.

[3] 能源部水利部西北勘测设计院. 小峡水库水质预测评价专题报告 [R]. 西安: 西北勘测设计院, 1991.

[4] 能源部水利部西北勘测设计院. 黄河大峡水电站环境影响报告书 [R]. 西安: 西北勘测设计院, 1987.

1-03 河流离岸排放污染物二维浓度分布特性分析*

摘　要：本文从河流移流扩散二维简化方程的解析解出发，考虑两岸边界反射作用，通过离岸排放条件下的系列计算实验、浓度图谱绘制、数学归纳和分析整理，提出了以相对离岸距离 a' （=排放口离近侧河岸的距离 a/河宽 B）为自变量的宽阔与中宽河段的分类线 $x'_{1,2}$ 方程；提出了断面最大浓度轴线的定义、分段方程以及简化分段条件，给出了最大浓度轴线 x 轴段与弯曲段的分段线 x'_t 方程、弯曲段与靠岸段的临界线 x'_k 方程以及断面最大相对浓度沿程分布的分段简化计算公式，提出了河流中心线和两岸线上相对浓度沿程分布的计算公式，为河流水环境影响预测与评价提供了理论支持。

关键词：河流；离岸排放；边界反射；二维浓度分布；河段分类条件；最大浓度轴线

工业、市政或其他来源的废/污水经处理达到相应的排放标准后，通过排污口泄入河流。天然江河大多是水深远小于河宽，与纵横向相比，污染物在垂直方向的掺混能迅速完成，排放口近区的三维掺混能很快转化为二维移流扩散。因此，将其概化为水深平均的二维问题来处理，完全能够满足工程要求[1]。以往的文献大多关注在岸边和中心排放、不考虑边界反射作用下对河流污染物二维浓度分布特性的研究[2-4]，只有少数文献是针对考虑边界反射作用的河流进行研究[5-6]。

Fischer et al.[7] 早在1979年就给出了河流离岸排放考虑边界反射作用的二维浓度分布叠加计算公式；薛红琴和刘晓东[8] 认为在任意排污口位置情况下，污染物的断面最大浓度仍应在排污口沿河流流向的 x 轴上；陆伟刚和周秀彩[9] 对等强度连续点源二维移流扩散方程稳态与非稳态问题的求解概念出现混淆，在稳态条件下得到的浓度分布公式中仍出现时间变量 t 等错误，所给出的污染物断面浓度峰值与排放点的相对横向坐标相同，即断面最大浓度也在排污口下游的轴线上。陈文英[10] 根据实测资料表明，污染物浓度在天然河流横断面上的分布一般不呈现高斯正态分布，正好反映了两岸边界反射作用的影响；武周虎等[11] 在宽阔河段仅考虑排污口近岸边界反射作用下，从污染混合区几何特性参数的分析计算中发现离岸排放条件下，污染物的断面最大浓度沿流程会逐渐偏向近岸一侧，甚至出现在近岸边界线上。以上相关研究表明，虽然Fischer早就给出了河流离岸排放考虑边界反射作用二维浓度分布的叠加计算公式，但在河流离岸排放条件下，对污染带扩展阶段的二维浓度分布特性、边界反射的有效次数和断面最大浓度的位置等方面一直缺乏统一认知。因此，对河流离岸排放污染物二维浓度分布进行系统的研究，以便揭示污染带扩展阶段的平面二维浓度与横向浓度分布特性及其规律性十分必要。

本文在等强度连续点源条件下，从河流纵向移流、横向扩散的简化二维方程解析解出

---

* 原文载于《水科学进展》，2015，26 (6)，作者：武周虎。

发，考虑河流两岸的边界反射作用，通过离岸排放条件下的系列计算实验、绘制浓度分布图谱，进行数学归纳和分析整理，提出离岸排放计算河段的分类条件和断面最大浓度轴线定义、分段方程以及简化分段条件，给出断面最大浓度和"三线"（中心线和两岸线）浓度沿程分布的计算方法，为河流离岸排放污染带扩展阶段的二维浓度分布以及环境敏感点的浓度预测与评价提供理论支持。

1 平面二维与横向浓度分布特性分析

在等强度连续点源离岸排放条件下，从河流纵向移流、横向扩散的简化二维方程解析解出发，考虑河流两岸的边界反射作用，采用叠加原理确定任意位置排放条件下的污染物浓度分布公式为[6]

$$C(x,y) = \frac{m}{H\sqrt{4\pi E_y U x}} \sum_{n=-\infty}^{\infty} \left[\exp\left(-\frac{U(y-2nB)^2}{4E_y x}\right) + \exp\left(-\frac{U(y-2nB+2a)^2}{4E_y x}\right) \right] \quad (1)$$

式中：坐标原点 O 设在排污口；x 为自排污口沿河流流向的纵向坐标，其取值范围为 $0 \sim L_m$，L_m 为达到全断面均匀混合的距离[11]；y 为垂直于 x 轴由排污口指向远侧河岸的横向坐标，其取值范围为 $-a \sim (B-a)$；a 为排放口离近侧河岸的距离，对于岸边排放 $a=0$，中心排放 $a=B/2$；m 为排污强度；B 为河宽；H 为河流的平均水深；U 为平均流速；E_y 为横向扩散系数；$n=0, \pm1, \pm2, \cdots, \pm\infty$。

在任意位置排放条件下的系列计算实验结果表明，在式（1）中取 $n=0, \pm1$ 的近似计算结果与其精确值相比，河流污染带扩展阶段二维浓度分布的最大相对误差 $|-0.5\%|$ 出现在岸边排放时达到全断面均匀混合距离的远岸边界上。由此得到在式（1）中取 $n=0, \pm1$，即可满足计算精度要求。这相当于考虑两岸边界反射的有效次数为除污染源（实源）的直接扩散项外，包括近岸 3 次和远岸 2 次边界反射作用。而文献[8]只考虑了近岸和远岸各 1 次边界反射作用，引起污染带扩展阶段后半段二维浓度分布计算结果的误差增大，特别是断面最大浓度位置的偏离和污染混合区最大长度的计算错误。

为增强研究结果的适用性，作如下量纲一处理。令纵向坐标 $x'=\dfrac{xE_y}{UB^2}$；横向坐标 $y'=\dfrac{y}{B}$；相对离岸距离 $a'=\dfrac{a}{B}$；由排污产生的全断面均匀混合浓度 $C_M=\dfrac{m}{HBU}=\dfrac{m}{Q}$，其中，$Q$ 为河流流量；相对浓度 $C'=\dfrac{C}{C_M}$。则式（1）变为

$$C'(x',y') = \frac{1}{\sqrt{4\pi x'}} \sum_{n=-1}^{1} \left[\exp\left(-\frac{(y'-2n)^2}{4x'}\right) + \exp\left(-\frac{(y'-2n+2a')^2}{4x'}\right) \right] \quad (2)$$

定义域为 $x' \in [0 \sim L'_m]$，$y' \in [-a' \sim (1-a')]$。由文献[11]可知，全断面均匀混合距离与相对离岸距离的经验关系式为

$$L'_m = 0.11 + 0.7[0.5 - a' - 1.1(0.5-a')^2]^{0.5} \quad (3)$$

由式（2）、式（3）看出，在污染带扩展阶段的平面二维相对浓度分布，除随纵、横向坐标变化外，仅与相对离岸距离有关。也就是说，对同一相对离岸距离 a'，该河段的

二维相对浓度分布图谱是唯一确定的，与其他因素无关。以相对离岸距离 $a'=0.400$ 为例作图进行分析，由式（3）计算得到 $L'_m=0.322$。取步长 $\Delta x'=0.0005$，$\Delta y'=0.005$，由式（2）计算该河段各网格点的相对浓度，分别绘制平面二维和不同断面的相对浓度分布，见图 1 和图 2。

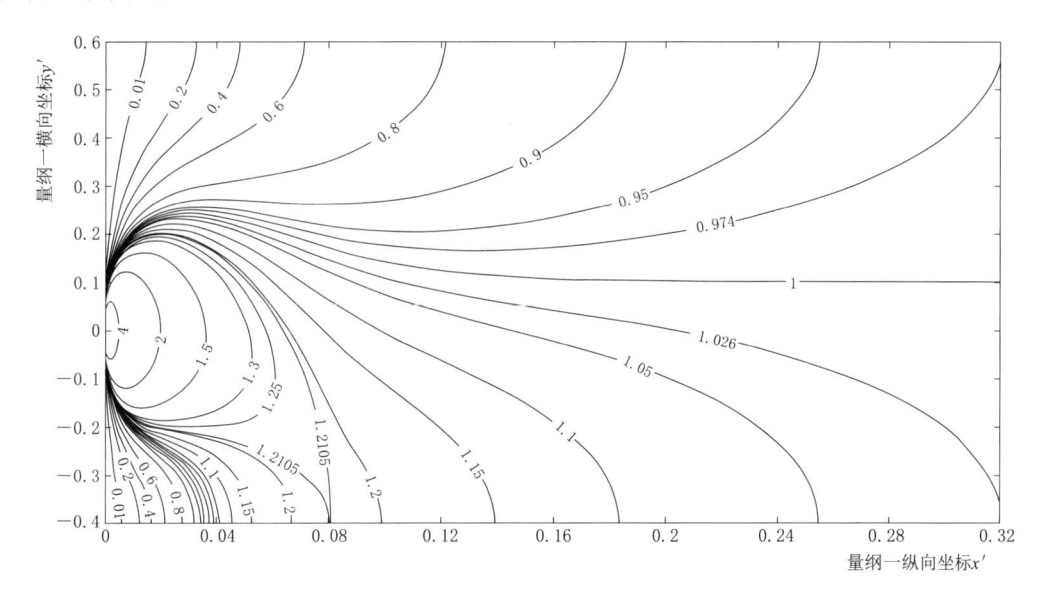

图 1　$a'=0.400$ 时污染带扩展阶段的相对浓度等值线分布

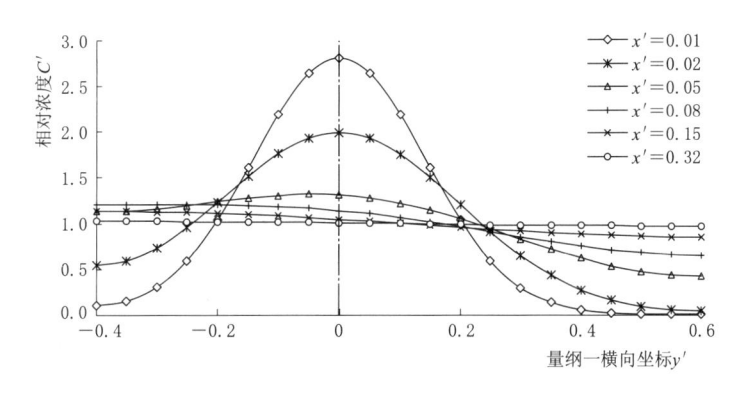

图 2　$a'=0.400$ 时排污口下游断面的相对浓度分布

由图 1 和图 2 看出，当污水进入水体后，污染物迅速扩散与混合，距离排污口越近浓度越高，随着离开排污口距离的逐渐增大浓度很快下降，同时浓度分布的梯度迅速减小；在污染带扩展到岸边之前，边界反射作用对浓度分布的影响较小；此后，一直到达全断面均匀混合距离，边界反射作用对污染物浓度分布的影响逐渐增大，需要考虑边界反射的有效次数逐渐增多。随着纵向坐标的逐步增大，当同一断面上各点的污染物浓度下降到越接近全断面均匀混合浓度时，浓度梯度进一步变小，扩散速度变慢，达到全断面均匀混合的距离增长。当相对离岸距离 $a'=0.400$ 时，在排污口附近相对浓度 $C'>2$ 的高浓度区域，其封闭等浓度线呈现以 x 轴大致对称的图形，断面最大相对浓度点（即等浓度线的最下游端点，下同）出现在 x 轴上；随着离开排污口距离的逐渐增大，近岸一侧首先受边界反射作用的影响，浓度出现增大趋势，封闭等浓度线的下游段向近岸一侧偏移，断面最大浓度点逐渐离开 x 轴，也偏向近岸一侧直到岸边，$C'>1$ 的等浓度线也出现类似的偏移；$C'=1$ 的等浓度线很快以河流中心线（$y'=0.500-a'$）为渐近线，远岸一侧 $C'<1$ 的等浓度线逐渐布满半河宽。

定义最大浓度轴线，指由排污口沿河流流向各断面最大浓度点的连线。如在相对离岸距离 $a'=0.400$ 情况下，当纵向坐标 $x'=x'_k=0.080709$ 时，断面最大相对浓度 C'_m（$=C'_k=1.210545$）才开始出现在近岸线（$y'=-a'$）上，此前各断面的最大浓度点是在排污口下游 x 轴与近岸线之间；当 $x'>x'_k$ 时，断面最大浓度点一直保持在近岸线上，其浓度值呈现沿程单调下降趋势；当 $x'<x'_k$ 时，在近岸线上的污染物浓度呈现沿程单调上升趋势。因此，在近岸线上开始出现断面最大浓度的点，是近岸线上污染物浓度分布的极值点，该点称为最大浓度轴线的临界点。其中，x'_k 为临界点的纵向坐标，C'_k 为临界点的相对浓度。

2 离岸排放计算河段的分类条件

根据武周虎[12]基于环境扩散条件的河流宽度分类判别准则，在排污口附近较高浓度区域的边界反射作用可以忽略，边界反射作用主要影响较低浓度区域的浓度计算结果。岸边和中心排放不计边界反射作用的宽阔河段与计入边界反射作用的中宽河段分类是以相对浓度 $C'=1.2$ 为标准，以此确定等浓度线的最大纵向坐标 $x'_{1.2}$ 范围。即当纵向坐标 $0<x'\leqslant x'_{1.2}$ 时，各断面的最大相对浓度 C'_m（$\geqslant 1.2$）可简化为按宽阔河段计算。按照这一标准，在任意位置排放条件下，对于宽阔河段计入近岸边界反射作用，在式（2）中取 $n=0$ 得到污染物相对浓度分布的简化方程为

$$C'(x',y')=\frac{1}{\sqrt{4\pi x'}}\left[\exp\left(-\frac{y'^2}{4x'}\right)+\exp\left(-\frac{(y'+2a')^2}{4x'}\right)\right] \tag{4}$$

当相对离岸距离 $a'=0.400$ 时，在近岸线上出现最大浓度轴线临界点的相对浓度 $C'_k=1.210545$。不难得到当 $0\leqslant a'<0.400$ 时，排污口距离岸边越近，最大浓度轴线会越快靠岸，$C'=1.2$ 等浓度线的最大纵向坐标 $x'_{1.2}$ 必定会出现在近岸线上。将 $C'=1.2$ 和 $y'=-a'$ 代入式（4）化简得到按宽阔河段计算的近岸线上纵向坐标 $x'_{1.2}$ 的迭代式为

$$x'_{1.2}=\frac{1}{1.2^2\pi}\exp\left(-\frac{a'^2}{2x'_{1.2}}\right) \tag{5}$$

针对 $0\leqslant a'<0.400$ 区间上的不同 a' 值，采用式（5）迭代计算相应的纵向坐标 $x'_{1.2}$ 点绘于图 3。为便于应用，以此进行回归分析得到式（5）纵向坐标 $x'_{1.2}$ 的显函数拟合方程为

$$x'_{1.2}=0.080+0.139\sqrt{1-\left(\frac{a'}{0.4}\right)^2} \tag{6}$$

其相关系数 $R^2=0.999$。

当 $0.400\leqslant a'\leqslant 0.500$ 时，依次取一系列的相对离岸距离 a' 值代入式（2）中，并令 $C'=1.2$，针对不同 a' 值对应的等浓度线，采用试算比较法求得最大纵向坐标 $x'_{1.2}$ 点绘于

图 3，以此进行回归分析得到纵向坐标 $x'_{1.2}$ 的拟合方程为

$$x'_{1.2}=0.058+1.84\times 10^{-10} a'^{-20.3} \qquad (7)$$

其相关系数 $R^2=0.997$。图 3 中"×"点代表 $x'_{1.2}$ 的计算实验值，"虚线"为相应的拟合曲线；由式（3）将全断面均匀混合距离与相对离岸距离的关系曲线也绘于图 3。

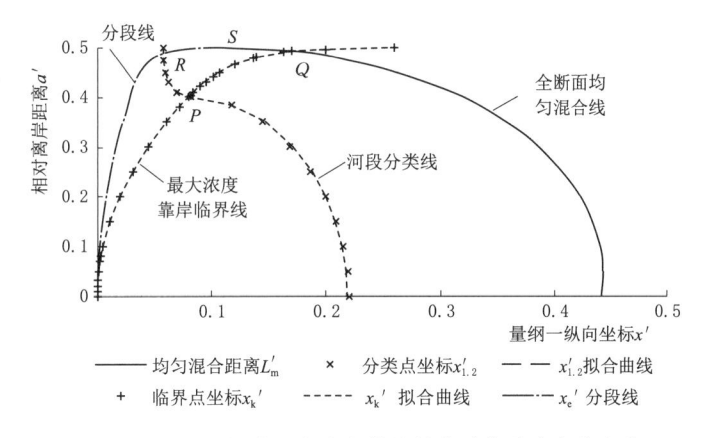

图 3　河流离岸排放最大浓度轴线简化计算分类与分段线

经验算表明，在由式（6）和式（7）确定的离岸排放计算河段分类线上，按宽阔河段简化式（4）与按中宽河段式（2）计算相对浓度的最大相对误差 $|-2.0\%|$ 出现在岸边排放时近岸线上 $x'_{1.2}=0.220$ 的分类点。当 $0 \leqslant a' \leqslant 0.500$ 时，在 $0 < x' \leqslant x'_{1.2}$ 区间上采用不计远岸边界反射作用的宽阔河段简化公式（4）计算相对浓度的相对误差绝对值均小于等于 2.0%，说明基于环境扩散条件的河段宽度分类标准 $C'=1.2$ 同样适用于离岸排放情况。据此，可得到离岸排放计算河段的分类条件为：由式（6）和式（7）确定的纵向坐标 $x'_{1.2}$ 与相对离岸距离 a' 的关系曲线，可作为离岸排放宽阔与中宽河段的分类线。即当纵向坐标 $0 < x' \leqslant x'_{1.2}$ 时，污染带扩展阶段的二维浓度分布按宽阔河段简化公式（4）计算；当 $x'_{1.2} < x' \leqslant L'_m$ 时，污染带扩展阶段的二维浓度分布按中宽河段式（2）计算。

3　最大浓度轴线及分段方程的确定

3.1　最大浓度轴线临界点

根据最大浓度轴线临界点（即"靠岸临界点"）是近岸线上污染物浓度分布极值点的特点，将近岸线方程 $y'=-a'$ 代入式（2）可得到近岸线上的相对浓度分布方程为

$$C'(x')=\frac{1}{\sqrt{4\pi x'}}\sum_{n=-1}^{1}\left[\exp\left(-\frac{(2n+a')^2}{4x'}\right)+\exp\left(-\frac{(2n-a')^2}{4x'}\right)\right] \qquad (8)$$

在 $0 < a' < 0.500$ 区间上依次取一系列的相对离岸距离 a' 值代入式（8）中，针对不同 a' 值对应近岸线上的相对浓度分布曲线，采用试算比较法求得相对浓度分布极值点的纵向坐标 x'_k 点绘于图 3。图 3 中"+"点代表 x'_k 的精确值，"实线"为相应的理论近似曲线或拟合曲线。

由图 3 看出，河流离岸排放最大浓度轴线临界点的纵向坐标随着相对离岸距离的增加逐渐增大；当排污口距离岸边越近 a' 较小时，临界点的纵向坐标增大缓慢；当排污口距

离岸边较远、越接近河流中心线 a' 较大时，临界点的纵向坐标急剧增大。最大浓度轴线的靠岸临界线与河宽分类线在 $P(a'_P=0.400)$ 点相交，与全断面均匀混合距离线在 $Q(a'_Q=0.491)$ 点相交。前者说明当 $a'\leqslant a'_P$ 时，可按不计远岸边界反射作用的宽阔河段污染物相对浓度分布简化方程式（4）确定临界点；后者说明当 $a'>a'_Q$ 时，最大浓度轴线在达到全断面均匀混合距离之前的二维污染带扩展段不会靠岸。

当相对离岸距离 $0\leqslant a'<0.400$ 时，将 $y'=-a'$ 代入式（4）可得到计入近岸边界反射作用的宽阔河段在近岸线上的污染物相对浓度分布简化方程为

$$C'(x')=\frac{1}{\sqrt{\pi x'}}\exp\left(-\frac{a'^2}{4x'}\right) \tag{9}$$

式（9）两边对 x' 求导，令 $dC'(x')/dx'=0$，可求得近岸线上污染物浓度分布的极值点纵向坐标，化简得到最大浓度轴线临界点纵向坐标 x'_k 的理论近似公式为

$$x'_k=\frac{a'^2}{2} \tag{10}$$

当相对离岸距离 $a'=0.400$ 时，由式（10）计算得到最大浓度轴线临界点的纵向坐标 $x'_k=0.080$，该值与相同条件下精确值 $x'_k=0.080709$ 相比，其相对误差仅为 -0.9%；并有随着相对离岸距离的减小，最大浓度轴线临界点的纵向坐标理论近似公式的相对误差绝对值急剧缩小的趋势。因此，当相对离岸距离 $0\leqslant a'<0.400$ 时，式（10）可作为近岸线上最大浓度轴线临界点纵向坐标的计算依据。

当相对离岸距离 $0.400\leqslant a'<0.500$ 时，最大浓度轴线临界点的纵向坐标与相对离岸距离的关系式，可按图 3 中相应区间 x'_k 的精确值点经拟合回归分析得到

$$x'_k=-0.0382\ln(0.5-a')-0.0076 \tag{11}$$

其相关系数 $R^2=0.996$。由图 3 看出，最大浓度轴线临界点的纵向坐标拟合曲线方程式（11）与相同条件下 x'_k 的精确值点吻合良好，可作为相应区间上最大浓度轴线临界点的确定依据。

3.2 最大浓度轴线方程

根据河流离岸排放条件下的系列计算实验结果分析，当 $0<x'\leqslant x'_k$ 时，最大浓度轴线是由排污口到临界点的一段曲线；当 $x'>x'_k$ 时，最大浓度轴线与近岸线重合。因此，最大浓度轴线主要是对 $0<x'\leqslant x'_k$ 时，最大浓度轴线方程的确定；当相对离岸距离 $a'>a'_Q$，全断面均匀混合距离 $L'_m\leqslant x'_k$ 时，最大浓度轴线在达到全断面均匀混合距离之前不会靠岸。

在 $0<a'\leqslant 0.500$ 区间上，分别取 a' 为 0.100、0.200、0.300、0.400、0.450、0.480、0.495、0.500 共 8 个相对离岸距离 a' 值代入式（2）中，对每一个 a' 值对应的二维相对浓度分布，在 $0<x'\leqslant x'_k$ 或 $0<x'\leqslant L'_m$ 区间上依次取一系列的纵向坐标 x' 值，针对不同 x' 值采用试算比较法计算断面最大相对浓度 C'_m 及其相应点的横向坐标 y' 值。以纵向坐标 x' 和断面最大相对浓度相应的相对离岸坐标 $(y'+a')$ 点绘河流离岸排放最大浓度轴线于图 4。图 4 中各种"点符号"分别为不同 a' 值离岸排污口对应最大浓度轴线的精确坐标，"实线"为相应的理论近似曲线或拟合曲线。

由图 4 看出，对于不同的相对离岸距离 a' 值，河流离岸排放的最大浓度轴线具有相

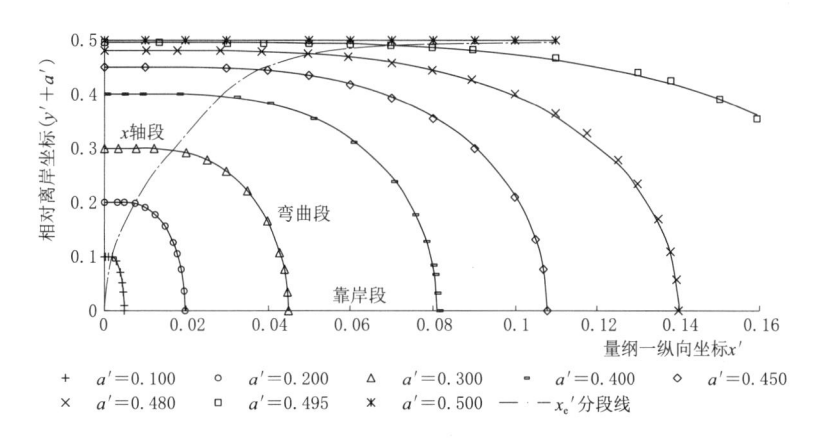

图 4 河流离岸排放最大浓度轴线拟合曲线与分段

类似的规律性，在 $0<x'\leqslant x'_k$ 或 $0<x'\leqslant L'_m$ 区间，当纵向坐标很小（$x'\to 0$）时，最大浓度轴线以 x 轴为渐近线；随着纵向坐标 x' 的逐渐增大，河流离岸排放最大浓度轴线缓慢离开 x 轴，向近岸一侧逐渐弯曲直到岸边，在临界点 $x'=x'_k$ 处出现 90°的转折，此后直至达到全断面均匀混合距离之前最大浓度轴线与近岸线保持重合。当相对离岸距离越小，最大浓度轴线越容易向近岸一侧弯曲直到岸边，临界点距离排污口越近；当相对离岸距离越大，最大浓度轴线向近岸一侧弯曲的过程越长，临界点距离排污口越远。当 $a'=0.495$（$>a'_Q$）时，最大浓度轴线在达到全断面均匀混合距离之前不会靠岸；当 $a'=0.500$ 时的中心排放情况，最大浓度轴线一直位于排污口下游 x 轴上。

当相对离岸距离 $0<a'<0.400$ 时，可按计入近岸边界反射作用宽阔河段的浓度分布方程式（4）确定纵向坐标 $x'\leqslant x'_k$（$\leqslant x'_{1,2}$）时的二维相对浓度分布。由于二维浓度分布在各断面上的最大浓度点恰恰是过该点等浓度线上的纵向坐标最大值点，因此，式（4）两边对 y' 求偏导数，令 $\partial C'(x',y')/\partial y'=0$，可求得各断面上污染物浓度分布极值点的坐标曲线关系，化简得到最大浓度轴线的理论近似方程为

$$y'=\frac{x'}{a'}\ln\left(-1-\frac{2a'}{y'}\right)-a' \tag{12}$$

在式（12）中，$-a'<y'<0$，$0<x'<x'_k$。

对于给定的 x'，式（12）是 y' 的隐函数方程，需要通过试算求解。为便于应用，以纵向坐标作为自变量给出最大浓度轴线式（12）的显函数拟合回归方程为

$$y'=0.937a'\left[\left(1-\frac{x'}{x'_k}\right)^3-3.413\left(1-\frac{x'}{x'_k}\right)^2+3.529\left(1-\frac{x'}{x'_k}\right)\right]^{0.5}-a' \tag{13}$$

其相关系数为 $R^2=1.000$。由式（12）的计算值与相同条件下最大浓度轴线精确值 x' 的最大相对误差绝对值 0.9%，出现在 $a'\to 0.4$，$x'\to x'_k=0.080$ 处，相应断面最大相对浓度的绝对误差为 -2.2×10^{-5}；随着相对离岸距离的减小，最大浓度轴线与相同条件下相应精确值点的相对误差绝对值急剧缩小，因此，当相对离岸距离 $0\leqslant a'<0.400$ 时，式（12）或式（13）可作为最大浓度轴线的理论近似方程。

当相对离岸距离 $0.400\leqslant a'<0.500$ 时，对图 4 中不同 a' 值对应最大浓度轴线的纵向

一、河流、水库浓度分布理论分析

坐标 x' 除以相应 a' 值临界点的纵向坐标 x'_k，以 x'/x'_k 作为新的横轴坐标；对不同 a' 值对应最大浓度轴线的相对离岸坐标 $(y'+a')$ 除以相对离岸距离 a'，以 $(y'+a')/a'$ 作为新的竖轴坐标。在新坐标系中，发现当 a' 分别为 0.400、0.450、0.480、0.495 时，所有最大浓度轴线的精确值点汇聚成 $x'/x'_k \in [0 \sim 1]$，$(y'+a')/a' \in [0 \sim 1]$ 上的一条归一化曲线，说明最大浓度轴线具有相似性（图略）。最大浓度轴线的相对离岸坐标 $(y'+a')$ 与纵向坐标 x' 的统一关系式，由新坐标系中所有最大浓度轴线的精确值点经拟合回归分析得到

$$\frac{y'+a'}{a'}=1.149\left[\left(1-\frac{x'}{x'_k}\right)^3-2.752\left(1-\frac{x'}{x'_k}\right)^2+2.51\left(1-\frac{x'}{x'_k}\right)\right]^{0.5}$$

或

$$y'=1.149a'\left[\left(1-\frac{x'}{x'_k}\right)^3-2.752\left(1-\frac{x'}{x'_k}\right)^2+2.51\left(1-\frac{x'}{x'_k}\right)\right]^{0.5}-a' \tag{14}$$

其相关系数 $R^2=0.999$。定义域为：当 $a'\leqslant a'_Q$ 时 $0<x'\leqslant x'_k$ 或当 $a'>a'_Q$ 时 $0<x'\leqslant L'_m$。由图 4 看出，最大浓度轴线的相对离岸坐标统一拟合曲线方程式（14）与相同条件下最大浓度轴线的精确值点吻合良好，可作为相应区间最大浓度轴线的确定依据。

3.3 最大浓度轴线的简化分段条件

由上述研究结果看出，"在任意排污口位置情况下，污染物的断面最大浓度仍应在排污口沿河流流向的 x 轴（$y=0$）上"的观点[8-9]存在很大的片面性和误导性。这种情况只有在纵向坐标 x' 较小的条件下才会出现，且与相对离岸距离 a' 有关。为便于应用，把排污口附近最大浓度轴线偏离 x 轴的横向距离很小的河段，近似看作最大浓度轴线与 x 轴重合，具体可按最大浓度轴线偏离 x 轴的横向距离与排污口的离岸距离 a 之比等于 1% 作为分段点的简化条件。

当相对离岸距离 $0\leqslant a'<0.400$ 时，将 $y'=-0.01a'$ 代入式（12）并考虑到式（10），化简得到最大浓度轴线近似与 x 轴重合分段点的纵向坐标 x'_e 为

$$x'_e=\frac{0.99a'^2}{\ln(199)}=0.374x'_k \tag{15}$$

当相对离岸距离 $0.400\leqslant a'<0.500$ 时，将 $y'=-0.01a'$ 代入式（14）并考虑到式（11），经试算得到最大浓度轴线近似与 x 轴重合分段点的纵向坐标 x'_e 为

$$x'_e=-0.0136\ln(0.5-a')-0.0027=0.355x'_k \tag{16}$$

在相对离岸距离 $0<a'<0.500$ 区间上，依次取一系列的相对离岸距离 a' 值代入式（15）或式（16）中，分别求得最大浓度轴线分段点的纵向坐标 x'_e 绘于图 3，以"点画线"表示之；再以最大浓度轴线分段点的纵向坐标 x'_e 和相应的相对离岸坐标 $(y'+a')=0.99a'$ 点绘最大浓度轴线分段线于图 4。

由图 3 和图 4 看出，河流离岸排放最大浓度轴线分段点的纵向坐标 x'_e 与临界点的纵向坐标 x'_k 随相对离岸距离 a' 的变化规律相类似。表现为相对离岸距离 a' 越大，最大浓度轴线临界点的纵向坐标越大，最大浓度轴线近似与 x 轴重合的河段也就越长；反之，最大浓度轴线近似与 x 轴重合的河段迅速缩短。在图 3 中，最大浓度轴线分段线与河宽分类线在 $R(a'_R=0.488)$ 点相交，与全断面均匀混合距离线在 $S(a'_S=0.499)$ 点相交。前

者说明当 $a'\leqslant a'_R$ 时，可按不计远岸边界反射作用的宽阔河段污染物相对浓度分布简化方程式（4）确定分段线的纵向坐标 x'_e，后者说明当 $a'\geqslant a'_S$ 时，最大浓度轴线一直近似处于 x 轴上，此时弯曲段和靠岸段均不存在，可按计入两岸边界反射作用中宽河段的中心排放情况计算。

综上，针对不同的相对离岸距离 a'，可按最大浓度轴线分段点的 x'_e 和临界点的 x'_k 将最大浓度轴线分为 3 段：①当 $0\leqslant x'\leqslant x'_e$ 时，最大浓度轴线近似与 x 轴（$y=0$）重合，称为 x 轴段；②当 $x'_e<x'<x'_k$ 时，最大浓度轴线逐渐偏离 x 轴向近岸一侧弯曲，直到在临界点 $x'=x'_k$ 处出现 90°的转折，称为弯曲段；③当 $x'_k\leqslant x'\leqslant L'_m$ 时，最大浓度轴线与近岸线重合，称为靠岸段。

需要注意的是：当 $a'=0$ 时为岸边排放情况，最大浓度轴线和 x 轴均与近岸线重合，不存在弯曲段；当 $a'_Q<a'\leqslant 0.500$ 时，全断面均匀混合距离 $L'_m<$ 临界点的纵向坐标 x'_k，在污染带扩展阶段不会出现最大浓度轴线的靠岸情况，此时不存在靠岸段。

4 断面最大浓度沿程分布计算

4.1 x 轴段

最大浓度轴线在 x 轴段（$0<x'\leqslant x'_e$，$y'=0$），当相对离岸距离 $0\leqslant a'\leqslant a'_R$ 时有 $x'_e\leqslant x'_{1,2}$，由不计远岸边界反射作用的宽阔河段污染物相对浓度分布简化方程式（4）得到断面最大相对浓度沿程分布公式为

$$C'_m(x')=\frac{1}{\sqrt{4\pi x'}}\left[1+\exp\left(-\frac{a'^2}{x'}\right)\right] \quad (17)$$

在 x 轴段的最大纵向坐标 x'_e 由式（15）或式（16）确定，计算表明对应式（17）中 $\exp\left(-\dfrac{a'^2}{x'}\right)$ 的最大值 $=0.004\sim 0.016$，可以忽略。因此，在 x 轴段的断面最大相对浓度沿程分布式（17）可简化为

$$C'_m(x')=\frac{1}{\sqrt{4\pi x'}} \quad (18)$$

式（18）与不计边界反射作用的宽阔河段中心排放的断面最大相对浓度沿程分布公式相同[7]。

当 $a'_R<a'\leqslant 0.500$ 时，又可分为两种情况：①当 $0\leqslant x'\leqslant x'_{1,2}$ 时，在 x 轴段的最大纵向坐标 $x'_{1,2}$ 由式（7）确定，计算表明对应式（17）中 $\exp\left(-\dfrac{a'^2}{x'}\right)$ 的最大值 $=0.014\sim 0.017$，可以忽略。在此条件下，x 轴段的断面最大相对浓度沿程分布简化公式仍然为式（18）。②当 $x'_{1,2}<x'\leqslant x'_e$ 时，将 $y'=0$ 代入式（2）计算表明，需要考虑两岸各计 1 次边界反射作用的中宽河段来计算断面最大相对浓度沿程分布，则有

$$C'_m(x')=\frac{1}{\sqrt{4\pi x'}}\left[1+\exp\left(-\frac{a'^2}{x'}\right)+\exp\left(-\frac{(a'-1)^2}{x'}\right)\right] \quad (19)$$

其中，当 $a'_S\leqslant a'\leqslant 0.500$ 时有 $x'_e>L'_m$，近似按 $a'=0.500$ 的中心排放由式（19）计算至

$x'=L'_m$即可。

4.2 弯曲段

最大浓度轴线在弯曲段（$x'_e<x'<x'_k$），当相对离岸距离 $0<a'<0.400$ 时有 $x'_k<x'_{1.2}$，在此区间上给定一系列沿程纵向坐标 x'_i 代入式（13）确定相应最大浓度轴线的横向坐标 y'_i，再将坐标 (x'_i, y'_i) 依次代入不计远岸边界反射作用的宽阔河段污染物相对浓度分布简化方程式（4）得到最大浓度 C'_m 的沿程分布。

当 $0.400\leqslant a'<a'_s$ 时，包括 $x'_e<x'\leqslant x'_{1.2}$ 和 $x'_{1.2}<x'<x'_k$ 两种情况，为使问题简化，统一按考虑两岸各计 1 次边界反射作用的中宽河段来计算断面最大相对浓度沿程分布，由式（2）简化得到

$$C'_m(x',y')=\frac{1}{\sqrt{4\pi x'}}\left[\exp\left(-\frac{y'^2}{4x'}\right)+\exp\left(-\frac{(y'+2a')^2}{4x'}\right)+\exp\left(-\frac{(y'+2a'-2)^2}{4x'}\right)\right] \tag{20}$$

在 $x'_e<x'<x'_k$ 区间上，给定一系列沿程纵向坐标 x'_i 代入式（14）确定相应最大浓度轴线的横向坐标 y'_i，再将坐标 (x'_i, y'_i) 依次代入式（20）得到最大浓度 C'_m 的沿程分布。其中，当 $a'>a'_Q$ 时有 $x'_k>L'_m$，在这种情况下计算至 $x'=L'_m$ 即可。

4.3 靠岸段

最大浓度轴线在靠岸段（$x'_k\leqslant x'\leqslant L'_m$，$y=-a'$），当相对离岸距离 $0<a'<0.400$ 时，又可分为两种情况。

（1）当 $x'_k\leqslant x'\leqslant x'_{1.2}$ 时，在靠岸段的最大纵向坐标 $x'_{1.2}$ 由式（5）或式（6）确定，将 $y=-a'$ 代入不计远岸边界反射作用的宽阔河段污染物相对浓度分布简化方程式（4）得到断面最大相对浓度沿程分布公式为

$$C'_m(x')=\frac{1}{\sqrt{\pi x'}}\exp\left(-\frac{a'^2}{4x'}\right) \tag{21}$$

（2）当 $x'_{1.2}<x'\leqslant L'_m$ 时，按考虑两岸边界反射作用的中宽河段来计算断面最大相对浓度沿程分布，将 $y=-a'$ 代入式（2）得到

$$C'_m(x')=\frac{1}{\sqrt{4\pi x'}}\sum_{n=-1}^{1}\left[\exp\left(-\frac{(2n+a')^2}{4x'}\right)+\exp\left(-\frac{(2n-a')^2}{4x'}\right)\right] \tag{22}$$

当 $0.400\leqslant a'<a'_Q$ 时有 $x'_k>x'_{1.2}$，按考虑两岸边界反射作用的中宽河段来计算断面最大相对浓度沿程分布，在此条件下，靠岸段的断面最大相对浓度沿程分布公式仍为式（22）。当 $a'_Q\leqslant a'\leqslant 0.500$ 时有 $x'_k>L'_m$，此时不存在靠岸段。

图 5 为在对数坐标系中河流离岸排放断面最大相对浓度沿程分布的计算结果，图 5 中各种"点符号"分别为不同 a' 值离岸排污口对应最大相对浓度的精确值，"实线"为相应理论简化公式的计算曲线，"点虚线"为不同 a' 值离岸排污口对应最大浓度轴线上临界点 x'_k 的相对浓度连线。

在图 5 中，最下方和最上方的曲线分别为中心排放和岸边排放时的断面最大相对浓度沿程分布。在断面最大相对浓度 C'_m 相同时，中心与岸边排放纵向坐标的比值为 1/4，符合中心与岸边排放二维浓度分布的相似性关系[6]；在 C'_m 相同时，相对离岸距离 a' 临界点

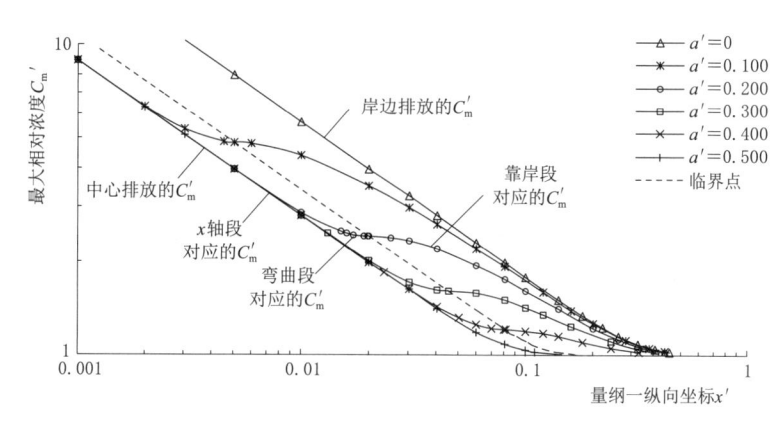

图 5 河流离岸排放断面最大相对浓度沿程分布

的纵向坐标与岸边排放的纵向坐标的比值为 1/e。当 $C'_m \geqslant 1.2$ 时，中心和岸边排放的断面最大相对浓度沿程分布以及与临界点的相对浓度沿程分布在对数坐标系中接近为平行直线，这是因为对宽阔河段远岸边界反射作用可以忽略，其断面最大相对浓度仅与纵向坐标 x' 的 -0.5 次方成比例。

由图 5 看出，对同一相对离岸距离 a' 值，断面最大相对浓度沿程分布为一条单调下降曲线，临界点为该曲线上的一个拐点，在拐点两侧曲线的下降规律各异。在拐点左侧，当 x' 减小到最大浓度轴线的 x 轴段时，该曲线以中心排放的断面最大相对浓度沿程分布为渐近线；在拐点右侧，当 x' 增大到最大浓度轴线的靠岸段末端时，该曲线以岸边排放的断面最大相对浓度沿程分布为渐近线。在 $0 \leqslant x' \leqslant x'_e$ 的 x 轴段时，近似可按中心排放计算；在拐点（左侧）至 x 轴段之间的区域为最大浓度轴线弯曲段对应的断面最大相对浓度沿程分布；在拐点（右侧）至达到全断面均匀混合断面（即 $x'=L'_m$，$C'_m=1.026$）之间的区域为最大浓度轴线靠岸段对应的断面最大相对浓度沿程分布。当相对离岸距离 a' 越小，临界点的纵向坐标 x'_k 越小，相应的相对浓度 C'_k 越大。反之，当相对离岸距离 a' 越大，x'_k 越大，C'_k 越小。

5 "三线"浓度沿程分布计算

在河流水环境影响预测与评价、污染混合区几何特征参数计算以及入河排污口设置论证等工作中，除了要进行河流离岸排放最大浓度轴线的确定和断面最大浓度沿程分布计算外，通常还要对河流中心线、两岸线（即"三线"）上可能存在环境敏感点的污染物浓度进行预测。为此，提出河流离岸排放"三线"相对浓度沿程分布的计算公式。

为方便分析，将河流离岸排放时的"三线"——近岸线、远岸线和中心线分别采用下标 $i=1,2,3$ 表示。由式（2）分别得到河流离岸排放时近岸线 $y'=-a'$、远岸线 $y'=1-a'$ 和中心线 $y'=0.500-a'$ 上的相对浓度沿程分布计算式（23）~式（25），对于不同相对离岸距离 a' 值的"三线"相对浓度沿程分布分别见图 6~图 8。

在近岸线上

$$C'_1(x') = \frac{1}{\sqrt{4\pi x'}} \sum_{n=-1}^{1} \left[\exp\left(-\frac{(2n+a')^2}{4x'}\right) + \exp\left(-\frac{(2n-a')^2}{4x'}\right) \right] \quad (23)$$

一、河流、水库浓度分布理论分析

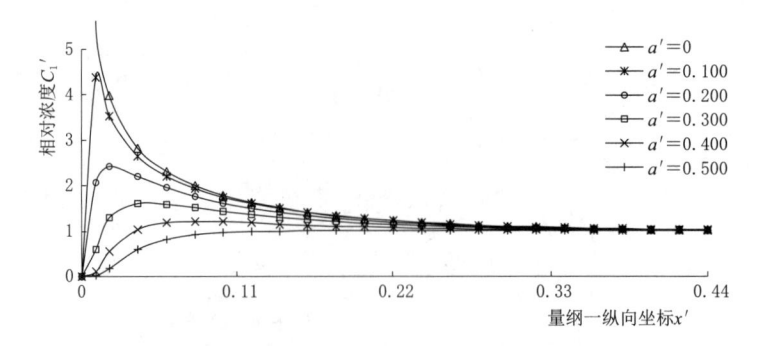

图6 河流离岸排放近岸线上相对浓度沿程分布

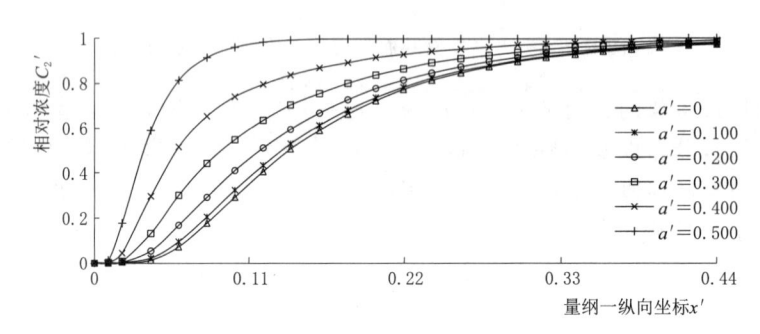

图7 河流离岸排放远岸线上相对浓度沿程分布

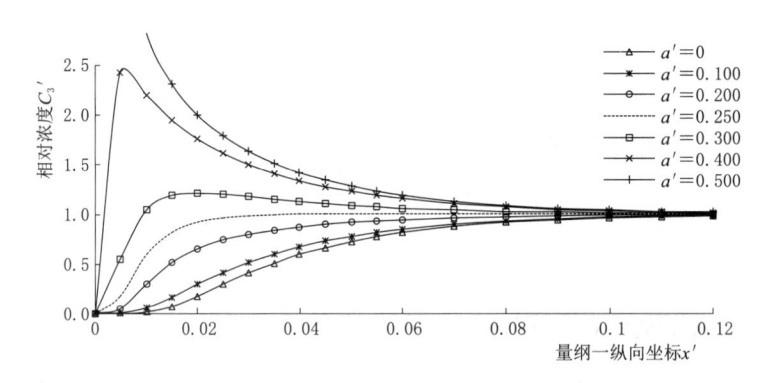

图8 河流离岸排放中心线上相对浓度沿程分布

在远岸线上

$$C'_2(x') = \frac{1}{\sqrt{4\pi x'}} \sum_{n=-1}^{1} \left[\exp\left(-\frac{(1-a'-2n)^2}{4x'}\right) + \exp\left(-\frac{(1+a'-2n)^2}{4x'}\right) \right] \quad (24)$$

在中心线上

$$C'_3(x') = \frac{1}{\sqrt{4\pi x'}} \sum_{n=-1}^{1} \left[\exp\left(-\frac{(0.5-a'-2n)^2}{4x'}\right) + \exp\left(-\frac{(0.5+a'-2n)^2}{4x'}\right) \right] \quad (25)$$

式（23）～式（25）的定义域均为：$0 \leqslant a' \leqslant 0.500$，$0 < x' \leqslant L'_m$。

由图6～图8看出，河流离岸排放"三线"相对浓度沿程分布的共同特点是在纵向坐标 x' 较小时，相对浓度迅速发生变化；而在 x' 较大逐渐趋于全断面均匀混合距离 L'_m 时，相对浓度变化趋缓，且均以 $C'=1$ 为渐近线。在近岸线上，除 $a'=0$ 岸边和 $a'=0.500$ 中心排放情况外，相对浓度均由 0 上升到大于 1 后达到极大值，然后单调下降趋近于 1，当相对离岸距离 a' 越小时，近岸线上相对浓度的上升越快，其极大值也越高；在远岸线上，所有排放情况的相对浓度均由 0 单调上升趋近于 1，当相对离岸距离 a' 越大，远岸线上相对浓度的上升越快；在中心线上，除 $a'=0.500$ 中心排放情况外，相对浓度均由 0 迅速上升，当 $a'\leq 0.250$ 时的相对浓度单调上升趋近于 1，而当 $a'>0.250$ 时的相对浓度均由 0 迅速上升到大于 1 后达到极大值，然后单调下降趋近于 1，当相对离岸距离 a' 越大，中心线上相对浓度的上升越快，其极大值也越高。

6 结论

(1) 提出了以相对离岸距离 a' 为自变量，不计远岸边界反射作用的宽阔与计入两岸边界反射作用的中宽河段的分类线 $x'_{1,2}$ 方程，当纵向坐标 $0<x'\leq x'_{1,2}$ 时可简化为按宽阔河段计算，当 $x'_{1,2}<x'\leq L'_m$ 时按中宽河段计算。

(2) 提出了断面最大浓度轴线的定义、分段方程以及简化分段条件，给出了不同相对离岸距离 a' 情况下最大浓度轴线 x 轴段与弯曲段的分段线 x'_e 方程、弯曲段与靠岸段的临界线 x'_k 方程。

(3) 给出了断面最大浓度的分段简化计算公式，提出了河流离岸排放"三线"（中心线和两岸线）上相对浓度沿程分布的计算公式。

参考文献

[1] 王超. 多孔射流扩散器在宽浅型江河中排放特性研究 [J]. 水动力学研究与进展，A 辑，1993，8 (4)：426-434.
[2] 武周虎，贾洪玉. 河流污染混合区的解析计算方法 [J]. 水科学进展，2009，20 (4)：544-548.
[3] 朱发庆，吕斌. 长江武汉段工业港酚污染带研究 [J]. 中国环境科学，1996，16 (2)：148-152.
[4] 武周虎，武文，路成刚. 河流混合污染物浓度二维移流扩散方程的解析计算及其简化计算的条件 Ⅰ：顺直宽河流不考虑边界反射 [J]. 水利学报，2009，40 (8)：976-982.
[5] 武周虎，武文，路成刚. 河流混合污染物浓度二维移流扩散方程的解析计算及其简化计算的条件 Ⅱ：顺直河流考虑边界反射 [J]. 水利学报，2009，40 (9)：1070-1076.
[6] 武周虎. 考虑边界反射作用河流污染混合区的简化算法 [J]. 水科学进展，2014，25 (6)：864-872.
[7] FISCHER H B, IMBERGER J, LIST E J, et al. Mixing in Inland and Coastal Waters [M]. New York: Academic Press, 1979.
[8] 薛红琴，刘晓东. 连续点源河流污染带几何特征参数研究 [J]. 水资源保护，2005，21 (5)：23-26.
[9] 陆伟刚，周秀彩. 河道可溶性污染物横向扩散的理论研究 [J]. 扬州大学学报：自然科学版，2012，15 (4)：79-82.
[10] 陈文英. 天然河流中综合横向扩散系数的探讨 [J]. 华东交通大学学报，1988，5 (1)：31-38.
[11] 武周虎，任杰，黄真理，等. 河流污染混合区特性计算方法及排污口分类准则：Ⅰ：原理与方法 [J]. 水利学报，2014，45 (8)：921-929.
[12] 武周虎. 基于环境扩散条件的河流宽度分类判别准则 [J]. 水科学进展，2012，23 (1)：53-58.

1-04　倾斜岸坡角形域顶点排污浓度分布的理论分析*

摘　要：为了获得倾斜岸坡角形域顶点排污浓度的分布，本文基于镜像法原理和角形域平面镜映射实验，给出了横向和垂向扩散系数不相等的角形域映射图。从无限区域静止水体中瞬时线源的二维扩散和等强度连续点源三维移流扩散简化方程的解析解入手，分析推导出角形域顶点排污瞬时线源扩散的浓度计算公式，进而得到了角形域顶点排污等强度连续点源移流扩散浓度分布的理论公式。对该理论公式的分析与讨论表明，在简化条件下该理论公式与可对比理论解完全一致，角形域内角角度对污染物的浓度分布影响很大，角形域顶点排污浓度分布具有复杂性和多重性。该理论公式可为水库岸边污染混合区浓度估算提供有力的工具。适用条件为顺直倾斜岸坡大宽度深水情况，满足内角 $\theta=180°/n$（n 为自然数）的角形域顶点排污的浓度计算。

关键词：环境水力学；倾斜岸坡；角形域；浓度分布；镜像法

当河渠和水库的岸边排污口的污水进入受纳水体后，污水大多是在水面和倾斜岸坡形成的角形域中移流扩散。岸边排放的动量一般较小，仅影响到排放口近处较小区域的流场，可忽略不计[1]。当倾斜岸坡延伸较长，宽度和水深都较大时，由倾斜岸坡角形域顶点排污产生的污染物浓度分布基本不受对岸边界反射的影响。此时，岸边排污扩散问题可简化为倾斜岸坡角形域内均匀紊流中，角形域顶点连续源排放的移流扩散问题。

目前，采用扩散理论分析河渠和水库的岸边排污扩散问题时，经常忽略地形和横向和垂向扩散系数不相等的影响，余常昭[2]、武周虎等[3-4]将河渠和水库简化为等水深的矩形渠道来估算排污口附近的浓度分布和污染混合区；在横向与垂向扩散系数相等的简化条件下，刘昭伟等[5]定性分析了边坡倾角对梯形渠道中浓度分布的影响，并通过合理的假设建立了梯形渠道岸边排污浓度分布的计算公式；武周虎[6]采用解析方法对水库倾斜岸坡地形推导了污染混合区范围以及最大允许污染负荷的理论计算公式；Holley 等[7]研究了梯形渠道中的污染物岸边排放，并给出横断面水深的变化对浓度分布的影响；李玲等[8]采用平面激光诱导荧光技术（Planer Laser Induced Fluorescence，PLIF）测量了梯形明槽流动中的浓度分布，计算了污染物的横向扩散系数；陈永灿等[9]利用梯形渠道的断面流速分布推导出污染物的纵向离散系数。在实际河渠和水库中，横向与垂向扩散系数通常是不相等的，因此以往的研究难以满足实际的工程需要。

本文采用镜像法原理和角形域平面镜映射实验，给出内角 $\theta=180°/n$（n 为自然数）的角形域映射图；基于保守物质横向和垂向扩散系数不相等的静止水体中瞬时线源的二维扩散解析解和等强度连续点源三维移流扩散简化方程的解析解，在顺直倾斜岸坡大宽度深

---

* 原文载于《水利学报》，2010，41（8），作者：武周虎。

水情况下，推导角形域顶点排污浓度分布的理论计算公式，分析讨论结果的合理性及其应用范围。

1 角形域映射原理

利用镜像法，形成角形域的水面和倾斜岸坡均看成平面镜。根据平面镜成像原理和角形域平面镜光学映射实验结果，所有景物（包括源和边界）在平面镜（包括像镜、像·像镜、多重像镜等）的"背面"对称位置形成其像、像·像、多重像等，包括像源、像镜、像·像源、像·像镜、多重像源和多重像镜等，依次形成角形域映射图谱。

图 1 是角形域映射示意图，图中 OA 为水面，OB 为倾斜岸坡，AOB 是角形域。令 $\angle AOB=\theta$，并且满足 $\theta=180°/n$（n 为自然数）。在角形域内加入一个垂直于纸平面的线源，图中以实源 S 表示，长方形源点表示横向和垂向扩散系数不相等的扩散特征。解决各种边界所限制的扩散问题，通常是运用叠加原理，如果方程和边界是线性的，则可以叠加任意数量方程的单独解，而得到新的解[10]。当考虑水面和倾斜岸全反射时，污染物沿角形域顶点向外的径向可扩散至无穷远，在角形域边界上物质不能通过它而扩散，其扩散通量为 0，按费克定律应有浓度梯度 $\partial C/\partial n=0$，成为扩散应满足的边界条件。

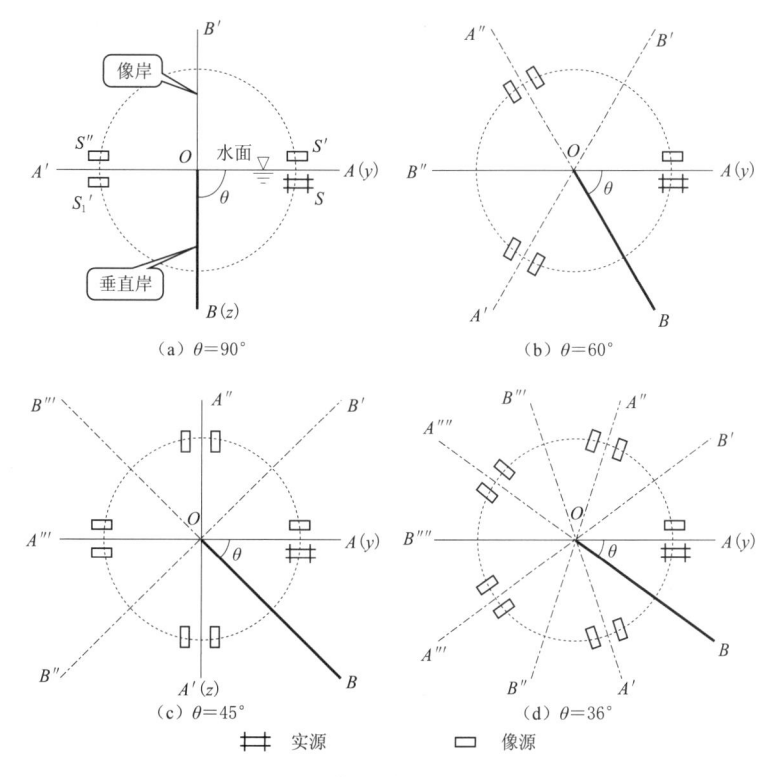

图 1 角形域映射示意图

当 $n=2$、$\theta=90°$ 时，见图 1（a）。在水面上对称位置加入一个虚拟的等强度像源 S' 和像岸 OB'，在垂直岸和像岸左侧的对称位置分别加入一个虚拟的等强度像源 S_1'、像水面 OA' 和像·像源 S''，以代替水面和垂直岸边界。像源成为实源对称于边界的映像，像·

像源成为像源对称于像边界的映像。取消水面边界后,实源 S 与像源 S'、像源 S_1' 与像·像源 S'' 的垂向扩散强度相等而符号相反的作用仍能保持水面的边界条件;取消垂直岸边界后,实源 S 与像源 S_1'、像源 S' 与像·像源 S'' 的横向扩散强度相等而符号相反的作用仍能保持垂直岸的边界条件。

当 $n=3$、$\theta=60°$ 时,见图 1 (b)。"平面镜" OA 将 OB 映射成 OB',即为像岸,"平面镜" OB 将 OA 映射成 OA',即为像镜;OA' 将 OB 映射成 OB'',即为像·像岸,OB' 将 OA 映射成 OA'',即为像·像镜。图中分布于 OA 两侧的实源和像源被同步映射到 OA'、OA'' 两侧,即为等强度像源、像·像源。扩散特征为横向 OA、OA'、OA'',与之垂直方向为垂向扩散。

当 $n=4$、$\theta=45°$ 时,见图 1 (c)。从 OA 到 OA' 再到 OA''、从 OB 到 OB' 再到 OB'' 的映射过程与 $n=3$ 基本相同,只是由于 n 值的增大、θ 值减小,剩余的区域又映射出 OA''' 和 OB'''。

当 $n=5$、$\theta=36°$ 时,见图 1 (d)。如此类推,当 n 为自然数、$\theta=180°/n$ 时,水面 OA 或倾斜岸 OB 的像或多重像总是成对出现,OA、OA'、OA'' 等两侧总是分布有等强度的源、像源或多重像源,而 OB、OB'、OB'' 等两侧无任何源。扩散特征为横向 OA、OA'、OA'' 等,与之垂直方向为垂向扩散。各源以 OA 及延长线、OB 及延长线分别成对称分布图形,这就保证了通过 OA、OB 边界的扩散通量大小相等方向相反正负抵消。因此,水面和倾斜岸坡(法向)均满足浓度梯度和扩散通量为零的物面条件。

进一步地分析发现,当 n 为奇数时,OA 的延长线为 OB 的像或多重像,两侧无任何源,OB 的延长线为 OA 的像或多重像,两侧有"像源或多重像源",该源在 OB(倾斜岸坡)方向上产生横向扩散特征;当 n 为偶数时,OA 的延长线为 OA 自己的像或多重像,两侧有"像源或多重像源",OB 的延长线为 OB 自己的像或多重像,两侧无任何源。

2 静止水体中瞬时线源的扩散

如图 1 水面 OA 为横向坐标 y,水面向下为垂向坐标 z,垂直于 yOz 截面为纵向坐标 x。设 $t=0$ 时刻,在水面 OA 和倾斜岸坡 OB 形成的角形域顶点纵向瞬时均匀地投入线源保守扩散质,向半无限角形域 $\angle AOB=\theta$ 扩散,单位长度的扩散质——源强为 m。可采用角形域映射原理和扩散理论来分析该区域内扩散质的浓度分布。

设线源位于 $S(y_0, z_0)$,横向和垂向扩散系数分别为 E_y 和 E_z。当 n 为自然数时,线源的角形域映射见图 1。此时,不考虑实际边界的单个实源扩散形成的浓度分布为[2]

$$C(y,z,t) = \frac{m}{4\pi t \sqrt{E_y E_z}} \exp\left[-\frac{(y-y_0)^2}{4E_y t} - \frac{(z-z_0)^2}{4E_z t}\right] \quad (1)$$

式中:$C(y,z,t)$ 为单个实源扩散形成计算点 $P(y,z)$ 的扩散质浓度;t 为时间。按照叠加原理,可认为具有实际角形域边界的单个实源形成的浓度和不考虑实际边界时实源、像源、像·像源、多重像源等扩散叠加形成的浓度是等价的,定义域为 $y \geqslant 0$,$y\tan\theta \geqslant z \geqslant 0$。

当 $n=2$、$\theta=90°$ 时,浓度分布可表示为

$$C(y,z,t)=\frac{m}{4\pi t\sqrt{E_yE_z}}\left\{\exp\left[-\frac{(y-y_0)^2}{4E_yt}-\frac{(z-z_0)^2}{4E_zt}\right]+\exp\left[-\frac{(y-y_0)^2}{4E_yt}-\frac{(z+z_0)^2}{4E_zt}\right]\right.$$
$$\left.+\exp\left[-\frac{(y+y_0)^2}{4E_yt}-\frac{(z+z_0)^2}{4E_zt}\right]+\exp\left[-\frac{(y+y_0)^2}{4E_yt}-\frac{(z-z_0)^2}{4E_zt}\right]\right\} \quad (2)$$

令 $y_0=z_0=0$，即线源位于角形域顶点处（下同），须注意各源的扩散特征。由式（2）得到角形域 AOB 内扩散质的浓度分布为

$$C(y,z,t)=\frac{4m}{4\pi t\sqrt{E_yE_z}}\exp\left(-\frac{y^2}{4E_yt}-\frac{z^2}{4E_zt}\right) \quad (3)$$

根据角形域映射原理和各源的扩散特征，对分布于 OA、OA′、OA″等两侧成对出现的等强度源、像源或多重像源，两源重合且扩散特征相同，可以按源强乘 2、源的数量减半以及扩散横向和垂向的坐标旋转 $2i\theta$（其中 $i=0,1,2,\cdots,n-1$）进行分析。

当 $n=3$、$\theta=60°$时，角形域 AOB 内扩散质的浓度分布可表示为

$$C(y,z,t)=\frac{2m}{4\pi t\sqrt{E_yE_z}}\sum_{i=0}^{2}\exp\left\{-\frac{[y\cos(2i\theta)+z\sin(2i\theta)]^2}{4E_yt}-\frac{[-y\sin(2i\theta)+z\cos(2i\theta)]^2}{4E_zt}\right\} \quad (4)$$

同理类推，当 n 为自然数、$\theta=180°/n$ 时，角形域 AOB 内扩散质的浓度分布可表示为

$$C(y,z,t)=\frac{2m}{4\pi t\sqrt{E_yE_z}}\sum_{i=0}^{n-1}\exp\left\{-\frac{[y\cos(2i\theta)+z\sin(2i\theta)]^2}{4E_yt}-\frac{[-y\sin(2i\theta)+z\cos(2i\theta)]^2}{4E_zt}\right\} \quad (5)$$

式（5）表示了水面和倾斜岸坡形成的角形域顶点排污、横向和垂向扩散系数不相等条件下，静止水体中瞬时线源扩散，角形域内浓度分布的理论计算公式，适用条件 $\theta=180°/n$（n 为自然数）。

3 等强度连续点源的移流扩散

基于略去纵向扩散项 $E_x\frac{\partial^2C}{\partial x^2}\left(\ll U\frac{\partial C}{\partial x}\right)$ 的移流扩散简化方程 $U\frac{\partial C}{\partial x}=E_y\frac{\partial^2C}{\partial y^2}+E_z\frac{\partial^2C}{\partial z^2}$，在保守物质等强度连续点源条件下的解析解[2]为

$$C(x,y,z)=\frac{\dot{m}}{4\pi x\sqrt{E_yE_z}}\exp\left(-\frac{Uy^2}{4E_yx}-\frac{Uz^2}{4E_zx}\right) \quad (6)$$

式中：x 为沿水流向的纵向坐标；$\dot{m}$ 为单位时间的排污强度；U 为断面平均流速。

式（6）为在水面 OA 和倾斜岸坡 OB 形成的角形域顶点以等强度连续点源方式投入保守扩散质，不考虑实际边界的单个实源扩散形成的浓度分布。

按照静止水体中瞬时线源扩散的类似分析方法，不难得到，当 n 为自然数、$\theta=180°/n$ 时，倾斜岸坡角形域顶点等强度连续点源移流扩散情况下，角形域 AOB 内扩散质的浓度分布为

一、河流、水库浓度分布理论分析

$$C(x,y,z) = \frac{2\dot{m}}{4\pi x \sqrt{E_y E_z}} \sum_{i=0}^{n-1} \exp\left\{-\frac{U[y\cos(2i\theta) + z\sin(2i\theta)]^2}{4E_y x} - \frac{U[-y\sin(2i\theta) + z\cos(2i\theta)]^2}{4E_z x}\right\}$$

(7)

式（7）表示了水面和倾斜岸坡形成的角形域顶点排污、横向和垂向扩散系数不相等条件下，等强度连续点源移流扩散，角形域内浓度分布的理论计算公式，适用条件 $\theta = 180°/n$（n 为自然数）。

4 结果分析与讨论

4.1 结果分析

在水面和倾斜岸坡形成的角形域顶点排污、横向和垂向扩散系数不相等条件下，角形域内浓度分布的理论计算式（5）和式（7）是在已有扩散理论的基础上，按照扩散方程单独解的叠加原理和物面扩散通量为 0 的边界条件，根据镜像法原理和角形域平面镜光学映射实验结果，经过严密的数学推理得到。

由于式（5）中的变量 m、t 与式（7）中的变量 $\dot{m}$、x 存在如下变量替换关系：

$$m = \frac{\dot{m}}{U} \tag{8}$$

$$t = \frac{x}{U} \tag{9}$$

静止水体中瞬时线源的扩散与等强度连续点源的移流扩散简化方程，两者浓度分布的函数形式和分布曲线形态相同，因此，从式（7）进行结果分析与讨论。

在式（7）中取等强度连续点源的排污强度 $\dot{m} = 100$ g/s，横向和垂向扩散系数分别为 $E_y = 0.1$ m²/s 和 $E_z = 0.01$ m²/s，平均流速 $U = 0.5$ m/s，分别计算岸坡倾角 θ 为 30°、36°、45°和 60°，即 n 为 6、5、4 和 3，断面位于排污口下游 x 为 50m 和 100m 处的水面、垂线和圆弧线上的污染物浓度分布。图 2 绘制了在 $x = 50$ m 处的水面横向浓度分布，图 3 绘制了在 $x = 50$ m 处、$y = 5$ m 点的垂线浓度分布，图 4 绘制了当 $\theta = 60°$ 时，在 x 为 50m 和 100m 处不同垂线的浓度分布，图 5 绘制了在 x 为 100m 处、r_{yz} 为 5m 圆弧线上的浓度分布。

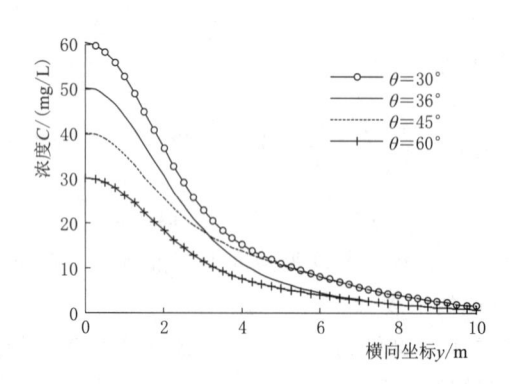

图 2 在 x 为 50m 处的水面横向浓度分布

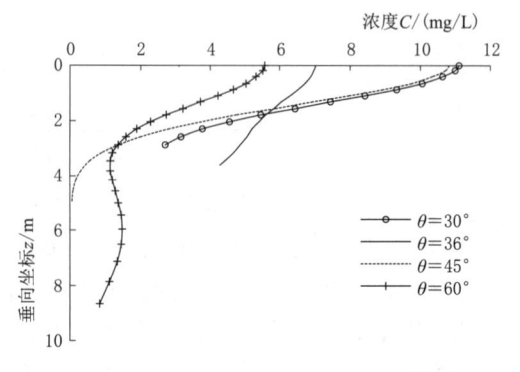

图 3 在 $x = 50$ m 处、$y = 5$ m 点的垂线浓度分布

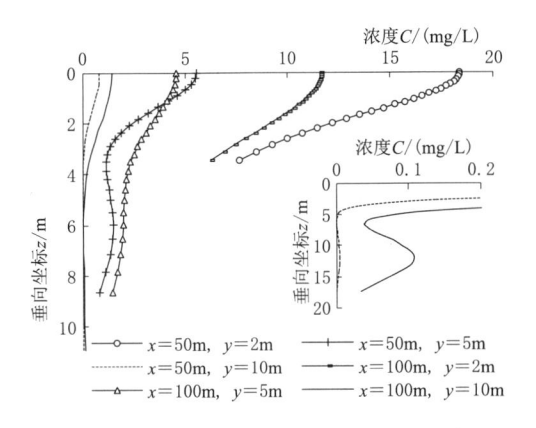

图 4 当 $\theta = 60°$ 时 x 为 50m 和 100m 处垂线的浓度分布

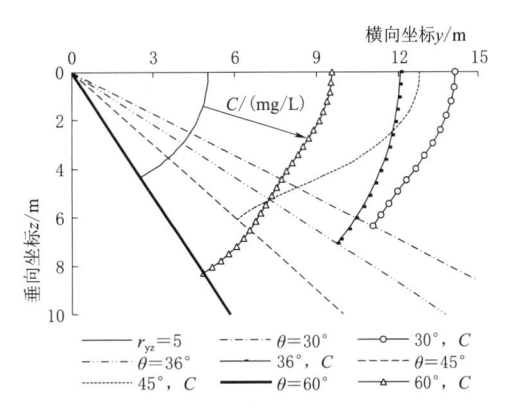

图 5 在 x 为 100m 处 r_{yz} 为 5m 圆弧线上的浓度分布

由图 2 可以看出，水面横向浓度分布近似为半正态分布，排放岸最大浓度值随角形域内角的减小而增大。当角形域的内角 θ 为 36°和 45°时水面横向浓度分布曲线出现交叉现象，当 θ 为 30°和 45°、θ 为 36°和 60°时水面横向浓度分布曲线随横向坐标的增大分别趋于接近。这是因为当横向坐标较小时，污染物在角形域排污顶点附近扩散和反射，空间狭小、污染物聚积、浓度增大是主要特征，此时污染物浓度随角形域内角的减小而增大；而当横向坐标较大时，污染物扩散更能体现横向和垂向扩散系数不相等以及不同的边界映射特征，参见图 1。如当 θ 为 30°和 45°（n 为偶数，下同）时，水面延长线两侧存在像源或多重像源，污染物沿横向扩散得更远；如当 θ 为 36°和 60°（n 为奇数，下同）时，水面延长线两侧不存在像源或多重像源，污染物沿横向扩散的较近。

由图 3 可以看出，角形域 θ 为 30°和 45°比 θ 为 36°和 60°在水面附近的污染物浓度更大，在底部附近的污染物浓度相对较小。角形域 θ 为 36°和 60°在底部附近的污染物浓度分布出现波动特征，这是由倾斜岸坡延长线两侧存在像源或多重像源的扩散情况引起，参见图 1。由图 4 可以看出，当 θ 为 60°时，横向坐标较小的垂线浓度较大，随水深单调减小；横向坐标较大的垂线浓度较小，随水深浓度分布出现波动特征，同图 2、图 3 分析。

由图 5 可以看出，污染物浓度在圆弧线上以角形域内角 $\theta = 36°$ 和 60°平分线呈对称分布特征，当角形域 $\theta = 30°$ 和 45°时，污染物浓度从水面到底部倾斜岸坡呈衰减曲线分布，这一点主要取决于实源、像源和多重像源的分布状况。

4.2 讨论

由以上结果分析可以看出，倾斜岸坡角形域顶点排污浓度分布的复杂性和多重性，讨论如下。

（1）当 $E_y = E_z = E$ 时，由式（7）得到保守物质等强度连续点源条件下角形域 AOB 内扩散质的浓度分布为

$$C(x,y,z) = \frac{2n\dot{m}}{4\pi Ex} \exp\left[-\frac{U(y^2+z^2)}{4Ex}\right] = \frac{\beta \dot{m}}{4\pi Ex} \exp\left(-\frac{Ur^2}{4Ex}\right) \quad (10)$$

式中：$r=\sqrt{y^2+z^2}$；$\beta=2n=\dfrac{360}{\theta}$ 为角域映射系数。这一结果与文献 [5] 中 $h\to 0$ 的情况和文献 [6] 中的条件和结果完全一致。

（2）当 $\theta=180°$（即 $n=1$）时，具有一侧边界反射的污染物扩散为角形域扩散的特例，式（7）变为

$$C(x,y,z)=\dfrac{2\dot{m}}{4\pi x\sqrt{E_y E_z}}\exp\left(-\dfrac{Uy^2}{4E_y x}-\dfrac{Uz^2}{4E_z x}\right) \tag{11}$$

这一结果与文献 [2][10] 的条件和结果完全一致。

（3）当 $x=$ 定值时，在 yOz 全平面域上式（6）的等浓度线是一个椭圆。由角形域映射图 1 和式（7）不难得到，实源、像源和多重像源在角形域内扩散的等浓度线——β 个椭圆弧可以组成相同的椭圆，说明物质在角形域与平面域扩散的质量守恒性。

以上讨论均说明本文倾斜岸坡角形域顶点排污浓度分布理论计算公式的合理性。式（5）和式（7）在分析水库岸边排污扩散问题时，对于水质监测数据的归纳分析和水质模型的验证以及排污口位置的选择等，将具有较高的实用价值和理论指导作用。

5 结论

（1）采用镜像法原理和角形域平面镜映射实验，给出了横向和垂向扩散系数不相等的角形域映射图。

（2）在横向和垂向扩散系数不相等的条件下，角形域内角角度对污染物的浓度分布影响很大，当 n 为奇、偶数时污染物浓度分布规律不同，角形域顶点排污浓度分布具有复杂性和多重性。

（3）在角形域内分别给出了静止水体中瞬时线源的二维扩散和等强度连续点源简化三维移流扩散浓度分布的理论计算公式。

（4）适用条件为顺直倾斜岸坡大宽度深水情况，满足内角 $\theta=180°/n$（n 为自然数）的角形域顶点排污的浓度计算。

参考文献

[1] CHEN Y, LIU Z, SHEN M. The Numerical simulation of pollutant mixing zone from riverside discharge outlet in Three Gorges Reservoir//Proceedings of the 6th International Conference on Hydrodynamics [C]. Hydrodynamics Ⅵ, 2004: 401-408.

[2] 余常昭. 环境流体力学导论 [M]. 北京：清华大学出版社，1992.

[3] 武周虎，武文，路成刚. 河流混合污染物浓度二维移流扩散方程的解析计算及其简化计算的条件Ⅰ：顺直宽河流不考虑边界反射 [J]. 水利学报，2009，40（8）：976-982.

[4] 武周虎，武文，路成刚. 河流混合污染物浓度二维移流扩散方程的解析计算及其简化计算的条件Ⅱ：顺直河流考虑边界反射 [J]. 水利学报，2009，40（9）：1070-1076.

[5] 刘昭伟，陈永灿，王智勇，等. 梯形渠道岸边排污浓度分布的理论分析 [J]. 环境科学学报，2007，27（2）：332-336.

[6] 武周虎. 水库倾斜岸坡地形污染混合区的三维解析计算方法 [J]. 科技导报，2008，26（18）：

30-34.

[7] HOLLEY E R, SIEMOUS J, ABRAHAM G. Some aspects of analyzing transverse diffusion in rivers [J]. Journal of Hydraulic Research, 1972, 10 (1): 27-57.

[8] 李玲, 李玉梁, 陈嘉范. 梯形断面水槽中横向扩散系数的实验 [J]. 清华大学学报: 自然科学版, 2003, 43 (8): 1124-1126, 1152.

[9] 陈永灿, 朱德军. 梯形断面明渠中纵向离散系数研究 [J]. 水科学进展, 2005, 16 (4): 511-517.

[10] FISCHER H B, IMBERGER J, LIST E J, et al. Mixing in inland and coastal waters [M]. New York: Academic Press, 1979.

1-05　倾斜岸坡角形域顶点排污浓度分布规律探讨*

摘　要：本文基于镜像法原理和角形域平面镜映射实验，给出了横向与垂向扩散系数不相等的角形域 $\theta=360°/\beta$（β 为奇数）映射图。从无限区域静止水体中瞬时线源的二维扩散和等强度连续点源三维移流扩散简化方程的解析解入手，分析推导出角形域顶点排污瞬时线源扩散的浓度近似计算公式，进而得到了角形域顶点排污等强度连续点源移流扩散浓度分布的理论公式。结果分析与讨论表明，在简化条件下该理论公式与可对比理论解完全一致，角形域内角角度对污染物的浓度分布影响很大，呈现出以角域映射系数 $\beta=4$ 的倍数的周期性变化规律，角形域顶点排污浓度分布具有复杂性和多重性。该理论公式可为水库岸边污染混合区浓度估算提供有力的工具，适用条件为顺直倾斜岸坡大宽度深水情况，满足内角 $\theta=360°/\beta$ 的角形域顶点排污浓度的近似计算。

关键词：环境水力学；倾斜岸坡；角形域；浓度分布；周期性规律；镜像法

　　当水库岸边的排污进入受纳水体后，污水是在水面和倾斜岸坡形成的角形域中移流扩散。由于水库的倾斜岸坡一般延伸较长，宽度和水深都比较大，因此，倾斜岸坡角形域顶点排污产生的污染物浓度分布基本不受其对岸边界反射的影响。在横向与垂向扩散系数相等的条件下，Holley 等[1]研究了梯形渠道中的污染物岸边排放，并给出横断面水深的变化对浓度分布的影响；刘昭伟等[2]定性分析了边坡倾角对梯形渠道中浓度分布的影响，并通过合理的假设建立了梯形渠道岸边排污浓度分布的计算公式；武周虎[3]采用解析法给出了倾斜岸水库污染混合区的理论分析及简化条件。

　　在横向与垂向扩散系数不相等的条件下，武周虎[4]采用解析法给出了铅垂岸水库污染混合区的理论分析及简化条件；武周虎[5]采用镜像法原理和角形域平面镜映射实验，在水库倾斜岸坡地形满足内角 $\theta=180°/n$（n 为自然数，$\beta=2n$ 为偶数）情况下，给出了角形域映射图，推导了角形域顶点排污浓度分布的理论公式。本文在文献[5]研究的基础上，在 $n=$（自然数 $+0.5$）（β 为奇数）情况下，给出角形域映射图；推导瞬时线源排放和等强度连续点源排放下角形域顶点排污浓度分布的理论公式；并结合文献[5]的理论公式，在角域映射系数 $\beta=360°/\theta$ 为自然数的情况下，分析角形域顶点排污浓度分布的变化规律，讨论结果的合理性及其应用范围。

1　角形域映射原理

　　利用镜像法，形成角形域的水面和倾斜岸坡均被看成平面镜。根据平面镜成像原理和角形域平面镜光学映射实验结果，所有景物（包括源和边界）在平面镜（包括像镜、像

---

* 原文载于《水力发电学报》，2012，31（6），作者：武周虎，徐美娥，武桂芝。

像镜、多重像镜等）的"背面"对称位置形成其"像、像·像、多重像等"，包括像源、像镜、像·像源、像·像镜、多重像源和多重像镜等，依次形成角形域映射图谱。

在图1中，令$\angle AOB = \theta$，并且满足$\theta = 360°/\beta$，β为奇数（下同）。图1给出了角形域映射示意图，图中OA为水面，OB为倾斜岸坡，AOB是角形域。在角形域内加入一个垂直于纸平面的线源，图中以实源S表示，长方形源点表示横向与垂向扩散系数不相等的扩散特征。解决各种边界所限制的扩散问题，通常是运用叠加原理，如果方程和边界是线性的，则可以叠加任意数量方程的单独解，而得到新的解[6]。当考虑水面和倾斜岸全反射时，污染物沿角形域顶点向外的径向可扩散至无穷远，在角形域边界上物质不能通过它而扩散，其扩散通量为零，按费克定律应有浓度梯度$\partial C/\partial n = 0$，成为扩散应满足的边界条件。

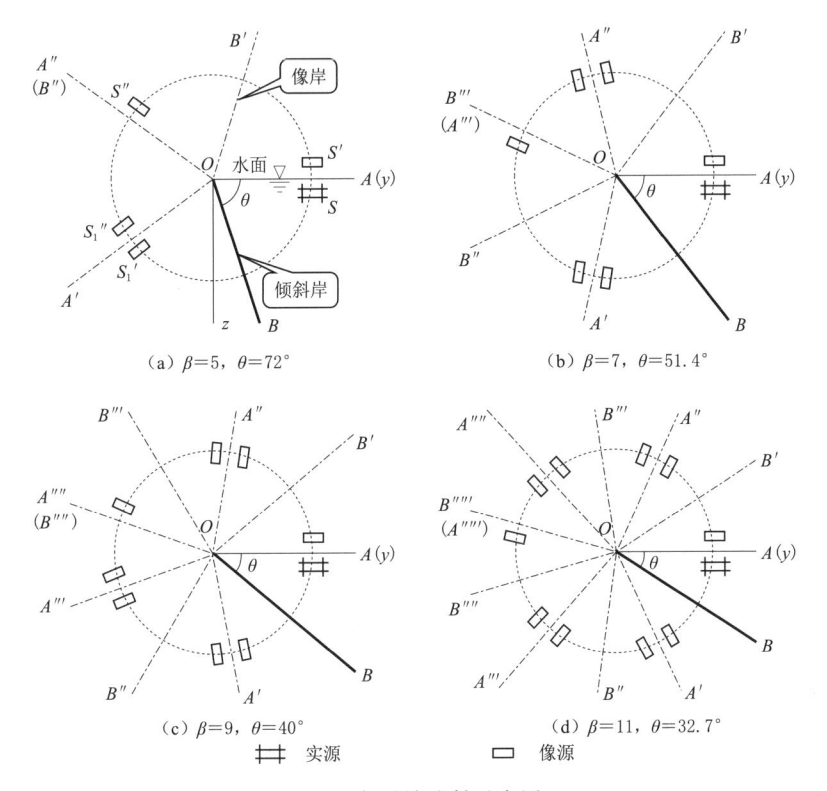

图1 角形域映射示意图

(a) $\beta = 5$，$\theta = 72°$
(b) $\beta = 7$，$\theta = 51.4°$
(c) $\beta = 9$，$\theta = 40°$
(d) $\beta = 11$，$\theta = 32.7°$

当$\beta = 5$，$\theta = 72°$时，见图1（a）。在水面上方对称位置加入一个虚拟的等强度像源S'和像岸OB'；在倾斜岸左侧对称位置分别加入一个虚拟的等强度像源S_1'和像水面OA'；在像岸OB'左侧对称位置分别加入一个虚拟的等强度像·像源S''和像·水面OA''；在像水面OA'左上侧对称位置分别加入一个虚拟的等强度像·像源S_1''和像·像岸OB''。注意到像·像水面OA''与像·像岸OB''是重合的，即OA''与OB''所形成的角形域影像区消失。取消水面边界后，实源S与像源S'、像源S_1'与像·像源S''的垂向扩散强度相等而符号相反的作用仍能保持水面的边界条件，但像·像源S_1''的垂向扩散通量不能满足物面边界条件；取消倾斜岸边界后，实源S与像源S_1'、像源S'与像·像源S_1''在倾斜岸边界法向的扩散强度相等而符号相反的作用仍能保持倾斜岸的边界条件,但像·像源 S'' 在倾斜岸边界法向的扩散通量不能满足物面边界条件。

当 $\beta=7$,$\theta=51.4°$ 时,见图 1(b)。"平面镜"OA 将 OB 映射成 OB',即为像岸,"平面镜"OB 将 OA 映射成 OA',即为像镜;OA' 将 OB 映射成 OB'',即为像·像岸,OB' 将 OA 映射成 OA'',即为像·像镜;OA'' 将 OB' 映射成 OB''',即为多重像岸,OB'' 将 OA' 映射成 OA''',即为多重像镜。图中分布于 OA 两侧的实源和像源被同步映射到 OA'、OA'' 两侧和 OA''' 一侧,后者是因为 OA''' 与 OB''' 是重合的,即 OA''' 与 OB''' 所形成的角形域影像区消失。这些等强度像源、像·像源和多重像源的扩散特征为横向 OA、OA'、OA''、OA''',与之垂直方向为垂向扩散。

当 $\beta=9$,$\theta=40°$ 时,见图 1(c)。从 OA 到 OA'、OA'' 再到 OA''',从 OB 到 OB'、OB'' 再到 OB''' 的映射过程与 $\beta=7$ 基本相同,只是由于 β 值的增大、θ 值减小,剩余的区域又映射出 OA''''(OB'''')。

当 $\beta=11$,$\theta=32.7°$ 时,见图 1(d)。如此类推,当 β 为奇数时,水面 OA 或倾斜岸 OB 的像或多重像总是成对出现且最后一对多重像总是重合的,OA、OA'、OA'' 等两侧或一侧分布有等强度的源、像源或多重像源,而 OB、OB'、OB'' 等两邻侧均无任何源。扩散特征为横向 OA、OA'、OA'' 等,与之垂直方向为垂向扩散。

根据 β 个实源、像源和多重像源在角形域所在平面的对称性分析,在角形域的两条边界及其延长线两侧各有 ($\beta-1$) 个实源、像源和多重像源与之呈对称分布(见图 1),可以得到这 ($\beta-1$) 个实源、像源和多重像源在角形域的两条边界(法向)上均满足浓度梯度和扩散通量为零的物面条件;不满足对称分布的一个多重像源,在角形域内所占的物质扩散份额约为 $1/\beta$,由此而引起不满足边界条件的浓度误差应不会超过 $1/(2\beta)$。当奇数 $\beta>10$(即 $\theta<36°$)时,该浓度误差小于 5%。因此,由 β 个实源、像源和多重像源在角形域内扩散浓度的叠加可以得到在角形域内污染物浓度的理论公式。

2 静止水体中瞬时线源的扩散

如图 1 水面 OA 为横向坐标 y,水面向下为垂向坐标 z,垂直于 yOz 截面为纵向坐标 x。设 $t=0$ 时刻,在水面 OA 和倾斜岸坡 OB 形成的角形域顶点纵向瞬时均匀地投入线源保守扩散质,向半无限角形域 $\angle AOB=\theta$ 扩散,单位长度的扩散质——源强为 m。可采用角形域映射原理和扩散理论来分析该区域内扩散质的浓度分布。

设线源位于 $S(y_0,z_0)$,横向与垂向扩散系数分别为 E_y 和 E_z。当 β 为奇数时,线源的角形域映射见图 1。此时,不考虑实际边界的单个实源扩散形成的浓度分布为[7]

$$C(y,z,t)=\frac{m}{4\pi t\sqrt{E_yE_z}}\exp\left[-\frac{(y-y_0)^2}{4E_yt}-\frac{(z-z_0)^2}{4E_zt}\right] \tag{1}$$

式中:$C(y,z,t)$ 为单个实源扩散形成计算点 $P(y,z)$ 的扩散质浓度;t 为时间。按照叠加原理,可认为具有实际角形域边界的单个实源形成的浓度和不考虑实际边界时实源、像源、像·像源、多重像源等扩散叠加形成的浓度,在奇数 $\beta>10$ 时是近似等价的,定义域为 $y\geq 0$,$y\tan\theta\geq z\geq 0$。

令 $y_0=z_0=0$,即线源位于角形域顶点处(下同),须注意各源的扩散特征。根据角形域映射原理和各源的扩散特征，对分布于 OA、OA'、OA'' 等两侧成对出现的等强度源、像源或多重像源，两源重合且扩散特征相同，可以按源强乘 2、源的数量减半计算；对分布于水面和倾斜岸多重像重合线的 OA'''（OB'''）一侧的等强度多重像源，单独计算浓度进行叠加。各源的扩散特征按扩散横向和垂向的坐标旋转进行分析。

当 $\beta=5$、$\theta=72°$ 时，角形域 AOB 内扩散质的浓度分布的理论公式可表示为

$$C(y,z,t) = \frac{m}{4\pi t \sqrt{E_y E_z}} \left\{ 2\sum_{i=0}^{i=1} \exp\left\{ -\frac{[y\cos(2i\theta)+z\sin(2i\theta)]^2}{4E_y t} - \frac{[-y\sin(2i\theta)+z\cos(2i\theta)]^2}{4E_z t} \right\} + \exp\left\{ -\frac{[y\cos((\beta+1)\theta/2)+z\sin((\beta+1)\theta/2)]^2}{4E_y t} - \frac{[-y\sin((\beta+1)\theta/2)+z\cos((\beta+1)\theta/2)]^2}{4E_z t} \right\} \right\}$$

(2)

当 $\beta=7$、$\theta=51.4°$ 时，角形域 AOB 内扩散质的浓度分布的理论公式可表示为

$$C(y,z,t) = \frac{m}{4\pi t \sqrt{E_y E_z}} \left\{ 2\sum_{i=-1}^{i=1} \exp\left\{ -\frac{[y\cos(2i\theta)+z\sin(2i\theta)]^2}{4E_y t} - \frac{[-y\sin(2i\theta)+z\cos(2i\theta)]^2}{4E_z t} \right\} + \exp\left\{ -\frac{[y\cos((\beta+1)\theta/2)+z\sin((\beta+1)\theta/2)]^2}{4E_y t} - \frac{[-y\sin((\beta+1)\theta/2)+z\cos((\beta+1)\theta/2)]^2}{4E_z t} \right\} \right\}$$

(3)

同理类推，当 $N=\text{INT}(\beta/4)=\text{INT}(\beta/4+0.5)$ 时 [其中 INT( ) 函数为将数值向下取整为最接近的整数]，$i=-N+1, -N+2, \cdots, N$；当 $N=\text{INT}(\beta/4)\neq \text{INT}(\beta/4+0.5)$ 时，$i=-N, -N+1, \cdots, N$。角形域 AOB 内扩散质的浓度分布的理论公式可统一表示为

$$C(y,z,t) = \frac{m}{4\pi t \sqrt{E_y E_z}} \left\{ 2\sum_i \exp\left\{ -\frac{[y\cos(2i\theta)+z\sin(2i\theta)]^2}{4E_y t} - \frac{[-y\sin(2i\theta)+z\cos(2i\theta)]^2}{4E_z t} \right\} + \exp\left\{ -\frac{[y\cos((\beta+1)\theta/2)+z\sin((\beta+1)\theta/2)]^2}{4E_y t} - \frac{[-y\sin((\beta+1)\theta/2)+z\cos((\beta+1)\theta/2)]^2}{4E_z t} \right\} \right\}$$

(4)

式（4）表示了水面和倾斜岸坡形成的角形域顶点排污、横向与垂向扩散系数不相等条件下，静止水体中瞬时线源扩散，角形域内浓度分布的理论公式，适用条件 $\beta=360°/\theta$（β 为奇数），对 β 为大于 10 的奇数计算精度较高。

3 等强度连续点源的移流扩散

基于略去纵向扩散项 $E_x\frac{\partial^2 C}{\partial x^2}$（$\ll U\frac{\partial C}{\partial x}$）的移流扩散简化方程 $U\frac{\partial C}{\partial x}=E_y\frac{\partial^2 C}{\partial y^2}+E_z\frac{\partial^2 C}{\partial z^2}$，在保守物质等强度连续点源条件下的解析解[7] 为

$$C(x,y,z) = \frac{\dot{m}}{4\pi x \sqrt{E_y E_z}} \exp\left(-\frac{Uy^2}{4E_y x} - \frac{Uz^2}{4E_z x}\right)$$

(5)

式中：x 为沿水流向的纵向坐标；$\dot{m}$ 为单位时间的排污强度；U 为断面平均流速。

式（5）为在水面 OA 和倾斜岸坡 OB 形成的角形域顶点以等强度连续点源方式投入

一、河流、水库浓度分布理论分析

保守扩散质，不考虑实际边界的单个实源扩散形成的浓度分布。

按照静止水体中瞬时线源扩散的类似分析方法，不难得到，当 β 为奇数、$\beta=360°/\theta$ 时，倾斜岸坡角形域顶点等强度连续点源移流扩散情况下，角形域 AOB 内扩散质的浓度分布为

$$C(x,y,z) = \frac{\dot{m}}{4\pi x \sqrt{E_y E_z}} \left\{ 2\sum_i \exp\left\{-\frac{U[y\cos(2i\theta)+z\sin(2i\theta)]^2}{4E_y x} - \frac{U[-y\sin(2i\theta)+z\cos(2i\theta)]^2}{4E_z x}\right\} + \exp\left\{-\frac{U[y\cos((\beta+1)\theta/2)+z\sin((\beta+1)\theta/2)]^2}{4E_y x} - \frac{U[-y\sin((\beta+1)\theta/2)+z\cos((\beta+1)\theta/2)]^2}{4E_z x}\right\} \right\} \tag{6}$$

式（6）表示了水面和倾斜岸坡形成的角形域顶点排污、横向与垂向扩散系数不相等条件下，等强度连续点源移流扩散，角形域内浓度分布的理论公式，适用条件 $\theta=360°/\beta$（β 为奇数），对 β 为大于 10 的奇数计算精度较高。

4 结果分析与讨论

4.1 结果分析

在水面和倾斜岸坡形成的角形域顶点排污、横向与垂向扩散系数不相等条件下，角形域内浓度分布的理论式（4）和式（6）是在已有扩散理论的基础上，在静止水体或均匀恒定流、边界规则不变、半无限水域条件下，按照 β 个实源、像源和多重像源扩散的叠加原理和（$\beta-1$）个实源、像源和多重像源扩散的物面扩散通量为 0 及一个多重像源扩散的物面扩散通量不为 0 的近似边界条件，根据镜像法原理和角形域平面镜光学映射实验结果，经过数学推理得到。

由于式（4）中的变量 m、t 与式（6）中的变量 $\dot{m}$、x 存在如下变量替换关系：

$$m = \frac{\dot{m}}{U} \tag{7}$$

$$t = \frac{x}{U} \tag{8}$$

静止水体中瞬时线源的扩散与等强度连续点源的移流扩散简化方程，两者浓度分布的函数形式和分布曲线形态相同，因此，从式（6）进行结果分析与讨论。

当 β 为偶数（$n=\beta/2$）时，采用文献［5］给出的角形域顶点排污浓度分布的理论公式

$$C(x,y,z) = \frac{2\dot{m}}{4\pi x \sqrt{E_y E_z}} \sum_{i=0}^{n-1} \exp\left\{-\frac{U[y\cos(2i\theta)+z\sin(2i\theta)]^2}{4E_y x} - \frac{U[-y\sin(2i\theta)+z\cos(2i\theta)]^2}{4E_z x}\right\} \tag{9}$$

以便分析本文理论公式的合理性和 β 为自然数时角形域顶点排污浓度分布的变化规律。

在式（6）和式（9）中令 $y=0$，$z=0$ 得到角形域顶点排污断面最大浓度为

$$C(x,0,0) = \frac{\beta \dot{m}}{4\pi x \sqrt{E_y E_z}} = \frac{\dot{m}}{2\theta x \sqrt{E_y E_z}} \tag{10}$$

式中：$\theta=2\pi/\beta$ 为倾斜岸坡形成角形域的内角，rad；角形域映射系数 β 为自然数。由

式（10）可以看出，角形域顶点排污断面最大浓度与岸坡倾角 θ 和纵向坐标 x 均成反比。

在式（6）和式（9）中取等强度连续点源的排污强度 $\dot{m}=100\text{g/s}$，横向与垂向扩散系数分别为 $E_y=0.1\text{m}^2/\text{s}$ 和 $E_z=0.01\text{m}^2/\text{s}$，平均流速 $U=0.5\text{m/s}$，岸坡倾角和角形域映射系数的计算值见表1，计算断面位于排污口下游 $x=50\text{m}$ 和 100m 处的水面、垂线或圆弧线上的污染物浓度分布。图2绘制了在 $x=50\text{m}$ 和 100m 处 $y=0$、2m、5m、10m 的水面点污染物浓度随边坡倾角的变化曲线，图3绘制了不同边坡倾角情况下在 $x=50\text{m}$ 处 $y=5\text{m}$ 点的垂线浓度分布，图4绘制了在 $x=100\text{m}$ 处 $r_{yz}=5\text{m}$ 圆弧线上的浓度分布。

表 1　　　　　　　　　岸坡倾角和角形域映射系数的计算值

岸坡倾角 $\theta/(°)$	45	40	36	32.7	30	27.7	25.7	24	22.5
角形域映射系数 β	8	9	10	11	12	13	14	15	16

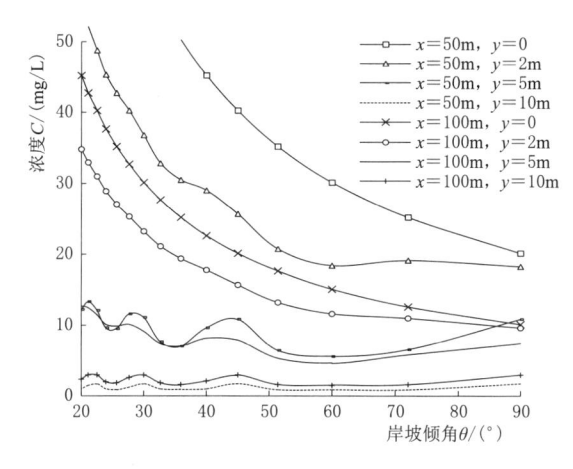

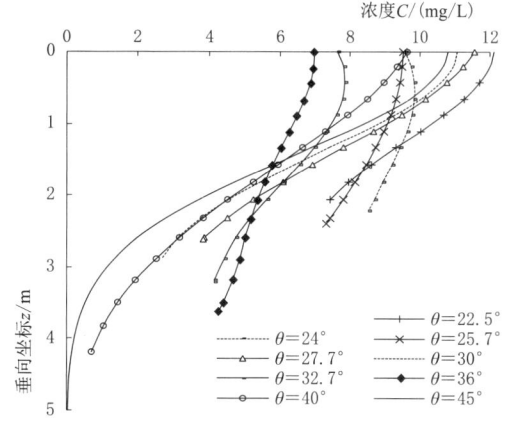

图 2　水面点污染物浓度随边坡倾角的变化曲线

图 3　在 $x=50\text{m}$ 处 $y=5\text{m}$ 点的垂线浓度分布

由图2可以看出，在横向与垂向扩散系数不相等的情况下，除 $y=0$ 点外水面点污染物浓度均呈现以角域映射系数 $\beta=4$ 的倍数的周期性波动规律。当 $\beta=4$、8、12、16、…（$\theta=90°$、45°、30°、22.5°、…）时，水面点污染物浓度处于周期性波动的较高位置；当 $\beta=4$ 的倍数加2时，水面点污染物浓度处于周期性波动的较低位置。从总体上看，水面点污染物浓度随岸坡倾角 θ 的增大而呈现波状衰减的趋势，当距离排放岸越近时，污染物在角形域排污顶点附近扩散和反射、空间狭小、污染物聚积、浓度增大是主要特征，此时污染物浓度随角形域内角的增大而减小；而当距离排放岸越远时，污染物扩散更能体现横向与垂向扩散系数不相等以及不同的边界映射特

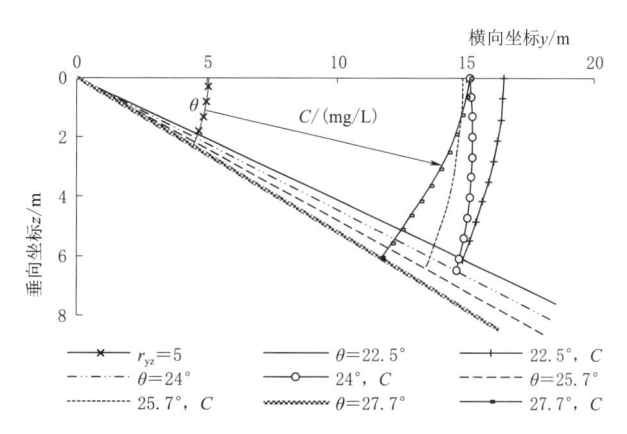

图 4　在 $x=100\text{m}$ 处 $r_{yz}=5\text{m}$ 圆弧线上的浓度分布

征，即污染物浓度差减小，周期性明显。这一周期性变化特性与平面域分成四个象限有关，也可以通过角形域映射示意图 1 看出。水面点污染物浓度随边坡倾角（角域映射系数）周期性变化规律的发现，揭开了倾斜岸坡角形域顶点排污浓度分布规律的神秘面纱，这也是长期困扰学术界的难题。

由图 2 还可以看出，在水面 $y=0$ 点，不同边坡倾角都是 $x=50$m 处的污染物浓度大于 $x=100$m 处的污染物浓度；而在水面 $y=10$m 点，不同边坡倾角都是 $x=50$m 处的污染物浓度小于 $x=100$m 处的污染物浓度，这一浓度变化规律符合污染物输移扩散浓度分布的一般规律，即纵向坐标 x 越小，污染物浓度最大值越大，污染物扩散范围越窄；反之，当纵向坐标 x 越大，污染物浓度最大值越小，污染物扩散范围越宽。

由图 3 可以看出，当 $\beta=8$、12、16、$\cdots$（$\theta=45°$、30°、22.5°、$\cdots$）时，在 $x=50$m 处 $y=5$m 点的垂线浓度分布呈现基本相同的单调递减变化趋势，不同边坡倾角的水面点浓度在同一周期内为最大值；当 $\beta=10$、14、$\cdots$（$\theta=36°$、25.7°、$\cdots$）时，在 $x=50$m 处 $y=5$m 点的垂线浓度分布呈现基本相同的单调递减变化趋势，不同边坡倾角的水面点浓度在同一周期内为最小值，水面点与底部点浓度差减小；当 $\beta=9$、13、$\cdots$（$\theta=40°$、27.7°、$\cdots$）时，在 $x=50$m 处 $y=5$m 点的垂线浓度分布呈现基本相同的单调递减变化趋势，不同边坡倾角的水面点浓度分别介于 $\beta=8$ 与 10、12 与 14、$\cdots$（$\theta=45°$ 与 36°、30° 与 25.7°、$\cdots$）的水面点浓度之间；当 $\beta=11$、15、$\cdots$（$\theta=32.7°$、24°、$\cdots$）时，在 $x=50$m 处 $y=5$m 点的垂线浓度分布呈现基本相同的先递增后递减变化趋势，不同边坡倾角的水面点浓度分别介于 $\beta=10$ 与 12、14 与 16、$\cdots$（$\theta=36°$ 与 30°、25.7° 与 22.5°、$\cdots$）的水面点浓度之间。由图 3 可以清楚地看出，垂线浓度分布呈现随角域映射系数 $\beta=4$ 的倍数的周期性变化规律，特别在 $\beta=4$ 的倍数加 3 或 $\beta=4$ 的倍数减 1 时出现垂线最大浓度在水面下一定深度的情况。

文献 [8] 给出的三峡库区涪陵磷肥厂排污口污染带同步观测资料表明，在排污口下游 20m、50m、100m 处的库岸边坡倾角分别为 $\theta=31.4°$、$\theta=33.9°$、$\theta=31.8°$，且变化范围较小，其平均值为 $\theta=32.4°$ 比较接近 $\theta=32.7°$（$\beta=11$）的条件，上述 3 个断面同步观测的垂线浓度分布在水面下一定深度出现最大浓度特征的情况，可以采用本文理论给出较为合理的解释。

由图 4 可以看出，当边坡倾角分别处于同一周期的 4 个 $\theta=27.7°$、25.7°、24°、22.5°（$\beta=13\sim16$）时，由 $x=100$m 处 $r_{yz}=5$m 圆弧线上的污染物浓度分布可知，水面点浓度依次为 10.1mg/L、9.8mg/L、10.1mg/L 和 11.4mg/L，相应边坡倾角圆弧线上底部点浓度依次为 8.2mg/L、9.8mg/L、11.0mg/L 和 11.1mg/L。当 $\theta=27.7°$ 和 22.5° 时，水面点浓度大于相应边坡倾角圆弧线上底部点浓度；当 $\theta=25.7°$ 时，水面点浓度等于相应边坡倾角圆弧线上底部点浓度；当 $\theta=24°$ 时，水面点浓度小于相应边坡倾角圆弧线上底部点浓度。

4.2 讨论

由以上结果分析可以看出，倾斜岸坡形成的角形域顶点排污浓度分布的复杂性和多重性，讨论如下：

(1) 当 $E_y=E_z=E$ 时，由式 (6) 和式 (9) 得到保守物质等强度连续点源条件下角

形域 AOB 内扩散质的浓度分布为

$$C(x,y,z)=\frac{\beta \dot{m}}{4\pi Ex}\exp\left(-\frac{Ur^2}{4Ex}\right)=\frac{\dot{m}}{2\theta Ex}\exp\left(-\frac{Ur^2}{4Ex}\right) \tag{11}$$

式中：$r=\sqrt{y^2+z^2}$；$\theta=\dfrac{2\pi}{\beta}$ 为倾斜岸坡形成角形域的内角，单位取弧度；角域映射系数 β 为自然数。这一结果与文献［2］中 $h\to 0$ 的情况和文献［3］中的条件及结果完全一致。

（2）当 $x=$ 定值时，在 yOz 全平面域上式（5）的等浓度线是一个椭圆。由角形域映射图 1 和式（6）不难得到，实源、像源和多重像源在角形域内扩散的等浓度线——β 个椭圆弧可以组成相同的椭圆，说明物质在角形域与平面域扩散的质量守恒性。

（3）在图 2 水面点污染物浓度随边坡倾角呈周期性的变化过程中，由 $\beta=4N+1$、$4N+2$、$4N+3$、$4N+4$ 四个点组成一个周期（N 为自然数），β 为奇数的本文公式计算结果与 β 为偶数（$n=\beta/2$）的文献［5］理论公式计算结果相间形成连续的周期性变化曲线。除 $y=0$ 点外，$\beta=4N+2$ 和 $4N+4$ 两个偶数点的浓度分别为同一周期内的浓度较小值和较大值。

以上结果分析与讨论说明本文倾斜岸坡角形域顶点排污浓度分布理论公式的合理性。式（4）、式（6）和式（9）在分析水库岸边排污问题时，对于水质监测数据的归纳分析和水质模型的验证以及排污口位置的选择等，将具有较高的实用价值和理论指导作用。

5 结论

（1）在横向与垂向扩散系数不相等的条件下，采用镜像法原理和角形域平面镜映射实验，给出了角形域 $\theta=360°/\beta$（β 为奇数）映射图。

（2）角形域内角角度对污染物的浓度分布影响很大，当 $\beta=4N+1$、$4N+2$、$4N+3$、$4N+4$（N 为自然数）时污染物浓度分布规律不同，并呈现出以角域映射系数 $\beta=4$ 的倍数的周期性变化规律，角形域顶点排污浓度分布具有复杂性和多重性。

（3）在角形域内分别给出了静止水体中瞬时线源的二维扩散和等强度连续点源简化三维移流扩散浓度分布的理论公式。

（4）适用条件为顺直倾斜岸坡大宽度深水情况，满足内角 $\theta=360°/\beta$ 的角形域顶点排污浓度的近似计算，对 β 为大于 10 的奇数计算精度较高。

参考文献

［1］HOLLEY E R, SIEMOUS J, ABRAHAM G. Some aspects of analyzing transverse diffusion in rivers［J］. Journal of Hydraulic Research, 1972, 10（1）: 27-57.
［2］刘昭伟, 陈永灿, 王智勇, 等. 梯形渠道岸边排污浓度分布的理论分析［J］. 环境科学学报, 2007, 27（2）: 332-336.
［3］武周虎. 倾斜岸坡水库污染混合区的理论分析及简化条件［J］. 水动力学研究与进展, A 辑, 2009, 24（3）: 296-304.
［4］武周虎. 铅垂岸坡水库污染混合区的理论分析及简化条件［J］. 水力发电学报, 2010, 29（2）: 155-162.
［5］武周虎. 倾斜岸坡角形域顶点排污浓度分布的理论分析［J］. 水利学报, 2010, 41（8）: 997-

1002，1008.
[6] FISCHER H B，IMBERGER J，LIST E J，et al. Mixing in inland and coastal waters [M]. New York：Academic Press，1979：47-48.
[7] 余常昭. 环境流体力学导论 [M]. 北京：清华大学出版社，1992.
[8] 黄真理，李玉梁，陈永灿，等. 三峡水库水质预测和环境容量计算 [M]. 北京：中国水利水电出版社，2006.

1-06　倾斜岸坡角形域顶点排污浓度分布的实验研究[*]

摘　要：本文基于研制的倾斜岸坡角形域顶点排污立面二维扩散水槽实验装置及格栅振荡紊动系统，对 8 个倾角 $\theta=360°/\beta$（角域映射系数 $\beta=4,5,\cdots,11$）的角形域，按格栅振荡频率 n 为 20r/min、40r/min、60r/min 的 3 种情况进行了一系列瞬时线源排放的扩散实验，采用图像采集与数字图像处理技术测量二维浓度场分布。结果表明，各倾角的横向和垂向扩散系数均随格栅振荡频率的增大而增大，当格栅振荡频率 n 为 20r/min、40r/min、60r/min 时，各倾角横向扩散系数的平均值分别为 $18.38\text{cm}^2/\text{s}$、$30.88\text{cm}^2/\text{s}$、$43.94\text{cm}^2/\text{s}$，垂向扩散系数的平均值分别为 $1.89\text{cm}^2/\text{s}$、$2.47\text{cm}^2/\text{s}$、$3.24\text{cm}^2/\text{s}$；在格栅振荡条件下，垂向扩散系数平均占横向扩散系数的 $7.4\%\sim10.3\%$，横向和垂向扩散系数随倾角的大小呈现波状变化特征。实验证明倾斜岸坡角形域顶点排污浓度分布呈现以角域映射系数 β 的奇偶不同和以 $\beta=4$ 的倍数的周期性变化规律。

关键词：环境水力学；倾斜岸坡；角形域；格栅振荡紊动；数字图像处理；浓度分布；实验研究

江河水库通常为倾斜岸坡，市政和工业排水多采用岸边侧向排放方式进入天然水体，并在岸边水域形成一定范围的超标水体，即污染混合区。针对不同水域排污浓度分布的研究是进行水环境功能区划、优化削减负荷分配，制定水环境整治综合控制方案及设计污水排江排海工程的重要环节和关键技术[1-2]。河流水库横向（或侧向）与垂向扩散系数不相等是普遍存在的自然现象，在这种情况下倾斜岸坡角形域顶点排污在扇形空间的扩散和边界反射相当复杂[3-4]。开展角形域顶点排污浓度分布的实验研究，对于揭示横向与垂向扩散系数不相等条件下倾斜岸河库污染物浓度分布的变化规律及其应用，推动环境水力学的发展具有重要的理论价值和实际意义。

国内外以往的研究多集中在无限水域和矩形断面考虑边界反射情况下污染物浓度分布的解析解[5-6]、梯形渠道和倾斜岸地形各向同性扩散污染物浓度分布的理论解[7-8]以及三峡库区岸边污染混合区的数值模拟[9-10]等方面。Holley 等[11]研究了梯形渠道中的污染物岸边排放，给出横断面水深的变化对浓度分布的影响；李玲等[12]利用激光诱导技术（PLIF）量测了梯形明槽流动中的浓度分布，计算了污染物的横向扩散系数；武周虎等[3-4]采用镜像反射原理结合解析方法给出了倾斜岸河库横向与垂向扩散系数不相等情况下角形域顶点排污浓度分布的理论分析成果。笔者在横向与垂向扩散系数不相等的条件下，采用在矩形河渠验证过的地表水水质模型模拟了角形域中污染物的扩散过程，发现在倾斜边界上不能满足法向浓度梯度为零的物面条件，使本项实验研究显得更加重要。

---

[*] 原文载于《长江科学院院报》，2012，29(12)，作者：武周虎，吉爱国，胡德俊，时林艳，徐美娥。

一、河流、水库浓度分布理论分析

本文基于研制的倾斜岸坡角形域顶点排污立面二维扩散水槽实验装置，在静止水体瞬时线源排放方式和格栅振荡紊动产生横向与垂向扩散系数不相等的水体环境条件下，对不同岸坡倾角开展角形域中污染物的扩散过程实验，采用图像采集与数字图像处理技术测量二维浓度场，进行实验结果与理论解的对比和扩散系数与振荡频率的关系分析。

1 实验装置与器材

立面二维扩散水槽实验装置主要包括上部敞口的立面钢构架有机玻璃水槽（宽度 y × 高度 z × 厚度 = 2200mm × 2100mm × 150mm）、倾斜岸坡隔板、振动格栅及变频调节系统、与水槽同厚度的坡底加药箱及控制插板、进水软管、底部放空管阀和背景灯箱等。该水槽为一套立面布置、格栅沿宽度 y 方向水平振荡（振幅110mm）的 yOz 二维角形域水体紊动扩散系统，旨在模拟倾斜岸坡天然河库中某个截面上的污染物扩散过程，参见图1。

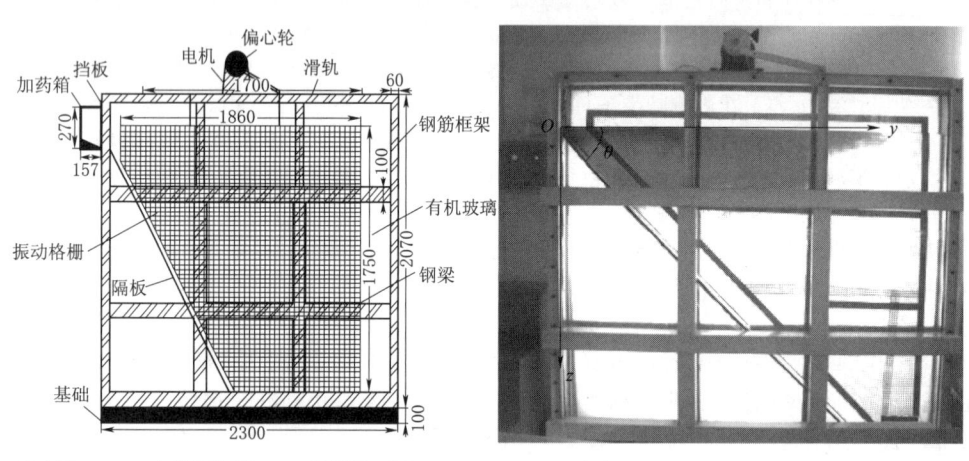

(a) 倾角 $\theta=60°$，角域映射系数 $\beta=6$（设计图，单位：mm）　　(b) 倾角 $\theta=45°$，角域映射系数 $\beta=8$（实验照片）

图 1　立面二维扩散水槽实验装置

振动格栅采用直径 2mm 钢丝编织成的 14mm 正方形钢丝网，表面形成自然小波状编织面和焊接产生轻微变形扭曲（面），其外形厚度约为 60～80mm，有利于带动水体横向紊动。格栅与滑轨驱动系统连接置于实验水槽内，伴随格栅的往复运动，在水槽中形成近似的横向与垂向异性紊动的扩散水体。控制插板将水槽左侧壁顶部加药箱与立面水槽分隔为暂时不连通的两个空间，当插板开启时药液迅速扩散进入立面水槽中，以便形成瞬时线源排放条件。为消除背景明暗不均现象对图像采集和处理造成影响，在水槽后面设置了背景灯箱均匀光源，尽量减少外界杂光的干扰。

实验器材主要有电子天平、1000mL 三角量杯、200mL 量筒、搅拌棒、钢卷尺、温度计、比色皿、秒表、照相机及三脚架等，采用罗丹名 B 示踪剂作为扩散物质。

2 实验方法与技术处理

2.1 实验方案和方法步骤

根据文献 [4] 给出的静止水体中倾斜岸坡角形域（简称角域）顶点排污浓度分布呈

现出以角域映射系数 $\beta=4$ 的倍数的周期性变化规律，分别选择 8 个倾角 $\theta=360°/\beta$ ($\beta=4$，5，…，11) 的倾斜岸坡进行角形域水体紊动扩散过程实验，据此调整倾斜岸坡隔板倾角，加工安装不同规格的格栅，选择格栅振荡频率 n 为 20r/min、40r/min、60r/min 3 种情况。在相同条件下，扩散实验至少重复做 1 次，选取 2 次实验结果接近相同的进行分析。

(1) 实验方法步骤：

1) 称取 2.1g 罗丹名 B 放入三角量杯，加水至 1000mL 刻度线，搅拌，让其充分溶解 1~2h，使用时再搅拌均匀即可。

2) 实验水槽加水高出左侧壁倾斜岸坡角形域顶点加药箱前缘 10~20mm，关闭进、出水阀门，静置 5~10min。

3) 开启背景灯箱光源，调节格栅振荡频率至设定值，开启格栅振荡 10~20min，使水体达到均匀紊动。

4) 将 1000mL 初始浓度为 2100mg/L 的罗丹名 B 溶液倒入加药箱，开启控制插板按瞬时线源排放方式进行实验，计时秒表和浓度场测量图像采集同步开始。

5) 每隔 15s 定时拍照一次，计时和浓度场测量图像采集到水槽右边界反射对浓度场产生明显影响为止，本次实验结束。

(2) 注意事项及说明：

1) 开启插板要控制加药时间既不能太长，也不能给水槽内水体带来明显的初始动量，应通过前期试验掌握控制加药时间。

2) 实验前配制的罗丹名 B 溶液应与实验水槽中的水温接近，温差不要超过 0.5℃。在实验中发现当罗丹名 B 溶液与实验水槽中的水温相差 2℃时，就会产生明显的温差异重流，扩散云团就会因重力差作用沿倾斜岸坡潜入底部水体或因浮力作用沿表层水体扩散，这使得本来就复杂的倾斜岸坡角形域中的污染物扩散更具不确定性。这是天然河库岸边排污混合区范围，在水面上观察时漂浮不定的重要原因之一。

2.2 浓度场测量与标定

依据数字图像处理技术的工作原理，当罗丹名 B 浓度较大时颜色深，浓度较小时则颜色浅，这种浓度大小的变化就表现为颜色的深浅变化。在无探头接触影响的条件下，使用照相机采集扩散实验过程中的瞬时图像变化并记录，然后输入到计算机的数字图像处理系统中进行分析处理，再根据浓度—灰度的对应关系把灰度转化为浓度，最终污染物浓度扩散图像将以等浓度线图的形式显示。倾斜岸坡角形域顶点排污扩散水槽实验采用 Nikon D700 照相机进行二维浓度场测量图像采集，立面水槽扩散实验与浓度场测量示意见图 2。

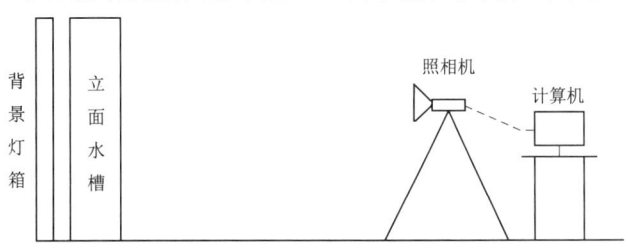

图 2 立面水槽扩散实验与浓度场测量示意

一、河流、水库浓度分布理论分析

在角形域水槽扩散实验每次开始前，在立面水槽正前方约 4m 处架稳照相机，对准照相机镜头调好焦距。在开启加药箱控制插板排放扩散开始计时，每隔 15s 定时拍照一次至实验结束，然后将图片输入计算机，进行数字图像处理，最终获得二维浓度场等浓度线图。

为获取数字图像处理过程中的图片灰度与罗丹名 B 浓度之间的对应关系，进行如下标定实验。采用有机玻璃加工一个与立面水槽等厚度的比色皿（宽度×高度×厚度＝150mm×225mm×150mm），分别配制 8 种不同浓度（0～280mg/L）的罗丹名 B 标准溶液并在立面水槽格栅振荡和灯箱光源开启背景下，按浓度场测量图像采集方法拍照，之后将图片输入计算机，进行数字图像处理得到不同浓度相应的灰度值，据此得到浓度（C）-灰度（G）拟合曲线的标准方程为

$$C = \frac{11532}{G} - 105.8 \tag{1}$$

式中：拟合曲线方程的相关系数 $R^2 = 0.970$。

2.3 数字图像处理技术

把数字图像处理技术应用于水中浓度场测量是环境水力学的一大进步，该技术经过有关学者的研究日渐成熟[13-14]。吉爱国等[15]在吸收已有成果的基础上，应用场论知识分析浓度场与灰度场的变化规律，借助于 MatLab 平台对扩散实验过程中的瞬时图像进行处理，提出了本实验研究中的数字图像处理流程：首先对图像进行预处理，其次经滤波处理，再通过去除本底和二次滤波后，进而研究浓度场的特征，见图 3。

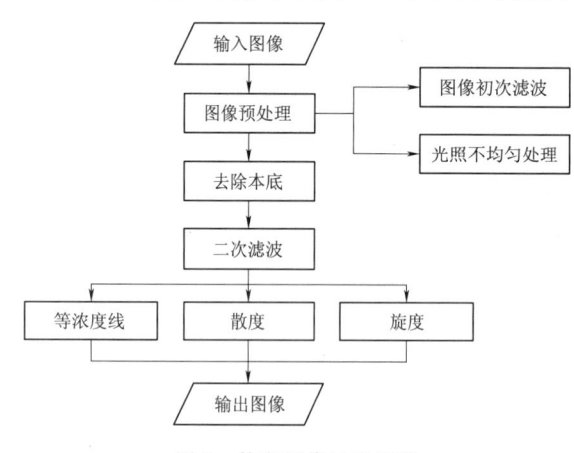

图 3 数字图像处理流程

对照相机在实验现场拍摄的图像进行预处理时，经实验比较分析选用伽马矫正的效果很好；实验中使用非线性空间滤波器进行滤波是对其噪声干扰进行必要的处理；去除本底很大程度上解决了由于立面水槽扩散实验的特定条件，使图像采集过程中实验装置对研究对象产生的干扰。在颜色空间转换过程中，通过实验确定把 RGB 颜色空间转换成 HSV 颜色空间和 HSI 颜色空间，再对这两种方法进行比较，最终选择转换成 HSV 颜色空间模型描述红色水体污染物区域效果最好。因为 HSV 颜色空间比 RGB 颜色空间更接近于人们的经验和色彩的感知。

由于浓度场是由水体的紊动产生，而紊动是由许多微小漩涡形成，所以水体扩散过程中存在类似于电磁场的矢量场。因此，将载有扩散时序信息的图像连续起来，就可以分析出灰度场的运动即浓度场的变化。据此研究实验图片中浓度场的特征，即对浓度场进行梯度、散度和旋度等分析讨论。结果表明，倾斜岸坡角形域顶点排污呈现浓度场梯度由源点沿径向下降的趋势，其梯度的下降快慢与极坐标数值有关，而浓度场散度大于零正好说明

瞬时线源排放为正源散发通量,在角形域倾斜岸坡与振动格栅斜边之间偶尔出现零星流体微团的浓度场旋度不为零,但角形域内水体总体处于无旋均匀紊动状态,因此本实验格栅振荡系统产生的扩散水体满足横向与垂向异性的均匀紊动条件。

3 结果与分析

3.1 扩散系数确定

在横向与垂向扩散系数不相等条件下,当角域映射系数 β 为偶数时,角形域顶点瞬时线源排污浓度分布的理论解为[3]

$$C(y,z,t)=\frac{2M}{4\pi t\sqrt{E_y E_z}}\sum_{i=0}^{n-1}\exp\left\{-\frac{[y\cos(2i\theta)+z\sin(2i\theta)]^2}{4E_y t}-\frac{[-y\sin(2i\theta)+z\cos(2i\theta)]^2}{4E_z t}\right\}$$

(2)

式中:M 为线源排污强度;倾角 $\theta=360°/\beta$,β 为角域映射系数,$n(=\beta/2)$ 为自然数;E_y 和 E_z 分别为横向和垂向扩散系数;$C(y,z,t)$ 为角形域内计算点 (y,z) 的扩散质浓度(定义域为:$y\geq 0$,$y\tan\theta \geq z\geq 0$,下同);t 为时间。

当 β 为奇数时,角形域顶点瞬时线源排污浓度分布的理论解为[4]

$$C(y,z,t)=\frac{m}{4\pi t\sqrt{E_y E_z}}\left\{2\sum_i\exp\left(-\frac{[y\cos(2i\theta)+z\sin(2i\theta)]^2}{4E_y t}-\frac{[-y\sin(2i\theta)+z\cos(2i\theta)]^2}{4E_z t}\right)+\right.$$
$$\left.\exp\left(-\frac{[y\cos((\beta+1)\theta/2)+z\sin((\beta+1)\theta/2)]^2}{4E_y t}-\frac{[-y\sin((\beta+1)\theta/2)+z\cos((\beta+1)\theta/2)]^2}{4E_z t}\right)\right\}$$

(3)

式中:当 $N=\text{INT}(\beta/4)=\text{INT}(\beta/4+0.5)$ 时〔其中:INT( ) 函数为将数值向下取整为最接近的整数〕,$i=-N+1$,$-N+2$,…,N;当 $N=\text{INT}(\beta/4)\neq\text{INT}(\beta/4+0.5)$ 时,$i=-N$,$-N+1$,…,N;其他符号意义同前。

在静止水体扩散实验水槽厚度为 150mm 的倾斜岸坡角形域顶点中瞬时投放 2.1g 罗丹名 B,即相当于瞬时线源的排污强度 $M=14\text{g/m}$,对 8 个倾角 $\theta=360°/\beta$($\beta=4$,5,…,11)的角形域,按格栅振荡频率 n 分别为 20r/min、40r/min、60r/min 的 3 种情况和实验方法步骤进行一系列瞬时线源排放的扩散实验。

根据不同倾角和格栅振荡频率条件下实验过程中采集的图像资料,采用图像采集与数字图像处理技术依次获得相应条件下的实验等浓度线分布,导出实验过程中图像采集结束前一次的水面和某垂线上的浓度分布数据。假设一组横向和垂向扩散系数值,采用试算法,选择式(2)或式(3)计算水面和相应垂线上的试算(理论)浓度分布数据,分别绘制水面和垂线上浓度分布的实验曲线和试算曲线进行比对。当实验和试算曲线相差较大时进一步调整扩散系数,如此反复,直至水面和垂线上浓度分布的实验和试算曲线都能基本吻合时,相应的一组横向和垂向扩散系数值则为该组实验条件下的平均横向和垂向扩散系数,并采用相同实验条件下不同扩散时间的二维浓度场分布加以验证。图 4 给出了倾角 $\theta=60°$、振荡频率 $n=60\text{r/min}$ 时横向和垂向扩散系数的其中三组试算比对曲线,图 4 中横向扩散系数的试算值分别为 $27\text{cm}^2/\text{s}$、$40\text{cm}^2/\text{s}$、$53\text{cm}^2/\text{s}$,垂向扩散系数的试算值均为 $1.6\text{cm}^2/\text{s}$。

一、河流、水库浓度分布理论分析

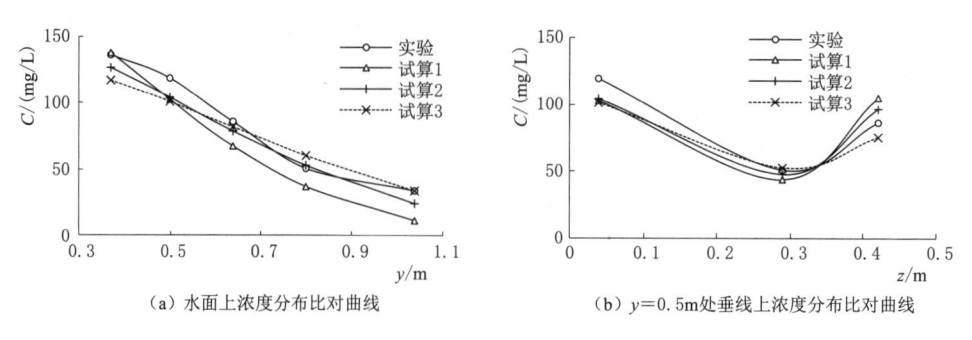

（a）水面上浓度分布比对曲线

（b）y＝0.5m处垂线上浓度分布比对曲线

图 4　倾角 $\theta=60°$、$n=60$r/min 时不同扩散系数的浓度分布试算比对曲线

由图 4 可以看出，兼顾水面和垂线上浓度分布的实验和试算曲线都能基本吻合的条件，确定第二组试算结果，即实验倾角 $\theta=60°$、振荡频率 $n=60$r/min 时的平均横向扩散系数 $E_y=40.0$cm²/s，平均垂向扩散系数 $E_z=1.6$cm²/s。以此横向和垂向扩散系数计算倾角 $\theta=60°$（$\beta=6$），扩散时间 $t=60$s 的理论等浓度线与实验等浓度线吻合良好，参见图 6。

采用同样的方法可得到 8 个倾角、3 种格栅振荡频率条件下，其他各组实验的横向和垂向扩散系数试算结果，并点绘于图 5。

（a）横向扩散系数与倾角 θ 的关系曲线

（b）垂向扩散系数与倾角 θ 的关系曲线

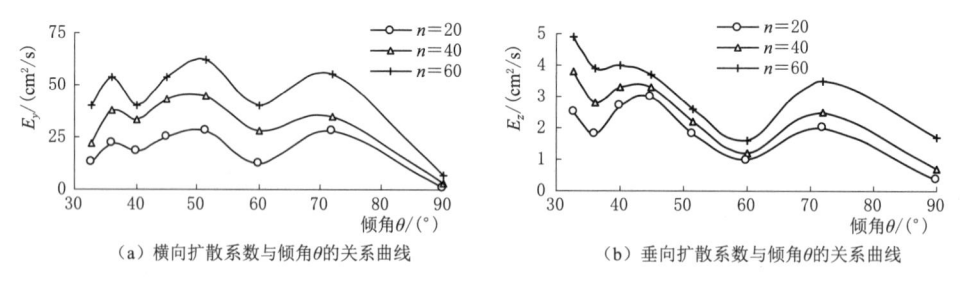

图 5　不同振荡频率时扩散系数与倾角 θ 的关系曲线

由图 5 可以看出，各倾角的横向和垂向扩散系数均随格栅振荡频率的增大而增大，正好说明振荡频率越大，水体紊动强度越大引起扩散系数的增大。当格栅振荡频率 n 分别为 20r/min、40r/min、60r/min 时，各倾角横向扩散系数的平均值分别为 18.38cm²/s、30.88cm²/s、43.94cm²/s，垂向扩散系数的平均值分别为 1.89cm²/s、2.47cm²/s、3.24cm²/s；垂向与横向扩散系数平均值的比值依次为 0.103、0.080、0.074，即在格栅振荡条件下垂向扩散系数平均占横向扩散系数的 7.4%～10.3%。

由图 5 还可以看出，横向和垂向扩散系数随倾角的大小呈现波状变化特征，在同一振荡频率下倾角 $\theta=90°$ 和 60° 的横向和垂向扩散系数较小，而在倾角 $\theta\leqslant45°$ 时横向和垂向扩散系数出现各异的波状变化特征。这一点可能受小倾角时水深变浅，格栅振荡紊动在倾斜岸坡底部产生的激波和不稳定漩涡引起垂向扩散系数有所增加所致。

3.2　实验结果与理论对比

根据倾斜岸坡角形域顶点排污立面二维扩散水槽实验过程中采集的图像资料，采用图像采集与数字图像处理技术获得相应条件下的实验等浓度线分布，即实验二维浓度场分布。图 6（a）、图 7（a）和图 8（a）分别给出了倾角 $\theta=60°(\beta=6)$、$\theta=51.4°(\beta=7)$ 和 $\theta=45°(\beta=8)$、格栅振荡频率 $n=60\mathrm{r/min}$ 和扩散时间 $t=60\mathrm{s}$ 时的实验等浓度线分布，图 6（b）、图 7（b）和图 8（b）分别为相应的理论等浓度线分布，其余略列。

（a）$n=60\mathrm{r/min}$ 的实验等浓度线　　（b）$E_y=40.0\mathrm{cm}^2/\mathrm{s}$，$E_z=1.6\mathrm{cm}^2/\mathrm{s}$ 的理论等浓度线

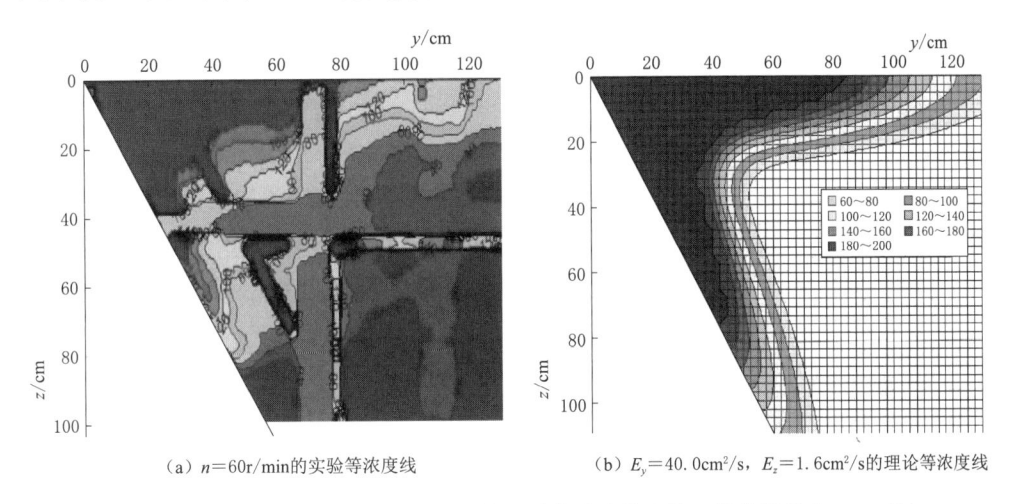

图 6　倾角 $\theta=60°(\beta=6)$，$t=60\mathrm{s}$ 的角形域等浓度线比较（等值线单位：mg/L）

（a）$n=60\mathrm{r/min}$ 的实验等浓度线　　（b）$E_y=62.0\mathrm{cm}^2/\mathrm{s}$，$E_z=2.6\mathrm{cm}^2/\mathrm{s}$ 的理论等浓度线

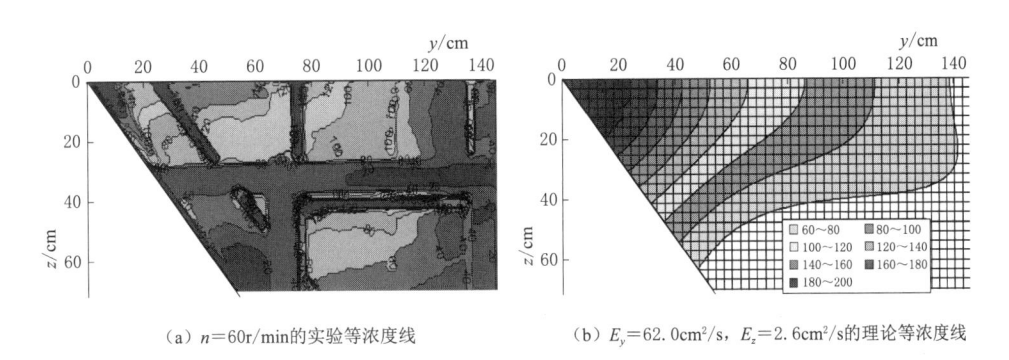

图 7　倾角 $\theta=51.4°(\beta=7)$，$t=60\mathrm{s}$ 的角形域等浓度线比较（等值线单位：mg/L）

（a）$n=60\mathrm{r/min}$ 的实验等浓度线　　（b）$E_y=54.0\mathrm{cm}^2/\mathrm{s}$，$E_z=3.7\mathrm{cm}^2/\mathrm{s}$ 的理论等浓度线

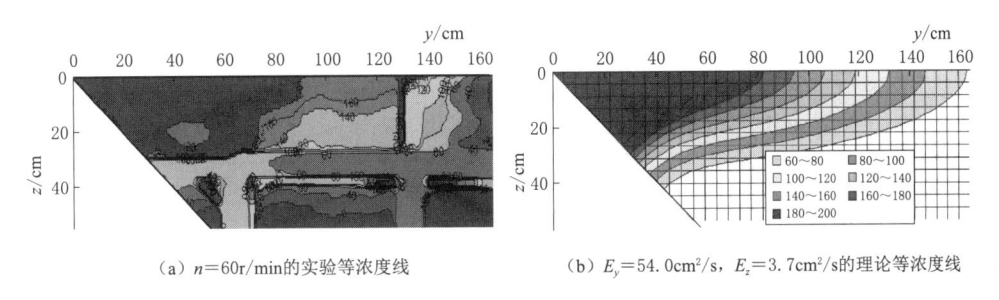

图 8　倾角 $\theta=45°(\beta=8)$，$t=60\mathrm{s}$ 的角形域等浓度线比较（等值线单位：mg/L）

由文献［4］可知，在以角域映射系数 $\beta=4$ 的倍数的周期性变化规律中，$\beta=6$、7 和 8 分别为水面点污染物浓度的最小值、中间值和最大值点。由图 6、图 7 和图 8 可以看出，根据 $\beta=6$、7 和 8 时相应倾角 θ 分别为 60°、51.4°和 45°边界反射的浓度叠加原理，当 $\theta=$

一、河流、水库浓度分布理论分析

60°时污染物沿水面和倾斜岸坡上的扩散速度比角分线邻近区域上的要快,其浓度分布呈现以角分线为对称轴的分布特征;当 θ 分别为 51.4°和 45°时污染物沿水面邻近区域上的扩散速度比倾斜岸坡邻近区域上的要快,其浓度分布呈现水面邻近区域上扩散较远的分布特征,倾角 θ＝51.4°的等浓度线上最远与最近点的径向距离之差小于倾角 θ＝45°的情形。虽然受实验装置框架遮挡图像干扰的影响,仍然可以看出其实验等浓度线与相应倾角理论解的浓度分布规律具有较好的一致性。

最后,对所有实验的等浓度线分布与相应条件下的理论等浓度线分布比较发现,倾斜岸坡角形域顶点排污浓度分布呈现以角域映射系数 β 的奇偶不同和以 β＝4 的倍数的周期性变化规律。再点绘所有实验的水面上 y＝0.50m 处 t＝120s 时浓度与倾角 θ 的关系曲线于图 9。

由图 9 可以看出,在振荡频率和扩散时间都相同的条件下,倾斜岸坡角形域顶点排污水面上固定点的浓度呈现出以角域映射系数 β＝4 的倍数的周期性变化规律,上述结果与文献[4]的理论探讨结果完全一致。

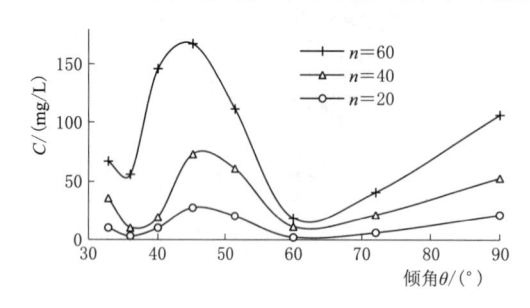

图 9 水面上 y＝0.50m 处 t＝120s 时浓度与倾角 θ 的关系曲线

4 结论

(1) 研制的倾斜岸坡角形域顶点排污立面二维扩散水槽实验装置及格栅振荡紊动系统,实现了在横向与垂向扩散系数不相等的水体环境条件下,较好地进行不同岸坡倾角的瞬时线源排放扩散实验。

(2) 采用图像采集与数字图像处理技术,对立面二维扩散水槽实验中倾斜岸坡角形域顶点排污的二维浓度场分布进行测量,其结果可以较准确地反映真实情况。

(3) 各倾角的横向和垂向扩散系数均随格栅振荡频率的增大而增大,横向和垂向扩散系数随倾角的大小呈现波状变化特征。在格栅振荡条件下,垂向扩散系数平均占横向扩散系数的 7.4%～10.3%。

(4) 实验证明倾斜岸坡角形域顶点排污浓度分布呈现以角域映射系数 β 的奇偶不同和以 β＝4 的倍数的周期性变化规律。

参考文献

[1] 周丰,刘永,黄凯,等. 流域水环境功能区划及其技术关键[J]. 水科学进展,2007,18(2):216-222.
[2] 武周虎. 倾斜岸水库污染混合区的理论分析及简化条件[J]. 水动力学研究与进展,A辑,2009,24(3):296-304.
[3] 武周虎. 倾斜岸坡角形域顶点排污浓度分布的理论分析[J]. 水利学报,2010,41(8):997-1002,1008.
[4] 武周虎,徐美娥,武桂芝. 倾斜岸坡角形域顶点排污浓度分布规律探讨[J]. 水力发电学报,

2012, 31 (6): 166-172.

[5] 武周虎, 胡德俊, 徐美娥. 明渠混合污染物侧向和垂向扩散系数的计算方法及其应用 [J]. 长江科学院院报, 2010, 27 (10): 23-29.

[6] FISCHER H B, IMBERGER J, LIST E J, et al. Mixing in inland and coastal waters [M]. New York: Academic Press, 1979.

[7] 刘昭伟, 陈永灿, 王智勇, 等. 梯形渠道岸边排污浓度分布的理论分析 [J]. 环境科学学报, 2007, 27 (2): 332-336.

[8] 武周虎. 水库倾斜岸坡地形污染混合区的三维解析计算方法 [J]. 科技导报, 2008, 26 (18): 30-34.

[9] 刘昭伟, 陈永灿, 付健, 等. 三峡水库岸边排污的特性及数值模拟研究 [J]. 力学与实践, 2006, 29 (1): 1-6.

[10] HONG Y P, ZHOU X Y, CHEN Y C, et al. Computing depth-averaged nonlinear $k-\varepsilon$ model and technique for its program development [J]. Tsinghua Science and Technology, 1999, 4 (1): 1371-1374.

[11] HOLLEY E R, SIEMONS J, ABRAHAM G. Some aspects of analyzing transverse diffusion in rivers [J]. Journal of Hydraulic Research, 1972, 10 (1): 27-57.

[12] 李玲, 李玉梁, 陈嘉范. 梯形断面水槽中横向扩散系数的实验 [J]. 清华大学学报: 自然科学版, 2003 43 (8): 1124-1126, 1152.

[13] 晁兆波, 赵文谦. 数字图象处理技术在悬沙浓度测量中的应用 [J]. 四川联合大学学报 (工程科学版), 1997, 1 (1): 7-10.

[14] 黄文典, 李洪, 李嘉, 等. 数字图象处理技术测量浓度场的实验研究 [J]. 西南民族学院学报 (自然科学版), 2002, 28 (1): 97-101.

[15] JI A G, SHI L Y, WU Z H. The Experimental Research of Pollutant Diffusion Based on Image Processing [J]. 2011 2nd International Conference on Electronics and Information Engineering (ICEIE2011), Advanced Materials Research, 2012: 403-408, 1993-1996.

1-07　倾斜岸河库水面污染源下浓度分布的理论分析*

摘　要：本文从保守物质横向和垂向扩散系数不相等的静止水体中瞬时线源二维扩散的解析解入手，分析推导出半无限水面瞬时污染源下二维扩散的浓度计算公式。在顺直倾斜岸坡大宽度深水情况下，借助于横向和垂向扩散系数不相等的角形域映射原理，进而推导出倾斜岸水面瞬时污染源下角形域中二维扩散浓度分布的理论公式。在简化条件下该理论公式与可对比理论解完全一致。结果分析与讨论表明：角形域倾角对污染物的浓度分布影响较大；角形域内浓度分布具有倾角参数 $n(=180°/\theta)$ 为奇数和偶数不同的双重特性；计算点距离岸坡顶点越近倾斜岸坡对浓度分布的影响越大；横向坐标越大影响越小；水深越大影响也越小。该理论公式可为河库水质监测布点与数据的归纳分析、水质模型的验证和污染混合区浓度估算提供有力的工具。

关键词：倾斜岸坡；角形域；水面污染源；浓度分布；理论分析

随着我国经济的快速发展和人民生活水平的不断提高，水面出现越来越多的各种废弃物，如来源复杂种类繁多的各类垃圾[1]，石油类和密度稍小的排放污水受浮力影响也会漂浮于表层水体。这些水面污染物不仅影响自然景观，而且污染深层水体，会给水环境与水生态带来危害。

垂直岸深水水体水面污染源向水下的扩散多为垂向一维问题，但倾斜岸河库水面污染源向水下的扩散就属立面二维问题。武周虎[2]采用解析方法给出了水面油膜下油滴浓度分布的解析解，武周虎等[3]采用数值方法给出了水面有限长油膜下油滴浓度分布的数值解，武周虎[4-5]采用解析方法给出了水库倾斜岸坡地形岸边点源在横向和垂向扩散系数相等条件下的污染混合区计算方法，武周虎等[6-7]基于镜像法原理和角形域平面镜映射实验，给出了横向和垂向扩散系数不相等条件下的角形域映射图，进而给出倾斜岸坡地形岸边点源横向与垂向扩散系数不相等条件下污染物浓度分布的理论解。这些理论解对水质监测布点、数据的归纳分析和水质模型的验证等都具有较高的实用价值和理论指导作用。

本文基于保守物质横向和垂向扩散系数不相等的静止水体中瞬时线源二维扩散的解析解，推导出半无限水面瞬时污染源的二维扩散污染物浓度分布，且在顺直倾斜岸坡大宽度深水情况下推导出倾斜岸水面瞬时污染源在角形域中的二维扩散污染物浓度分布的理论计算公式，并分析和讨论了结果的合理性及其应用范围。

1　半无限水面瞬时污染源下的二维扩散

如图 1 所示，在静止水体 $z \geq 0$ 的半无限空间的 $y \geq 0$ 的半无限水面（$z=0$）上，存

---

* 原文载于《水动力学研究与进展》，A辑，2012，27（4），作者：武周虎。

在等强度的瞬时污染源。下面取垂直于纸平面的 x 方向上的单位长度进行分析。

将半无限水面瞬时污染源看作由无数个微小的污染线源或微元（即 yOz 坐标系上的点源，下同）$d\xi$ 所组成，每个微元的质量为 $dM = m d\xi$（m 为水面污染源强度），对每个微元来说它都要向下边、左边和右边扩散，如图1曲线所示。

设在水面下有一点 $P(y,z)$，到某个污染微元的水平距离为 $(y-\xi)$，垂直距离为 z，在指定时刻 P 点的污染物浓度 $C(y,z,t)$ 应该等于水面各微小污染源扩散到 P 点的污染物浓度 dC 的叠加。根据静止水体中瞬时线源二维扩散解[8]，并考虑水面边界的反射作用，则有任意一个微小水面污染源扩散至水下 $P(y,z)$ 点的污染物浓度 dC 为

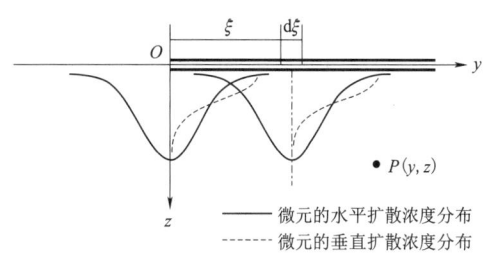

图1 半无限水面瞬时污染源下的二维扩散

$$dC(y-\xi,z,t) = \frac{m d\xi}{2\pi t \sqrt{E_y E_z}} \exp\left[-\frac{(y-\xi)^2}{4E_y t} - \frac{z^2}{4E_z t}\right] \quad (1)$$

式中：m 为水面污染源强度，量纲为 $[M/L^2]$；E_y 和 E_z 分别为横向和垂向扩散系数。

式（1）中将 ξ 从0到无穷大积分，可以得到由半无限水面瞬时污染源而引起 $P(y,z)$ 点的污染物浓度 C 为

$$C(y,z,t) = \frac{m}{2\pi t \sqrt{E_y E_z}} \exp\left(-\frac{z^2}{4E_z t}\right) \int_0^\infty \exp\left[-\frac{(y-\xi)^2}{4E_y t}\right] d\xi \quad (2)$$

进行变量替换，令 $\eta = \frac{y-\xi}{\sqrt{4E_y t}}$，则有 $d\eta = -\frac{d\xi}{\sqrt{4E_y t}}$，$d\xi = -\sqrt{4E_y t} d\eta$；当 $\xi=0$ 时，$\eta = \frac{y}{\sqrt{4E_y t}}$；当 $\xi=\infty$ 时，$\eta=-\infty$。将上述关系代入式（2）得

$$C(y,z,t) = \frac{m \sqrt{4E_y t}}{2\pi t \sqrt{E_y E_z}} \exp\left(-\frac{z^2}{4E_z t}\right) \int_{-\infty}^{\frac{y}{\sqrt{4E_y t}}} \exp(-\eta^2) d\eta \quad (3)$$

化简整理得

$$C(y,z,t) = \frac{m}{\pi \sqrt{E_z t}} \exp\left(-\frac{z^2}{4E_z t}\right) \left[\int_{-\infty}^0 \exp(-\eta^2) d\eta + \int_0^{\frac{y}{\sqrt{4E_y t}}} \exp(-\eta^2) d\eta\right] \quad (4)$$

在数学上，$\frac{2}{\sqrt{\pi}} \int_0^x e^{-\eta^2} d\eta = \mathrm{erf}(x)$ 称为误差函数。则有，当 $y \geq 0$ 时式（4）变为

$$C(y,z,t) = \frac{m}{\sqrt{4\pi E_z t}} \exp\left(-\frac{z^2}{4E_z t}\right) \left[1 + \mathrm{erf}\left(\frac{y}{\sqrt{4E_y t}}\right)\right] \quad (5)$$

当 $y < 0$ 时式（4）变为

$$C(y,z,t) = \frac{m}{\sqrt{4\pi E_z t}} \exp\left(-\frac{z^2}{4E_z t}\right) \left[1 - \mathrm{erf}\left(\frac{-y}{\sqrt{4E_y t}}\right)\right] \quad (6)$$

那么，半无限水面瞬时污染源下二维扩散污染物浓度的统一表达式为

$$C(y,z,t) = \frac{m}{\sqrt{4\pi E_z t}} \exp\left(-\frac{z^2}{4E_z t}\right) \left[1 + \mathrm{sign}(y) \mathrm{erf}\left(\frac{|y|}{\sqrt{4E_y t}}\right)\right] \quad (7)$$

式中：sign(y) 为符号函数，当 $y>0$ 时其值为 1，当 $y=0$ 时其值为 0，当 $y<0$ 时其值为 -1。

根据误差函数 erf(x) 的性质，对于固定的 (z,t) 值，由式 (7) 得到 $C(-\infty,z,t)=0$，$C_{max}(y,z,t)=C(\infty,z,t)$，$C(0,z,t)=C_{max}(y,z,t)/2$；对于固定的 ($y$,$t$) 值，由式 (7) 得到 $C_{max}(y,z,t)=C(y,0,t)$，$C(y,\infty,t)=0$，沿水深的污染物浓度分布为半正态曲线分布。进一步分析发现随扩散历时 t 的增大，污染物的最大浓度减小，但扩散影响深度和横向影响范围扩大。

在式 (7) 中取水面污染源强度 $m=100\text{g/m}^2$，横向和垂向扩散系数分别为 $E_y=0.1\text{m}^2/\text{s}$、$E_z=0.01\text{m}^2/\text{s}$，扩散历时 $t=1800\text{s}$，则计算得到 $C(0,0,1800)=6.65\text{mg/L}$，$C(\infty,0,1800)=13.30\text{mg/L}$，并依次计算 $z=0\text{m}$、5m、10m 等深线和 $y=-25\text{m}$、0m、25m 垂线上的 $C(y,z,1800)$ 值。图 2 给出了静止水体中半无限水面瞬时污染源下相应等深线和垂线上的污染物浓度分布曲线。

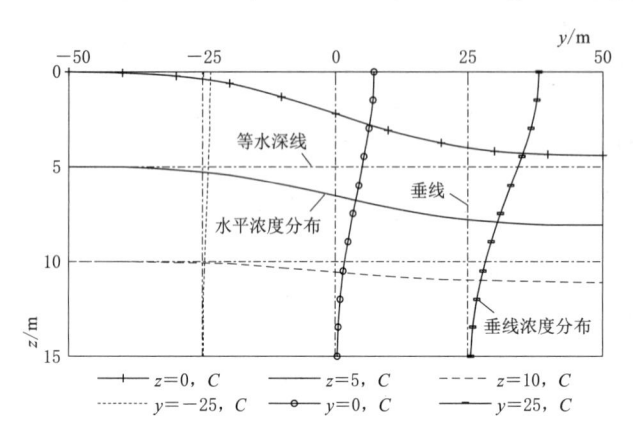

图 2 半无限水面瞬时污染源下的浓度分布

由图 2 可以看出，静止水体中半无限水面瞬时污染源下沿水深的浓度服从半正态曲线分布特征，对同一 y 值水面上浓度最大，无限深处浓度为 0；对同一 z 值的横向浓度分布规律服从余误差函数分布特征，由于半无限水面瞬时污染源位于 $y \geqslant 0$ 处，$y<0$ 区域的污染物浓度是由 $y \geqslant 0$ 区域扩散产生，所以浓度曲线为 $C(0,z,t)=C_{max}(y,z,t)/2$ 直线的反对称图形，即 $y<0$ 区域的浓度值与 $y \geqslant 0$ 区域反对称点相对于最大值 $C_{max}(y,z,t)$ 的浓度减小值相等。

2 倾斜岸水面瞬时污染源下的二维扩散

在顺直倾斜岸坡大宽度深水条件下，水面瞬时污染源下角形域中的二维扩散简图是在图 1 中添加倾斜岸坡即可，参见图 3（a），定义域为 $y \geqslant 0$，$y\tan\theta \geqslant z \geqslant 0$。根据文献 [6] 给出的横向和垂向扩散系数不相等的角形域映射原理，图 3（b）给出了倾角 $\theta=60°$ 的角形域映射浓度分布叠加示意。

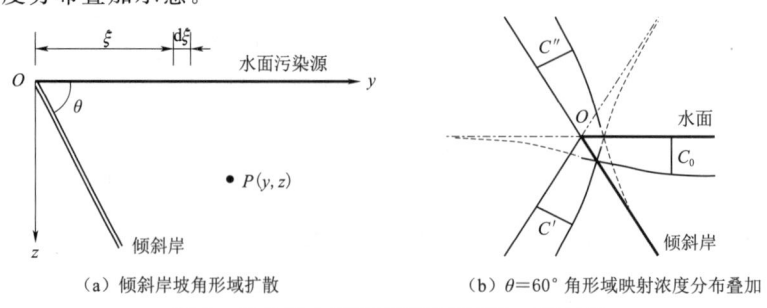

（a）倾斜岸坡角形域扩散　　　（b）$\theta=60°$ 角形域映射浓度分布叠加

图 3 倾斜岸水面瞬时污染源下的二维扩散

在图 3（b）中，$C_0(y,z,t)$ 为水面实源产生的二维浓度分布，$C'(y,z,t)$ 和 $C''(y,z,t)$ 分别为水面等强度像源和像·像源产生的二维浓度分布。其中 $C_0(y,z,t)$ 的表达式为式（7），由式（7）中 (y,z) 坐标旋转 2θ 和 4θ 角度分别得到 $C'(y,z,t)$ 和 $C''(y,z,t)$ 的表达式，即像源产生的二维浓度分布为

$$C'(y,z,t)=\frac{m}{\sqrt{4\pi E_z t}}\exp\left\{-\frac{[-y\sin(2\theta)+z\cos(2\theta)]^2}{4E_z t}\right\}\times$$

$$\left\{1+\text{sign}[y\cos(2\theta)+z\sin(2\theta)]\text{erf}\left[\frac{|y\cos(2\theta)+z\sin(2\theta)|}{\sqrt{4E_y t}}\right]\right\}$$

像·像源产生的二维浓度分布为

$$C''(y,z,t)=\frac{m}{\sqrt{4\pi E_z t}}\exp\left\{-\frac{[-y\sin(4\theta)+z\cos(4\theta)]^2}{4E_z t}\right\}\times$$

$$\left\{1+\text{sign}[y\cos(4\theta)+z\sin(4\theta)]\text{erf}\left[\frac{|y\cos(4\theta)+z\sin(4\theta)|}{\sqrt{4E_y t}}\right]\right\}$$

按照扩散方程单独解的叠加原理，水面瞬时污染源下角形域中的二维浓度分布应等于实源、像源和像·像源在定义域内对应坐标点产生的浓度分布叠加，即 $C(y,z,t)=C_0(y,z,t)+C'(y,z,t)+C''(y,z,t)$。那么，倾斜岸水面瞬时污染源下 $\theta=60°$ 角形域中的二维浓度分布为

$$C(y,z,t)=\frac{m}{\sqrt{4\pi E_z t}}\sum_{i=0}^{2}\left\{\exp\left\{-\frac{[-y\sin(2i\theta)+z\cos(2i\theta)]^2}{4E_z t}\right\}\times\right.$$

$$\left.\left\{1+\text{sign}[y\cos(2i\theta)+z\sin(2i\theta)]\text{erf}\left[\frac{|y\cos(2i\theta)+z\sin(2i\theta)|}{\sqrt{4E_y t}}\right]\right\}\right\}$$

(8)

根据文献[6]的归纳结果，当倾角参数 $n(=180°/\theta)$ 为自然数时，由式（8）得到倾斜岸水面瞬时污染源下角形域中的二维浓度分布为

$$C(y,z,t)=\frac{m}{\sqrt{4\pi E_z t}}\sum_{i=0}^{n-1}\left\{\exp\left\{-\frac{[-y\sin(2i\theta)+z\cos(2i\theta)]^2}{4E_z t}\right\}\times\right.$$

$$\left.\left\{1+\text{sign}[y\cos(2i\theta)+z\sin(2i\theta)]\text{erf}\left[\frac{|y\cos(2i\theta)+z\sin(2i\theta)|}{\sqrt{4E_y t}}\right]\right\}\right\}$$

(9)

式（9）的适用条件为 $\theta=180°/n$（n 为自然数）。

倾斜岸坡顶点浓度为：$C(0,0,t)=\dfrac{nm}{\sqrt{4\pi E_z t}}=\dfrac{90m}{\theta\sqrt{\pi E_z t}}$。

3 结果分析与讨论

3.1 结果分析

在式（9）中取水面污染源强度 $m=100\text{g/m}^2$，横向和垂向扩散系数分别为 $E_y=0.1\text{m}^2/\text{s}$，$E_z=0.01\text{m}^2/\text{s}$，扩散历时 $t=1800\text{s}$，倾斜岸坡顶点浓度 $C(0,0,1800)=$

一、河流、水库浓度分布理论分析

$6.65n=1197/\theta(\mathrm{mg/L})$。分别计算岸坡倾角为 $\theta=30°$、$36°$、$45°$、$60°$ 和 $90°$（即 $n=6$、5、4、3 和 2）时，水面、沿 $z=y\tan\theta$ 的倾斜岸坡和 $y=10\mathrm{m}$ 处垂线上的污染物浓度分布以及角形域中 $C=10\mathrm{mg/L}$ 的等浓度线分布。图 4～图 6 分别绘制了各倾角水面、沿倾斜岸坡和 $y=10\mathrm{m}$ 处垂线上的浓度分布，图 7 绘制了各角形域中 $C=10\mathrm{mg/L}$ 的等浓度线分布。

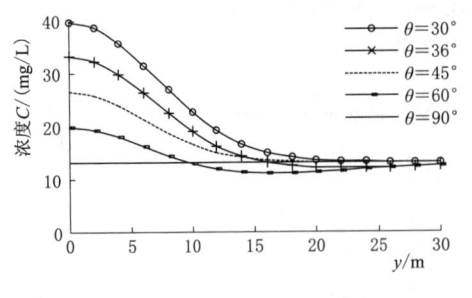

图 4　水面上横向浓度分布

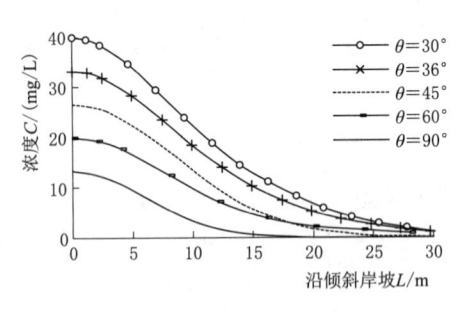

图 5　沿倾斜岸坡上浓度分布

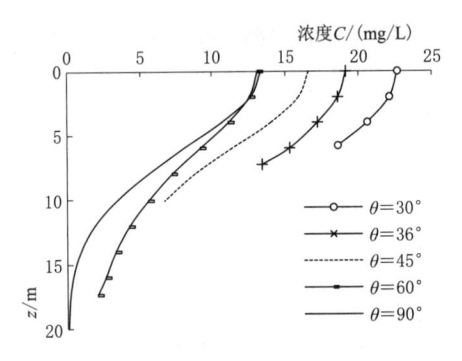

图 6　$y=10\mathrm{m}$ 处垂线上浓度分布

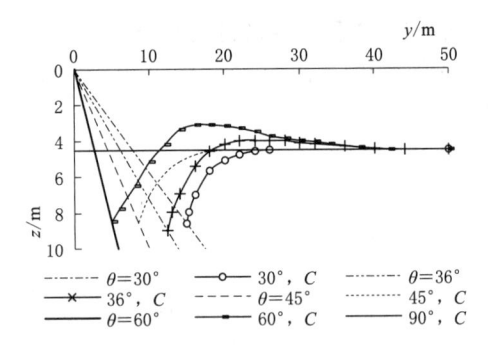

图 7　$C=10\mathrm{mg/L}$ 的等浓度线分布

由图 4 和图 5 可以看出，受倾斜岸坡角形域边界反射产生浓度叠加的影响，倾角越小则岸坡顶点浓度越高，倾斜岸坡顶点浓度与倾角大小成反比，且计算点距离岸坡顶点越近浓度越大，反之浓度越小。但对 $\theta=90°$ 的垂直岸情况，水面和水下浓度分布均与横向坐标 y 和横向扩散系数 E_y 无关，垂线浓度分布服从半正态曲线分布特征。当倾角为 $\theta=36°$ 和 $60°$（即 $n=5$ 和 3，n 为奇数）时，水面横向浓度分布随横向坐标的增大先下降到 $\theta=90°$ 水面浓度线（值）之下，而后缓慢上升并以 $\theta=90°$ 水面浓度线为渐近线；当倾角为 $\theta=30°$ 和 $45°$（即 $n=6$ 和 4，n 为偶数）时的水面横向浓度分布和 n 为自然数的沿倾斜岸坡上浓度分布均为单调下降曲线，并分别以 $\theta=90°$ 水面浓度线和 $\theta=0°$ 为渐近线。倾角为 $\theta=36°$ 与 $\theta=45°$ 的水面横向浓度分布线出现交叉现象，倾角为 $\theta=60°$ 与 $\theta=45°$ 的沿倾斜岸坡上浓度分布线出现交叉现象，反映了倾角参数 n 为奇、偶数对应角形域的边界反射产生浓度叠加的影响规律不同。

由图 6 可以看出，各角形域在 $y=10\mathrm{m}$ 处垂线上的浓度分布随水深增大单调减小，倾角为 $\theta=60°$ 与 $\theta=90°$ 的垂线上浓度分布在水面附近出现交叉现象。由图 7 可以看出，各角形域中 $C=10\mathrm{mg/L}$ 的等浓度线分布沿倾斜岸坡出现向下扩散的趋势，在远离倾斜岸坡时等浓度线分布向浅水区上升，之后出现双重变化特征。一是当倾角为 $\theta=36°$ 和 $60°$（即

$n=5$ 和 3，n 为奇数）时，$C=10\text{mg/L}$ 的等浓度线分布随横向坐标的增大先上升到 $\theta=90°$ 等浓度线之上，而后缓慢下降并以 $\theta=90°$ 等浓度线为渐近线；二是当倾角为 $\theta=30°$ 和 $45°$（即 $n=6$ 和 4，n 为偶数）时，$C=10\text{mg/L}$ 的等浓度线分布随横向坐标的增大呈现为单调上升曲线，并以 $\theta=90°$ 等浓度线为渐近线。这一点主要取决于在不同倾角时实源、像源和多重像源的分布位置和二维浓度分布的叠加。总体而言，各角形域倾斜岸坡对水面瞬时污染源下二维扩散浓度分布的影响是计算点距离岸坡顶点越近影响越大，横向坐标越大影响越小，水深越大影响也越小。

3.2 讨论

由以上结果分析可以看出，倾斜岸水面瞬时污染源下二维扩散浓度分布具有倾角参数 n 为奇、偶数不同的双重性，讨论如下：

(1) 当 $\theta=180°$（$n=1$）时，具有水面一次边界反射的污染物扩散为角形域扩散的特例，由式 (9) 得到水面瞬时污染源条件下二维扩散的浓度分布为

$$C(y,z,t)=\frac{m}{\sqrt{4\pi E_z t}}\exp\left(-\frac{z^2}{4E_z t}\right)\left[1+\text{sign}(y)\text{erf}\left(\frac{|y|}{\sqrt{4E_y t}}\right)\right] \tag{10}$$

定义域为 $y\geq 0$，$\infty>z>-\infty$。这一结果与式 (7) 半无限水面瞬时污染源下二维扩散的条件和结果完全一致。

(2) 当 $\theta=90°$（$n=2$）时，具有水面和垂直岸各一次边界反射的污染物扩散为角形域扩散的另一个特例，由式 (9) 得到水面瞬时污染源条件下二维扩散的浓度分布为

$$C(z,t)=\frac{m}{\sqrt{\pi E_z t}}\exp\left(-\frac{z^2}{4E_z t}\right) \tag{11}$$

定义域为 $y\geq 0$，$z\geq 0$。式 (11) 表明污染物浓度分布与横向坐标 y 和横向扩散系数 E_y 无关，已由图4~图7给予说明。这一结果与文献 [8] 水面有边界反射的瞬时平面源一维（垂向）扩散的结果完全一致。

(3) 当角形域内为各向同性扩散（即 $E_y=E_z=E$）水体时，对于沿倾斜岸坡（$z=y\tan\theta$）的等强度瞬时面污染源情形，角形域中二维扩散污染物浓度分布的理论计算公式可由式 (9) 进行坐标旋转 θ 角度得到

$$C(y,z,t)=\frac{m}{\sqrt{4\pi Et}}\sum_{i=0}^{n-1}\left\{\exp\left(-\frac{\{-y\sin[(2i+1)\theta]+z\cos[(2i+1)\theta]\}^2}{4Et}\right)\right\}\times$$
$$\left\{1+\text{sign}[y\cos((2i+1)\theta)+z\sin((2i+1)\theta)]\text{erf}\left\{\frac{|y\cos[(2i+1)\theta]+z\sin[(2i+1)\theta]|}{\sqrt{4Et}}\right\}\right\}$$
$$\tag{12}$$

定义域为 $y\geq 0$，$y\tan\theta\geq z\geq 0$。

取横向和垂向扩散系数 $E_y=E_z=E=0.01\text{m}^2/\text{s}$，其他参数同前。对岸坡倾角为 $\theta=45°$、$60°$ 和 $90°$ 的角形域，分别采用式 (9) 和式 (12) 计算水面源和岸坡源条件下的污染物浓度场分布，进行 $C=10\text{mg/L}$ 的等浓度线比较分析，见图 8。

由图 8 可以看出，水面污染源与倾斜岸坡污染源在角形域中形成的等浓度线分布为相应倾角角平分线的对称曲线。即对于角形域内的各向同性扩散，水面污染源向水下与倾斜岸坡污染源向上的扩散和边界反射机理相同，因此其浓度分布是以角平分线呈现对称

图形。

以上讨论均说明本文倾斜岸水面瞬时污染源下二维扩散浓度分布理论计算公式的合理性。式（9）在分析水库水面污染源扩散问题时，对于水质监测布点与数据的归纳分析、水质模型的验证和污染混合区浓度估算等，将具有较高的实用价值和理论指导作用（如对于倾斜岸坡角形域围油栏形状优化的数值模拟[9] 具有重要的参考价值）。

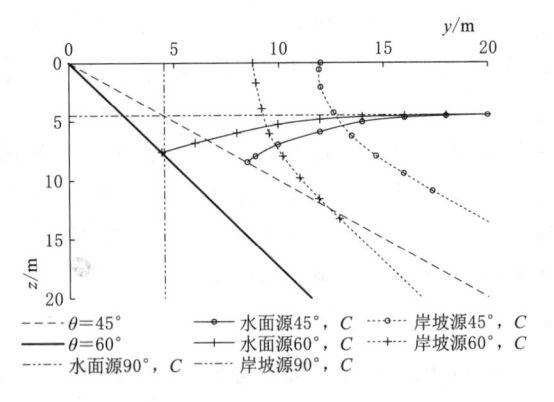

图8 水面源与岸坡源 $C=10\text{mg/L}$ 的等浓度线比较

4 结论

本文在横向和垂向扩散系数不相等的条件下，经过严格的数学推导，给出了半无限和倾斜岸水面瞬时污染源条件下二维扩散污染物浓度分布的理论计算公式。该公式的适用条件为顺直倾斜岸坡大宽度深水情况，满足倾角 $\theta=180°/n$（n 为自然数）的倾斜岸水面瞬时污染源的二维扩散浓度分布的计算。由本文可得如下结论：

（1）在倾斜岸水面瞬时污染源条件下，倾角对污染物的浓度分布影响较大，角形域内浓度分布具有倾角参数 n 为奇数和偶数不同的双重特性。

（2）计算点距离岸坡顶点越近，倾斜岸坡对浓度分布的影响越大，横坐标越大影响越小，水深越大影响越小。

参考文献

[1] 陈海滨，张黎. 水面垃圾污染控制初步研究［EB/OL］. （2008-04-26）［2012-02-02］. http：//www.cn-hw.net/html/32/200804/6380.html.

[2] 武周虎. 水面油膜下油滴输移扩散方程的解析解［J］. 海洋环境科学，2000，19（3）：44-47.

[3] 武周虎，尹海龙. 水面有限长油膜下油滴浓度分布及其污染带的数值计算［J］. 水动力学研究与进展，A辑，2001，16（4）：481-486.

[4] 武周虎. 倾斜岸水库污染混合区的理论分析及简化条件［J］. 水动力学研究与进展，A辑，2009，24（3）：296-304.

[5] 武周虎. 水库倾斜岸坡地形污染混合区的三维解析计算方法［J］. 科技导报，2008，26（18）：30-34.

[6] 武周虎. 倾斜岸坡角形域顶点排污浓度分布的理论分析［J］. 水利学报，2010，41（8）：997-1002，1008.

[7] 武周虎，徐美娥，武桂芝. 倾斜岸坡角形域顶点排污浓度分布规律探讨［J］. 水力发电学报，2012，31（5）.

[8] FISCHER H B, IMBERGER J, LIST E J, et al. Mixing in inland and coastal waters［M］. New York：Academic Press，1979.

[9] 魏芳，许颖. 围油栏形状优化的数值模拟［J］. 水动力学研究与进展，A辑，2011，26（6）：697-703.

1-08 倾斜岸河流和水库水面污染带下的污染物质量浓度分布[*]

摘　要：本文基于静止水体中横向和垂向扩散系数不相等的瞬时线源二维扩散的解析解，推导出水面有限宽瞬时污染源二维扩散的质量浓度分布计算公式。在顺直倾斜岸坡大宽度深水情况下，基于横向和垂向扩散系数不相等的角形域映射原理，推导出倾斜岸水面瞬时污染带下角形域中二维扩散污染物质量浓度分布的理论公式。计算与分析结果表明，在简化条件下该公式与理论解完全一致，角形域倾角对污染物的质量浓度分布影响较大，角形域内质量浓度分布具有随倾角参数为奇、偶数而不同的特性，计算点距离岸坡顶点越近，角形域倾角对污染物质量浓度分布的影响越大；横坐标越大，影响越小；水深越大，影响也越小。

关键词：河流；水库；倾斜岸坡；角形域；水面污染带；质量浓度分布

各种废弃物越来越多地出现在河流和水库水面，比如来源复杂、种类繁多的各类垃圾[1]，石油类和密度稍小的污水受浮力影响也会漂浮于表层水体上。这些水面污染物不仅影响自然景观，而且污染深层水体，会给水环境与水生态带来危害。

国内外在水面污染源向水下的一维扩散研究方面已取得成果[2-3]，但倾斜岸河流和水库水面污染源向水下的扩散则是立面二维问题。武周虎等[4-5]分别采用解析和数值方法给出了水面半无限和有限长油膜下油滴输移扩散方程的解析解和数值解，武周虎[6-7]采用解析方法给出了水库倾斜岸坡地形岸边点源排放各向同性扩散条件下的污染混合区计算方法和简化条件，武周虎等[8-9]基于镜像法原理和角形域平面镜映射实验，给出了各向异性扩散条件下的角形域映射图，进而给出倾斜岸坡地形岸边点源排放各向异性扩散条件下的污染物质量浓度分布的理论解。韦细姣[10]对龙江金城江区段进行水污染调查，利用二维水质数学模型进行水质达标分析。薛红琴等[11]在考虑了两岸边界的一次反射、污染物的降解和背景值共同影响的条件下，给出排污口在任意位置的污染带特征参数的计算方法。顾莉等[12]从河道分汊口、交汇口、水流特性及污染物输移特性等四个方面总结了分汊型河道的水流运动特性和污染物输移扩散规律的相关研究成果，提出亟待加强不同排放方式和不同分汊形态下污染物输移机制等问题的研究。武周虎[13]基于各向异性扩散条件下的静止水体中瞬时线源二维扩散的解析解，推导了半无限水面瞬时污染源下和倾斜岸角形域中二维扩散污染物浓度分布的理论公式，其结果的局限性在于不能用于常见的岸边水面任意宽度瞬时污染源情况的扩散计算。

本文针对文献[13]半无限水面瞬时污染源的局限性，基于横向和垂向扩散系数不相等的静止水体中瞬时线源二维扩散的解析解，推导水面有限宽（任意宽度）瞬时污染源下

---

[*] 原文载于《水利水电科技进展》，2012，32(6)，作者：武周虎，贾洪玉。

一、河流、水库浓度分布理论分析

二维扩散的溶解性污染物质量浓度分布,并在顺直倾斜岸坡大宽度深水情况下借助于角形域映射图[8-9],推导出倾斜岸水面瞬时污染带下角形域中二维扩散污染物质量浓度分布的理论计算公式,分析讨论结果的合理性及其应用范围。

1 水面有限宽瞬时污染源下的二维扩散

如图 1 所示,在静止水体半无限空间的半无限水面上($y \geqslant 0$, $z = 0$),存在等强度水面有限宽瞬时污染源(带),污染源宽度 $L > 0$,取垂直于 yOz 平面 x 方向的单位长度进行分析。

将水面有限宽瞬时污染源看作由无数个微小的污染线源或微元(即 yOz 坐标系上的点源,下同)$d\xi$ 所组成,每个微元的质量为 $dM = m d\xi$,其中 m 为水面污染源强度,对每个微元来说它都要向下、向左和右边扩散,如图 1 所示。设在水面下有一点 P,其坐标为 (y, z),P 点到某个污染微元的水平距离为 $(y - \xi)$,垂直距离为 z,在指定时刻 P 点的污染物质量浓度 $C(y, z, t)$ 应等于水面各

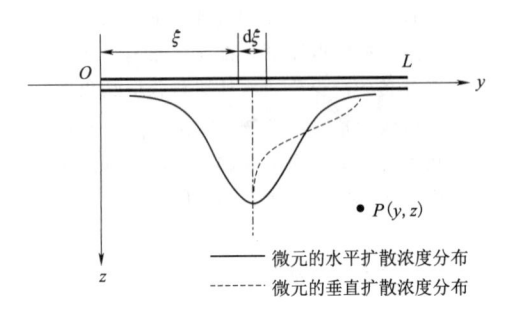

图 1 水面有限宽瞬时污染源下的二维扩散

微小污染源扩散到 P 点的污染物质量浓度 dC 的叠加。根据文献[13]则任意一个微小水面污染源扩散至水下 P 点的污染物质量浓度为

$$dC(y-\xi,z,t) = \frac{m\,d\xi}{2\pi t \sqrt{E_y E_z}} \exp\left[-\frac{(y-\xi)^2}{4E_y t} - \frac{z^2}{4E_z t}\right] \tag{1}$$

式中:E_y 和 E_z 分别为横向和垂向扩散系数。

式(1)中 ξ 从 0 到 L 上积分,可以得到由水面有限宽瞬时污染源引起 P 点的污染物质量浓度为

$$C(y,z,t) = \frac{m}{2\pi t \sqrt{E_y E_z}} \exp\left(-\frac{z^2}{4E_z t}\right) \int_0^L \exp\left[-\frac{(y-\xi)^2}{4E_y t}\right] d\xi \tag{2}$$

对式(2)进行变量替换,令 $\eta = \frac{y-\xi}{\sqrt{4E_y t}}$,则有 $d\xi = -\sqrt{4E_y t}\, d\eta$。当 $\xi = 0$ 时,$\eta = \frac{y}{\sqrt{4E_y t}}$;当 $\xi = L$ 时,$\eta = \frac{y-L}{\sqrt{4E_y t}}$。将上述关系代入式(2)得

$$C(y,z,t) = \frac{m\sqrt{4E_y t}}{2\pi t \sqrt{E_y E_z}} \exp\left(-\frac{z^2}{4E_z t}\right) \int_{\frac{y-L}{\sqrt{4E_y t}}}^{\frac{y}{\sqrt{4E_y t}}} \exp(-\eta^2) d\eta \tag{3}$$

进一步化简整理得

$$C(y,z,t) = \frac{m}{\pi \sqrt{E_z t}} \exp\left(-\frac{z^2}{4E_z t}\right) \left[\int_0^{\frac{y}{\sqrt{4E_y t}}} \exp(-\eta^2) d\eta - \int_0^{\frac{y-L}{\sqrt{4E_y t}}} \exp(-\eta^2) d\eta\right] \tag{4}$$

在数学上,$\frac{2}{\sqrt{\pi}} \int_0^x e^{-\eta^2} d\eta = \mathrm{erf}(x)$ 称为误差函数,则式(4)变为

60

$$C(y,z,t)=\frac{m}{\sqrt{4\pi E_z t}}\exp\left(-\frac{z^2}{4E_z t}\right)\left[\mathrm{erf}\left(\frac{y}{\sqrt{4E_y t}}\right)-\mathrm{erf}\left(\frac{y-L}{\sqrt{4E_y t}}\right)\right] \quad (5)$$

根据误差函数 erf(x) 的性质，对于固定的 (z,t) 值，由式（5）得到 $C(\pm\infty,z,t)=0$，$C_{max}(y,z,t)=C(L/2,z,t)$；对于固定的 ($y,t$) 值，由式（5）得到 $C_{max}(y,z,t)=C(y,0,t)$，$C(y,\infty,t)=0$，沿水深的污染物质量浓度分布为半正态曲线分布。进一步分析发现随扩散历时 t 的增大，污染物的最大质量浓度减小，但扩散影响深度和横向影响范围扩大。

在式（5）中取 $L=25\mathrm{m}$，$m=200\mathrm{g/m^2}$，$E_y=0.1\mathrm{m^2/s}$，$E_z=0.01\mathrm{m^2/s}$，$t=1800\mathrm{s}$，则计算得到 $C(0,0,1800)=C(25,0,1800)=10.80\mathrm{mg/L}$，$C_{max}(12.5,0,1800)=13.03\mathrm{mg/L}$，并依次计算 $z=0$、$5\mathrm{m}$、$10\mathrm{m}$ 等深线和 $y=-25\mathrm{m}$、0、$25\mathrm{m}$ 垂线上的 $C(y,z,1800)$。图 2 分别给出了静止水体中水面有限宽瞬时污染源下相应等深线和垂线上的污染物质量浓度分布曲线。

由图 2 可以看出，静止水体中水面有限宽瞬时污染源下沿水深的质量浓度服从半正态曲线分布特征，对同一 y 值水面上质量浓度最大，无限深处质量浓度为 0。由于水面有限宽瞬时污染源位于 $L\geqslant y\geqslant 0$ 处，$y<0$ 和 $y>L$ 区域的质量浓度是由 $L\geqslant y\geqslant 0$ 区域的污染物扩散产生，所以对同一 z 值的横向质量浓度分布在污染源中间 $y=L/2$ 点下方出现最大值，中间区域出现较平的一段，向两侧呈对称递减趋势。当水面瞬时污染源宽度 L 很小时，沿横向的质量浓度分布接近正态曲线分布特征。

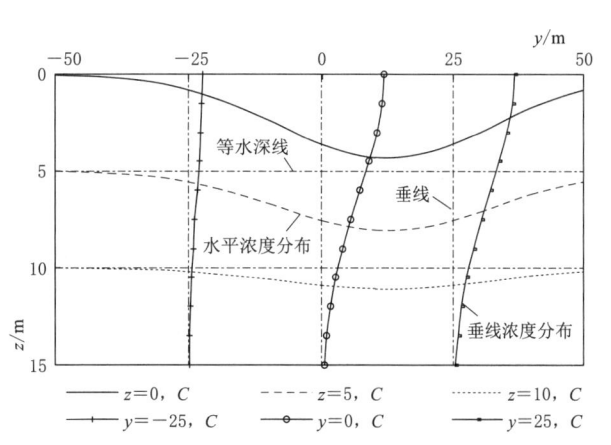

图 2 水面有限宽瞬时污染源下的质量浓度分布

2 倾斜岸水面瞬时污染带下的二维扩散

在顺直倾斜岸坡大宽度深水条件下，水面有限宽瞬时污染带下角形域中的二维扩散见图 3 (a)，定义域为 $y\geqslant 0$，$y\tan\theta\geqslant z\geqslant 0$。根据文献 [8] 给出的横向和垂向扩散系数不相等的角形域映射原理，图 3 (b) 给出了倾角 $\theta=60°$ 的角形域映射质量浓度分布叠加示意图。

在图 3 (b) 中，$C_0(y,z,t)$ 为水面实源产生的二维质量浓度分布，$C_1(y,z,t)$ 和 $C_2(y,z,t)$ 分别为水面等强度像源和二重像源产生的二维质量浓度分布。$C_0(y,z,t)$ 的表达式为式（5），$C_1(y,z,t)$ 和 $C_2(y,z,t)$ 的表达式分别为式（5）中 (y,z) 坐标旋转 $2i\theta(i=1,2)$ 角度得到，即像源和二重像源产生的二维质量浓度分别为

$$C_1(y,z,t)=\frac{m}{\sqrt{4\pi E_z t}}\exp\left\{-\frac{[-y\sin(2\theta)+z\cos(2\theta)]^2}{4E_z t}\right\}\times$$

一、河流、水库浓度分布理论分析

$$\left\{\operatorname{erf}\left[\frac{y\cos(2\theta)+z\sin(2\theta)}{\sqrt{4E_y t}}\right]-\operatorname{erf}\left[\frac{y\cos(2\theta)+z\sin(2\theta)-L}{\sqrt{4E_y t}}\right]\right\} \tag{6}$$

$$C_2(y,z,t)=\frac{m}{\sqrt{4\pi E_z t}}\exp\left\{-\frac{[-y\sin(4\theta)+z\cos(4\theta)]^2}{4E_z t}\right\}\times$$

$$\left\{\operatorname{erf}\left[\frac{y\cos(4\theta)+z\sin(4\theta)}{\sqrt{4E_y t}}\right]-\operatorname{erf}\left[\frac{y\cos(4\theta)+z\sin(4\theta)-L}{\sqrt{4E_y t}}\right]\right\} \tag{7}$$

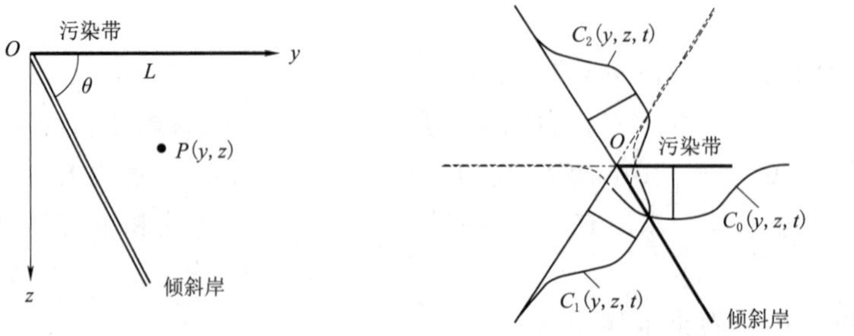

图3 倾斜岸水面瞬时污染带下的二维扩散
（a）倾斜岸坡角形域扩散　　（b）$\theta=60°$角形域映射质量浓度分布叠加

按照扩散方程单独解的叠加原理，水面有限宽瞬时污染源下角形域中的二维质量浓度分布应等于实源、像源和二重像源在定义域内对应坐标点产生的质量浓度分布叠加，即 $C(y,z,t)=C_0(y,z,t)+C_1(y,z,t)+C_2(y,z,t)$。那么，倾斜岸水面瞬时污染带下 $\theta=60°$ 角形域中的二维质量浓度分布为

$$C(y,z,t)=\frac{m}{\sqrt{4\pi E_z t}}\sum_{i=0}^{2}\left\{\exp\left\{-\frac{[-y\sin(2i\theta)+z\cos(2i\theta)]^2}{4E_z t}\right\}\times\right.$$

$$\left.\left\{\operatorname{erf}\left[\frac{y\cos(2i\theta)+z\sin(2i\theta)}{\sqrt{4E_y t}}\right]-\operatorname{erf}\left[\frac{y\cos(2i\theta)+z\sin(2i\theta)-L}{\sqrt{4E_y t}}\right]\right\}\right\} \tag{8}$$

根据文献[8]的归纳结果，当倾角参数 $n(n=180°/\theta)$ 为自然数时，由式（8）得到倾斜岸水面瞬时污染带下角形域中的二维质量浓度分布为

$$C(y,z,t)=\frac{m}{\sqrt{4\pi E_z t}}\sum_{i=0}^{n-1}\left\{\exp\left\{-\frac{[-y\sin(2i\theta)+z\cos(2i\theta)]^2}{4E_z t}\right\}\times\right.$$

$$\left.\left\{\operatorname{erf}\left[\frac{y\cos(2i\theta)+z\sin(2i\theta)}{\sqrt{4E_y t}}\right]-\operatorname{erf}\left[\frac{y\cos(2i\theta)+z\sin(2i\theta)-L}{\sqrt{4E_y t}}\right]\right\}\right\} \tag{9}$$

式（9）的适用条件为 $\theta=180°/n$（n 为自然数）。

倾斜岸坡顶点质量浓度为：$C(0,0,t)=\dfrac{nm}{\sqrt{4\pi E_z t}}\operatorname{erf}\left(\dfrac{L}{\sqrt{4E_y t}}\right)=\dfrac{90m}{\theta\sqrt{\pi E_z t}}\operatorname{erf}\left(\dfrac{L}{\sqrt{4E_y t}}\right)$。

3 分析与讨论

3.1 分析

在式（9）中取 $L=25\mathrm{m}$，$m=200\mathrm{g/m^2}$，$E_y=0.1\mathrm{m^2/s}$，$E_z=0.01\mathrm{m^2/s}$，$t=1800\mathrm{s}$，$C(0,0,1800)=1944/\theta(\mathrm{mg/L})$。分别计算岸坡倾角为 $\theta=30°$、$36°$、$45°$、$60°$ 和 $90°$（即

$n=6$、5、4、3 和 2)时,各倾角水面、沿 $z=y\tan\theta$ 的倾斜岸坡和 $y=12.5\text{m}$ 垂线上的污染物质量浓度分布以及各角形域中 $C=10\text{mg/L}$ 的等质量浓度线分布。图 4～图 6 分别绘制了各倾角水面、沿倾斜岸坡和 $y=12.5\text{m}$ 垂线上的质量浓度分布,图 7 绘制了各角形域中 $C=10\text{mg/L}$ 的等质量浓度线分布。

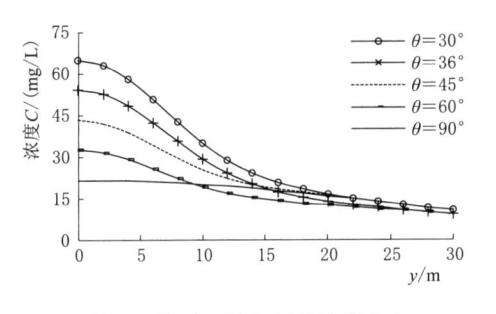

图 4　水面上横向质量浓度分布

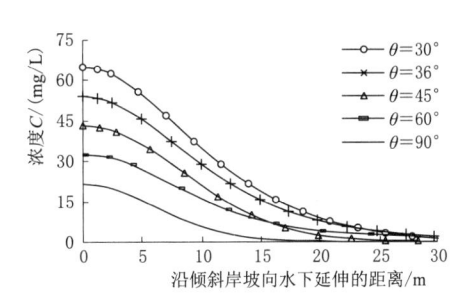

图 5　沿倾斜岸坡上质量浓度分布

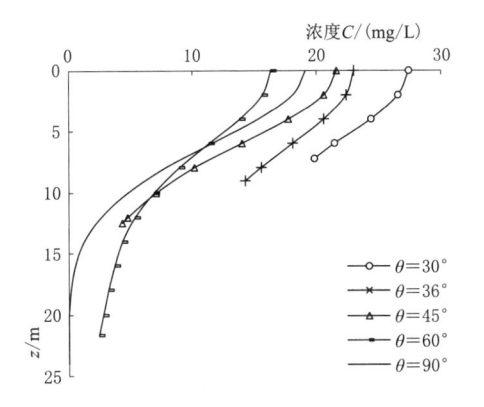

图 6　$y=12.5\text{m}$ 垂线上的质量浓度分布

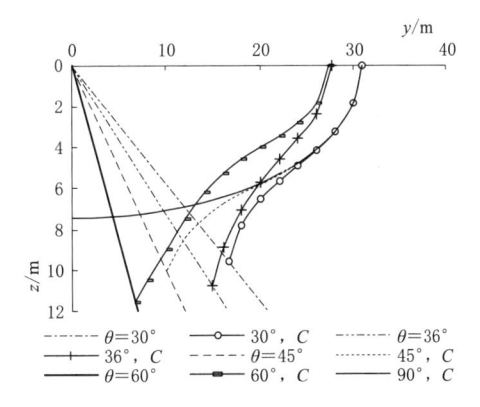

图 7　各角形域中 $C=10\text{mg/L}$ 的等质量浓度线分布

由图 4 和图 5 可以看出,受倾斜岸坡角形域边界反射产生质量浓度叠加的影响,倾角越小岸坡顶点质量浓度越高,倾斜岸坡顶点质量浓度与倾角大小成反比,且计算点距离岸坡顶点越近质量浓度越大,反之质量浓度越小,当横坐标或沿倾斜岸坡向水下延伸的距离趋于无穷大时质量浓度均趋于 0。各倾角的水面横向质量浓度分布和沿倾斜岸坡上的质量浓度分布均为单调下降曲线,并以 0 质量浓度为渐近线;当 $\theta=36°$ 和 $60°$(即 $n=5$ 和 3, n 为奇数)时,水面横向质量浓度分布随横坐标的增大先下降到 $\theta=90°$ 水面质量浓度线之下,而后由下方以 $\theta=90°$ 水面质量浓度线为渐近线。$\theta=36°$ 与 $\theta=45°$ 的水面横向质量浓度分布线出现交叉现象,$\theta=60°$ 与 $\theta=45°$ 的沿倾斜岸坡上质量浓度分布线出现交叉现象,反映了 n 为奇、偶数对应角形域的边界反射产生质量浓度叠加的影响规律不同。

由图 6 可以看出,各角形域在 $y=12.5\text{m}$ 处垂线上的质量浓度分布随水深增大单调减小,倾角为 $\theta=60°$,$90°$ 和 $45°$ 的垂线上质量浓度分布出现交叉现象。由图 7 可以看出,各角形域中 $C=10\text{mg/L}$ 的等质量浓度线分布沿倾斜岸坡出现向下扩散的趋势,在远离倾斜岸坡时等质量浓度线分布向水面上升并出现双重变化特征。一是当倾角为 $\theta=36°$ 和

60°（即 $n=5$ 和 3，n 为奇数）时，$C=10\text{mg/L}$ 的等质量浓度线分布随横坐标的增大与 $\theta=90°$ 等质量浓度线交叉；二是当倾角为 $\theta=30°$ 和 45°（即 $n=6$ 和 4，n 为偶数）时，$C=10\text{mg/L}$ 的等质量浓度线分布随横坐标的增大呈单调上升趋势，并以 $\theta=90°$ 等质量浓度线为渐近线。这一点主要取决于在不同倾角时实源、像源和多重像源的分布位置和二维质量浓度分布的叠加。总体而言，各角形域倾斜岸坡对水面有限宽瞬时污染源下二维扩散质量浓度分布的影响是计算点距离岸坡顶点越近，影响越大；横坐标越大，影响越小；水深越大，影响也越小。

3.2 讨论

由以上分析结果可以看出，倾斜岸水面瞬时污染带下二维扩散质量浓度分布具有 n 为奇、偶数不同的双重性，讨论如下：

(1) 当 $\theta=180°$（$n=1$）时，具有水面一次边界反射的污染物扩散为角形域扩散的特例，由式（9）得到水面有限宽瞬时污染源条件下二维扩散的质量浓度分布为

$$C(y,z,t)=\frac{m}{\sqrt{4\pi E_z t}}\exp\left(-\frac{z^2}{4E_z t}\right)\left[\text{erf}\left(\frac{y}{\sqrt{4E_y t}}\right)-\text{erf}\left(\frac{y-L}{\sqrt{4E_y t}}\right)\right] \quad (10)$$

定义域为 $y\geq 0$，$\infty>z>-\infty$。这一结果与式（5）完全一致。

(2) 当 $\theta=90°$（$n=2$），且水面污染源宽度 $L\to\infty$ 时，具有水面和垂直岸各一次边界反射的污染物扩散为角形域扩散的另一个特例，由式（9）得到半无限水面瞬时污染源条件下二维扩散的质量浓度分布为

$$C(z,t)=\frac{m}{\sqrt{\pi E_z t}}\exp\left(-\frac{z^2}{4E_z t}\right) \quad (11)$$

定义域为 $y\geq 0$，$z\geq 0$。式（11）表明污染物质量浓度分布与横坐标 y 和横向扩散系数 E_y 无关，这一结果与文献 [2] 水面有边界反射的瞬时平面源一维（垂向）扩散的结果完全一致。

(3) 当角形域内为各向同性扩散 $E_y=E_z=E$ 水体时，对于沿 $z=y\tan\theta$ 倾斜岸坡的等强度瞬时有限宽污染源情形，角形域中二维扩散污染物质量浓度分布的理论计算公式可由式（9）进行坐标旋转 θ 角度得到

$$C(y,z,t)=\frac{m}{\sqrt{4\pi Et}}\sum_{i=0}^{n-1}\left\{\exp\left\{-\frac{[-y\sin((2i+1)\theta)+z\cos((2i+1)\theta)]^2}{4Et}\right\}\times\right.$$
$$\left.\left\{\text{erf}\left\{\frac{y\cos[(2i+1)\theta]+z\sin[(2i+1)\theta]}{\sqrt{4Et}}\right\}-\text{erf}\left\{\frac{y\cos[(2i+1)\theta]+z\sin[(2i+1)\theta]-L}{\sqrt{4Et}}\right\}\right\}\right\}$$
$$(12)$$

其中：$y\geq 0$，$y\tan\theta\geq z\geq 0$。

取 $E_y=E_z=E=0.01\text{m}^2/\text{s}$，$L=25\text{m}$，其他参数意义同前。$\theta$ 为 45°、60° 和 90° 的角形域分别采用式（9）和式（12）计算水面有限宽源和岸坡源条件下的污染物质量浓度场分布，进行 $C=10\text{mg/L}$ 的等质量浓度线比较分析，见图 8。

由图 8 可以看出，水面瞬时有限宽污染源与岸坡瞬时有限宽污染源条件下在角形域中形成的等质量浓度线分布为相应倾角角平分线的对称曲线。即对于角形域内的各向同性扩

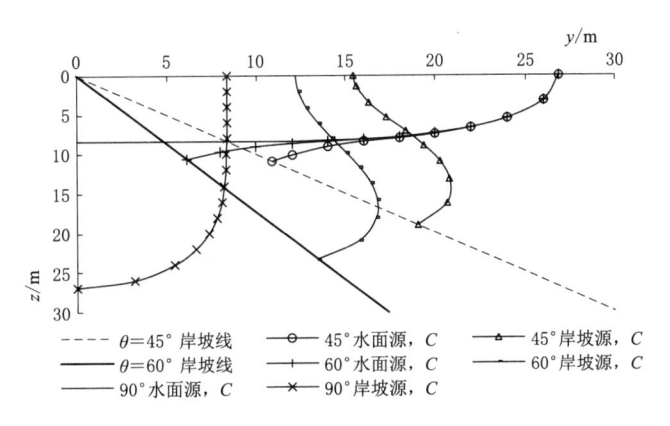

图 8 水面与岸坡瞬时有限宽污染源条件下 $C=10\,\text{mg/L}$ 的等质量浓度线比较

散，水面有限宽污染源向水下的扩散与倾斜岸坡有限宽污染源向上的扩散和边界反射的机理相同，因此其质量浓度分布是以角平分线为对称轴的对称曲线。

（4）当水面污染带宽度 $L\to\infty$ 时，式（9）变为

$$C(y,z,t)=\frac{m}{\sqrt{4\pi E_z t}}\sum_{i=0}^{n-1}\left\{\exp\left\{-\frac{[-y\sin(2i\theta)+z\cos(2i\theta)]^2}{4E_z t}\right\}\times\right.$$
$$\left.\left\{1+\text{erf}\left[\frac{y\cos(2i\theta)+z\sin(2i\theta)}{\sqrt{4E_y t}}\right]\right\}\right\} \tag{13}$$

式中：$\text{erf}\left[\dfrac{y\cos(2i\theta)+z\sin(2i\theta)}{\sqrt{4E_y t}}\right]=\text{sign}[y\cos(2i\theta)+z\sin(2i\theta)]\cdot\text{erf}\left[\dfrac{|y\cos(2i\theta)+z\sin(2i\theta)|}{\sqrt{4E_y t}}\right]$。

当自变量小于 0 时，利用误差函数是奇函数的性质进行计算。这一结果与文献［13］半无限水面瞬时污染源在角形域中相应条件下扩散的质量浓度分布完全一致。

以上讨论均说明本文倾斜岸水面瞬时污染带下二维扩散质量浓度分布理论计算公式的合理性。式（9）在分析水库水面污染源扩散问题时，对于水质监测布点与数据的归纳分析、水质模型的验证和污染混合区质量浓度估算等具有较高的实用价值和理论指导作用。

4 结论

（1）在横向和垂向扩散系数不相等的条件下，经过严格的数学推导，给出了水面有限宽瞬时污染源和倾斜岸水面瞬时污染带条件下二维扩散污染物质量浓度分布的理论计算公式。

（2）在倾斜岸水面瞬时污染带条件下，角形域倾角对污染物的质量浓度分布影响较大，角形域内质量浓度分布具有倾角参数 $n(=180°/\theta)$ 为奇、偶数不同的双重性。

（3）计算点距离岸坡顶点越近，角形域倾角对质量浓度分布的影响越大；横坐标越大，影响越小；水深越大，影响也越小。

（4）本文所推导公式适用于顺直倾斜岸坡大宽度深水情况，满足倾角参数 n 为自然数的倾斜岸水面瞬时污染带条件下二维扩散质量浓度分布的计算。

参考文献

[1] 陈海滨,张黎. 水面垃圾污染控制初步研究 [EB/OL]. (2008 - 04 - 26) [2012 - 02 - 02]. http://www.cn - hw.net/html/32/200804/6380.html.

[2] FISCHER H B, IMBERGER J, LIST E J, et al. Mixing in inland and coastal waters [M]. New York: Academic Press, 1979.

[3] 余常昭, M. 马尔柯夫斯基, 李玉梁. 水环境中污染物扩散输移原理与水质模型 [M]. 北京: 中国环境科学出版社, 1989.

[4] 武周虎. 水面油膜下油滴输移扩散方程的解析解 [J]. 海洋环境科学, 2000, 19 (3): 44 - 47.

[5] 武周虎, 尹海龙. 水面有限长油膜下油滴浓度分布及其污染带的数值计算 [J]. 水动力学研究与进展, A辑, 2001, 16 (4): 481 - 486.

[6] 武周虎. 倾斜岸水库污染混合区的理论分析及简化条件 [J]. 水动力学研究与进展, A辑, 2009, 24 (3): 296 - 304.

[7] 武周虎. 水库倾斜岸坡地形污染混合区的三维解析计算方法 [J]. 科技导报, 2008, 26 (18): 30 - 34.

[8] 武周虎. 倾斜岸坡角形域顶点排污浓度分布的理论分析 [J]. 水利学报, 2010, 41 (8): 997 - 1002, 1008.

[9] 武周虎, 徐美娥, 武桂芝. 倾斜岸坡角形域顶点排污浓度分布规律探讨 [J]. 水力发电学报, 2012, 31 (6): 166 - 172.

[10] 韦细姣. 龙江金城江区段污染物质量浓度的分析 [J]. 水资源保护, 2004, 20 (6): 56, 68.

[11] 薛红琴, 刘晓东. 连续点源河流污染带几何特征参数研究 [J]. 水资源保护, 2005, 21 (5): 23 - 26.

[12] 顾莉, 华祖林, 褚克坚, 等. 分汊型河道水流运动特性和污染物输移规律研究进展 [J]. 水利水电科技进展, 2011, 31 (5): 88 - 94.

[13] 武周虎. 倾斜岸河库水面污染源下浓度分布的理论分析 [J]. 水动力学研究与进展, A辑, 2012, 27 (4): 449 - 455.

二、河流、水库污染混合区理论与计算方法

2-01 河流污染混合区的解析计算方法*

摘 要：本文以顺直宽矩形明渠中垂向线源等强度排放物质浓度分布的解析解为基础，探讨了污染混合区的计算方法，推导了污染混合区最大长度、最大宽度和相应纵向坐标、面积以及最大允许污染负荷的理论计算公式，进行了污染混合区的算例分析。其结果可以作为河流污染混合区允许范围和最大允许污染负荷的计算依据，提出的解析计算方法比采用二维水质数学模型进行污染混合区的计算更加快捷灵活、方便实用。给出了非保守物质污染混合区最大长度的理论计算公式和忽略一级反应降解作用按保守物质处理的条件：降解数 $De \leqslant 0.027$。

关键词：河流；水污染；混合区；污染负荷；解析方法；算例分析

　　河流沿岸地区工业或城镇生活污水经处理达到相应的排放标准（一般高于水环境功能区标准）后，通过管道或明渠排入河道。污水首先在排污口附近局部区域稀释混合，其次在水域的宽度与长度方向逐渐扩散。污染混合区是从水环境功能区管理的角度出发，针对河流排污产生的污染超标区域提出来的概念，它是指由于排污而引起河流污染物超标水域的影响范围。目前，对于河流、水库污染混合区范围和最大允许污染负荷的计算主要是采用水质模型来实现，虽然水质模型具有地形适应性强等特点，但不能直观地给出污染混合区范围和最大允许污染负荷与各参数之间的函数关系，给实际应用带来不便[1-3]。武周虎[4]从河流一维移流离散方程出发，通过理论分析给出了移流离散水质模型方程的简化、分类判别条件；武周虎[5]采用解析方法对水库倾斜岸坡地形，从移流扩散方程的简化三维解析解出发，推导了污染混合区范围以及最大允许污染负荷的理论公式，为水库排污口污染混合区允许范围和最大允许污染负荷量的确定提供了依据。

　　本文在恒定连续垂向等强度线源条件下，从一维流动中横向扩散的二维移流扩散简化方程解析解出发，通过理论分析和讨论，给出顺直宽矩形明渠在中心和岸边排放条件下污染混合区最大长度、最大宽度和面积等理论计算公式及非保守物质计算的讨论。其结果可为污染混合区范围以及最大允许污染负荷提供简便、快捷的理论计算公式，也可以对水质模型计算和数据的分析归纳起到理论指导作用。

1 解析计算方法

　　略去纵向扩散项 $E_x \frac{\partial^2 C}{\partial x^2} \left(\ll U \frac{\partial C}{\partial x} \right)$ 的二维移流扩散简化方程 $U \frac{\partial C}{\partial x} = E_y \frac{\partial^2 C}{\partial y^2}$，在等强度时间连续垂向线源条件下的解析解为[6]

$$C(x,y) = \frac{\beta C_0 q}{H \sqrt{4\pi E_y U x}} \exp\left(-\frac{U y^2}{4 E_y x}\right) \tag{1}$$

---

* 原文载于《水科学进展》，2009，20（4），作者：武周虎，贾洪玉。

二、河流、水库污染混合区理论与计算方法

式中：x 为自排污口沿河流流向的纵向坐标；y 为垂直于 x 的横向坐标；q 为排污流量；C_0 为排污浓度；U 为断面平均流速；H 为平均水深；E_y 为横向扩散系数；β 为边界反射系数，对于中心排放取 $\beta=1$，对于岸边排放取 $\beta=2$。

根据式（1）污染物断面浓度的正态或半正态分布以及断面浓度最大升高值 C_m 随 $x^{-0.5}$ 减小的特征，令河流排污引起的允许浓度升高值 C_a 与背景浓度 C_b 叠加等于水环境功能区所执行的浓度标准值 C_s，即 $C_a+C_b=C_s$，则该等浓度线所包围的区域为污染混合区。由此可以得出，污染混合区与排污影响浓度和背景浓度有关，它既反映河流排污引起的污染超标范围大小，又反映其污染程度[7]。

为了方便推导，文中纵、横向坐标及公式中变量均采用量纲一。令纵向坐标 $x'=\dfrac{xE_y}{UB^2}$；横向坐标 $y'=\dfrac{y}{B}$；排污流量 $q'=\dfrac{q}{Q}=\dfrac{q}{UHB}$；允许浓度升高值 $C_a'=\dfrac{C_a}{C_0}$。则由式（1）可知，污染混合区外边界等浓度曲线方程为

$$C_a'=\frac{\beta q'}{\sqrt{4\pi x'}}\exp\left(-\frac{y'^2}{4x'}\right) \tag{2}$$

由式（2）得到污染混合区外边界等浓度曲线方程为

$$y'=\sqrt{-4x'\ln\left(\frac{C_a'}{\beta q'}\sqrt{4\pi x'}\right)} \tag{3}$$

式中：B 为水面宽度；$Q=UHB$ 为河流流量；其他符号意义同前。对于中心排放，根号前加上正负号。由式（3）可以看出，污染混合区外边界等浓度曲线方程仅与排污流量、允许浓度升高值以及边界反射系数 β 有关。

令 $y'=0$，代入式（3）化简得到污染混合区最大长度的理论计算公式为

$$L_s'=\frac{1}{4\pi}\left(\frac{\beta q'}{C_a'}\right)^2 \tag{4}$$

对式（3）两边同时先平方，再对 x' 求导得到

$$2y'\frac{\mathrm{d}y'}{\mathrm{d}x'}=-4\ln\left(\frac{C_a'}{\beta q'}\sqrt{4\pi x'}\right)-4x'\left(\frac{\beta q'}{C_a'\sqrt{4\pi x'}}\frac{C_a'}{\beta q'}\sqrt{4\pi}\frac{1}{2\sqrt{x'}}\right) \tag{4a}$$

令 $\dfrac{\mathrm{d}y'}{\mathrm{d}x'}=0$，求解污染混合区外边界等浓度曲线上 y' 的极值点坐标，即污染混合区最大宽度或最大半宽度 $b_s'(=y_{\max}')$ 和相应的纵向坐标 $L_c'(=x')$。由式（4a）化简整理得到

$$\ln\left(\frac{C_a'}{\beta q'}\sqrt{4\pi L_c'}\right)=-\frac{1}{2} \tag{4b}$$

对式（4b）取反对数，再将式（4）代入整理得到污染混合区最大宽度相应的纵向坐标为

$$L_c'=\frac{1}{4\pi \mathrm{e}}\left(\frac{\beta q'}{C_a'}\right)^2=\frac{L_s'}{\mathrm{e}} \tag{5}$$

式中：自然常数 $\mathrm{e}=2.7183$。将式（5）代入式（3）整理得到污染混合区最大宽度为

$$b_s'=\frac{1}{\sqrt{2\pi \mathrm{e}}}\frac{\beta q'}{C_a'}=\sqrt{\frac{2L_s'}{\mathrm{e}}} \tag{6}$$

对式（3）在 $x[0, L'_s]$ 上求定积分，可以求得污染混合区的面积计算公式。考虑关系式（4）和式（6），推导如下：

$$S' = \int_0^{L'_s} \sqrt{-4x' \ln\left(\frac{C'_a}{\beta q'}\sqrt{4\pi x'}\right)} \, dx' = \sqrt{e} L'_s b'_s \int_0^{L'_s} \sqrt{-\frac{x'}{L'_s} \ln\left(\frac{x'}{L'_s}\right)} \, d\left(\frac{x'}{L'_s}\right) \tag{7}$$

进行变量替换，令 $\dfrac{x'}{L'_s} = \zeta$，进而再令 $\eta = \zeta^{1.5}$，则有

$$S' = \frac{2}{3}\sqrt{e} L'_s b'_s \int_0^1 \sqrt{\frac{2}{3}\ln(\zeta^{-\frac{3}{2}})} \, d\zeta^{\frac{3}{2}} = \left(\frac{2}{3}\right)^{\frac{3}{2}} \sqrt{e} L'_s b'_s \int_0^1 \sqrt{\ln\left(\frac{1}{\eta}\right)} \, d\eta \tag{8}$$

由积分表查得 $\int_0^1 \sqrt{\ln(\eta^{-1})}\, d\eta = \dfrac{\sqrt{\pi}}{2}$，代入上式得到，类似于椭圆面积的理论计算公式

$$S' = \left(\frac{2}{3}\right)^{\frac{3}{2}} \frac{\sqrt{\pi e}}{2} L'_s b'_s = 0.7953 L'_s b'_s \tag{9}$$

需要说明的是在中心排放时，污染混合区的最大宽度为 $2b'_s$。由于中心排放与岸边排放 β 值的差别，中心排放污染混合区最大长度只有岸边排放污染混合区最大长度的 $\dfrac{1}{4}$，由式（6）可知污染混合区最大宽度又与长度的平方根成正比。因此，中心排放与岸边排放的实际最大宽度相等，则有中心排放污染混合区的面积 $S' = 0.7953 L'_s (2b'_s)$ 是岸边排放面积的 $\dfrac{1}{4}$。

中心排放时，污染混合区的最大长度与最大宽度之比

$$\frac{L'_s}{2b'_s} = \frac{1}{4}\sqrt{\frac{e}{2\pi}}\frac{q'}{C'_a} \tag{10}$$

岸边排放时，污染混合区的最大长度与最大宽度之比，等于中心排放时，该数值的4倍：

$$\frac{L'_s}{b'_s} = \sqrt{\frac{e}{2\pi}}\frac{q'}{C'_a} = 4\left(\frac{L'_s}{2b'_s}\right)_{\text{中心排放}} \tag{11}$$

由此可以看出，岸边排放时，污染混合区在河流流速的作用下拉得更加细长。这是因为在岸边排放时，污染物仅在河流靠断面中心一侧产生稀释扩散作用，污染物浓度降低缓慢。图1给出了 $q' = 0.05$ 时，C'_a 为 0.10、0.15 及 0.20 条件下，中心排放和岸边排放时的污染混合区边界曲线。

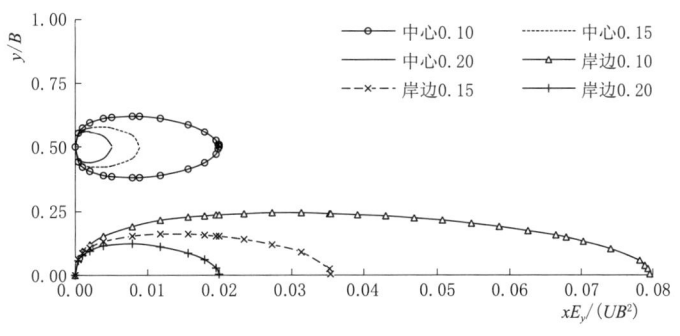

图 1 河流岸边及中心排放污染混合区比较

由图 1 可以得到，在 $q'=0.05$、$C_a'=0.10$ 相应条件下，中心排放污染混合区的最大长度、最大宽度和面积分别为 0.0199、0.2420、0.0038；岸边排放污染混合区的最大长度、最大宽度和面积分别为 0.0796、0.2420、0.0153。由图 1 可以看出，在中心排放时，污染混合区近似于椭圆形状；在岸边排放时，污染混合区近似于半椭圆形状，在靠近排污口一端出现钝头，河流下游方向出现稍尖形状。允许浓度升高值 C_a' 越小，污染混合区范围越大，即污染超标水域越大。

由式（4）、式（6）和式（9）依次改写的污染混合区最大长度、最大宽度和面积的理论计算公式分别为

$$L_s = \frac{1}{4\pi U E_y}\left(\frac{\beta q C_0}{H C_a}\right)^2 \tag{12}$$

$$b_s = \frac{1}{\sqrt{2\pi e}}\frac{\beta q C_0}{U H C_a} = \sqrt{\frac{2 E_y L_s}{eU}} \tag{13}$$

$$S = \left(\frac{2}{3}\right)^{\frac{3}{2}}\frac{\sqrt{\pi e}}{2}L_s b_s = 0.7953 L_s b_s \tag{14}$$

在中心排放时，污染混合区最大宽度为 $2b_s$，污染混合区面积为 $S=0.7953L_s(2b_s)$。

令 $C=C_a$，结合式（12）和式（13），由式（1）整理化简得到污染混合区外边界等浓度标准曲线方程为

$$\left(\frac{y}{b_s}\right)^2 = -e\frac{x}{L_s}\ln\left(\frac{x}{L_s}\right) \tag{15}$$

由式（15）可知，污染混合区外边界标准曲线的形状，仅与相对坐标（x/L_s）和（y/b_s）有关，说明污染混合区具有相似性。

在实际应用中，对于顺直宽矩形明渠，可以根据河流平均流速、污染混合区最大长度和最大宽度，由式（13）可以反算得到横向扩散系数的计算公式为

$$E_y = \frac{eUb_s^2}{2L_s} \tag{16}$$

式（16）表明，横向扩散系数与平均流速成正比，与污染混合区最大宽度的平方成正比，而与污染混合区最大长度成反比。

也可以根据河流平均水深、移流扩散参数、水质目标 C_s 与背景浓度 C_b 之差（$=C_a$）和污染混合区允许长度或宽度或面积，由式（12）、式（13）或式（14）反算得到最大允许污染负荷 $G_0 = qC_0$。

2 算例分析

污染混合区通常用于水环境功能区管理，包括对排污口附近允许超标区域的控制和管理。由于污水排放标准与地表水环境质量标准一般都存在较大差异，所以在允许排放达标污水的水环境功能区的排污口附近及下游一般都不可避免地存在一个"允许超标区域"，即污染混合区[8]。污染混合区的形状和大小一方面取决于排污口位置、排污流量、排污浓度、平均流速、平均水深、横向扩散系数、水环境功能区标准、背景浓度等因素；另一方面污染混合区又受总量控制目标、功能区敏感目标和综合管理目标等条件的制约。所以，

应根据建设项目环境影响评价结论由水环境功能区管理部门对排污口位置、污染混合区大小给予规定，使排污行为受到污水排放标准和污染混合区大小的双重约束，而污染混合区大小又受最大允许污染负荷的直接影响，因此上述解析计算方法为污染混合区和最大允许污染负荷的计算提供了便利。

已知某顺直宽矩形明渠的水深 $H=0.5\text{m}$，平均流速 $U=0.2\text{m/s}$，横向扩散系数 $E_y=0.4\text{m}^2/\text{s}$，背景浓度 $C_b=0$，水环境功能区限制浓度 $C_s=20\text{mg/L}$。则岸边排放条件下的污染混合区最大长度、最大宽度及面积与污染负荷 $G_0=qC_0$ 的变化关系曲线，参见图2。

由式（12）～式（14）和图2可以看出，从二维移流扩散简化方程的解析解出发得到顺直宽矩形明渠岸边污染混合区最大长度、最大宽度和面积分别与污染负荷 G_0^2、G_0、G_0^3 成正比的变化规律。

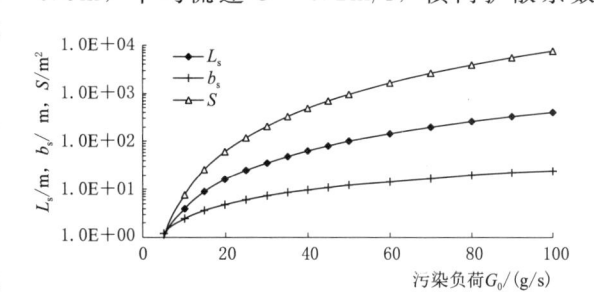

图2 某顺直宽矩形明渠污染混合区特征尺度曲线

3 讨论

通过对河流污染混合区解析计算方法的探讨和理论求解，推导了污染混合区最大长度、最大宽度及相应的纵向坐标和面积以及最大允许污染负荷的理论计算公式，进行了污染混合区的算例分析。其结果可以作为顺直宽矩形明渠污染混合区允许范围和最大允许污染负荷的计算依据，该解析计算方法比采用二维水质数学模型进行污染混合区的计算，更加快捷灵活、方便实用。

从水环境容量管理的角度，定义污染负荷 G_0' 为

$$G_0'=\frac{G_0}{G_a}=\frac{G_0}{G_s-G_b}=\frac{qC_0}{QC_s-QC_b}=\frac{q}{Q}\cdot\frac{C_0}{C_s-C_b}=\frac{q'}{C_a'} \tag{17}$$

式中：$G_s(=QC_s)$ 为水环境容量，[M/T]；$G_b(=QC_b)$ 为环境背景负荷，[M/T]（负荷量纲，下同）；$G_a(=QC_a=G_s-G_b)$ 为最大允许污染负荷；$G_0(=qC_0)$ 为污染负荷；其他符号意义同前。

在式（17）中，必要时应考虑河流上、下游水环境容量与总负荷的优化分配方案。此时，水环境功能区要求满足 $G_0'\leqslant 1$，当污染负荷等于最大允许污染负荷时 $G_0'=1$。

笔者采用的河流二维移流扩散简化方程浓度分布的解析解，在中心排放时未考虑两岸反射，在岸边排放时未考虑对岸反射。计算表明，在上述条件下将出现浓度的最大相对误差，其值小于允许浓度升高值 C_a 的8%。

4 非保守物质按保守物质处理的条件

对于考虑一级反应降解作用的非保守物质，稳态二维移流扩散简化水质模型方程 $U\frac{\partial C}{\partial x}=E_y\frac{\partial^2 C}{\partial y^2}-KC$，在等强度时间连续垂向线源条件下的解析解为[6]

$$C(x,y)=\frac{\beta C_0 q}{H\sqrt{4\pi E_y Ux}}\exp\left(-\frac{Uy^2}{4E_y x}-K\frac{x}{U}\right) \tag{18}$$

令 $C=C_a$，结合式（12）和式（13），由式（18）整理化简得到非保守物质污染混合区外边界等浓度标准曲线方程为

$$\left(\frac{y}{b_s}\right)^2=-\mathrm{e}\frac{x}{L_s}\left[\ln\left(\frac{x}{L_s}\right)+2De\frac{x}{L_s}\right] \tag{19}$$

式中：$De=\dfrac{KL_s}{U}$，定义为降解数，表示降解通量与移流通量的比值。

由式（19）可知，非保守物质污染混合区外边界标准曲线的形状，除与相对坐标 (x/L_s) 和 (y/b_s) 有关外，仅与降解数 De 有关。在不同降解数（$De=0$、0.027、0.1、0.25、0.5、1.0）条件下，绘制出非保守物质河流岸边排放污染混合区边界曲线，见图3。

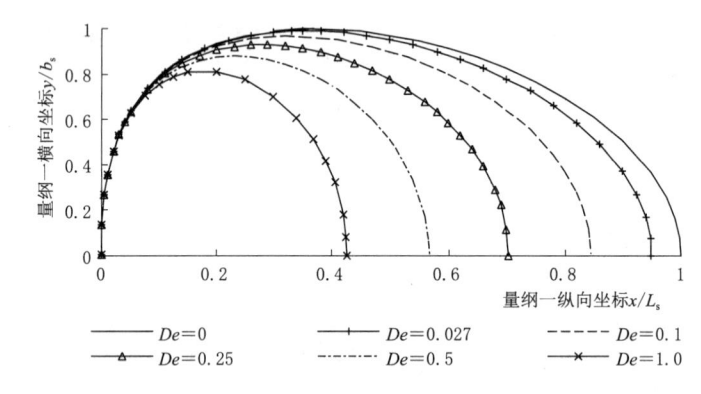

图 3　非保守物质河流岸边排放污染混合区比较

由图3可以看出，非保守物质河流岸边排放污染混合区最大长度 L_{sf}、最大宽度 b_{sf} 和相应纵向坐标 L_{cf} 均随降解数 De 的增大而减小。在 De 为常数时，非保守物质污染混合区外边界标准曲线相同。即在同一 De 条件下，污染混合区具有相似性。

令 $y=0$，代入式（19）化简得到非保守物质污染混合区最大长度 L_{sf} 的理论计算公式为

$$L_{sf}=L_s\exp\left(-\frac{2KL_{sf}}{U}\right) \tag{20}$$

式（20）是隐函数方程，可采用迭代算法或试算法。污染混合区最大长度 L_{sf} 的近似计算公式为

$$L_{sf}\approx L_s\exp\left(-\frac{2KL_s}{U}\right) \tag{21}$$

式中：L_s 为保守物质的污染混合区最大长度；K 为一级反应降解系数；U 为平均流速。

污染混合区是污水排放口附近水域中，不满足受纳水体功能区水质标准要求的空间区域。污染物所经历的迁移扩散时间 T_s 较短，污染物的衰减浓度较小，对污染混合区最大长度的影响也较小。建议将 $0.95L_s\leqslant L_{sf}\leqslant L_s$ 作为可以忽略一级反应降解作用的条件，通

过式（20）与式（12）污染混合区最大长度的计算比较，给出按保守物质处理的降解数 De 的判别条件为

$$De = \frac{KL_s}{U} = KT_s \leqslant 0.027 \tag{22}$$

在实际应用中，按保守物质处理对环境管理偏于安全。所以，在污染混合区范围的计算中，污染物的一级反应降解作用，通常可以忽略不计。

当 $0.027 \leqslant De \leqslant 1.0$ 时，依次取降解数 $De = 0.027$、0.1、0.25、0.5、0.75、1.0，由式（20）采用迭代算法计算出污染混合区最大长度 L_{sf}，由式（19）采用试算比较法计算出最大宽度 b_{sf} 和相应纵向坐标 L_{cf}，分别点画于图 4。

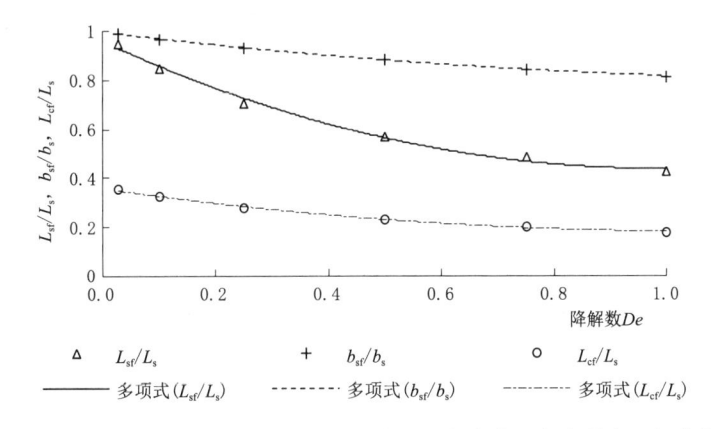

图 4　非保守物质污染混合区最大长度、最大宽度和相应纵向坐标曲线

由图 4 中的数据点进行回归分析，分别得到非保守物质污染混合区最大长度、最大宽度和相应纵向坐标的实用化计算公式如下：

$$L_{sf}/L_s = 0.539 De^2 - 1.060 De + 0.957 \quad (R^2 = 0.992) \tag{23}$$

$$b_{sf}/b_s = 0.102 De^2 - 0.282 De + 0.995 \quad (R^2 = 0.999) \tag{24}$$

$$L_{cf}/L_s = 0.158 De^2 - 0.334 De + 0.357 \quad (R^2 = 0.995) \tag{25}$$

根据非保守物质污染混合区外边界标准曲线的形状特征，参照式（14）的形式，非保守物质污染混合区的面积公式可以写为

$$S_{sf} = \mu L_{sf} b_{sf} \tag{26}$$

式中：面积系数 μ 近似取保守物质污染混合区的面积系数值，即 $\mu = \left(\dfrac{2}{3}\right)^{\frac{3}{2}} \dfrac{\sqrt{\pi e}}{2} = 0.7953$。

5　结论

（1）以顺直宽矩形明渠中垂向线源等强度排放物质浓度分布的解析解为基础，推导了中心和岸边排放条件下污染混合区最大长度、最大宽度和面积等理论计算公式。表明污染混合区最大长度、最大宽度和面积分别与污染负荷 G_0^2、G_0、G_0^3 成正比的变化规律。

（2）在实际应用中，对于顺直宽矩形明渠按照本文给出污染混合区的理论计算公式，可以根据最大允许污染负荷计算污染混合区范围；也可以根据污染混合区允许长度或宽度

二、河流、水库污染混合区理论与计算方法

或面积反算最大允许污染负荷。

（3）给出了非保守物质污染混合区最大长度的理论计算公式和忽略一级反应降解作用按保守物质处理的条件：降解数 $De \leqslant 0.027$。

参考文献

[1] 黄真理，李玉梁，陈永灿，等．三峡水库水质预测和环境容量计算［M］．北京：中国水利水电出版社，2006．

[2] 廖文根，李锦秀，彭静．水体纳污能力量化问题探讨［J］．中国水利水电科学研究院学报，2003，1（3）：211-215．

[3] 周丰，刘永，黄凯，等．流域水环境功能区划及其技术关键［J］．水科学进展，2007，18（2）：216-222．

[4] 武周虎．河流移流离散水质模型的简化和分类判别条件分析［J］．水利学报，2009，40（1）：27-32．

[5] 武周虎．水库倾斜岸坡地形污染混合区的三维解析计算方法［J］．科技导报，2008，26（22）：30-34．

[6] ［瑞士］格拉夫，阿廷拉卡．河川水力学［M］．赵文谦，万兆惠，译．成都：成都科技大学出版社，1997：437-446．

[7] GUYMER L. Solute Mixing from River Outfalls during Over-Bank Flood Conditions［C］//Proceeding of the International Symposium on Environmental Hydraulics. HongKong：University of HongKong Press，1991：447-452．

[8] HUANG Zhenli，CHEN Yongcan，LI Yuliang，et al. The Contents，Methods and Progresses of Water Pollution Control of the Three Gorges on the Yangtze River［C］//Proceedings of the Second International Symposium on Environmental Hydraulics. Hong Kong：University of Hong Kong Press，1998：447-452．

2-02 考虑边界反射作用河流污染混合区的简化算法*

摘　要：本文以排污口为坐标原点，通过数学推证了岸边排放时 $P(x,y)$ 点与中心排放时 $Q(x/4,\pm y/2)$ 点的污染物浓度对应相等。通过计算实验和曲线拟合，分别给出了中宽河流污染混合区最大长度、最大宽度和相应的纵向坐标、面积等参数以及河流中心线和两岸线沿程浓度分布的实用化公式，给出了污染混合区的近似外边界曲线方程。对中宽河流污染混合区范围的计算和环境敏感点的浓度预测，具有重要实用价值，为工程技术人员提供了准确、简便、快捷的实用化方法。

关键词：边界反射；浓度分布；相似性关系；中宽河流；污染混合区；简化算法

工业、市政或其他来源的废/污水经处理，通过排污口泄入河流。在河流中经历初始稀释阶段后，再进入污染带扩展阶段[1-2]。根据河流断面上浓度大于同一断面最大浓度5%的"污染带"概念，岸边排放污染带扩展到对岸或中心排放污染带扩展到两岸所需的距离均占不到相应条件下全断面均匀混合距离的1/5，之后污染带宽度就一直与河宽相等。而污染带边缘的浓度是一个变化值，不具有环境管理的实际应用价值。

Brock[3]从环境管理的角度来定义"污染混合区"。当污水进入水体以后，污染物浓度在排污口处最大，随着污染物与水体的不断扩散与混合，污染物浓度随离排污口距离的增大而逐步下降，在浓度下降到水功能区所执行的水质标准限值时，其相应的污染物等浓度线所包围的空间区域称为"污染混合区"。实际上，该区域就是排污口附近的一块超标区域。美国爱达荷州环境质量局在《混合区技术程序手册》[4]中论述了污染混合区分析计算方法与技术指南，给出了污染混合区的规则、审批程序、监管以及用于污染混合区确定的水质模型。武周虎等[5-6]在不计边界反射的宽阔河流条件下，推导出了岸边排放和中心排放条件下污染混合区最大长度、最大宽度和相应的纵向坐标、面积以及最大允许排污量的理论公式，并给出了污染混合区边界曲线的标准方程。文献[7-10]把污染混合区称作"第二污染带"，朱发庆等[7]、陈祖君等[8]和任照阳等[9]分别采用不计边界反射的理论方法、现场观测和二维水质模型求解了污染带的几何特征参数。薛红琴等[10]在考虑两岸一次边界反射的情况下，给出了排污口在任意位置污染带特征参数的计算方法，在简化情况下给出了直接计算公式，但计算精度较低。根据武周虎[11]基于环境扩散条件的河流宽度分类判别准则，对中宽河流需要考虑边界反射作用来计算污染物浓度分布和确定污染混合区几何特征参数等。

本文在连续点源岸边排放和中心排放条件下，从考虑河流纵向移流、横向扩散的简化二维方程解析解出发，推证岸边排放与中心排放二维浓度分布的相似性关系，通过严格的

---

* 原文载于《水科学进展》，2014, 25(6)，作者：武周虎。

二、河流、水库污染混合区理论与计算方法

数学推演和量纲一分析，给出中宽河流污染混合区最大长度、最大宽度、面积等几何特征参数和"三线"（中心线和两岸线）沿程浓度分布的实用化公式以及污染混合区的近似外边界曲线方程，以期对中宽河流污染混合区范围的计算和环境敏感点的浓度预测提供理论支持。

1 二维浓度分布的相似性

在恒定连续点源条件下，从考虑河流纵向移流、横向扩散的简化二维方程解析解出发，对计入边界反射作用的中宽河流，采用叠加原理确定任意位置排放条件下的污染物浓度分布公式为[1-2]

$$C(x,y) = \frac{m}{H\sqrt{4\pi E_y U x}} \sum_{n=-\infty}^{\infty} \left[\exp\left(-\frac{U(y-2nB)^2}{4E_y x}\right) + \exp\left(-\frac{U(y-2nB+2a)^2}{4E_y x}\right) \right] \tag{1}$$

式中：x 为自排污口沿流向的纵向坐标；y 为垂直于 x 轴由排污口指向远侧河岸的横向坐标；m 为排污强度；B 为河宽；H 为河流的平均水深；U 为平均流速；E_y 为横向扩散系数；a 为排放口离近侧河岸的距离，对于岸边排放 $a=0$，对于中心排放 $a=B/2$；n 为考虑两岸边界反射次数的变量序列，$n=0, \pm 1, \pm 2, \pm 3, \cdots, \pm \infty$。坐标原点 O 设在排污口，两岸边界反射的有效次数在一般工程计算中取 $n=0, \pm 1, \pm 2$ 即可[12]。本文作为中宽河流污染混合区理论解简化算法的专论，为提高简化公式的精度两岸边界反射各计入 10 次，其污染物二维浓度分布已不再随计入边界反射次数的增加而变化。

由式（1）得到岸边排放 $a=0$ 时的污染物浓度分布公式为

$$C(x,y) = \frac{m}{H\sqrt{\pi E_y U x}} \sum_{n=-\infty}^{\infty} \exp\left[-\frac{U(y-2nB)^2}{4E_y x}\right] \tag{2}$$

岸边排放 (x,y) 的定义域为：$x \geq 0$，$0 \leq y \leq B$。

由式（1）得到中心排放 $a=B/2$ 时的污染物浓度分布公式为

$$C(x,y) = \frac{m}{H\sqrt{\pi E_y U(4x)}} \sum_{n=-\infty}^{\infty} \left\{ \exp\left[-\frac{U(2y-4nB)^2}{4E_y(4x)}\right] + \exp\left[-\frac{U[2y-2(2n-1)B]^2}{4E_y(4x)}\right] \right\}$$

令 $X=4x$、$Y=2y$ 代入上式，并取 $N=2n$ 和 $N=2n-1$，则有 $N=0, \pm 1, \pm 2, \pm 3, \cdots, \pm \infty$，化简整理得到

$$C(X,Y) = \frac{m}{H\sqrt{\pi E_y U X}} \sum_{N=-\infty}^{\infty} \exp\left[-\frac{U(Y-2NB)^2}{4E_y X}\right] \tag{3}$$

中心排放 (x,y) 的定义域为：$x \geq 0$，$-B/2 \leq y \leq B/2$。

由式（2）与式（3）比较得到，在相同条件下，均以排污口为坐标原点，岸边排放时 $P(x,y)$ 点与中心排放时 $Q(x/4, \pm y/2)$ 点的污染物浓度对应相等。由此证明了岸边排放与中心排放二维浓度分布的相似性关系为：岸边排放与中心排放的纵向和横向坐标分别对应成比例、对应点的浓度相等。

2 污染混合区的计算实验

根据污染混合区的概念，令河流排污产生的水体浓度升高允许值 C_a 等于水功能区所

执行的水质标准限值 C_s 减去背景浓度 C_b，即 $C_a = C_s - C_b$，则该等浓度线所包围的超标区域为污染混合区[3]。为方便起见作量纲一处理，令纵向坐标 $x' = \dfrac{xE_y}{UB^2}$；横向坐标 $y' = \dfrac{y}{B}$；相对离岸距离 $a' = \dfrac{a}{B}$；由排污产生的全断面均匀混合浓度 $C_m = \dfrac{m}{Q} = \dfrac{m}{UHB}$，其中，$Q$ 为河流流量；相对浓度升高允许值 $C_a' = \dfrac{C_a}{C_m}$。则由式（2）可知，在岸边排放时污染混合区的外边界相对等浓度曲线方程为

$$C_a' = \frac{1}{\sqrt{\pi x'}} \sum_{n=-\infty}^{\infty} \exp\left[-\frac{(y'-2n)^2}{4x'}\right] \tag{4}$$

从环境管理角度规定污染混合区不应占据中宽河流的全断面，为排放点下游形成的带状高浓度超标污染区域，即污染混合区一般为相对浓度升高允许值 $C_a' > 1$ 的区域。按照武周虎[12]给出岸边排放时达到全断面均匀混合的距离 $L_m' = 0.440$，该断面上排污岸相应的相对浓度为 $C_1' = 1.026$，对岸相应的相对浓度为 $C_2' = 0.974$。对于需要考虑边界反射作用的中宽河流 $C_a' < 1.200$，由式（4）计算岸边排放时污染混合区发展阶段的二维相对浓度分布，在 $1.026 \leqslant C_a' \leqslant 1.200$ 区间确定 5 条相对等浓度线 C_a' 对应的污染混合区最大长度 L_z'、最大宽度 b_z' 和相应的纵向坐标 L_{cz}'、面积 S_z' 以及面积系数 μ_z [按 $\mu_z = S_z'/(L_z' b_z')$ 计算]，列于表 1；图 1 给出了在 $1.050 \leqslant C_a' \leqslant 1.200$ 区间的 4 条相对等浓度线分布范围。

表 1　中宽河流岸边排放的污染混合区几何特征参数

相对浓度 C_a'	最大长度 L_z'	最大宽度 b_z'	相应纵向坐标 L_{cz}'	面积 S_z'	面积系数 μ_z
1.200	0.233402	0.403561	0.082222	0.075085	0.797154
1.150	0.262493	0.421489	0.090778	0.088449	0.799448
1.100	0.303545	0.441570	0.102178	0.107860	0.804709
1.050	0.373765	0.465019	0.120667	0.141766	0.815650
1.026	0.440000	0.478487	0.137556	0.176007	0.836003

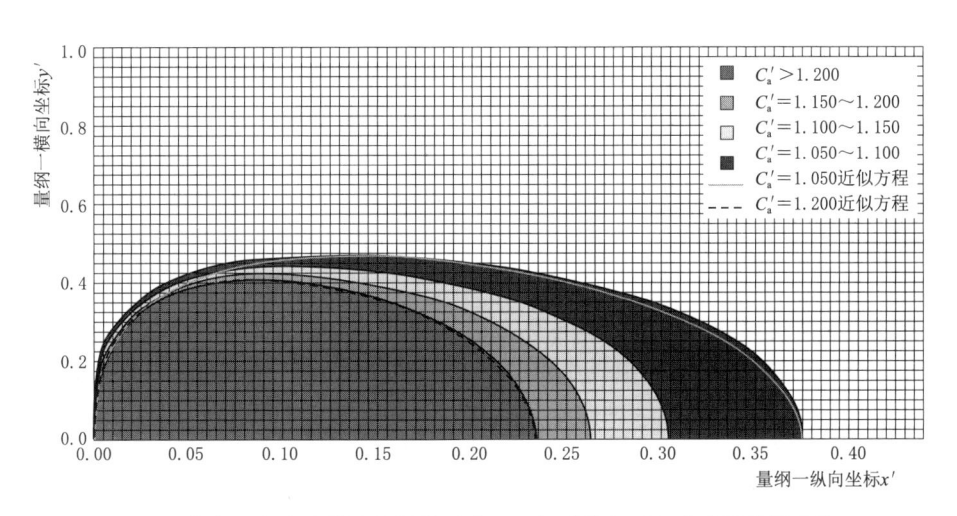

图 1　中宽河流岸边排放的污染混合区几何形状与近似外边界曲线比较

由表1和图1可以看出，在河流岸边排放的污染混合区发展阶段，随着水功能区所执行环境质量类别的提高，水质标准限值和相对浓度升高允许值减小，污染混合区的最长范围由排污口逐步发展到全断面均匀混合距离，最宽范围由排放岸发展到 $0.478B$ 接近河宽的一半。当相对浓度升高允许值 C'_a 由 1.200 下降到 1.026 时，污染混合区的最大长度 L'_z、最大宽度 b'_z 和相应的纵向坐标 L'_{cz}、面积 S'_z 以及面积系数 μ_z 分别增大 88.5%、18.6%、67.3%、134.4% 和 4.9%。表明污染混合区的面积和最大长度增加较快，面积系数（形状系数）变化最小，即污染混合区的外边界形状具有近似的相似性。

根据岸边排放与中心排放二维浓度分布的相似性关系，不难得到，岸边排放的污染混合区与中心排放污染混合区的一半遵循纵、横向变比例几何相似条件，其污染混合区的最大长度（纵向坐标）的相似比例为 4∶1，最大宽度（半宽度，横向坐标）的相似比例为 2∶1，岸边排放与中心排放污染混合区的面积系数相等。由此得到，在相对浓度升高允许值 C'_a 相同的条件下，中心排放污染混合区的最大长度和最大宽度对应的纵向坐标分别等于表1中相应列的数值除以4；最大半宽度等于表1中相应列的数值除以2，即中心与岸边排放污染混合区的最大宽度相等；中心排放污染混合区的面积等于表1中相应列的数值除以4，而表1中的面积系数不变。

3 污染混合区的简化计算

在河流岸边排放条件下，将考虑边界反射作用计算的污染混合区最大长度 L'_z 与文献[5]忽略边界反射作用给出理论公式计算的污染混合区最大长度 L'_s 分别点绘于图2进行比较分析。

由图2及其数据得到，当相对浓度升高允许值 $C'_a \geqslant 1.200$ 时，考虑与不考虑边界反射作用计算的污染混合区最大长度的相对误差小于5%，此时可以按照忽略边界反射作用的宽阔河流处理；当 $C'_a < 1.200$ 时，考虑与不考虑边界反射作用计算的污染混合区最大长度的相对误差大于5%，应按应该考虑边界反射作用的中宽河流处理，该结果与文献[11]给出的结果一致。

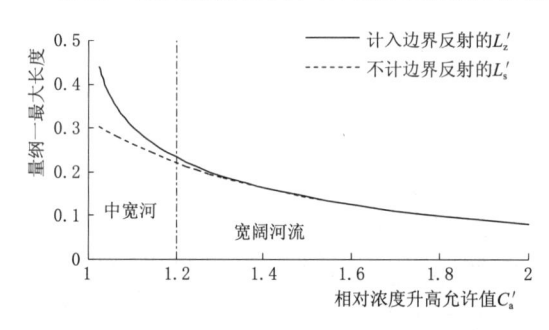

图 2 河流岸边排放污染混合区最大长度比较

当 $1.026 \leqslant C'_a \leqslant 1.200$ 时，定义中宽河流考虑与按宽阔河流计算不考虑边界反射作用两者污染混合区最大长度的比值 $\lambda_L (= L'_z/L'_s = L_z/L_s)$，作为中宽河流污染混合区的"最大长度修正系数"；定义中宽河流污染混合区最大宽度对应的纵向坐标与最大长度的比值 $\zeta_c (= L'_{cz}/L'_z = L_{cz}/L_z)$，作为"最大宽度纵向坐标系数"。由图2和表1中的数据及其计算结果，在图3~图5中分别给出了最大长度修正系数、最大宽度纵向坐标系数和面积系数的精确值、拟合曲线及其方程，图6给出了中宽河流岸边排放污染混合区的面积曲线。

由图3~图5及其数据分别得到，中宽河流污染混合区最大长度修正系数曲线方程的相关系数 $R^2 = 0.9946$，相对误差为 $-1.6\% \sim 1.7\%$；最大宽度纵向坐标系数曲线方程的

相关系数 $R^2=0.9982$，相对误差为 $-0.2\%\sim0.3\%$；面积系数曲线方程的相关系数 $R^2=0.9886$，相对误差为 $-0.2\%\sim0.4\%$。由此看出，中宽河流污染混合区最大长度修正系数、最大宽度纵向坐标系数和面积系数的拟合曲线方程与其相应的精确值吻合良好。

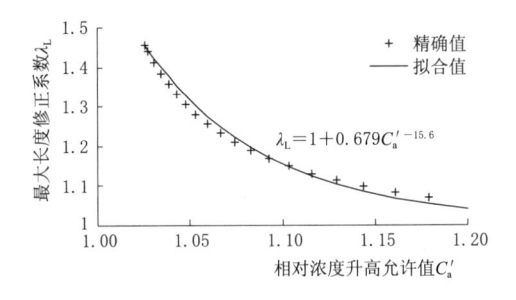

图 3 污染混合区最大长度修正系数曲线

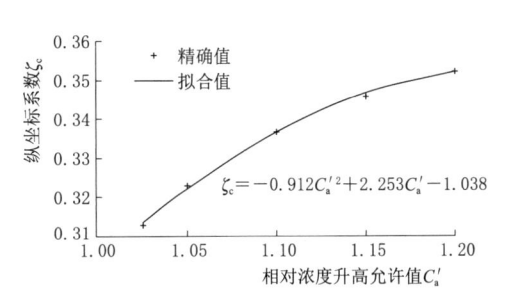

图 4 污染混合区最大宽度纵坐标系数曲线

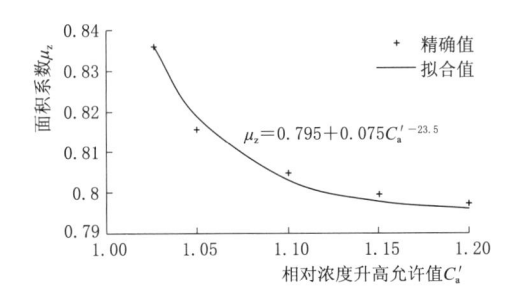

图 5 中宽河流污染混合区面积系数曲线

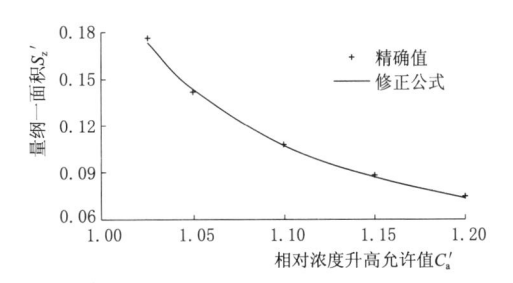

图 6 中宽河流岸边排放污染混合区面积曲线

综上可以得到，中宽河流污染混合区最大长度的实用化公式为

$$L_z=\lambda_L L_s=\frac{\lambda_L}{4\pi U E_y}\left(\frac{\beta m}{H C_a}\right)^2 \tag{5}$$

式中：λ_L 为最大长度修正系数，$\lambda_L=1+0.679C_a'^{-15.6}$；$L_s$ 采用文献［5］中不考虑边界反射的宽阔河流污染混合区最大长度的理论公式；β 为边界反射系数，对于岸边排放取 $\beta=2$，对于中心排放取 $\beta=1$。

中宽河流考虑与按宽阔河流计算不考虑边界反射作用两者污染混合区最大宽度的比值 $\lambda_b(=b_z'/b_s'=b_z/b_s)$，采用类似方法计算表明，当 $1.026\leqslant C_a'\leqslant 1.200$ 时，该比值在 $1.001\sim1.014$ 之间，相对误差为 $0.1\%\sim1.4\%$。因此，中宽河流污染混合区的最大宽度无须进行修正，可直接采用文献［5］中最大宽度的理论公式计算。则有中宽河流污染混合区最大宽度的实用化公式为

$$b_z\approx b_s=\frac{1}{\sqrt{2\pi e}}\frac{\beta m}{HUC_a} \tag{6}$$

对于中心排放污染混合区最大宽度为 $2b_z$。中宽河流污染混合区最大宽度对应纵向坐标的实用化公式为

$$L_{cz}=\zeta_c L_z \tag{7}$$

其中，最大宽度纵向坐标系数为 $\zeta_c=-0.912C_a'^2+2.253C_a'-1.038$，该值均小于不考虑

边界反射时的最大宽度纵向坐标系数 1/e，自然常数 e=2.71828。

中宽河流岸边排放污染混合区面积的实用化公式为

$$S_z = \mu_z L_z b_z \tag{8}$$

式中：μ_z 为中宽河流的面积系数，$\mu_z = 0.795 + 0.075 C_a^{\prime -23.5}$。对于中心排放污染混合区面积为 $S_z = \mu_z L_z (2b_z)$。

由图 6 及其数据得到，由修正公式（8）计算值换算的中宽河流岸边排放污染混合区面积曲线与表 1 中精确值的相关系数 $R^2 = 0.9984$，相对误差为 $-1.8\% \sim 1.2\%$。由此看出，在中宽河流岸边排放污染混合区最大长度采用修正系数法、最大宽度采用近似理论公式和面积系数采用拟合公式的情况下，污染混合区的面积仍具有很高的计算精度，说明上述几何特征参数的修正系数、拟合方程和简化计算是可行的。

根据文献［6］给出的不计边界反射作用宽阔河流岸边排放污染混合区外边界标准曲线方程的形式，采用中宽河流岸边排放污染混合区的最大长度和最大宽度代替方程中的相应特征参数，得到中宽河流污染混合区的近似外边界曲线方程为

$$\left(\frac{y}{b_z}\right)^2 = -e \frac{x}{L_z} \ln\left(\frac{x}{L_z}\right)$$

或

$$\left(\frac{y'}{b_z'}\right)^2 = -e \frac{x'}{L_z'} \ln\left(\frac{x'}{L_z'}\right) \tag{9}$$

据此绘制中宽河流岸边排放污染混合区的近似外边界曲线，见图 1。由图 1 看出，中宽河流岸边排放的污染混合区几何形状与近似外边界曲线方程（9）的一致性较好。在 $1.026 \leqslant C_a' \leqslant 1.200$ 区间，相对浓度升高允许值 C_a' 越大，两者外边界曲线和形状的吻合程度越高，因此，将式（9）作为中宽河流污染混合区的近似外边界曲线方程，具有较高的实际参考价值。

4 "三线"浓度分布的简化计算

在河流水环境影响预测与评价以及入河排污口设置论证等工作中，通常除了要进行污染混合区几何特征参数的计算外，还要对河流中心线、两岸线（即："三线"）上可能存在环境敏感点的污染物浓度进行预测。为此，提出河流"三线"浓度沿程分布的实用化公式。

为便于分析，将河流岸边排放时的"三线"：排放岸、对岸和中心线分别采用下标 $i=1，2，3$ 表示。定义各线浓度系数 $\lambda_i = \dfrac{C_i}{C_{\max}} = \dfrac{C_i'}{C_{\max}'}$，式中：$C_i$ 和 C_i' 分别表示考虑边界反射作用时各线上的浓度和相对浓度沿程分布，$C_{\max}$ 和 $C_{\max}'$ 分别表示不考虑边界反射作用时排放岸浓度（即断面最大浓度）和其相对浓度沿程分布。将式（4）中由排污产生的相对浓度升高允许值 C_a' 采用相对浓度 C' 代替。由式（4）分别计算岸边排放时排放岸 $y'=0$、对岸 $y'=1$ 和中心线 $y'=0.5$ 上的相对浓度沿程分布，其结果见图 7 中相对浓度的精确值。

将 $n=0$ 和 $y'=0$ 代入式（4）得到不考虑边界反射作用时排放岸上的相对浓度沿程分

布公式为

$$C'_{max}=\frac{1}{\sqrt{\pi x'}} \tag{10}$$

由图 7 中"三线"上相对浓度的精确值 C'_i 与式（10）的计算结果相除得到各线浓度系数 λ_i 值，分别点绘于图 8 并进行曲线拟合。

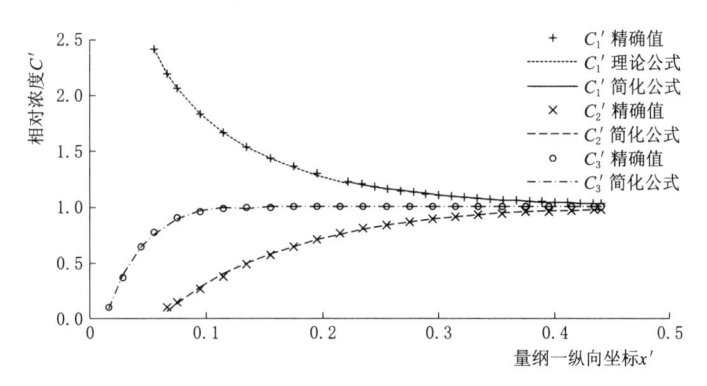

图 7 河流岸边排放时"三线"相对浓度沿程分布曲线

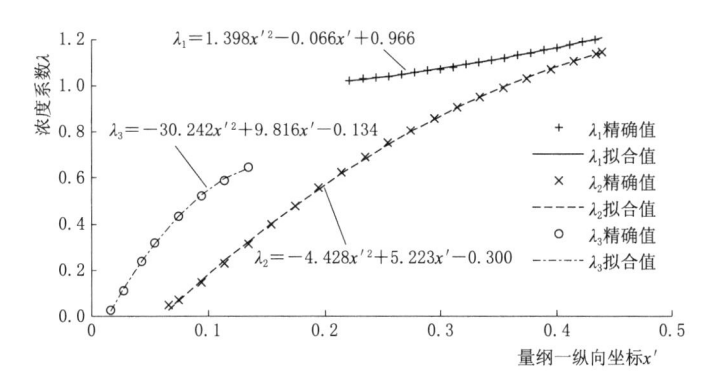

图 8 河流岸边排放时"三线"浓度系数曲线

由图 8 可以看出，河流岸边排放时"三线"浓度系数在相应区间上，其拟合曲线方程与相应的精确值吻合良好。综上可以得到，河流"三线"浓度沿程分布的实用化公式如下。

（1）排放岸浓度沿程分布。当 $0<x'\leqslant 0.221$ 时，即相对浓度 $C'\geqslant 1.200$，适用于宽阔河流的理论公式为

$$C_1=\frac{m}{H\sqrt{\pi E_y U x}} \tag{11}$$

当 $x'=0.221\sim 0.440$ 时，即相对浓度 $C'=1.200\sim 1.026$，实用化公式为

$$C_1=\lambda_1 \frac{m}{H\sqrt{\pi E_y U x}} \tag{12}$$

其中，排放岸浓度系数 $\lambda_1=1.398x'^2-0.066x'+0.966$，相关系数 $R^2=0.9998$，相对浓

度误差为 $-0.0024 \sim 0.0011$。

（2）对岸浓度沿程分布。当 $0 < x' \leq 0.066$ 时，对岸浓度小于同一断面上最大浓度的 5%，也小于全断面均匀混合浓度的 10%，因此，该河段由排污产生的对岸污染物浓度升高对水环境的影响很小，需要时按式（2）中取 $n=0$、$y=B$ 不计边界反射作用该点浓度值的 2 倍计算。

当 $x' = 0.066 \sim 0.440$ 时，即相对浓度 $C' = 0.100 \sim 0.974$，实用化公式为

$$C_2 = \lambda_2 \frac{m}{H\sqrt{\pi E_y U x}} \tag{13}$$

其中，对岸浓度系数 $\lambda_2 = -4.428 x'^2 + 5.223 x' - 0.300$，相关系数 $R^2 = 0.9996$，相对浓度误差为 $-0.0431 \sim 0.0244$。

（3）中心线浓度沿程分布。当 $0 < x' \leq 0.017$ 时，中心线浓度小于全断面均匀混合浓度的 10%，因此，该河段由排污产生的中心线污染物浓度升高对水环境的影响很小，需要时按式（2）中取 $n=0$、$y=B/2$ 不计边界反射作用进行计算。

当 $x' = 0.017 \sim 0.135$ 时，即相对浓度 $C' = 0.10 \sim 0.99$，实用化公式为

$$C_3 = \lambda_3 \frac{m}{H\sqrt{\pi E_y U x}} \tag{14}$$

其中，中心线浓度系数 $\lambda_3 = -30.242 x'^2 + 9.816 x' - 0.134$，相关系数 $R^2 = 0.9993$，相对浓度误差为 $-0.0159 \sim 0.0332$。

当 $x' = 0.135 \sim 0.440$ 时，即相对浓度 $C' = 0.990 \sim 1$，实用化公式为

$$C_3 = \frac{m}{HBU} = \frac{m}{Q} \tag{15}$$

其中，相对浓度误差为 $0 \sim 0.010$。由式（15）看出该河段中心线浓度与纵向坐标 x 无关。

在相应的纵向坐标区间上，将由"三线"浓度沿程分布的实用化公式（11）～式（15）计算值换算的相对浓度值，点绘于图 7。由图 7 可以看出，河流排放岸、对岸和中心线相对浓度沿程分布的计算曲线与各自相对浓度精确值的吻合良好，说明式（11）～式（15）可作为河流岸边排放"三线"浓度沿程分布的实用化公式。在具体应用中，河流水体计算点的污染物实际浓度等于排污引起的浓度升高计算值再加相应的背景浓度值。

对于中心排放情况，根据河流岸边排放与中心排放二维浓度分布的相似性关系，进行变量替换。岸边排放的排放岸与中心排放的中心线浓度沿程分布对应相等，岸边排放的对岸与中心排放的两侧岸边浓度沿程分布对应相等。具体是以排污口为坐标原点，将式（11）～式（13）中的纵向坐标 x 替换成 $4x$，将浓度系数 λ 中的纵向坐标 x' 替换成 $4x'$；将纵向坐标定义区间 x'_k 的值替换成 $x'_k/4$ 的值即可，相对浓度的定义区间不变。

5 算例分析

5.1 算例 1

某矩形明渠的宽度 $B = 15\text{m}$，水深 $H = 1.2\text{m}$，平均流速 $U = 0.8\text{m/s}$，横向扩散系数 $E_y = 0.25\text{m}^2/\text{s}$，背景浓度 $C_b = 18.5\text{mg/L}$，水功能区水质标准浓度限值 $C_s = 20\text{mg/L}$，排污流量 $q = 0.4\text{m}^3/\text{s}$，污水浓度 $C_p = 50\text{mg/L}$。计算在岸边排放条件下污染混合区的最

大长度、最大宽度和相应的纵向坐标以及面积,并给出污染混合区的近似外边界曲线方程。

根据河流水力学和排污条件计算可知,排污强度 $m=qC_p=20\text{g/s}$,浓度升高允许值 $C_a=C_s-C_b=1.5\text{mg/L}$,相对浓度升高允许值 $C_a'=C_a(BHU)/m=1.080<1.200$,由此判断需按考虑边界反射作用的中宽河流进行污染混合区计算。污染混合区的最大长度修正系数为 $\lambda_L=1+0.679C_a'^{-15.6}=1.200$,对岸边排放 $\beta=2$,由式(5)计算中宽河流污染混合区的最大长度为

$$L_z=\frac{\lambda_L}{4\pi UE_y}\left(\frac{\beta m}{HC_a}\right)^2=235.8(\text{m})$$

由式(6)和式(7)分别计算污染混合区的最大宽度和相应的纵向坐标依次为

$$b_z=\frac{1}{\sqrt{2\pi e}}\frac{\beta m}{HUC_a}=6.7(\text{m}),\quad L_{cz}=\zeta_c L_z=78.0(\text{m})$$

其中,最大宽度纵向坐标系数 $\zeta_c=-0.912C_a'^2+2.253C_a'-1.038=0.331$。

由式(8)计算污染混合区的面积为

$$S_z=\mu_z L_z b_z=1274.9(\text{m}^2)$$

其中,面积系数 $\mu_z=0.795+0.075C_a'^{-23.5}=0.807$。

由式(9)得到中宽河流污染混合区的近似外边界曲线方程为

$$\left(\frac{y}{6.7}\right)^2=-\text{e}\frac{x}{235.8}\ln\left(\frac{x}{235.8}\right)$$

5.2 算例2

在某河流右岸有一连续恒定的排污口,其污水浓度 $C_p=100\text{mg/L}$。今欲在下游相距排污断面为 2000m 处左岸设置一工业用水提水站,其浓度升高允许值为 0.5mg/L。已知:河段平均宽度 $B=90\text{m}$,平均水深 $H=2.8\text{m}$,平均流速 $U=0.62\text{m/s}$,平均比降 $J=0.002$,横向扩散系数 $E_y=0.4Hu*$,其中,$u*$ 为摩阻流速。试问上游排污口的限制排污流量为多少?

根据河流水力学和排污条件计算可知,摩阻流速 $u*=(gHJ)^{0.5}=0.234\text{m/s}$,横向扩散系数 $E_y=0.4Hu*=0.262\text{m}^2/\text{s}$,在下游相距排污断面为 2000m 处的纵向坐标为 $x'=xE_y/UB^2=0.104$。

由此判断提水站位于 $x'=0.066\sim0.440$ 区间,由式(13)对岸浓度沿程分布实用化公式导出上游排污口的限制排污流量为

$$q\leqslant\frac{C_2 H}{\lambda_2 C_p}\sqrt{\pi E_y U x}=2.294(\text{m}^3/\text{s})=19.82\times10^4(\text{m}^3/\text{d})$$

其中,对岸浓度系数 $\lambda_2=-4.428x'^2+5.223x'-0.3=0.195$。

6 结论

(1) 以排污口为坐标原点,证明了河流岸边排放与中心排放二维浓度分布的相似性关系为:岸边排放与中心排放的纵向和横向坐标分别对应成比例、对应点的浓度相等,即岸边排放时 $P(x,y)$ 点与中心排放时 $Q(x/4,\pm y/2)$ 点的污染物浓度对应相等。

二、河流、水库污染混合区理论与计算方法

（2）提出了中宽河流污染混合区的简化算法，给出了中宽河流污染混合区最大长度、最大宽度和相应的纵向坐标以及面积等参数的实用化公式和污染混合区的近似外边界曲线方程。

（3）通过计算实验和曲线拟合分别给出了河流排放岸、对岸和中心线沿程浓度分布的实用化公式，并用算例给出了它们的使用方法。

参考文献

［1］ 赵文谦. 环境水力学 ［M］. 成都：成都科技大学出版社，1986.
［2］ 张书农. 环境水力学 ［M］. 南京：河海大学出版社，1988.
［3］ BROCK Neely W. The Definition and Use of Mixing Zones ［J］. Environmental Science & Technology，1982，16 (9)：518A-521A.
［4］ Idaho Department of Environmental Quality. Mixing Zone Technical Procedures Manual (DRAFT) ［Z］. Boise：Idaho Department of Environmental Quality，USA，2008.
［5］ 武周虎，贾洪玉. 河流污染混合区的解析计算方法 ［J］. 水科学进展，2009，20 (4)：544-548.
［6］ WU Zhouhu，WU Wen，WU Guizhi. Calculation Method of Lateral and Vertical Diffusion Coefficients in Wide Straight Rivers and Reservoirs ［J］. Journal of Computers，2011，6 (6)：1102-1109.
［7］ 朱发庆，吕斌. 长江武汉段工业港酚污染带研究 ［J］. 中国环境科学，1996，16 (2)：148-152.
［8］ 陈祖君，王惠民. 关于污染带与排污量计算的进一步探讨 ［J］. 水资源保护，1999，15 (6)：32-34.
［9］ 任照阳，邓春光. 二维水质模型在污染带长度计算中的应用 ［J］. 安徽农业科学，2007，35 (7)：1984-1985，2037.
［10］ 薛红琴，刘晓东. 连续点源河流污染带几何特征参数研究 ［J］. 水资源保护，2005，21 (5)：23-26.
［11］ 武周虎. 基于环境扩散条件的河流宽度分类判别准则 ［J］. 水科学进展，2012，23 (1)：53-58.
［12］ 武周虎，武文，路成刚. 河流混合污染物浓度二维移流扩散方程的解析计算及其简化计算的条件 Ⅱ：顺直河流考虑边界反射 ［J］. 水利学报，2009，40 (9)：1070-1076.

2-03 考虑边界反射的河流离岸排放污染混合区计算方法*

摘　要： 本文在等强度点源离岸排放条件下，从简化二维移流扩散方程的解析解出发，对考虑两岸反射作用的中宽河流探讨了污染混合区的计算方法。给出了污染混合区边界形状曲线与量纲一方程的形式；采用迭代计算和试算比较法，给出了靠岸与离岸两种类型混合区各几何特征参数（坐标）、面积及面积系数与相对离岸距离的关系曲线，提出了以相对离岸距离 a' 作为判据的排放类型分区条件。给出了河流岸边、离岸与中心排放的分类判别准则：①当 $0 \leqslant a' \leqslant a'_1$ 时，简化为岸边（近岸）排放类型；②当 $a'_1 < a' < a'_2$ 时，称为离岸排放类型；③当 $a'_2 \leqslant a' \leqslant 0.5$ 时，简化为中心排放类型，并给出了岸边排放类型与离岸排放类型的临界相对离岸距离 a'_1 和中心排放类型与离岸排放类型的临界相对离岸距离 a'_2 的表达式。通过回归分析，给出了中宽河流离岸排放类型混合区主要特征参数的实用计算公式，可作为中宽河流污染混合区范围计算和排污口位置优化设计的依据。

关键词： 中宽河流；离岸排放；边界反射；污染混合区；几何特征参数计算；实用公式；排污口分类准则

城镇、工业或其他来源的污/废水经处理达到相应的水污染物排放标准后，通过排污口泄入河流。天然河流多呈宽浅型，排污口近处的射流混合作用能很快转变为向下游的二维移流扩散作用，在排污口附近下游会形成一个污染物浓度高于水环境质量标准的水质过渡区域，通常称为污染混合区[1-3]，又称污染带[4-6]。由于河流污染混合区仅涉及短距离输送，通常可忽略污染物的降解影响[4]。张永良等[1]和美国爱达荷州环境质量局[2]从水环境管理的角度出发，提出了污染混合区的技术计算指南，包括污染混合区的规则、审批程序、监测方法以及水质建模等。Fischer等[7]早在1979年就给出了河流离岸排放考虑边界反射作用的二维浓度分布叠加计算公式，薛红琴等[6]未严格进行二维浓度分布的多次叠加计算认为"排污口在河流断面上任意位置情况下，污染混合区的最大长度仍应为污染混合区边缘的等浓度线与直线 $y=0$ 两交点之间的距离"；又认为"污染混合区的最大宽度与排污口至岸边的距离基本无关"，从而导致污染混合区几何特征参数的计算结果出现错误。近年来，武周虎等[3,8-9]在不考虑边界反射作用时，对宽阔河流岸边排放、中心排放和离岸排放条件下，分别给出了污染混合区最大长度、最大宽度与对应纵向坐标和面积的理论计算公式以及污染混合区边界曲线的标准方程；武周虎[10-12]在考虑两岸反射作用时，在中宽河流岸边和中心排放条件下给出了污染混合区的简化算法以及离岸排放条件下污染物二维浓度分布的特性分析等系列研究成果。尚缺在考虑两岸反射作用时，对中宽河流离岸排放条件下确定污染混合区几何特征参数的方法，给实际应用带来不便。

---

* 原文载于《水利水电科技进展》，2017，37（6），作者：武周虎。

二、河流、水库污染混合区理论与计算方法

笔者对考虑两岸反射作用的中宽河流,从简化二维移流扩散方程的解析解出发,通过数学推证和量纲一分析,提出污染混合区边界形状曲线以及几何特征参数的计算方法,对河流污染混合区几何特征尺度的计算和排污口位置的优化设计,具有重要理论意义和实用价值。

1 污染混合区边界形状曲线与量纲一方程

1.1 污染混合区边界形状曲线

根据武周虎[12] 提出的基于环境扩散条件的河流宽度分类判别准则,中宽河流是指需要考虑两岸边界反射作用来确定河流污染物浓度分布,具体条件为 $\frac{1.026m}{HUC_a} < B < \frac{1.200m}{HUC_a}$。在等强度点源离岸排放条件下,从河流纵向移流、横向扩散的简化二维方程解析解出发,采用叠加原理确定排污口在河流断面上任意位置情况下的污染物浓度分布公式为[7,13]

$$C(x,y) = \frac{m}{H\sqrt{4\pi E_y U x}} \sum_{n=-\infty}^{\infty} \left\{ \exp\left[-\frac{U(y-2nB)^2}{4E_y x}\right] + \exp\left[-\frac{U(y-2nB+2a)^2}{4E_y x}\right] \right\} \tag{1}$$

式中:x 为自排污口沿河流流向的纵向坐标(坐标原点 O 设在排污口),取值范围为 $0 \sim L_m$,其中 L_m 为达到全断面均匀混合的距离[9];y 为垂直于 x 轴由排污口指向远岸的横向坐标,取值范围为 $-a \sim (B-a)$;a 为排污口距离近岸的离岸距离,其值小于半河宽,对于岸边排放 $a=0$,中心排放 $a=B/2$;m 为排污强度;B 为河宽;H 为平均水深;U 为平均流速;E_y 为横向扩散系数。

根据污染混合区的概念,在式(1)中令 $C(x,y)=C_a$,可得到顺直河流污染混合区边界等浓度线方程为

$$C_a = \frac{m}{H\sqrt{4\pi E_y U x}} \sum_{n=-\infty}^{\infty} \left\{ \exp\left[-\frac{U(y-2nB)^2}{4E_y x}\right] + \exp\left[-\frac{U(y-2nB+2a)^2}{4E_y x}\right] \right\} \tag{2}$$

式中:C_a 为河流排污引起的浓度允许升高值,其值等于水功能区所执行的浓度标准限值 C_s 减去背景浓度 C_b。

在河流离岸排放条件下,根据中宽河流的浓度允许升高值 $1.200C_M > C_a > C_k$ 确定离岸型混合区,根据 $C_k > C_a > 1.026C_M$ 确定靠岸型混合区,其中:C_M 为由排污产生的全断面均匀混合浓度,C_k 为靠岸型与离岸型混合区的临界浓度。由式(2)计算绘制的离岸型和靠岸型污染混合区的边界形状曲线见图 1。

由图 1 可以看出,除中心排放外,由于两岸反射作用的非对称性,会出现污染混合区偏向排污口近岸一侧水域的情况。对离岸型混合区,呈现偏头青椒形,污染混合区的范围相对较小,浓度受两岸反射作用差异的影响也较小;对靠岸型混合区,呈现歪把斜切拉瓜形,污染混合区的范围相对扩大,浓度受两岸反射作用差异的影响越大。

在图 1(a)中离岸型混合区的特征点表示为:纵向坐标极大值点的坐标 (L_z, b_{cz}),横向坐标极大值点的坐标 (L_{cz+}, b_{z+}),横向坐标极小值点的坐标 (L_{cz-}, b_{z-})。在

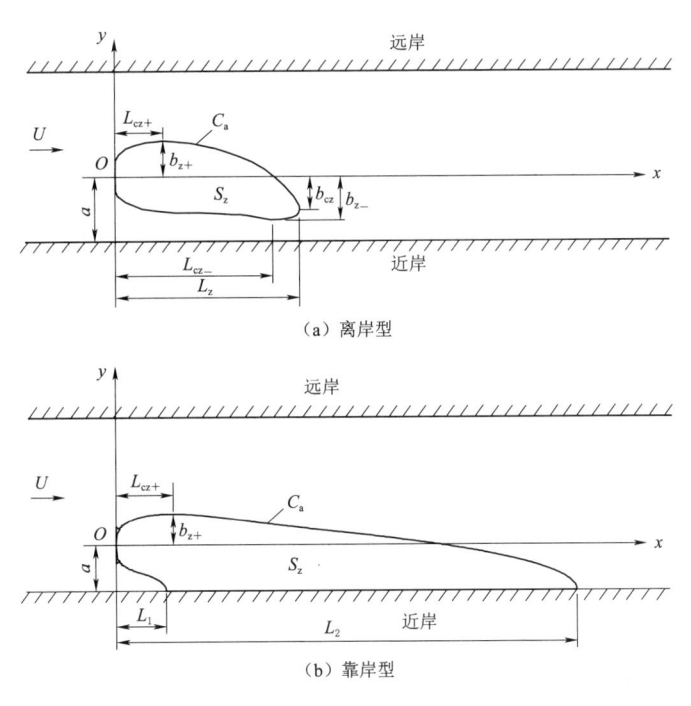

图 1 河流离岸排放污染混合区几何特征示意

图 1 (b) 中靠岸型混合区的特征点表示为：最小靠岸距离 L_1 和最大靠岸距离 L_2，靠岸长度 L_{1-2} 等于最大靠岸距离 L_2 减去最小靠岸距离 L_1；横向坐标极大值点的坐标（L_{cz+}，b_{z+}）。另外，污染混合区边界曲线与 x 轴（$y=0$）两个交点的坐标分别为 $x=0$ 和 $x=L_0$，污染混合区的面积 S_z。

值得说明的是：本文中宽河流与文献 [9, 14] 宽阔河流的污染混合区边界形状曲线看似相近，但后者无须考虑远岸反射作用，污染物浓度分布和污染混合区与河宽无关；前者需考虑远岸反射作用，污染物浓度分布和污染混合区与河宽有关，其量纲一坐标系统的定义也就不同。

1.2 污染混合区边界曲线的量纲一方程

对式（2）作量纲一处理，以增强研究成果的适用性。令量纲一纵向坐标 $x'=\dfrac{xE_y}{UB^2}$；量纲一横向坐标 $y'=\dfrac{y}{B}$；污染混合区量纲一面积 $S_z'=\dfrac{S_z E_y}{UB^3}$；相对离岸距离 $a'=\dfrac{a}{B}$；相对浓度允许升高值 $C_a'=\dfrac{C_a}{C_M}$，其中：由排污产生的全断面均匀混合浓度 $C_M=\dfrac{m}{HBU}=\dfrac{m}{Q}$，$Q$ 为河流流量。则由式（2）得到污染混合区边界曲线的量纲一方程为

$$C_a'=\frac{1}{\sqrt{4\pi x'}}\sum_{n=-\infty}^{\infty}\left\{\exp\left[-\frac{(y'-2n)^2}{4x'}\right]+\exp\left[-\frac{(y'-2n+2a')^2}{4x'}\right]\right\} \qquad (3)$$

定义域为 $x'\in[0, L_m']$，$y'\in[-a', (1-a')]$。在给定河流排污口的相对离岸距离 a' 和

二、河流、水库污染混合区理论与计算方法

由排污引起的相对浓度允许升高值 C'_a 的情况下,式(3)为 xOy 平面上的一条封闭曲线方程。因此,求解河流离岸排放污染混合区几何特征参数,就变成求解式(3)曲线的特征点坐标与 a' 和 C'_a 的关系问题。

2 污染混合区几何特征参数的计算

2.1 L'_1 和 L'_2 的计算

式(3)中令 $y'=-a'$,可得靠岸型混合区边界曲线与排污口近岸线交点的量纲一最小和最大靠岸距离 L'_1 和 L'_2 的迭代公式为

$$L'_{1,2}=\frac{1}{4\pi C'^2_a}\left\{\sum_{n=-\infty}^{\infty}\left\{\exp\left[-\frac{(a'+2n)^2}{4L'_{1,2}}\right]+\exp\left[-\frac{(a'-2n)^2}{4L'_{1,2}}\right]\right\}\right\}^2 \quad (4)$$

对中宽河流在污水达到全断面均匀混合距离之前,浓度允许升高值为 $1.026<C'_a<1.200$[11,15]。给定 5 个相对浓度允许升高值 $C'_a=1.026$、1.050、1.100、1.150、1.200,再取一系列相对离岸距离值 ($0\leqslant a'\leqslant 0.5$,在曲率增大时加密),对每组取值逐一采用式(4)迭代试算 L'_1 和 L'_2,计算精度 10^{-6},并绘制量纲一最小靠岸距离 $L'_1(a')$ 和最大靠岸距离 $L'_2(a')$ 曲线族,见图 2。

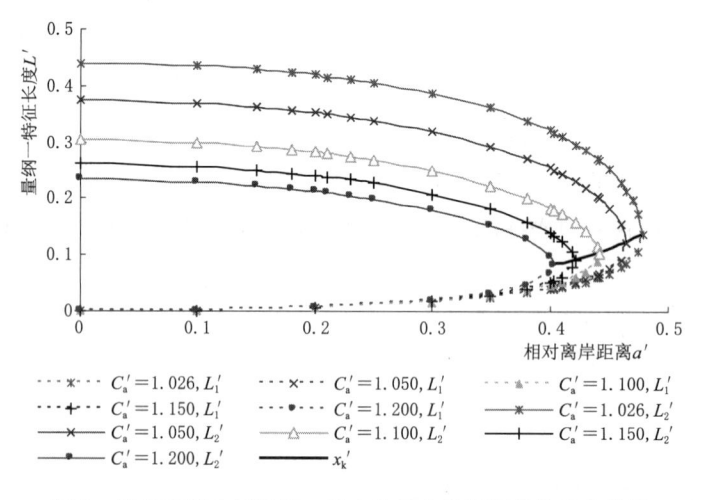

图 2 靠岸型混合区量纲一最小和最大靠岸距离的变化曲线

由图 2 看出,在相对离岸距离不变时,当相对浓度允许升高值增大,最小靠岸距离越大,最大靠岸距离越小,靠岸长度越短;反之,最小靠岸距离越小,最大靠岸距离越大,靠岸长度越长。在相对浓度允许升高值不变时,靠岸型混合区边界曲线的量纲一最小靠岸距离 L'_1 随相对离岸距离的增大为单调上升的上凹型曲线,量纲一最大靠岸距离 L'_2 随相对离岸距离的增大为单调下降的上凸型曲线,这两条曲线在临界点光滑对接,两侧相邻曲线曲率同向增大。由图 2 给出的污染混合区靠岸与离岸临界点($L'_1=L'_2$)连线 x'_k 与文献[11]在相同条件下的结果一致,该临界连线 x'_k 对应排污口的相对离岸距离表示为 a'_k。当 $0\leqslant a'\leqslant a'_k$ 时,式(4)存在 2 个实数解,必产生靠岸型混合区;当 $a'_k<a'\leqslant 0.5$ 时,式(4)不存在实数解,必产生离岸型混合区。

2.2 L'_z 与 b'_{cz} 的计算

由文献 [11] 可知,靠岸型混合区($0 \leqslant a' \leqslant a'_k$)的量纲一最大长度 L'_z 就是量纲一最大靠岸距离 L'_2,该极大值点对应的量纲一横向坐标 b'_{cz} 等于排污口相对离岸距离 a' 的负值。离岸型混合区边界曲线纵向坐标的极大值点,采用对式(3)求极值的数学求导方法难以获得。采用 2.1 节中给定的 5 个相对浓度允许升高值和一系列相对离岸距离值($a'_k \leqslant a' \leqslant 0.5$),对每组取值逐一采用试算比较法由式(3)曲线方程求解纵向坐标极大值点的坐标(L'_z,b'_{cz})。一并绘制靠岸型和离岸型混合区的量纲一最大长度 $L'_z(a')$ 和对应的量纲一横向坐标 $b'_{cz}(a')$ 曲线族,见图 3。

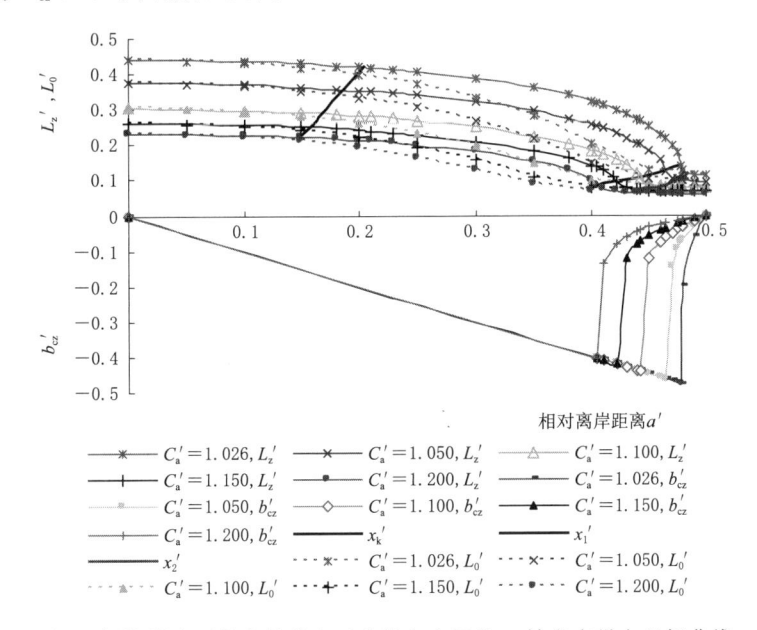

图 3 污染混合区最大长度和对应横向坐标及 x 轴交点纵向坐标曲线

由图 3 看出,在相对离岸距离不变时,当相对浓度允许升高值增大,污染混合区最大长度越小,离岸型混合区最大长度对应的量纲一横向坐标绝对值 $|b'_{cz}|$ 也越小;反之,污染混合区最大长度越大,离岸型混合区最大长度对应的量纲一横向坐标绝对值 $|b'_{cz}|$ 也越大。在相对浓度允许升高值不变时,污染混合区的量纲一最大长度 L'_z 曲线随相对离岸距离的增大总体呈现单调下降趋势,在临界点两侧反向出现上凸型与上凹型的下降规律变化,该点两侧相邻曲线的曲率反向增大,此时临界点变成 L'_z 曲线的拐点。当 $a'(\leqslant a'_k) \to 0$ 时,L'_z 曲线随 a' 的减小迅速上升,以岸边排放的量纲一最大长度为渐近线;当 $a'(>a'_k) \to 0.5$ 时,L'_z 曲线随 a' 的增大迅速下降,以中心排放的量纲一最大长度为渐近线。

靠岸型混合区最大长度对应的 $|b'_{cz}|$ 等于相对离岸距离 $a'(\leqslant a'_k)$;离岸型混合区在相对浓度允许升高值不变时,最大长度对应量纲一横向坐标的绝对值 $|b'_{cz}|$ 随 $a'(>a'_k)$ 的增大迅速下降,逐渐接近中心排放的 $|b'_{cz}|=0$;在 $a'=a'_k$ 时,$|b'_{cz}|$ 值为最大长度对应的量纲一横向坐标绝对值 $|b'_{cz}(a')|$ 函数的极大值。由此可以看出,在岸边和中心排放时,污染混合区的最大长度在 x 轴上;否则,污染混合区的最大长度将离开 x 轴,偏向排污口近

岸一侧,量纲一最大偏离距离等于相对离岸距离 a'_k,这一点证明了文献[6]观点的错误。

在图 3 中,x'_1 表示污染混合区的量纲一最大长度等于同一相对浓度允许升高值时岸边排放量纲一最大长度 95% 的连线,x'_1 线对应的相对离岸距离表示为 a'_1;x'_2 表示污染混合区的量纲一最大长度等于同一相对浓度允许升高值时中心排放量纲一最大长度 105% 的连线,x'_2 线对应的相对离岸距离表示为 a'_2。可以此作为中宽河流岸边(近岸)排放类型与离岸排放类型和中心排放类型与离岸排放类型的排污口分类简化判据。

2.3 L'_0 的计算

式(3)中令 $y'=0$,可得污染混合区边界曲线与 x 轴下游交点的量纲一纵向坐标 L'_0 的迭代公式为

$$L'_0 = \frac{1}{4\pi C'^2_a} \left\{ \sum_{n=-\infty}^{\infty} \left\{ \exp\left(-\frac{n^2}{L'_0}\right) + \exp\left[-\frac{(n-a')^2}{L'_0}\right] \right\} \right\}^2 \tag{5}$$

采用 2.1 节中给定的 5 个相对浓度允许升高值和一系列相对离岸距离值,对每组取值逐一采用式(5)迭代试算 L'_0,并绘制 $L'_0(a')$ 曲线族,见图 3 中虚线。

由图 3 看出,在相对离岸距离不变时,当相对浓度允许升高值增大,L'_0 越小;反之,L'_0 越大。在相对浓度允许升高值不变时,L'_0 曲线随相对离岸距离的增大呈现为单调下降曲线,不存在 L'_z 曲线上出现的类似拐点。当 $a' \to 0$ 时,L'_0 曲线随 a' 的减小迅速上升,以岸边排放的量纲一最大长度为渐近线;当 $a' \to 0.5$ 时,L'_0 曲线随 a' 的增大迅速下降,以中心排放的量纲一最大长度为渐近线。除岸边和中心排放情况外,L'_0 均小于 L'_z,特别在 $a'_1 < a' < a'_2$ 时,L'_0 与 L'_z 的相对差值更大,因此 L'_0 不是污染混合区的量纲一最大长度。

2.4 b'_{z+} 与 L'_{cz+} 的计算

污染混合区边界曲线横向坐标的极大值点,采用 2.1 节中给定的 5 个相对浓度允许升高值和一系列相对离岸距离值,对每组取值逐一采用试算比较法由式(3)曲线方程求解横向坐标极大值点的坐标(L'_{cz+},b'_{z+})。并绘制污染混合区的量纲一最大横向坐标 $b'_{z+}(a')$ 和对应的量纲一纵向坐标 $L'_{cz+}(a')$ 曲线族,分别见图 4 和图 5。

由图 4 看出,在相对离岸距离不变时,当相对浓度允许升高值增大,污染混合区的量纲一最大横向坐标 b'_{z+} 略小,反之,b'_{z+} 略大,该值总体的变化范围较小。且各条 $b'_{z+}(a')$ 曲线的变化规律基本一致,近似为平行线族。在相对浓度允许升高值不变时,量纲一最大横向坐标 b'_{z+} 随相对离岸距离的增大为下降曲线。对不同的相对浓度允许升高值 C'_a,$b'_{z+}(a')$ 曲线族约在 $a'=a'_3$ 处出现转折,近似分为两段直线。在转折之前(a' 较小),该曲线为下降直线,当 $a' \to 0$ 时,逐渐接近岸边排放的量纲一最大横向坐标;在转折之后(a' 较大),该曲线近似为水平直线段,各条 $b'_{z+}(a')$ 曲线更加接近,但当 $a' \to 0.5$ 时,b'_{z+} 曲线出现轻微的上翘现象。

由图 5 看出,在相对离岸距离不变时,当相对浓度允许升高值增大,污染混合区最大横向坐标对应的量纲一纵向坐标 L'_{cz+} 越小,反之,L'_{cz+} 越大。在相对浓度允许升高值不变时,最大横向坐标对应的量纲一纵向坐标 L'_{cz+} 随相对离岸距离的增大为下降曲线,在 $a'=0.210 \sim 0.260$ 处曲线转折两侧反向出现上凸型与上凹型的骤降曲线变化,L'_{cz+} 急剧

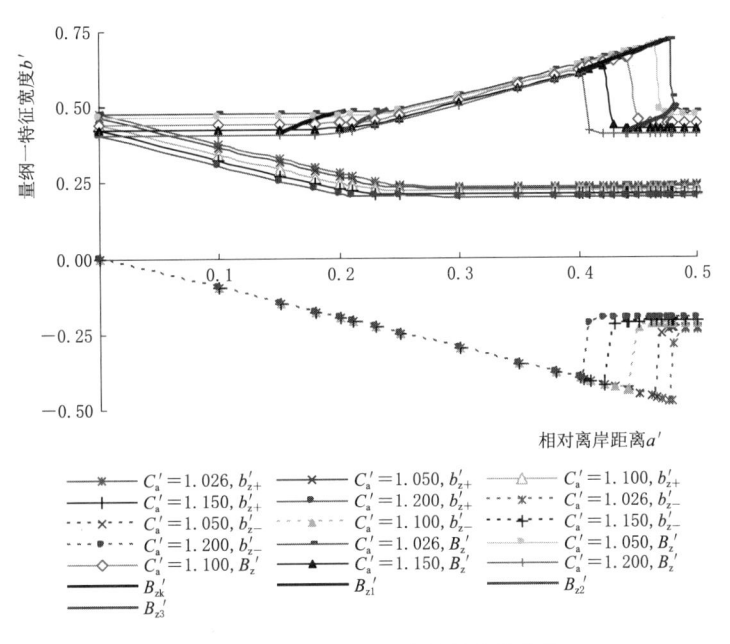

图 4　污染混合区特征宽度的变化曲线

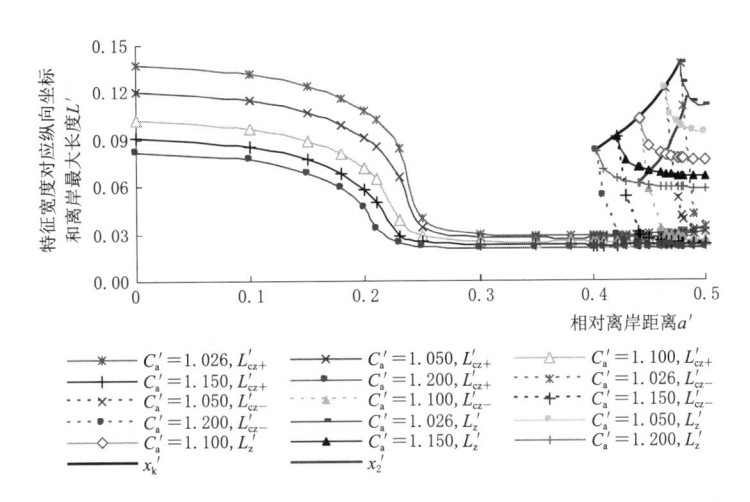

图 5　污染混合区特征宽度对应纵向坐标和离岸最大长度的变化曲线

减小。在转折之前，L'_{cz+} 曲线随 a' 的减小迅速上升，当 $a'\to 0$ 时，逐渐接近岸边排放的最大横向坐标对应的量纲一纵向坐标；在转折之后，L'_{cz+} 曲线随相对离岸距离的增大出现近似水平直线段，各条 $L'_{cz+}(a')$ 曲线更加接近，但当 $a'\to 0.5$ 时，L'_{cz+} 曲线出现上翘现象，C'_a 越小上翘越明显。这与接近中心排放时，两岸反射作用的浓度贡献接近有关。

2.5　b'_{z-} 与 L'_{cz-} 的计算

靠岸型混合区（$0 \leqslant a' \leqslant a'_k$）边界曲线横向坐标极小值出现在近岸线上靠岸长度段，因此量纲一最小横向坐标 b'_{z-} 等于排污口相对离岸距离 a' 的负值，对应的量纲一纵向坐标 L'_{cz-} 可以是量纲一最小与最大靠岸距离之间的任一点。离岸型混合区边界曲线横向坐标的

二、河流、水库污染混合区理论与计算方法

极小值点，采用 2.1 节中给定的 5 个相对浓度允许升高值和一系列相对离岸距离值（$a'_k \leq a' \leq 0.5$），对每组取值逐一采用试算比较法由式（3）曲线方程求解横向坐标极小值点的坐标（L'_{cz-}, b'_{z-}）。并绘制污染混合区的量纲一最小横向坐标 $b'_{z-}(a')$ 和对应的量纲一纵向坐标 $L'_{cz-}(a')$ 曲线族，分别见图 4 和图 5。

由图 4 看出，当 $0 \leq a' \leq a'_k$ 时产生靠岸型混合区，对不同的相对浓度允许升高值，量纲一最小横向坐标 b'_{z-} 曲线随相对离岸距离的增大为一条下降直线。在 $a' \to 0$ 时，逐渐接近岸边排放量纲一最小横向坐标 $b'_{z-}=0$；在 $a'=a'_k$ 时，b'_{z-} 值为量纲一最小横向坐标 $b'_{z-}(a')$ 曲线的极小值；当 $a'_k \leq a' \leq 0.5$ 时产生离岸型混合区，b'_{z-} 曲线转变为急速上升曲线，在 $a' \to 0.5$ 时以中心排放的量纲一最小横向坐标为渐近线。

由图 5 看出，当 $a'_k \leq a' \leq 0.5$ 时产生离岸型混合区，在相对离岸距离不变时，当相对浓度允许升高值增大，污染混合区的最小横向坐标 b'_{z-} 对应的量纲一纵向坐标 L'_{cz-} 越小，反之，L'_{cz-} 越大。在相对浓度允许升高值不变时，在污染混合区的离岸临界点（$a'=a'_k$）横向坐标极小值点与纵向坐标极大值点重合，即有 $L'_{cz-}=L'_z$。之后，横向坐标极小值点与纵向坐标极大值点迅速分离，L'_{cz-} 和 L'_z 均随相对离岸距离的增大为急速下降曲线，在下降过程中有 $L'_{cz-} \ll L'_z$。当 $a' \to 0.5$ 时，L'_{cz-} 逐渐接近中心排放的最大横向坐标对应的量纲一纵向坐标 L'_{cz+}，而 L'_z 以中心排放的量纲一最大长度为渐近线。

2.6 最大宽度 B'_z 的计算

污染混合区的量纲一最大宽度 B'_z 等于量纲一最大横向坐标 b'_{z+} 与最小横向坐标 b'_{z-} 之差，将 B'_z 与相对离岸距离 a' 关系曲线的计算结果点绘于图 4。在图 4 中，B'_{zk}、B'_{z1}、B'_{z2} 分别表示对应于 $x'_k(a'_k)$、$x'_1(a'_1)$、$x'_2(a'_2)$ 的污染混合区量纲一最大宽度连线；B'_{z3} 表示在不同相对浓度允许升高值时的各条 $B'_z(a')$ 曲线上两直线段折点的量纲一最大宽度连线，B'_{z3} 线对应的相对离岸距离表示为 a'_3。

由图 4 看出，在相对离岸距离不变时，当相对浓度允许升高值增大，污染混合区的量纲一最大宽度 B'_z 越小，反之，B'_z 越大。在相对浓度允许升高值不变时，当 $0 \leq a' \leq a'_k$ 时产生靠岸型混合区，B'_z 曲线随相对离岸距离的增大，近似可分成单调上升的两段直线，在 $a'=a'_3$ 处出现向上转折。在上转之前，B'_z 曲线随相对离岸距离的增大呈现略微的线性增长，当 $a' \to 0$ 时，以岸边排放的量纲一最大宽度为渐近线；在上转之后，B'_z 曲线随相对离岸距离的增大呈线性增长关系，在离岸临界点（$a'=a'_k$）的量纲一最大宽度 B'_z 达到极大值。当 $a'_k \leq a' \leq 0.5$ 时产生离岸型混合区，B'_z 曲线随相对离岸距离的增大转变为急速下降曲线，当 $a' \to 0.5$ 时，B'_z 曲线以中心排放的量纲一最大宽度为渐近线。

2.7 面积 S'_z 与面积系数 μ_z 的计算

中宽河流污染混合区的量纲一面积 S'_z 是指在量纲一 $x'Oy'$ 坐标系中的污染混合区面积，其面积系数定义为 $\mu_z=S'_z/(L'_z B'_z)=S_z/(L_z B_z)$，它是综合反映污染混合区形状对面积大小的影响系数，又可称为形状系数[9]。对于量纲一面积 S'_z 的求解，用求积分的数学方法难以获得。借助于 MATLAB 数学软件，采用 2.1 节中给定的 5 个相对浓度允许升高值和一系列相对离岸距离值，对每组取值逐一根据式（3）绘制污染混合区边界曲线、求取面积并进行换算，再结合前述污染混合区量纲一最大长度 L'_z 和量纲一最大宽度 B'_z 的结

果计算面积系数 μ_z，分别将 S'_z、μ_z 与相对离岸距离 a' 关系曲线的计算结果点绘于图 6。在图 6（a）中，S'_{zk}、S'_{z1}、S'_{z2} 分别表示对应于 $x'_k(a'_k)$、$x'_1(a'_1)$、$x'_2(a'_2)$ 的污染混合区量纲一面积连线；在图 6（b）中，μ_{zk} 表示对应于 $x'_k(a'_k)$ 的污染混合区面积系数连线。

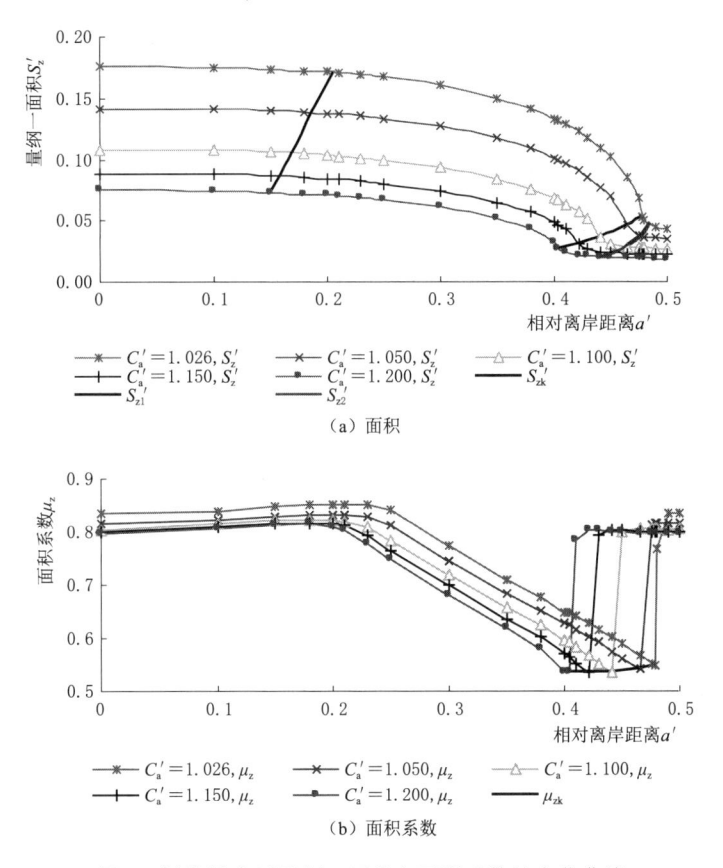

图 6　污染混合区量纲一面积和面积系数的变化曲线

由图 6（a）与图 3 对比看出，污染混合区的量纲一面积 S'_z 与量纲一最大长度曲线族的变化规律大致相同。这是由于污染混合区形状决定着面积系数的变化，而 $\mu_z(a')$ 曲线的变化规律与量纲一最大宽度 $B'_z(a')$ 曲线的变化规律正好相反，在离岸临界点（$a'=a'_k$）各自达到最小或最大极值，两者在面积计算公式中有相互抵消的作用，见图 4 和图 6（b）。

在相对离岸距离不变时，当相对浓度允许升高值增大，量纲一面积越小；反之，量纲一面积越大。在相对浓度允许升高值不变时，污染混合区的量纲一面积 S'_z 曲线随相对离岸距离的增大总体呈现单调下降趋势，在临界点两侧反向出现上凸型与上凹型的下降规律变化，该点两侧相邻曲线的曲率反向增大，临界点也是 S'_z 曲线的拐点。当 $a'\to 0$ 时，S'_z 曲线随 a' 的减小迅速上升，以岸边排放的量纲一面积为渐近线；当 $a'\to 0.5$ 时，S'_z 曲线随 a' 的增大迅速下降，以中心排放的量纲一面积为渐近线。

由图 6（b）看出，对不同的相对浓度允许升高值，污染混合区的面积系数 $\mu_z(a')$ 曲线出现交叉现象。在相对离岸距离不变时，当 $0\leqslant a'\leqslant a'_k$ 或 $a'\to 0.5$ 时，当相对浓度允许升高值增大，面积系数越小；但当 $a'\geqslant a'_k$，且排污口距离中心稍远时，当相对浓度允许升高值增大，面积系数越大。在相对浓度允许升高值不变时，面积系数 $\mu_z(a')$ 曲线出现3次波折，当 $a'\to 0$ 时，以岸边排放的面积系数为渐近线。随相对离岸距离的增大，首先出现近似线性小幅上升至第一极大值，在 $a'=0.210\sim 0.260$ 处出现曲线转折；其次出现较快的线性下降过程，在 $a'=a'_k$ 处，μ_z 达到极小值；最后出现曲线的急速上升到第二极大值，又回落以中心排放的面积系数为渐近线。

3 岸边、离岸和中心排放分类准则

对中宽河流离岸排放污染混合区几何特征参数变化规律的计算分析发现，当相对离岸距离 $0\leqslant a'\leqslant a'_1$ 时，污染混合区的量纲一最大长度、最大宽度和面积与岸边排放相应数值的最大相对误差绝对值依次为 5.0%、0.5% 和 2.7%；当 $a'_2\leqslant a'\leqslant 0.5$ 时，污染混合区的量纲一最大长度、最大宽度和面积与中心排放相应数值的最大相对误差绝对值依次为 5.0%、0.7% 和 6.1%。在实际中，可据此对中宽河流离岸排放的污染混合区几何特征参数进行分类简化计算。对排污口接近岸边和中心排放情况，分别按岸边和中心排放条件进行近似计算，摆脱了离岸排放污染混合区几何特征参数计算的烦琐性。以利于河流污染混合区范围和控制排污量的计算，促进排污口位置的优化设计和排污量的削减量计算，可大大提高河流水环境影响预测与评价水平。图 7 给出了中宽河流岸边、离岸和中心排放类型的分区线以及污染混合区靠岸与离岸临界点连线上相对离岸距离与相对浓度允许升高值的理论值和近似曲线。

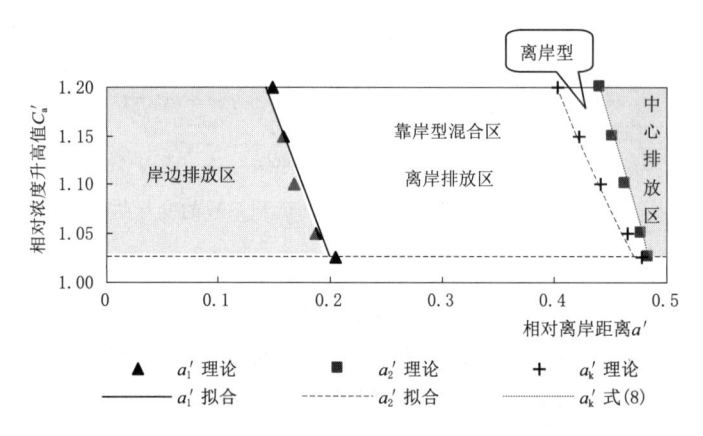

图 7 中宽河流岸边、离岸和中心排放类型的分区

由图 7 和计算数据得到，中宽河流岸边（近岸）排放类型与离岸排放类型分区线 $a'_1(C'_a)$ 和中心排放类型与离岸排放类型分区线 $a'_2(C'_a)$ 的拟合关系式分别为

$$a'_1=-0.304C'_a+0.510 \quad (R^2=0.934) \tag{6}$$

$$a'_2=-0.248C'_a+0.739 \quad (R^2=0.996) \tag{7}$$

一个有趣的现象是，对同一相对浓度允许升高值，污染混合区靠岸与离岸临界点的相对离岸距离 a'_k 恰巧等于岸边和中心排放的污染混合区量纲一最大宽度 B'_{z0}。在离岸排放类型中，靠岸型与离岸型混合区临界点相对离岸距离的连线，可近似采用宽阔河流岸边排放

污染混合区量纲一最大宽度的理论关系式计算[3,10]为

$$a'_k = B'_{z0} \approx \sqrt{\frac{2}{\pi e} \frac{1}{C'_a}} \quad (相对误差=0.1\% \sim 1.4\%) \tag{8}$$

当 $a'_1 < a' \leq a'_k$ 时，污染混合区的量纲一最大宽度 $B'_z(a')$ 曲线近似为两直线段组成，折线点的相对离岸距离近似表示为

$$a'_3 = \frac{a'_k}{2} \tag{9}$$

按照相对离岸距离 a' 的不同取值范围，对中宽河流岸边、离岸和中心排放类型进行简化的分区条件为：

(1) 当相对离岸距离 $0 \leq a' \leq a'_1$ 时，可简化为岸边（近岸）排放类型，按文献[10]中的岸边排放公式计算。

(2) 当 $a'_1 < a' < a'_2$ 时，称为离岸排放类型，又可分为两种情况按本文公式计算：①当 $a'_1 < a' \leq a'_k$ 时，按靠岸型混合区计算；②当 $a'_k < a' < a'_2$ 时，按离岸型混合区计算。

(3) 当 $a'_2 \leq a' \leq 0.5$ 时，可简化为中心排放类型，按文献[10]中的中心排放公式计算。

对中宽河流按岸边、离岸和中心排放进行分类，就可以做到对于距离岸边较近（离岸距离 $0 < a \leq a_1$）的排污口优化设计，无须按离岸排放类型，即使排污具有初始动量射程，也可按岸边排放公式计算。在这种情况下，离岸排放对污染混合区范围的减小作用不明显，而且离岸排放会增加建设投资和施工难度，因此无须考虑设置离岸排污口；对于距离岸边较远（$a_2 \leq a < 0.5B$）的排污口优化设计，按中心排放类型计算，也不要求把排污口必须设在河流断面的中心线上，那样还会阻碍航道、影响行洪和增加投资。

需要说明的是，当相对浓度允许升高值 $C'_a \geq 1.200$ [即 $B \geq 1.2m/(HUC_a)$] 时，符合宽阔河流的移流扩散特性，按文献[3,9,14]中污染混合区几何特征参数的公式计算；当相对浓度允许升高值 $C'_a \leq 1.026$ 时，污水已达到全断面均匀混合条件，符合窄小河流的移流扩散特性，按文献[16]中的河流一维移流离散水质模型进行分类计算。

4 离岸排放类型混合区的实用公式

前述对于中宽河流离岸排放污染混合区几何特征参数的计算原理、迭代公式和试算比较法，对排污口和污染混合区的分类简化理论具有重要科学价值，但在实际设计使用中比较烦琐。对岸边、离岸和中心排放的污染混合区量纲一最大长度、最大宽度及面积进行分类简化与曲线拟合，以显函数形式给出其计算公式十分必要。下面以 $a'_1 < a' < a'_2$ 时离岸排放类型混合区的量纲一最大长度为例，对相对浓度允许升高值 $C'_a = 1.026$、1.050、1.100、1.150、1.200 的 5 条 $L'_z(a')$ 曲线进行归一化处理。

首先，对图 3 中不同 C'_a 值对应 $L'_z(a')$ 曲线的竖轴坐标除以该曲线上岸边排放的污染混合区量纲一最大长度 $L'_{z0} = L'_z(0)$，记作：最大长度系数 $\zeta_L = L'_z/L'_{z0} = L_z/L_{z0}$ 作为新的竖轴坐标。

其次，由于在 $a'_1 < a' \leq a'_k$ 时产生靠岸型混合区和在 $a'_k < a' < a'_2$ 时产生离岸型混合区，$L'_z(a')$ 曲线的下降规律各异，需分段进行横轴坐标的归一化处理。

(1) 当 $a_1' < a' \leqslant a_k'$ 时，对图3中不同 C_a' 值对应 $L_z'(a')$ 曲线的相对离岸距离 a' 除以该曲线上的临界相对离岸距离 a_k'，记作：$a'/a_k' = a/a_k$ 作为新的横轴坐标。在新坐标系中，发现对于不同相对浓度允许升高值的污染混合区最大长度系数的所有精确值点汇聚成一条归一化曲线，说明靠岸型混合区的量纲一最大长度曲线具有相似性（略图）。由新坐标系中的精确值点，经回归分析得到最大长度系数 ζ_L 与 a/a_k 的关系式列于表1。

(2) 当 $a_k' < a' < a_2'$ 时，对图3中不同 C_a' 值对应 $L_z'(a')$ 曲线的横轴坐标进行变换，以 $(a'-a_k')/(0.5-a_k') = (a-a_k)/(0.5B-a_k)$ 作为新的横轴坐标。在新坐标系中，发现对于不同相对浓度允许升高值的污染混合区最大长度系数的所有精确值点也汇聚成一条归一化曲线，说明离岸型混合区的量纲一最大长度曲线也具有相似性（略图）。由新坐标系中的精确值点，经回归分析得到最大长度系数 ζ_L 与 $(a-a_k)/(0.5B-a_k)$ 的关系式列于表1。

同理，对中宽河流离岸排放类型混合区的量纲一最大宽度 $B_z'(a')$ 和面积 $S_z'(a')$ 曲线分别进行归一化处理。最后，由新坐标系中的精确值点，经回归分析得到最大宽度系数 ζ_B 和面积比系数 ζ_S 的关系式列于表1。

表1　中宽河流污染混合区主要特征参数系数的分类简化实用公式

排放类型	混合区类型	最大长度系数 $\zeta_L = L_z/L_{z0}$	最大宽度系数 $\zeta_B = B_z/B_{z0}$	面积比系数 $\zeta_S = S_z/S_{z0}$
岸边排放[10] ($0 \leqslant a' \leqslant a_1'$)	岸边 (以 $a'=0$ 简化)	1	1	1
离岸排放 ($a_1' < a' < a_2'$)	靠岸 ($a_1' < a' \leqslant a_k'$)	$[0.929 - 1.109(a/a_k)^2 + 0.235 a/a_k]^{1/3}$ ($R^2 = 0.995$)	$0.112 a/a_k + 0.961$ ($R^2 = 0.927, a_1' < a' \leqslant a_3'$) $0.983 a/a_k + 0.513$ ($R^2 = 1.000, a_3' < a' \leqslant a_k'$)	$[0.824 - 1.680(a/a_k)^2 + 0.901 a/a_k]^{1/3}$ ($R^2 = 0.998$)
	离岸 ($a_k' < a' < a_2'$)	$0.25 + 0.005[(a-a_k)/(0.5B-a_k) + 0.1]^{-1.25}$ ($R^2 = 0.947$)	$1 + 0.0005[(a-a_k)/(0.5B-a_k) + 0.1]^{-3}$ ($R^2 = 0.968$)	$0.25 + 0.006[(a-a_k)/(0.5B-a_k) + 0.1]^{-1.20}$ ($R^2 = 0.919$)
中心排放[10] ($a_2' \leqslant a' \leqslant 0.5$)	对称 (以 $a'=0.5$ 简化)	0.25	1	0.25

当 $a_1' < a' < a_2'$ 时，中宽河流离岸排放类型混合区量纲一最大长度、最大宽度和面积的实用公式计算值与理论值比较，见图8。

由图8看出，量纲一最大长度、最大宽度和面积的实用公式计算值与理论值吻合良好，相关性较高，其值大部分落在45°线上，少部分偏离，但偏离较小，相对误差一般在5%以内。因此，表1中最大长度系数、最大宽度系数和面积比系数的实用公式，可用于中宽河流离岸排放类型混合区最大长度、最大宽度和面积的计算

$$L_z = \zeta_L L_{z0} \tag{10}$$

$$B_z = \zeta_B B_{z0} \tag{11}$$

$$S_z = \zeta_S S_{z0} \tag{12}$$

式中：L_{z0}、B_{z0} 和 S_{z0} 由文献[10]中宽河流岸边排放公式计算。

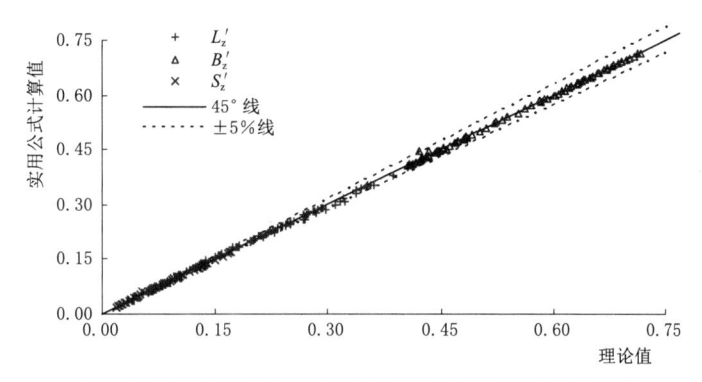

图 8 污染混合区量纲一实用公式计算值与理论值的比较

5 结论

（1）对顺直矩形中宽河流给出了污染混合区边界形状曲线与量纲一方程的形式，图示分析了靠岸型和离岸型混合区的几何特征。

（2）给出了相对离岸距离 $0 \leqslant a' \leqslant a'_k$ 靠岸与 $a'_k \leqslant a' \leqslant 0.5$ 离岸两种类型混合区各几何特征参数（坐标）、面积及面积系数与相对离岸距离的关系曲线，分析了各参数的变化规律，提出了以相对离岸距离作为判据的排放类型分区条件。

（3）给出了河流岸边、离岸与中心排放的分类判别准则：①当 $0 \leqslant a' \leqslant a'_1$ 时，简化为岸边（近岸）排放类型；②当 $a'_1 < a' < a'_2$ 时，称为离岸排放类型；③当 $a'_2 \leqslant a' \leqslant 0.5$ 时，简化为中心排放类型。

（4）在顺直矩形中宽河流 $\dfrac{1.026m}{HUC_a} < B < \dfrac{1.200m}{HUC_a}$、流速均匀分布条件下，给出了离岸排放类型混合区主要特征参数的实用计算公式，可作为中宽河流污染混合区范围计算和排污口位置优化设计的依据。

参考文献

[1] 张永良，李玉梁. 排污混合区分析计算指南［M］. 北京：海洋出版社，1993.
[2] Idaho Department of Environmental Quality. Mixing zone technical procedures manual (DRAFT)［Z］. Boise：Idaho Department of Environmental Quality，USA，2015.
[3] 武周虎，贾洪玉. 河流污染混合区的解析计算方法［J］. 水科学进展，2009，20（4）：544-548.
[4] 朱发庆，吕斌. 长江武汉段工业港酚污染带研究［J］. 中国环境科学，1996，16（2）：148-152.
[5] 任照阳，邓春光. 二维水质模型在污染带长度计算中的应用［J］. 安徽农业科学，2007，35（7）：1984-1985，2037.
[6] 薛红琴，刘晓东. 连续点源河流污染带几何特征参数研究［J］. 水资源保护，2005，21（5）：23-26.
[7] FISCHER H B，IMBERGER J，LIST E J，et al. Mixing in inland and coastal waters［M］. New York：Academic Press，1979.
[8] WU Zhouhu，WU Wen，WU Guizhi. Calculation Method of Lateral and Vertical Diffusion Coefficients in Wide Straight Rivers and Reservoirs［J］. Journal of Computers，2011，6（6）：

1102-1109.

[9] 武周虎, 任杰, 黄真理, 等. 河流污染混合区特性计算方法及排污口分类准则Ⅰ：原理与方法 [J]. 水利学报, 2014, 45 (8): 921-929.

[10] 武周虎. 考虑边界反射作用河流污染混合区的简化算法 [J]. 水科学进展, 2014, 25 (6): 864-872.

[11] 武周虎. 河流离岸排放污染物二维浓度分布特性分析 [J]. 水科学进展, 2015, 26 (6): 846-856.

[12] 武周虎. 基于环境扩散条件的河流宽度分类判别准则 [J]. 水科学进展, 2012, 23 (1): 53-58.

[13] 武周虎, 武文, 路成刚. 河流混合污染物浓度二维移流扩散方程的解析计算及其简化计算的条件Ⅱ：顺直河流考虑边界反射 [J]. 水利学报, 2009, 40 (9): 1070-1076.

[14] 武周虎, 任杰, 黄真理, 等. 河流污染混合区特性计算方法及排污口分类准则Ⅱ：应用与实例 [J]. 水利学报, 2014, 45 (9): 1114-1119.

[15] 武周虎. 对环境水力学"污染带扩展阶段"一词的修正 [J]. 青岛理工大学学报, 2015, 36 (2): 1-6.

[16] 武周虎. 河流移流离散水质模型的简化和分类判别条件分析 [J]. 水利学报, 2009, 40 (1): 27-32.

2-04 弯曲河段污染混合区几何特征参数的实用化算法[*]

摘　要：在弯曲河段中因流线弯曲和副流的存在，其污染混合区的几何特征参数与顺直河段有很大不同。为将顺直河段污染混合区的相关理论公式拓展应用于弯曲河段，需对其进行修正，即在与顺直河段断面形状和来流流速相同的条件下，通过地表水模型系统 SMS 软件模拟计算一系列不同弯曲半径、弯曲角度的河段凹岸和凸岸排污浓度分布，分别读取不同相对允许浓度升高值时的污染混合区最大长度、最大宽度和面积，在顺直河段污染混合区几何特征参数理论公式的本构关系基础上，结合量纲一分析和曲线拟合，分别给出了弯曲河段污染混合区最大长度、最大宽度和面积的修正系数，并验证了其合理性。为弯曲河段污染混合区范围的计算提供了一种快捷、有效的实用化方法。

关键词：弯曲河段；浓度分布；污染混合区；几何特征参数；修正系数；实用化算法

　　自然界中的河流可视为是由弯曲河段和顺直河段组合而成，因此研究弯曲河段和顺直河段污染混合区范围能够更好地了解自然河流的扩散特征。现阶段关于顺直河段污染混合区的理论研究已较成熟[1-5]，但对弯曲河段污染混合区的研究却较少，如陈永灿等[6]基于水质数学模型的计算成果，采用量纲一分析和数据拟合的方法分析了典型排污口的污染混合区特性，探讨了排污口附近江段特征影响污染混合区范围的一般规律，但该研究中对污染混合区的计算主要集中于数值模拟，而数值模拟一般针对特定条件的计算，计算结果运用于其他地方的移植性差，且每种工况下均需获取相应的地形数据和边界条件，对计算精度要求不高的项目污染混合区的初步估算来说显得过于烦琐。

　　本文在弯曲河段污染混合区数值模拟实验的基础上，对顺直河段污染混合区理论解进行修正得到弯曲河段污染混合区的最大长度、最大宽度和面积的实用化计算公式，为弯曲河段污染混合区范围的计算提供一种便捷方法。

1　水动力水质数学模型与验证

1.1　控制方程组

　　采用深度平均的平面二维水动力学控制方程，包括一个连续性方程和两个动量方程，基本方程为[7]

$$\frac{\partial h}{\partial t}+\frac{\partial(hu)}{\partial x}+\frac{\partial(hv)}{\partial y}=0 \tag{1}$$

---

[*] 原文载于《水电能源科学》，2017，35（1），作者：丁敏，武周虎，徐斌，陈妮，祝帅举。

$$h\frac{\partial u}{\partial t}+hu\frac{\partial u}{\partial x}+hv\frac{\partial u}{\partial y}-\frac{h}{\rho}\left(E_{xx}\frac{\partial^2 u}{\partial x^2}+E_{xy}\frac{\partial^2 u}{\partial y^2}\right)+gh\left(\frac{\partial z_b}{\partial x}+\frac{\partial h}{\partial x}\right)+$$
$$\frac{gun^2}{h^{\frac{1}{3}}}(u^2+v^2)^{\frac{1}{2}}-\zeta W^2\cos\psi-2h\omega v\sin\varphi=0 \tag{2}$$

$$h\frac{\partial v}{\partial t}+hu\frac{\partial v}{\partial x}+hv\frac{\partial v}{\partial y}-\frac{h}{\rho}\left(E_{yx}\frac{\partial^2 v}{\partial x^2}+E_{yy}\frac{\partial^2 v}{\partial y^2}\right)+gh\left(\frac{\partial z_b}{\partial y}+\frac{\partial h}{\partial y}\right)+$$
$$\frac{gvn^2}{h^{\frac{1}{3}}}(u^2+v^2)^{\frac{1}{2}}-\zeta W^2\sin\psi+2h\omega u\sin\varphi=0 \tag{3}$$

式中：h 为水深；u、v 分别为 x、y 方向的流速分量；x、y 为正交坐标；ρ 为水的密度；g 为重力加速度；E 为水平涡黏性系数张量；z_b 为湖底高程；n 为糙率系数；ω 为地球自转角速度；φ 为当地纬度；ζ 为风应力系数；W 为当地风速；ψ 为风向与 x 方向的逆时针夹角。

标量物质的传输方程为[8]

$$\frac{\partial C}{\partial t}+u\frac{\partial C}{\partial x}+v\frac{\partial C}{\partial y}=\frac{\partial}{\partial x}\left(E_x\frac{\partial C}{\partial x}\right)+\frac{\partial}{\partial y}\left(E_y\frac{\partial C}{\partial y}\right)-KC \tag{4}$$

式中：t 为时间；C 为污染物浓度；E_x、E_y 分别为 x、y 方向的扩散系数；K 为污染物衰减反应系数。

1.2 计算方案设置与模拟条件

根据研究需要，概化相应的计算区域。研究涉及模型的物理边界有两种：①直段模型。长为1012.5m、宽为30m；②弯道模型。弯道模型为定床规则断面的河道，由进口直段、弯曲段和出口直段三部分组成。组成弯道三部分的宽度均为30m，进口直段长度为45m，出口直段长度为675m。为便于网格划分，弯曲段的弯曲角 θ 分别取 16°、30°、42°、54°、64°、90°，每一弯曲角度下的中心半径 R 设定为 30m、45m、60m、75m、90m、120m、150m 共 7 种情况。

直段模型与弯道模型的边界条件和相应的计算参数相同，上游来流量 $Q=15\text{m}^3/\text{s}$，河段糙率 $n=0.03$，底坡 $i=0.0002$。假设横向扩散系数 $E_y=0.6hu^*$（h 为水深，u^* 为摩阻流速），岸边排污口位于河道弯曲段的凹岸或凸岸上游起点，排污流量 $q=0.3\text{m}^3/\text{s}$，污水浓度 $C_p=50\text{mg/L}$，取 $K=0$ 按保守物质计算，排污引起的允许浓度升高值 C_a（等于水环境功能区所执行的浓度标准值 C_s 与水体的背景浓度 C_b 的差值）分别取 3mg/L、4mg/L、6mg/L、7mg/L、8mg/L、10mg/L。

采用地表水模型系统（Surface Water Modeling System，SMS）软件，分别模拟每一弯曲角度下 7 种中心半径的弯道凹岸和凸岸排污，共计 84 种情况的流场和浓度场进行分析研究。

1.3 计算范围与网格划分

直段网格规格为 2.25m×1.50m（长×宽），弯曲段采用边界拟合坐标技术[9]，生成边界处正交的曲线网格，且随着弯曲角度的增大，网格逐渐加密，尽量使用四边形单元，局部使用三角形单元，以避免弯道凹岸、凸岸长度不等带来的网格划分差异。图 1 为弯曲角度为 42°、相对中心半径 $r=R/B=2$ 时的网格划分情况，图 2 为与图 1 相应的污染混合区几何特征参数示意。

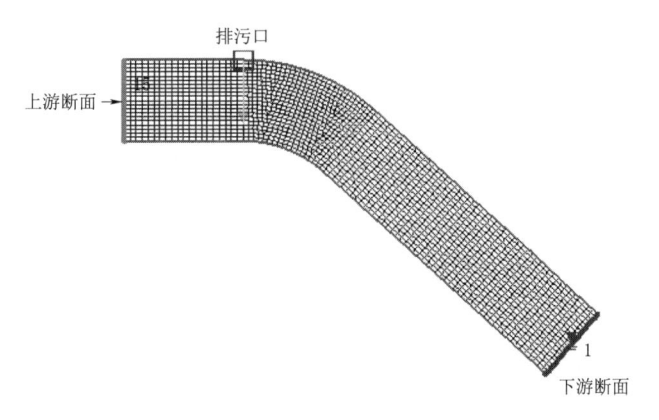

图 1　计算范围与网格划分

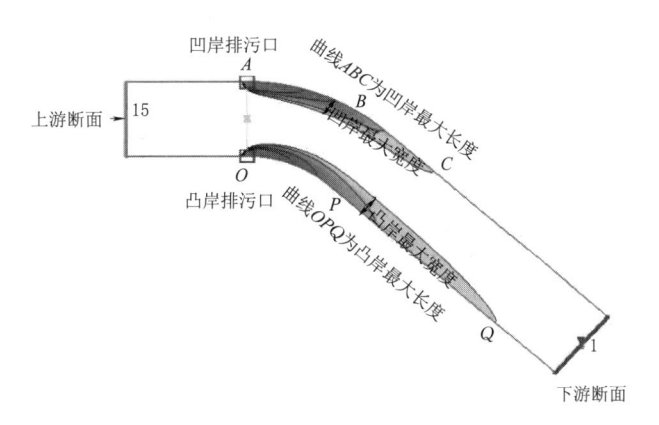

图 2　污染混合区几何特征参数示意

1.4　模型验证

顺直宽阔河段 $\left(河宽 B \geqslant 1.2\dfrac{m}{HUC_a}\right)^{[4]}$ 污染混合区几何特征参数的理论解，最大长度 L_s、最大宽度 b_s 和面积 S 的理论计算公式[1] 分别为

$$L_s = \frac{1}{4\pi E_y U}\left(\frac{m}{HC_a}\right)^2 \tag{5}$$

$$b_s = \frac{1}{\sqrt{2\pi e}}\frac{m}{UHC_a}=\sqrt{\frac{2E_y L_s}{eU}} \tag{6}$$

$$S = \left(\frac{2}{3}\right)^{\frac{3}{2}}\frac{\sqrt{\pi e}}{2}L_s b_s = \mu L_s b_s \tag{7}$$

式中：$m=qC_p$；$\mu=\left(\dfrac{2}{3}\right)^{\frac{3}{2}}\dfrac{\sqrt{\pi e}}{2}\approx 0.7953$；$U$ 为河道断面的平均流速；H 为平均水深，E_y 为横向扩散系数；m 为排污强度；q 为排污流量；C_p 为排污浓度；μ 为面积系数。

二、河流、水库污染混合区理论与计算方法

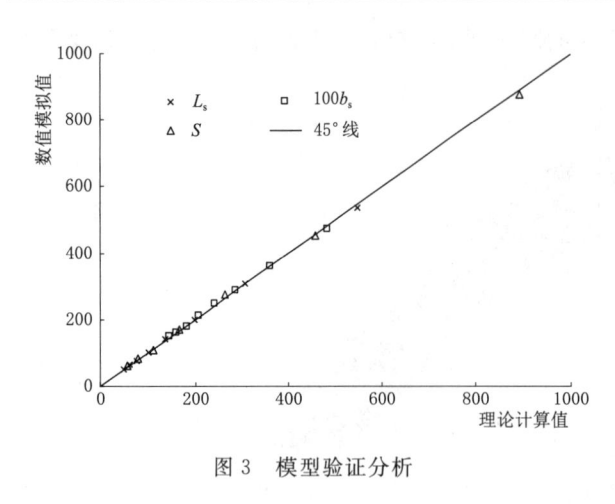

图3 模型验证分析

为了检验模型的可靠性，将直段模型最大长度、最大宽度和面积的模拟值依次与式（5）~式（7）的理论计算值进行对比。由于最大宽度与最大长度和面积的数值相差较大，为使比较结果能更加直观地反映在同一图中，将最大宽度的模拟值和理论值同时扩大100倍，结果见图3。

由图3可知，数值模拟得到的最大长度、最大宽度和面积与通过理论公式计算得到的理论值二者非常接近，其值大部分都落在45°线上，部分略有偏离，但偏离较小。其中模拟值和理论值的最大误差为7%，绝大多数误差都在5%以内，因此本研究模型能够较好地反映河段污染混合区的水动力与污染物的扩散特征。

2 污染混合区模拟与结果分析

弯曲河段的水流结构较为复杂，存在很多与顺直河段不同的水流特性，对定床规则断面的弯曲河段主要有凹岸、凸岸流速的重新分布、水流存在环向运动以及凹岸、凸岸存在横向水面梯度等，因此导致其污染物浓度分布和污染混合区的变化规律与顺直河段存在很大不同[10]。为使弯曲河段复杂水流条件所形成的污染混合区几何特征参数便于计算，在顺直河段理论解本构关系的基础上，提出弯曲河段污染混合区几何特征参数的修正系数。

将弯曲河段污染混合区最大长度、最大宽度和面积的修正系数依次表示为 α_i、β_i、γ_i；弯曲河段污染混合区最大长度、最大宽度和面积依次表示为 L_{si}、b_{si}、S_i，对于凹岸和凸岸分别取下标 i 为1和2加以区分。弯曲河段的污染混合区最大长度、最大宽度和面积由SMS软件模拟结果确定，相同条件下顺直河段污染混合区最大长度、最大宽度和面积依次由式（5）~式（7）确定。则有：

$$\alpha_i = \frac{L_{si}}{L_s} \tag{8}$$

$$\beta_i = \frac{b_{si}}{b_s} \tag{9}$$

$$\gamma_i = \frac{S_i}{S} \tag{10}$$

弯曲河段与顺直河段的不同之处在于弯曲角度 θ 和中心半径 R。又因为河段水体的允许浓度升高值 C_a 不同时弯曲段在污染混合区中所占的比例不同，也会影响弯曲河段污染混合区的特性。为了确定 θ、R、C_a 对弯曲河段污染混合区几何特征参数的影响关系，在设定的条件下模拟计算了6种弯曲角的弯曲河段，每一弯曲角对应7种不同的中心半径共计42种情况下的排污浓度分布，并对每种情况读取允许浓度升高值 C_a 分别为3mg/L、4mg/L、6mg/L、7mg/L、8mg/L、10mg/L时所形成的污染混合区的最大长度、最大宽

度和面积。

弯曲河段凹岸和凸岸的水力条件不同,修正系数也会不同,将凹岸和凸岸分别模拟,计算排污浓度分布,将得到的数据通过曲线拟合分别得到对应的修正系数,为方便起见作量纲一处理,令相对中心半径 $r=R/B$;对弯曲角度 θ 采用弧度表示;由排污产生的全断面均匀混合浓度 $C_m=m/(HBU)$;相对浓度升高允许值 $C'_a=C_a/C_m$。

2.1 凹岸排污情况

当相对允许浓度升高值 $C'_a=3$ 时,求出每一种弯曲角 θ 下的污染混合区最大长度修正系数 α_1 的平均值,因为此平均值仅与弯曲角 θ 有关,所以将其表示为 $\alpha_{1\theta}$。然后将所有的 α_1 均除以对应角度下的平均值 $\alpha_{1\theta}$,将其结果表示为 α_{1r}。即将 $C'_a=3$ 时的 α_1 分解成 $\alpha_{1\theta}$ 与 α_{1r} 的乘积。对最大宽度修正系数 β_1、面积修正系数 γ_1 进行同样的处理可得到 $\beta_{1\theta}$、β_{1r} 和 $\gamma_{1\theta}$、γ_{1r},它们的表示意义与 $\alpha_{1\theta}$ 和 α_{1r} 类似。

以相对中心半径 r 为横坐标,将得到的 α_{1r}、β_{1r}、γ_{1r} 作图并进行曲线拟合,得到弯曲河道凹岸污染混合区几何特征参数修正系数与相对中心半径的关系,见图 4 和表 1。以弯曲角 θ 为横坐标,将得到的 $\alpha_{1\theta}$、$\beta_{1\theta}$、$\gamma_{1\theta}$ 作图并进行曲线拟合,得到弯曲河道凹岸污染混合区几何特征参数修正系数与弯曲角的关系,见图 5 和表 1。

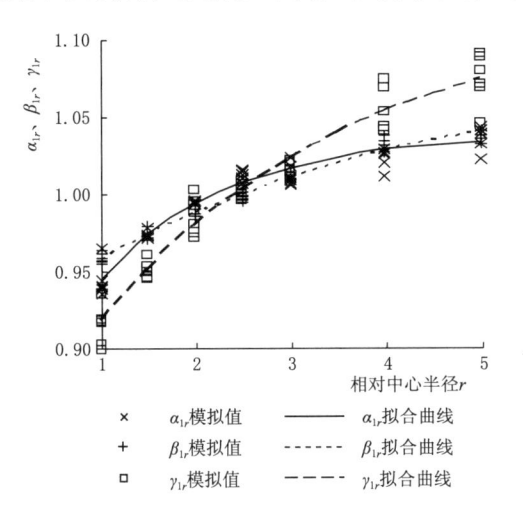

图 4 凹岸排放污染混合区几何特征参数修正系数与相对中心半径的关系曲线

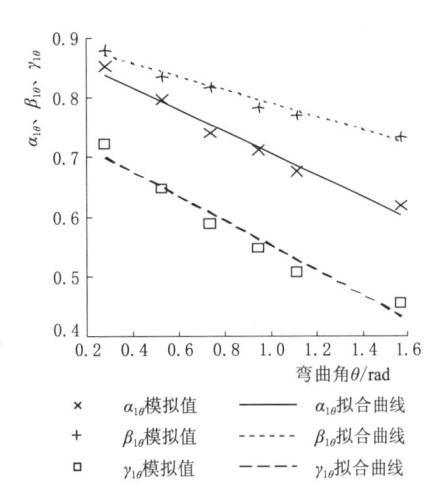

图 5 凹岸排放污染混合区几何特征参数修正系数与弯曲角的关系曲线

表 1 凹岸排放污染混合区几何特征参数修正系数与各因素的拟合关系式

因素	最大长度修正系数 α_1	最大宽度修正系数 β_1	面积修正系数 γ_1	备注
相对半径 r	$1.039-0.197e^{-0.742r}$	$1.081-0.163e^{-0.281r}$	$1.123-0.295e^{-0.361r}$	图 4
弯曲角 θ/rad	$0.891-0.183\theta$	$0.901-0.112\theta$	$0.756-0.208\theta$	图 5
相对浓度 C'_a	$0.066C'_a+0.779$	$0.029C'_a+0.932$	$0.078C'_a+0.744$	图 6

由图 4 可知,凹岸排放污染混合区最大长度修正系数与相对中心半径的关系拟合曲线方程的相关系数 $R^2=0.9454$,相对误差为 $-5.4\%\sim5.5\%$;最大宽度修正系数与相对中

心半径的关系拟合曲线方程的相关系数 $R^2=0.982$，相对误差为 $-1.8\%\sim1.8\%$；面积修正系数与相对中心半径的关系拟合曲线方程的相关系数 $R^2=0.9573$，相对误差为 $-4.2\%\sim4.3\%$。由此看出 $C_a'=3$ 时弯曲河流凹岸排放污染混合区几何特征参数修正系数与相对中心半径的关系拟合方程与其相应的模拟值吻合良好，且随着相对中心半径的增大，污染混合区最大长度、最大宽度、面积修正系数均增大。

由图 5 可知，凹岸排放污染混合区最大长度修正系数与弯曲角的关系拟合曲线方程的相关系数 $R^2=0.9781$，相对误差为 $-2.1\%\sim2.2\%$；最大宽度修正系数与弯曲角的关系拟合曲线方程的相关系数 $R^2=0.9723$，相对误差为 $-2.7\%\sim2.8\%$；面积修正系数与弯曲角的关系拟合曲线方程的相关系数 $R^2=0.9594$，相对误差为 $-4\%\sim4.1\%$。由此看出 $C_a'=3$ 时弯曲河流凹岸排放污染混合区几何特征参数修正系数与弯曲角的关系拟合方程与其相应的模拟值吻合良好，且随着弯曲角的增大，污染混合区最大长度、最大宽度、面积修正系数均减小。

对相对允许浓度升高值 C_a' 分别为 4、6、7、8、10 时的数据进行同样的处理，得到了具有相同变化趋势的曲线，即当 C_a' 为 4、6、7、8、10 时污染混合区几何特征参数修正系数（α_1、β_1、γ_1）与弯曲角度 θ 和相对中心半径 r 的关系与 $C_a'=3$ 时相似。因此对 C_a' 不同条件下的几何特征参数，采用 $C_a'=3$ 时的数据进行修正，将相对允许浓度升高值 C_a' 对最大长度修正系数、最大宽度修正系数和面积修正系数的影响关系依次表示为 α_{1C}、β_{1C}、γ_{1C}。

将模拟计算得到的最大长度修正系数、最大宽度修正系数、面积修正系数分别除以 $C_a'=3$ 时对应水力条件下的相关参数的修正系数，即可得到 α_{1C}、β_{1C}、γ_{1C}。以相对允许浓度升高值 C_a' 为横坐标，将得到的 α_{1C}、β_{1C}、γ_{1C} 作图并进行曲线拟合，得到弯曲河段凹岸排放污染混合区几何参数修正系数与相对允许浓度升高值的关系曲线，见图 6 和表 1。

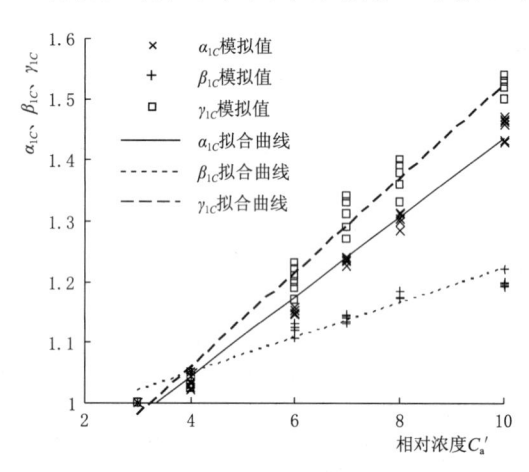

由图 6 可知，这些数据点均集中分布在一条曲线两侧，且随着 C_a' 的增大 α_{1C} 不断增大，即当相对中心半径 r 和弯曲角 θ 相同时，不同水力条件下的 α_1 随着 C_a' 的变化遵循相同的规律，且随着 C_a' 的增大，α_1 不断增大。对 β_{1C}、γ_{1C} 随着相对允许浓度升高值 C_a' 变化规律与 α_{1C} 类似。

图 6 凹岸排放污染混合区几何特征参数修正系数与相对允许浓度升高值的关系曲线

综合理论分析及拟合得到的公式可知，在模拟条件规定的范围内，弯曲河段凹岸污染混合区几何特征参数修正系数与弯曲角 θ、相对中心半径 r、相对允许浓度升高值 C_a' 有关。由表 1 主要影响因素对凹岸排放污染混合区几何特征参数的修正系数，得到弯曲河段凹岸排放污染混合区最大长度、最大宽度和面积的综合修正系数为

$$\alpha_1=\alpha_{1C}\alpha_{1r}\alpha_{1\theta}=(0.066C_a'+0.779)(1.039-0.197e^{-0.742r})(0.891-0.183\theta) \quad (11)$$

$$\beta_1=\beta_{1C}\beta_{1r}\beta_{1\theta}=(0.029C_a'+0.932)(1.081-0.163e^{-0.281r})(0.901-0.112\theta) \quad (12)$$

$$\gamma_1 = \gamma_{1C}\gamma_{1r}\gamma_{1\theta} = (0.078C'_a + 0.744)(1.123 - 0.295e^{-0.361r})(0.756 - 0.208\theta) \quad (13)$$

2.2 凸岸排污情况

对凸岸数据进行与凹岸相同的处理可得，弯曲河道凸岸污染混合区几何特征参数修正系数与相对中心半径的关系，见图7和表2。弯曲河道凸岸污染混合区几何特征参数修正系数与弯曲角的关系，见图8和表2。

表2 凸岸排放污染混合区几何特征参数修正系数与主要影响因素的拟合关系式

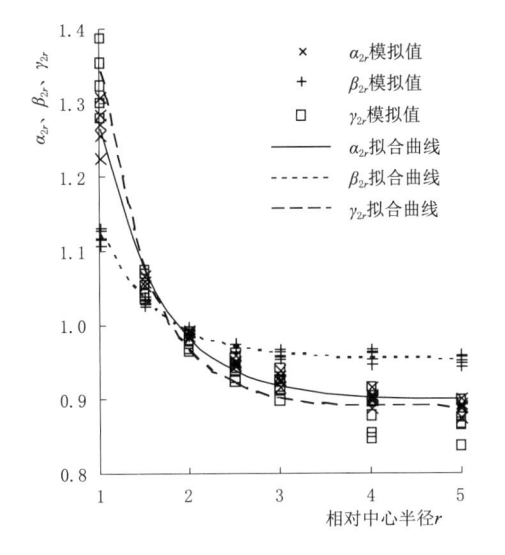

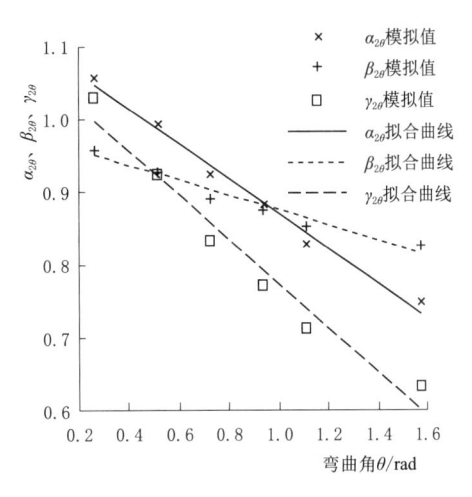

主要影响因素	最大长度修正系数 α_2	最大宽度修正系数 β_2	面积修正系数 γ_2	来源
相对半径 r	$0.902 + 1.643e^{-1.494r}$	$0.955 + 0.755e^{-1.491r}$	$0.891 + 2.681e^{-1.775r}$	图7
弯曲角 θ/rad	$1.118 - 0.244\theta$	$0.981 - 0.105\theta$	$1.086 - 0.311\theta$	图8
相对浓度 C'_a	$0.023C'_a + 0.926$	$0.012C'_a + 0.971$	$0.036C'_a + 0.895$	图9

图7 凸岸排放污染混合区几何特征参数修正系数与相对中心半径的关系曲线

图8 凸岸排放污染混合区几何特征参数修正系数与弯曲角的关系曲线

由图7可知，凸岸排放污染混合区几何特征参数修正系数与相对中心半径的关系拟合曲线方程的相关系数均大于0.9，相对误差在10%以内，由此看出 $C'_a = 3$ 时弯曲河流凸岸排放污染混合区几何特征参数修正系数与相对中心半径的关系拟合方程与其相应的模拟值吻合良好，且随着相对中心半径的增大，污染混合区最大长度、最大宽度、面积修正系数均增大。

由图8可知，凸岸排放污染混合区几何特征参数修正系数与弯曲角的关系拟合曲线方程的相关系数均大于0.9，相对误差在10%以内，由此看出 $C'_a = 3$ 时弯曲河流凸岸排放污染混合区几何特征参数修正系数与弯曲角的关系拟合方程与其相应的模拟值吻合良好，且随着弯曲角的增大，污染混合区最大长度、最大宽度、面积修正系数均减小。

对不同相对允许浓度升高值之间的数据采用与凹岸相同的数据处理方法得到，凸岸排放污染混合区几何参数修正系数与相对允许浓度升高值的关系曲线，见图9和表2。

二、河流、水库污染混合区理论与计算方法

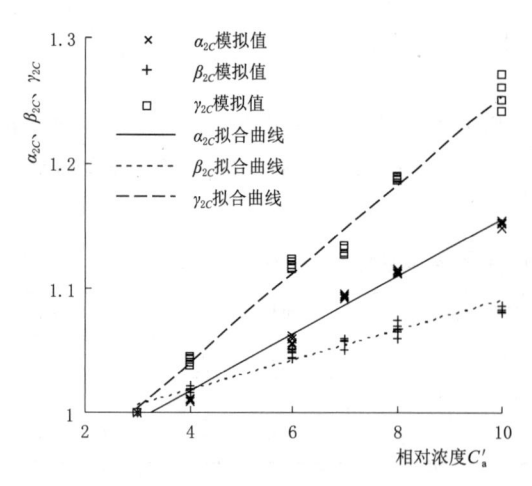

图9 凸岸排放污染混合区几何特征参数修正系数与相对允许浓度升高值的关系曲线

由图9可知，这些数据点均集中分布在一条曲线两侧，且随着 C'_a 的增大 α_{2C} 不断增大，即当相对中心半径 r 和弯曲角 θ 相同时，不同水力条件下的 α_1 随着 C'_a 的变化遵循相同的规律，且随着 C'_a 的增大，α_2 不断增大。对 β_{2C}、γ_{2C} 随着相对允许浓度升高值 C'_a 变化规律与 α_{2C} 类似。

综合理论分析及拟合得到的公式可知，在模拟条件规定的范围内，弯曲河段凸岸污染混合区几何特征参数修正系数与弯曲角 θ、相对中心半径 r、相对允许浓度升高值 C'_a 有关。由表2主要影响因素对凸岸排放污染混合区几何特征参数的修正系数，得到弯曲河段凸岸排放污染混合区最大长度、最大宽度和面积的综合修正系数为

$$\alpha_2 = \alpha_{2C}\alpha_{2r}\alpha_{2\theta} = (0.023C'_a + 0.926)(0.902 + 1.643e^{-1.494r})(1.118 - 0.244\theta) \quad (14)$$

$$\beta_2 = \beta_{2C}\beta_{2r}\beta_{2\theta} = (0.012C'_a + 0.971)(0.955 + 0.755e^{-1.491r})(0.981 - 0.105\theta) \quad (15)$$

$$\gamma_2 = \gamma_{2C}\gamma_{2r}\gamma_{2\theta} = (0.036C'_a + 0.895)(0.891 + 2.681e^{-1.775r})(1.086 - 0.311\theta) \quad (16)$$

2.3 实用化计算公式与验证

结合量纲一分析与曲线拟合得到了弯曲河段污染混合区几何特征参数修正系数的一般规律，结合宽阔河段污染混合区几何特征参数的理论计算式（5）～式（7），可得出弯曲河段污染混合区几何特征参数的实用化算法。

弯曲河段凹岸边污染混合区几何特征参数计算公式，最大长度 L_{s1}、最大宽度 b_{s1}、面积 S_1 分别如下：

$$L_{s1} = \alpha_1 L_s = \frac{\alpha_1}{4\pi U E_y}\left(\frac{m}{HC_a}\right)^2 \quad (17)$$

$$b_{s1} = \beta_1 b_s = \beta_1 \sqrt{\frac{2E_y L_s}{eU}} \quad (18)$$

$$S_1 = \gamma_1 S = \gamma_1 \mu L_s b_s \quad (19)$$

弯曲河段凸岸边污染混合区几何特征参数计算公式，最大长度 L_{s2}、最大宽度 b_{s2}、面积 S_2 分别如下：

$$L_{s2} = \alpha_2 L_s = \frac{\alpha_2}{4\pi U E_y}\left(\frac{m}{HC_a}\right)^2 \quad (20)$$

$$b_{s2} = \beta_2 b_s = \beta_2 \sqrt{\frac{2E_y L_s}{eU}} \quad (21)$$

$$S_2 = \gamma_2 S = \gamma_2 \mu L_s b_s \quad (22)$$

为了验证公式的误差是否合理，对模拟得到的数据随机选取10组，分别用上述公式

验证其误差，由于最大宽度和面积与最大长度的数值相差较大，为使比较结果能更加直观地反映在同一图中，将最大宽度的模拟值和实用化公式计算值同时扩大 100 倍，将面积的模拟值和实用化公式计算值同时缩小为原来的 1/5，结果见图 10。

由图 10 可知，数值模拟得到的弯曲河段污染混合区最大长度、最大宽度和面积与实用化公式计算得到值二者非常接近，其值大部分都落在 45°线上，部分略有偏离，但偏离较小。其中模拟值和计算值的误差都在 10% 以内，由此可见，本文修正公式能够很好地用于弯曲河段污染混合区几何特征参数的计算。

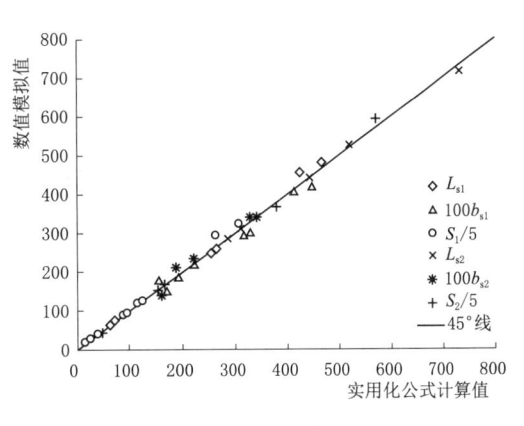

图 10 实用化公式的验证

3 结论

(1) 通过数值模拟实验，分别给出了相对中心半径 r、弯曲角 θ 以及相对允许浓度升高值 C'_a 对定床规则断面弯曲河段凹岸、凸岸污染混合区几何特征参数的影响关系。

(2) 结合量纲一分析与曲线拟合，给出了定床规则断面弯曲宽阔型河段凹岸、凸岸污染混合区几何特征参数在相对允许浓度升高值 $C'_a<10$、弯曲角 $0°<\theta\leqslant90°$、相对中心半径 $r>1$ 条件下的实用化公式。

参考文献

[1] 武周虎，贾洪玉. 河流污染混合区的解析计算方法 [J]. 水科学进展，2009，20 (4)：544-548.
[2] 武周虎，武文，路成刚. 河流混合污染物浓度二维移流扩散方程的解析计算及其简化计算的条件 Ⅰ：顺直宽河流不考虑边界反射 [J]. 水利学报，2009，40 (8)：976-982.
[3] 武周虎，武文，路成刚. 河流混合污染物浓度二维移流扩散方程的解析计算及其简化计算的条件 Ⅱ：顺直河流考虑边界反射 [J]. 水利学报，2009，40 (9)：1070-1076.
[4] 武周虎，任杰，黄真理，等. 河流污染混合区特性计算方法及排污口分类准则Ⅰ：原理与方法 [J] 水利学报，2014，45 (8)：921-929.
[5] 武周虎，任杰，黄真理，等. 河流污染混合区特性计算方法及排污口分类准则Ⅱ：应用与实例 [J] 水利学报，2014，45 (9)：1114-1119.
[6] 陈永灿，申满斌，刘昭伟. 三峡库区城市排污口附近污染混合区的特性 [J]. 清华大学学报（自然科学版），2004，44 (9)：1223-1226.
[7] 武周虎，付莎莎，罗辉，等. 南水北调南四湖输水二维流场数值模拟及应用 [J]. 南水北调与水利科技，2014，12 (3)：17-23.
[8] 付莎莎，武周虎. 南水北调梁济运河段水流及排污混合区的数值模拟 [C]//黄真理，等. 中国环境水力学 2004. 北京：中国水利水电出版社，2004：29-33.
[9] 刘哲，魏文礼，郭永涛，等. 边界拟合坐标网格生成方法研究 [J]. 西安理工大学学报，2004，20 (4)：413-415.
[10] 唐仁杰，胡旭跃，戴玉婷. 弯曲河道的水流研究现状 [J]. 水道港口，2009，30 (2)：108-112.

2-05 水库铅垂岸地形污染混合区的三维解析计算方法*

摘 要：本文从顺直铅垂岸大宽度深水水库水面点源等强度排放物质浓度分布的简化三维解析解出发，在横向和垂向扩散系数不相等的条件下对其污染混合区的三维解析计算方法进行了探讨和理论求解，推导出污染混合区长度、最大宽度与最大深度及相应纵向坐标、面积、体积以及最大允许污染负荷量的理论计算公式，提出了污染混合区外边界等浓度标准曲线和曲面方程，进行了污染混合区理论公式的分析与讨论。结果表明水库铅垂岸地形污染混合区范围与等标污染负荷、流速、边界反射系数以及岸边混合扩散特性等因素有关，其结果可作为铅垂岸水库排污口污染混合区允许范围的计算依据，也可以根据水质目标 C_s 与背景浓度 C_b 之差 C_a 和污染混合区允许长度、宽度或面积计算最大允许污染负荷量。给出了非保守物质污染混合区长度的计算公式和忽略反应降解作用按保守物质处理的条件为降解数 $De \leqslant 0.054$。

关键词：水库；铅垂岸；水污染；混合区；解析方法；污染负荷

水库沿岸地区工业或城镇生活污水经处理达到相应的排放标准后，通过管道或明渠排入水库，在排污口附近水域会形成污染混合区。而水库岸边附近是人们生产生活用水区域，对水质要求较高。因此，对水库岸边污染混合区允许范围的确定，是实施总量控制、确保水环境功能区目标实现的关键。如三峡库区岸边水域污染混合区控制标准确定的原则是在不影响饮用水源区等高功能要求的条件下，单个排污口的污染混合区最大允许范围分别用长度、宽度或面积作为控制指标来计算最大允许污染负荷量，然后进行合理性比较，最后确定单个污染混合区控制长度采用 100m，江段污染混合区控制长度采用江段总长度的 1/30，具体可根据数值求解方法获得[1-2]。针对长江水流几何边界复杂、地形多变、相应模拟河段水深流急等特点，李锦秀等[3]对三峡水库采用整体一维水质数学模拟方法研究了污染物浓度的沿程变化情况，陈永灿等[4]对三峡水库采用二维、三维水质数学模拟方法研究了交汇河段和岸边污染混合区范围，Guymer[5]在洪水漫滩条件下分析了河流中污染物的混合过程。目前，对于水库污染混合区范围和最大允许污染负荷的计算主要是采用水质模型来实现。虽然水质模型具有地形适应性强等特点，但不能直观地给出污染混合区范围和最大允许污染负荷与各参数之间的函数关系，给实际应用带来不便[1-2]。

本文从顺直铅垂岸大宽度深水水库水面点源等强度排放物质浓度分布的简化三维解析解出发，对水库污染混合区的三维解析计算方法进行探讨和理论求解，推导污染混合区长度、最大宽度与最大深度与相应纵向坐标、面积、体积以及最大允许污染负荷量的理论公式，进行污染混合区理论公式及非保守物质计算的分析与讨论。其成果可为铅垂岸水库污染混合区长度、宽度、深度和面积以及最大允许污染负荷量提供简便、快捷的计算公式，

---

* 原文载于《西安理工大学学报》，2009，25（4），作者：武周虎。

也可以对水质模型计算和数据的分析归纳起到理论指导作用。

1 解析计算方法

基于略去纵向扩散项 $E_x \frac{\partial^2 C}{\partial x^2} \left(\ll U \frac{\partial C}{\partial x} \right)$ 的移流扩散简化方程 $U \frac{\partial C}{\partial x} = E_y \frac{\partial^2 C}{\partial y^2} + E_z \frac{\partial^2 C}{\partial z^2}$，在顺直铅垂岸大宽度深水水库水面点源等强度排放条件下物质浓度分布的解析解为[6]

$$C = \frac{\beta m}{4\pi x \sqrt{E_y E_z}} \exp\left(-\frac{Uy^2}{4E_y x} - \frac{Uz^2}{4E_z x}\right) \quad (1)$$

式中：x 为沿水库流向的纵向坐标；y、z 分别为垂直于 x 的横向和铅垂向坐标，坐标原点取在库岸水面排污点；m 为单位时间的排污强度；U 为水库断面平均流速；E_y、E_z 为横向和铅垂向扩散系数；β 为笔者根据污染物的边界反射原理添加的系数，称为边界反射系数。对于棱柱体规则铅垂岸地形，考虑库岸和水面全反射时，$\beta=4$；对于中心排放，则有 $\beta=2$。

污染混合区是从水环境功能区管理的角度出发，针对水库排污产生的污染超标区域提出来的概念，它是指由于排污而引起的水库污染物超标水域的影响范围。根据式（1）污染物断面浓度的正态或半正态分布以及断面浓度最大升高值 C_m 随 x^{-1} 减小的特征，令水库排污引起的允许浓度升高值 C_a 与背景浓度 C_b 叠加等于水环境功能区所执行的浓度标准值 C_s，即 $C_a + C_b = C_s$，则该等浓度曲面所包围区域为污染混合区。由此可以得出，污染混合区与背景浓度有关，它既反映水库排污引起的污染超标范围大小，又反映其污染程度。由式（1）可知，三维污染混合区外边界等浓度曲面方程为

$$C_a = \frac{\beta m}{4\pi x \sqrt{E_y E_z}} \exp\left(-\frac{Uy^2}{4E_y x} - \frac{Uz^2}{4E_z x}\right) \quad (2)$$

定义域为：$x \geqslant 0$，$y \geqslant 0$，$z \geqslant 0$。

在 x 为常数的断面上，由式（2）得到污染混合区外边界等浓度曲线方程为

$$\frac{y^2}{E_y} + \frac{z^2}{E_z} = \frac{4x}{U} \ln\left(\frac{\beta m}{4\pi x \sqrt{E_y E_z} C_a}\right) \quad (3)$$

该污染混合区外边界等浓度曲线为标准椭圆方程对应的第Ⅰ象限弧长段，图1给出了水库岸边排污口下游 $x=100\text{m}$ 处断面上污染混合区范围。图中 b_s 和 d_s 分别表示污染混合区的最大宽度和深度。由图1可看出，按水库水面点源等强度排放的三维移流扩散计算，污染混合区主要位于表层水体，污染物浓度并不能在铅垂线上达到均匀混合。

在 $z=0$ 的水面上，由式（2）得到污

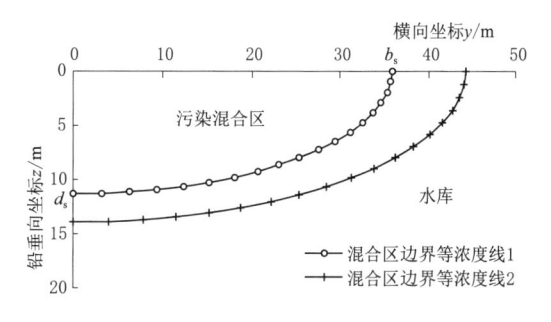

图1 水库岸边排污口下游 $x=100\text{m}$ 处断面上污染混合区范围

染混合区外边界等浓度曲线（宽度）方程为

$$y^2 = \frac{4E_y x}{U} \ln\left(\frac{\beta m}{4\pi x \sqrt{E_y E_z} C_a}\right) \tag{4}$$

在式（4）中，再令 $y=0$ 可以得到污染混合区长度的计算公式为

$$L_s = \frac{\beta m}{4\pi C_a \sqrt{E_y E_z}} \tag{5}$$

式（4）两边对 x 求导，令 $\dfrac{dy}{dx}=0$，可以求得 $z=0$ 的水面上污染混合区最大宽度和相应纵向坐标的计算公式。则污染混合区最大宽度为

$$b_s = \sqrt{\frac{\beta m}{\pi e C_a U \sqrt{\lambda}}} = 2\sqrt{\frac{E_y L_s}{eU}} \tag{6}$$

式中：自然常数 $e=2.7183$，λ 为铅垂向和横向扩散系数之比，即 $\lambda = E_z/E_y$。在 $z=0$ 的水面上污染混合区最大宽度相应纵向坐标为

$$L_c = \frac{L_s}{e} \tag{7}$$

将式（5）、式（6）代入式（4）得到 $z=0$ 的水面上污染混合区外边界等浓度标准曲线方程为

$$\left(\frac{y}{b_s}\right)^2 = -e\frac{x}{L_s}\ln\left(\frac{x}{L_s}\right) \tag{8}$$

或

$$y = b_s \sqrt{-e\frac{x}{L_s}\ln\left(\frac{x}{L_s}\right)} \tag{9}$$

式（9）对 x 在 $[0, L_s]$ 上求定积分，可以求得 $z=0$ 的水面上污染混合区的面积为[7]

$$S = \left(\frac{2}{3}\right)^{\frac{3}{2}} \frac{\sqrt{\pi e}}{2} L_s b_s \approx 0.7953 L_s b_s \tag{10}$$

同理，在 $y=0$ 的铅垂面上，由式（2）得到污染混合区外边界等浓度曲线（深度）方程为

$$z = \sqrt{\frac{4E_z x}{U} \ln\left(\frac{\beta m}{4\pi x \sqrt{E_y E_z} C_a}\right)} \tag{11}$$

在 $y=0$ 的铅垂面上，污染混合区长度和最大深度相应纵向坐标计算公式分别与式（5）和式（7）相同，污染混合区最大深度为

$$d_s = \sqrt{\frac{\beta m \sqrt{\lambda}}{\pi e C_a U}} = \sqrt{\lambda} b_s = 2\sqrt{\frac{E_z L_s}{eU}} \tag{12}$$

图 2 给出了水库岸边污染混合区宽度、深度沿纵向坐标的标准曲线分布。由图 2 可以看出，水库岸边污染混合区宽度、深度沿纵向坐标的标准曲线分布均近似于半椭圆区域，在靠近排污口一端出现钝头，在污染混合区下游边界出现稍尖形状，其面积系数为

0.7953，仅大于半椭圆面积系数 $\pi/4=0.7854$ 的 1.3%。水库岸边污染混合区最大宽度和最大深度均出现在纵向坐标 L_c 等于 $L_s/e \approx 0.368 L_s$ 处，最大深度和最大宽度之比与铅垂向和横向扩散系数比值 λ 的 1/2 次方成正比。

由上述分析不难看出，铅垂岸水库岸边污染混合区的空间形状为扁蛋形，近似椭球体的 1/4。将式（5）、式（6）和式（12）代入式（3），化简整理得到铅垂岸边三维污染混合区外边界等浓度标准曲面方程为

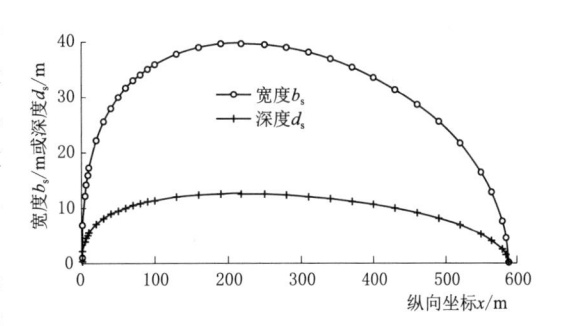

图 2 水库岸边污染混合区宽度、深度沿纵向坐标的标准曲线分布

$$\left(\frac{y}{b_s}\right)^2 + \left(\frac{z}{d_s}\right)^2 = -e\frac{x}{L_s}\ln\left(\frac{x}{L_s}\right) \tag{13}$$

当 x 为常数时，由式（13）可以得到铅垂岸边三维污染混合区的断面形状为标准椭圆的 1/4（见图 1），则铅垂岸边三维污染混合区体积为

$$V = \frac{\pi}{4}b_s d_s \int_0^{L_s} -e\frac{x}{L_s}\ln\left(\frac{x}{L_s}\right)dx \tag{14}$$

进行变量替换，令 $\eta = \frac{x}{L_s}$，则有

$$V = -\frac{\pi e}{4}b_s d_s L_s \int_0^1 \eta \ln(\eta)d\eta \tag{15}$$

由积分表查得 $\int_0^1 \eta \ln(\eta)d\eta = -\frac{1}{4}$，代入式（15）整理得到

$$V = \frac{\pi e}{16}b_s d_s L_s \tag{16}$$

该体积比标准椭球体积仅大 1.9%。该体积等于没有任何边界影响时污染混合区体积的 4 倍，即边界的存在限制了污染物的稀释扩散，受污染水体加大。

2 结果分析与讨论

2.1 结果分析

为了进一步分析水库岸边在 $z=0$ 的水面上污染混合区范围与等标污染负荷、流速、边界反射系数以及岸边混合扩散特性的关系，令等标污染负荷 $P = \frac{m}{C_a} = \frac{qC_0}{C_a}$，式中 q 为排污流量，C_0 为排污浓度，其他符号意义同前。

则由式（5）得出污染混合区长度的计算公式变为

$$L_s = \frac{\beta P}{4\pi\sqrt{E_y E_z}} \tag{17}$$

由式（17）可以看出，污染混合区长度与等标污染负荷和边界反射系数成正比，与横

向和铅垂向扩散系数乘积的 1/2 次方成反比,与流速无关,但扩散系数一般随流速的增大而增大。分析认为虽然流速增大对污染混合区具有拉长作用,但流速增大伴随流量的增加又会加剧对污染物的稀释,使污染混合区缩短,两种作用相互抵消;而横向和铅垂向扩散系数的增大促进污染物在横断面上的扩散,使污染混合区的长度缩小。由式(6)得出在 $z=0$ 的水面上污染混合区最大宽度的计算公式变为

$$b_s = \sqrt{\frac{\beta P}{\pi e U \sqrt{\lambda}}} \tag{18}$$

由式(18)可以看出,污染混合区最大宽度与等标污染负荷和边界反射系数的 1/2 次方成正比,与流速的 1/2 次方以及铅垂向和横向扩散系数之比的 1/4 次方成反比。分析认为流速增大伴随流量的增加会加剧对污染物的稀释,使污染混合区缩窄;铅垂向扩散系数的增大会促进污染物向深度方向扩散,使污染混合区最大宽度减小。由式(10)得出在 $z=0$ 的水面上污染混合区面积的计算公式变为

$$S = \left(\frac{2}{3}\right)^{\frac{3}{2}} \frac{\sqrt{\pi e}}{2} L_s b_s = 0.0217 \frac{1}{E_y \sqrt{U}} \left(\frac{\beta P}{\sqrt{\lambda}}\right)^{\frac{3}{2}} \tag{19}$$

由式(19)可以看出,污染混合区面积与等标污染负荷和边界反射系数的 3/2 次方成正比,与流速的 1/2 次方、横向扩散系数以及铅垂向和横向扩散系数之比的 3/4 次方成反比。分析认为横向和铅垂向扩散系数的增大促进污染物在横断面上的扩散,流速增大伴随流量的增加会加剧对污染物的稀释,污染物扩散范围增大,相应点的浓度减小,使污染混合区的范围缩小。

图 3 给出了铅垂岸水库横向扩散系数 $E_y=0.6 \text{m}^2/\text{s}$ 时,不同铅垂向和横向扩散系数之比时污染混合区长度与等标污染负荷的关系曲线;图 4 和图 5 分别给出了前述条件下 $\lambda=0.1$ 时,不同流速条件下的污染混合区最大宽度和面积与等标污染负荷的关系曲线。

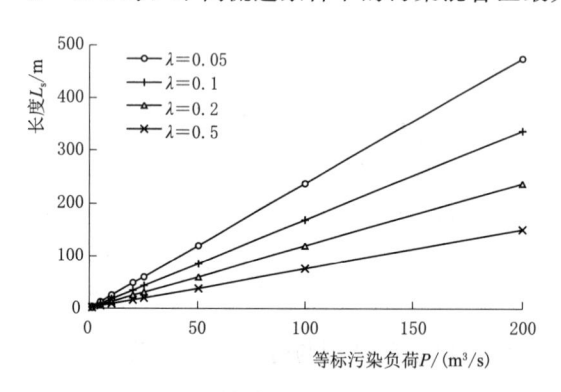

图 3 不同扩散系数之比时污染混合区长度与等标污染负荷的关系

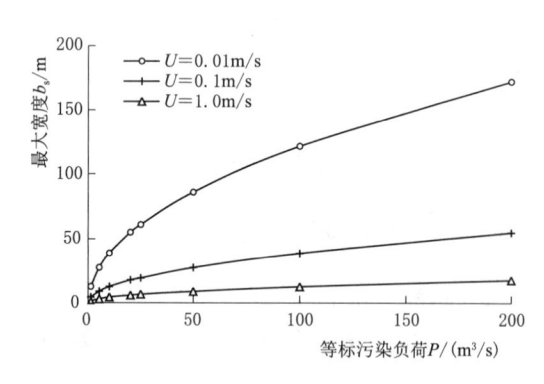

图 4 不同流速时污染混合区最大宽度与等标污染负荷的关系

由式(17)~式(19)以及图 3~图 5 可以看出,从移流扩散方程的简化三维解析解出发得到水库岸边污染混合区长度、最大宽度和面积分别与等标污染负荷 P、$P^{0.5}$、$P^{1.5}$ 成正比的变化规律,与从移流扩散方程的简化二维解析解出发得到岸边污染混合区长度、最大宽度和面积分别与等标污染负荷 P^2、P、P^3 成正比的变化规律[7],具有本质的差

别。分析认为二维解析解在铅垂方向采用深度平均，污染混合区范围只有纵向和横向的扩展变化，所以污染混合区尺度与等标污染负荷的较高次方成正比；而三维解析解反映了污染混合区范围具有纵向、横向和铅垂向的扩展变化，从而影响水库岸边在 $z=0$ 水面上污染混合区尺度发生变化，所以污染混合区尺度与等标污染负荷的较低次方成正比。

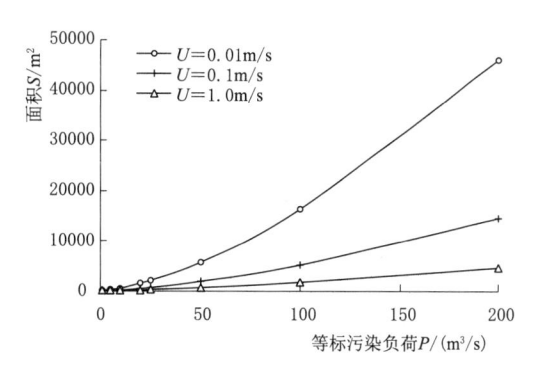

图5 不同流速时污染混合区面积与等标污染负荷的关系

2.2 讨论

文献［1］、［4］采用分层三维有限元模型的计算结果确定的三峡水库绝大部分典型排污口污染混合区范围与本文三维理论求解得到的污染混合区长度、最大宽度和面积的变化规律相同；三峡水库个别（如龙宝河）典型排污口污染混合区范围出现与本文三维和文献［7］二维理论求解得到的污染混合区长度、最大宽度和面积的变化规律分段相同的情况。分析认为对于较小的等标污染负荷，水库岸边污染混合区相对较窄，涉及水深较浅，污染物比较容易达到铅垂向混合均匀，所以这时污染混合区范围出现与文献［7］二维理论求解得到的理论计算公式变化规律相同的情况；对于较大的等标污染负荷，水库岸边污染混合区相对较宽，涉及水深较大，污染物不容易达到铅垂向混合均匀，所以这时污染混合区范围出现与本文三维理论求解得到的理论计算公式变化规律相同的情况。

在本文三维和文献［7］二维理论求解得到的污染混合区范围计算公式中：库水位、流量或糙率的变化都将引起流速以及岸边混合扩散特性的变化。在实际应用中，对于宽阔水库可以根据流速、边界反射系数以及岸边混合扩散特性、污染混合区允许长度、宽度或面积，由式（17）、式（18）或式（19）计算最大等标污染负荷 P，再根据水质目标 C_s 与背景浓度 C_b 之差 C_a 计算最大允许污染负荷量 $G_0 = PC_a (=qC_0)$。

对于水库中心排放污染混合区的解析计算，只需要在上述计算公式中取边界反射系数 $\beta=2$，此时污染混合区最大宽度为 $2b_s$，面积 $S=0.7953L_s(2b_s)$，最大深度为 d_s。在等标污染负荷、流速以及断面混合扩散特性不变的情况下，水库岸边污染混合区的长度、最大宽度、面积、最大深度和体积依次为中心排放污染混合区的2倍、$\sqrt{2}/2$倍、$\sqrt{2}$倍、$\sqrt{2}$倍和2倍。

3 非保守按保守物质处理的条件

非保守物质污染混合区长度 L_{sf} 的计算公式（采用试算法）和近似计算公式分别为

$$L_{sf} = L_s \exp\left(-\frac{KL_{sf}}{U}\right) \tag{20}$$

$$L_{sf} \approx L_s \exp\left(-\frac{KL_s}{U}\right) \tag{21}$$

式中：L_s 为保守物质的污染混合区长度；K 为反应降解系数；U 为平均流速。

在污染混合区内，由于物质输移扩散所经历的时间 T_s 较短，当降解数[8] $De = \dfrac{KL_s}{U} = KT_s \leqslant 0.054$ 时，$0.95L_s \leqslant L_{sf} \leqslant L_s$，可以忽略反应降解作用而按保守物质计算污染混合区范围。在实际应用中，按保守物质处理对环境管理偏于安全，所以在污染混合区的计算中污染物的反应降解作用通常可以忽略不计。

4 结论

以顺直铅垂岸大宽度深水水库水面点源等强度排放物质浓度分布的简化三维解析解为基础，对水库污染混合区的三维解析计算方法进行了探讨和理论求解。

(1) 污染混合区长度、最大宽度、面积和体积分别与等标污染负荷 P、$P^{0.5}$、$P^{1.5}$ 和 P^2 成正比，最大深度与最大宽度成正比，其比例系数为铅垂向与横向扩散系数比值 λ 的 1/2 次方。

(2) 提出了污染混合区外边界等浓度标准曲线方程和曲面方程，给出了污染混合区长度、最大宽度与最大深度及相应纵向坐标、面积以及最大允许污染负荷量的理论计算公式。

(3) 给出了非保守物质污染混合区最大长度的理论计算公式，提出忽略反应降解作用按保守物质处理的条件为降解数 $De \leqslant 0.054$。

参考文献

[1] 黄真理，李玉梁，陈永灿，等. 三峡水库水质预测和环境容量计算 [M]. 北京：中国水利水电出版社，2006.

[2] 廖文根，李锦秀，彭静. 水体纳污能力量化问题探讨 [J]. 中国水利水电科学研究院学报，2003，1 (3)：211-215.

[3] 李锦秀，廖文根，黄真理. 三峡水库整体一维水质数学模拟研究 [J]. 水利学报，2002，33 (12)：7-10.

[4] 陈永灿，刘昭伟，李闯. 三峡库区岸边污染混合区数值模拟与分析 [C]//刘树坤，李嘉，黄真理，等. 中国水力学 2000. 成都：四川大学出版社，2000：501-508.

[5] Guymer L. Solute mixing from river outfalls during over-bank flood conditions: proceeding of the International Symposium on Environmental Hydraulics [C]. Hongkong: University of Hongkong Press，1991.

[6] 赵文谦. 环境水力学 [M]. 成都：成都科技大学出版社，1986.

[7] 武周虎，贾洪玉. 河流污染混合区的解析计算方法 [J]. 水科学进展，2009，20 (4)：544-548.

[8] 武周虎. 明渠移流扩散中无量纲数与相似准则及其应用 [J]. 青岛理工大学学报，2008，29 (5)：17-22.

2-06 水库倾斜岸坡地形污染混合区的三维解析计算方法*

摘　要：本文在恒定时间连续点源条件下，从移流扩散方程的简化三维解析解出发，对水库倾斜岸坡地形污染混合区的三维解析计算方法进行了探讨和理论求解，推导了污染混合区长度、最大宽度、最大深度、相应纵向坐标和面积以及最大允许污染负荷量的解析计算公式，进行了污染混合区解析计算公式的分析与讨论。结果表明，水库倾斜岸坡地形污染混合区解析计算公式与等标污染负荷、流速、角域映射系数以及岸边混合扩散特性等因素有关，可以作为水库排污口污染混合区允许范围的计算依据，也可以根据水质目标浓度与背景浓度之差，以及污染混合区允许长度或面积或宽度计算最大允许污染负荷量。给出了非保守物质污染混合区长度的计算公式和忽略反应降解作用按保守物质处理的条件：降解数 $De \leqslant 0.054$。

关键词：水库；倾斜岸坡；水污染；混合区；污染负荷；解析方法

水库沿岸地区工业或城镇生活污水经处理达到相应的排放标准（一般高于水环境功能区标准）后，通过管道或明渠排入水库，在排污口附近水域会形成污染混合区。而水库岸边附近是人们对水质要求较高的生产生活用水区域，因此，对水库岸边污染混合区允许范围的确定，是实施总量控制、确保功能目标实现的关键所在。三峡库区岸边水域污染混合区控制标准的确定原则，是在不影响饮用水源区等高功能区的功能条件下，单个排污口的污染混合区最大允许范围分别用长度、宽度或面积作为控制指标来计算最大允许污染负荷量，然后进行合理性比较，最后确定出单个污染混合区控制长度为100m，江段污染混合区控制长度为江段总长度的1/30，具体数据可根据二维模型的计算结果确定[1-2]。针对长江水流几何边界复杂、地形多变、相应模拟河段水深流急等特点，可根据分层三维有限元模型的计算结果确定污染混合区范围[3]。目前，对于水库污染混合区范围和最大允许污染负荷的计算主要是采用水质模型来实现，虽然水质模型具有地形适应性强等特点，但不能直观地给出污染混合区范围和最大允许污染负荷与各参数之间的函数关系，给实际应用带来不便[1-3]。

本文在恒定时间连续点源条件下，从移流扩散方程的简化三维解析解出发，对水库倾斜岸坡地形污染混合区的三维解析计算方法进行探讨和理论求解，推导污染混合区长度、最大宽度与最大深度及其相应纵向坐标、面积以及最大允许污染负荷量的解析计算公式，进行污染混合区解析计算公式及非保守物质计算的分析与讨论。其结果可为水库岸边污染混合区长度、宽度、深度、面积以及最大允许污染负荷量提供简便、快捷的理论计算公式，也可以对水质模型计算和数据的分析归纳起到理论指导作用。

---

* 原文载于《科技导报》，2008，26（18），作者：武周虎。

二、河流、水库污染混合区理论与计算方法

1 解析计算方法

基于略去纵向扩散项 $E_x \frac{\partial^2 C}{\partial x^2}\left(\ll U \frac{\partial C}{\partial x}\right)$ 的移流扩散简化方程 $U \frac{\partial C}{\partial x} = E_y \frac{\partial^2 C}{\partial y^2} + E_z \frac{\partial^2 C}{\partial z^2}$，对于横向和铅垂向扩散系数 $E_x = E_y = E$ 的情况，在恒定时间连续点源条件下的解析解为[4]

$$C = \frac{\beta m}{4\pi E x} \exp\left[-\frac{U(y^2+z^2)}{4Ex}\right] = \frac{\beta m}{4\pi E x} \exp\left(-\frac{Ur^2}{4Ex}\right) \tag{1}$$

式中：x 为沿水库流向的纵向坐标；y、z 为垂直于 x 的横向和垂向坐标，坐标原点取在库岸水面排污点；其中在 yOz 平面的矢径为 $r = \sqrt{y^2+z^2}$，极角为 φ；m 为单位时间的排污强度；U 为水库断面平均流速；β 为角域映射系数，在不计边界吸收和水面释放作用的条件下取决于岸坡倾角、地形等特征。

由式（1）可以得到 $\frac{\partial C}{\partial \varphi} = 0$，即在 $x = $ 常数的水库横断面全域上，各向同性扩散的污染物等浓度线为圆，污染物只在径向上扩散，水面和倾斜岸坡（法向）均满足浓度梯度和扩散通量为零的物面条件。因此，对于棱柱体规则倾斜岸坡地形，当岸坡线与水平线之间的夹角为 θ，在角形域与全域原点等排放强度条件下扩散时，角域映射系数为 $\beta = 360°/\theta$；对中心排放，$\beta = 2$。

污染混合区是从水环境功能区管理的角度出发，针对水库排污产生的污染超标区域提出来的概念，它是指由于排污而引起水库污染物超标水域的范围。根据式（1）污染物断面浓度的正态或半正态分布以及断面浓度最大升高值 C_m 随 x^{-1} 减小的特征，令水库排污引起的允许浓度升高值 C_a 与背景浓度 C_b 叠加等于水环境功能区所执行的浓度标准值 C_s，即 $C_a + C_b = C_s$，则该等浓度曲面所包围区域为污染混合区。由此可以得出，污染混合区与背景浓度有关，它既反映水库排污引起的污染超标范围大小，又反映其污染程度。由式（1）可知，污染混合区外边界等浓度曲面方程为

$$C_a = \frac{\beta m}{4\pi E x} \exp\left(-\frac{Ur^2}{4Ex}\right) \tag{2}$$

定义域为：$x \geq 0$，$y \geq 0$，$\tan(\theta)y \geq z \geq 0$，或 $x \geq 0$，$r \geq 0$，$\theta \geq \varphi \geq 0°$。

在 $x = $ 常数的断面上，由式（2）得到污染混合区外边界等浓度曲线方程为

$$r^2 = \frac{4Ex}{U} \ln\left(\frac{\beta m}{4\pi E C_a x}\right) \tag{3}$$

该扇形污染混合区外边界等浓度曲线为圆方程式（3）的中心角 θ 对应的弧长段。图1给出了水库岸边排污口下游 $x = 100$m 断面上的污染混合区范围，b_s 和 d_s 分别表示污染混合区的最大宽度和深度。

由图1可以看出，按恒定时间连续点源的三维移流扩散计算，污染混合区随水深的增加而出现在表层水体中，污染物浓度并不能在垂线上达到均匀混合。在实际应用中，当岸

边排污强度较大时，污染混合区范围较大，涉及水库的深水区，应选用三维移流扩散的解析解计算；当岸边排污强度较小时，污染混合区范围较小只是在岸边浅水区，污染物浓度在垂线上基本达到均匀混合，可选用二维移流扩散的解析解计算[5]。

在 $z=0$ 的水面上，由式（3）得到污染混合区外边界等浓度曲线（宽度）方程为

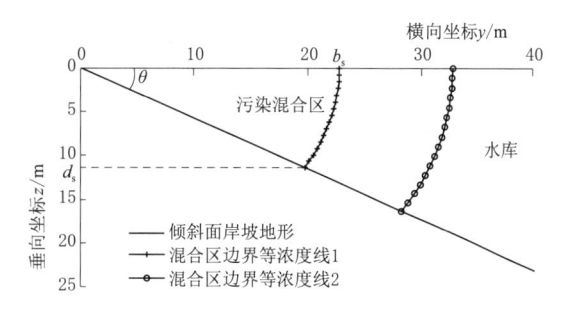

图 1 水库岸边排污口下游 $x=100\mathrm{m}$ 断面的污染混合区范围

$$y=\sqrt{\frac{4Ex}{U}\ln\left(\frac{\beta m}{4\pi EC_{\mathrm{a}}x}\right)} \tag{4}$$

在式（4）中，再令 $y=0$，可以得到污染混合区长度的计算公式为

$$L_{\mathrm{s}}=\frac{\beta m}{4\pi EC_{\mathrm{a}}} \tag{5}$$

式（4）两边对 x 求导，令 $\dfrac{\mathrm{d}y}{\mathrm{d}x}=0$，可以求得 $z=0$ 的水面上污染混合区最大宽度和相应纵向坐标的计算公式。则污染混合区最大宽度为

$$b_{\mathrm{s}}=\sqrt{\frac{\beta m}{\pi\mathrm{e}C_{\mathrm{a}}U}}=\sqrt{\frac{4EL_{\mathrm{s}}}{\mathrm{e}U}} \tag{6}$$

式中：自然常数 $\mathrm{e}=2.7183$。在 $z=0$ 的水面上污染混合区最大宽度相应纵向坐标为

$$L_{\mathrm{c}}=\frac{L_{\mathrm{s}}}{\mathrm{e}} \tag{7}$$

对式（4）在 $x[0,L_{\mathrm{s}}]$ 上求定积分，可以求得 $z=0$ 的水面上污染混合区面积的计算公式。考虑关系式（5）和式（6），推导如下：

$$S=\int_{0}^{L_{\mathrm{s}}}\sqrt{\frac{4Ex}{U}\ln\left(\frac{\beta m}{4\pi EC_{\mathrm{a}}x}\right)}\mathrm{d}x=\sqrt{\mathrm{e}}L_{\mathrm{s}}b_{\mathrm{s}}\int_{0}^{L_{\mathrm{s}}}\sqrt{\frac{x}{L_{\mathrm{s}}}\ln\left(\frac{L_{\mathrm{s}}}{x}\right)}\mathrm{d}\left(\frac{x}{L_{\mathrm{s}}}\right) \tag{8}$$

进行变量替换，令 $\dfrac{x}{L_{\mathrm{s}}}=\zeta$，进而再令 $\eta=\zeta^{1.5}$，则有

$$S=\sqrt{\mathrm{e}}L_{\mathrm{s}}b_{\mathrm{s}}\int_{0}^{1}\sqrt{\zeta\ln(\zeta^{-1})}\mathrm{d}\zeta=\left(\frac{2}{3}\right)^{\frac{3}{2}}\sqrt{\mathrm{e}}L_{\mathrm{s}}b_{\mathrm{s}}\int_{0}^{1}\sqrt{\ln(\eta^{-1})}\mathrm{d}\eta \tag{9}$$

由积分表查得 $\int_{0}^{1}\sqrt{\ln(\eta^{-1})}\mathrm{d}\eta=\dfrac{\sqrt{\pi}}{2}$，代入式（9）得到类似于椭圆面积的计算公式

$$S=\left(\frac{2}{3}\right)^{\frac{3}{2}}\frac{\sqrt{\pi\mathrm{e}}}{2}L_{\mathrm{s}}b_{\mathrm{s}}=0.7953L_{\mathrm{s}}b_{\mathrm{s}} \tag{10}$$

同理，在 $z=\tan(\theta)y$ 的倾斜岸坡上，由式（3）、式（4）得到污染混合区外边界等浓度曲线（深度）方程为

$$z=\sin(\theta)\sqrt{\frac{4Ex}{U}\ln\left(\frac{\beta m}{4\pi EC_{\mathrm{a}}x}\right)}=\sin(\theta)y \tag{11}$$

二、河流、水库污染混合区理论与计算方法

在 $z = \tan(\theta)y$ 的倾斜岸坡上,污染混合区长度和最大宽度相应纵向坐标计算公式分别与式(5)和式(7)相同,污染混合区最大深度为

$$d_s = \sin(\theta)\sqrt{\frac{\beta m}{\pi e C_a U}} = \sin(\theta) b_s \tag{12}$$

图 2 给出了水库岸边污染混合区宽度、深度沿纵向坐标的分布。由图 2 可以看出,水库岸边污染混合区宽度、深度沿纵向坐标的分布均近似于半椭圆区域,只是在靠近排污口一端出现钝头,水库下游方向出现稍尖形状,而水库岸边污染混合区最大宽度和最大深度均出现在纵向坐标 $L_c = L_s/e \approx 0.368 L_s$ 处。

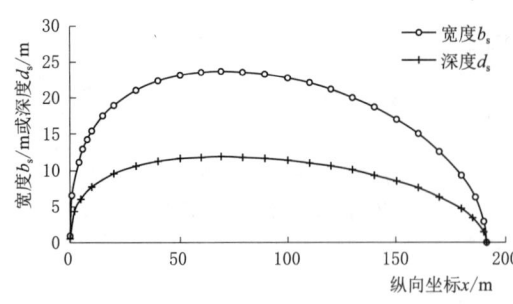

图 2 水库岸边污染混合区宽度、深度沿纵向坐标的分布

2 结果分析与讨论

2.1 结果分析

为了进一步分析水库岸边在 $z=0$ 的水面上污染混合区解析计算公式与等标污染负荷、流速、角域映射系数以及岸边混合扩散特性的关系,令等标污染负荷 $P = \dfrac{m}{C_a} = \dfrac{qC_0}{C_a}$,式中 q 为排污流量,C_0 为排污浓度,其他符号同前。则由式(5)得出污染混合区长度的计算公式为

$$L_s = \frac{\beta P}{4\pi E} \tag{13}$$

由式(13)可以看出,污染混合区长度与等标污染负荷和角域映射系数成正比,与扩散系数的一次方成反比,与流速无关,但扩散系数一般随流速的增大而增大。分析认为,虽然流速增大对污染混合区具有拉长作用,但流速增大伴随流量的增加又会加剧对污染物的稀释,使污染混合区缩短,两种作用相互抵消;而扩散系数的增大促进污染物在横断面上的扩散,使污染混合区的长度缩小。由式(6)得出在 $z=0$ 的水面上污染混合区最大宽度的计算公式为

$$b_s = \sqrt{\frac{\beta P}{\pi e U}} \tag{14}$$

由式(14)可以看出,污染混合区最大宽度与等标污染负荷和角域映射系数的 1/2 次方成正比,与流速的 1/2 次方成反比。分析认为,流速增大伴随流量的增加会加剧对污染物的稀释,使污染混合区缩窄。由式(10)得出,在 $z=0$ 的水面上污染混合区面积的计算公式为

$$S = \left(\frac{2}{3}\right)^{\frac{3}{2}} \frac{\sqrt{\pi e}}{2} L_s b_s = 0.02166 \frac{(\beta P)^{1.5}}{E U^{0.5}} \tag{15}$$

由式(15)可以看出,污染混合区面积与等标污染负荷和角域映射系数的 3/2 次方成正

比，与横向扩散、流速的1/2次方成反比。分析认为，扩散系数的增大促进污染物在横断面上的扩散，流速增大伴随流量的增加会加剧对污染物的稀释，污染物扩散范围增大，相应点的浓度减小，使污染混合区的范围缩小。

图3给出了水库岸坡倾角$\theta=30°$时，不同扩散系数下污染混合区长度与等标污染负荷的关系曲线；图4和图5分别给出了前述岸坡倾角下，不同流速时污染混合区最大宽度和面积与等标污染负荷的关系曲线。

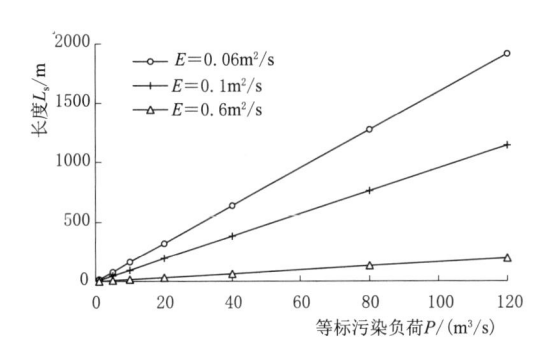

图3 不同扩散系数时污染混合区长度与等标污染负荷的关系

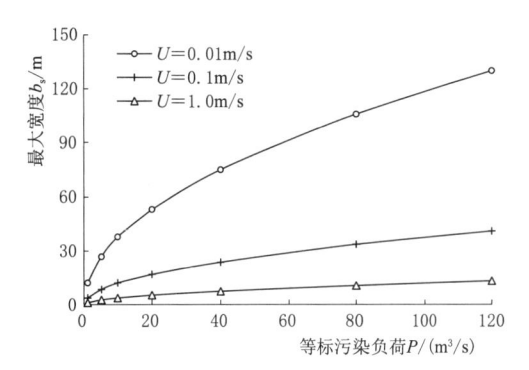

图4 不同流速时污染混合区最大宽度与等标污染负荷的关系

由式（13）～式（15）和图3～图5可以看出，从移流扩散方程的简化三维解析解出发得到水库岸边污染混合区长度、最大宽度和面积的解析计算公式分别与等标污染负荷P、$P^{0.5}$、$P^{1.5}$成正比的变化规律，与从移流扩散方程的简化二维解析解出发得到岸边污染混合区长度、最大宽度和面积的解析计算公式分别与等标污染负荷P^2、P、P^3成正比的变化规律[5]，具有本质的差别。分析认为二维解析解在铅垂方向采用深度平均，只有纵向和横向污染混合区范围的扩展变化，所以污染混合区尺度与等标污染负荷的较高次方成正比；而三维解析解存在纵向、横向和铅垂向污染混合区范围的扩展变化，从而影响水库岸边在$z=0$的水面上污染混合区尺度发生变化，所以污染混合区尺度与等标污染负荷的较低次方成正比。

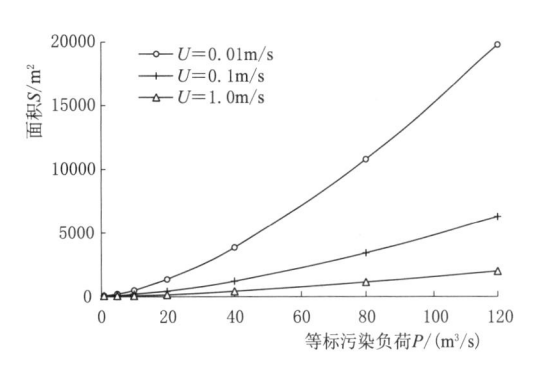

图5 当$E=0.6m^2/s$不同流速时污染混合区面积与等标污染负荷的关系

2.2 讨论

文献[1]采用分层三维有限元模型的计算结果确定的三峡水库绝大部分典型排污口污染混合区范围与本文三维理论求解得到的污染混合区长度、最大宽度和面积的解析计算公式变化规律相同；三峡水库个别（如龙宝河）典型排污口污染混合区范围出现与本文三维和文献[5]二维理论求解得到的污染混合区长度、最大宽度和面积的解析计算公式变化规律分段相同的情况。分析认为，对于较小的等标污染负荷，水库岸边污染混合区相对较窄，涉及水深较浅，污染物比较容易达到铅垂向混合均匀，所以这时污染混合区范围出现与文献［5］二维理论求解得到的解析计算公式变化规律相同的情况；对于较大的等标污染负荷，水库岸边污染混合区相对较宽，涉及水深较大，污染物不容易达到铅垂向混合均匀，所以这时污染混合区范围出现与本文三维理论求解得到的解析计算公式变化规律相同的情况。

需要说明的是在本文三维和文献［5］二维理论求解得到的污染混合区范围的解析计算公式应用中，库水位或流量或糙率的变化都将引起流速、角域映射系数以及岸边混合扩散特性的变化。在实际应用中，对于宽阔水库可以根据流速、角域映射系数以及岸边混合扩散特性、污染混合区允许长度或面积或宽度，由式（13）或式（14）或式（15）计算最大等标污染负荷 P，再根据水质目标 C_s 与背景浓度 C_b 之差 C_a 计算最大允许污染负荷量 $G_0 = PC_a (= qC_0)$，式中 q 为排污流量，C_0 为排污浓度，其他符号同前。

对于水库中心排放污染混合区的解析计算，只需要在上述计算公式中令 $\theta = 180°$，即角域映射系数 $\beta = 2$，此时污染混合区最大宽度为 $2b_s$，最大深度出现在 $y=0$ 的铅垂面上，即在式（11）、式（12）中取 $\sin(\theta/2)=1$。若水库的岸坡倾角为 θ，在等标污染负荷、流速以及断面混合扩散特性不变的情况下，水库岸边污染混合区的长度、最大宽度、最大深度和面积依次为中心排放污染混合区的 $180°/\theta$、$0.5(180°/\theta)^{0.5}$、$\sin(\theta)(180°/\theta)^{0.5}$ 和 $0.5(180°/\theta)^{1.5}$ 倍。当 $\theta = 45°$，即边坡系数约为 1:1，水库岸边污染混合区的长度、最大宽度、最大深度和面积依次为中心排放污染混合区的 4 倍、1 倍、$\sqrt{2}$ 倍和 4 倍。

3 非保守按保守物质处理的条件

非保守物质污染混合区长度 L_{sf} 的计算公式（采用试算法）和近似计算公式分别为

$$L_{sf} = L_s \exp\left(-\frac{KL_{sf}}{U}\right) \tag{16}$$

$$L_{sf} \approx L_s \exp\left(-\frac{KL_s}{U}\right) \tag{17}$$

式中：L_s 为保守物质的污染混合区长度；K 为反应降解系数；U 为平均流速。在污染混合区由于物质输移扩散所经历的时间 T_s 较短，当降解数 $De = \frac{KL_s}{U} = KT_s \leqslant 0.054$ 时，$0.95L_s \leqslant L_{sf} \leqslant L_s$，可以忽略反应降解作用，按保守物质计算污染混合区范围。在实际应用中，按保守物质处理对环境管理偏于安全，所以在污染混合区的计算中污染物的反应降解作用通常可以忽略不计。

4 结论

（1）对水库倾斜岸坡地形污染混合区的三维解析计算方法进行了探讨和理论求解，给出了污染混合区长度、最大宽度与最大深度及其相应纵向坐标、面积以及最大允许污染负荷量的解析计算公式。

（2）水库倾斜岸坡地形污染混合区解析计算公式与等标污染负荷、流速、角域映射系数以及岸边混合扩散特性变化规律存在一定关系，可以作为水库排污口污染混合区允许范围或最大允许污染负荷量的计算依据。

（3）给出了非保守物质污染混合区最大长度的理论计算公式，提出忽略反应降解作用按保守物质处理的条件为降解数 $De \leqslant 0.054$。

（4）解析计算方法比采用分层三维有限元模型进行污染混合区的计算更加快捷灵活、方便实用。

参考文献

[1] 黄真理，李玉梁，陈永灿，等. 三峡水库水质预测和环境容量计算 [M]. 北京：中国水利水电出版社，2006.
[2] 廖文根，李锦秀，彭静. 水体纳污能力量化问题探讨 [J]. 中国水利水电科学研究院学报，2003，1（3）：211-215.
[3] 陈永灿，刘昭伟，李闯. 三峡库区岸边污染混合区数值模拟与分析 [C]//刘树坤，李嘉，黄真理. 中国水力学2000. 成都：四川大学出版社，2000：501-508.
[4] 赵文谦. 环境水力学 [M]. 成都：成都科技大学出版社，1986.
[5] 武周虎，贾洪玉. 河流污染混合区的解析计算方法及算例分析 [J]. 水科学进展，2009，20（4）：544-548.

2-07 倾斜岸坡深度平均浓度分布及污染混合区解析计算[*]

摘　要：倾斜岸坡深度平均理论对其水质模型的构建、验证和参数率定具有十分重要的指导作用。本文在等强度连续点源岸边排放条件下，对倾斜岸坡深度平均浓度分布及污染混合区的几何特征参数进行了理论求解和曲线拟合。分别给出了深度平均浓度分布方程、深度平均污染混合区最大长度、最大宽度和相应纵向坐标、面积和面积系数的计算公式以及外边界标准曲线方程。分析表明，倾斜岸坡水体中污染物扩散宽度远大于扩散深度，对同一岸坡角的深度平均污染混合区形状具有相似性。提出了岸坡倾角分区的简化条件和相应污染混合区几何特征参数的计算公式，可为倾斜岸坡河流和水库深度平均浓度分布、污染混合区几何尺度和控制排污量的计算，提供科学依据。

关键词：倾斜岸坡；深度平均；浓度分布；污染混合区；解析计算；倾角分区；简化条件

　　河流和水库大多是倾斜岸坡地形，人类工业生产或城镇生活产生的废/污水经处理达到相应的排放标准后，通过明渠或管道排入到附近的河流或水库中。当岸边排放的污水进入受纳水体后，污水在水面与倾斜岸坡形成的角形域中移流扩散形成三维浓度分布和污染混合区特征。

　　目前，有学者采用移流扩散理论给出了该类问题的三维求解，Holley et al.[1] 首先研究了梯形渠道中污染物岸边排放，并给出横断面水深的变化对浓度分布的影响；刘昭伟等[2] 定性分析了边坡倾角对梯形渠道中各向同性扩散浓度分布影响，并通过合理的假设建立了梯形渠道岸边排污浓度分布的计算公式。武周虎等[3-5] 分别给出了水库倾斜/铅垂岸坡地形各向同性扩散污染物浓度分布和污染混合区特征参数的理论解以及污染混合区外边界标准曲面（曲线）的统一方程式；也获得了水库倾斜/铅垂岸坡地形各向同性移流扩散方程的简化分类条件和污染混合区的计算方法[6-7]；并采用镜像反射原理，结合解析和实验方法，分别给出了倾斜岸河库横向与垂向扩散系数不相等情况下角形域顶点排污浓度分布的理论解和实验研究成果[8-10]。但对于倾斜岸坡河流和水库排污混合区的环境监测、水质评价和管理工作而言，通常还需要知道相应区域的深度平均浓度分布及污染混合区范围。美国爱达荷州环境质量局[11] 给出了平面二维污染混合区的应用规则、审批程序、监管以及用于污染混合区确定的水质模型。黄真理等[12] 在中国三峡水库长河段水文水质同步观测研究中，对典型排污口污染带的观测数据，即采用深度平均的二维浓度场分布结果进行分析研究；刘昭伟等[13] 针对三峡水库岸边污水排放的特点，讨论了考虑水深变化的深度平均二维模型和不同分层三维模型在模拟三峡库区岸边排污问题中的优势和不足；余利仁等[14] 建立了水环境中紊动污染场深度平均二方程数值模拟新模式；李嘉等[15] 建立

---

[*] 原文载于《水利学报》，2015，46 (10)，作者：武周虎。

了天然河道岸边排放浓度场模拟的深度平均模型。在这些深度平均模型的验证方面,由于缺乏解析理论成果,只能借助于矩形渠槽岸边排放实验或宽浅型河流岸边排放有限的实测浓度场资料对水质模型进行验证和参数率定,尚缺乏对深度平均水质模型全面系统的浓度场分布、污染混合区特征和变化规律的验证以及理论指导。

本文在等强度连续点源岸边排放条件下,从简化三维移流扩散方程的解析解出发,通过积分运算与数学推证,提出不同岸坡倾角深度平均浓度分布及污染混合区特征参数的计算方法、简化条件和污染混合区外边界等浓度曲线的标准方程,对倾斜岸坡深度平均水质模型的构建、验证和参数率定,具有十分重要的指导作用。

1 深度平均浓度分布

1.1 深度平均浓度分布公式推导

环境水力学作为一门应用性的分支学科,对河流/水库复杂的断面流速分布和横向与垂向付流等涡旋运动,首先是采用断面平均流速作随流输移的简化处理,其次是将由其余的偏差流速分布等引起的污染物分散与混合作用,以纵向离散或横向和垂向混合(系数)项来考虑。在河流和河道型水库条件下,沿主流流向 x 的断面平均纵向流速以 U 表示;由于在横断面边界上的法向流速均为零,因此在河宽 y 和水深 z 方向上均不存在流量,则有断面平均横向流速 $V=0$ 和垂向流速 $W=0$。在文献 [16-18],对污染物在水体内主要迁移方式的简化计算如下:一是污染物随断面平均纵向流速的流动一起而移动至新的位置,称为随流输移;二是由断面纵向流速分布与断面平均纵向流速之差(即:偏差流速分布)引起的污染物分散现象,以纵向离散项来反映,用纵向离散系数 E_x 来表示(以下称为纵向扩散系数);三是受水体紊动、弯道与边壁不规则和横向、垂向付流等复杂涡旋作用的影响,污染物在横向和垂向的扩散与混合运动,分别以横向和垂向混合项来反映,用横向和垂向混合系数 E_y 和 E_z 来表示(以下称为横向和垂向扩散系数)。

在稳态条件下,不难看出断面平均横向和垂向流速引起的输移项为零,其污染物在横向和垂向的分散作用均包含在相应的扩散与混合系数中[19-20]。对横向和垂向扩散系数相等 $E_y=E_z=E$ 的情况,等强度连续点源的三维移流扩散方程为

$$U\frac{\partial C}{\partial x}=E_x\frac{\partial^2 C}{\partial x^2}+E\frac{\partial^2 C}{\partial y^2}+E\frac{\partial^2 C}{\partial z^2} \tag{1}$$

余常昭[18] 给出对于排污口远区的计算,一般可以满足 $x\gg\dfrac{2E_x}{U}$,则在式 (1) 中的随流输移项远大于纵向扩散项,即 $U\dfrac{\partial C}{\partial x}\gg E_x\dfrac{\partial^2 C}{\partial x^2}$,相对于前者随流输移项来说,后者的纵向扩散项可以忽略不计;武周虎[6] 给出的定量判别条件为:当 $Pe_x=\dfrac{\beta mU}{4\pi E_x EC_a}\geqslant 60$ 时,后者的纵向扩散项可以忽略不计。因此,在稳态条件下,略去纵向扩散项的简化三维移流扩散方程为

$$U\frac{\partial C}{\partial x}=E\left(\frac{\partial^2 C}{\partial y^2}+\frac{\partial^2 C}{\partial z^2}\right) \tag{2}$$

二、河流、水库污染混合区理论与计算方法

在等强度连续点源岸边排放条件下，式 (2) 的解析解为[3]

$$C=\frac{\beta m}{4\pi Ex}\exp\left[-\frac{U(y^2+z^2)}{4Ex}\right] \tag{3}$$

式中：x 为沿河流/水库流向的纵向坐标；y、z 为垂直于 x 的横向（侧向）和垂向（水深）坐标，坐标原点取在岸边水面排污点；m 为单位时间的排污强度；C 为排污引起的污染物浓度升高值；U 为断面平均流速；β 为角域映射系数，其中：$\beta=360°/\theta$，θ 为岸坡倾角，$\theta\in[0°, 90°]$。

在倾斜岸坡水体中横向坐标 y 处的水深 $h=\tan(\theta)y$，对式（3）中垂向坐标 z 在 $[0, h]$ 上求定积分，给出深度平均浓度分布的积分形式为

$$\overline{C}=\frac{1}{h}\frac{\beta m}{4\pi Ex}\exp\left(-\frac{Uy^2}{4Ex}\right)\int_0^h \exp\left(-\frac{Uz^2}{4Ex}\right)\mathrm{d}z \tag{4}$$

进行变量替换，令 $\eta=z\sqrt{\dfrac{U}{4Ex}}$，则有 $\mathrm{d}\eta=\mathrm{d}z\sqrt{\dfrac{U}{4Ex}}$。当 $z=0$ 时，$\eta=0$；当 $z=h$ 时，$\eta=h\sqrt{\dfrac{U}{4Ex}}$。代入式（4）并注意到 $\dfrac{2}{\sqrt{\pi}}\int_0^z \exp(-\eta^2)\mathrm{d}\eta=\mathrm{erf}(z)$ 称为误差函数，整理得到

$$\overline{C}=\frac{\beta}{4h}\frac{m}{\sqrt{\pi EUx}}\exp\left(-\frac{Uy^2}{4Ex}\right)\mathrm{erf}\left(\sqrt{\frac{U}{4Ex}}h\right) \tag{5}$$

将角域映射系数和水深的表达式代入式（5），整理得到深度平均浓度分布方程为

$$\overline{C}=\frac{\sqrt{\pi}}{2\theta\tan(\theta)y}\frac{m}{\sqrt{EUx}}\exp\left(-\frac{Uy^2}{4Ex}\right)\mathrm{erf}\left[\sqrt{\frac{U}{4Ex}}\tan(\theta)y\right] \tag{6}$$

由式（6）看出，在给定排污强度、平均流速和扩散系数的前提下，倾斜岸坡深度平均浓度分布是岸坡倾角、横向和垂向坐标的函数，即 $\overline{C}=\overline{C}(\theta,x,y)$。

1.2 深度平均浓度分布特征分析

在排污强度 $m=100\mathrm{g/s}$，平均流速 $U=0.3\mathrm{m/s}$，扩散系数 $E=0.1\mathrm{m}^2/\mathrm{s}$，岸坡倾角 $\theta=45°$（角域映射系数 $\beta=8$）时，由式（6）计算深度平均二维浓度并绘制等浓度线分布，见图1；由式（3）和式（6）计算纵向坐标 $x=5\mathrm{m}$ 处断面上，横向坐标分别为 $y=2\mathrm{m}$ 和 $y=4\mathrm{m}$ 垂线上的浓度分布和深度平均浓度，见图2。

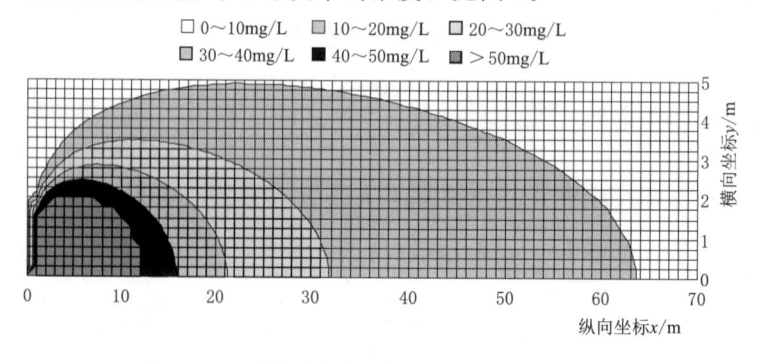

图1 $\theta=45°$岸坡深度平均浓度与等浓度线分布

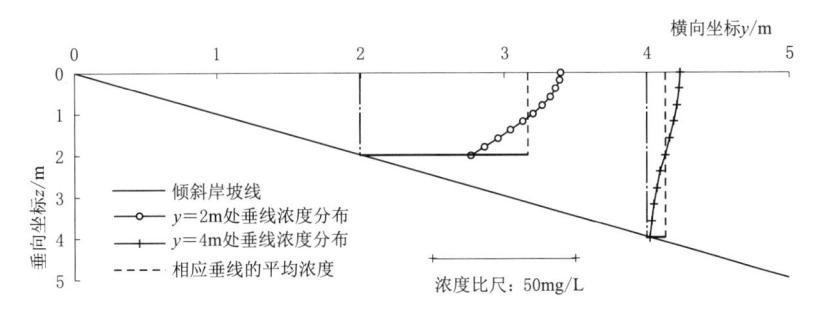

图 2　$\theta=45°$岸坡垂线浓度分布及相应平均浓度

由图 1 看出，在倾斜岸坡水体中深度平均浓度与等浓度线分布，表现为随距离排污口纵向和横向坐标增加的浓度下降趋势；由于水流运动的迁移作用，污染物沿纵向的移流扩散距离较远，在横向的扩散浓度下降较快，浓度影响宽度较窄，其等浓度线呈现为带状区域。由等浓度线间隔的疏密程度来看，排污口附近的高浓度范围较小，随距离排污口纵向和横向坐标增加，浓度分布梯度减小，浓度下降逐渐减缓，低浓度范围扩大。由图 2 看出，在倾斜岸坡水体中浓度分布随水深增加单调减小，呈现为 $z=0$ 水面上最大，$z=\tan(\theta)y$ 倾斜岸坡上最小；当 $y=2\mathrm{m}$ 和 $y=4\mathrm{m}$ 时，深度平均浓度分别为 58.10mg/L 和 6.42mg/L，距离排放岸越远，浓度越小。

由式（3）计算水面上最大浓度、倾斜岸坡上最小浓度与由式（6）计算相应位置的深度平均浓度之比分别为

$$\frac{C_{\max}}{\overline{C}}=\tan(\theta)y\sqrt{\frac{U}{\pi Ex}}\,\mathrm{erf}^{-1}\left[\sqrt{\frac{U}{4Ex}}\tan(\theta)y\right] \tag{7}$$

$$\frac{C_{\min}}{\overline{C}}=\tan(\theta)y\sqrt{\frac{U}{\pi Ex}}\,\mathrm{erf}^{-1}\left[\sqrt{\frac{U}{4Ex}}\tan(\theta)y\right]\exp\left(-\frac{Uy^2\tan^2(\theta)}{4Ex}\right) \tag{8}$$

由式（8）除式（7）计算倾斜岸坡上最小浓度与水面上最大浓度之比为

$$\frac{C_{\min}}{C_{\max}}=\exp\left(-\frac{Uy^2\tan^2(\theta)}{4Ex}\right) \tag{9}$$

令式（3）等于式（6），可求得垂线上浓度与深度平均浓度相等点的水深 h_c 为

$$h_c=\sqrt{-\frac{4Ex}{U}\ln\left\{\frac{1}{\tan(\theta)y}\sqrt{\frac{\pi Ex}{U}}\,\mathrm{erf}\left[\sqrt{\frac{U}{4Ex}}\tan(\theta)y\right]\right\}} \tag{10}$$

由式（7）～式（9）分别计算 $\theta=45°$ 岸坡水体中，纵向坐标 $x=20\mathrm{m}$ 处断面上各特征浓度的比值，见图 3；由式（10）计算相应条件下，浓度与深度平均浓度相等点的水深线绘于图 4。

由图 3 看出，在纵向坐标 x 断面位置不变的情况下，最大浓度与深度平均浓度之比随横向坐标的增加而增大，最小浓度与平均浓度之比和最小浓度与最大浓度之比均为随横向坐标的快速下降曲线。说明横向坐标越大，最小浓度与最大浓度的相对差值越大，而不同于等深水体中扩散距离越远污染物浓度分布越均匀的扩散特征。在这里虽然横向与垂向扩散系数相等，但污染物扩散深度远小于扩散宽度，这是倾斜岸坡水体中水深随横向坐标

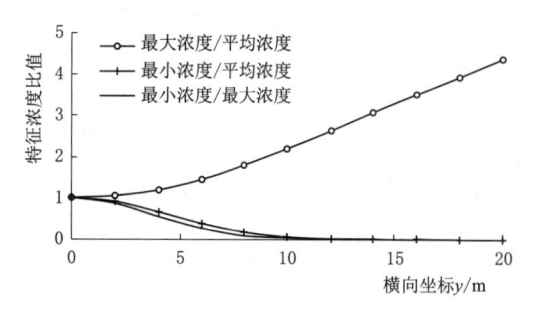

图 3 $\theta=45°$岸坡垂线上特征浓度
比值的横向分布

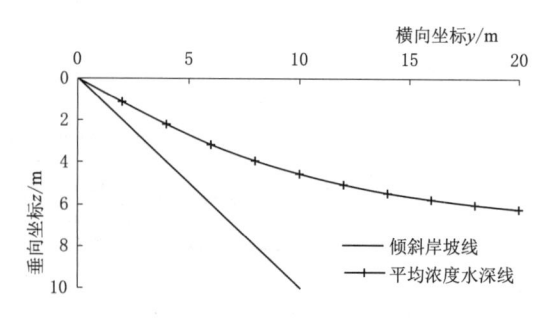

图 4 $\theta=45°$岸坡垂线上浓度与平均
浓度相等点的水深线

线性增加产生的特定扩散特征。由图 4 和式（10）可知，在横向坐标分别为 $y=20\text{m}$ 和 $y=40\text{m}$ 时，平均浓度点的水深 h_c 分别占垂线最大水深的 31.4% 和 19.0%。该水深线随横向坐标增加的下降过程趋缓，同样说明了这种特定的扩散特征。

2 深度平均污染混合区

深度平均污染混合区是从水功能区管理的角度出发，针对排污产生的深度平均污染物浓度超标区域提出来的概念，它是指由于排污而引起受纳水体中深度平均污染物浓度超标水域的范围。为此，令排污引起的深度平均允许浓度升高值 C_a 等于水质标准值 C_s 减去受纳水体的背景浓度值 C_b，即：$C_a=C_s-C_b$，则该深度平均等浓度曲线所包围的区域称为深度平均污染混合区。由式（6）可知，倾斜岸坡水体中深度平均污染混合区外边界等浓度曲线方程为

$$C_a=\frac{\sqrt{\pi}}{2\theta\tan(\theta)y}\frac{m}{\sqrt{EUx}}\exp\left(-\frac{Uy^2}{4Ex}\right)\text{erf}\left[\sqrt{\frac{U}{4Ex}}\tan(\theta)y\right] \tag{11}$$

2.1 最大长度

根据倾斜岸坡水体中岸边水面排放条件下的深度平均浓度分布特征，在式（11）中令 $y=0$，会得到一个 0:0 型的未定式方程，采用洛必达法则来求解深度平均污染混合区的最大长度 L_t。

$$C_a=\lim_{y\to 0}\left\{\frac{\sqrt{\pi}}{2\theta\tan(\theta)y}\frac{m}{\sqrt{EUL_t}}\text{erf}\left[\sqrt{\frac{U}{4EL_t}}\tan(\theta)y\right]\right\} \tag{12}$$

注意到：$\lim_{y\to 0}\left\{\frac{\text{d}}{\text{d}y}\text{erf}\left[\sqrt{\frac{U}{4EL_t}}\tan(\theta)y\right]\right\}=\frac{2}{\sqrt{\pi}}\lim_{y\to 0}\left\{\frac{\text{d}}{\text{d}y}\int_0^{\sqrt{\frac{U}{4EL_t}}\tan(\theta)y}\exp(-\eta^2)\text{d}\eta\right\}=\sqrt{\frac{U}{\pi EL_t}}\tan(\theta)$，

代入式（12）化简得到深度平均污染混合区最大长度的计算公式为

$$L_t=\frac{\beta m}{4\pi EC_a} \tag{13}$$

2.2 最大宽度和相应纵向坐标

式（11）两边对 x 求导，令 $\frac{\text{d}y}{\text{d}x}=0$，给出深度平均污染混合区最大宽度极值点的必要

条件为

$$\frac{\mathrm{d}}{\mathrm{d}x}\left[\frac{1}{\sqrt{x}}\exp\left(-\frac{Uy^2}{4Ex}\right)\int_0^{\sqrt{\frac{U}{4Ex}}\tan(\theta)y}\exp(-\eta^2)\mathrm{d}\eta\right]=0$$

或

$$\int_0^{\sqrt{\frac{U}{4Ex}}\tan(\theta)y}\exp(-\eta^2)\mathrm{d}\eta\frac{\mathrm{d}}{\mathrm{d}x}\left[\frac{1}{\sqrt{x}}\exp\left(-\frac{Uy^2}{4Ex}\right)\right]+\frac{1}{\sqrt{x}}\exp\left(-\frac{Uy^2}{4Ex}\right)\frac{\mathrm{d}}{\mathrm{d}x}\left[\int_0^{\sqrt{\frac{U}{4Ex}}\tan(\theta)y}\exp(-\eta^2)\mathrm{d}\eta\right]=0 \tag{14}$$

按照导数运算法则对式（14）求导，并将式（11）和式（13）代入化简得到

$$\left(-1+\frac{U}{2E}\frac{y^2}{x}\right)\frac{x}{L_t}=\exp\left\{-\frac{Uy^2}{4Ex}[1+\tan^2(\theta)]\right\} \tag{15}$$

同时满足式（11）和式（15）的解 (x,y)。即 $y=b_t$、$x=L_{tc}$ 分别为深度平均污染混合区的最大宽度和相应纵向坐标。为方便推导，令量纲一纵向坐标 $x'=\dfrac{x}{L_t}$；量纲一横向坐标 $y'=\dfrac{y}{L_t}$；$Pe=\dfrac{UL_t}{E}$ 称为贝克来数，表征物质的纵向移流通量与侧向扩散通量的比值。那么，式（11）和式（15）的量纲一形式分别变为

$$y'=\frac{1}{\tan(\theta)}\sqrt{\frac{\pi}{Pex'}}\exp\left(-\frac{Pe}{4}\frac{y'^2}{x'}\right)\mathrm{erf}\left[\sqrt{\frac{Pe}{4x'}}y'\tan(\theta)\right] \tag{16}$$

$$y'^2=\frac{2}{Pe}\left\{x'+\exp\left\{-\frac{Pe}{4}\frac{y'^2}{x'}[1+\tan^2(\theta)]\right\}\right\} \tag{17}$$

在式（16）和式（17）中，量纲一纵向和横向坐标均为岸坡倾角 θ 和贝克来数 Pe 的函数，这是两个隐式曲线方程，需联立求解交点坐标。为此，设中间变量 $\zeta=\sqrt{\dfrac{Pe}{4x'}}y'$，则式（16）和式（17）依次变为

$$x'=\frac{\sqrt{\pi}}{2\tan(\theta)\zeta}\exp(-\zeta^2)\mathrm{erf}[\tan(\theta)\zeta] \tag{18}$$

$$x'=\frac{1}{2\zeta^2-1}\exp\{-[1+\tan^2(\theta)]\zeta^2\} \tag{19}$$

式（18）与式（19）右边相等，化简得到：

$$\zeta=\frac{\sqrt{\pi}(2\zeta^2-1)}{2\tan(\theta)}\exp[\tan^2(\theta)\zeta^2]\mathrm{erf}[\tan(\theta)\zeta] \tag{20}$$

对于不同的岸坡倾角 $\theta\in[0°,90°]$，采用式（20）试算求解中间变量 ζ，再将 ζ 代入式（19）计算最大宽度相应的量纲一纵向坐标 $L'_{tc}(=x')$，最后再对中间变量进行变量逆替换，求出当量量纲一最大宽度 $b'_{td}=\sqrt{Pe}\,b'_t(=\sqrt{Pe}\,y'=2\zeta\sqrt{x'})$。将一系列的理论计算结果点绘于图5，并进行曲线拟合。其中：当 $\theta\to 0^+$ 时，求解得 $b'_{td}=2/\sqrt{e}$，$L'_{tc}=1/e$；当 $\theta\to 90°$ 时，求解得 $b'_{td}=0$，$L'_{tc}=0$。其中：e 为数学常数。

二、河流、水库污染混合区理论与计算方法

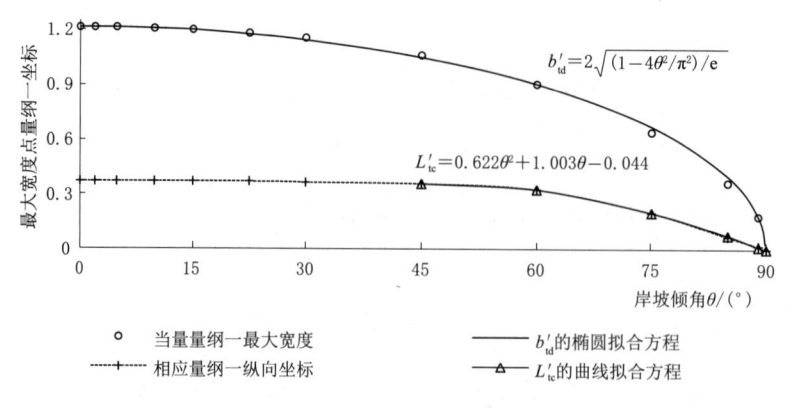

图 5 当量量纲一最大宽度和相应纵向坐标及拟合曲线

由图 5 看出，在其他条件相同的情况下，当量量纲一最大宽度和相应量纲一纵向坐标均随岸坡倾角的增大而减小，尤其在岸坡倾角 $\theta>45°$ 时下降更为明显。即深度平均污染混合区最大宽度和相应纵向坐标在岸坡倾角 $\theta>45°$ 的条件下快速减小，最大宽度急剧变窄。由回归分析可知，当量量纲一最大宽度 b'_{td} 与岸坡倾角 θ 近似为第一象限的 1/4 椭圆形曲线关系；在 $0°<\theta\leqslant45°$ 时，最大宽度相应的量纲一纵向坐标近似为常数 $L'_{tc}=1/e$，在 $45°<\theta<90°$ 时，该量纲一纵向坐标与岸坡倾角 θ 近似为二次曲线关系。结果表明，当量量纲一最大宽度和相应量纲一纵向坐标的拟合曲线与各自的理论计算结果吻合良好，相关系数均达到 $R^2=0.999$。对当量量纲一最大宽度的椭圆形拟合曲线方程，经变量逆替换得到深度平均污染混合区最大宽度的计算公式为

$$b_t = 2L_t\sqrt{\frac{1-4\theta^2/\pi^2}{ePe}}$$

或

$$b_t = 2\sqrt{\frac{(1-4\theta^2/\pi^2)EL_t}{eU}} \tag{21}$$

深度平均污染混合区最大宽度相应纵向坐标的计算公式为

$$L_{tc} = \begin{cases} \dfrac{L_t}{e} & (0°<\theta\leqslant45°) \\ (-0.622\theta^2+1.003\theta-0.044)L_t & (45°<\theta<90°，\text{以弧度计算}) \end{cases} \tag{22}$$

2.3 边界标准曲线方程

为了获得倾斜岸坡水体中深度平均污染混合区外边界等浓度曲线的标准方程式，将最大长度公式（13）和最大宽度公式（21）代入式（11）作量纲一处理，化简得到

$$y^* = \frac{\sqrt{e\pi}}{2\tan(\theta)\varphi} \frac{1}{\sqrt{x'}} \exp\left(-\frac{\varphi^2 y^{*2}}{ex'}\right) \mathrm{erf}\left[\tan(\theta)\frac{\varphi y^*}{\sqrt{ex'}}\right] \tag{23}$$

其中：深度平均污染混合区量纲一横向（宽度）坐标 $y^*=y/b_\mathrm{t}$，倾角函数 $\varphi=\sqrt{1-4\theta^2/\pi^2}$，其他符号同前。在给定岸坡倾角 θ 的条件下，式（23）是 $x'Oy^*$ 坐标系中的一条隐式曲线方程，说明对同一岸坡倾角的深度平均污染混合区形状具有相似性。

在式（23）中让岸坡倾角 $\theta\to 0^+$，会得到一个 $0:0$ 型的未定式方程，采用洛必达法则来推导化简，得到深度平均污染混合区外边界等浓度标准曲线方程为

$$y^{*2}=-\mathrm{e}x'\ln x'$$

或

$$y=b_\mathrm{t}\sqrt{-\mathrm{e}\frac{x}{L_\mathrm{t}}\ln\left(\frac{x}{L_\mathrm{t}}\right)} \tag{24}$$

由式（23）通过迭代分别计算，当岸坡倾角 $\theta=45°$、$60°$、$75°$、$85°$时的深度平均污染混合区外边界等浓度标准曲线，与式（24）一并点绘于图6。

由图6看出，当 $0°<\theta\leqslant 60°$时，各岸坡倾角的深度平均污染混合区外边界等浓度标准曲线几乎重叠在一起，采用当岸坡倾角 $\theta\to 0^+$时相应的标准曲线方程式（24）一并表示之；当 $60°<\theta<90°$时，随岸坡倾角的增大，深度平均污染混合区外边界等浓度标准曲线逐步发生形变，最大宽度偏向排污点断面一侧，向下游的污染混合区宽度快速变窄。

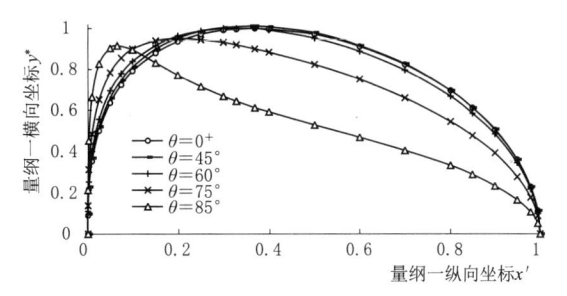

图6 不同倾角深度平均污染混合区的外边界标准曲线

2.4 面积和面积系数

当 $0°<\theta\leqslant 60°$时，对式（24）在 $x[0,L_\mathrm{t}]$ 上求定积分，推导过程类似于文献［3］中，获得岸边排放深度平均污染混合区面积的计算公式为

$$S_\mathrm{t}=\int_0^{L_\mathrm{t}}b_\mathrm{t}\sqrt{-\mathrm{e}\frac{x}{L_\mathrm{t}}\ln\left(\frac{x}{L_\mathrm{t}}\right)}\mathrm{d}x=\left(\frac{2}{3}\right)^{\frac{3}{2}}\frac{\sqrt{\pi\mathrm{e}}}{2}L_\mathrm{t}b_\mathrm{t}=\mu_\mathrm{t}L_\mathrm{t}b_\mathrm{t} \tag{25}$$

式中：$\mu_\mathrm{t}=\left(\frac{2}{3}\right)^{\frac{3}{2}}\frac{\sqrt{\pi\mathrm{e}}}{2}=0.7953$ 称为面积系数。

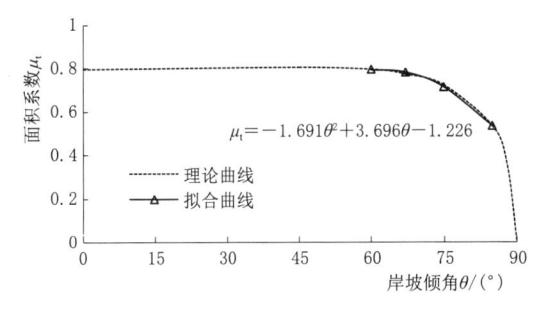

图7 深度平均污染混合区面积系数及拟合曲线

当 $\theta\to 90°$时，由最大宽度 $b_\mathrm{t}\to 0$ 求得 $\mu_\mathrm{t}=0$。对图6中岸坡倾角 $\theta=60°$、$75°$、$85°$的量纲一等浓度标准曲线加密计算点求数值积分，分别获得相应的面积系数 μ_t 点绘于图7。

由图7看出，在其他条件相同的情况下，当 $0°<\theta\leqslant 60°$时，面积系数近似为常数 $\mu_\mathrm{t}=0.795$；当 $60°<\theta<85°$时，面积系数随岸坡倾角的增大急剧减小，面积系数

与岸坡倾角 θ 近似为二次曲线关系。由回归分析结果可知，岸边排放深度平均污染混合区面积系数的计算公式为

$$\mu_t = \begin{cases} 0.7953 & (0°<\theta\leqslant 60°) \\ -1.691\theta^2+3.696\theta-1.226 & (60°<\theta<85°,以弧度计算) \end{cases} \quad (26)$$

3 结果分析与讨论

由式（21）得到岸边排放的倾斜岸坡水体中深度平均污染混合区最大长度与最大宽度的比值为

$$\frac{L_t}{b_t} = \frac{1}{2}\sqrt{\frac{ePe}{1-4\theta^2/\pi^2}} = \frac{1}{2\varphi}\sqrt{ePe} \quad (27)$$

表明深度平均污染混合区的长宽比与贝克来数 Pe 的 1/2 次方成正比，与倾角函数 φ 成反比。即深度平均污染混合区的形状，随着贝克来数和岸坡倾角的增大会显得更加细长。

倾斜岸坡水体中污染混合区的深度平均与文献［3］中水面相应几何特征参数比较，见表 1；污染混合区深度平均与水面最大宽度（或面积）比值随岸坡倾角的变化曲线关系，见图 8。

表 1　倾斜岸坡水体中污染混合区深度平均与水面几何特征参数比较

项目	最大长度	最大宽度	面积	适用范围	说　明
深度平均公式	$\dfrac{m}{2\theta EC_a}$	$\varphi\sqrt{\dfrac{2m}{e\theta UC_a}}$	$\mu_t L_t b_t$	$28°<\theta<75°$	水体表层与底层浓度相差较小，深度平均几何特征参数代表性好
倾斜岸水面公式[3]	$\dfrac{m}{2\theta EC_a}$	$\sqrt{\dfrac{2m}{e\theta UC_a}}$	$0.795L_s b_s$	$0°<\theta\leqslant 28°$	水面与深度平均几何特征参数近似相等，水面参数可作为水体污染混合区的计算依据
铅垂岸水面公式[4]	$\dfrac{m}{\pi EC_a}$	$\sqrt{\dfrac{4m}{\pi eUC_a}}$*	$0.795L_s b_s$	$75°\leqslant\theta<90°$	水体表层与底层浓度相差悬殊，深度平均几何特征参数代表性差，应采用三维铅垂岸公式
深度平均/水面值	1	φ	$1.258\varphi\mu_t$		

注　铅垂岸污染混合区的最大深度公式参见文献［4］。

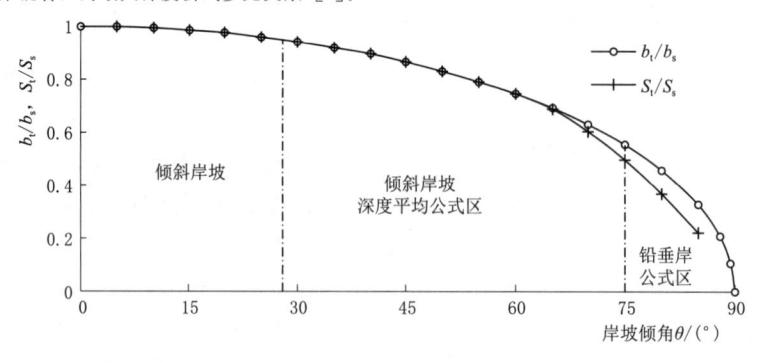

图 8　污染混合区深度平均与水面最大宽度（或面积）比值及倾角分区

由表1或图8看出，倾斜岸坡水体中污染混合区深度平均与水面的最大长度相等 $L_t=L_s$，均出现在通过角形域顶点的 x 轴线上；深度平均与水面最大宽度的比值等于倾角函数 $b_t/b_s=\varphi$，相应面积的比值等于 $S_t/S_s=1.258\varphi\mu_t$。深度平均与水面最大宽度（或面积）的比值均随岸坡倾角的增大单调下降，当 $\theta=60°$ 时，深度平均与水面最大宽度（或面积）的比值均等于0.75。

分析表明，当 $0°<\theta\leqslant 28°$ 时，深度平均与水面最大宽度（或面积）的比值均在1～0.95之间，简化为采用倾斜岸坡污染混合区水面公式计算；当 $75°\leqslant\theta<90°$ 时，深度平均与水面最大宽度（或面积）的比值小于0.55（或0.50），两者均相差甚远，采用文献［4］中污染混合区三维铅垂岸公式计算；当 $28°<\theta<75°$ 时，采用倾斜岸坡污染混合区深度平均公式计算。

4 结论

（1）在横向与垂向扩散系数相等条件下，给出了岸边排放的倾斜岸坡水体中深度平均浓度分布方程，分析了污染物扩散宽度远大于扩散深度的扩散特征，得出深度平均浓度点水深随横向坐标增加的下降过程趋缓。

（2）给出了倾斜岸坡深度平均污染混合区最大长度、最大宽度和相应纵向坐标、面积和面积系数的计算公式以及外边界标准曲线方程。分析表明，对同一岸坡倾角的深度平均污染混合区形状具有相似性，其形状随着贝克来数和岸坡倾角的增大会显得更加细长。

（3）提出了岸坡倾角分区的简化条件和相应污染混合区几何特征参数的计算公式：当 $0°<\theta\leqslant 28°$ 时，采用倾斜岸坡水面公式；当 $28°<\theta<75°$ 时，采用倾斜岸坡深度平均公式；当 $75°\leqslant\theta<90°$ 时，采用三维铅垂岸公式。

（4）适用条件为满足 $x\gg\dfrac{2E_x}{U}$ 或 $Pe_x=\dfrac{\beta mU}{4\pi E_x EC_a}\geqslant 60$ 的倾斜岸坡河流和水库岸边排污口远区的深度平均浓度分布、污染混合区几何尺度和控制排污量计算，提供科学依据。

参考文献

［1］ HOLLEY E R, SIEMONS J, ABRAHAM G. Some Aspects of Analyzing Transverse Diffusion in Rivers ［J］. Journal of Hydraulic Research, 1972, 10 (1): 27-57.

［2］ 刘昭伟，陈永灿，王智勇，等. 梯形渠道岸边排污浓度分布的理论分析［J］. 环境科学学报，2007，27（2）：332-336.

［3］ 武周虎. 水库倾斜岸坡地形污染混合区的三维解析计算方法［J］. 科技导报，2008，26（18）：30-34.

［4］ 武周虎. 水库铅垂岸地形污染混合区的三维解析计算方法［J］. 西安理工大学学报，2009，25（4）：436-440.

［5］ WU Zhouhu, WU Wen, WU Guizhi. Calculation Method of Lateral and Vertical Diffusion Coefficients in Wide Straight Rivers and Reservoirs ［J］. Journal of Computers, 2011, 6 (6): 1102-1109.

［6］ 武周虎. 倾斜岸水库污染混合区的理论分析及简化条件［J］. 水动力学研究与进展：A辑，2009，24（3）：296-304.

二、河流、水库污染混合区理论与计算方法

[7] 武周虎. 铅垂岸水库污染混合区的理论分析及简化条件 [J]. 水力发电学报, 2010, 29 (2): 155-162.

[8] 武周虎. 倾斜岸坡角形域顶点排污浓度分布的理论分析 [J]. 水利学报, 2010, 41 (8): 997-1002, 1008.

[9] 武周虎, 徐美娥, 武桂芝. 倾斜岸坡角形域顶点排污浓度分布规律探讨 [J]. 水力发电学报, 2012, 31 (6): 166-172.

[10] 武周虎, 吉爱国, 胡德俊, 等. 倾斜岸坡角形域顶点排污浓度分布的实验研究 [J]. 长江科学院院报, 2012, 29 (12): 34-40.

[11] Idaho Department of Environmental Quality. Mixing Zone Technical Procedures Manual (DRAFT) [Z]. Boise: Idaho Department of Environmental Quality, USA, 2008.

[12] 黄真理, 李玉梁, 陈永灿, 等. 三峡水库水质预测和环境容量计算 [M]. 北京: 中国水利水电出版社, 2006.

[13] 刘昭伟, 陈永灿, 付健, 等. 三峡水库岸边排污的特性及数值模拟研究 [J]. 力学与实践, 2006, 29 (1): 1-6.

[14] 余利仁, 张书农, 蔡树棠. 水环境中紊动污染场深度平均二方程数值模拟新模式及其数值检验 [J]. 水利学报, 1990, (3): 13-21.

[15] 李嘉, 李克锋, 邓云. 天然河道岸边排放浓度场的测量及对深度平均模型的验证 [J]. 四川大学学报 (工程科学版), 2001, 33 (3): 34-37.

[16] FISCHER H B, IMBERGER J, LIST E J, et al. Mixing in inland and coastal waters [M]. New York: Academic Press, 1979.

[17] 赵文谦. 环境水力学 [M]. 成都: 成都科技大学出版社, 1986.

[18] 余常昭. 环境流体力学导论 [M]. 北京: 清华大学出版社, 1992.

[19] 顾莉, 惠慧, 华祖林, 等. 河流横向混合系数的研究进展 [J]. 水利学报, 2014, 45 (4): 450-457, 466.

[20] 杜彦良, 褚君达. 河流中污染源垂向紊动混合过程研究 [J]. 水科学进展, 2003, 14 (3): 318-322.

2-08 静止液体中射流和浮力羽流污染混合区的理论分析[*]

摘 要：本文以无限空间静止液体中自由紊动射流和密度差产生羽流的浓度分布理论解为基础，从水环境功能区管理的角度出发对不同条件下射流和羽流的污染混合区进行了理论探讨和求解。分别给出了平面和圆形射流以及羽流的污染混合区长度、最大宽度或直径、面积、体积的理论公式以及外边界等浓度标准曲线或曲面方程。结果表明，射流污染混合区长度与喷口起始浓度和水环境功能区所执行的标准浓度之比 C_0/C_s、喷口处断面几何尺度有关；羽流污染混合区长度与比值 C_0/C_s、起始流量和起始比浮力通量有关；平面射流、圆形射流、平面羽流、圆形羽流的污染混合区宽长比分别为0.1317、0.1095、0.1564、0.1310，污染混合区为近似椭圆或近似椭球形状。可为生产实践中射流和羽流污染混合区的计算提供理论依据。

关键词：静止液体；射流；羽流；污染混合区；标准曲线；解析方法

工业或城镇污水经处理达到相应的排放标准泄入自然水体后，其近区流动大多属于射流性质。环境质量标准一般都比排放标准严格，在排污口附近水域会形成污染混合区[1]。前人关于无限空间静止液体中等密度自由紊动射流和密度差产生羽流的研究成果[2-4]，分别给出了射流、羽流的流场和浓度场的理论解，各断面流速和浓度均服从高斯正态分布，浓度分布曲线比流速分布曲线要平坦些，各断面浓度混合层厚度是射流边界混合层厚度的 λ 倍。然而，各断面浓度混合层厚度不是依据水环境功能区标准值确定，该厚度是随射流轴线纵向坐标增加线性增大延伸的区域，无法直接评价浓度混合层中的水质状况。在人类生产生活对水质要求较高的区域，对排污口附近水体污染混合区允许范围的确定，是实施总量控制、确保水环境功能目标实现的关键所在[5]。

国内外对射流和羽流的研究成果，大多集中在浓度场的测量方法及浓度分布特性的实验和数学模型研究，很少涉及表征水环境功能的污染混合区理论公式。Birch et al.[6] 利用激光拉曼测试系统对自由射流中的浓度场进行了测量，对射流出口下游的浓度场进行了平均计算并对浓度概率密度的分布进行了统计；Yoda et al.[7] 利用 LIF 技术获得了不同流速下反向流动环境中浓度射流长度的变化规律；Adrian et al.[8] 在同一测量系统中同时应用了 DPLV 技术和 PLIF 技术对静止环境中射流的流速场和浓度场进行了同步测量，获得了一些颇有价值的试验数据；黄真理等[9] 采用平面激光诱导荧光技术测量了横流中射流的浓度场；王超[10] 采用虚拟扰动源的处理方法，给出了扩散器排污下游流速和浓度分布的计算公式；樊靖郁等[11] 采用 RNG 湍流模型对浅水环境中含污染物横向射流近区的三维流场和浓度场进行了数值计算；吴航等[12] 应用全场数学模型模拟了深圳市政污水

---

[*] 原文载于《青岛理工大学学报》，2010，31（4），作者：武周虎。

二、河流、水库污染混合区理论与计算方法

排海工程的排污混合区范围。武周虎等[13-16]对排污口下游远区的移流扩散问题,采用解析方法推导了简化二维和简化三维移流扩散的污染混合区最大长度、最大宽度与相应纵向坐标、面积以及后者的最大深度等理论公式;陈永灿等[17]对三峡水库采用二维、三维水质数学模拟方法研究了交汇河段和岸边污染混合区范围。目前,对污染混合区范围和最大允许污染负荷的计算主要是采用水质模型来实现,虽然水质模型具有地形适应性强等特点,但不能直观地给出污染混合区范围和最大允许污染负荷与各参数之间的函数关系,给水环境功能区管理带来不便[18-19]。张丽娜等[20]系统地综述和分析了射流理论在水环境保护中的应用,并指出应从理论、试验与实际应用等各方面加强对射流的研究。

本文分别从射流、羽流浓度分布的理论解出发,对静止液体中射流和羽流污染混合区进行理论探讨和求解,推导污染混合区长度、最大宽度或直径及相应纵向坐标、面积、体积的理论公式以及污染混合区外边界等浓度标准曲线或曲面方程,进行污染混合区理论公式的分析与讨论。其成果可为相应问题的实际应用提供简便、快捷的计算公式,也可以对水质模型计算和数据的分析归纳起到理论指导作用。

1 污染混合区的理论分析

1.1 平面自由紊动射流

从狭长的矩形孔口或缝隙喷出的射流可按平面二维问题分析,当射流出口雷诺数 $Re=\dfrac{2b_0 u_0}{\nu}>30$ 时可认为射流为紊流,其中,u_0 为射流喷口处起始流速。当射流中含有的污染物质对其密度和流场不产生影响,则射流中污染物的浓度分布与流速分布可以分开独立计算。在射流主体段的断面上保守物质的浓度分布存在相似性,在背景浓度为零的无限空间静止液体等密度自由紊动射流中,平面射流的污染物浓度分布为[2-4]

$$\frac{C}{C_m}=\exp\left[-\left(\frac{y}{b_t}\right)^2\right] \tag{1}$$

其中,射流轴线上浓度 C_m 为

$$C_m=2.34\sqrt{\frac{2b_0}{x}}C_0 \tag{2}$$

式(2)中的系数2.34是经实验修正的积分常数,下同。在一些后出版的环境水力学类书籍[21]中将其取为理论积分常数,未考虑实验修正因素,笔者根据文献[2-4]原著加注。

射流断面浓度混合层半厚度 b_t,即射流断面上浓度等于 C_m/e 点的 y 坐标值为

$$b_t=\lambda b_e=\lambda\varepsilon x \tag{3}$$

以上式中:x 为沿射流轴线的纵向坐标;y 为垂直于射流轴线的横向坐标;坐标原点取在射流主体段上、下边界延长线与轴线的相交点 O;b_0 为射流孔口的半高度;C_0 为射流喷口处污染物起始浓度;b_e 为射流边界混合层半厚度(即 $b_e=\varepsilon x$);平面射流边界混合层半厚度扩展系数 $\varepsilon=0.154$;平面射流浓度混合层与射流边界混合层的厚度比 $\lambda=1.41$。

污染混合区是从水环境功能区管理的角度出发,针对排污产生的污染物超标区域提出来的概念,它是指由于排污而引起污染物超标水域的影响范围。根据式(1)污染物断面

浓度的正态分布和式（2）射流轴线上浓度 C_m 随 $x^{-0.5}$ 减小的特征，令排污引起的允许浓度升高值等于水环境功能区所执行的浓度标准值 C_s，则该等浓度曲线所包围区域为污染混合区。由式（1）~式（3）可得污染混合区外边界等浓度曲线方程为

$$C_s = 2.34\sqrt{\frac{2b_0}{x}}C_0\exp\left[-\left(\frac{y}{\lambda\varepsilon x}\right)^2\right] \quad (4)$$

在式（4）中，令 $y=0$ 可以得到污染混合区长度的计算公式为

$$L_s = 2.34^2 \times 2b_0\left(\frac{C_0}{C_s}\right)^2 = 5.48 \times 2b_0\left(\frac{C_0}{C_s}\right)^2 \quad (5)$$

式（4）两边对 x 求导，令 $\frac{dy}{dx}=0$，可以求得污染混合区最大半宽度和相应纵向坐标的计算公式。则污染混合区最大半宽度为

$$b_s = \frac{\lambda\varepsilon}{2\sqrt{e}}L_s \quad (6)$$

污染混合区最大宽度相应的纵向坐标为

$$L_c = \frac{L_s}{\sqrt{e}} \quad (7)$$

将式（5）、式（6）代入式（4）得到污染混合区外边界等浓度标准曲线方程为

$$\left(\frac{y}{b_s}\right)^2 = -e\left(\frac{x}{L_s}\right)^2\ln\left(\frac{x}{L_s}\right)^2 \quad (8)$$

或

$$y = \pm b_s\frac{x}{L_s}\sqrt{-2e\ln\left(\frac{x}{L_s}\right)} \quad (9)$$

图 1 给出了静止液体中平面自由紊动射流浓度分布和污染混合区外边界等浓度标准曲线分布。由图 1 可以看出，污染混合区外边界等浓度标准曲线近似为椭圆形区域，在靠近排放口一端出现稍尖形状，在污染混合区下游边界出现钝头，污染混合区最大宽度相应的纵向坐标 $L_c = \frac{L_s}{\sqrt{e}} \approx 0.6065L_s$ 处。污染混合区外边界是采用水环境功能区等浓度曲线确定的，该污染混合区范围反映了污染物扩散稀释后的缩小过程，在污染混合区内为污染物超过某一水质标准的影响区域，不像浓度混合层厚度随射流轴线纵向坐标增加线性增大无限延伸，浓度单调衰减。

对式（9）在 $x\in[0,L_s]$ 上求面积积分，可以求得污染混合区的面积计算公式，推导如下：

$$S = 2\int_0^{L_s}\sqrt{e}b_s\frac{x}{L_s}\sqrt{\ln\left(\frac{x}{L_s}\right)^{-2}}dx = \sqrt{e}L_sb_s\int_0^{L_s}\sqrt{\ln\left(\frac{x}{L_s}\right)^{-2}}d\left(\frac{x}{L_s}\right)^2 \quad (10)$$

进行变量替换，令 $\left(\frac{x}{L_s}\right)^2 = \eta$，则有

$$S = \sqrt{e}L_sb_s\int_0^1\sqrt{\ln\left(\frac{1}{\eta}\right)}d\eta \quad (11)$$

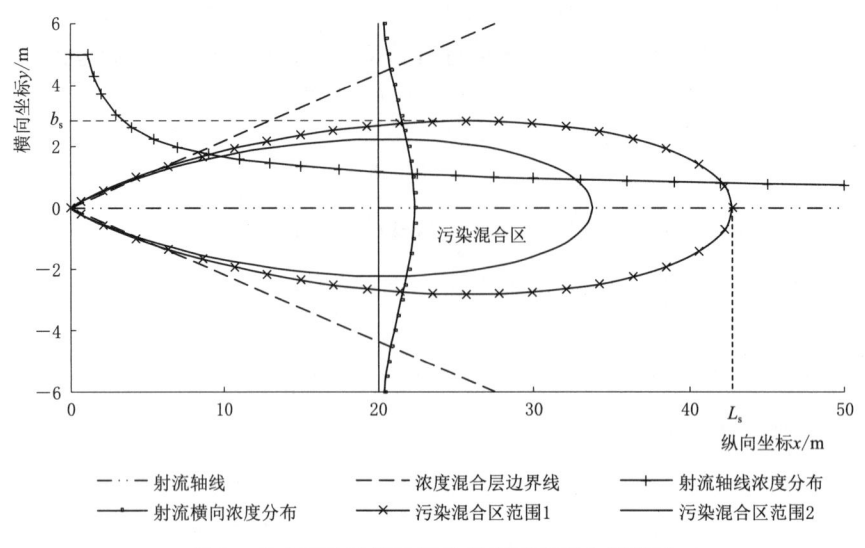

图 1 自由紊动射流浓度分布和污染混合区范围

由积分表查得 $\int_0^1 \sqrt{\ln\left(\frac{1}{\eta}\right)} d\eta = \frac{\sqrt{\pi}}{2}$，代入上式得到类似于椭圆面积的污染混合区面积计算公式为

$$S = \frac{\sqrt{\pi e}}{4} L_s (2b_s) = 0.7306 L_s (2b_s) \tag{12}$$

1.2 圆形自由紊动射流

圆形断面喷口的射流在生产实践中最为常见，具有轴对称性质，可采用柱坐标分析。在背景浓度为零的无限空间静止液体等密度自由紊动射流中，圆形射流的污染物浓度分布为[2-4]

$$C = 5.59 \frac{d}{x} C_0 \exp\left[-\left(\frac{r}{\lambda \varepsilon x}\right)^2\right] \tag{13}$$

式中：r 为垂直于射流轴线的径向坐标；d 为射流孔口的直径；$\varepsilon = 0.114$；$\lambda = 1.12$；其他符号意义同前。

由式（13）可得污染混合区外边界等浓度曲面方程为

$$C_s = 5.59 \frac{d}{x} C_0 \exp\left[-\left(\frac{r}{\lambda \varepsilon x}\right)^2\right] \tag{14}$$

式（14）为旋转体方程，令 $r = 0$ 可以得到污染混合区长度的计算公式为

$$L_s = 5.59 d \frac{C_0}{C_s} \tag{15}$$

式（14）两边对 x 求导，令 $\frac{dr}{dx} = 0$，可以求得污染混合区最大半径和相应纵向坐标的计算公式。则污染混合区最大半径为

$$r_s = \frac{\lambda \varepsilon}{\sqrt{2e}} L_s \tag{16}$$

污染混合区最大半径相应纵向坐标的计算公式与式（7）相同。

将式（15）、式（16）代入式（14）得到污染混合区外边界等浓度标准曲面方程为

$$\left(\frac{r}{r_s}\right)^2 = -\mathrm{e}\left(\frac{x}{L_s}\right)^2 \ln\left(\frac{x}{L_s}\right)^2 \tag{17}$$

或

$$r = r_s \frac{x}{L_s}\sqrt{-2\mathrm{e}\ln\left(\frac{x}{L_s}\right)} \tag{18}$$

对式（18）在 $x \in [0, L_s]$ 上求面积积分，可以求得污染混合区的最大投影面积计算公式，推导同式（12）

$$S = \frac{\sqrt{\pi \mathrm{e}}}{4} L_s (2r_s) = 0.7306 L_s (2r_s) \tag{19}$$

对式（18）在 $x \in [0, L_s]$ 上求体积积分，可以求得污染混合区的体积计算公式，推导如下：

$$V = \pi \mathrm{e} r_s^2 L_s \int_0^{L_s} \left(\frac{x}{L_s}\right)^2 \ln\left(\frac{x}{L_s}\right)^{-2} \mathrm{d}\left(\frac{x}{L_s}\right) \tag{20}$$

进行变量替换，令 $\frac{x}{L_s} = \zeta$，进而再令 $\eta = \zeta^3$，则有

$$V = \pi \mathrm{e} r_s^2 L_s \int_0^1 \zeta^2 \ln(\zeta^{-2}) \mathrm{d}\zeta = -\frac{2\pi \mathrm{e}}{9} r_s^2 L_s \int_0^1 \ln\eta \mathrm{d}\eta \tag{21}$$

由积分表查得 $\int_0^1 \ln\eta \mathrm{d}\eta = -1$，代入式（21）得到污染混合区的体积计算公式为

$$V = \frac{2\pi \mathrm{e}}{9} r_s^2 L_s \tag{22}$$

1.3 平面羽流

羽流是由于射流与周围环境流体之间存在密度差，使从喷口出来的射流受到浮力的作用，并且射流的起始动量很小可以忽略，羽流主要在浮力作用下继续流动和扩散。在背景浓度为零的无限空间静止液体中，平面羽流的污染物浓度分布形式与式（1）相同，羽流轴线上浓度 C_m 为[2-4]

$$C_m = 2.40 \frac{q_0 C_0}{B_0^{1/3} x} \tag{23}$$

式中：$B_0 = \frac{\Delta \rho_0}{\rho_a} g q_0$ 为起始比浮力通量，量纲为 $[L^3 T^{-3}]$；q_0 为起始单宽流量；ρ_a 为环境流体密度；$\Delta \rho_0$ 为环境流体与射流起始密度之差；x 为沿羽流轴线的纵向坐标，一般取垂直向上；$\varepsilon = 0.147$；$\lambda = 1.24$；其他符号意义同前。

由式（1）、式（3）和式（23）可得污染混合区外边界等浓度曲线方程为

$$C_s = 2.40 \frac{q_0 C_0}{B_0^{1/3} x} \exp\left[-\left(\frac{y}{\lambda \varepsilon x}\right)^2\right] \tag{24}$$

在式（24）中，令 $y = 0$ 可以得到污染混合区长度的计算公式为

$$L_s = 2.40 \frac{q_0 C_0}{B_0^{1/3} C_s} \tag{25}$$

二、河流、水库污染混合区理论与计算方法

式（24）两边对 x 求导，令 $\dfrac{\mathrm{d}y}{\mathrm{d}x}=0$，可以求得污染混合区最大半宽度和相应纵向坐标的计算公式。则污染混合区最大半宽度为

$$b_s = \dfrac{\lambda\varepsilon}{\sqrt{2\mathrm{e}}} L_s \tag{26}$$

污染混合区最大宽度相应的纵向坐标、污染混合区外边界等浓度标准曲线方程以及污染混合区面积的计算公式分别与式（7）、式（8）或式（9）和式（12）相同。

1.4 圆形羽流

在背景浓度为零的无限空间静止液体中，圆形羽流的污染物浓度分布为[2-4]

$$C = 11.17 \dfrac{Q_0 C_0}{B_0^{1/3} x^{5/3}} \exp\left[-\left(\dfrac{r}{\lambda\varepsilon x}\right)^2\right] \tag{27}$$

式中：$B_0 = \dfrac{\Delta\rho_0}{\rho_a} g Q_0$ 为起始比浮力通量，量纲为 $[L^4 T^{-3}]$；Q_0 为起始流量；$\varepsilon = 0.102$；$\lambda = 1.16$；其他符号意义同前。

由式（27）可得污染混合区外边界等浓度曲面方程为

$$C_s = 11.17 \dfrac{Q_0 C_0}{B_0^{1/3} x^{5/3}} \exp\left[-\left(\dfrac{r}{\lambda\varepsilon x}\right)^2\right] \tag{28}$$

式（28）为旋转体方程，令 $r=0$ 可以得到污染混合区长度的计算公式为

$$L_s = 4.25 \left(\dfrac{Q_0 C_0}{C_s}\right)^{3/5} B_0^{-\frac{1}{5}} \tag{29}$$

式（28）两边对 x 求导，令 $\dfrac{\mathrm{d}r}{\mathrm{d}x}=0$，可以求得污染混合区最大半径和相应纵向坐标的计算公式。则污染混合区最大半径为

$$r_s = \sqrt{\dfrac{5}{6\mathrm{e}}} \lambda\varepsilon L_s \tag{30}$$

污染混合区最大半径相应纵向坐标、污染混合区外边界等浓度标准曲面方程、污染混合区面积和体积的计算公式分别与式（7）、式（17）或式（18）、式（19）和式（22）相同。

2 分析与讨论

现将静止液体中不同条件下射流和羽流污染混合区主要特性参数列于表 1，以便对照分析其变化规律。

表 1　射流和羽流污染混合区主要特性参数

参数	平面射流	圆形射流	平面羽流	圆形羽流
长度 L_s	$5.48 \times 2b_0 \left(\dfrac{C_0}{C_s}\right)^2$	$5.59 d \dfrac{C_0}{C_s}$	$2.40 \dfrac{q_0 C_0}{B_0^{1/3} C_s}$	$4.25 \left(\dfrac{Q_0 C_0}{C_s}\right)^{3/5} B_0^{-1/5}$
半宽度 b_s 或 r_s	$b_s = \dfrac{\lambda\varepsilon}{2\sqrt{\mathrm{e}}} L_s$	$r_s = \dfrac{\lambda\varepsilon}{\sqrt{2\mathrm{e}}} L_s$	$b_s = \dfrac{\lambda\varepsilon}{\sqrt{2\mathrm{e}}} L_s$	$r_s = \sqrt{\dfrac{5}{6\mathrm{e}}} \lambda\varepsilon L_s$
宽长比 $\dfrac{2b_s}{L_s}$ 或 $\dfrac{2r_s}{L_s}$	$\dfrac{\lambda\varepsilon}{\sqrt{\mathrm{e}}} = 0.1317$	$\sqrt{\dfrac{2}{\mathrm{e}}} \lambda\varepsilon = 0.1095$	$\sqrt{\dfrac{2}{\mathrm{e}}} \lambda\varepsilon = 0.1564$	$\sqrt{\dfrac{10}{3\mathrm{e}}} \lambda\varepsilon = 0.1310$

续表

参数	平面射流	圆形射流	平面羽流	圆形羽流
面积 S	$\frac{1}{4}\sqrt{\pi e}L_s(2b_s)$	$\frac{1}{4}\sqrt{\pi e}L_s(2r_s)$	$\frac{1}{4}\sqrt{\pi e}L_s(2b_s)$	$\frac{1}{4}\sqrt{\pi e}L_s(2r_s)$
体积 V		$\frac{2}{9}\pi e r_s^2 L_s$		$\frac{2}{9}\pi e r_s^2 L_s$
$\frac{b_s}{b_{tc}}$	$\frac{1}{2}$	$\frac{\sqrt{2}}{2}$	$\frac{\sqrt{2}}{2}$	$\sqrt{\frac{5}{6}}$

由表1可以看出，平面射流、圆形射流、平面羽流、圆形羽流的污染混合区长度分别与喷口处污染物起始浓度和水环境功能区所执行标准浓度之比 C_0/C_s 的2次方、1次方、1次方、0.6次方成正比，平面射流比圆形射流的污染混合区长度增长快，平面羽流比圆形羽流的污染混合区长度增长快，射流比羽流的污染混合区长度增长快。另外，射流的污染混合区长度还与喷口处断面几何尺度成正比；而平面羽流的污染混合区长度还与起始单宽流量成正比、与起始比浮力通量的1/3次方成反比；圆形羽流的污染混合区长度还与起始流量的0.6次方成正比、与起始比浮力通量的1/5次方成反比。

射流和羽流污染混合区最大半宽度或最大半径与长度、射流边界混合层半厚度扩展系数、射流浓度混合层与射流边界混合层的厚度比均成正比，污染混合区最大宽度或直径相应的纵向坐标均为 $L_c=\frac{L_s}{\sqrt{e}}$。平面射流、圆形射流、平面羽流、圆形羽流的污染混合区最大宽度或直径与长度的比值依次为0.1317、0.1095、0.1564、0.1310，说明平面羽流的污染混合区相对较宽，显得圆胖一些，而圆形射流的污染混合区相对较窄，显得细长一些。

有趣的是，射流和羽流污染混合区外边界等浓度标准曲线方程式（8）或曲面方程式（17）具有相类似的形式——近似椭圆或近似椭球。对平面问题为近似椭圆，污染混合区面积的计算公式为式（12）；对轴对称问题为近似椭球，污染混合区的最大投影面积计算公式为式（19），污染混合区的体积计算公式为式（22）。

将式（7）代入式（3）得到污染混合区最大宽度相应断面的浓度混合层半厚度为

$$b_{tc}=\frac{\lambda\varepsilon}{\sqrt{e}}L_s \tag{31}$$

将射流和羽流相同条件下的污染混合区半宽度 b_s 与相应断面的浓度混合层半厚度 b_{tc} 相除得到 b_s/b_{tc} 分别列于表1。由表1可以看出，该比值在平面射流时为0.5最小，在圆形羽流时为0.913最大。说明浓度混合层半厚度与污染混合区最大半宽度或最大半径没有一致性关系，前者反映占射流断面最大浓度 $1/e$ 的混合层边界半厚度，是一个相对的概念；而后者反映污染物浓度超过某一水质标准区域的最大半宽度或最大半径。因此，射流和羽流污染混合区长度、最大宽度或直径及相应纵向坐标、面积、体积的理论公式以及污染混合区外边界等浓度标准曲线或曲面方程，对水环境功能区管理十分有益。

3 结论

本文分别以无限空间静止液体中等密度自由紊动射流和密度差产生羽流浓度分布的理

论解为基础,通过理论求解分别给出了平面和圆形射流、平面和圆形羽流的污染混合区长度、最大宽度或直径及相应纵向坐标、面积、体积的理论公式以及外边界等浓度标准曲线或曲面方程。结果表明,在静止液体中射流污染混合区长度与喷口起始浓度和水环境功能区所执行的标准浓度之比 C_0/C_s、喷口处断面几何尺度有关;羽流污染混合区长度与比值 C_0/C_s、起始流量和起始比浮力通量有关;平面射流、圆形射流、平面羽流、圆形羽流的污染混合区宽长比依次为 0.1317、0.1095、0.1564、0.1310;最大宽度或直径相应的纵向坐标均为 $L_c = 0.6065 L_s$;污染混合区为近似椭圆或近似椭球形状,面积或轴对称问题的最大投影面积为 $0.7306 L_s (2 b_s)$ 或 $0.7306 L_s (2 r_s)$,其值相当于椭圆面积的 93.02%;轴对称问题的体积为 $1.898 r_s^2 L_s$,其值相当于椭球体积的 90.61%。

参考文献

[1] 武周虎. 倾斜岸水库污染混合区的理论分析及简化条件 [J]. 水动力学研究与进展,A 辑,2009,24 (3):296-304.

[2] Fischer H B, Imberger J, List E J, et al. Mixing in inland and coastal waters [M]. New York: Academic Press, 1979.

[3] 赵文谦. 环境水力学 [M]. 成都:成都科技大学出版社,1986.

[4] 余常昭. 环境流体力学导论 [M]. 北京:清华大学出版社,1992.

[5] 周丰,刘永,黄凯,等. 流域水环境功能区划及其技术关键 [J]. 水科学进展,2007,18 (2):216-222.

[6] Birch A D, Brown D R, Dodson M G, et al. The Turbulent concentration field of a methane jet [J]. Fluid Mech., 1978, 88 (3): 431-449.

[7] Yoda M, Fiedler E H. The round jet in a uniform counterflow visualization and mean concentration measurements [J]. Experiments in Fluids, 1996, 21: 427-436.

[8] Adrian W K L, Wang Hongwei. Simultaneous velocity and concentration measurements of buoyant jet discharges with combined DPIV and DLIF [C]//eds: Lee Jayawardena and Wang. In: Proceeding of Environmental Hydraulics. Rotterdam: A A Balkema Publishers, 1999: 129-134.

[9] 黄真理,李玉梁,余常昭. 平面激光诱导荧光技术测量横流中射流浓度场的研究 [J]. 水利学报,1994,11:1-7.

[10] 王超. 多孔射流扩散器在宽浅型江河中排放特性研究 [J]. 水动力学研究与进展,A 辑,1993,8 (4):426-437.

[11] 樊靖郁,张燕,王道增. 浅水环境中含污染物横向射流三维浓度分布特性研究 [C]//朱德祥,等. 第十八届全国水动力学研讨会文集,北京:海洋出版社,2004:590-596.

[12] 吴航,王泽良,黄剑,等. 深圳市政污水排海工程排污混合区范围的确定 [J]. 环境监测管理与技术,2002,14 (6):37-40.

[13] 武周虎. 明渠移流扩散中无量纲数与相似准则及其应用 [J]. 青岛理工大学学报,2008,29 (5):17-22.

[14] 武周虎,贾洪玉. 河流污染混合区的解析计算方法 [J]. 水科学进展,2009,20 (4):544-548.

[15] 武周虎. 水库倾斜岸坡地形污染混合区的三维解析计算方法 [J]. 科技导报,2008,26 (18):30-34.

[16] 武周虎. 水库铅垂岸地形污染混合区的三维解析计算方法 [J]. 西安理工大学学报,2009,25 (4):436-440.

- [17] 陈永灿，刘昭伟，李闯. 三峡库区岸边污染混合区数值模拟与分析 [C]//刘树坤，等. 中国水力学 2000. 成都：四川大学出版社，2000：501-508.
- [18] 黄真理，李玉梁，陈永灿，等. 三峡水库水质预测和环境容量计算 [M]. 北京：中国水利水电出版社，2006.
- [19] 廖文根，李锦秀，彭静. 水体纳污能力量化问题探讨 [J]. 中国水利水电科学研究院学报，2003，1 (3)：211-215.
- [20] 张丽娜，王烜. 射流理论在水环境保护中的应用 [J]. 水资源保护，2006，22 (6)：71-75，80.
- [21] 杨志峰，王烜，孙涛，等. 环境水力学原理 [M]. 北京：北京师范大学出版社，2006.

2 – 09 Calculation Method for Steady – State Pollutant Concentration in Mixing Zones Considering Variable Lateral Diffusion Coefficient[*]

Abstract: Prediction of the pollutant mixing zone (PMZ) near the discharge outfall in Huangshaxi shows large error when using the methods based on the constant lateral diffusion assumption. The discrepancy is due to the lack of consideration of the diffusion coefficient variation. The variable lateral diffusion coefficient is proposed to be a function of the longitudinal distance from the outfall. Analytical solution of the two – dimensional advection – diffusion equation of a pollutant is derived and discussed. Formulas to characterize the geometry of the PMZ are derived based on this solution, and a standard curve describing the boundary of the PMZ is obtained by proper choices of the normalization scales. The change of PMZ topology due to the variable diffusion coefficient is then discussed using these formulas. The criterion of assuming the lateral diffusion coefficient to be constant without large error in PMZ geometry is found. It is also demonstrated how to use these analytical formulas in the inverse problems including estimating the lateral diffusion coefficient in rivers by convenient measurements, and determining the maximum allowable discharge load based on the limitations of the geometrical scales of the PMZ. Finally, applications of the obtained formulas to onsite PMZ measurements in Huangshaxi present excellent agreement.

Keywords: advection – diffusion equation; analytical solution; pollutant mixing zone; rivers

The prediction of the mixing of pollutant in rivers and streams is a common civil and environmental application of the turbulent diffusion theory. A key problem is the determination of the diffusion coefficient. Fischer et al. (1979) collected over 70 sets of laboratory and field test data to study the lateral diffusion coefficient in a uniform straight channel. Their analysis indicates that the lateral diffusion coefficient in certain reaches of the channel/river may be treated as a constant. The value of the constant, however, is strongly affected by the river hydrology, hydraulic conditions, irregular terrain, etc. Therefore, studies during the past several decades were mostly committed to seeking the relation between the appropriate constant lateral diffusion coefficient and the mean hydraulic parameters of river reaches (Fischer & Hanamura, 1975; Beltaos, 1980; Webel & Schatzmann, 1984). These studies show that it is proper to assume the lateral diffusion coefficient of the river to be constant, in most of the practical engineering cases,

---

[*] 原文载于 *Water Science and Technology*，2017，76 (1)，作者：武文，武周虎，宋志文。

with acceptable error (Zhang & Li, 1993; Lung, 1995; IDEQ, 2015). Many hydrology theories have been developed based on this assumption.

Under the condition of a constant lateral diffusion coefficient, considering the longitudinal advection and lateral diffusion in river as the major transport mechanisms, Li (1972) obtained the analytical solutions of the simplified two-dimensional advection-diffusion equation of the pollutant concentration. When the wastewater quality exceeds the environmental quality standards, a mixing zone of non-acutely toxic pollutant is acceptable as long as its area is relatively small (Rodríguez Benítez et al., 2016). One of the pollutant mixing zone (PMZ) technical handbooks, for instance, was proposed by the Idaho Department of Environmental Quality (IDEQ). The manual includes the PMZ setting-up rules, approval process, monitoring procedures, and water-quality modeling (IDEQ, 2015). The geometric scales of the mixing zone in such handbooks and research are usually defined by contour-lines of the concentration field (at certain level as required by the water-quality standard) obtained by numerical simulation using two-dimensional water-quality models (Hamzeh, 2016). The polynomial fitting equations of these contour-lines not only lack generality, but also may lead to wrong prediction when the flow parameters differ from their calibration ranges.

Wu & Jia (2009) and Wu et al. (2009, 2011) developed an analytical PMZ calculation method for the constant lateral diffusion coefficient condition in wide, rectangular and straight rivers. Based on the analytical solution of the simplified two-dimensional advection-diffusion equation by Fischer et al. (1979) and Li (1972), analytical formulas of the geometric scales and the mixing zone area were obtained. These formulas clearly demonstrate the constitutive relations between the flow parameters (such as the discharge rate, mean flow velocity, and lateral diffusion constant) and the macro geometric scales of the PMZ. Moreover, these analytical formulas build up a standard-curve equation describing the boundary of the PMZ. This standard curve formula is non-dimensionalized by certain characteristic scales, and is in a universal form which is valid for all the flow belonging to such a simplification category of rivers. The accuracy of these analytical formulas was evaluated by the data of Huang et al. (2006), which contains the water-environment-related indexes and the hydrology/water-quality pollutant load monitored in the Three Gorges of the Yangtze River in China. The predicted PMZ boundary curve agreed very well with the measured data near the discharging outfall of the Fuling phosphate fertilizer factory. Discrepancy, however, appeared in predicting the shape of the PMZ near the Huangshaxi municipal sewage outfall. We proposed that the error is due to the variation of the lateral diffusion coefficient during the transport of pollutant near the Huangshaxi municipal sewage outfall, which violates the constant assumption used during deriving the analytical solutions. A physical picture of such diffusion variation can be described: the shallows on the shore near the discharge outfall, where the diffusion of pollutant begins, are dominated by small‑scale vortices which result in a small diffusion coefficient; as the diffusion cloud moved further from the bank at more downstream locations, the effects of the larger‑scale vortices in the main flow of the river are enhanced; thus the diffusion coefficient becomes larger (David et al., 2013; Sinan, 2014; Noori et al., 2015).

In this paper, the simplified two‑dimensional advection‑diffusion equation of a pollutant is solved to obtain the analytical solution of the pollutant concentration. The sewage outfall is considered to be constant, point‑source, riverbank discharging. We first review the present analytical solutions under a constant diffusion coefficient assumption. Then a new model for the variable diffusion coefficient is proposed, followed by derivation of the analytical solution of pollutant concentration. Formulas describing the geometric scales, area, and the standard curve equation for the boundary of the PMZ are obtained by proper normalizing of the analytical concentration solution. By comparing these formulas with the previous ones with the constant diffusion coefficient assumption, the impact of lateral diffusion coefficient variation on the topology of the PMZ is discussed. Finally, these formulas are validated by two practical applications in natural rivers.

1 Analytical concentration distribution and characteristic analysis

1.1 Previous studies

Under steady‑state, the leading convecting‑type dynamics that determine the transport of the pollutant is the longitudinal (i.e., x direction along the river flow) convection because $U \gg V$, where U is the mean flow velocity and V is the velocity in the lateral direction. In such situations, the two‑dimensional advection‑diffusion equation of the pollutant concentration $C(x,y)$ (with dimension $[ML^{-3}$, where M is unit of mass$]$) in a river is [see Li (1972), Equation (30), p. 178]

$$U\frac{\partial C}{\partial x} = E_x \frac{\partial^2 C}{\partial x^2} + E_y \frac{\partial^2 C}{\partial y^2} \tag{1}$$

in which x and y (lateral direction perpendicular to the river bank and pointing to the opposite shore) are oriented from the discharge outfall with dimension $[L]$; U is the mean flow velocity with dimension $[LT^{-1}$, where T is unit of time$]$; E_x and E_y are the longitudinal and lateral diffusion coefficient with dimension $[L^2 T^{-1}]$, respectively.

For the diffusion far away from the sewage outfall (i.e., $xU \gg E_x$), the role of the diffusion in the x direction is insignificant compared to the advection effect, therefore negligible [refer to Li (1972), p. 179 – 180, for complete analysis]. Then, Equation (1) can be simplified as

$$U\frac{\partial C}{\partial x} = E_y \frac{\partial^2 C}{\partial y^2} \tag{2}$$

To the best of our knowledge, no general analytical solution has been obtained for Equation (2) yet. When E_y is a constant (i.e., $E_y \equiv E_c$) and a constant point-source discharges at $x=0$, $y=0$, the analytical solution of Equation (2) is [see Li (1972), Equation (35), p. 181]

$$C(x,y) = \frac{m}{2H\sqrt{\pi E_c U x}} \exp\left(-\frac{Uy^2}{4E_c x}\right) \quad (3)$$

where (m/H) is the discharge mass per unit depth per time with dimension $[MT^{-1}L^{-1}]$; H is the mean depth with dimension $[L]$. Equation (3) defines the set of iso-concentration lines as semi-elliptical curves (Wu & Jia, 2009). Often in practical flows, however, significant discrepancy shows when Equation (3) is used to describe the concentration field. In our precursor study, it was seen that the normalized shape of the concentration field does not always agree with the contours defined by Equation (3). For example, a pear-shaped PMZ was observed in Huangshaxi, China. It has a sharp tip near the sewage outfall and a blunt end far away downstream. Note that including the constant longitudinal diffusion as in Equation (2) does not lead to a better prediction: the shape of the iso-concentration curve remains nearly symmetric about the centre of the field in the longitudinal direction (Wu et al., 2009).

1.2 New analytical solutions of pollutant transport equation

Such failure of current solutions are due to the nature of E_y: it varies with the flow rather than being a constant. To determine E_y in Equation (2), recall that turbulence consists of vortices of various scales. Generally speaking, the large-scale vortices play the major role in the transport of momentum, mass and heat (Xia, 1992). The longer the period of time after the pollutants have been discharged from the outfall, the further they get transported into the main stream of the river where the largescale vortices are dominant. Therefore, the growth of the PMZ can be described as a function of either x or y; i.e., the lateral diffusion coefficient increases with the range of the PMZ.

In this study, we assume that the river lateral diffusion coefficient is proportional to the diffusion distance x, borrowing the above physical picture and the analogy of the theories of atmospheric mixing (Li, 2009). The variable lateral diffusion coefficient then is written as follows:

$$E_y(x) = \gamma_y x^{\alpha_y} \quad (4)$$

in which γ_y and α_y are positive constants. When $\alpha_y = 0$, Equation (4) represents the constant lateral diffusion coefficient scenario with $E_c = \gamma_{y,0}$ (subscript 0 denotes the constant diffusion coefficient case hereafter).

Substituting Equation (4) into Equation (2) gives

$$U\frac{\partial C}{\partial x} = \gamma_y x^{\alpha_y} \frac{\partial^2 C}{\partial y^2} \quad (5)$$

Arrange Equation (5) to get

$$U\frac{\partial C}{\partial x^{1+\alpha_y}} = \frac{\gamma_y}{1+\alpha_y}\frac{\partial^2 C}{\partial y^2} \tag{6}$$

Let $X = x^{1+\alpha_y}$ and $E = \dfrac{\gamma_y}{1+\alpha_y}$, Equation (6) transforms into the form of Equation (2), with a constant diffusion coefficient

$$U\frac{\partial C}{\partial X} = E\frac{\partial^2 C}{\partial y^2} \tag{7}$$

Based on Equation (3) and considering the reflection by the riverbank that doubles the concentration on one side [see Fischer et al. (1979), p. 54, Equation (2.68)], the analytical solution of Equation (7) is

$$C(X,y) = \frac{m}{H\sqrt{\pi EUX}}\exp\left(-\frac{Uy^2}{4EX}\right) \tag{8}$$

Putting the definition of X and E back into Equation (8) and simplifying it, we obtain the pollutant concentration distribution in rivers with a variable lateral diffusion coefficient as follows:

$$C(x,y) = \frac{m}{H\sqrt{\pi U}}\sqrt{\frac{1+\alpha_y}{\gamma_y x^{1+\alpha_y}}}\exp\left[-\frac{(1+\alpha_y)Uy^2}{4\gamma_y x^{1+\alpha_y}}\right] \tag{9}$$

1.3 Characteristic analysis of the concentration distribution

Based on Equation (9), we then explore the impact of the variable lateral diffusion coefficient on the characteristics of the PMZ, by comparing the concentration fields of different values of α_y. At each longitudinal location x downstream of the discharge outfall, Equation (9) leads to the concentration distribution as:

$$C(x,y) = C_m(x)\exp\left(-\frac{y^2}{2\sigma_y^2}\right) \tag{10}$$

in which $C_m(x) = C(x,0)$ is the maximum concentration in the lateral direction; $\sigma_y^2(x)$ is the lateral variance of the concentration due to the lateral diffusion. Equations (9) and (10) indicate that the lateral concentration of the pollutant discharged from the riverbank exhibits a semi-normal distribution. The maximum concentration at every longitudinal location, $C_m(x)$, happens at the riverbank ($y=0$). This maximum concentration is proportional to $(1+\alpha_y)^{0.5}$, and decays as the $-(1+\alpha_y)/2$-th power of the distance from the outfall. The lateral variance of the concentration is also a function of the longitudinal distance

$$\sigma_y^2 = \frac{2\gamma_y x^{1+\alpha_y}}{U(1+\alpha_y)} \tag{11}$$

Recall that when $\alpha_y = 0$, it represents the constant lateral diffusion coefficient scenario. The corresponding maximum concentration and lateral variance are $C_{m,0}(x)$ and

$\sigma_{y,0}^2(x)$.

From Equation (9), it can be obtained that the ratio of $C_m(x)$ with the variable and constant lateral diffusion coefficients (while all other flow and discharge conditions stay the same), namely λ_m hereafter, is

$$\lambda_m \equiv \frac{C_m}{C_{m,0}} = \sqrt{\frac{\gamma_{y,0}(1+\alpha_y)}{\gamma_y \, x^{\alpha_y}}} \quad \text{(for } \alpha_y > 0\text{)} \tag{12}$$

$\lambda_m = 1$ when $\alpha_y = 0$. Similarly, the ratio of $\sigma_y^2(x)$ with the variable and constant lateral diffusion coefficients, namely λ_σ hereafter, is

$$\lambda_\sigma \equiv \frac{\sigma_y}{\sigma_{y,0}} = \sqrt{\frac{\gamma_y \, x^{\alpha_y}}{\gamma_{y,0}(1+\alpha_y)}} \quad \text{(for } \alpha_y > 0\text{)} \tag{13}$$

$\lambda_\sigma = 1$ when $\alpha_y = 0$. Note that $\lambda_\sigma = 1/\lambda_m$.

The longitudinal profiles of λ_m and λ_σ calculated by Equations (12) and (13) are plotted in Fig. 1 and Fig. 2 with $\alpha_y = 0$, 0.5, 1.0, and 2.0.

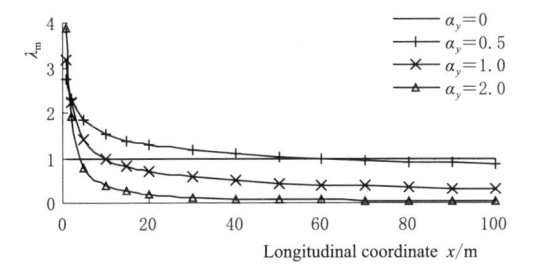

Fig. 1 Longitudinal profiles of the maximum concentration (C_m) ratio between analytical solutions with different variable lateral diffusion coefficients

Fig. 2 Longitudinal profiles of the concentration standard deviation (σ_y) ratio between analytical solutions with different variable lateral diffusion coefficient

The constant diffusion coefficient case is also shown for comparison. $\gamma_y/\gamma_{y,0}$ is chosen to be 1/5 here; other values give similar results. λ_m decreases exponentially with the distance x as determined by Equation (12). This represents the physical picture that when the pollutant moves downstream, the mixing cloud grows and is more likely to be mixed by the large-scale turbulent vortices. The lateral diffusion coefficient increases by the large vortices and it decreases the maximum concentration. With increase in α_y, the change of λ_m near $x=0$ becomes more rapid. A similar trend (reversed as an exponential increase) shows in the profiles of λ_σ (Fig. 2). In all, considering the variable $E_y(x)$, the pollutant is more concentrated near the discharge riverbank near the outfall (i.e., $\sigma_y^2 \to 0$ as $x \to 0$). As the turbulent eddies grow downstream, the lateral diffusion is amplified and generates a significant wider mixing zone (e.g., $\lambda_\sigma > 2$ for $x > 40$, $\alpha_y = 1.0$ in Fig. 2).

2 Geometric characteristics of PMZ

The summation of the background concentration (C_b) and the concentration allowed to be increased by the discharge (C_a: subscript "a" represents "allowed" hereafter) should meet the requirement of the pollutant concentration in the mixing zone standard (C_{std}). The iso-concentration line of $C_a = C_{std} - C_b$ defining the boundary of the PMZ is [refer to Equation (9)]

$$C_a = \frac{m}{H\sqrt{\pi U}} \sqrt{\frac{1+\alpha_y}{\gamma_y x^{1+\alpha_y}}} \exp\left[-\frac{(1+\alpha_y)Uy^2}{4\gamma_y x^{1+\alpha_y}}\right] \tag{14}$$

In the following subsections, analytical formulas for the characteristic geometric parameters of the PMZ enclosed by the curve defined in Equation (14) will be derived and discussed.

2.1 Maximum length and width and maximum width location

Let $y = 0$ in Equation (14), the analytical formula for the maximum length of the PMZ is

$$L_s = \left(\sqrt{\frac{1+\alpha_y}{\pi U \gamma_y}} \frac{m}{HC_a}\right)^{\frac{2}{1+\alpha_y}} \tag{15}$$

Re-write Equation (14) as:

$$C_a x^{(1+\alpha_y)/2} = \frac{m}{H\sqrt{\pi U}} \sqrt{\frac{1+\alpha_y}{\gamma_y}} \exp\left[-\frac{(1+\alpha_y)Uy^2}{4\gamma_y x^{1+\alpha_y}}\right] \tag{16}$$

Taking the derivative of each term in both sides of Equation (16) and letting $dy/dx = 0$ gives

$$C_a x^{\frac{1+\alpha_y}{2}} = \frac{m}{H\sqrt{\pi U}} \frac{(1+\alpha_y)U}{2\gamma_y} \sqrt{\frac{1+\alpha_y}{\gamma_y}} \exp\left[-\frac{(1+\alpha_y)Uy^2}{4\gamma_y x^{1+\alpha_y}}\right] x^{-(1+\alpha_y)} y^2 \tag{17}$$

Both sides of Equations (16) and (17) are equal; thus the longitudinal coordinate of the PMZ's maximum width, b_s, is

$$L_c = \left[\frac{(1+\alpha_y)U}{2\gamma_y} b_s^2\right]^{\frac{1}{1+\alpha_y}} \tag{18}$$

Substituting Equation (18) into Equation (14) (L_c as variable x and solve for y), and considering Equation (15), the maximum width of PMZ is

$$b_s = \sqrt{\frac{2}{\pi e}} \frac{m}{UHC_a} = \sqrt{\frac{2\gamma_y L_s^{1+\alpha_y}}{(1+\alpha_y)eU}} \tag{19}$$

in which "e" is the mathematical constant. Substituting Equation (19) into Equation (18), the longitudinal coordinate of the maximum width of the PMZ is related to its maximum length as:

$$L_c = L_s e^{\frac{-1}{1+\alpha_y}} \tag{20}$$

2.2 Standard curve equation of the boundary

When x is normalized by the maximum length and y by the maximum width of the PMZ, Equation (14) defining the boundary of the PMZ is in a universal form

$$\left(\frac{y}{b_s}\right)^2 = -e\left(\frac{x}{L_s}\right)^{1+\alpha_y} \ln\left(\frac{x}{L_s}\right)^{1+\alpha_y} \tag{21}$$

Note that it is only a function of α_y. The model constant γ_y, on the other hand, changes the length scales that are used for the normalization.

2.3 Area and area coefficient

Taking the definite integral of the square root of Equation (21) in the x direction from 0 to L_s, the area of the PMZ is

$$S = \int_0^{L_s} b_s \sqrt{-e\left(\frac{x}{L_s}\right)^{1+\alpha_y} \ln\left(\frac{x}{L_s}\right)^{1+\alpha_y}} \, dx \tag{22}$$

Substituting the variables as $\frac{x}{L_s} = \zeta$ and then $\eta = \zeta^{(3+\alpha_y)/2}$, it can be rewritten as:

$$S = \frac{2}{3+\alpha_y} \sqrt{e} L_s b_s \int_0^1 \sqrt{\ln \zeta^{-(1+\alpha_y)}} \, d\zeta^{(3+\alpha_y)/2} = \frac{2}{3+\alpha_y} \sqrt{\frac{2(1+\alpha_y)}{3+\alpha_y}} \sqrt{e} L_s b_s \int_0^1 \sqrt{\ln \eta^{-1}} \, d\eta \tag{23}$$

From a mathematical table: $\int_0^1 \sqrt{\ln(\eta^{-1})} \, d\eta = \frac{\sqrt{\pi}}{2}$ the analytical formula for PMZ area will be

$$S = \frac{\sqrt{\pi e}}{3+\alpha_y} \sqrt{\frac{2(1+\alpha_y)}{3+\alpha_y}} L_s b_s = \mu L_s b_s \tag{24}$$

where the area coefficient

$$\mu = \frac{\sqrt{\pi e}}{3+\alpha_y} \sqrt{\frac{2(1+\alpha_y)}{3+\alpha_y}} \tag{25}$$

is a function of α_y. It decreases monotonically with the increasing of α_y. $\mu_{\max} = 0.795$, when $\alpha_y = 0$, is exactly the same as the results of Wu & Jia (2009) for constant lateral diffusion coefficient cases.

3 Discussion and inverse problems

3.1 Topology of the PMZ

Equation (21) indicates that the shape of the PMZ standard boundary is only determined by α_y. When the lateral diffusion coefficient is constant (i. e., $\alpha_y = 0$), the standard curve equation gives the result of Wu et al. (2011). The maximum width occurs at $L_c = L_s/e \approx 0.368 L_s$ [Equation (20)]. When $\alpha_y = 0.443$, $L_c = 0.50 L_s$; that is, the widest section is in the middle of the PMZ. When $\alpha_y > 0.443$, the widest section moves further downstream towards the far end of the PMZ. Standard boundary curves at $\alpha_y = 0$,

0.15, 0.50, 1.00, and 2.00 are plotted in Figure 3. The location of the widest section (relative to L_s) and the area coefficient of the PMZ varying with α_y are plotted in Figure 4.

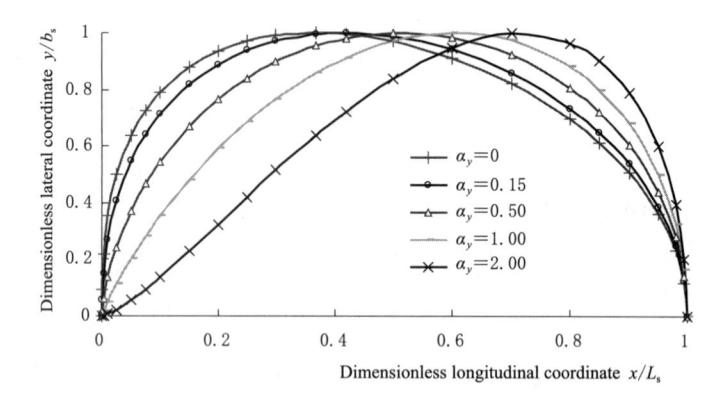

Fig. 3　Plots of the standard boundary curves of PMZ at different α_y

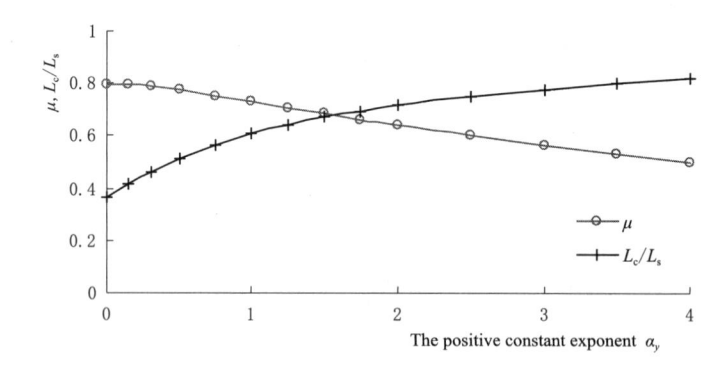

Fig. 4　Plots of the location of the widest section, L_c/L_s and area coefficient μ versus α_y

As can be seen from Fig. 3, the shape of riverbank discharge PMZ changes significantly with α_y. When $\alpha_y = 0$ (i.e., constant diffusion coefficient), the shape is blunt near the outfall and gradually becomes sharper downstream. As α_y increases, the region near the outfall becomes sharper, while the downstream end gets blunter due to the enhancement of diffusion by the increasing lateral diffusion coefficient. Fig. 4 shows that the corresponding longitudinal coordinate of the maximum width, L_c, increases monotonically towards L_s with the increase of α_y. Fig. 4 also shows that the area coefficient of the PMZ monotonically decreases with the increase of α_y, from its maximum value of 0.795 at $\alpha_y = 0$ to 0.731 at $\alpha_y = 1$, and 0.499 at $\alpha_y = 4$.

3.2　Inverse problem: estimate diffusion coefficient in rivers

In practice, the lateral diffusion coefficient E_y is hard to measure and usually assumed. The results of the current study, besides the advantage in characterizing the topology of the PMZ, can also be used to estimate the diffusion progress in the river. For example, if L_c is observed to satisfy $L_s/e \leqslant L_c \leqslant L_s/e + 5\% L_s$ (i.e., $0.368L_s \leqslant L_c \leqslant 0.418L_s$), α_y satisfies $0 \leqslant \alpha_y \leqslant 0.15$ [refer to Equation (20)]. It can approximately be considered to be zero, and the lateral diffusion coefficient can be treated as a constant. The analytical formulas can even be used inversely to calculate the diffusion coefficient using the macro geometric scales which are much easier to obtain onsite. Here the authors propose two methods to estimate the lateral diffusion coefficient, in particular, the model constants γ_y and α_y, in the river by convenient onsite measurements.

3.3 Dual cross-section method

If the pollutant concentration distribution data is available at two sections x_1 and x_2, the variance, calculated according to its mathematical definition, can be used to calculate γ_y and α_y

$$\sigma_{y,1}^2 = \frac{2\gamma_y x_1^{1+\alpha_y}}{(1+\alpha_y)U} \text{ and } \sigma_{y,2}^2 = \frac{2\gamma_y x_2^{1+\alpha_y}}{(1+\alpha_y)U} \tag{26}$$

Then

$$\left(\frac{\sigma_{y,1}}{\sigma_{y,2}}\right)^2 = \left(\frac{x_1}{x_2}\right)^{1+\alpha_y} \tag{27}$$

Using Logarithmic "ln" function on both sides of Formula (27), finishing obtains the positive constant exponent

$$\alpha_y = 2\ln\left(\frac{\sigma_{y,1}}{\sigma_{y,2}}\right) \Big/ \ln\left(\frac{x_1}{x_2}\right) - 1 \tag{28}$$

Finally, substituting the obtained α_y into Equation (26), γ_y can be calculated as

$$\gamma_y = \frac{(1+\alpha_y)U\sigma_{y,1}^2}{2x_1^{1+\alpha_y}} \text{ or } \gamma_y = \frac{(1+\alpha_y)U\sigma_{y,2}^2}{2x_2^{1+\alpha_y}} \tag{29}$$

E_y is then calculated by the obtained γ_y and α_y based on Equation (4). Note that if $\alpha_y \leqslant 0.15$, the constant diffusion coefficient assumption can be employed and $\gamma_{y,0}$ is calculated by putting $\alpha_y = 0$ into Equation (29) to get $\gamma_{y,1}$ and $\gamma_{y,2}$. E_y then is equal to the obtained $\gamma_{y,0} = (\gamma_{y,1} + \gamma_{y,2})/2$.

3.4 Iso-concentration curve method

In this method, Equation (20) is used reversely to calculate α_y by the measured L_c and L_s. In practice, first, plot one or several iso-concentration lines according to the onsite measurements of the two-dimensional pollutant concentration distribution. And then fit the mixing zone shape by adjusting α_y in the standard curve equation [Equation (21)]. The maximum length (L_s), width (b_s) and the corresponding longitudinal coordinate (L_c) are obtained for each iso-concentration curve.

Using Equation (20), α_y can be calculated for each curve as:

$$\alpha_y = \ln^{-1}\left(\frac{L_s}{L_c}\right) - 1 \tag{30}$$

and γ_y can be calculated based on the reverse of Equation (19) as (set $\alpha_y=0$ if $\alpha_y \leqslant 0.15$)

$$\gamma_y = \frac{e(1+\alpha_y)Ub_s^2}{2L_s^{1+\alpha_y}} \tag{31}$$

Averaging γ_y and α_y over all the iso-concentration curves may increase the general accuracy.

3.5 Calculation of the maximum discharge load

One more application of the above formulas is to determine the maximum discharge load, based on the mean flow velocity in the mixing zone U, the mean depth of mixing zone H, the variable lateral diffusion coefficient $E_y(x)$, the allowed concentration increases C_a, and the allowable range of the PMZ, i.e., the length $[L_s]$, the width $[b_s]$ or/and the area $[S]$ ($[\cdot]$ denotes the allowable limit of scales hereafter).

The maximum discharge load limited by the allowable length $[L_s]$, the width $[b_s]$ and the area $[S]$ are

$$G_L = \sqrt{\frac{\pi U \gamma_y}{1+\alpha_y}} HC_a [L_s]^{\frac{1+\alpha_y}{2}} \tag{32}$$

$$G_b = \sqrt{\frac{\pi e}{2}} UHC_a [b_s] \tag{33}$$

$$G_S = \sqrt{\pi} HC_a \left[\frac{\gamma_y}{1+\alpha_y} U^{2+\alpha_y} \left(\sqrt{\frac{e}{2}} \frac{[S]}{\mu}\right)^{1+\alpha_y}\right]^{\frac{1}{3+\alpha_y}} \tag{34}$$

respectively [refer to Equations (15), (19) and (24)]. Taking the minimum value of the controlled pollutant load G_L, G_b and G_S gives the maximum pollutant load meeting all the requirements.

4 Application examples

Example I: Starch factory discharge in the Guangfu River

Fig. 5 is the onsite observation of the mixing zone near the outfall of a starch factory in the Guangfu River (Wu et al., 2011). The maximum length and width of the PMZ, shown by the white high concentration region, are $L_s = 32$m and $b_s = 5$m, respectively. The corresponding longitudinal location of the maximum width is at $L_c = 12$m. The mean flow velocity in the river is $U = 0.25$m/s.

Using Equation (21) to fit the high concentration PMZ, $\alpha_y = 0.02 \approx 0$ is obtained for this case. It means that the lateral diffusion coefficient E_y is constant in this region of the river. Thus, the boundary of the high concentration, white PMZ of this starch factory can be described by the standard curve equation [Equation (21)] as follows (in metric units)

$$\left(\frac{y}{5}\right)^2 = -e\frac{x}{32}\ln\left(\frac{x}{32}\right) \tag{35}$$

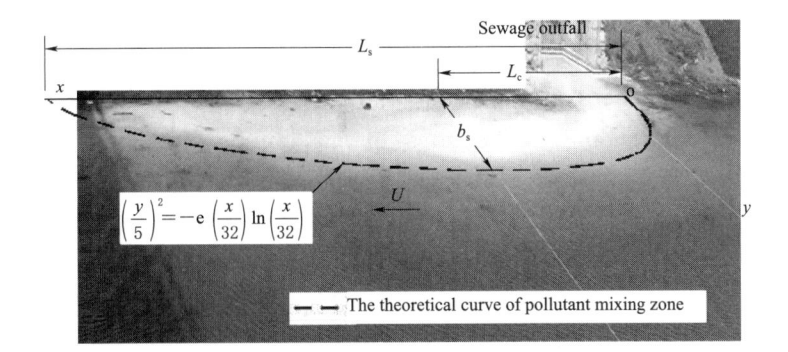

Fig. 5 Observation of the PMZ near a discharge outfall of a starch factory in the Guangfu River

The boundary curve defined by this formula is also plotted in Fig. 5 as the dashed line (with the same projection angle as the observation), presenting good agreement with the onsite observation. The semi-elliptical shape of the PMZ is well represented. As the inverse problem discussed in the previous section, the lateral diffusion coefficient $E_y = \gamma_{y,0}$ is calculated, using the value of L_s, b_s and $\alpha_y = 0$ in Equation (31), to be 0.27 m^2/s. Note that in natural rivers, E_y is hard to obtain. One needs to measure the concentration profiles at two transverse sections to calculate E_y [using Equation (2.26) in Fischer et al. (1979), p. 42]. Fischer et al. (1979) reported that the average transverse turbulent diffusion coefficient in natural rivers can be taken as $E_y/(Hu_*) = 0.6 \pm 0.3$, in which u_* is the shear velocity.

Typical values of the measured E_y ranges from order of O(10^{-3}) to O(1) m^2/s [see Tab. 5B - 5 in Lehr (2000)]. The value we obtained here is, therefore, reasonable. Moreover, our way of obtaining E_y is much easier than the traditional method: one does not need the concentration profiles (for the iso-concentration curve method); instead, just a few length measurements (even from an onsite picture with proper scale) are sufficient to calculate E_y using Equations (30) and (31).

Example Ⅱ: Municipal sewage discharge in Huangshaxi

Fig. 6 shows the contours of pollutant $NH_3 - N$ by field measurements around the municipal sewage mixing zone at Huangshaxi in the Yangtze River during a dry season (Huang et al., 2006). The shape of this PMZ is sharp near the sewage outfall and blunt at the far end. Compared with the solution with constant lateral diffusion coefficient (line marked "+" in Fig. 3), this shape (line marked "×" in Fig. 3) is significantly different and the former solution totally fails in characterizing the PMZ in this case. The measured maximum length, maximum width and its corresponding longitudinal coordinate of the PMZ for iso-concentration levels $C_a = 0.33$ mg/L, 0.40 mg/L, and 0.50 mg/L, are listed in Tab. 1.

二、河流、水库污染混合区理论与计算方法

Using Equation (21) to fit these three concentration contours, the best fitting is achieved at an averaged $\alpha_y = 1.67$.

The fitted values of the three NH_3 - N contours' maximum length, maximum width and corresponding longitudinal coordinates of maximum width with $\alpha_y = 1.67$ are compared in Table 1. It can be seen that the maximum relative errors between analytical fitted values and measured ones, among the three concentrations, are 4.0%, 4.2%, and 8.9%, for L_s, b_s, and L_c respectively. The errors can be due to the possible local sudden change of the river topology, thus mild violation of the assumed form of diffusion coefficient variation defined in Equation (4). By putting $\alpha_y = 1.67$ into Equation (21), the iso-concentration curve equation of the municipal sewage mixing zone in Huangshaxi is obtained as (in metric units).

$$\left(\frac{y}{b_s}\right)^2 = -e\left(\frac{x}{L_s}\right)^{2.67} \ln\left(\frac{x}{L_s}\right)^{2.67}$$

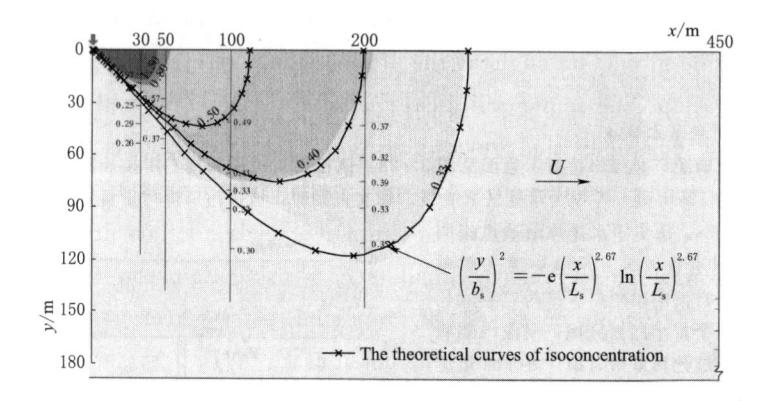

Fig. 6 Concentration fields and contours of NH_3 - N measured near the Huangshaxi sewage discharge outfall

Tab. 1 Characteristic geometric parameters of the NH_3 - N iso-concentration curves, near the discharge outfall in Huangshaxi

Items	NH_3 - N/(mg/L)	Max. length L_s/m	Max. width b_s/m	Longitudinal location of b_s, L_c/m
Onsite measurements	0.33	269.7	120.0	204.8
	0.40	204.8	75.0	126.5
	0.50	112.7	45.3	73.0
Analytical fitted values	0.33	271.4	116.7	186.6
	0.40	196.7	75.0	135.3
	0.50	112.7	43.4	77.5
Relative error/%	NA	0.6	-2.8	-8.9
	NA	-4.0	0.0	6.9
	NA	0.0	-4.2	6.2

$$\left(\frac{y}{b_s}\right)^2 = -\mathrm{e}\left(\frac{x}{L_s}\right)^{2.67} \ln\left(\frac{x}{L_s}\right)^{2.67} \tag{36}$$

The three analytical curves are plotted on top of the measured field in Fig. 6, based on their corresponding L_s and b_s. Good consistency between the data and the analytical solution is exhibited. Note that the shape of the PMZ is significantly different from the one when $\alpha_y = 0$ (refer to Figs. 3 and 5), because of the large α_y. The region near the discharge outfall is much sharper, while the far end is much blunter. The analytical formulas derived in this study predicted well the topology of the pollutant, with only small errors in the macro scales.

The mean flow velocity U in the regions enclosed by the three iso-concentration curves were measured to be 0.75m/s, 0.72m/s and 0.5m/s, respectively. Then, applying the iso-concentration curve method proposed in the section "Iso-concentration curve method" to solve the inverse problem, the mean γ_y of the three curves is 0.0114. The maximum relative difference in γ_y between the three is 3.4%, thus proving that the diffusion coefficient variation defined by Equation (4) is a reasonable assumption for this PMZ. We finally obtained the formula for the variable lateral diffusion coefficient of the sewage mixing zone in Huangshaxi as (in metric units)

$$E_y = \gamma_y x^{\alpha_y} = 0.0114 x^{1.67} \tag{37}$$

5 Conclusions

We have proposed that the variable lateral diffusion coefficient in rivers is a function of the longitudinal distance from the discharge outfall, and derived the analytical solution of the simplified two-dimensional advection-diffusion equation of pollutant in rivers. The aim of this work is to improve the prediction and characterization of the PMZ in the situations when assuming a constant lateral diffusion coefficient leads to significant errors. The solution is applicable to constant point-source discharge in straight, wide rivers/open-channels under steady-state. A set of analytical formulas describing the geometric features of the PMZ was derived from the analytical solution of pollutant concentration. We demonstrated that these formulas have the following advantages that benefit both future research and practical hydraulic applications: firstly, they reveal the constitutive relation linking the geometrical scales of the PMZ with the discharge and flow conditions; secondly, they are in a universal form that is able to describe the shape of the PMZ, ranging from semi-elliptical to pearlike, by a single model parameter; thirdly, they can be used in the inverse problems, including estimating the lateral diffusion coefficient in rivers by convenient measurements, and determining the maximum allowable discharge load based on the limitations of the geometrical scales of the PMZ. Further analysis explained the changes of the pollutant distribution with different variable lateral diffusion coefficients, and established a criterion of applying the constant lateral diffusion coefficient, that is, when the model constant α_y is less than 0.15. Validations of the current formulas using onsite data in a practical PMZ in rivers show excellent agreement between the measurements and the predictions.

References

[1] Beltaos, S. Transverse mixing tests in natural streams [J]. Journal of the Hydraulics Division, 1980 (106): 1607-1625.

[2] David, A., Toumoud, M. G., Perrin, J. L., et al. Spatial and temporal trends in water quality in a Mediterranean temporary river impacted by sewage effluents [J]. Environmental Monitoring and Assessment, 2013, 185 (3): 2517-2534.

[3] Fischer, H. B. & Hanamura, T. The effect of roughness strips on transverse mixing in hydraulic models [J]. Water Resources Research, 1975 (11): 362-364.

[4] Fischer, H. B., List, E. G., Koh, R. C. Y., et al. Mixing in Inland and Coastal Waters [M]. Academic Press: New York, 1979.

[5] Hamzeh, H. A. Modeling river mixing mechanism using data driven model [J]. Water Resources Management, 1979, 31 (3): 811-824.

[6] Huang, Z. L., Li, Y. L. & Chen, Y. C. Water Quality Prediction and Water Environmental Carrying Capacity Calculation for Three Gorges Reservoir [M]. Beijing: China Water Resources and Hydropower Press, 2006.

[7] IDEQ. Mixing Zone Technical Procedures Manual (DRAFT) [Z]. Idaho Department of Environmental Quality, USA, 2015.

[8] Lehr, J. H. Standard Handbook of Environmental Science, Health and Technology [M]. New York: McGraw Hill, 2000.

[9] Li, W. H. Differential Equations of Hydraulic Transients, Dispersion and Ground Water Flow [J]. Prentice Hall, Englewood Cliffs, NJ, USA, 1972.

[10] Li, Y. P. A set of empirical formulas for calculation of atmospheric dispersion coefficients [J]. Transactions of Beijing Institute of Technology (in Chinese), 2009 (29): 914-917.

[11] Lung, W. S. Mixing - zone modeling for toxic waste - load allocations [J]. Journal of Environmental Engineering, 1995 (121): 839-842.

[12] Noori, R., Deng, Z., Kiaghadi, A., et al. How reliable are ANN, ANFIS, and SVM techniques for predicting longitudinal dispersion coefficient in natural rivers [J]. Journal of Hydraulic Engineering, 2015, 142 (1).

[13] Rodríguez Benítez, A. J., Gómez, A. G. & Díaz, C. Á. Definition of mixing zones in rivers [J]. Environmental Fluid Mechanics, 2016, 16 (1): 209-244.

[14] Sinan, S. An empirical approach for determining longitudinal dispersion coefficients in rivers [J]. Environmental Processes, 2014, 1 (3): 277-285.

[15] Webel, G. & Schatzmann, M. Transverse mixing in open channel flow [J]. Journal of Hydraulic Engineering, 1984 (110): 423-435.

[16] Wu, Z. H. & Jia, H. Y. Analytic method for pollutant mixing zone in river [J]. Advanced Water Science, 2009 (20): 544-548.

[17] Wu, Z. H., Wu, W. & Lu, C. G. Analytical calculation of the two - dimensional advection - diffusion equation for pollutant mixing in river and conditions for simplification Ⅰ. wide straight

river without boundary reflection [J]. Journal of Hydraulic Engineering, 2009, 40 (8): 976-982.
[18] Wu, Z. H., Wu, W. & Wu, G. Z. Calculation method of lateral and vertical diffusion coefficients in wide straight rivers and reservoirs [J]. Journal of Computers, 2011 (6): 1102-1109.
[19] Xia, Z. H. Modern Hydraulics (Ⅲ): Turbulence Mechanics [M]. Beijing: Higher Education Press, 1992.
[20] Zhang, Y. L. & Li, Y. L. A Guide to Analytical Solution of Pollutant Mixing Zone [M]. Beijing: Ocean Press, 1993.

2-10 变扩散系数倾斜岸三维浓度分布及混合区计算[*]

摘 要：在环境水力学迁移扩散方程的求解和环境水质模型中，通常将扩散系数按常数来处理。但研究发现在长江三峡建水库前黄沙溪市政排污口的污染混合区形状，并不符合常数扩散系数条件下的污染混合区外边界标准曲线（曲面）方程和几何特征参数关系。本文在倾斜岸河库的岸边等强度点源条件下，求解了变扩散系数简化三维移流扩散方程的浓度分布，进行了浓度分布的特性分析。在此基础上，推导出了污染混合区最大长度、最大宽度与最大深度和相应纵向坐标、水面面积及水下体积的理论公式，给出了污染混合区外边界标准曲线（曲面）方程，分析了扩散系数的变化对污染混合区形态的影响规律，提出了确定变扩散系数的双断面法和等浓度线法以及最大允许污染物负荷的计算方法，给出了按常数扩散系数处理的适用条件。实例分析表明，变扩散系数条件下的污染混合区外边界标准曲线方程和几何特征参数关系，能够较好地表征黄沙溪和涪陵磷肥厂排污口的污染混合区形状。

关键词：环境水力学；变扩散系数；三维浓度分布；污染混合区；几何特征参数；双断面法；等浓度线法

关于矩形断面明渠和天然河流的扩散系数，费希尔等曾收集了70次以上的室内和现场试验资料，分析表明，某河段的扩散系数可以按常数来处理[1-3]，即认为扩散系数主要受河流水文、水力学条件和不规则地形等因素的影响。因此，长期的研究多致力于寻求扩散系数与河段平均水力参数之间的关系[4-6]。在实践中，对于大多数情况河流/水库扩散系数按常数来处理是适合的[7-9]。

近年来，笔者按扩散系数为常数对污染混合区几何特征参数理论计算公式的系列研究成果，推导了二维污染混合区最大长度、最大宽度与其相应纵向坐标和面积的理论公式以及污染混合区外边界（等浓度）标准曲线方程[9-11]；推导了三维污染混合区最大长度、最大宽度和最大深度与其相应纵向坐标、水面面积和水下体积的理论公式以及污染混合区外边界标准曲面方程[9,11-13]。结果表明，对污染混合区外边界曲线或曲面各个方向的坐标分别除以相应坐标方向的最大值，就能在该量纲一坐标图中汇聚成一条标准曲线或一个标准曲面，即按扩散系数为常数推导的污染混合区范围都会形成归一化的标准曲线或曲面，说明污染混合区具有相似性。对岸边排放情况，该曲线或曲面的形状近似于半椭圆或椭球，在靠近排污口一端出现钝形，在污染混合区下游边界出现稍瘦形状，污染混合区最大宽度和最大深度相应的纵向坐标为 $1/e$（≈ 0.368）倍的最大长度，说明污染混合区上、下游呈非对称形状，这个结果无疑对大多数情况的河流/水库污染混合区是适用的[14-15]。武周虎[16]按扩散系数为常数推导了倾斜岸坡深度平均浓度分布及污染混合区的理论计算公

---

[*] 原文载于《水力发电学报》，2017，36（4），作者：武周虎，武文，黄真理。

式,得到各倾角深度平均污染混合区的外边界标准曲线形状最大宽度相应的纵向坐标更加偏向上游一侧,污染混合区的下游边界形状更为尖瘦。然而笔者研究发现,黄真理等[17]在长江三峡建水库前开展的库区水环境现状及水文水质污染负荷同步观测,给出黄沙溪市政排污口的污染混合区形状是:在靠近排污口一端出现尖瘦形状,在污染混合区下游边界出现钝形,污染混合区最大宽度相应的纵向坐标大于最大长度的1/e(向下游移动)。分析认为,由于黄沙溪排污口受岸边区浅滩地形的影响,在扩散初期受小尺度涡旋体的主导作用,扩散系数较小;在扩散云团随着时间不断扩大的过程中,受大尺度涡旋体的主导作用增强,扩散系数逐渐增大。因此,黄沙溪排污口的污染物扩散呈现出变扩散系数的扩散特征。武周虎等[18]对矩形断面河流变侧向扩散系数进行二维浓度分布的理论分析,表明污染混合区形状会发生一些变化,最大宽度相应的纵向坐标会向下游移动,可以产生类似于黄沙溪市政排污口的污染混合区形状情况。

本文在顺直倾斜岸河库的岸边等强度点源条件下,求解基于变扩散系数的简化三维移流扩散方程浓度分布的解析解,探讨污染混合区几何特征参数的计算方法,推导三维污染混合区最大长度、最大宽度和最大深度与其相应纵向坐标、水面面积和水下体积的理论公式及污染混合外边界标准曲面方程,分析扩散系数变化对污染混合区形态的影响。其结果可作为倾斜岸坡河流/水库岸边污染混合区范围和最大允许污染物负荷的计算依据,也可对变扩散系数倾斜岸水质模型的构建、验证和参数率定,提供理论指导作用。

1 浓度分布求解与特性分析

1.1 三维浓度分布求解

在稳态条件下,对倾斜岸坡河流/水库沿主流流向 x 的断面平均纵向流速以 U 表示,对横向与垂向扩散系数相等 $E_y = E_z = E$ 的情况,忽略纵向扩散项的简化三维移流扩散方程为[19]

$$U \frac{\partial C}{\partial x} = E \left(\frac{\partial^2 C}{\partial y^2} + \frac{\partial^2 C}{\partial z^2} \right) \tag{1}$$

式中:x 为沿河流/水库流向的纵向坐标;y、z 为垂直于 x 的横向(侧向)和垂向(水深)坐标,坐标原点取在岸边水面排污点;C 为排污引起的污染物浓度升高值。

紊流是由许多尺度差别很大的涡旋体所组成,一般认为大尺度涡旋体在动量、质量、热量传递中起主导作用[20]。从岸边排污口排出污染物的扩散时间越长,扩散距离越远,扩散宽度和水深不断增大,被大尺度涡旋体运移的概率就越大。考虑到"污染云"在向排污口下游 x 方向迁移的过程中,在 y 方向也是不断扩散增宽,"污染云"受大涡的扩散作用逐渐增强。"污染云"范围可以采用 x 方向的尺度表示,也可以采用 y 方向的尺度表示。因此,侧向扩散系数随"污染云"范围的增大而增大,可表示为:$E \propto x$ 或 $E \propto y$。

笔者考虑大涡对"污染云"扩散的主导作用,提出侧向扩散系数随着"污染云"范围的扩大而增大的变侧向扩散系数概念和处理方法,并参照大气扩散模式中扩散参数的形式[21],假设河流扩散系数与扩散距离 x 成比例,则有变扩散系数为

$$E(x) = \gamma \cdot x^\alpha \tag{2}$$

式中:γ,α 为量纲一正常数。

将式（2）代入式（1）简化三维移流扩散方程变为

$$U\frac{\partial C}{\partial x}=\gamma \cdot x^{\alpha}\left(\frac{\partial^{2} C}{\partial y^{2}}+\frac{\partial^{2} C}{\partial z^{2}}\right) \tag{3}$$

上式变形整理得

$$U\frac{\partial C}{\partial x^{1+\alpha}}=\frac{\gamma}{1+\alpha}\left(\frac{\partial^{2} C}{\partial y^{2}}+\frac{\partial^{2} C}{\partial z^{2}}\right) \tag{4}$$

令 $X=x^{1+\alpha}$，$E_{r}=\dfrac{\gamma}{1+\alpha}$，则上式变为

$$U\frac{\partial C}{\partial X}=E_{r}\left(\frac{\partial^{2} C}{\partial y^{2}}+\frac{\partial^{2} C}{\partial z^{2}}\right) \tag{5}$$

在倾斜岸河库的岸边等强度点源条件下，上式的解析解为[12,19]

$$C(X,y,z)=\frac{\beta m}{4\pi E_{r} X}\exp\left[-\frac{U(y^{2}+z^{2})}{4E_{r} X}\right] \tag{6}$$

式中：m 为单位时间的排污强度；β 为角域映射系数，其中 $\beta=2\pi/\theta$，θ 为岸坡倾角，以弧度计，$\theta\in[0, \pi/2]$。将 X 和 E_{r} 代入式（6）化简得到变扩散系数倾斜岸三维浓度分布为

$$C(x,y,z)=\frac{\beta m(1+\alpha)}{4\pi\gamma x^{1+\alpha}}\exp\left[-\frac{(1+\alpha)U(y^{2}+z^{2})}{4\gamma x^{1+\alpha}}\right] \tag{7}$$

在柱坐标系中，上式变为

$$C(x,r)=\frac{\beta m(1+\alpha)}{4\pi\gamma x^{1+\alpha}}\exp\left[-\frac{(1+\alpha)Ur^{2}}{4\gamma x^{1+\alpha}}\right] \tag{8}$$

式中：$r=\sqrt{y^{2}+z^{2}}$ 为 yOz 平面上的矢径，极角 $\varphi\in[0, \theta]$。

1.2 浓度分布特性分析

由式（8）变形得到

$$C(x,r)=C_{m}(x)\exp\left(-\frac{r^{2}}{2\sigma_{y}^{2}}\right) \tag{9}$$

式中：$C_{m}(x)=C(x,0)$ 为污染物的沿程断面最大浓度变化函数；σ_{y}^{2} 为排污口下游污染物混合扩散段纵向坐标 x 处断面横向浓度分布的方差。

由式（8）和式（9）可知，在柱坐标系中倾斜岸岸边排放角形域内的污染物浓度分布与极角 φ 无关，说明在横向与垂向变扩散系数相等情况下的污染物浓度分布保持轴对称性。在倾斜岸岸边水面排污点下游轴线（$r=0$）上，污染物断面最大浓度 $C_{m}=C(x,0)$ 与 $(1+\alpha)$ 成正比，随距离 x 的 $-(1+\alpha)$ 次方衰减；污染物在矢径向的浓度服从半正态分布特征，其中浓度分布方差为

$$\sigma_{y}^{2}=\frac{2\gamma x^{1+\alpha}}{(1+\alpha)U} \tag{10}$$

当 $\alpha=0$ 时，相当于扩散系数为常数的情况，即 $E=$ 正常数系数 γ_{0}。由式（8）不难得到，在其他条件相同时，变扩散系数与常数扩散系数对应断面的最大浓度之比 λ_{m} 为

$$\lambda_{m}=\frac{C_{m}}{C_{m0}}=\frac{\gamma_{0}}{\gamma}\frac{(1+\alpha)}{x^{\alpha}} \tag{11}$$

变扩散系数与常数扩散系数对应断面的浓度分布标准差之比 λ_σ 为

$$\lambda_\sigma = \frac{\sigma}{\sigma_0} = \sqrt{\frac{\gamma}{\gamma_0}\frac{x^\alpha}{(1+\alpha)}} = \lambda_m^{-1/2} \tag{12}$$

由式（12）可看出，变扩散系数与常数扩散系数对应断面的浓度分布标准差之比与断面最大浓度之比的 0.5 次方成反比关系。

为了进一步分析变扩散系数对断面浓度分布特征的影响，假设变扩散系数中正常数系数 γ 与常数扩散系数 γ_0 的比值等于 1/5（该比值也可以取其他小于 1 的常数来分析），对变扩散系数中不同正常数指数 $\alpha=0.5$、1.0、2.0，分别采用式（11）和式（12）计算断面最大浓度之比 λ_m 和断面浓度分布标准差之比 λ_σ，分别点绘于图 1 和图 2。

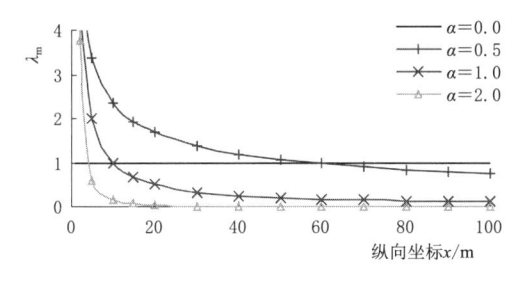

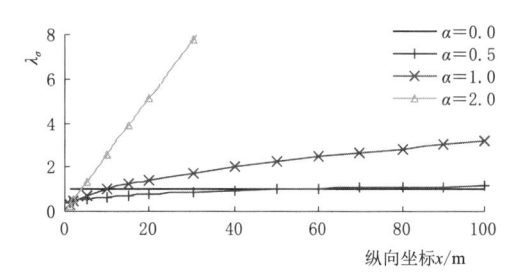

图 1　断面最大浓度之比随 x 坐标的变化规律　　图 2　浓度分布标准差之比随 x 坐标的变化规律

由图 1 可看出，变扩散系数与常数扩散系数对应断面的最大浓度之比随纵向坐标的增大，呈现单调递减趋势，与常数扩散系数时的直线 1 出现交叉。反映了随纵向坐标的增加，污染云团增大，变扩散系数迅速增大，断面最大浓度由高于迅速变为低于常数扩散系数时的断面最大浓度。变扩散系数中正常数指数 α 越大，这一变化过程越快，反之则反。

由图 2 可看出，变扩散系数与常数扩散系数对应断面的浓度分布标准差之比随纵向坐标的增大，呈现单调递增趋势，与常数扩散系数时的直线 1 出现交叉。反映了在纵向坐标较小时断面浓度分布的标准差较小，污染物的断面浓度分布主要集中在排污轴线附近，而在纵向坐标较大时断面浓度分布的标准差迅速增大，污染物的断面浓度分布范围更为宽广，断面浓度分布的标准差由小于迅速变为大于常数扩散系数时断面浓度分布的标准差。

2　污染混合区几何特征计算

令由排污引起的允许浓度升高值 C_a 等于水环境功能区执行的浓度标准限值 C_s 减去受纳水体的背景浓度 C_b，即 $C_a = C_s - C_b$，该等浓度曲线所包围的区域为污染混合区。由式（8）可知，污染混合区外边界等浓度曲线方程为

$$C_a = \frac{\beta m(1+\alpha)}{4\pi\gamma x^{1+\alpha}} \exp\left[-\frac{(1+\alpha)Ur^2}{4\gamma x^{1+\alpha}}\right] \tag{13}$$

2.1　最大长度

在式（13）中令 $r=0$，得到污染混合区最大长度的理论公式为

$$L_s = \left[\frac{\beta m(1+\alpha)}{4\pi\gamma C_a}\right]^{1/(1+\alpha)} \tag{14}$$

2.2 最大宽度、最大深度和相应纵向坐标

为了求解倾斜岸岸边排放角形域中轴对称半正态浓度分布的污染混合区最大宽度、最大深度和相应纵向坐标的计算公式，先求解污染混合区最大半径和相应纵向坐标。将式（13）变形为

$$C_a x^{1+\alpha} = \frac{\beta m(1+\alpha)}{4\pi\gamma} \exp\left[-\frac{(1+\alpha)Ur^2}{4\gamma x^{1+\alpha}}\right] \tag{15}$$

上式两边对 x 求导，并令 $\dfrac{\mathrm{d}r}{\mathrm{d}x}=0$，则有

$$C_a = \frac{\beta m(1+\alpha)}{4\pi\gamma}\left[\frac{(1+\alpha)U}{4\gamma}\right]\left(\frac{r^2}{x^{2(1+\alpha)}}\right)\exp\left(-\frac{(1+\alpha)Ur^2}{4\gamma x^{1+\alpha}}\right) \tag{16}$$

式（13）与式（16）两边相等，整理得到污染混合区矢径向极值点的纵向坐标 L_c 与最大半径 r_s 关系为

$$L_c = \left[\frac{(1+\alpha)U}{4\gamma}r_s^2\right]^{1/(1+\alpha)} \tag{17}$$

将式（17）代入式（13），并考虑到式（14），化简得到污染混合区最大半径为

$$r_s = \sqrt{\frac{\beta m}{\pi \mathrm{e} U C_a}} = \sqrt{\frac{4\gamma L_s^{1+\alpha}}{\mathrm{e}(1+\alpha)U}} \tag{18}$$

式中：自然常数 $\mathrm{e}=2.7183$。

将式（18）代入式（17）化简得到污染混合区最大半径相应的纵向坐标为

$$L_c = L_s \mathrm{e}^{-1/(1+\alpha)} \tag{19}$$

在水面（$z=0$）和倾斜岸坡 $[z=y\tan(\theta)]$ 上的污染混合区最大宽度 b_s、最大深度 d_s 均由式（18）确定

$$b_s = r_s = \sqrt{\frac{\beta m}{\pi \mathrm{e} U C_a}} \tag{20}$$

$$d_s = \sin(\theta) b_s = \sin(\theta)\sqrt{\frac{\beta m}{\pi \mathrm{e} U C_a}} \tag{21}$$

最大宽度和最大深度相应纵向坐标与最大半径相应的纵向坐标相同。

2.3 边界标准曲面方程

将式（14）和式（18）代入式（13）整理得到倾斜岸岸边排放角形域中污染混合区外边界等浓度标准曲面方程为

$$\left(\frac{r}{r_s}\right)^2 = -\mathrm{e}\left(\frac{x}{L_s}\right)^{1+\alpha}\ln\left(\frac{x}{L_s}\right)^{1+\alpha} \tag{22}$$

当 $x=$ 常数时，该污染混合区外边界等浓度曲线为圆方程式（22）中心角 θ 对应扇形区的弧长段，其示意图参见参考文献 [12]。当 $z=0$ 时，污染混合区水面外边界等浓度标准曲线方程为

$$\left(\frac{y}{b_s}\right)^2 = -\mathrm{e}\left(\frac{x}{L_s}\right)^{1+\alpha}\ln\left(\frac{x}{L_s}\right)^{1+\alpha} \tag{23}$$

由式（22）和式（23）可知，变扩散系数倾斜岸坡河流/水库污染混合区外边界等浓

度量纲一标准曲面（水面曲线）的形状仅与变扩散系数中正常数指数 α 有关。当 $\alpha=0$ 时，扩散系数为常数，污染混合区最大宽度和最大深度相应纵向坐标为 $L_c=L_s/e$，该标准曲面（水面曲线）方程与文献[9]中结果完全一致；当 $\alpha=0.443$ 时，最大宽度和最大深度相应纵向坐标为 $L_c=0.5L_s$，污染混合区的中间断面最宽和最深；当 $\alpha>0.443$ 时，最大宽度和最大深度相应纵向坐标为 $L_c=(0.50\sim 1.0)L_s$，污染混合区最大宽度和最大深度出现在中间断面与末端之间。

当 $\alpha=0$、0.15、0.50、1.00、2.00 时，变扩散系数倾斜岸岸边排放污染混合区水面量纲-外边界标准曲线参见图 3；污染混合区最大宽度和最大深度相应纵向坐标式（19）随着变扩散系数中正常数指数 α 的变化曲线见图 4。

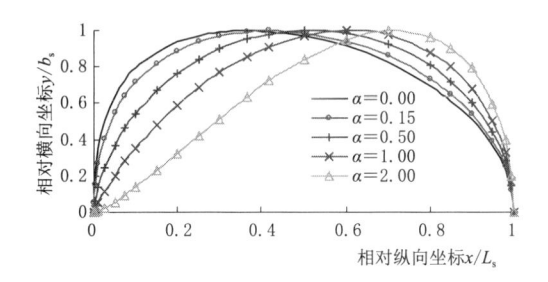

图 3　倾斜岸排放污染混合区量纲-
外边界标准曲线

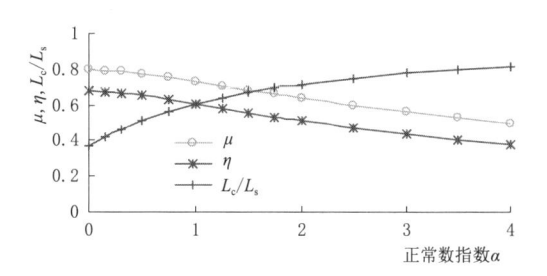

图 4　污染混合区最大半径相应纵向坐标及
面积系数和体积系数曲线

由图 3 可看出，变扩散系数倾斜岸岸边排放污染混合区近似于半椭圆形状，当 $\alpha=0$ 时（相当于常数扩散系数情况）在靠近排污口一端出现钝头，下游端出现稍瘦形状；当 α 增大时靠近排污口一端逐渐变成尖头，下游端逐渐变成钝头。由图 4 看出，污染混合区最大半径相应的纵向坐标随着变扩散系数中正常数指数 α 的增大单调增加，即随着变扩散系数中正常数指数 α 的增大，污染混合区最大宽度和最大深度的断面位置由纵向坐标 $L_c=L_s/e$ 向下游移动 $L_c \to L_s$；当 $\alpha=1$ 时，移至 $L_c=0.607L_s$；当 $\alpha=4$ 时，移至 $L_c=0.819L_s$。这一规律与扩散距离越远，污染物被大尺度涡旋体运移的概率越大，扩散系数增加相一致。

在实际中，当污染混合区最大宽度和最大深度相应的纵向坐标 $L_s/e \leqslant L_c \leqslant L_s/e+5\% L_s \approx 0.418 L_s$ 时，变扩散系数中的正常数指数 $0 \leqslant \alpha \leqslant 0.15$，可近似按 $\alpha=0$，即扩散系数 $E=$ 常数的情况来处理。

2.4　水面面积和面积系数

对式（23）的平方根在 $x[0, L_s]$ 上求面积积分，推导污染混合区水面面积的理论公式如下：

$$S = \int_0^{L_s} y \, dx = \int_0^{L_s} b_s \sqrt{-e\left(\frac{x}{L_s}\right)^{1+\alpha} \ln\left(\frac{x}{L_s}\right)^{1+\alpha}} \, dx \tag{24}$$

进行变量替换，令 $x/L_s=\zeta$，进而再令 $\eta=\zeta^{(3+\alpha)/2}$，化简整理得到

$$S = \frac{2}{3+\alpha}\sqrt{e}\, L_s b_s \int_0^1 \sqrt{\ln \zeta^{-(1+\alpha)}}\, d\zeta^{(3+\alpha)/2} = \frac{2}{3+\alpha}\sqrt{\frac{2(1+\alpha)}{3+\alpha}}\sqrt{e}\, L_s b_s \int_0^1 \sqrt{\ln \eta^{-1}}\, d\eta \tag{25}$$

二、河流、水库污染混合区理论与计算方法

由数学用表可知：$\int_0^1 \sqrt{\ln(\eta^{-1})}\,\mathrm{d}\eta = \frac{\sqrt{\pi}}{2}$，则有污染混合区水面面积的理论公式为

$$S = \mu L_s b_s \tag{26}$$

其中

$$\mu = \frac{\sqrt{\pi \mathrm{e}}}{3+\alpha}\sqrt{\frac{2(1+\alpha)}{3+\alpha}} \tag{27}$$

式中：μ 为污染混合区的面积系数，是指污染混合区水面面积占其最大长度与最大宽度乘积的比例系数。

面积系数式（27）随着变扩散系数中正常数指数 α 的变化曲线参见图 4。

由图 4 可看出，变扩散系数倾斜岸岸边排放污染混合区的面积系数随着变扩散系数中正常数指数 α 的增大单调减小。当 $\alpha = 0$ 时，扩散系数为常数，面积系数的最大值 $\mu_{\max} = 0.795$ 与武周虎等[9-10]中的结果完全一致；当 $\alpha = 1$ 时，面积系数减小为 $\mu = 0.731$；当 $\alpha = 4$ 时，面积系数减小为 $\mu = 0.499$。

2.5 水下体积和体积系数

考虑到关系式（22）计算倾斜岸岸边排放角形域中污染混合区的扇形断面面积 $\left(\frac{\theta r^2}{2}\right)$，并在 $x[0, L_s]$ 上求体积积分，推导污染混合区水下体积的理论公式如下：

$$V = \frac{\mathrm{e}\theta}{2} r_s^2 \int_0^{L_s} \left(\frac{x}{L_s}\right)^{1+\alpha} \ln\left(\frac{x}{L_s}\right)^{-(1+\alpha)} \mathrm{d}x \tag{28}$$

进行变量替换，令 $\frac{x}{L_s} = \zeta$，并注意到 $b_s = r_s$，则有

$$V = \frac{\mathrm{e}\theta}{2} L_s b_s^2 \int_0^1 \zeta^{1+\alpha} \ln\zeta^{-(1+\alpha)}\,\mathrm{d}\zeta = \frac{\mathrm{e}\theta}{2(2+\alpha)} L_s b_s^2 \int_0^1 \ln\zeta^{-(1+\alpha)}\,\mathrm{d}\zeta^{2+\alpha} \tag{29}$$

采用分部积分法求解式（29）中的 $\int_0^1 \ln\zeta^{-(1+\alpha)}\,\mathrm{d}\zeta^{2+\alpha}$，并通过数学运算整理得到

$$\int_0^1 \ln\zeta^{-(1+\alpha)}\,\mathrm{d}\zeta^{2+\alpha} = \frac{1+\alpha}{2+\alpha} \tag{30}$$

将式（30）代入式（29）得到污染混合区水下体积的理论公式为

$$V = \eta \frac{\theta}{2} b_s^2 L_s \tag{31}$$

其中

$$\eta = \frac{\mathrm{e}(1+\alpha)}{(2+\alpha)^2} \tag{32}$$

式中：η 为污染混合区的体积系数，是指污染混合区水下体积占其最大长度与最大扇形断面面积乘积的比例系数。

体积系数式（32）随着变扩散系数中正常数指数 α 的变化曲线，参见图 4。

由图 4 看出，变扩散系数倾斜岸岸边排放污染混合区的体积系数随着变扩散系数中正常数指数 α 的增大单调减小，其变化规律与面积系数的变化规律基本相同。当 $\alpha = 0$ 时，扩散系数为常数，污染混合区的体积系数为最大值 $\eta_{\max} = 0.680$；当 $\alpha = 1$ 时，体积系数减

小为 $\eta=0.604$；当 $\alpha=4$ 时，体积系数减小为 $\eta=0.378$。

3 反问题计算与实例分析

3.1 变扩散系数计算

3.1.1 双断面法

在上述理论中，确定变扩散系数是相当重要的。由式（2）表示的变扩散系数中包含有两个正常数（γ,α），需要两个观测断面水面横向浓度分布的方差来确定。首先，根据纵向坐标 x_1 和 x_2 处两个观测断面的水面横向浓度分布按数学定义分别求得方差 σ_{y1}^2，σ_{y2}^2，代入式（10）依次得到

$$\sigma_{y1}^2 = \frac{2\gamma x_1^{1+\alpha}}{(1+\alpha)U} \tag{33}$$

$$\sigma_{y2}^2 = \frac{2\gamma x_2^{1+\alpha}}{(1+\alpha)U} \tag{34}$$

式（33）与式（34）两边相除，再取对数整理得到正常数指数

$$\alpha = \frac{2\ln(\sigma_{y1}/\sigma_{y2})}{\ln(x_1/x_2)} - 1 \tag{35}$$

其次，将 α 代入式（33）或式（34）得到正常数系数

$$\gamma = \frac{(1+\alpha)U\sigma_{y1}^2}{2x_1^{1+\alpha}} \quad 或 \quad \gamma = \frac{(1+\alpha)U\sigma_{y2}^2}{2x_2^{1+\alpha}} \tag{36}$$

最后，将 α 和 γ 代入式（2）确定变扩散系数的具体表达式。当 $0 \leqslant \alpha \leqslant 0.15$ 时，取 $\alpha = 0$ 代入式（36）计算 γ_1 和 γ_2，取平均正常数系数 $\gamma_0 = (\gamma_1 + \gamma_2)/2$，即为常数扩散系数值。

3.1.2 等浓度线法

在顺直倾斜岸河库的岸边等强度点源条件下，根据水面污染混合区最大长度、最大宽度与其相应纵向坐标、等浓度曲线形状和混合区内的平均流速等现场观测资料，按照上述理论可反演计算变扩散系数中的正常数（γ,α），从而确定出河流/水库的变扩散系数表达式。

首先，根据污染物水面二维浓度分布的现场观测数据绘制一条或多条等浓度曲线，采用水面等浓度标准曲线方程式（23），调整正常数指数 α 逐条进行等浓度曲线最大长度、最大宽度和形状拟合，记录每条拟合曲线相应的最大长度 L_s、最大宽度 b_s 和其相应纵向坐标 L_c。由式（19）反算变扩散系数中正常数指数为

$$\alpha = \ln^{-1}\left(\frac{L_s}{L_c}\right) - 1 \tag{37}$$

再计算出各条拟合曲线的平均正常数指数 α 值。

其次，由式（18）（当 $0 \leqslant \alpha \leqslant 0.15$ 时，取 $\alpha = 0$），并注意到 $b_s = r_s$，反算出每条拟合曲线的变扩散系数中正常数系数为

$$\gamma = \frac{e(1+\alpha)Ub_s^2}{4L_s^{1+\alpha}} \tag{38}$$

最后，计算出各条拟合曲线的平均正常数系数 γ 值。再将平均 α 和 γ 代入式（2）确定变扩散系数的具体表达式。

3.2 最大允许污染物负荷计算

在顺直倾斜岸河库的岸边等强度点源条件下，根据变扩散系数中的正常数、排污引起的允许浓度升高值、污染混合区内的平均流速和水面污染混合区允许最大长度、允许最大宽度或允许面积等参数，可由上述理论公式反演计算最大允许污染物负荷。

根据水面污染混合区允许最大长度 $[L_s]$ 由式（14）确定的控制污染物负荷 G_L 为

$$G_L = \frac{2\theta\gamma C_a}{1+\alpha}[L_s]^{1+\alpha} \tag{39}$$

根据水面污染混合区允许最大宽度 $[b_s]$ 由式（20）确定的控制污染物负荷 G_b 为

$$G_b = \frac{e}{2}\theta U C_a [b_s]^2 \tag{40}$$

根据水面污染混合区允许最大面积 $[S]$ 由式（26）确定的控制污染物负荷 G_S 为

$$G_S = \theta C_a \left[4\left(\frac{\gamma}{1+\alpha}\right)^2 \left(\frac{eU}{2}\right)^{1+\alpha} \left(\frac{[S]}{\mu}\right)^{2(1+\alpha)} \right]^{1/(3+\alpha)} \tag{41}$$

在控制污染物负荷 G_L，G_b 和 G_S 中取最小值，则得到同时满足污染混合区几何特征尺度 $L_s \leq [L_s]$，$b_s \leq [b_s]$ 和 $S \leq [S]$ 限制条件的最大允许污染物负荷为

$$G_{\max} = \min\{G_L, G_b, G_S\} \tag{42}$$

3.3 实例分析

3.3.1 黄沙溪市政排污口

根据文献[17]给出的长江黄沙溪左岸市政排污口混合扩散段的观测断面河床地形和水位图，得到三峡建水库前该江段的左岸坡平均倾角 $\theta \approx 6.0°$，符合文献[16]在横向与垂向扩散系数相等情况下给出的岸坡倾角分区简化条件。即当 $0 < \theta \leq 28°$ 时，深度平均污染混合区几何特征参数的计算可采用倾斜岸坡水面公式。

图 5 是长江黄沙溪排污混合区深度平均 NH_3-N 现场观测等值线[17]，表 1 给出了黄沙溪排污混合区 $NH_3-N = 0.33\mathrm{mg/L}$、$0.40\mathrm{mg/L}$ 和 $0.50\mathrm{mg/L}$ 时相应的等值线最大长度、最大宽度和其相应纵向坐标的实测值。经采用水面等浓度标准曲线方程式（23）分别对图 5 中的 3 条浓度等值线进行理论拟合，当 $\alpha = 1.67$ 时 3 条浓度等值线的总体吻合程度最好，并给出了 3 条深度平均 NH_3-N 等值线的最大长度、最大宽度和其相应纵向坐标的理论拟合值，见表 1。

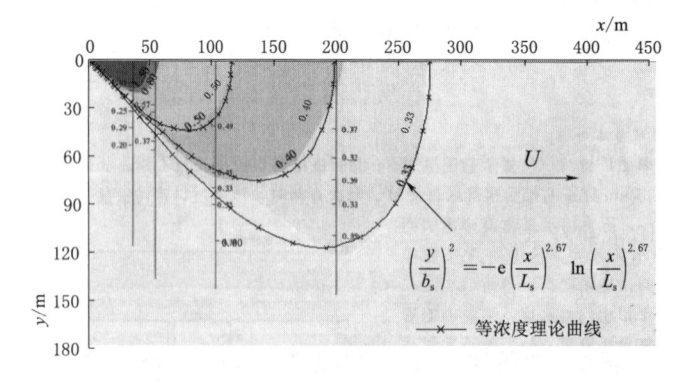

图 5 黄沙溪排污混合区深度平均 NH_3-N 现场观测等值线

2-10 变扩散系数倾斜岸三维浓度分布及混合区计算

表 1 黄沙溪排污混合区深度平均 NH_3-N 等值线几何特性参数

项　目	NH_3-N/(mg/L)	最大长度 L_s/m	最大宽度 b_s/m	相应纵向坐标 L_c/m
实测值	0.33	269.7	120.0	204.8
	0.40	204.8	75.0	126.5
	0.50	112.7	45.3	73.0
理论拟合值	0.33	271.4	116.7	186.6
	0.40	196.7	75.0	135.3
	0.50	112.7	43.4	77.5
相对误差/%	0.33	0.6	-2.8	-8.9
	0.40	-4.0	0.0	6.9
	0.50	0.0	-4.2	6.2

由表 1 看出，黄沙溪 3 条浓度等值线最大长度、最大宽度和其相应纵向坐标的理论拟合值与实测值的最大相对误差绝对值分别为 4.0%、4.2% 和 8.9%，结合图 5 判断两者吻合良好。最大宽度相应纵向坐标（出现位置）的相对误差稍大，可能是受局部地形变化的影响所致。

将 $\alpha=1.67$ 代入式 (23) 得到黄沙溪排污混合区浓度等值线方程为

$$\left(\frac{y}{b_s}\right)^2 = -e\left(\frac{x}{L_s}\right)^{2.67}\ln\left(\frac{x}{L_s}\right)^{2.67} \tag{43}$$

式中：L_s 和 b_s 分别为浓度等值线最大长度和最大宽度的理论拟合值。

由式 (43) 预测的 3 条水面等浓度标准曲线示于图 5。

根据文献 [17] 给出的黄沙溪排污混合区各观测横断面流速分布，计算 NH_3-N = 0.33mg/L、0.40mg/L 和 0.50mg/L 时 3 条浓度等值线对应混合区内的平均流速 U 依次为 0.75m/s、0.72m/s 和 0.50m/s。将黄沙溪 3 条浓度等值线理论拟合的最大长度 L_s、最大宽度 b_s、$\alpha=1.67$ 和平均流速 U 代入式 (38)，计算出的变扩散系数中正常数系数 γ 的平均值为 0.0057，且相对误差绝对值的最大值为 3.4%，说明式 (2) 的假设是合理的。

因此，由式 (2) 得到长江黄沙溪排污混合区的变扩散系数计算公式为

$$E = \gamma x^\alpha = 0.0057 x^{1.67} \tag{44}$$

式中采用 m-s 单位制。

3.3.2 涪陵磷肥厂排污口

根据文献 [17] 给出的长江右岸涪陵磷肥厂排污口混合扩散段的观测断面河床地形和水位图，得到三峡建水库前该江段的右岸坡平均倾角 $\theta \approx 28.0°$，基本符合文献 [16] 当 $0° < \theta \leq 28°$ 时，深度平均污染混合区几何特征参数的计算可采用倾斜岸坡水面公式。

图 6 是长江涪陵磷肥厂排污混合区

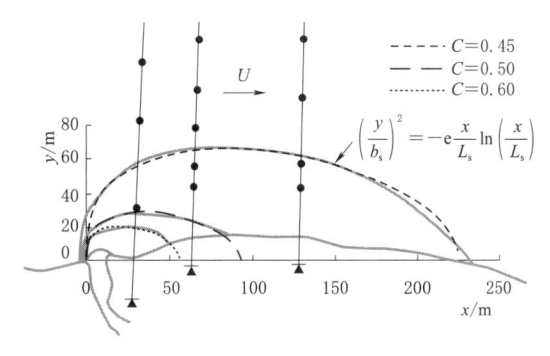

图 6 涪陵磷肥厂排污混合区深度平均 NH_3-N 现场观测等值线

深度平均 NH_3-N 现场观测等值线[17]，表2给出了涪陵磷肥厂排污混合区 $NH_3-N=$ 0.45mg/L、0.50mg/L 和 0.60mg/L 时相应的等值线最大长度、最大宽度和其相应纵向坐标的实测值。经采用水面等浓度标准曲线方程式（23）分别对图6中的3条浓度等值线进行理论拟合（图中虚线），发现当 $a=0.0$ 时的常数扩散系数对3条浓度等值线的总体吻合程度最好，并给出了3条深度平均 NH_3-N 等值线的最大长度、最大宽度和其相应纵向坐标的理论拟合值，见表2。

表2　涪陵磷肥厂排污混合区深度平均 NH_3-N 等值线几何特性参数

项　目	$NH_3-N/(mg/L)$	最大长度 L_s/m	最大宽度 b_s/m	相应纵向坐标 L_c/m
实测值	0.45	233.6	50.0	81.6
	0.50	83.2	28.1	33.6
	0.60	51.2	21.9	22.4
理论拟合值	0.45	224.0	65.6	82.4
	0.50	92.8	28.1	34.1
	0.60	56.0	20.3	20.6
相对误差/%	0.45	−4.1	31.3	1.0
	0.50	11.5	0.0	1.6
	0.60	9.4	−7.1	−8.0

需要说明的是，涪陵磷肥厂排污口位于弯曲河段的凸岸一侧，并不完全符合顺直倾斜岸坡的计算条件。表2中"实测值"只是水域部分的混合区范围，不包括岸坡凸出部分，而"理论拟合值"是浓度等值线的最大长度和最大宽度坐标值，包括岸坡凸出部分，参见图6。因此，$NH_3-N=0.45mg/L$ 等值线最大宽度的相对误差达到31.3%；$NH_3-N=0.50mg/L$ 和 0.60mg/L 等值线最大长度的相对误差分别达到11.5%和9.4%。忽略岸坡凸出弯曲的影响，结合图6判断两者吻合良好。

将 $a=0.0$ 代入式（23）得到涪陵磷肥厂排污混合区浓度等值线方程为

$$\left(\frac{y}{b_s}\right)^2 = -\mathrm{e}\frac{x}{L_s}\ln\left(\frac{x}{L_s}\right) \tag{45}$$

式中：L_s 和 b_s 分别为浓度等值线最大长度和最大宽度的理论拟合值。

由式（45）预测的3条水面等浓度标准曲线示于图6。

根据文献[17]给出的涪陵磷肥厂排污混合区各观测横断面流速分布，确定污染带内的平均流速 U 为 0.2m/s。将涪陵磷肥厂3条浓度等值线分别采用"实测值"和"理论拟合"的最大长度 L_s、最大宽度 b_s 代入式（38），计算出的变扩散系数中正常数系数 γ 的平均值分别为 1.34 和 1.59。后者是将岸坡凸出部分计入了混合区范围，所以，其值偏大。建议采用前者，其相对误差范围为 $-8.6\% \sim 5.1\%$。将 $a=0.0$ 和 $\gamma=1.34$ 代入式（2）得到长江涪陵磷肥厂排污混合区的常数扩散系数为 $E=1.34m^2/s$。

3.3.3　适用性分析

通过对长江黄沙溪市政排污口和涪陵磷肥厂排污口混合扩散段的实测 NH_3-N 等值线与等浓度标准曲线方程式的拟合分析，分别给出了两者的排污混合区浓度等值线方程和变扩散系数表达式或数值。研究结果表明，三峡建水库前黄沙溪市政排污口左岸江段的扩散系数呈现变扩散系数特征，而涪陵磷肥厂排污口右岸江段的扩散系数呈现常数扩散系数特征。

分析原因主要取决于两者的地形差异，黄沙溪市政排污口江段河槽形态呈不规则的滩槽形复式断面，深槽远离岸边，左岸滩地水深浅，地势平坦，左岸坡平均倾角只有 $\theta \approx 6.0°$；而涪陵磷肥厂排污口江段河槽形态呈单一的 U 形断面，右岸坡平均倾角 $\theta \approx 28.0°$。黄沙溪市政排污口混合扩散段的"污染云"受到宽阔浅滩的制约作用，随着"污染云"扩散时间的增长，扩散距离越远，"污染云"受河中大涡的扩散作用才会逐渐体现；而涪陵磷肥厂排污口混合扩散段的断面形态单一，岸坡倾角大，水深增加快，"污染云"受河中大涡的扩散作用很快增强，反映了大涡对"污染云"扩散的主导作用。

综上，当河流/水库断面形态单一，岸坡倾角大，水深增加快，扩散系数呈现常数扩散系数特征；对滩槽形复式断面，深槽远离岸边，岸坡倾角小，滩地水深浅，水深增加缓慢，扩散系数呈现变扩散系数特征。

4 结论

（1）这项研究在倾斜岸边排放条件下，提出了变扩散系数简化三维移流扩散方程浓度分布的解析解，进行了浓度分布的特性分析，给出了污染混合区最大长度、最大宽度与最大深度和相应纵向坐标、水面面积及水下体积的理论公式。

（2）河流/水库变扩散系数与常数扩散系数相比，在纵向坐标较小时，对应断面的最大浓度更大，断面浓度分布的标准差更小，污染物的浓度分布主要集中在排污轴线附近，反之则反。

（3）河流/水库岸边污染混合区形状仅与变扩散系数中的正常数指数 α 有关，当 $0 \leqslant \alpha \leqslant 0.15$ 时，扩散系数可按常数来处理。以量纲一形式给出的污染混合区外边界标准曲线（曲面）方程，结构简单，方便实用。

（4）根据岸边排放的水面浓度分布现场观测数据或水面污染混合区允许几何特征尺度，提出了确定变扩散系数的双断面法和等浓度线法以及最大允许污染物负荷的计算方法。

参考文献

[1] Fischer H B, Imberger J, List E J, et al. Mixing in inland and coastal waters [M]. New York: Academic Press, 1979.
[2] 赵文谦. 环境水力学 [M]. 成都：成都科技大学出版社，1986.
[3] 张书农. 环境水力学 [M]. 南京：河海大学出版社，1988.
[4] Webel G, Schatzmann M. Transverse mixing in open channel flow [J]. Journal of Hydraulic Engineering, 1984, 110 (4): 423-435.
[5] Holley E R, Abraham G. Field tests of transverse mixing in rivers [J]. Journal of the Hydraulics Division, 1973, 99 (12): 2313-2331.
[6] 周云，张永良，马伍权. 天然河流横向混合系数的研究 [J]. 水利学报，1988, 19 (6): 54-60.

[7] 顾莉，惠慧，华祖林，等. 河流横向混合系数的研究进展 [J]. 水利学报，2014，45（4）：450-457，466.

[8] Nobuhiro Y，Sayre W W. Transverse mixing in natural channels [J]. Water Resources Research，1976，12（4）：695-704.

[9] WU Zhouhu，WU Wen，WU Guizhi. Calculation method of lateral and vertical diffusion coefficients in wide straight rivers and reservoirs [J]. Journal of Computers，2011，6（6）：1102-1109.

[10] 武周虎，贾洪玉. 河流污染混合区的解析计算方法 [J]. 水科学进展，2009，20（4）：544-548.

[11] 武周虎，胡德俊，徐美娥. 明渠混合污染物侧向和垂向扩散系数的计算方法及其应用 [J]. 长江科学院院报，2010，27（10）：23-29.

[12] 武周虎. 水库倾斜岸坡地形污染混合区的三维解析计算方法 [J]. 科技导报，2008，26（18）：30-34.

[13] 武周虎. 水库铅垂岸地形污染混合区的三维解析计算方法 [J]. 西安理工大学学报，2009，25（4）：436-440.

[14] Idaho Department of Environmental Quality. Mixing zone technical procedures manual（DRAFT）[Z]. Boise：Idaho Department of Environmental Quality，USA，2008.

[15] 张永良，李玉梁. 排污混合区分析计算指南 [M]. 北京：海洋出版社，1993.

[16] 武周虎. 倾斜岸坡深度平均浓度分布及污染混合区解析计算 [J]. 水利学报，2015，46（10）：1172-1180.

[17] 黄真理，李玉樑，陈永灿，等. 三峡水库水质预测和环境容量计算 [M]. 北京：中国水利水电出版社，2006：168-177.

[18] WU Zhouhu，WU Wen. Theoretical analysis of pollutant-mixing zone for rivers with variant lateral diffusion coefficient [M]//Sorial G A，Hong J H. Environmental Science & Technology. Houston，USA：American Science Press，2014，Vol. 1：78-82.

[19] Wen Hsiung Li. Differential equations of hydraulic transients，dispersion and groundwater flow [M]//Mathematical methods in water resources. Prentice Hall，Inc.，1972.

[20] 夏震寰. 现代水力学（三）：紊动力学 [M]. 北京：高等教育出版社，1992.

[21] 谷清，李云生. 大气环境模式计算方法 [M]. 北京：气象出版社，2002.

2-11 Theoretical Analysis of Pollutant Mixing Zone Considering Lateral Distribution of Flow Velocity and Diffusion Coefficient[*]

Abstract: Theoretical formulae have shown significant advantages in describing the characteristic geometric scales of the pollutant mixing zone (PMZ) formed by offshore pollutant discharged by a single general form. They, however, fail to predict the influence of the lateral inhomogeneity of the river flow because constant flow velocity and the lateral diffusion coefficient are assumed during the derivation. The realistic flow velocity in a river is fitted by an exponential law in this study and the lateral diffusion coefficient is proposed to have the same form. Similar idea has been used in previous studies on the vertical dispersion of scalar in the lower atmosphere. Pollutant discharged from a steady onshore point source into a wide straight open channel is examined to characterize the concentration taking into consideration of these lateral variations. Theoretical formulae describing the maximum length, maximum width and its corresponding longitudinal position, as well as the area of the PMZ are derived. A non-dimensional standard curve equation for the isoconcentration boundary of PMZ is also obtained. The results show that the shape of the dimensionless standard curve of PMZ depends only on the exponential constants in the exponential laws. The exponential profiles that fit the near-shore velocity give good prediction, while the ones that match the entire lateral range up to the center of the river under predict the PMZ significantly. These findings are of great importance for practitioners to characterize the geometry of the PMZ in rivers and for water quality modeling.

Keywords: River velocity distribution; Lateral diffusion coefficient; Exponential distribution law; Pollutant concentration distribution; Pollutant mixing zone; Geometric characteristic scale

Natural rivers are mostly shallow and wide, and sewage discharged into them quickly becomes uniformly mixed in the vertical direction (i.e., in water depth) (Fischer et al., 1979). The diffusion and mixing processes of pollutants in rivers commonly show as a two-dimensional (longitudinal and lateral) expansion stage followed by a one-dimensional longitudinal advection-dispersion stage of the pollution zone. Fischer et al. (1979) summarized approximately 75 separate experiments in straight, rectangular channels and proposed that the lateral diffusion coefficient (also called "transverse diffusion coefficient") $E_y \approx 0.15 h u_*$, where h is the mean depth of flow and u_* the

---

[*] 原文载于 *Environmental Science and Pollution Research*，2019，26 (30)，作者：武周虎，武文。

shear velocity. Similarly, the lateral diffusion coefficient in irregular channels and natural rivers can be expressed as $E_y = \alpha_y h u_*$, where α_y is the empirical coefficient associated with the channel characteristics. The lateral diffusion coefficient is also often used as the turbulent diffusion coefficient (in straight channels or tube flows, Fischer et al., 1979), dispersion coefficient (in curved channels, Baek and Seo, 2016, 2017), or transverse mixing coefficient (in natural rivers, Fischer et al., 1979) in related fields. People have shown that the lateral diffusion coefficient is mainly influenced by the hydrologic and hydraulic conditions as well as the irregularity of the channel geometry. Therefore, one major objective in environmental hydraulics researches during the past several decades is to find a relationship between the lateral diffusion coefficient and the average hydraulic factors of the river, and then obtain the empirical coefficient α_y (Webel & Schatzmann, 1984; Fischer & Hanamura, 1975; Lau & Krishnappan, 1977; Beltaos, 1980; Miller & Richardson, 1974; Holley & Abraham, 1973; Okoye, 1970). In most of these studies, the lateral variation of the river velocity and lateral diffusion coefficient is not considered for simplicity (Zhang & Li, 1993; Lung, 1995; IDEQ, 2015).

When the quality of the wastewater discharged into the receiving water exceeds the environmental quality standard, a mixing zone for some non-acutely toxic pollutants is acceptable as long as its area is relatively small. Several pollutant mixing zone (PMZ) technical manuals have been proposed by Zhang & Li (1993), IDEQ (2015) and Rodríguez Benítez et al. (2016) among others. These manuals cover the PMZ regulation rules, approval processes, monitoring procedures, and water-quality modelling techniques. The geometric scales of the mixing zone in such manuals and related researches are identified using contour lines of the pollutant concentration field (at the specific concentration as required by the water quality standard). These iso-concentration lines are typically obtained by numerical simulation using two-dimensional water-quality models. The polynomial fitting equations of these contour lines not only lack generality (Huang et al., 2006), but also may lead to incorrect predictions when the flow parameters differ from their calibration ranges used in the simulations. Some researchers pursue analytical models for the pollutant concentration. Deng and Jung (2009) proposed a scaling dispersion model for pollutant transport in rivers. They added a term, which represents the hierarchical releasing of solute parcels in the storage zones, to a one-dimensional advection-diffusion equation. Wang and Chen (2016, 2017a, b) solved an advection-diffusion equation for a scalar released at constant rate from the bed of laminar channel flows. By assuming a parabolic laminar velocity profile in the vertical direction and constant diffusion coefficient, they examined the concentration fields in an open channel flow, a tidal flow and wetland flows.

Under the conditions of constant river velocity and lateral diffusion coefficient, considering the longitudinal advection and the transverse diffusion in the river as the major transport mechanisms, Li (1972) and Fischer et al. (1979) obtained analytical solutions of the simplified two-dimensional advection-diffusion equation to describe the pollutant concentration in rivers. On this basis, Wu & Jia (2009) and Wu Z et al. (2011) proposed an analytical method to predict the shape and size of PMZ. They developed a set of theoretical formulae which describe the geometric scales and area of the PMZ, and presented the standard-curve equation of the PMZ boundary. Wu et al. (2017) considered the dominant influence of large-scale eddies on the diffusion of a "pollutant cloud". Since the eddies in river flow can be assumed to grow as they travel downstream with the flow, a lateral diffusion coefficient increasing with the expansion of the "pollutant cloud" was proposed. The lateral diffusion coefficient of the river was assumed to be proportional to the diffusion distance, such that $E_y = \gamma x^\alpha$, where γ and α are positive constants related to the geometric characteristics of the river and the flow conditions. The analytical solution of the simplified two-dimensional advection-diffusion equation of a pollutant was derived and the corresponding formulae characterizing the geometry of the PMZ were obtained. Compared with the predication obtained with constant E_y, the analytical solution based on this modification agrees much better with some complex PMZs whose shape is pear-like with blunt end at the far downstream locations. This research provided a solid evidence that non-constant E_y is required for predicting the realistic PMZs in rivers.

In this paper, we proposed another type of variation related to the flow physics: lateral variation. We aim at the lateral distribution of the depth-averaged longitudinal velocities and of the lateral diffusion coefficient. Both of these two non-homogeneities in the lateral direction are important because: ① the flow fields near the shore and in the main stream of the river are remarkably different. ② For sewage discharged at the river bank, PMZ is formed along the river bank thus the near-shore transport is more important than it in the center of the river. In the following, we will first propose the lateral profiles of the flow velocity and E_y, and then discuss the analytical pollutant concentration distribution as well as the PMZ geometric features considering these variations; we then highlight the important features of PMZ due to the lateral variation, introduce the method to determine the lateral diffusion coefficient, and finally compare the predictions obtained using the lateral profiles within either the river half-width or the offshore area for an assumed discharge condition. Finally, we draw the main conclusions of the work.

1 Analytical concentration distribution and characteristic analysis

1.1 Lateral distribution of flow velocity and lateral diffusion coefficient

Lateral distribution of stream-wise velocity. The lateral profile of the velocity in channel flow has been studied extensively in fluid dynamics and environmental flow communities. Among others, Lu et al. (2012) reported the profile measured at the Yichang Hydrological Station of the Yangtze River in China (see Fig. 1).

We fitted the measuring data with an exponential law:

$$u = u_1 \left(\frac{y}{y_1}\right)^m \tag{1}$$

where u is the depth - and time - averaged longitudinal velocity in the region $y \leqslant y_1$, y_1 a lateral position away from the river bank in the lateral direction, u_1 the longitudinal velocity at y_1, and m a positive exponent constant. When m is relatively small (i.e., $m \ll 1$), the lateral distribution of the flow velocity has a large gradient near the shore of the wide river and its profile rapidly flattens away from the shore. That is, the variation of the velocity gradient is significant near the shore. When m is relatively large (i.e., close to one), the velocity gradient becomes smaller near the shore and larger away from the shore compared with the one at small m. Therefore, the positive exponent constant m represents the structural and geometric characteristics of the lateral profile of the flow velocity.

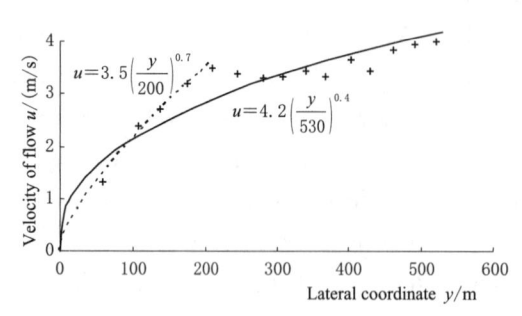

Fig. 1 Lateral distribution of the longitudinal velocity measured at the Yichang Hydrological Station in Yangtze River in China. Dash line, velocity profile fitted by the exponential law near the river bank; solid line, velocity profile fitted for the entire half river; markers, Lu et al., 2012

The profile also depends on the choice of y_1. For example, for the data showed in Fig. 1, if the entire profile spanning half of the river is used ($y_1 = 530$m, $u_1 = 4.2$m/s), $m = 0.40$ is obtained with fitting correlation coefficient $R^2 = 0.8398$. The PMZ in realistic flow, however, rarely expands up to the center of the wide river. In such situation, only the velocity profile near the shore is important for determining the size and shape of PMZ. Fitting the near - shore portion of Lu et al.'s data by $y_1 = 200$m and $u_1 = 3.5$m/s, $m = 0.70$ ($R^2 = 0.9759$). The two fitting profiles are plotted in Fig. 1. It can be seen that the near - shore velocity is better described by the latter one. We will further discuss this in Section 4 "Comparative analysis of examples".

Lateral distribution of lateral diffusion coefficient. Many researches have been done on lateral diffusion coefficient, e.g., Fischer & Hanamura (1975), Webel & Schatzmann (1984), Baek et al. (2006), Baek and Seo (2010, 2016, 2017), etc. So far studies have been focused on obtaining the cross - sectional mean lateral diffusion coefficient using either laboratory or field experimental data and giving the semi - empirical formula of E_y mentioned in the Introduction. Lateral diffusion coefficient is either calculated by the variance of the transverse distribution of the depth averaged concentration, or is estimated from the deviation between the transverse velocity profiles and the depth–averaged value based on the theory of the secondary flow dispersion in curved channel without using concentration data. Report on the lateral distribution of the lateral diffusion coefficient is rarely seen.

In straight rectangular channels, the lateral distribution of the depth–averaged velocity and the lateral diffusion coefficient both vary with the offshore distance. In the following all quantities are depth–averaged unless otherwise noted. Because of the frictional resistance of the river bank to the river flow, the fluid in the near–shore regions in the river has a lower velocity than the one farther from the bank; the greater is the distance from the bank, the greater is the flow velocity. Furthermore, the greater is the distance from the shore, the greater is the diffusion effects of the large eddies on the "pollutant cloud", and the greater is the lateral diffusion coefficient. Elder (1959) first suggested that the turbulent vertical diffusion coefficient in open channel flows has a parabolic profile in depth. We here borrow the idea and refer to the exponential law characterising the later variation of the velocity mentioned above. The lateral distribution of the lateral diffusion coefficient is assumed to follow an exponential law:

$$E_y = E_{y1} \left(\frac{y}{y_1}\right)^n \tag{2}$$

where E_y is the lateral diffusion coefficient, E_{y1} the lateral diffusion coefficients at the lateral coordinates $y = y_1$, and n a positive exponent constant. The influence of n on E_y is similar to the one of m on u mentioned above. Note that when the turbulent mixing between the near–shore region and the main stream is significant, the velocity profile will be more uniform in the lateral direction (i.e., smaller m), and the lateral diffusion coefficient will keep increasing (that is, a bigger n), and vice versa. Physically speaking, stronger mixing leads to a more uniform velocity profile (i.e., smaller m); vice versa.

1.2 Shore–side steady point source diffusion in a non–uniform flow field

Li (1972) and Wu et al. (2017) proposed that for two–dimensional diffusion along a line source in the vertical (z) direction, the role of the turbulent diffusion in the longitudinal direction is insignificant compared to the advection effect when $xu \gg E_x$, and can be neglected. Since we have assumed that the variation in the vertical direction is zero, a line source is equivalent to a point source in the horizontal plane. Then, under the steady state, the simplified two–dimensional advection–diffusion equation reads

$$u \frac{\partial C}{\partial x} = \frac{\partial}{\partial y}\left(E_y \frac{\partial C}{\partial y}\right) \tag{3}$$

in which x is taken as the direction of river flow, y the direction perpendicular to the river bank, z the vertical direction of the water depth, C the concentration of the diffused matter, u the depth–averaged longitudinal velocity, and E_x and E_y the longitudinal and lateral diffusion coefficients, respectively.

In straight rectangular channels, the empirical formulae Eq. (1) and Eq. (2) for the longitudinal velocity (u) and lateral diffusion coefficients (E_y) are the same as the exponential law proposed by Li (1972) and Pasquill (1974) in the study in the lower atmosphere flows (the variations were in the vertical direction though). Substituting Eq. (1) and Eq. (2) into Eq. (3) yields an equation describing the concentration distribution (refer to Li, 1972 and Pasquill, 1974 for complete analysis). Discharged by a steady source of $\dot{m} = \dot{M}/H$ (mass discharge rate per unit the water depth, dimension [M/(TL)]. $\dot{M}$ is the onshore mass discharge rate with dimension [M/T] and H is the mean depth of flow with dimension [L]) locates at the river bank, pollutant will have a distribution that is determined by the exponential flow velocity and lateral diffusion coefficient:

$$C(x,y) = \frac{p\dot{M}y_1^m}{u_1 H \Gamma(\varphi)} \left(\frac{u_1 y_1^{n-m}}{p^2 E_{y1} x}\right)^\varphi \exp\left(-\frac{u_1 y_1^{n-m} y^p}{p^2 E_{y1} x}\right) \quad (4)$$

where $p = 2 + m - n > 1$, $\varphi = (1+m)/p$, and $\Gamma(\varphi)$ is the complete gamma function.

1.3 Characteristic analysis of the concentration distribution

Substituting $y = 0$ into Eq. (4) yields:

$$C_{\max}(x) = \frac{p\dot{M}y_1^m}{u_1 H \Gamma(\varphi)} \left(\frac{u_1 y_1^{n-m}}{p^2 E_{y1} x}\right)^\varphi \quad (5)$$

It describes the maximum concentration of the point-source discharged pollutant along the direction of the river flow under the flow and diffusion conditions we assumed [Eqs. (1) and (2)]. The maximum concentration in the cross section decreases with the $-\varphi$-th power of the longitudinal coordinate x.

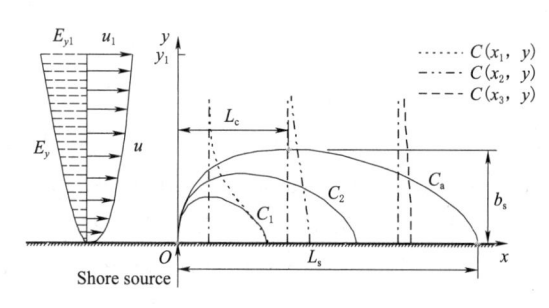

Fig. 2 Schematic diagram showing: left, the exponential flow velocity and lateral diffusion coefficient; right, pollutant concentration at serval longitudinal locations (dashed) and the isoline of pollutant concentration (solid) showing the shape of PMZ. The pollutant is discharged at constant rate at $x=0$, $y=0$ on the river bank

For a given x-coordinate (x_i), the lateral distribution of the concentration profile mainly depends on $\exp(-y^p)$, that is, the pollutant concentration decreases monotonically with the increasing offshore distance. The lateral concentration profile is similar to a semi-normal distribution. When x_i increases, the maximum concentration in the cross section decreases gradually, and the pollutant concentration rapidly expands in the lateral direction (while its peak value decreases), leading to a smaller concentration gradient in the lateral direction. These trends are shown in Fig. 2.

Because the flow velocity is not constant in the lateral direction, the profile of pollutant transport flux does not coincident with the one of the velocity. As a conservative matter, the total flux of the pollutant in the river is the same at each x location:

$$\dot{m} = \int_0^\infty q(x_i, y) \mathrm{d}y = \int_0^\infty uC \mathrm{d}y = \text{constant} \tag{6}$$

When $m=n=0$, Eq. (1) and Eq. (2) show that the flow velocity $u \equiv u_1 = U$ and the lateral diffusion coefficient $E_y \equiv E_{y1} = E_c$ are both constant (where U is the constant flow velocity and E_c is the constant lateral diffusion coefficient). Substituting $p = (2+m-n) = 2$, $\varphi = (1+m)/p = 0.5$, and $\Gamma(\varphi) = \Gamma(0.5) = \sqrt{\pi}$ (obtained from the standard mathematical table) into Eq. (4), the pollutant concentration distribution under this particular condition reads [refer to Eq. (7)]:

$$C(x,y) = \frac{\dot{M}}{H\sqrt{\pi E_c U x}} \exp\left(-\frac{Uy^2}{4E_c x}\right) \tag{7}$$

Substituting $y=0$ into Eq. (7) yields the following Eq. (8), which describes the maximum concentration of the pollutant along the longitudinal direction when u and E_y are assumed to be constant:

$$C_{\max 0}(x) = \frac{\dot{M}}{H\sqrt{\pi E_c U x}} \tag{8}$$

According to Eq. (5) and Eq. (8), the variation of the maximum concentration of the pollutant from an onshore discharge decreases monotonically with the $-(1+m)/(2+m-n)$-th power of x. Eq. (7) and Eq. (8) are exactly the same as the results of Li (1972) and Fischer et al. (1979) for constants velocity and lateral diffusion coefficient in the vertical direction in channel flows.

2 Geometric characteristics of pollutant mixing zone

According to the definition of PMZ, the summation of the background pollutant concentration (C_b) and the allowable concentration due to the discharge (C_a, for which the subscript "a" represents "allowed" hereafter) should be no greater than the pollutant concentration (C_{std}) that is regulated by the water environment quality standard. Based on Eq. (4), the concentration isoline of $C_a = C_{\text{std}} - C_b$ defining the boundary of the PMZ is:

$$C_a = \frac{p\dot{M}y_1^m}{u_1 H \Gamma(\varphi)} \left(\frac{u_1 y_1^{n-m}}{p^2 E_{y1} x}\right)^\varphi \exp\left(-\frac{u_1 y_1^{n-m} y^p}{p^2 E_{y1} x}\right) \tag{9}$$

Selected isolines of the concentration at three levels $C_1 > C_2 > C_a$ are plotted in Fig. 2. In the following subsections, analytical formulae for the characteristic geometric parameters of the PMZ enclosed by the curve defined in Eq. (9) will be derived and discussed.

2.1 Maximum length and width and maximum width location

Letting $y=0$ in Eq. (9), the analytical formula for the maximum length of the PMZ is obtained as:

$$L_s = \left(\frac{p\dot{M}y_1^m}{u_1 H \Gamma(\varphi) C_a}\right)^{1/\varphi} \frac{u_1 y_1^{n-m}}{p^2 E_{y1}} \tag{10}$$

To derive the maximum width of the PMZ, Eq. (9) is rewritten for simplicity as:

$$C_a x^\varphi = AB^\varphi \exp\left(-\frac{By^p}{x}\right) \tag{11}$$

in which $A = \dfrac{p\dot{M}y_1^m}{u_1 H \Gamma(\varphi)}$, $B = \dfrac{u_1 y_1^{n-m}}{p^2 E_{y1}}$.

Because the maximum width occurs at the place where the curve peaks in y, we take derivative of each term in both sides of Eq. (11) by x and obtain

$$C_a x^\varphi = AB^{\varphi+1} \frac{y^p}{\varphi x} \exp\left(-\frac{By^p}{x}\right) \tag{12}$$

Both sides of Eq. (11) and Eq. (12) must be equal; thus the PMZ's maximum width, b_s, occurs at the longitudinal position:

$$L_c = \frac{B}{\varphi} b_s^p \tag{13}$$

Substituting Eq. (13) (as x) into Eq. (9) and solving for y, the maximum width of PMZ is:

$$b_s = \left(\frac{\varphi}{e}\right)^{1/p} \left(\frac{p\dot{M}y_1^m}{u_1 H \Gamma(\varphi) C_a}\right)^{1/(1+m)} = \left(\frac{(1+m)pE_{y1}}{e u_1 y_1^{n-m}} L_s\right)^{1/p} \tag{14}$$

in which "e" is the mathematical constant. The second equation is obtained by considering Eq. (10). Substituting Eq. (14) into Eq. (13), the longitudinal coordinate of the maximum width of the PMZ is related to its maximum length by

$$L_c = \frac{L_s}{e} \tag{15}$$

2.2 Standard curve equation of the boundary

When x is normalized by the maximum length and y by the maximum width of the PMZ, Eq. (9) defines the boundary of the PMZ by a universal form:

$$\left(\frac{y}{b_s}\right)^p = -e \frac{x}{L_s} \ln\left(\frac{x}{L_s}\right) \tag{16}$$

Note that the dimensionless boundary of the PMZ is only a function of p ($=2+m-n$). The other parameters (n, m, y_1, u_1, E_{y1}, H, C_a and $\dot{M}$) only change the two geometric characteristic scales used for the normalization.

2.3 Area and area coefficient

Taking the definite integral of the $(1/p)$-th exponentiation of Eq. (16) in the x direction from 0 to L_s, the area of the PMZ is obtained as:

$$S = \int_0^{L_s} y \, dx = \int_0^{L_s} b_s \left[-e \frac{x}{L_s} \ln\left(\frac{x}{L_s}\right)\right]^{1/p} dx \tag{17}$$

Define $x/L_s = \zeta$, Eq. (17) can be rewritten as:

$$S = L_s b_s \int_0^1 [-e\zeta \ln(\zeta)]^{1/p} d\zeta = \mu L_s b_s \tag{18}$$

in which the area coefficient (μ) is:

$$\mu(p) = \int_0^1 [-e\zeta \ln(\zeta)]^{1/p} d\zeta \tag{19}$$

A few special cases of the area coefficient are:

(1) When $p=1$, Eq. (19) can be rewritten by variable replacement $\eta = \zeta^2$:

$$\mu(p=1) = -\frac{e}{4}\int_0^1 \ln(\zeta^2) d\zeta^2 = -\frac{e}{4}\int_0^1 \ln(\eta) d\eta \tag{20}$$

From a standard mathematical table $\int_0^1 \ln(\eta) d\eta = -1$ and the area coefficient is

$$\mu(p=1) = \frac{e}{4} \tag{21}$$

(2) When $p=2$ (i.e., $n \equiv m$), Eq. (19) can be rewritten by variable replacement $\eta = \zeta^{1.5}$:

$$\mu(p=2) = \sqrt{e}\left(\frac{2}{3}\right)^{\frac{3}{2}} \int_0^1 \sqrt{\ln\left(\frac{1}{\zeta^{\frac{3}{2}}}\right)} d\zeta^{\frac{3}{2}} = \sqrt{e}\left(\frac{2}{3}\right)^{\frac{3}{2}} \int_0^1 \sqrt{\ln\left(\frac{1}{\eta}\right)} d\eta \tag{22}$$

From a standard mathematical table $\int_0^1 \sqrt{\ln\left(\frac{1}{\eta}\right)} d\eta = \frac{\sqrt{\pi}}{2}$ and the area coefficient is

$$\mu(p=2) = \frac{\sqrt{\pi e}}{2}\left(\frac{2}{3}\right)^{\frac{3}{2}} \tag{23}$$

Eq. (23) is exactly the same as the one derived in Wu & Jia (2009) with constant flow velocity and constant lateral diffusion coefficient.

(3) When p has a value other than 1 and 2, the direct integral formula of Eq. (19) does not exist. Using discrete values of p between 1 and 5 (or larger) and integrating Eq. (19) numerically, the relation between the area coefficient (μ) and ln (p) can be determined (Fig. 3).

In Fig. 3, the absolute error between the numerical integral values and the theoretical values determined using Eq. (21) and Eq. (23) at $p=1$ or $p=2$ is less than 1E-6. The area coefficient of the PMZ increases monotonically with p. When $p>1$, the range of μ is [e/4, 1]. When $p=1$, the area coefficient is $\mu = 0.680$; when $p=2$, the area coefficient increases to $\mu = 0.795$; when $p=5$, the area coefficient reaches $\mu = 0.901$. For ease of application, an explicit function

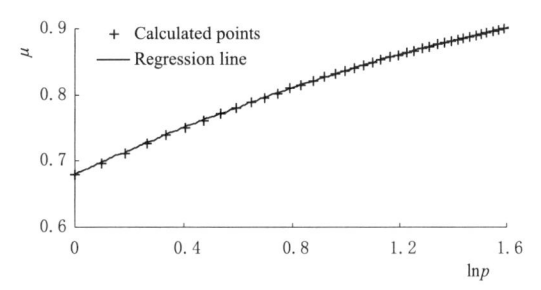

Fig. 3 Area coefficient (μ) of PMZ as a function of ln$p$. PMZ is formed by an onshore discharge at $x=y=0$

expression for the area coefficient of the PMZ is obtained by data regression

$$\mu = -0.032\ln^2(p) + 0.188\ln(p) + 0.680 \tag{24}$$

where the value range of p is [1, 5] and the corresponding correlation coefficient is $R^2 =$ 1. Therefore, to conclude this subsection, the area coefficient of the PMZ resulting from an onshore discharge into a river is closely related to $\ln p$ and a quadratic polynomial profile is sufficient to describe this dependence.

3 Discussions

3.1 Results analysis

The formulae obtained in the previous section shows that the non-dimensional PMZ [i.e., Eq. (16)] has certain interesting features: first, its shape is only a function of the coefficient p, which equals to $2 + m - n$ and only depends on these two exponential constants in the flow velocity and lateral diffusion coefficient profiles; secondly, the longitudinal position of its maximum width is fixed [$L_c/L_s = 1/\mathrm{e} \approx 0.368$, refer to Eq. (15)]; lastly, when $p = 2.0$ (i.e., the constants in the lateral profiles of u and E_y are equal, $n = m$), the non-dimensional PMZ is identical to the one obtained by constant u and E_y [$n = m = 0$, Wu & Jia (2009) and Wu Z et al. (2011)]. In this section, we further discuss the relation between the flow/diffusion condition and features of the PMZ.

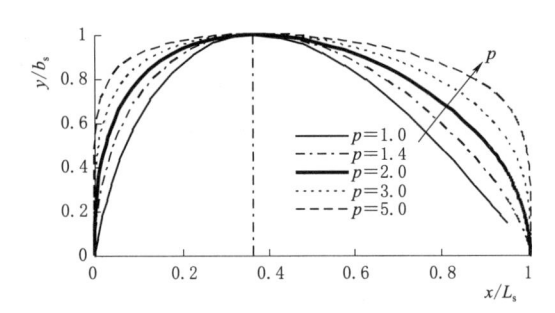

Fig. 4 Standard curves of PMZ boundary at various p. PMZ is formed by an onshore discharge at $x = y = 0$

We would like to emphasize here the assumptions we made for these analytical formulae: ① the pollutant is discharged at constant rate from a point source on the river bank and its transport is dominated by the advection in the longitudinal direction and diffusion in the lateral direction; ② the flow velocity and lateral diffusion coefficient follow exponential profiles in the lateral direction.

When $p = 1.0, 1.4, 2.0, 3.0$ and 5.0, Eq. (16) yields the dimensionless standard curves of the PMZ boundary. They are plotted in Fig. 4. It shows that the PMZ in river approximates a semi-ellipse, blunted at one end near the sewage outfall ($x/L_s \approx 0$), and slightly lean at the downstream end ($x/L_s \approx 1$). This is due to the exponential profiles of velocity and lateral diffusion coefficient. As p increases, the shape of the dimensionless standard concentration isoline at the boundary of the PMZ tends to expand outward near both ends: when $1.0 < p < 2.0$, the PMZ is smaller than it at $p = 2.0$. The former is surrounded by the latter with an area coefficient less than $\mu(p = 2.0)$. When $p > 2.0$, the PMZ is larger than the one at $p = 2.0$, and the former appears outside the latter with an area coefficient greater than $\mu(p=2.0)$.

3.2 Inverse problem: estimate lateral distribution of lateral diffusion coefficient in the wide rivers

The analytical formulae of the PMZ can also be used inversely to obtain the lateral distribution of lateral diffusion coefficient. As we will explain in this section, this method requires only measurements on the macro geometric scales of the PMZ and flow velocity, providing the practitioners a convenient tool to use onsite.

First, a steady sewage discharge at the river bank is required along the wide river of interest. Then dye, such as the solutions of Rhodamine B (red fluorescent dye), is added uniformly to the discharge at constant rate. The concentration of the dye in the PMZ will be proportional to the shade of the color and the is ocolor lines represent the iso-concentration lines. It has to be emphasized that the concentration can only be considered to be uniform in the vertical direction (thus the concentration observed at the surface can be viewed as the one averaged in depth) when the angle of inclination of the river bank is less than twenty-eight degrees (Wu, 2015). This requirement is usually met in natural rivers.

Next, the lateral profile of the flow velocity in the river needs to be measured. Fit the measurements with exponential law in Eq. (1) to obtain the value of u_1, y_1 and m. As we will discuss in the next section, the velocity measurement does not need to cover the entire river but only the near-shore region where the PMZ is formed.

Lastly, the exponential constant n will be obtained by fitting one single iso-color line observed in the PMZ. To achieve this, image-processing of the photo of the PMZ is required. Note that Eq. (15) must be satisfied by the line picked for fitting. The present authors have proved in a recent study that Eq. (15) is valid as long as $L_c \leqslant 0.418 L_s$ (Wu et al., 2017). Once the curve is fitted by Eq. (16) and p is obtained, n simply equals to $2+m-p$. With the value of m and n, the lateral diffusion coefficient at $y=y_1$ reads

$$E_{y1} = \frac{e u_1 y_1^{n-m} b_s^p}{(1+m) p L_s} \tag{25}$$

and the lateral profile of E_y can be obtained by putting E_{y1}, y_1 and n into Eq. (2).

This method does not require discharge and quantitative concentration measurement. It indicates that the shape of the PMZ is mainly determined by the lateral distribution of the flow velocity and the lateral diffusion coefficient. The discharge rate and the value of concentration only affect the dimensional size of such shape.

3.3 Discussion

When $m=n=0$, Eq. (1) and Eq. (2) show that the flow velocity $u \equiv u_1 = U$ and the lateral diffusion coefficient $E_y \equiv E_{y1} = E_c$ are both constant. Substituting $p=(2+m-n)=2$, $\varphi=(1+m)/p=0.5$, and $\Gamma(\varphi)=\Gamma(0.5)=\sqrt{\pi}$ into Eq. (10) and Eq. (14), the maximum length [Eq. (26)] and width [Eq. (27)] of the PMZ under such condition are, respectively.

$$L_{s0} = \frac{1}{\pi U E_c} \left(\frac{\dot{M}}{HC_a} \right)^2 \quad (26)$$

$$b_{s0} = \sqrt{\frac{2}{\pi e}} \frac{\dot{M}}{UHC_a} = \sqrt{\frac{2E_c L_{s0}}{eU}} \quad (27)$$

Similar to the dimensional standard curve, these particular case of Eqs. (26) and (27) are also same as the ones obtained by the constant velocity and lateral diffusion coefficient [Wu & Jia (2009) and Wu Z et al. (2011)].

Eq. (10) and Eq. (26) indicate that the maximum length of the PMZ is inversely proportional to the $(1-n)/(1+m)$-th power of the flow velocity and inversely proportional to the lateral diffusion coefficient E_{y1}. Eq. (14) and Eq. (27) show that the maximum width of the PMZ is inversely proportional to the $1/(1+m)$-th power of the flow velocity, regardless of the variations in the lateral direction. Furthermore, the maximum width is independent of the lateral diffusion coefficient.

4 Comparative analysis of examples

In this section, we demonstrate the application of the formulae derived in previous sections to realistic flows and PMZs. Note that comprehensive data of the hydrologic and hydraulic conditions, the distribution of the lateral diffusion coefficient and the pollutant concentration are rarely seen in literatures. Therefore, we use here the exponential lateral distribution curves showed in Section 2.1 (Fig. 1), which fits the longitudinal velocity measured at Yichang Hydrological Station of the Yangtze River in China by Lu et al. (2012). In this section, we will compare and discuss the prediction of PMZ using either the exponential profiles fitting the data over the entire half river (namely Case "Half-width"), or only the offshore area (namely Case "Offshore area").

The mean depth of the river over half river-width and the offshore region is $H=8.0$ m and 5.0m, respectively. Assume that the lateral diffusion coefficient follows Eq. (2), $E_{y1}=4.0\text{m}^2/\text{s}$, $n=0.60$ for Case Half-width, and $E_{y1}=2.0\text{m}^2/\text{s}$, $n=0.30$, for Case Offshore area. The calculation parameters are listed in Table 1 for these two cases.

Table 1 Calculate parameters and the predicted characteristic geometric parameters of the COD$_{Cr}$ concentration isolines

Parameters	Half-width	Offshore area	Parameters	Half-width	Offshore area
y_1/m	530.0	200.0	φ	0.7778	0.7083
$u_1/(\text{m/s})$	4.2	3.5	Γ	1.1902	1.2851
m	0.4	0.7	μ	0.7794	0.8201
$E_{y1}/(\text{m}^2/\text{s})$	4.0	2.0	L_s/m	1567.6	1881.9

	Continued				
Parameters	Half-width	Offshore area	Parameters	Half-width	Offshore area
n	0.6	0.3	b_s/m	27.7	52.5
H/m	8.0	5.0	L_c/m	576.7	692.3
p	1.8	2.4	S/m^2	33837.6	81017.9

Let an onshore steady point source to be a municipal sewage outfall discharges the chemical oxygen demand (COD_{Cr}) at mass discharge rate $\dot{M} = 100 g/s$; the background COD_{Cr} concentration in the river is assumed to be $C_b = 9.8 mg/L$; and the water environment quality standard for COD_{Cr} is $C_{std} = 10.0 mg/L$. Therefore, the allowable increase of COD_{Cr} concentration due to the discharge is $C_a = C_{std} - C_b = 0.2 mg/L$. The value of these parameters is introduced into Eqs. (10, 14 - 15, 24, 18) to predict the PMZ in this river due to the onshore pollutant discharge. The maximum length (L_s), the maximum width (b_s), the longitudinal position of maximum width (L_c) and area (S) of the PMZ are obtained and listed in Table 1. These results are then used in Eq. (16) to obtain the standard curves of the boundary of the PMZ showed in Fig. 5.

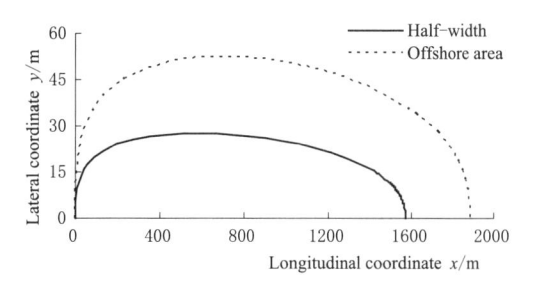

Fig. 5 Predicted pollutant mixing zones for Case Half-width and Case Offshore

As it can be seen from Table 1 and Fig. 5, the PMZ in Case Half-width is significantly different from the one in Case Offshore area. The former one is smaller than the latter by 16.7%, 47.2%, 58.2% in the maximum length (L_s), the maximum width (b_s) and area (S) of the PMZ, respectively. The maximum pollutant concentration in the vicinity of the shore ($y = 0$) is calculated using Eq. (5), and is shown in Fig. 6 (a). The pollutant concentration at cross-section $x = 600 m$ is calculated using Eq. (4) and plotted in Fig. 6 (b).

As it can be seen from Table 1 and Fig. 6, even though the longitudinal profiles of the maximum concentration are similar, the PMZ in Case Half-width is 16.7% smaller than it in the other case. At $x = 600 m$, the lateral concentration shows remarkable discrepancy between the two: the one in Case Offshore area is much higher than it in Case Half-width. This indicates that lateral distributions of the flow velocity and the lateral diffusion coefficient are critical in determining the PMZ near the river bank.

In all, the comparative analysis of examples we showed above indicates that, including the lateral distribution of flow velocity and lateral diffusion coefficient near the center of the river will lead to a smaller PMZ. This is not proper for environmental management because as a buffer zone, PMZ is better to be over predicted (if accurate

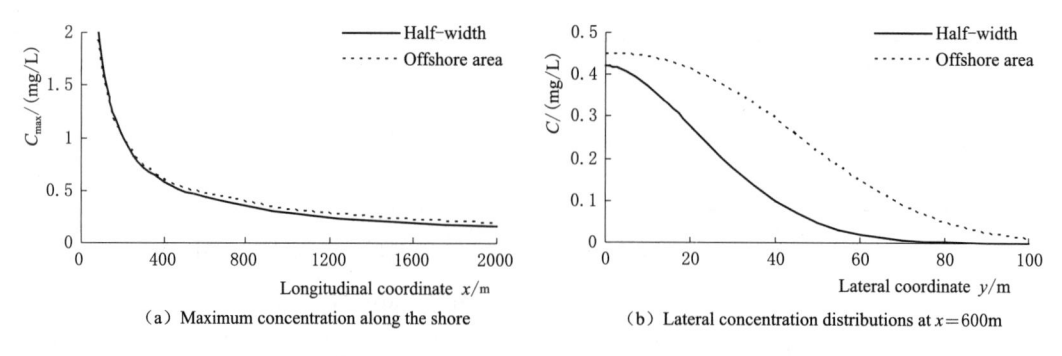

Fig. 6 Comparison of concentration distributions obtained by different exponential profiles of the flow velocity and the lateral diffusion coefficient

(a) Maximum concentration along the shore

(b) Lateral concentration distributions at $x=600$m

prediction is not easy) than under predicted. Therefore, study on the characteristics of the offshore flow near the river bank is very critical for accurate prediction of the PMZ.

5 Conclusions

In this paper, we obtained the lateral exponential distribution of the velocity in wide rivers by fitting the data measured at the Yichang Hydrological Station in Yangtze River and proposed the exponential profile of the lateral diffusion coefficient in the lateral direction. Considering these two inhomogeneities in the lateral direction, we made analogy to the description of the concentration distribution in lower atmosphere flow reported in previous studies and derived the analytical formulae characterizing the PMZ. The standard curve equation of the boundary and geometric characteristics of the PMZ are derived. The main conclusions are

(1) For a steady point source of pollutants discharged at the river shore, considering the lateral exponential law of the flow velocity and lateral diffusion coefficient, the analytical pollutants concentration is derived. The formulae of the maximum length, the maximum width and its longitudinal position, and area of the PMZ are obtained.

(2) The shape of the dimensionless standard concentration isoline at the boundary of PMZ is only related to p, which is determined by the exponential constants m and n of the flow velocity and lateral diffusion coefficient. The standard equation of the PMZ boundary given in the dimensionless form is simple and convenient for practical use.

(3) As an inverse problem, the analytical formulae can also be used to determine the later diffusion coefficient in rivers. The procedure of such method is proposed.

(4) Obtaining the exponential profile of the velocity by fitting measurement data in different regions in the rivers shows significant influence on the prediction of PMZ. Fitting the velocity that spans the entire half width of the river predicts a smaller PMZ than the one fits the data that is only close to the river bank. The former one is smaller than the latter one by 16.7%, 47.2%, 58.2% in the maximum length (L_s), the maximum

width (b_s) and area (S) of the PMZ, respectively. Therefore, the lateral distribution of the flow velocity and the lateral diffusion coefficient near the river bank is critical in determining the PMZ.

(5) In all, the lateral distribution of the flow velocity and lateral diffusion coefficient have a great influence on the PMZ range in river shore discharge. These findings are of great importance to those engaged in calculating the geometric characteristic of PMZs in rivers as well as to those involved in water quality modeling.

Future studies should focus on validating the current results with on-site measurements, in particular, with PMZ concentration distribution, flow velocity profile, and lateral diffusion coefficient profile (may be represented by the root-mean-square of the river flow velocity fluctuations).

References

[1] Baek, K.O., Seo, I.W.. Routing procedures for observed dispersion coefficients in two-dimensional river mixing [J]. Advances in Water Resources, 2010 (33): 155, 1-9.

[2] Baek, K.O., Seo, I.W.. On the methods for determining the transverse dispersion coefficient in river mixing [J]. Advances in Water Resources, 2016 (90): 1-9.

[3] Baek, K.O., Seo, I.W.. Estimation of the transverse dispersion coefficient for two-dimensional models of mixing in natural streams [J]. Journal of Hydro-environment Research, 2017 (15): 67-74.

[4] Baek, K.O., Seo, I.W.. Jeong, S.J.. Evaluation of dispersion coefficients in meandering channels from transient tracer tests [J]. Journal of Hydraulic Engineering, 2006, 132 (10): 1021-1032.

[5] Beltaos, S.. Transverse mixing tests in natural streams [J]. Journal of the Hydraulics Division, 1980, 106 (10): 1607-1625.

[6] Deng, Z.Q., Jung, H.S.. Scaling dispersion model for pollutant transport in river [J]. Environmental Modeling & Software, 2009 (24): 627-631.

[7] Elder, J.W.. The dispersion of marked fluid in turbulent shear flow [J]. Journal of Fluid Mechanics, 1959, 5 (12): 544-560.

[8] Fischer, H.B., Hanamura, T.. The effect of roughness strips on transverse mixing in hydraulic models [J]. Water Resources Research, 1975, 11 (2): 362-364.

[9] Fischer, H.B., Imberger, J., List, E.J., et al.. Mixing in inland and coastal waters [M]. New York: Academic Press, 1979.

[10] Hamzeh, H.A.. Modeling river mixing mechanism using data driven model [J]. Water Resources Management, 2016, 31 (3): 811-824.

[11] Holley, E.R., Abraham, G.. Field tests of transverse mixing in rivers [J]. Journal of the Hydraulics Division, 1973, 99 (12): 2313-2331.

[12] Huang, Z.L., Li, Y.L., Chen, Y.C.. Water Quality Prediction and Water Environmental Carrying Capacity Calculation for Three Gorges Reservoir [M]. Beijing: China Water Resources and Hydropower Press, 2006.

[13] IDEQ. Mixing zone technical procedures manual (DRAFT) [Z]. Boise: Idaho Department of Environmental Quality, USA, 2015.

[14] Lau, Y. L., Krishnappan, B. G.. Transverse dispersion in rectangular channels [J]. Journal of the Hydraulics Division, 1977, 103 (10): 1173-1189.

[15] Li, W. H., Differential equations of hydraulic transients, dispersion and ground water flow [J]. Prentice Hall, Englewood Cliffs, NJ, USA. 1972: 180-184.

[16] LU, J. Y., ZHAN, Y. Z., ZHAO, G. S., et al.. Study on cross sectional velocity distribution affected by sidewall in river channel [J]. Journal of Hydraulic Engineering, 2012, 43 (6): 645-652, 658.

[17] Lung, W. S.. Mixing - zone modeling for toxic waste - load allocations [J]. Journal of Environmental Engineering, 1995, 121 (11): 839-842.

[18] Miller, A. C., Richardson, E. V.. Diffusion and dispersion in open channel flow [J]. Journal of the Hydraulics Division, 1974, 100 (1): 68-74.

[19] Okoye, J. K.. Characteristics of transverse mixing in open - channel flows [D]. California Institute of Technology, 1970.

[20] Pasquill, F.. Atmospheric Diffusion (2nd Ed) [M]. John Wiley and Sons, New York, 1974.

[21] Rodríguez Benítez, A. J., Gómez, A. G. & Díaz, C. Á.. Definition of mixing zones in rivers [J]. Environmental Fluid Mechanics, 2016, 16 (1): 209-244.

[22] Wang, P., Chen, G. Q.. Solute dispersion in open channel flow with bed absorption [J]. Journal of Hydrology, 543, Part B, 2016: 208-217.

[23] Wang, P., Chen, G. Q.. Concentration distribution for pollutant dispersion in a reversal laminar flow [J]. Journal of Hydrology, 2017, 551: 151-161.

[24] Wang, P., Chen, G. Q.. Contaminant transport in wetland flows with bulk degradation and bed absorption [J]. Journal of Hydrology, 2017, 552: 674-683.

[25] Webel, G., Schatzmann, M.. Transverse mixing in open channel flow [J]. Journal of Hydraulic Engineering, 1984, 110 (4): 423-435.

[26] Wu, W., Wu, Z. H., Song, Z. W.. Calculation method for steady - state pollutant concentration in mixing zones considering variable lateral diffusion coefficient [J]. Water Science and Technology, 2017, 76 (1): 201-209.

[27] Wu, Z. H.. Analytical calculation of the depth - averaged concentration distribution and pollutant mixing zone for sloped - bank [J]. Journal of Hydraulic Engineering, 2015, 46 (10): 1172-1180.

[28] Wu, Z. H., Jia, H. Y.. Analytic method for pollutant mixing zone in river [J]. Advances in Water Science, 2009, 20 (4): 544-548.

[29] Wu, Z. H., Wu, W., Wu, G. Z.. Calculation method of lateral and vertical diffusion coefficients in wide straight rivers and reservoirs [J]. Journal of Computers, 2011, 6 (6): 1102-1109.

[30] Zhang, Y. L., Li, Y. L.. A guide to analytical solution of pollutant mixing zone [M]. Beijing: Ocean Press, 1993.

2-12 考虑河流流速和横向扩散系数变化的污染混合区理论分析及其分类[*]

摘　要：宽阔河流的中部深槽和远岸地形变化，对排放岸附近污染混合区范围的影响很小。因此，河流断面平均流速和横向扩散系数不能很好地反映排放岸附近污染物的移流扩散特性。本文通过对长江黄沙溪排污混合区平水期同步观测资料的分析，提出了深度平均流速的横向指数分布和横向扩散系数的二维变化关系式。在宽阔河流顺直岸边稳定点源条件下，求解了变系数二维移流扩散方程浓度分布的解析解，进行了浓度分布的特性分析。在此基础上，推导了污染混合区最大长度、最大宽度和对应纵向坐标以及面积的理论公式，给出了污染混合区边界归一化（等浓度）曲线方程。讨论了深度平均流速和横向扩散系数分布的特性参数（m，n 和 α）对污染混合区形态的影响规律，提出了河流岸边排放污染混合区的类别、形状特征、分类条件和变横向扩散系数的估算方法。实例表明，α-Ⅰ型污染混合区、边界曲线方程和几何特征参数，能够较好地表征长江黄沙溪排污混合区平水期 COD_{Cr} 现场观测等值线形状。

关键词：河岸排放源；流速指数定律；变横向扩散系数；浓度分布；污染混合区；几何特征；分类条件

市政、工业和其他来源的污/废水经处理后，通过岸边排放口泄入河流。在河流中经初始稀释阶段之后，污染物在垂向上可以达到均匀混合，再进入污染带扩展阶段。因此除近区以外，可以作为二维移流扩散问题处理[1-3]。通常应用物理模型或数学模型来研究污染带的横向扩展以及对于环境的影响，而横向扩散系数（又称横向混合系数）是模型的重要参数和解决问题的关键之一[4-5]。在环境水力学中，常常是按照污染物浓度横向分布服从正态分布规律，结合室内或现场试验资料采用浓度矩法、直线图解法、线性回归法和模型演算法等方法[6-10]，或者采用基于剪切流分散理论的横向速度与深度平均值的偏差流速[11-13]，来确定矩形断面明渠和天然河流横向扩散系数，其分析结果是将横向扩散系数处理成常数，即横向扩散系数在整个断面上采用常数。长期的研究大多致力于寻求横向扩散系数与河段（或断面）平均水力学参数之间的半理论半经验关系式[14-20]。在实践中，通常采用常数横向扩散系数来进行河流水环境影响预测和计算河流排污混合区[21-24]。

赵振祥等[25] 通过采用断面平均方法，对具有相同横断面面积、水面宽度、平均水深和平均流速的矩形与梯形断面的扩散浓度分布比较发现，梯形断面岸边斜坡上的浓度明显高于矩形断面岸边区域的浓度。Fischer H B et al.[1] 根据独立实验给出横向扩散系数 $E_y \propto h$（其中 h 是平均水深），即水深浅的地方横向扩散系数小，据此赵振祥等[25] 提出横向扩散系数在整个断面上是变化的概念。并对莱茵河某河段的横向扩散系数进行了计算，得出全断面上量纲一横向扩散系数为 $\alpha_y = 0.20$，岸边污染带（$y = 60m$）内的量纲一横向扩散

---

[*] 原文载于《水利学报》，2019，50（3），作者：武周虎。

二、河流、水库污染混合区理论与计算方法

系数为 $\alpha_{y1}=0.14$,相对误差为 30%。在大江大河中岸边排放的污染带通常位于具有斜坡的岸边,斜坡上的横向扩散系数与整个断面上的平均横向扩散系数是不一样的。因此,采用整个断面上的平均物理量去反映河流岸边的局部地形特征,取横向扩散系数为常数是不妥的。

由于在以往的河流横向扩散系数确定中,常常是根据污染物浓度的横向分布监测结果进行,忽视了对于河流移流扩散污染物二维浓度分布特征的监测分析,导致河流横向扩散系数在整个断面上的变化特征未得到应有的重视。直到武周虎等[26]和 Wu Z H et al.[27]基于河流平均流速和常数横向扩散系数,在顺直河流岸边稳定点源条件下推导出二维移流扩散污染混合区边界归一化(等浓度)曲线方程才发现,据此得到的污染混合区形状特征,如最大宽度对应的纵向坐标与最大长度之比等于 1/e(自然常数 e=2.7183),不能解释黄真理等[28]在长江三峡建水库前库区水环境现状及水文水质污染负荷同步观测中得到的黄沙溪排污混合区形状。事实上,污染混合区边界曲线能很好地反映污染物的二维浓度分布特征,河流横向扩散系数在整个断面上的变化,会直接影响污染混合区边界曲线的形状特征[29-31]。

Wu Z H et al.[29-30]分析了河流大涡紊动对"污染云"扩散的主导作用,参照有风时大气扩散参数的指数形式,假定河流变横向扩散系数 $E_y(x)=\gamma x^\alpha$,式中:γ,α 为正常数。在顺直河流岸边稳定点源条件下,求解了二维移流扩散方程浓度分布的解析解,推导出污染混合区边界曲线方程,给出最大宽度对应的纵向坐标与最大长度之比等于 $\exp[-1/(1+\alpha)]$。虽然现场观测的污染混合区最大宽度对应的纵向坐标位置,可以通过拟合变横向扩散系数中的正常数指数 α 得到满足,但是污染混合区形状曲线的吻合程度还是相差较大[28];Wu Z H et al.[31]又分析了河流从岸边到中间的流速和横向扩散系数的变化特征,参照下层大气水平流速和垂向扩散系数随高度按指数律变化的经验公式,假定河流深度平均流速和横向扩散系数的横向分布服从 $u=u_1(y/y_1)^m$,$E_y=E_{y1}(y/y_1)^n$,式中:u_1 和 E_{y1} 分别代表离岸横向坐标 $y_1(\leqslant W/2)$ 点的流速和横向扩散系数值,W 为河流宽度。在顺直河流岸边稳定点源条件下,求解了二维移流扩散方程浓度分布的解析解,推导出污染混合区边界曲线方程。污染混合区最大宽度对应的纵向坐标相对位置与常数横向扩散系数时相同,现场观测的污染混合区形状曲线的吻合程度,可以通过拟合流速和横向扩散系数横向分布的正常数指数 m 和 n 得到满足。由此可以看出,单独考虑横向扩散系数随纵向坐标 x 的变化,只能反映现场观测的污染混合区形状在纵向坐标方向的变化特征;而单独考虑流速和横向扩散系数的横向分布,也只能反映现场观测的污染混合区形状在横向坐标 y 方向的变化特征。因此,只有同时考虑以上两种情况,才能全面反映现场观测污染混合区形状的二维变化特征。

针对上述问题,本文通过对长江黄沙溪排污混合区平水期同步观测资料的分析,提出深度平均流速的横向指数分布和横向扩散系数的二维变化关系式。在宽阔河流顺直岸边稳定点源条件下,求解变系数二维移流扩散方程浓度分布的解析解,推导污染混合区最大长度、最大宽度和对应纵向坐标以及面积的理论公式,给出污染混合区边界归一化(等浓度)曲线方程。在结果分析基础上,提出污染混合区的类别、分类条件和变横向扩散系数的估算方法,可作为河流污染混合区范围的计算依据,也可以对水质建模起到理论指导作用。

1 浓度分布求解与特性分析

1.1 流速和横向扩散系数的关系式

1.1.1 流速的横向分布

在分析了黄真理等[28]给出的长江三峡建水库前库区水环境现状及水文水质污染负荷同步观测中，黄沙溪排污混合段平水期6个断面的深度平均流速横向分布观测值（如图1数据点所示）的基础上，对深度平均流速的横向分布选择指数分布规律[31]式（1）进行曲线拟合。

$$u = u_1 \left(\frac{y}{y_1}\right)^m \tag{1}$$

式中：u 和 u_1 分别为距离排放岸横向坐标 y 点和 y_1（$\leqslant W/2$）点的深度平均流速；W 为河流宽度；m 为正常数指数。

对于按顺直河流进行简化处理的黄沙溪排污混合段，将全部6个断面的深度平均流速横向分布观测值一并采用指数分布式（1）进行回归分析得到：$y_1 = 150\text{m}$，$u_1 = 1.4\text{m/s}$，$m = 0.25$，相关系数 $R^2 = 0.7483$，其相关性较好，在图1中以实线显示。

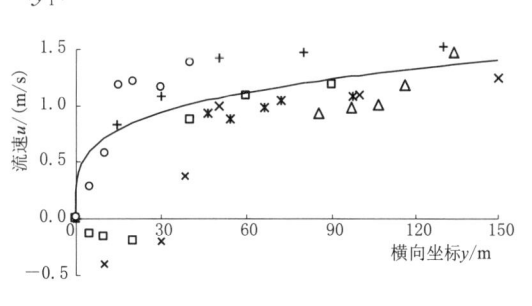

图1 黄沙溪排污混合段平水期深度平均流速的横向分布

1.1.2 横向扩散系数的关系式

根据 Wu Z H et al.[29-30] 对河流二维移流扩散问题的分析，从岸边排污口排出的污染物扩散时间越长，迁移距离越远，扩散范围不断增大，大尺度涡旋体的扩散作用逐渐增强。考虑到大涡对"污染云"扩散的主导作用，因此有横向扩散系数随着污染云的扩散范围增大而增大，即河流横向扩散系数与迁移距离 x 成比例。另外，由于河岸地形对水流的摩擦阻力作用，河流近岸区域的流速一般低于中间区域，离岸距离越大，流速越大，横向扩散系数也越大。Wu Z H et al.[31] 根据河流深度平均流速的横向指数分布规律，提出横向扩散系数的横向分布同样服从指数分布规律。综合以上两种点，假设横向扩散系数既服从横向指数分布规律，又随纵向坐标 x 呈指数变化的关系式为

$$E_y = \gamma x^\alpha \left(\frac{y}{y_1}\right)^n \tag{2}$$

式中：E_y 为从排放口沿水流纵向坐标 x、距离排放岸横向坐标 y 点的横向扩散系数；γ、α、n 均为正常数；其他符号意义同前。

1.2 岸边排放源在非均匀流场中的扩散

根据张书农[4]、Wu Z H et al.[31] 和 Li W H[32] 在稳态条件下，对河流二维移流扩散方程的简化处理，在离开排放口一定距离后的远区，即 $xu \gg E_x$，E_x 为纵向扩散系数，纵向坐标 x 方向的扩散项与移流项相比，在纵向上的扩散作用微不足道，可以忽略不计；

二、河流、水库污染混合区理论与计算方法

按照一般环境水力学概念，河流中的横向流速可以略去，在横向上的污染物主要表现为扩散与混合。因此，河流中的简化二维移流扩散方程为

$$u\frac{\partial C}{\partial x}=\frac{\partial}{\partial y}\left(E_y\frac{\partial C}{\partial y}\right) \tag{3}$$

式中：x 为自排污口沿河流流向的纵向坐标；y 为垂直于 x 轴从排污口指向河心的横向坐标；u 为深度平均流速；E_y 为横向扩散系数；C 为污染物浓度。

将式（1）和式（2）代入式（3），整理得到变系数二维移流扩散方程为

$$u_1\left(\frac{y}{y_1}\right)^m\frac{\partial C}{\partial x^{1+\alpha}}=\frac{\partial}{\partial y}\left[\frac{\gamma}{1+\alpha}\left(\frac{y}{y_1}\right)^n\frac{\partial C}{\partial y}\right] \tag{4}$$

令 $X=x^{1+\alpha}$，$E=\dfrac{\gamma}{1+\alpha}$，式（4）变为

$$u_1\left(\frac{y}{y_1}\right)^m\frac{\partial C}{\partial X}=\frac{\partial}{\partial y}\left[E\left(\frac{y}{y_1}\right)^n\frac{\partial C}{\partial y}\right] \tag{5}$$

根据 Wu Z H et al.[31] 在顺直矩形河渠中，在岸边稳定线源单位时间单位水深的排放质量 $\dot{m}=\dot{M}/H$ 的条件下，对于保守物质，由式（5）给出深度平均流速和横向扩散系数均服从指数分布规律决定的河流二维移流扩散污染物浓度分布为

$$C(X,y)=\frac{p\dot{M}y_1^m}{u_1 H\Gamma(\varphi)}\left(\frac{u_1 y_1^{n-m}}{p^2 EX}\right)^\varphi\exp\left(-\frac{u_1 y_1^{n-m}y^p}{p^2 EX}\right) \tag{6}$$

式中：$p=2+m-n>1$；$\varphi=(1+m)/p$；$\Gamma(\varphi)$ 为完全伽马函数；$\dot{M}$ 为岸边稳定点源单位时间的排放质量；H 为平均水深；其他符号意义同前。

将 X 和 E 代入式（6）整理得到，由深度平均流速的横向指数分布式（1）和横向扩散系数的二维变化关系式（2）确定的河流二维移流扩散污染物浓度分布为

$$C(x,y)=\frac{p\dot{M}y_1^m}{u_1 H\Gamma(\varphi)}\left[\frac{(1+\alpha)u_1 y_1^{n-m}}{p^2\gamma x^{1+\alpha}}\right]^\varphi\exp\left[-\frac{(1+\alpha)u_1 y_1^{n-m}y^p}{p^2\gamma x^{1+\alpha}}\right] \tag{7}$$

1.3 浓度分布特性分析

由式（7）可以得到，对于纵向坐标的给定值（x_i，$i=1,2,3,\cdots$），河流岸边排放二维移流扩散污染物浓度的横向分布特征主要取决于 $\exp(-y^p)$。即污染物浓度随横向坐标 y 的增大单调下降，横向浓度分布曲线类似于半正态分布形式；当纵向坐标 x 增大时，横截面上的最大浓度沿程逐渐减小，污染物浓度迅速在横向上扩展，浓度梯度迅速减小，见图 2。

令 $y=0$，由式（7）可以得到横截面上污染物最大浓度的沿程分布为

$$C_{\max}(x)=\frac{p\dot{M}y_1^m}{u_1 H\Gamma(\varphi)}\left[\frac{(1+\alpha)u_1 y_1^{n-m}}{p^2\gamma x^{1+\alpha}}\right]^\varphi \tag{8}$$

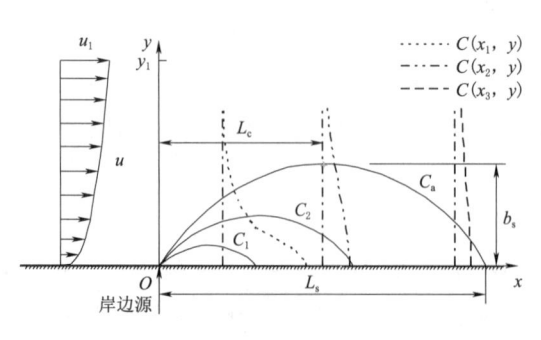

图 2 河流岸边排放污染物浓度分布和等浓度线

即横截面上的最大浓度随纵向坐标 x 的

$[-\varphi(1+\alpha)]$ 次方下降。

由于深度平均流速的横向分布不是常数，因此，河流中污染物浓度的横向分布不能代表污染物通量 $q(x_i,y)=uC$ 的横向分布。对于保守物质，在纵向坐标取任意值 (x_i) 时，则有河流各断面的污染物总通量相等，即有

$$\dot{M}=H\int_0^\infty q(x_i,y)\mathrm{d}y=H\int_0^\infty uC\mathrm{d}y=\mathrm{constant} \tag{9}$$

当 $\alpha=0$ 时，横向扩散系数与纵向坐标 x 无关，横向扩散系数和深度平均流速的横向分布均服从指数规律，式（7）变为与相同条件下 Wu Z H et al.[31] 给出的结果一致；当 $m=n=0$ 时，横向扩散系数和深度平均流速均在横向上保持常数，横向扩散系数仅随纵向坐标 x 呈现指数变化规律，式（7）变为与相同条件下 Wu Z H et al.[29-30] 给出的结果一致；当 $\alpha=m=n=0$ 时，横向扩散系数和深度平均流速均取常数，式（7）变为与相同条件下武周虎等[26-27] 给出的结果一致。

2 污染混合区几何特征

根据污染混合区的概念，河流背景污染物浓度 C_b 与排放产生的允许升高浓度 C_a 的总和应符合水环境功能区所执行的浓度标准值 C_{std}，即有 $C_a=C_{std}-C_b$，该等浓度线所包围的区域称为污染混合区。由式（7）可知，河流岸边排放的污染混合区边界（等浓度）曲线方程为

$$C_a=\frac{p\dot{M}y_1^m}{u_1 H\Gamma(\varphi)}\left[\frac{(1+\alpha)u_1 y_1^{n-m}}{p^2\gamma x^{1+\alpha}}\right]^\varphi\exp\left[-\frac{(1+\alpha)u_1 y_1^{n-m}y^p}{p^2\gamma x^{1+\alpha}}\right] \tag{10}$$

在图 2 中，绘制了三个水平 $C_1>C_2>C_a$ 的浓度等值线。在以下小节中，将由方程式（10）具体分析污染混合区边界（等浓度）曲线几何特征参数的理论公式。

2.1 最大长度

在式（10）中，令 $y=0$，可以得到河流岸边排放污染混合区最大长度 L_s 的理论公式

$$L_s=\left(\frac{p\dot{M}y_1^m}{u_1 H\Gamma(\varphi)C_a}\right)^{1/(1+\alpha)\varphi}\left[\frac{(1+\alpha)u_1 y_1^{n-m}}{p^2\gamma}\right]^{1/(1+\alpha)} \tag{11}$$

2.2 最大宽度和对应纵向坐标

为了方便推导河流岸边排放污染混合区最大宽度和最大宽度对应的纵向坐标位置，改写式（10）为

$$C_a x^{(1+\alpha)\varphi}=AB^\varphi\exp\left(-\frac{By^p}{x^{1+\alpha}}\right) \tag{12}$$

式中：$A=\dfrac{p\dot{M}y_1^m}{u_1 H\Gamma(\varphi)}$，$B=\dfrac{(1+\alpha)u_1 y_1^{n-m}}{p^2\gamma}$。

为了获得等浓度线上横向坐标 y 达到极大值点的坐标关系，给式（12）两边分别对 x 求导，并令 $\dfrac{\mathrm{d}y}{\mathrm{d}x}=0$，整理得到

$$C_a x^{(1+\alpha)\varphi}=AB^{\varphi+1}\frac{y^p}{\varphi x^{1+\alpha}}\exp\left(-\frac{By^p}{x^{1+\alpha}}\right) \tag{13}$$

注意到，式（12）与式（13）的左边相同，则右边应该相等。据此，可以得到污染混合区最大宽度极值点的纵向坐标 L_c 和横向坐标 b_s 应满足的关系式为

$$L_c = \left(\frac{B}{\varphi} b_s^p\right)^{1/(1+\alpha)} \tag{14}$$

将式（14）代入式（12），整理得到污染混合区最大宽度的理论公式为

$$b_s = \left(\frac{\varphi}{\mathrm{e}}\right)^{1/p} \left(\frac{p\dot{M} y_1^m}{u_1 H \Gamma(\varphi) C_a}\right)^{1/(1+m)} \tag{15}$$

考虑到式（11），可以得到污染混合区最大宽度与最大长度的关系式为

$$b_s = \left[\frac{(1+m)p\gamma}{(1+\alpha)\mathrm{e} u_1 y_1^{n-m}} L_s^{1+\alpha}\right]^{1/p} \tag{16}$$

将式（16）代入式（14）化简得到污染混合区最大宽度对应纵向坐标与最大长度的关系式为

$$L_c = L_s \mathrm{e}^{-1/(1+\alpha)} = L_s \mathrm{e}^{-1/q} \tag{17}$$

式中：$q = 1+\alpha > 1$。

2.3 边界（等浓度）曲线方程

在式（10）中，对坐标变量 x 除以 L_s 可以得到归一化坐标 (x/L_s)，同时乘以式（11）右边的最大长度表达式；对坐标变量 y 除以 b_s 可以得到归一化坐标 (y/b_s)，同时乘以式（15）右边的最大宽度表达式，整理得到通用形式的河流岸边排放污染混合区边界曲线方程为

$$\left(\frac{y}{b_s}\right)^p = -\mathrm{e}\left(\frac{x}{L_s}\right)^q \ln\left(\frac{x}{L_s}\right)^q \tag{18}$$

或

$$y = b_s \left[-\mathrm{e}\left(\frac{x}{L_s}\right)^q \ln\left(\frac{x}{L_s}\right)^q\right]^{1/p} \tag{19}$$

值得注意的是，河流岸边排放污染混合区归一化坐标边界的曲线方程仅是 $p(=2+m-n)$ 和 q 的函数。其他参数（m，n，γ，α，y_1，u_1，H，C_a 和 $\dot{M}$）仅改变用于归一化的两个几何特征参数 L_s 和 b_s。

2.4 面积和面积系数

在纵向坐标 $x \in [0, L_s]$ 上，对式（19）求定积分，可以推导河流岸边排放的污染混合区面积 S 如下：

$$S = \int_0^{L_s} y\,\mathrm{d}x = \int_0^{L_s} b_s \left[-\mathrm{e}\left(\frac{x}{L_s}\right)^q \ln\left(\frac{x}{L_s}\right)^q\right]^{1/p} \mathrm{d}x \tag{20}$$

进行变量替换，令 $x/L_s = \zeta$，积分区间变为 $[0, 1]$，式（20）变为

$$S = L_s b_s \int_0^1 \left[-\mathrm{e} q \zeta^q \ln(\zeta)\right]^{1/p} \mathrm{d}\zeta = \mu L_s b_s \tag{21}$$

其中，面积系数函数 μ 为

$$\mu(p,q) = \int_0^1 \left[-\mathrm{e} q \zeta^q \ln(\zeta)\right]^{1/p} \mathrm{d}\zeta \tag{22}$$

2.4.1 在特定条件下，面积系数的理论公式

当 $p=1$ 时，式（22）改写为

$$\mu(p=1,q) = -eq\int_0^1 \zeta^q \ln(\zeta) d\zeta \tag{23}$$

由数学表可知：$\int_0^1 \zeta^q \ln(\zeta) d\zeta = -\dfrac{1}{(1+q)^2}$，则有污染混合区面积系数的理论公式为

$$\mu(p=1,q) = \dfrac{eq}{(1+q)^2} \tag{24}$$

当 $p=2$ 时，令 $\eta = \zeta^{(2+q)/2}$，代入式（22）化简得到

$$\mu(p=2,q) = \dfrac{2\sqrt{2eq}}{(2+q)^{1.5}} \int_0^1 \sqrt{\ln\left(\dfrac{1}{\eta}\right)} d\eta \tag{25}$$

由数学表可知：$\int_0^1 \sqrt{\ln\left(\dfrac{1}{\eta}\right)} d\eta = \dfrac{\sqrt{\pi}}{2}$，则有污染混合区面积系数的理论公式为

$$\mu(p=2,q) = \dfrac{\sqrt{2\pi eq}}{(2+q)^{1.5}} \tag{26}$$

2.4.2 在其他条件下，面积系数的数值积分公式

除 $p=1$ 和 $p=2$ 以外，式（22）不存在直接积分公式。可以借助于梯形法求定积分的公式，由式（22）得到污染混合区面积系数的数值积分公式为

$$\mu(p,q) = (eq)^{1/p} \dfrac{\Delta\zeta}{2} \sum_{i=1}^{n} \{[\zeta_{i-1}^q \ln(\zeta_{i-1}^{-1})]^{1/p} + [\zeta_i^q \ln(\zeta_i^{-1})]^{1/p}\} \tag{27}$$

在式（27）中，我们是将自变量 ζ 的积分区间 $[0,1]$ 划分为 $n(=1/\Delta\zeta)$ 等分，每一等分的长度 $\Delta\zeta$ 取 $1.0E-4$，一般就可以实现数值积分值与理论值的误差绝对值小于 $1.0E-4$。若需进一步提高数值积分的精度，可以通过缩小等分长度或更换数值积分方法。

在河流流速和横向扩散系数均为常数（$p=2$，$q=1$）、仅横向扩散系数随纵向坐标 x 呈指数变化（$p=2$，$q=1+\alpha$）以及流速和横向扩散系数为指数分布（$p=2+m-n$，$q=1$）条件下，式（24）或式（26）或式（27）可简化为与相同条件下 Wu Z H 等[27,29,31]给出的结果一致。

3 结果分析与讨论

3.1 结果分析

由式（18）和式（22）可以看出，河流岸边排放污染混合区边界归一化曲线的形状和面积系数，两者都只是参数 $p(=2+m-n)$ 和 $q(=1+\alpha)$ 的函数。下面分别绘制污染混合区边界归一化曲线分类图谱和面积系数变化曲线族来做进一步分析。

首先，选择参数 $p=2$、$p<2$（以 $p=1$ 代表）、$p>2$（以 $p=4$ 代表）和 $q=1$、$q>1$（以 $q=3$ 代表），针对 (p,q) 的 6 种组合情况，由式（18）分别绘制污染混合区边界归一化曲线，见图 3。图中，标准型、I 型、II 型分别对应 $(p=2,q=1)$、$(p<2,q=1)$、$(p>2,q=1)$ 情况，此时 $\alpha=0$，污染混合区最大宽度对应的归一化纵向坐标

$L_c/L_s=1/e\approx0.368$；α-标准型、α-Ⅰ型、α-Ⅱ型分别对应（$p=2$，$q>1$）、（$p<2$，$q>1$）、（$p>2$，$q>1$）情况，此时 $\alpha>0$，污染混合区最大宽度对应的归一化纵向坐标 $L_c/L_s>0.368$。

其次，选择参数 $p=1.0$、1.5、2.0、3.0、4.0 和 5.0，在参数 $q=1\sim5$ 区间内取一系列值，采用式（24）或式（26）或式（27）分别计算污染混合区面积系数 $\mu(p, q)$，给出以 p 为参数的面积系数 $\mu(q)$ 变化曲线族，见图4。

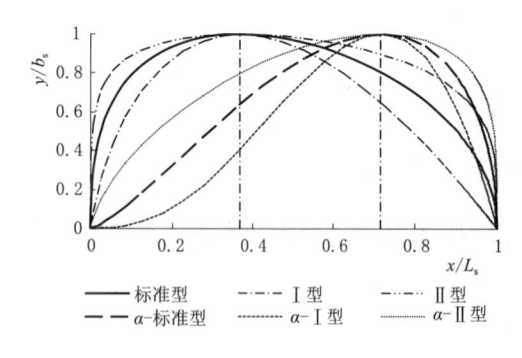

图3 河流岸边排放污染混合区边界
归一化曲线分类图谱

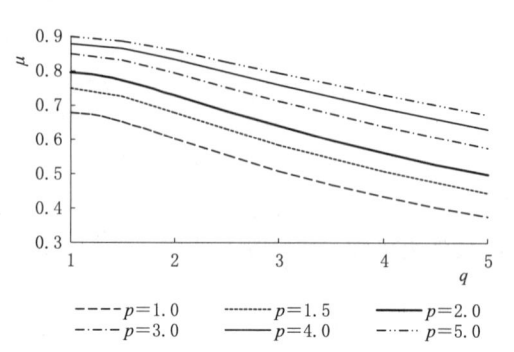

图4 河流岸边排放污染混合区面积
系数变化曲线族

由图3和绘制条件可知，当参数 q 不变，参数 p 变化时，污染混合区边界归一化曲线最大宽度对应的归一化纵向坐标位置保持不变，只有污染混合区边界归一化曲线的形状随着参数 p 的增大，逐渐由尖瘦变为钝肥；而当参数 p 不变，参数 q 变化时，污染混合区边界归一化曲线最大宽度对应的归一化纵向坐标位置将随着参数 q 的增大，沿着流向逐渐偏离原来位置，其形状随之发生变化。

由图4可以看出，当参数 p 不变时，污染混合区的面积系数 $\mu(q)$ 为单调下降曲线，在 $q=1$ 时的面积系数最大；当参数 q 不变时，污染混合区的面积系数随着参数 p 的增大而增加，这一点与污染混合区边界归一化曲线形状的分析结果一致。

通过以上分析，并注意到式（17）和式（18），可以得出的重要结论是：参数 q 值决定着污染混合区形状最大宽度对应的归一化纵向坐标位置，参数 p 值决定着污染混合区形状的丰满程度。

3.2 污染混合区的分类条件

通过上述对河流岸边排放污染混合区边界归一化曲线分类图谱和面积系数变化曲线族的规律分析，发现：

当参数（$p=2$，$q=1$）时，对应河流流速和横向扩散系数均为常数（$m=n=0$）以及流速和横向扩散系数均服从横向指数分布（满足 $m=n$）情况，这时的污染混合区形状定义为标准型；当（$p<2$，$q=1$）时，对应流速和横向扩散系数横向分布（满足 $0<m<n$）情况，定义为Ⅰ型；当（$p>2$，$q=1$）时，对应流速和横向扩散系数横向分布（满足 $m>n>0$）情况，定义为Ⅱ型。

当（$p=2$，$q>1$）时，对应流速为常数，横向扩散系数仅随纵向坐标 x 呈指数变化（满足 $m=n=0$、$\alpha>0$）以及流速和横向扩散系数均服从横向指数分布，同时横向扩散系数又随纵向坐标 x 呈指数变化（满足 $m=n$、$\alpha>0$）情况，定义为 α-标准型；当（$p<2$，$q>1$）时，对应流速和横向扩散系数分布（满足 $0<m<n$、$\alpha>0$）情况，定义为 α-Ⅰ型；当（$p>2$，$q>1$）时，对应流速和横向扩散系数分布（满足 $m>n>0$、$\alpha>0$）情况，定义为 α-Ⅱ型。具体描述，详见表1。

表1　　河流岸边排放污染混合区类别、形状特征与分类条件

类别	河流流速	横向扩散系数	m 与 n 关系	分类条件	形状特征	L_c/L_s
标准型	常数	常数	$m=n=0$	$p=2, q=1$	近似于半椭圆形	
Ⅰ型	横向分布指数 m	横向分布指数 n	$m=n$			
	横向分布指数 m	横向分布指数 n	$m<n$	$p<2, q=1$	在标准型内，形状尖瘦，面积系数减小	e^{-1}
Ⅱ型	横向分布指数 m	横向分布指数 n	$m>n$	$p>2, q=1$	在标准型外，形状钝肥，面积系数增大	
α-标准型	常数	纵向分布指数 α	$m=n=0$	$p=2, q>1$	最大宽度位置沿流向偏离标准型，其偏距与 q 成正相关	
	横向分布指数 m	纵向分布指数 α 横向分布指数 m	$m=n$			
α-Ⅰ型	横向分布指数 m	纵向分布指数 α 横向分布指数 n	$m<n$	$p<2, q>1$	在 α-标准型内，形状尖瘦，面积系数减小	$\mathrm{e}^{-1/q}$
α-Ⅱ型	横向分布指数 m	纵向分布指数 α 横向分布指数 n	$m>n$	$p>2, q>1$	在 α-标准型外，形状钝肥，面积系数增大	

由表1可以看出，河流岸边排放污染混合区的形状与深度平均流速和横向扩散系数变化的特性参数（$p=2+m-n$，$q=1+\alpha$），具有一一对应的关系。在表1分类中，河流岸边排放污染混合区的部分类型与已有研究特例的对应关系为：标准型与文献［26-27］、α-标准型与文献［29-30］、Ⅰ型和Ⅱ型与文献［31］中的研究条件和结果分别对应一致。表1给出的河流岸边排放污染混合区类别、形状特征与分类条件是科学探究从特殊性到普遍性的系列研究成果。该成果全面科学系统地反映了用于表征河流深度平均流速和横向扩散系数变化的特性参数（m，n 和 α）直接影响河流二维移流扩散污染物浓度分布规律和污染混合区几何形状特征的对应关系。

重要启示：长期以来，环境水力学一直在沿着寻找河流断面平均横向扩散系数（常数）的方向发展，通常的做法是根据横向浓度分布与断面平均水力学要素之间的关系，来建立基于常数的横向扩散系数经验公式。而忽视了对河流二维浓度分布和水力学要素的同步观测与综合分析，使得各自给出的横向扩散系数经验公式数量多，形式繁杂，各个公式的计算结果扑朔迷离[5]。其问题可能出在人们一直试图采用常数横向扩散系数来表征纵、横向变化的河流横向扩散系数。研究发现宽阔河流的中部深槽和远岸地形变化，对排放岸附近污染混合区的污染物输移扩散作用很小，因此在大江大河采用断面平均横向扩散系数是不合适的。

3.3　变横向扩散系数的估算方法

河流岸边排放污染混合区边界几何特征尺度的理论公式和等浓度线方程，可以反向使用以便获得变横向扩散系数的具体表达式。该方法仅需要对岸边污染混合区边界曲线的宏

二、河流、水库污染混合区理论与计算方法

观几何特征尺度和流速横向分布进行测量,为从业者提供现场使用的有效方法,在大江大河中非常实用。

首先,在拟观测的宽阔河流上,选择一个稳定的岸边排污口或排放点,在排水中以恒定速率均匀地投加无毒害有色荧光染料(如罗丹明 B)溶液。岸边污染混合区中的染料浓度与颜色的阴影成比例,即有同色度线表示等浓度线。需强调的是,当河岸倾角小于 28°时,水面与深度平均浓度近似相等,水面浓度分布可作为污染混合区的确定依据[33]。这种要求通常在天然河流中很容易得到满足。

其次,按照水文测量技术观测河流中的流速横向分布,采用式(1)拟合确定 u_1,y_1 和 m 的值。速度测量不需要覆盖整个河流,只需要覆盖形成污染混合区的近岸区域。

再次,采用无人机摄像装置,从上空拍摄岸边污染混合区的彩色图像资料。经导入计算机、图像筛选、坐标定位和图像处理,初步读取单条同色度线的最大长度 L_s、最大宽度 b_s 与对应的纵向坐标 L_c。采用式(17)反推得到 q 的初值

$$q = \ln^{-1}\left(\frac{L_s}{L_c}\right) \tag{28}$$

再对污染混合区边界(等浓度)曲线的形状,采用式(18)进行试错法拟合比较,最终确定出一条与该单条同色度线吻合程度较高曲线的最大长度 L_s、最大宽度 b_s 和参数 p、q 值,从而可以求出正常数指数 $n = 2 + m - p$ 和 $\alpha = q - 1$。进而采用式(16)反推出正常数系数 γ

$$\gamma = \frac{e q u_1 y_1^{n-m} b_s^p}{(1+m) p L_s^q} \tag{29}$$

最后,将 γ,α,y_1 和 n 代入式(2)得到变横向扩散系数的具体表达式。

该方法的最大优点是无须测量排污量和浓度分布的具体数值,因为河流流速和横向扩散系数变化形式决定了污染混合区的不同形状,而排污量和浓度分布的具体数值主要是影响河流污染混合区的范围大小。

4 实例

下面根据黄真理等[28]在长江三峡建水库前库区水环境现状及水文水质污染负荷同步观测中,给出的黄沙溪排污混合区平水期同步观测资料,采用本文理论来估算该河段岸边排放的变横向扩散系数式(2)中的正常数参数和经验公式。

黄沙溪排污混合区平水期 COD_{Cr} 现场观测等值线与理论拟合曲线,参见图 5。图中彩色渲染浓度部分摘自文献[28],3 条浓度等值线均由式(18)拟合而得。表 2 给出了黄沙溪排污混合区平水期 COD_{Cr} 为 9.85mg/L、10.00mg/L 和 10.81mg/L 相应的等值线最大长度、最大宽度和其对应纵向坐标的观测值。经采用同一组参数(p,q)值和式(18)对图 5 中的 3 条浓度等值线分别进行理论拟合。结果表明,当参数($p = 1.50$,$q = 1.65$)时,对应表 1 中的 α-Ⅰ型污染混合区,$L_c/L_s = 0.545$,面积系数 $\mu = 0.713$,3 条浓度等值线的总体吻合程度最好,并给出了 3 条 COD_{Cr} 等值线的最大长度、最大宽度和其对应纵向坐标的理论拟合值,见表 2。

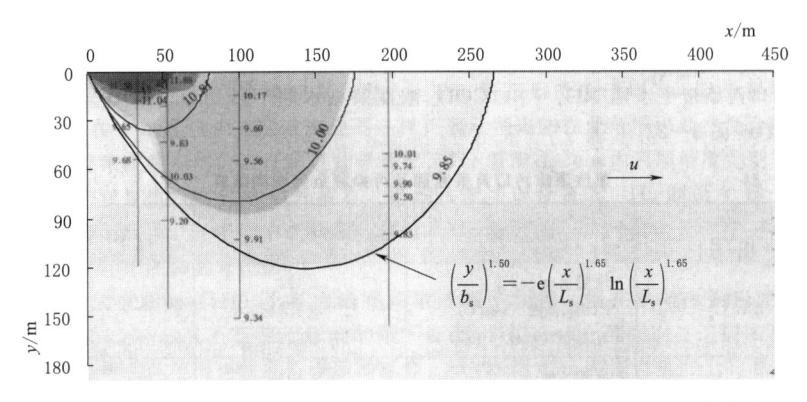

图 5 黄沙溪排污混合区平水期 COD_{Cr} 现场观测等值线与理论拟合曲线

表 2 黄沙溪排污混合区平水期 COD_{Cr} 等值线几何特征参数

项 目	COD_{Cr}/(mg/L)	最大长度 L_s/m	最大宽度 b_s/m	对应纵向坐标 L_c/m
观测值	9.85	265.0	120.0	140.0
	10.00	172.0	86.0	100.0
	10.81	81.0	35.0	41.0
理论拟合值	9.85	265.0	121.0	144.6
	10.00	174.9	79.9	95.4
	10.81	79.5	36.3	43.4
相对误差/%	9.85	0.0	0.8	3.3
	10.00	1.7	−7.1	−4.6
	10.81	−1.9	3.7	5.8

由表 2 可以看出，黄沙溪排污混合区平水期 3 条 COD_{Cr} 等值线最大长度、最大宽度和其对应纵向坐标的理论拟合值与观测值的最大相对误差绝对值分别为 1.9%、7.1% 和 5.8%，结合图 5 判断两者吻合良好。

基于 2.1 节中获得的黄沙溪排污混合段平水期深度平均流速横向分布式（1）中的有关参数：$y_1=150$m，$u_1=1.4$m/s，$m=0.25$，考虑到参数 ($p=1.50$，$q=1.65$)，求出正常数指数 $n=0.75$ 和 $\alpha=0.65$。再根据黄沙溪排污混合区平水期 3 条 COD_{Cr} 等值线理论拟合的最大长度 L_s、最大宽度 b_s 和有关参数，采用式（29）分别计算出变横向扩散系数中正常数系数，从而得到其平均值 $\gamma=5.96$。最后，将 γ，α，y_1 和 n 代入式（2）得到长江黄沙溪排污混合区平水期的变横向扩散系数经验公式为

$$E_y = 5.96 x^{0.65} \left(\frac{y}{150}\right)^{0.75} \tag{30}$$

式中：采用 m-s 单位制。

一个有趣的现象是，长江黄沙溪排污混合区平水期深度平均流速和横向扩散系数的横向分布指数 m、n 之和恰巧等于 1，这与 Li W H[32] 在低层大气扩散研究中，建议 n 值通常取为 ($1-m$) 一致。这是巧合还是有某种规律有待进一步深入研究。

需要说明的是：在野外水体中，虽然 COD_{Cr} 具有一定的降解能力，但根据文献[26]给出的判别条件，当降解数 $De=\dfrac{KL_s}{U}\leqslant 0.027$ 时，可以忽略反应降解作用，按保守物质计算污染混合区范围。如果取 COD_{Cr} 的较大降解系数 $K=0.4(1/d)=4.63E-06(1/s)$，黄沙溪岸边区域的平均流速 $U\approx 1.0\text{m/s}$，当 $COD_{Cr}=9.85\text{mg/L}$ 时的污染混合区最大长度 $L_s=265.0\text{m}$，由此计算得到降解数 $De=\dfrac{KL_s}{U}=0.0012\ll 0.027$。所以，上述实例计算忽略反应降解作用是合理的。在文献[28]中，对于黄沙溪排污混合区 COD_{Cr} 浓度场的验证、污染混合区的模拟预测和实用化计算公式，同样忽略了 COD_{Cr} 的降解作用。

5 结论

（1）这项研究在宽阔河流顺直岸边稳定点源条件下，考虑深度平均流速的横向指数分布和横向扩散系数的二维变化关系，基于变系数二维移流扩散方程，推导了污染物浓度分布解析解，提出了污染混合区最大长度、最大宽度和对应纵向坐标以及面积的理论公式。

（2）给出了污染混合区边界归一化曲线方程。表明河流岸边排放污染混合区的形状与深度平均流速和横向扩散系数变化特性参数（$p=2+m-n$，$q=1+\alpha$），具有——对应的关系，提出了河流岸边排放污染混合区的类别、形状特征、分类条件和变横向扩散系数的估算方法。

（3）实例表明，α-Ⅰ型污染混合区能够较好地表征长江黄沙溪排污混合区平水期 COD_{Cr} 现场观测等值线形状。给出了黄沙溪深度平均流速和横向扩散系数变化特性参数以及排污混合区平水期的变横向扩散系数经验公式。

（4）研究发现宽阔河流的中部深槽和远岸地形变化，对排放岸附近污染混合区范围的影响很小。因此，在大江大河考虑河流流速和横向扩散系数的变化特性非常必要，应引起河流污染混合区几何特征计算和水质建模工作者的高度重视。

参考文献

[1] Fischer H B, Imberger J, List E J, et al. Mixing in inland and coastal waters [M]. New York: Academic Press, 1979.

[2] 赵文谦. 环境水力学 [M]. 成都: 成都科技大学出版社, 1986.

[3] 张书农. 环境水力学 [M]. 南京: 河海大学出版社, 1988.

[4] 张书农. 天然河流横向扩散系数的研究 [J]. 水利学报, 1983, 14 (12): 8-18.

[5] 顾莉, 惠慧, 华祖林, 等. 河流横向混合系数的研究进展 [J]. 水利学报, 2014, 45 (4): 450-457, 466.

[6] Holley E R, Siemons J, Abraham G. Some aspects of analyzing transverse diffusion in rivers [J]. Journal of Hydraulic Research, 1972, 2 (10): 27-57.

[7] 郭建青, 张勇. 确定河流横向扩散系数的直线图解法 [J]. 水利学报, 1997 (1): 62-67.

[8] 郑鹏海, 郭建青. 确定河流横向扩散系数的线性回归法 [J]. 水电能源科学, 1999, 17 (3): 17-19.

[9] Baek, K. O., Seo, I. W. Routing procedures for observed dispersion coefficients in two-dimen-

sional river mixing [J]. Advances in Water Resources, 2010, (33): 1551-1559.
[10] Baek, K. O., Seo, I. W. Estimation of the transverse dispersion coefficient for two-dimensional models of mixing in natural streams [J]. Journal of Hydro-environment Research, 2017, 15: 67-74.
[11] Baek, K. O., Seo, I. W. Prediction of transverse dispersion coefficient using vertical profile of secondary flow in meandering channels [J]. Journal of Civil Engineering KSCE, 2008, 12 (6): 417-426.
[12] Baek, K. O., Seo, I. W. Transverse dispersion caused by secondary flow in curved channels [J]. Journal of Hydraulic Engineering ASCE, 2011, 137 (10): 1126-1134.
[13] Baek, K. O., Seo, I. W. On the methods for determining the transverse dispersion coefficient in river mixing [J]. Advances in Water Resources, 2016, 90: 1-9.
[14] Webel G, Schatzmann M. Transverse mixing in open channel flow [J]. Journal of Hydraulic Engineering, 1984, 110 (4): 423-435.
[15] Fischer H B, Hanamura T. The effect of roughness strips on transverse mixing in hydraulic models [J]. Water Resources Research, 1975, 11 (2): 362-364.
[16] Lau Y L, Krishnappan B G. Transverse dispersion in rectangular channels [J]. Journal of the Hydraulics Division, 1977, 103 (10): 1173-1189.
[17] Beltaos S. Transverse mixing tests in natural streams [J]. Journal of the Hydraulics Division, 1980, 106 (10): 1607-1625.
[18] Miller A C, Richardson E V. Diffusion and dispersion in open channel flow [J]. Journal of the Hydraulics Division, 1974, 100 (1): 68-74.
[19] Okoye J K. Characteristics of transverse mixing in open-channel flows [M]. California Institute of Technology, 1970.
[20] Holley E R, Abraham G. Field tests of transverse mixing in rivers [J]. Journal of the Hydraulics Division, 1973, 99 (12): 2313-2331.
[21] 中华人民共和国生态环境部. HJ 2.3—2018 环境影响评价技术导则 地表水环境 [S]. 北京: 中国环境科学出版社, 2018.
[22] 张永良, 李玉梁. 排污混合区分析计算指南 [M]. 北京: 海洋出版社, 1993.
[23] Lung W S. Mixing-zone modeling for toxic waste-load allocations [J]. Journal of Environmental Engineering, 1995, 121 (11): 839-842.
[24] Idaho Department of Environmental Quality. Mixing zone technical procedures manual (DRAFT) [Z]. Boise: Idaho Department of Environmental Quality, USA, 2015.
[25] 赵振祥, 张书农. 天然河流中横向扩散系数的进一步研究 [J]. 水资源保护, 1990 (1): 1-6.
[26] 武周虎, 贾洪玉. 河流污染混合区的解析计算方法 [J]. 水科学进展, 2009, 20 (4): 544-548.
[27] Zhouhu Wu, Wen Wu, Guizhi Wu. Calculation method of lateral and vertical diffusion coefficients in wide straight rivers and reservoirs [J]. Journal of Computers, 2011, 6 (6): 1102-1109.
[28] 黄真理, 李玉梁, 陈永灿, 等. 三峡水库水质预测和环境容量计算 [M]. 北京: 中国水利水电出版社, 2006.
[29] Zhouhu Wu, Wen Wu. Theoretical analysis of pollutant-mixing zone for rivers with variant lateral diffusion coefficient [C]. Edited by Sorial G A, Jihua Hong. Environmental Science & Technology, American Science Press, Houston, USA, 2014 Vol. 1: 78-82.
[30] Wen Wu, Zhouhu Wu, Zhiwen Song. Calculation method for steady-state pollutant concentration in mixing zones considering variable lateral diffusion coefficient [J]. Water Science and Technology, 2017, 76 (1): 201-209.

[31] Zhouhu Wu, Wen Wu. Theoretical analysis of pollutant mixing zone considering lateral distribution of flow velocity and diffusion coefficient [J]. Environmental Science and Pollution Research, 2018, doi: 10.1007/s11356-018-2746-z.

[32] Wen Hsiung Li. Differential equations of hydraulic transients, dispersion, and ground water flow [M]. Englewood Cliffs, N. J.: Prentice-Hall, Inc. 1972,: 180-184.

[33] 武周虎. 倾斜岸坡深度平均浓度分布及污染混合区解析计算 [J]. 水利学报, 2015, 46 (10): 1172-1180.

三、水环境问题简化计算的判别条件与分类准则

3−01 河流移流离散水质模型的简化和分类判别条件分析*

摘　要：本文从描述河流一维移流离散稳态水质模型的基本微分方程出发，通过理论分析和讨论，指出了现行移流离散模型简化、分类方法存在的三方面问题，即仅根据 O'Connor 数的判断条件不全面，会出现排污对上游的影响较大而被忽略的情况，按上、下游影响长度的比值 $L_u/L_d=1\%$ 和 99% 作为简化、分类依据不实用。在详细分析河流移流、离散和降解三种作用之间对比关系的基础上，提出了采用 O'Connor 数 α 和贝克来数 Pe 两个简化、分类参数及其临界值；给出了新的移流离散水质模型方程的简化、分类判别条件：①当 $\alpha \leqslant 0.027$、$Pe \geqslant 1$ 时，采用移流模型；②当 $\alpha \leqslant 0.027$、$Pe < 1$ 时，采用移流离散简化模型；③当 $0.027 < \alpha \leqslant 380$ 时，采用移流离散模型；④当 $\alpha > 380$ 时，采用离散模型。算例分析表明，新判别条件可以满足实际工程和环境管理的应用要求。

关键词：河流；移流离散；水质模型；简化分类；量纲一数；判别条件

移流离散是河流中污染物的主要迁移方式，由于一维水质模型的简单性、可靠性以及参数估算、率定和模型检验的方便性，在实际应用中一般也不需要精确地知道断面上各点的浓度分布状况。所以，常常在断面上采用均匀化的水力和水质要素，进行一维模型化处理，已成为河流移流离散水质模型的常用形式。河流一维移流离散稳态水质模型的基本微分方程为

$$U\frac{\partial C}{\partial x}=E_L\frac{\partial^2 C}{\partial x^2}-KC \tag{1}$$

式中：x 为自排污口沿河流流向的纵向坐标；C 为断面平均浓度；U 为断面平均流速；E_L 为纵向离散系数；K 为物质转化总降解损耗系数，包括生化反应、沉淀等总损失衰减系数。

在式（1）中，对移流项 $U\partial C/\partial x$ 和离散项 $E_L\partial^2 C/\partial x^2$ 的保留或忽略成为移流离散模型方程简化、分类的关键，而移流离散模型方程的简化、分类对于河流 BOD_5、DO 水质模型以及其他多参数水质模型来讲，尤其重要。这是因为对于移流离散模型的基本微分方程中次要作用项的忽略，可以大大提高方程的可求解性，简化方程的求解过程和解的形式。文献 [1−6] 中在多处是忽略移流离散模型基本微分方程中次要作用项来进行方程的简化和求解，但没有给出对次要项的忽略和方程的简化、分类条件；文献 [7−8] 中给出了河流移流离散模型简化、分类方法，由于存在严重缺陷未得到实际应用，只能凭经验进行基本微分方程的简化处理或选择分类模型，很难掌握[9]。如果对基本微分方程的简化处理或对分类模型的选择不当，很容易产生计算误差的增大，甚至造成计算结果的错误。

---

* 原文载于《水利学报》，2009，40（1），作者：武周虎。

三、水环境问题简化计算的判别条件与分类准则

为此，本文在分析现行简化、分类方法存在的问题基础上，通过理论分析和讨论提出河流移流离散模型方程的简化、分类判别条件，并进行算例分析。

1 现行简化、分类方法存在的问题

在文献[7]中提出根据量纲一数 $\alpha = \dfrac{KE_L}{U^2} = \dfrac{降解\cdot 离散作用}{移流作用}$（通常称为 O'Connor 数[8]）的数值，可判断物质输移的形式。即：当 $\alpha \leq 0.01$ 时，可忽略离散项按移流问题处理；当 $0.01 < \alpha \leq 10000$ 时，按移流离散问题处理；当 $\alpha > 10000$ 时，可忽略移流项按离散问题处理。然而，在该文献中又同时指出：在实际应用时，很少严格地按此规定来限制。在文献[8]中给出当 $\alpha < 0.05$ 时，按内陆河流；一般地，$\alpha \approx 1$ 或更大，按感潮河段。

在恒定时间连续点源条件下，式（1）的基本解为

$$C(x) = C_0 \exp\left[\dfrac{Ux}{2E_L}(1+\sqrt{1+4\alpha})\right] \quad (上游\ x<0) \tag{2}$$

$$C(x) = C_0 \exp\left[\dfrac{Ux}{2E_L}(1-\sqrt{1+4\alpha})\right] \quad (下游\ x\geq 0) \tag{3}$$

式中：$C(x)$ 为排污断面上、下游纵向坐标 x 处的断面平均浓度；$C_0 = \dfrac{W}{Q\sqrt{1+4\alpha}}$ 为排污断面污染物初始混合浓度；W 为污染物排放强度，[M/T]；Q 为河流流量。

根据式（2）和式（3）河流移流离散纵向污染物浓度分布特征，把河流排污引起的浓度升高值等于初始混合浓度5%点的纵向坐标区间作为排污影响范围。

上游影响长度

$$L_u = -\dfrac{2E_L \ln 0.05}{U}\dfrac{1}{1+\sqrt{1+4\alpha}} \tag{4}$$

下游影响长度

$$L_d = \dfrac{2E_L \ln 0.05}{U}\dfrac{1}{1-\sqrt{1+4\alpha}} \tag{5}$$

上、下游影响长度的比值

$$\dfrac{L_u}{L_d} = \dfrac{\sqrt{1+4\alpha}-1}{\sqrt{1+4\alpha}+1} \tag{6}$$

由式（4）、式（5）可以看出，河流排污上、下游影响长度均随 α 的增大而减小。图1给出了河流排污上、下游影响长度的比值与 O'Connor 数的关系及分区。

由式（6）和图1可以看出，河流排污上、下游影响长度的比值随 α 的增大而增大。分析表明，现行简化、分类方法存在的问题仅仅是根据河流排污上、下游影响长度的比值与 O'Connor 数的关系来确定。文献[7]给出当 $\alpha \leq 0.01$ 时，对应于 $L_u/L_d \leq 1\%$ 按移流模型处理；当 $0.01 < \alpha \leq 10000$ 时，对应于 $1\% < L_u/L_d \leq 99\%$ 按移流离散模型处理；当 $\alpha > 10000$ 时，对应于 $L_u/L_d > 99\%$ 按离散模型处理。文献[8]给出当 $\alpha < 0.05$ 时，对应于 $L_u/L_d < 5\%$ 按河流移流问题处理；当 $\alpha \approx 1$ 或更大时，对应于 $L_u/L_d \approx 38\%$ 或更大，按感潮河段移流离散问题处理。

· 206 ·

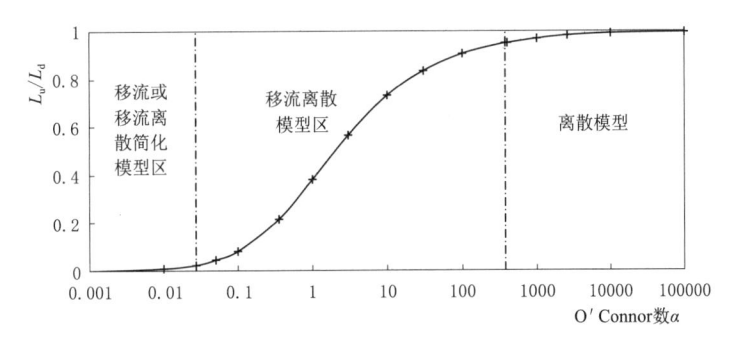

图 1 河流排污上、下游影响长度比值与 O'Connor 数的关系及分区

上述关于移流离散模型方程的简化、分类方法存在的问题是：

(1) 在比值 $L_u/L_d \leq 1\%$、$L_u/L_d < 5\%$，对应于 O'Connor 数 $\alpha \leq 0.01$、$\alpha < 0.05$ 的简化分类条件中，当降解系数 K 很小、而纵向离散系数 E_L 较大、河流断面平均流速 U 又不大时，常常会出现河流排污对下游的影响长度 $L_d \to \infty$ 的情况。这时即使比值 L_u/L_d 很小，河流排污对上游的影响长度 L_u 也可能较大（见图 2），不能忽略河流离散作用而按移流模型处理。

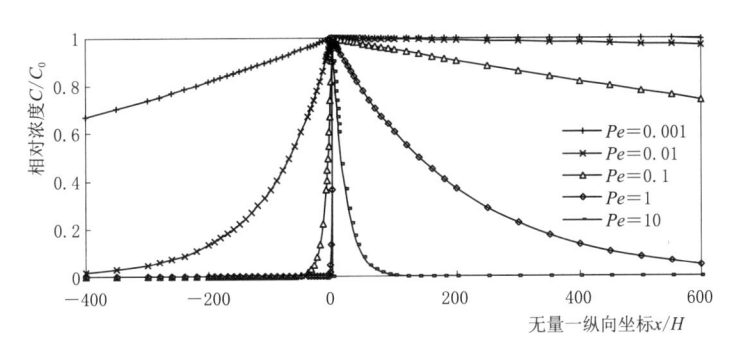

图 2 O'Connor 数 $\alpha=0.005$ 时河流纵向浓度分布

(2) 仅根据 O'Connor 数进行移流离散模型方程的简化、分类，不能全面反映移流、离散和降解三种作用之间的对比关系，应增加量纲一的分类参数。

(3) 比值 L_u/L_d 采用 1% 和 99% 的简化、分类临界值对于实际工程和环境管理的应用过于精确，起不到简化、分类的作用，不实用。而文献 [8] 给出的移流离散模型方程的简化分类条件既笼统、也不完整，当 $\alpha < 0.05$ 时按河流移流问题处理，初始混合浓度 $C_0 = W/Q$ 的相对误差最大达到 8.7% 以上，问题 (1) 和 (2) 仍然存在。

2 移流离散模型方程的简化、分类判别条件

为了增强河流移流离散水质模型方程简化、分类判别条件的实用性，采用比值 $L_u/L_d = 5\%$ 和 95% 作为简化、分类的临界值，同时满足按移流问题处理时初始混合浓度 C_0 的相对误差不大于 5%。按照这一原则由式（6）和图 1 以及 $\dfrac{QC_0}{W} = \dfrac{1}{\sqrt{1+4\alpha}} \geq 95\%$ 可以得

到：O'Connor 数用于河流移流离散水质模型方程的简化、分类临界值为 $\alpha=0.027$ 和 380，对应于比值 $L_u/L_d=3\%$ 和 95%。

根据对式（1）分析，在恒定时间连续点源条件下全面反映移流、离散和降解三种作用之间的对比关系除采用 O'Connor 数外，还需增加一个量纲一数。基于河流移流离散过程的主要影响因素，另一个量纲一数拟选择表征物质移流通量与离散通量比值的贝克来数 $Pe=\dfrac{UC}{E_L C/L}=\dfrac{UL}{E_L}$。当上游环境敏感目标距离污染源 $\leqslant 3B$ 或 $>3B$ 时，特征长度 L 取断面平均水深 H 或河宽 B，以下推导采用 H（采用 B 的情况完全类似，不再重复）。

图 2 给出当 O'Connor 数 $\alpha=0.005$ 时，在不同贝克来数 Pe 情况下的河流移流离散水质模型求解的纵向相对浓度分布。由图 2 可以看出，当 $\alpha=0.005$ 时，在 $Pe\geqslant 1$ 的情况下，可以忽略离散作用引起物质向上游的影响长度；而在 $Pe<1$ 的情况下，贝克来数越小，离散作用引起物质向上游的影响长度越大，不能忽略离散作用引起物质向上游的影响作用。

将贝克来数 Pe 应用于式（4）可以得到河流排污上游影响长度

$$L_u=-\frac{2E_L\ln 0.05}{UH}\frac{H}{1+\sqrt{1+4\alpha}}=-\frac{2\ln 0.05}{Pe(1+\sqrt{1+4\alpha})}H \tag{7}$$

由式（7）可以得出当河流移流作用大于等于离散作用，即当 $Pe\geqslant 1$ 时，河流排污对上游的影响长度最大为 $L_{u\max}=3H$，对于 $\alpha\leqslant 0.027$ 完全可以忽略离散作用按移流问题处理；而当 $Pe<1$ 如 $Pe=0.1$ 时，河流排污对上游的影响长度达到 $L_u=30H$，并且有贝克来数 Pe 或 O'Connor 数 α 越小，离散作用引起物质向上游的影响长度越大的变化规律。所以，当 $Pe<1$ 时，即使 $\alpha\leqslant 0.027$ 也不能忽略离散作用引起物质向上游的影响按移流问题处理，应保留离散项按移流离散问题处理。

综上所述，移流离散水质模型方程的简化、分类判别条件总结如下：

（1）当 O'Connor 数 $\alpha\leqslant 0.027$、贝克来数 $Pe\geqslant 1$ 时，移流作用大于离散作用，可以忽略河流排污对上游的影响长度，即可以忽略离散作用采用移流模型。一般适用于河流上、中游和推流反应器系统。由于较强的移流作用，河流上游基本不受排污影响，下游移流模型的基本解表达式为

$$C=\frac{W}{UA}\exp\left(-\frac{Kx}{U}\right)=C_0\exp\left(-\frac{Kx}{U}\right) \tag{8}$$

式中：A 为河流断面面积。

（2）当 $\alpha\leqslant 0.027$、$Pe<1$ 时，河流排污对上游的影响长度较大，不能忽略其影响作用。即移流和离散作用都比较重要，采用移流离散简化模型。一般适用于河流中、下游、感潮河段和推流离散反应器系统。

这时 $4\alpha\ll 1$，则有 $\sqrt{1+4\alpha}\approx 1+2\alpha\approx 1$，$1+\alpha\approx 1$，$C_0=W/(UA)$。那么，由式（2）、式（3）可以分别得到移流离散简化模型的基本解表达式为

$$C=\frac{W}{UA(1+2\alpha)}\exp\left[\frac{Ux}{E_L}(1+\alpha)\right]\approx C_0\exp\left(\frac{Ux}{E_L}\right)\quad (上游\ x<0) \tag{9}$$

$$C=\frac{W}{UA(1+2\alpha)}\exp\left(-\frac{Kx}{U}\right)\approx C_0\exp\left(-\frac{Kx}{U}\right)\quad (下游\ x\geqslant 0) \tag{10}$$

式（9）、式（10）分别表明向上游的污染物输移主要受纵向离散作用影响、向下游的污染物输移主要受移流作用影响。

（3）当 $0.027 < \alpha \leqslant 380$ 时，移流和降解离散作用都比较重要，采用移流离散模型。一般适用于河流下游、感潮河段和推流离散反应器系统。移流离散模型的基本解为式（2）和式（3）。

（4）当 $\alpha > 380$ 时，移流作用远小于降解离散作用，即可以忽略移流作用采用离散模型。一般适用于纯离散段和离散反应器系统。由于此时移流作用可以忽略，污染物在排污断面上、下游对称输移，离散模型的基本解表达式为

$$C = \frac{W}{2A\sqrt{KE_L}} \exp\left(x\sqrt{\frac{K}{E_L}}\right) = C_0 \exp\left(x\sqrt{\frac{K}{E_L}}\right) \quad （上游 x<0） \tag{11}$$

$$C = \frac{W}{2A\sqrt{KE_L}} \exp\left(-x\sqrt{\frac{K}{E_L}}\right) = C_0 \exp\left(-x\sqrt{\frac{K}{E_L}}\right) \quad （下游 x \geqslant 0） \tag{12}$$

3 算例分析

某河流排污断面污染物排放强度 $W = 36\text{mg/h}$，断面面积 $A = 10\text{m}^2$，断面平均水深 $H = 1.5\text{m}$。为了分析讨论移流离散水质模型方程简化、分类判别条件的适用性，取四组断面平均流速、纵向离散系数和反应降解系数列于表1。分别计算 O'Connor 数 α 和贝克来数 Pe，按照笔者给出的移流离散模型方程简化、分类判别条件，选择分类模型列于表1。表2给出了河流移流离散水质分类模型对应的基本解表达式，图3给出了河流污染物纵向浓度分布。

表 1 河流移流离散参数、判据计算及模型选择

序号	平均流速 $U/(\text{m/s})$	离散系数 $E_L/(\text{m}^2/\text{s})$	降解系数 $K/(\times 10^{-6}/\text{s})$	O'Connor 数 α	Pe	选择模型
①	0.0004	0.0004	4	0.01	1.5	移流模型
②	0.14	100	2	0.01	0.002	移流离散简化模型
③	0.02	100	2	0.5	—	移流离散模型
④	0.0005	100	2	800	—	离散模型

表 2 河流移流离散水质分类模型的基本解表达式

序号	初始混合浓度	$C_0/(\text{mg/L})$	纵向浓度分布表达式 $C/(\text{mg/L})$，纵向坐标 x/m	
			上游河段（$x<0$）	下游河段（$x \geqslant 0$）
①	$W/(UA)$	2500	—	$C/100 = 25\exp(-0.01x)$
②	$W/(UA)$	7.1	$C = 7.1\exp(0.0014x)$	$C = 7.1\exp(-1.43 \times 10^{-5}x)$
③	$W/(UA\sqrt{1+4\alpha})$	28.9	$C = 28.9\exp(2.73 \times 10^{-4}x)$	$C = 28.9\exp(-7.32 \times 10^{-5}x)$
④	$W/(2A\sqrt{KE_L})$	35.4	$C = 35.4\exp(1.41 \times 10^{-4}x)$	$C = 35.4\exp(-1.41 \times 10^{-4}x)$

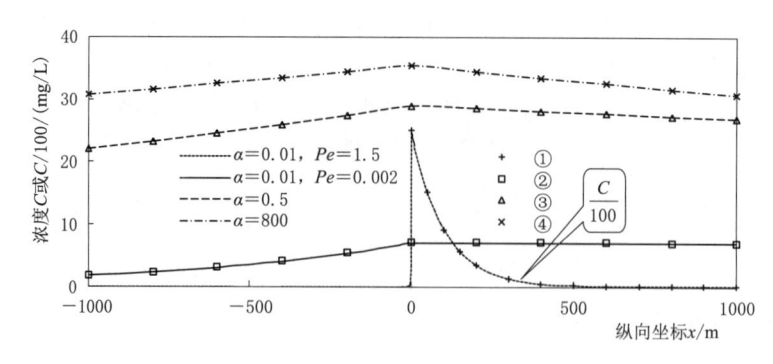

三、水环境问题简化计算的判别条件与分类准则

图 3　算例河流纵向浓度分布（线按移流离散模型，点按简化分类模型）

由表 1、表 2、图 3 可以看出，对于不同的 O'Connor 数河流纵向浓度分布存在明显差别。当 O'Connor 数 $\alpha \leqslant 0.027$ 如 $\alpha \leqslant 0.01$ 时，对于序号①贝克来数 $Pe=1.5$（$\geqslant 1$）和序号② $Pe=0.002$（<1）河流纵向浓度分布分别服从移流模型和移流离散简化模型的基本解，在相同污染物排放强度和断面几何尺度的条件下，其初始混合浓度相差数百倍，主要是因为前者的断面平均流速和纵向离散系数均太小，不利于污染物的输移离散。由此可以看出，移流作用与离散作用的比较不能只看断面平均流速或纵向离散系数的大小，而要看贝克来数是否 $Pe \geqslant 1$，这是因为量纲一数能够反映物理现象的绝对意义。另一方面，前者在河流上游基本不受排污影响，而后者在河流上游受排污影响的长度和影响程度均比较明显，在河流下游两者的纵向浓度分布差别更大。序号③的 $\alpha=0.50$（$0.027<\alpha \leqslant 380$）服从移流离散模型，污染物向排污断面上、下游输移离散；序号④的 $\alpha=800$（$\alpha>380$）服从离散模型，污染物在排污断面上、下游对称分布。

图 3 中"线"表示按移流离散模型计算的河流纵向浓度分布，"点符号"表示按简化分类模型计算的河流纵向浓度分布，两者的最大误差为 2% 出现在①和②的 $x=0$ 处，并且有按简化分类模型计算初始混合浓度 C_0 产生的误差总是正值，对于环境管理偏于安全。说明笔者给出的移流离散水质模型方程的简化、分类判别条件，可以满足实际工程和环境管理的应用要求。

4 结论

（1）指出了现行移流离散模型方程简化、分类方法存在的三方面问题，这些问题是实际应用时很少严格地按此规定来限制的根本原因。

（2）提出了采用 O'Connor 数 α 和贝克来数 Pe 两个量纲一数作为河流一维移流离散稳态水质模型方程的简化、分类参数及其临界值。

（3）给出了新的移流离散水质模型方程的简化、分类判别条件：①当 $\alpha \leqslant 0.027$、$Pe \geqslant 1$ 时，采用移流模型；②当 $\alpha \leqslant 0.027$、$Pe < 1$ 时，采用移流离散简化模型；③当 $0.027 < \alpha \leqslant 380$ 时，采用移流离散模型；④当 $\alpha > 380$ 时，采用离散模型。

（4）笔者提出的移流离散水质模型方程的简化、分类判别条件，可以满足实际工程和环境管理的应用要求。

参考文献

[1] 谢永明. 环境水质模型概论 [M]. 北京：中国科学技术出版社，1996.
[2] 张书农. 环境水力学 [M]. 南京：河海大学出版社，1988.
[3] FISCHER H B, BERGER J I, LIST E J, et al. Mixing in Inland and Coastal Waters [M]. New York：Academic Press，1979.
[4] [瑞士] 格拉夫，阿廷拉卡. 河川水力学 [M]. 赵文谦，万兆惠，译. 成都：成都科技大学出版社，1997.
[5] [英] A 詹姆斯，D. J. 埃里奥特. 水质模拟导论 [M]. 陈祖明，任守贤，武周虎，译. 成都：成都科技大学出版社，1989.
[6] 郭振仁. 污水排放工程水力学 [M]. 北京：科学出版社，2001.
[7] 余常昭，M. 马尔柯夫斯基，李玉梁. 水环境中污染物扩散输移原理与水质模型 [M]. 北京：中国环境科学出版社，1989.
[8] 国家环境保护总局环境工程评估中心. 环境影响评价技术方法 [M]. 北京：中国环境科学出版社，2005.
[9] 李锦秀，廖文根，黄真理. 三峡水库整体一维水质数学模拟研究 [J]. 水利学报，2002（12）：7-10，17.

3-02 河流混合污染物浓度二维移流扩散方程的解析计算及其简化计算的条件 I：顺直宽河流不考虑边界反射*

摘 要：本文在恒定连续点源条件下，从移流扩散方程的二维解析解出发，给出了顺直宽河渠无边界反射情况下，污染混合区的二维解析计算方法和等浓度曲线方程，分析了污染混合区的形状变化规律。以简化二维移流扩散条件下的污染混合区长度为特征长度 L、流速 U 和纵向扩散系数 E_L，定义了贝克来数 $Pe = UL/E_L$，给出了污染混合区量纲一上、下游长度、最大宽度及相应纵坐标和面积的试算公式及诺莫图。结果表明，污染混合区的量纲一长度主要取决于贝克来数，而量纲一最大宽度和面积既取决于贝克来数也与横向与纵向扩散系数的比值 λ_y 有关。在此基础上，给出了非保守物质污染混合区的修正计算方法，以及保守与非保守物质的计算分区图。系统地提出了二维移流扩散方程的简化计算条件。

关键词：污染混合区；二维解析方法；量纲一诺莫图；移流扩散方程；简化条件；非保守物质

河流沿岸地区工业废水或城镇生活污水处理后，经管道或暗渠排入河道，在排污口附近形成污染混合区。通常河流水深远小于宽度，污水进入该区后很快达到垂线上浓度的均匀混合，因此排污口上、下游附近污染物的移流扩散和污染混合区的空间分布特征多属于平面二维问题。河流岸边水域是人类生产生活对水质要求较高的区域，对岸边污染混合区允许范围的确定，是实施总量控制、确保水环境功能目标实现的关键所在[1-3]。

国内外对于河流、水库中污染混合区的计算与移流扩散方程分类简化条件的研究成果，大多是采用移流扩散方程与边界简化条件下的解析方法和实际工程条件下的数值求解方法获得。武周虎等[4-6]采用理论方法给出了河流一维移流离散模型新的简化、分类判别条件，并采用解析方法推导了简化二维和简化三维移流扩散的污染混合区最大长度、最大宽度与相应纵坐标、面积以及后者的最大深度等理论公式；李锦秀等[7]对三峡水库采用整体一维水质数学模拟方法研究了污染物浓度的沿程变化情况；陈永灿等[8]对三峡水库采用二维、三维水质数学模拟方法研究了交汇河段和岸边污染混合区范围；Guymer L[9]在洪水漫滩条件下分析了河流中污染物的混合过程。水质模型具有地形适应性强等特点，但不能给出污染混合区尺度和最大允许污染负荷与水文、水力条件和扩散参数之间的具体函数关系，给计算数据的归纳分析和结果应用带来不便。

本文在恒定连续点源条件下，从移流扩散方程的二维解析解出发，对顺直宽河渠污染混合区进行解析计算，推导污染混合区范围的各特征尺度和最大允许污染负荷量的理论公式，分析提出移流扩散方程的分类简化条件，进行污染混合区解析结果分析与非保守物质

---

* 原文载于《水利学报》，2009，40（8），作者：武周虎，武文，路成刚。

的计算。

1 污染混合区的解析计算

1.1 等浓度曲线方程

污染混合区是从水环境功能区管理的角度出发，针对排污产生的污染超标区域提出来的概念，它是指由于排污而引起污染物超标水域的影响范围[6]。基于二维移流扩散方程 $U\dfrac{\partial C}{\partial x}=E_L\dfrac{\partial^2 C}{\partial x^2}+E_y\dfrac{\partial^2 C}{\partial y^2}$，在恒定连续点源条件下的解析解[10]

$$C=\dfrac{\beta m}{2\pi H\sqrt{E_L E_y}}\exp\left(\dfrac{Ux}{2E_L}\right)K_0\left(\dfrac{Ur}{2E_L}\right) \tag{1}$$

式中：$r=\sqrt{x^2+y^2\dfrac{E_L}{E_y}}$，$x$ 为沿河流流向的纵坐标；y 为垂直于 x 的横向坐标，坐标原点取在排污点；m 为单位时间的排污强度；U 为平均流速；E_L、E_y 为纵向、横向扩散系数；β 为边界反射系数，对于中心排放取 $\beta=1$，对于岸边排放取 $\beta=2$（考虑两岸多次反射的情形另文研究）；$K_0(z)$ 为第二类修正的零阶贝塞耳函数。在采用 Microsoft Office Excel 计算时，$K_0(z)$ 对应的函数形式为 BESSELK(z，0)，z 为自变量。

根据式（1）污染物浓度分布的衰减特征，令排污引起的允许浓度升高值 C_a 与背景浓度 C_b 叠加等于水环境功能区所执行的浓度标准值 C_s，即 $C_a+C_b=C_s$，则该等浓度线所包围的区域为污染混合区。令等标污染负荷 $P=m/C_a=qC_0/C_a$，其中：q 为排污流量，C_0 为排污浓度。则由式（1）可知，污染混合区外边界等浓度曲线方程为

$$1=\dfrac{\beta P}{2\pi H\sqrt{E_L E_y}}\exp\left(\dfrac{Ux}{2E_L}\right)K_0\left(\dfrac{Ur}{2E_L}\right) \tag{2}$$

岸边排放计算的定义域为：$-\infty<x<\infty$，$y\geqslant 0$，不计对岸反射；中心排放计算的定义域为：$-\infty<x<\infty$，$-\infty<y<\infty$，不计岸边反射。

1.2 污染混合区长度

以简化二维移流扩散条件下的污染混合区长度 $L=\dfrac{(\beta P)^2}{4\pi E_y U H^2}$ [5] 为特征长度，定义贝克来数 $Pe=\dfrac{UL}{E_L}$，表示纵向移流作用与纵向扩散作用的比值，并对 x、y 坐标进行量纲一化。则式（2）污染混合区外边界等浓度曲线方程变为

$$\dfrac{1}{Pe}=\dfrac{1}{\pi}\exp(Pex')K_0^2\left(\dfrac{Per'}{2}\right) \tag{3}$$

式中：$r'=\sqrt{x'^2+\dfrac{y'^2}{\lambda_y}}$，$x'=\dfrac{x}{L}$，$y'=\dfrac{y}{L}$，$\lambda_y=\dfrac{E_y}{E_L}$。

当 $y=0$ 时，由式（3）可以得到污染混合区的量纲一上游（$x<0$）长度 L_u' 所满足的关系式为

$$\dfrac{1}{Pe}=\dfrac{1}{\pi}\exp(-PeL_u')K_0^2\left(\dfrac{PeL_u'}{2}\right) \tag{4}$$

或
$$L'_u = -\frac{1}{Pe}\left\{\ln\left(\frac{\pi}{Pe}\right) - \ln\left[K_0^2\left(\frac{PeL'_u}{2}\right)\right]\right\} \tag{5}$$

下游（$x \geqslant 0$）长度 L'_d 所满足的关系式为

$$\frac{1}{Pe} = \frac{1}{\pi}\exp(PeL'_d)K_0^2\left(\frac{PeL'_d}{2}\right) \tag{6}$$

或

$$L'_d = \frac{1}{Pe}\left\{\ln\left(\frac{\pi}{Pe}\right) - \ln\left[K_0^2\left(\frac{PeL'_d}{2}\right)\right]\right\} \tag{7}$$

污染混合区的量纲一总长度 L'_s 等于上、下游长度之和，即为

$$L'_s = L'_d + L'_u \tag{8}$$

由式（4）、式（6）试算，点绘污染混合区量纲一上、下游长度和总长度与贝克来数的关系曲线见图1。

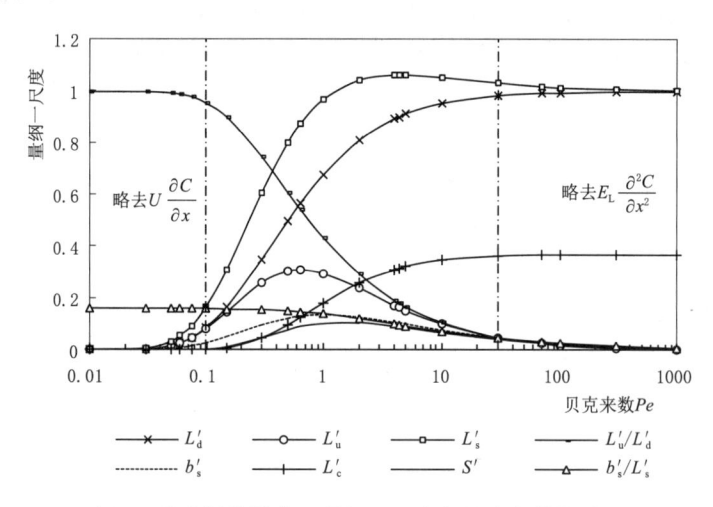

图 1　岸边污染混合区量纲一尺度与贝克来数的关系

由图 1 可以看出，岸边污染混合区量纲一下游长度随贝克来数的增大而迅速增大，说明纵向移流作用与纵向扩散作用的比值越大，污染混合区量纲一下游长度越大，最后增大到 $L_d \rightarrow L$。当 Pe 很小时，污染混合区量纲一上、下游长度趋于相等 $L_u \rightarrow L_d$；当 $Pe \leqslant 0.645$ 时，污染混合区量纲一上游长度随贝克来数的增大而增大；当 $Pe > 0.645$ 时，污染混合区量纲一上游长度随贝克来数的增大而减小，最后接近于 $L_u \rightarrow 0$。说明污染混合区量纲一上游长度随贝克来数的变化存在极大值，该极大值出现在 $Pe = 0.645$ 点，其值为 $L_u = 0.307L$。当 $Pe = 4.360$ 时，污染混合区量纲一总长度达到最大值 $L'_s = 1.064$。

1.3 污染混合区形状和宽度

对于不同的贝克来数，令 $\lambda_y = 0.1$，在式（3）中预设 r'、x'，通过试算获得 $y' = \sqrt{\lambda_y}\sqrt{r'^2 - x'^2}$。以此可计算并绘制一系列污染混合区外边界等浓度曲线见图 2。对于中心排放污染混合区在 x 轴两侧为对称形。

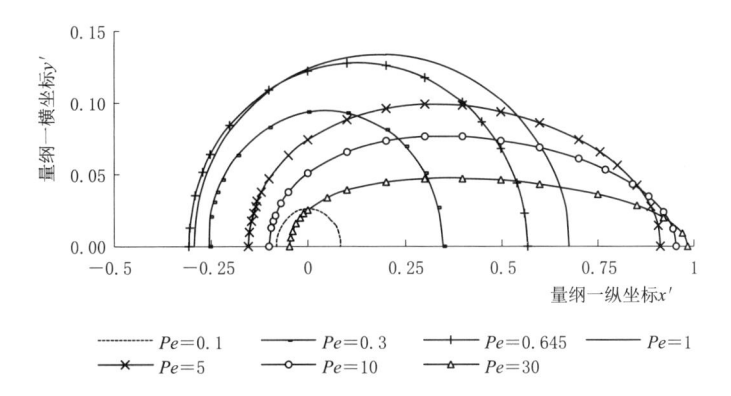

图 2 当 $\lambda_y=0.1$ 时对不同的贝克来数岸边污染混合区量纲一曲线分布

由图 2 可以看出，贝克来数对污染混合区的形状、范围大小起着决定性的作用。当贝克来数趋于零时，污染混合区接近标准椭圆；当 $Pe=0.645$ 时，污染混合区量纲一上游长度达到最大值；污染混合区量纲一下游长度随贝克来数的增大而增大。

当 $x=0$ 时，令对应的 $y'=b'_0$。由式（3）得到污染混合区量纲一宽度 b'_0 所满足的关系式为

$$\frac{1}{Pe}=\frac{1}{\pi}K_0^2\left(\frac{Peb'_0}{2\sqrt{\lambda_y}}\right) \tag{9}$$

对于不同的贝克来数，给定 λ_y 可由式（9）试算污染混合区在 $x=0$ 处的量纲一宽度。对于中心排放污染混合区在 $x=0$ 处的量纲一宽度为 $2b'_0$。

由式（3）可以得到污染混合区量纲一最大宽度 b'_s 与相应纵坐标 L'_c 所满足的关系式为

$$\frac{1}{Pe}=\frac{1}{\pi}\exp(PeL'_c)K_0^2\left(\frac{Pe}{2}\sqrt{L'^2_c+\frac{1}{\lambda_y}b'^2_s}\right) \tag{10}$$

对于不同的贝克来数，令 $\lambda_y=0.1$，由式（10）采用试算比较法确定污染混合区量纲一最大宽度 b'_s 和相应纵坐标 L'_c，并将其结果点绘于图 1。对于中心排放污染混合区最大宽度为 $2b'_s$。在图 1 中 b'_s、b'_s/L'_s 和 S' 是 $\lambda_y=0.1$ 时的结果，由于 $b'_s\sim\sqrt{\lambda_y}$ 成正比，由式（10）可知，L'_c 和 L'_d、L'_u、L'_s、L'_u/L'_d 一样与 λ_y 无关。

由图 1、图 2 可以看出，岸边污染混合区量纲一最大宽度 b'_s 随贝克来数的变化规律与量纲一上游长度基本相同，即呈现为随贝克来数的增大量纲一最大宽度先增大而后减小的变化趋势，量纲一最大宽度的极大值出现在 $Pe=1$ 点，其值为 $b'_s=0.423\sqrt{\lambda_y}$，相应纵坐标 $L'_c=0.182$。当贝克来数很小时，移流作用远小于纵向扩散作用，量纲一最大宽度趋近于 $b'_s\rightarrow\sqrt{\lambda_y}L'_d$，相应纵坐标 $L'_c=0$；由文献 [5] 可知，当贝克来数很大时，移流作用远大于纵向扩散作用，$b'_s\rightarrow\sqrt{\frac{2\lambda_y}{ePe}}$，$L'_c\rightarrow 1/e$。对岸边污染混合区形状的进一步分析表明，量纲一最大宽度与量纲一总长度的比值（即宽长比）随贝克来数的增大而减小，说明当移流作用远大于纵向扩散作用时，污染混合区在排污口下游拉成细长带状。当 Pe 很小时，污染混合区宽长比为 $\frac{\sqrt{\lambda_y}}{2}$；当 Pe 很大时，污染混合区宽长比为 $\sqrt{\frac{2\lambda_y}{ePe}}$。

1.4 污染混合区面积

由于污染混合区外边界等浓度曲线量纲一方程式（3）是一个隐函数关系，直接采用积分求解不同贝克来数时的污染混合区面积有一定困难。由上面分析可知，当 $Pe=0$ 时，污染混合区外边界等浓度曲线量纲一方程是一个标准椭圆方程 $r'=$ 常数或 $x'^2+\dfrac{y'^2}{\lambda_y}=$ 常数，则有污染混合区量纲一面积计算公式为

$$S'=\frac{\pi}{4}L'_s b'_s = 0.7854 L'_s b'_s \tag{11}$$

由文献[5]可知，当贝克来数很大时，x 方向的纵向扩散作用可以忽略不计，此时污染混合区为近似椭圆，量纲一面积计算公式为

$$S'=\left(\frac{2}{3}\right)^{\frac{3}{2}}\frac{\sqrt{\pi e}}{2}L'_s b'_s = 0.7953 L'_s b'_s \tag{12}$$

式中：自然常数 $e=2.7183$。

由式（11）、式（12）、图1和图2分析认为，对于不同的贝克来数污染混合区均为近似椭圆，随着 Pe 增大该近似椭圆更加细长，并且有随 L'_c 的增大，污染混合区量纲一面积系数 μ 增大的变化规律。即量纲一面积计算公式可表示为

$$S'=\mu L'_s b'_s \tag{13}$$

其中：量纲一面积系数为

$$\mu=0.7854+0.02704 L'_c \tag{14}$$

在式（13）中量纲一面积系数的变化范围很小，通常可取平均值 0.7904 或最大值 0.7953 进行计算均能满足实际工程的精度要求，选取后者对于环境管理偏于安全。对于中心排放污染混合区量纲一面积为 $S'=\mu L'_s(2b'_s)$。岸边污染混合区量纲一面积与贝克来数的关系见图1。由图1可以看出，岸边污染混合区量纲一面积的最大值出现在 $Pe=1.700$ 点，其值为 $S'=0.329\sqrt{\lambda_y}$；当贝克来数很小时，量纲一面积趋近于 $S'=\dfrac{\pi\sqrt{\lambda_y}L'^2_d}{2}$；当贝克来数很大时，量纲一面积趋近于 $S'=0.7953\sqrt{\dfrac{2\lambda_y}{ePe}}$。

2 移流扩散方程的简化条件

根据污染混合区上、下游影响长度的比值与贝克来数 Pe 的关系可以确定物质纵向输移的形式。由图1可以得到：

（1）当 $L_u/L_d \leqslant 5\%$ 时，相应的 $Pe \geqslant 30$（比简化条件 $x \gg 2E_L/U$ [11] 更加全面系统和具有可操作性），可忽略纵向扩散作用按简化二维移流扩散 $U\dfrac{\partial C}{\partial x}=E_y\dfrac{\partial^2 C}{\partial y^2}$ 问题处理，其污染混合区采用本文方法中贝克来数很大的情况或文献[5]提出的方法计算。

（2）当 $5\%<L_u/L_d \leqslant 95\%$ 时，相应的 $0.1 \leqslant Pe<30$，此时纵向移流和扩散作用都比较重要，按二维移流扩散 $U\dfrac{\partial C}{\partial x}=E_L\dfrac{\partial^2 C}{\partial x^2}+E_y\dfrac{\partial^2 C}{\partial y^2}$ 问题处理，其污染混合区采用本文提出

的方法计算。

（3）当 $L_u/L_d > 95\%$ 时，相应的 $Pe < 0.1$，可忽略纵向移流作用按二维扩散 $E_L \dfrac{\partial^2 C}{\partial x^2} + E_y \dfrac{\partial^2 C}{\partial y^2} = 0$ 问题处理，其污染混合区按贝克来数很小的情况进行简化计算。

当 $Pe < 0.1$ 时，由图 1 和图 2 可知，污染混合区近似为标准椭圆，$L_u' = L_d' \ll 1$，则 $PeL_d' \to 0$，$\exp(PeL_d') = 1$；另由高等数学可知当 $\dfrac{PeL_d'}{2} \to 0$ 时，$K_0\left(\dfrac{PeL_d'}{2}\right) = \ln\left(\dfrac{4}{PeL_d'}\right)$。由此可将式（4）和式（6）简化得到污染混合区的量纲一上、下游长度为

$$L_u' = L_d' = \frac{4}{Pe}\exp\left(-\sqrt{\frac{\pi}{Pe}}\right) \tag{15}$$

同样可以得到 $L_c' = 0$ 时，污染混合区的量纲一最大宽度为

$$b_s' = \frac{4\sqrt{\lambda_y}}{Pe}\exp\left(-\sqrt{\frac{\pi}{Pe}}\right) = \sqrt{\lambda_y}\,L_d' \tag{16}$$

此时，污染混合区的量纲一面积为

$$S' = 8\pi\frac{\sqrt{\lambda_y}}{Pe^2}\exp\left(-2\sqrt{\frac{\pi}{Pe}}\right) \tag{17}$$

该简化计算公式在贝克来数稍大接近 0.1 时误差较大，其误差值为正，对环境管理偏于安全，一般适用于河流下游感潮河段排污量小的污染混合区计算。

3 结果分析与非保守物质的计算

3.1 结果分析

本文对于污染混合区的解析计算结果，给出了量纲一尺度及 $\lambda_y = 0.1$ 时的诺莫图，污染混合区的量纲一长度主要取决于贝克来数 Pe，量纲一最大宽度和面积主要取决于贝克来数 Pe 与 λ_y。污染混合区各长度量等于 $L = (\beta P)^2/(4\pi E_y U H^2)$ 乘以相应的量纲一尺度，污染混合区的面积等于 L^2 乘以量纲一面积。因此，在 λ_y 为定值的情况下，贝克来数 $Pe = UL/E_L$ 具有反映排污口附近污染混合区尺度的意义。

在这里贝克来数之所以能够作为移流扩散方程的简化参数，是因为贝克来数的物理意义可表示为

$$Pe = \frac{UL}{E_L} = \frac{L^2}{E_L T} \sim \frac{L}{\sigma_L} = \frac{\text{纵向移流尺度}}{\text{纵向扩散尺度}} \tag{18}$$

即当 Pe 很大时纵向移流作用占主要地位，当 Pe 较小时纵向扩散作用占主要地位。将特征长度 L 代入式（18）得到贝克来数的具体表达式为

$$Pe = \frac{(\beta P)^2}{4\pi E_L E_y H^2} \tag{19}$$

由式（19）可以进一步看出，贝克来数 Pe 与 β、$P = m/C_a$ 的平方成正比，与 E_L、E_y、H^2 成反比，但与流速无关。纵向流速主要影响特征长度，不影响 Pe。即在水深、纵向和横向扩散系数不变的情况下，对于不同的等标污染负荷（排污量/允许浓度升高值）

和边界反射系数，排污口附近污染混合区中物质的纵向输移形式仍然会有很大的差别。在河流水文、水力条件和扩散参数以及排污强度 m 不变的情况下，贝克来数 Pe 与水环境功能区标准值或允许浓度升高值 C_a 的平方成反比。也就是说，即使其他条件都不变，对于不同的水环境功能区标准值或允许浓度升高值 C_a，污染混合区的形状和尺度范围仍然会发生较大的变化。

3.2 非保守物质的修正计算

对于非保守物质的二维移流扩散方程 $U\dfrac{\partial C}{\partial x}=E_L\dfrac{\partial^2 C}{\partial x^2}+E_y\dfrac{\partial^2 C}{\partial y^2}-KC$，在恒定连续点源条件下的解析解[10]

$$C=\dfrac{m}{2\pi H\sqrt{E_L E_y}}\exp\left(\dfrac{Ux}{2E_L}\right)K_0\left(\dfrac{Ur\sqrt{1+4\alpha}}{2E_L}\right) \tag{20}$$

式中：$\alpha=\dfrac{KE_L}{U^2}=\dfrac{\text{降解与纵向扩散作用}}{\text{纵向移流作用}}$ 为 O'Connor 数；K 为反应降解系数；其他符号意义同前。当 $y=0$ 时，由式（20）可以得到非保守物质污染混合区的下游（$x\geqslant 0$）长度 L_{df} 所满足的关系式为

$$\dfrac{1}{Pe}=\dfrac{1}{\pi}\exp(PeL'_{df})K_0^2\left(\dfrac{PeL'_{df}\sqrt{1+4\alpha}}{2}\right) \tag{21}$$

在已知排污口附近污染混合区贝克来数 Pe 和 O'Connor 数的条件下，采用式（21）试算求解污染混合区的量纲一下游长度 L'_{df}。并以此值对保守物质的污染混合区尺度范围进行修正，可以得到相应情况下非保守物质的污染混合区尺度范围。

3.3 保守与非保守物质计算分区

当 $0.95L_d\leqslant L_{df}\leqslant L_d$ 时，由式（21）可以得到忽略反应降解作用按保守物质处理所满足的关系式为

$$\dfrac{1}{Pe}\leqslant\dfrac{1}{\pi}\exp(0.95PeL'_d)K_0^2(0.475PeL'_d\sqrt{1+4\alpha}) \tag{22}$$

或

$$K_0(z)\geqslant\sqrt{\dfrac{\pi}{Pe}\exp(-0.95PeL'_d)} \tag{23}$$

式中：$z\geqslant 0.475PeL'_d\sqrt{1+4\alpha}$，$L'_d=f(Pe)$（图1）。则可以得到忽略反应降解作用按保守物质处理的条件为

$$\alpha\leqslant\dfrac{1}{4}\left[\left(\dfrac{z}{0.475PeL'_d}\right)^2-1\right] \tag{24}$$

在 O'Connor 数和贝克来数 Pe 满足式（24）的条件下，可以忽略反应降解作用按保守物质计算污染混合区范围（图3）。在实际应用中，按保守物质处理对环

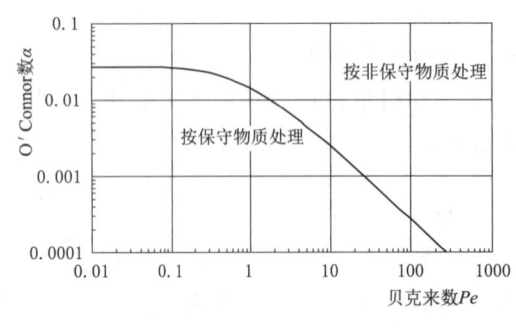

图 3　保守与非保守物质污染混合区的计算分区

境管理偏于安全[6]。

4 结论

从移流扩散方程的二维解析解出发,给出了顺直宽河渠污染混合区的二维解析计算方法和等浓度曲线方程,分析了污染混合区的形状变化规律。以 $L=\dfrac{(\beta P)^2}{4\pi E_y UH^2}$ 为特征长度,定义了贝克来数 $Pe=\dfrac{UL}{E_L}$,给出了污染混合区量纲一上、下游长度、最大宽度及相应纵坐标和面积的试算公式及 $\lambda_y=0.1$ 时的诺莫图。系统地提出了二维移流扩散方程的分类简化条件,具有很好的可操作性和实用性。给出了非保守物质污染混合区的修正计算方法、公式以及保守与非保守物质的计算分区图。

参考文献

[1] 黄真理,李玉梁,陈永灿,等. 三峡水库水质预测和环境容量计算[M]. 北京:中国水利水电出版社,2006.
[2] 廖文根,李锦秀,彭静. 水体纳污能力量化问题探讨[J]. 中国水利水电科学研究院学报,2003,1(3):211-215.
[3] 周丰,刘永,黄凯,等. 流域水环境功能区划及其技术关键[J]. 水科学进展,2007,18(2):216-222.
[4] 武周虎. 河流移流离散水质模型的简化和分类判别条件分析[J]. 水利学报,2009,40(1):27-32.
[5] 武周虎,贾洪玉. 河流污染混合区的解析计算方法[J]. 水科学进展,2009,20(4):544-548.
[6] 武周虎. 水库倾斜岸坡地形污染混合区的三维解析计算方法[J]. 科技导报,2008,26(18):30-34.
[7] 李锦秀,廖文根,黄真理. 三峡水库整体一维水质数学模拟研究[J]. 水利学报,2002(12):7-10,17.
[8] 陈永灿,刘昭伟,李闻. 三峡库区岸边污染混合区数值模拟与分析[C]//刘树坤,李嘉,黄真理,等. 中国水力学2000. 成都:四川大学出版社,2000:501-508.
[9] GUYMER L. Solute mixing from river outfalls during over-bank flood conditions[C]//Proceeding of the International Symposium on Environmental Hydraulics. HongKong:University of HongKong Press,1991:447-452.
[10] 张书农. 环境水力学[M]. 南京:河海大学出版社,1988.
[11] 余常昭. 环境流体力学导论[M]. 北京:清华大学出版社,1992.

3-03 河流混合污染物浓度二维移流扩散方程的解析计算及其简化计算的条件Ⅱ：顺直河流考虑边界反射*

摘 要：本文在保守物质恒定连续点源条件下，从包含河流纵向扩散项的二维移流扩散方程解析解出发，考虑两岸边界反射作用，给出了河流污染物浓度的二维解析计算方法及污染物的量纲一浓度分布方程。定义了能综合反映纵向移流作用与纵向、横向扩散作用比值的修正贝克来数 P_w。在 P_w 相等以及在相对浓度达到 10^{-6} 的精度条件下，通过数值计算给出了边界反射次数与修正贝克来数的回归关系式。当 $P_w \geq 7.5$，忽略纵向扩散项的条件下，岸边排放与中心排放浓度分布的一半具有自动相似性。给出了河流污染物相对浓度分布、排放岸和对岸特征浓度点的量纲一纵向坐标以及全断面均匀混合的量纲一距离与修正贝克来数 P_w 之间的关系曲线。研究结果论证了以修正贝克来数作为移流扩散方程简化的判据，并据此给出考虑边界反射时移流扩散方程的简化条件，其是可行的。

关键词：移流扩散方程；二维解析方法；浓度分布；边界反射；修正贝克来数；均匀混合距离；简化条件

当污水排入天然河流后，在近区很快达到垂线上浓度的均匀混合，排污口上、下游附近污染物移流扩散区的空间分布特征多属于平面二维问题[1]。Fischer H B et al.[2-6] 均从宽河流中忽略纵向扩散作用的简化二维移流扩散方程 $U\frac{\partial C}{\partial x} = E_y \frac{\partial^2 C}{\partial y^2}$ 出发，进行求解 $C(x,y) = \frac{\beta m}{H\sqrt{4\pi E_y Ux}} \exp\left(-\frac{Uy^2}{4E_y x}\right)$。该结果只给出了排污口下游污染物浓度的二维分布，适用于河流流速较大，移流作用远大于纵向扩散作用的情况，但没有给出移流作用远大于纵向扩散作用的简化条件。武周虎等[1,6] 采用解析方法分别推导了计入纵向扩散项和简化二维移流扩散污染混合区最大长度、最大宽度与相应纵向坐标、面积以及最大允许污染负荷的理论计算公式，但均未考虑边界反射作用的影响；武周虎[7] 采用理论方法给出了河流一维移流离散模型新的简化、分类判别条件；李锦秀等[8] 对三峡水库采用整体一维水质数学模拟方法研究了污染物浓度的沿程变化情况；Guymer L[9] 在洪水漫滩条件下分析了河流中污染物的混合过程；陈永灿等[10]、江春波等[11] 和刘昭伟等[12] 根据二维模型或分层三维有限元模型的计算结果确定三峡库区岸边污染混合区范围。虽然水质模型具有地形适应性强等特点，但不能直观地给出污染混合区范围和最大允许污染负荷与各参数之间的函数关系，给实际应用带来不便[12]。

---

* 原文载于《水利学报》，2009，40(9)，作者：武周虎，武文，路成刚。

本文在保守物质恒定连续点源条件下，从二维移流扩散方程解析解出发，考虑两岸边界反射，采用边界反射的镜像法和叠加原理计算河流污染物的平面二维浓度分布。定义能综合反映河流纵向移流作用与纵向、横向扩散作用比值的量纲一数——修正贝克来数 P_w，以修正贝克来数 P_w 为参数给出污染物浓度分布、特征浓度点坐标、全断面均匀混合距离和考虑边界反射作用的移流扩散方程简化条件。

1 污染物浓度的解析计算

1.1 浓度分布方程

基于考虑河流纵向扩散作用的二维移流扩散方程 $U\dfrac{\partial C}{\partial x}=E_L\dfrac{\partial^2 C}{\partial x^2}+E_y\dfrac{\partial^2 C}{\partial y^2}$，在保守物质恒定连续点源条件下的解析解[1,3]

$$C=\dfrac{\beta m}{2\pi H\sqrt{E_L E_y}}\exp\left(\dfrac{Ux}{2E_L}\right)K_0\left(\dfrac{Ur}{2E_L}\right) \tag{1}$$

式中：$r=\sqrt{x^2+y^2\dfrac{E_L}{E_y}}$，$x$ 为沿河流流向的纵向坐标；y 为垂直于 x 的横向坐标，坐标原点取在排污口中点；m 为单位时间的排污强度；U 为平均流速；E_L、E_y 为纵向、横向扩散系数；β 为边界反射系数，对于岸边排放取 $\beta=2$，对于中心排放取 $\beta=1$；$K_0(z)$ 为第二类修正的零阶贝塞尔函数，在计算机中对应的标准函数为 BESSELK$(z, 0)$。

依据式（1）和镜像法边界反射原理，对于宽度为 B 的河流，考虑两岸边界多次反射的浓度分布方程为

$$C=\dfrac{\beta m}{2\pi H\sqrt{E_L E_y}}\exp\left(\dfrac{Ux}{2E_L}\right)\sum_{n=-\infty}^{+\infty}K_0\left[\dfrac{U}{2E_L}\sqrt{x^2+\dfrac{E_L}{E_y}(y+\beta nB)^2}\right] \tag{2}$$

为方便推导，采用量纲一纵横向坐标、相对浓度和反映二维扩散作用的修正贝克来数来表达污染物的量纲一浓度分布方程。令量纲一纵向坐标 $x'=\dfrac{E_y x}{UB^2}$；量纲一横向坐标 $y'=\dfrac{y}{B}$；相对浓度 $C'=\dfrac{C}{C_M}$，其中 $C_M=\dfrac{m}{BHU}=\dfrac{m}{Q}$ 为横向扩散在整个河流断面上实现全断面均匀混合后的污染物浓度，即全断面平均浓度，Q 为河流流量；定义反映二维扩散作用的修正贝克来数 $P_w=\dfrac{\beta UB}{2\sqrt{E_L E_y}}$。将以上关系式和边界反射系数 β 值代入式（2）整理可得污染物的量纲一浓度分布方程如下。

岸边排放

$$C'=\dfrac{P_w}{\pi}\exp\left(\dfrac{P_w^2 x'}{2}\right)\sum_{n=-\infty}^{+\infty}K_0\left[\dfrac{P_w^2}{2}\sqrt{x'^2+\dfrac{1}{P_w^2}(y'+2n)^2}\right] \tag{3}$$

中心排放

$$C'=\dfrac{P_w}{\pi}\exp\left(\dfrac{P_w^2(4x')}{2}\right)\sum_{n=-\infty}^{+\infty}K_0\left[\dfrac{P_w^2}{2}\sqrt{(4x')^2+\dfrac{1}{P_w^2}(2y'+2n)^2}\right] \tag{4}$$

由式（3）和式（4）不难看出，在相对坐标中污染物的相对浓度分布仅与修正贝克来数 P_w 有关，并且在修正贝克来数 P_w 相等的情况下，岸边排放与中心排放浓度分布的一

半具有相似性。即岸边排放的相对浓度分布 $C'(x', y')$ 与中心排放的相对浓度分布 $C'(x', y')$ 在对应点的数值相等，其对应点坐标为岸边排放的 $(4x', 2y')$ 点与中心排放的 $(x', \pm y')$ 点相对应。岸边排放计算的定义域为：$-\infty < x' < \infty$，$0 \leqslant y' \leqslant 1$；中心排放计算的定义域为：$-\infty < x' < \infty$，$-0.5 \leqslant y' \leqslant 0.5$。

1.2 污染物浓度分布

在河流岸边和中心排放条件下，对于不同的修正贝克来数 P_w，可按污染物的量纲一浓度分布方程式（3）和式（4）计算相应情况河流水体定义域内的污染物浓度分布。在相对浓度 C' 的计算精度取 10^{-6} 条件下，两岸累计边界反射次数与修正贝克来数之间相关关系的计算实验结果点绘于图1。

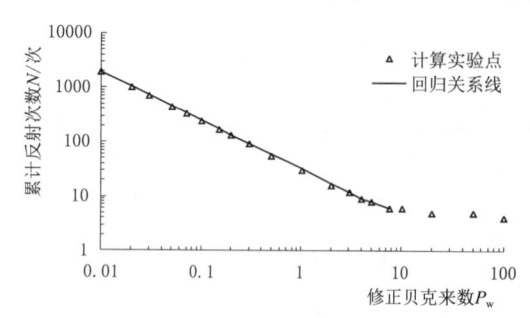

图1 累计边界反射次数与修正贝克来数的关系曲线

由图1可以看出，当修正贝克来数 P_w 越大，考虑两岸边界多次反射的河流相对浓度收敛越快，反之收敛越慢。进一步分析表明，当 $0.01 \leqslant P_w \leqslant 7.5$ 时，两岸累计边界反射次数 N 与修正贝克来数 P_w 的回归关系式（相关性系数 $R^2 = 0.999$）为

$$N = \text{INT}(31 P_w^{-0.9} + 1) \tag{5}$$

当 $P_w < 0.01$ 时，两岸累计边界反射次数 N 超过 2000 次；当 $P_w \geqslant 7.5$ 时，两岸累计边界反射次数 $N = 4 \sim 6$ 次；当忽略纵向扩散项 $\left(E_L \dfrac{\partial^2 C}{\partial x^2} \right)$ 按简化二维移流扩散问题处理时，两岸累计边界反射次数 $N = 4$ 次。

图2～图4分别给出了岸边排放条件下，当修正贝克来数 $P_w = 0.5、1、5$ 时的污染物浓度分布；图5给出了中心排放条件下，当修正贝克来数 $P_w = 0.5$ 时的污染物浓度分布；图6给出了当修正贝克来数 $P_w = 0.5、1、5$ 时排放岸、对岸和当修正贝克来数 $P_w = 0.5$ 时排放中心线及两岸边上、下游的污染物浓度沿程分布。

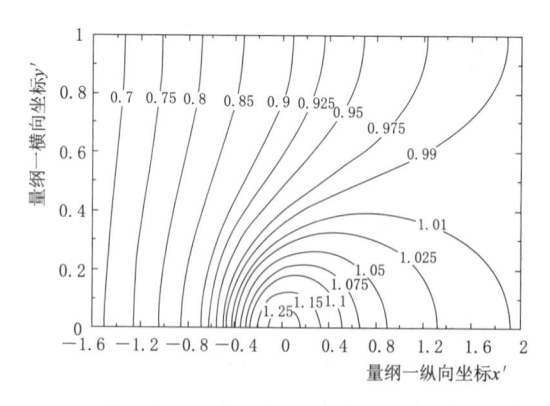

图2 岸边排放 $P_w = 0.5$ 的相对浓度分布

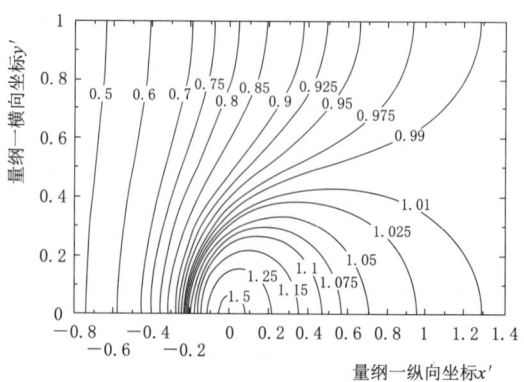

图3 岸边排放 $P_w = 1$ 的相对浓度分布

图 4　岸边排放 $P_w=5$ 的相对浓度分布

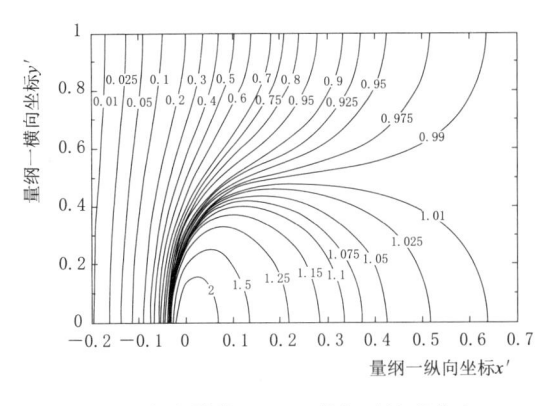

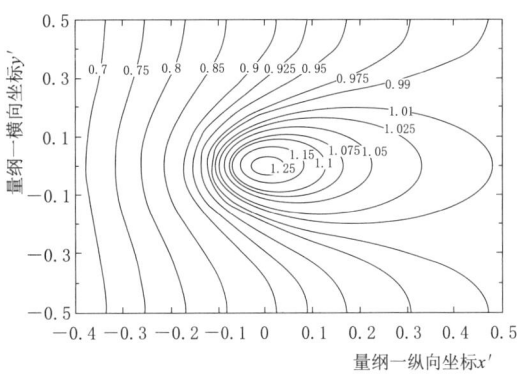

图 5　中心排放 $P_w=0.5$ 的相对浓度分布

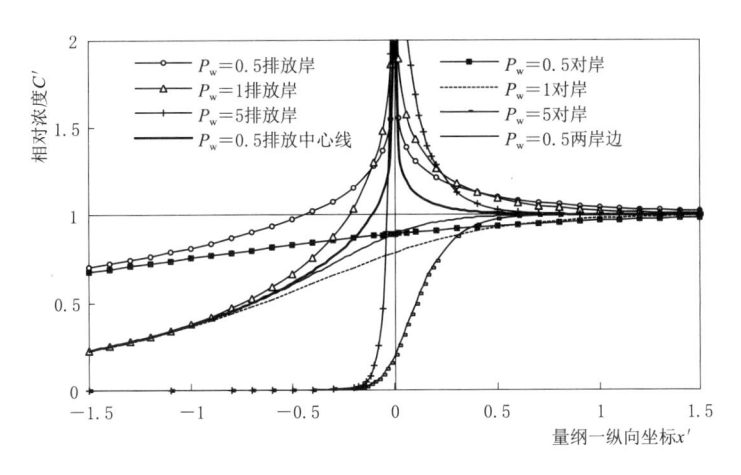

图 6　排放岸、排放中心线及岸边浓度沿程分布

由图 2～图 4 和图 6 可以看出，当修正贝克来数越小，污染物越容易向排污口上游扩散，河流的纵向扩散作用明显；当修正贝克来数越大，污染物受到河流流动的挤压作用越大，越不容易向排污口上游扩散，河流的移流作用明显；当修正贝克来数增大到一定程度，河流的纵向扩散作用可以忽略，此时河流的污染物浓度分布可由简化二维移流扩散方程的解析解得到[5-6]。由图还可以看出，河流上、下游污染物浓度沿程分布在量纲一纵向距离排污口断面较近时，排放岸与对岸的浓度差别较大；在量纲一纵向距离排污口断面较远时，排放岸与对岸的浓度逐渐接近、趋于相等，该量纲一纵向距离的大小随修正贝克来数的增大而减小。

由图 2、图 5、图 6 可以看出，当修正贝克来数相同时，中心排放比岸边排放污染物浓度分布的较高浓度范围大大减小，这是因为中心排放可以向两侧扩散，污染物容易得到受纳水体的稀释扩散，图 2 与图 5 上半部分的浓度分布是相似的。图 7 给出了排放岸和对岸相对浓度 C' 分别为 0.05、0.5 和 0.95 特征浓度点的量纲一纵向坐标位置。

由图 7 可以看出，随着修正贝克来数的增大，同一浓度特征点的位置向河流下游移动。当 $P_w \geqslant 7.5$ 时，在排放岸 C' 分别为 0.5 和 0.95 特征浓度点位置均由排污口断面上游

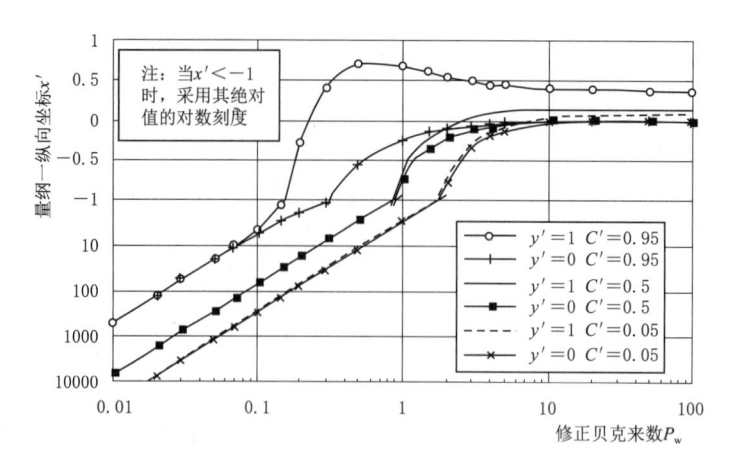

图 7 排放岸和对岸特征浓度点的量纲一纵向坐标位置

趋近于排污口上边缘，即量纲一纵向坐标 $x_{0.5} \to 0^-$；在对岸 C' 分别为 0.5 和 0.95 特征浓度点位置的量纲一纵向坐标分别趋近于 x' 分别为 0.139 和 0.374；当 $P_w > 30$ 时，在排放岸和对岸 C' 为 0.05 特征浓度点位置的量纲一纵向坐标分别趋近于 $x_{0.5} \to 0^-$ 和 x' 为 0.054。当 P_w 为 0.62 时，对岸 C' 为 0.95 特征浓度点位置的量纲一纵向坐标存在极大值 0.711。当 P_w 分别小于 8.29、2.49 和 0.227 时，对岸 C' 分别为 0.05、0.5 和 0.95 特征浓度点位置依次上移到排污口断面上游。当 P_w 分别小于 2、1 和 0.07 时，排放岸与对岸 C' 分别为 0.05、0.5 和 0.95 特征浓度点位置出现在排污口上游同一断面上，即已达到全断面均匀混合，此时各断面量纲一纵向坐标与修正贝克来数呈乘幂函数关系，回归方程如下：

C' 分别为 0.05、0.5、0.95 的量纲一纵向坐标分别为

$$x'_{0.05} = -3P_w^{-2}; \quad x'_{0.5} = -0.694P_w^{-2}; \quad x'_{0.95} = -0.054P_w^{-1.98} \tag{6}$$

河流移流扩散纵向坐标及污染物浓度的换算关系分别为

$$x = x'\frac{UB^2}{E_y}; \quad C = C'\frac{m}{BHU} \tag{7}$$

中心排放与岸边排放的相似对应关系为：在修正贝克来数 P_w 相等的情况下，中心排放的量纲一纵向坐标等于岸边排放量纲一纵向坐标的 1/4；中心排放的量纲一横向坐标等于岸边排放量纲一横向坐标的 1/2，即中心排放的轴线浓度与岸边排放的排放岸浓度值对应相等，中心排放的两岸边浓度与岸边排放的对岸浓度值对应相等；在修正贝克来数 $P_w \geqslant 7.5$，忽略纵向扩散项的情况下，岸边排放与中心排放浓度分布的一半具有自动相似性，即不受 P_w 相等的条件限制。

1.3 全断面均匀混合距离

在横向扩散和边界反射作用下，随着河流上、下游量纲一纵向距离的增加，横向浓度分布曲线会变得愈加平坦而趋于均匀化。如果这种均匀化的趋势达到了一定程度，使断面上最小浓度与最大浓度的比值超过 95%，在实用上可以认为已经达到了全断面均匀混合。

通过大量计算实践和理论分析表明，按照断面上最小浓度与最大浓度比值等于 95%

确定的全断面均匀混合距离在排污口断面上、下游是相等的。不同的是在排污口断面下游达到全断面均匀混合的相对浓度为 C'_d 为 1，而在排污口断面上游达到全断面均匀混合的相对浓度为 C'_u 为 0~1，其均匀混合浓度向上游随着量纲一纵向距离的减小呈现衰减规律见图 6。图 8 给出了达到全断面均匀混合的量纲一纵向距离 L'_m、上游均匀混合的相对浓度 C'_u 和排污口上、下游量纲一纵向特征长度的比值 $\dfrac{L'_u}{L'_d}$ 与修正贝克来数 P_w 的关系曲线及移流扩散方程的简化分区范围。

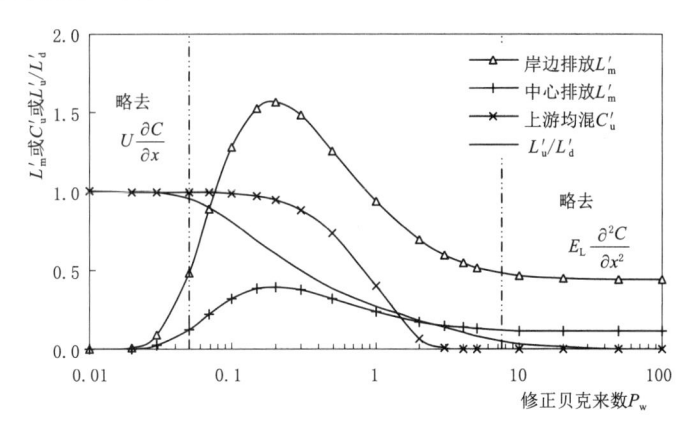

图 8　全断面均匀混合距离 L'_m、上游均匀混合浓度 C'_u 和 L'_u/L'_d 与 P_w 的关系曲线及分区范围

由图 8 可以得到岸边排放达到全断面均匀混合的量纲一纵向距离 L'_m 是中心排放时 L'_m 的 4 倍。在 P_w 为 0.2 时，岸边和中心排放达到全断面均匀混合的量纲一纵向距离 L'_m 均出现极大值分别约为 1.56 和 0.39；当 $P_w < 0.02$ 时，岸边和中心排放达到全断面均匀混合的量纲一纵向距离 L'_m 均趋近于 0；当 $P_w \geqslant 7.5$ 时，岸边和中心排放达到全断面均匀混合的量纲一纵向距离 L'_m 分别趋近于 0.44 和 0.11。

达到全断面均匀混合距离为

$$L_m = L'_m \dfrac{UB^2}{E_y} \tag{8}$$

由图 8 可以看出，在排污口断面上游达到全断面均匀混合的相对浓度 C'_u 随修正贝克来数的增大而减小，当 $P_w < 0.2$ 时 C'_u 趋近于 1，当 $P_w > 2$ 时 C'_u 趋近于 0。

2　移流扩散方程的简化条件

为了确定考虑边界反射时移流扩散方程的简化条件，选择河流排污口上、下游轴线上相对浓度等于 1.05 的点，确定相应的上、下游量纲一纵向特征长度 L'_u 和 L'_d。由于污染物向排污口上游的迁移主要取决于河流纵向扩散作用大小，因此可按上、下游量纲一纵向特征长度的比值 $\dfrac{L'_u}{L'_d}$ 大于 95% 或小于 5%，分别作为忽略移流扩散方程中移流项 $U\dfrac{\partial C}{\partial x}$ 或纵向扩散项 $E_L\dfrac{\partial^2 C}{\partial x^2}$ 的条件。

三、水环境问题简化计算的判别条件与分类准则

由图 8 中排污口上、下游量纲一纵向特征长度的比值 $\dfrac{L'_u}{L'_d}$ 与修正贝克来数 P_w 的关系曲线,可以得到考虑边界反射时,移流扩散方程的简化条件:

当 $\dfrac{L'_u}{L'_d} \leqslant 5\%$ 时,相应的修正贝克来数 $P_w \geqslant 7.5$,可忽略纵向扩散作用按简化二维移流扩散 $U\dfrac{\partial C}{\partial x} = E_y \dfrac{\partial^2 C}{\partial y^2}$ 问题处理,其污染物浓度分布采用本文方法中修正贝克来数很大的情况或文献 [5-6] 中的方法计算;

当 $5\% < \dfrac{L'_u}{L'_d} \leqslant 95\%$ 时,相应的 $0.05 \leqslant P_w < 7.5$,此时,纵向移流和扩散作用都比较重要,按二维移流扩散 $U\dfrac{\partial C}{\partial x} = E_L\dfrac{\partial^2 C}{\partial x^2} + E_y\dfrac{\partial^2 C}{\partial y^2}$ 问题处理,其污染物浓度分布采用本文提出的方法计算;

当 $\dfrac{L'_u}{L'_d} > 95\%$ 时,相应的 $P_w < 0.05$,可忽略纵向移流作用按二维纯扩散 $E_L\dfrac{\partial^2 C}{\partial x^2} + E_y\dfrac{\partial^2 C}{\partial y^2} = 0$ 问题处理,其污染物浓度分布按修正贝克来数很小的情况进行简化计算。

3 结果分析与讨论

本文对于河流污染物浓度的二维解析计算结果给出了相对浓度分布、排放岸和对岸特征浓度点的量纲一纵向坐标位置以及全断面均匀混合距离均仅与修正贝克来数 P_w 有关,修正贝克来数是移流扩散方程简化的判据,并且在修正贝克来数 P_w 相等的情况下,岸边排放与中心排放浓度分布的一半具有相似性;在修正贝克来数 $P_w \geqslant 7.5$,忽略纵向扩散项的条件下,其相似性不受 P_w 相等的条件限制。在相似条件下,岸边排放与中心排放的量纲一纵向坐标之比等于 4,岸边排放与中心排放的量纲一横向坐标之比等于 2,对应点相对浓度相等。因此,修正贝克来数 $P_w = \dfrac{\beta UB}{2\sqrt{E_L E_y}}$,具有反映排污口附近污染物二维移流扩散现象的重要意义。

修正贝克来数可以作为描述河流考虑边界反射时移流扩散方程简化条件的量纲一参数,是由于修正贝克来数的物理意义可表示为

$$P_w = \dfrac{\beta UB}{2\sqrt{E_L E_y}} = \dfrac{\beta LB}{2\sqrt{E_L T \cdot E_y T}} \sim \dfrac{L}{\sigma_L} \cdot \dfrac{B}{\sigma_y} = \dfrac{纵向移流尺度}{纵向扩散尺度} \times \dfrac{河宽或半宽}{横向扩散尺度} \quad (9)$$

式中:纵向移流尺度为 $L = UT$,对岸边排放污染物扩散到对岸的距离为河宽 B,对中心排放污染物扩散到岸边的距离为半宽 $B/2$。由于河宽为常数,当 P_w 很大时,纵向移流作用占主要地位,当 P_w 较小时,纵向和横向扩散作用占主要地位。当横向扩散作用维持不变时,修正贝克来数反映了河流纵向移流尺度与纵向扩散尺度的比值。即在考虑边界反射时,修正贝克来数反映了河流纵向移流作用与纵向扩散作用的对比关系。

在实际计算中,可以根据河流的宽度、流速和纵向、横向扩散系数以及中心或岸边排

放计算修正贝克来数 P_w。在考虑边界反射时，按照本文给出的条件对移流扩散方程进行简化，再选用相应的解析方法计算污染物浓度分布。当 $P_w \geqslant 7.5$ 时，岸边和中心排放达到全断面均匀混合的距离分别为

$$L_{m岸边} = 0.44 \frac{UB^2}{E_y}; \quad L_{m中心} = 0.11 \frac{UB^2}{E_y} \tag{10}$$

当 $P_w < 7.5$ 时，达到全断面均匀混合的距离先由图 8 查 L'_m，再按式（8）计算。如当 $P_w = 1$ 时，岸边和中心排放达到全断面均匀混合的距离分别为

$$L_{m岸边} = 0.935 \frac{UB^2}{E_y}; \quad L_{m中心} = 0.234 \frac{UB^2}{E_y} \tag{11}$$

岸边排放的排放岸和对岸 C' 分别为 0.05、0.5 和 0.95 特征浓度点的纵向坐标由图 7 或式（6）得到其量纲一值，由式（7）计算。同一特征浓度两点连线的下游河段，可近似认为是污染物相对浓度大于其特征浓度值的区域。如当 $P_w \geqslant 7.5$ 时，$C' = 0.5$ 特征浓度点在排放岸的纵向坐标为 $x_{0.5} \to 0^-$，在对岸的纵向坐标为 $x_{0.5} = 0.139 \frac{UB^2}{E_y}$，其连线的下游河段污染物浓度大于 $C = 0.5 C_M$。当 $P_w = 1$ 时，$C' = 0.5$ 特征浓度点在排放岸的纵向坐标为 $x_{0.5} = -0.738 \frac{UB^2}{E_y}$，在对岸的纵向坐标为 $x_{0.5} = -0.639 \frac{UB^2}{E_y}$，其连线的下游河段污染物浓度大于 $C = 0.5 C_M$。

中心排放按照与岸边排放的相似对应关系确定。

4 结论

从计入河流纵向扩散项的二维移流扩散方程解析解出发，考虑两岸边界反射作用，给出了河流污染物浓度的二维解析计算方法和污染物的量纲一浓度分布方程。

（1）定义了综合反映河流纵向移流作用与纵向、横向扩散作用比值的量纲一数——修正贝克来数 P_w。在 P_w 相等的条件下，岸边排放与中心排放浓度分布的一半具有相似性；在 $P_w \geqslant 7.5$，忽略纵向扩散项的条件下具有自动相似性。

（2）通过计算实验给出了边界反射次数与修正贝克来数的回归关系式。给出了河流污染物相对浓度分布、排放岸（或中心排放轴线）和对岸（或中心排放两岸边）特征浓度点的量纲一纵向坐标以及全断面均匀混合的量纲一距离与修正贝克来数 P_w 之间关系曲线。

（3）研究表明在相对坐标中污染物达到全断面均匀混合的距离在排污口断面上、下游相等，在排污口断面下游均匀混合浓度为 $C_d = C_M$，在排污口断面上游均匀混合浓度为 $C_u = (0 \sim 1) C_M$。后者随修正贝克来数的增大而减小，向上游随纵向距离的减小呈衰减规律。

（4）以修正贝克来数 P_w 作为移流扩散方程简化的判据，给出了移流扩散方程的简化条件：当 $P_w \geqslant 7.5$ 时，可按简化二维移流扩散问题处理；当 $0.05 \leqslant P_w < 7.5$ 时，按二维移流扩散问题处理；当 $P_w < 0.05$ 时，可按二维纯扩散问题处理。

三、水环境问题简化计算的判别条件与分类准则

参考文献

[1] 武周虎. 河流混合污染物浓度二维移流扩散方程的解析计算及其简化计算的条件Ⅰ：顺直宽河流不考虑边界反射[J]. 水利学报，2009，40（8）：976-982.

[2] FISCHER H B, BERGER J I, LIST E J, et al. Mixing in inland and coastal waters [M]. New York：Academic Press, 1979.

[3] 张书农. 环境水力学[M]. 南京：河海大学出版社，1988.

[4] 余常昭. 环境流体力学导论[M]. 北京：清华大学出版社，1992.

[5] 格拉夫，阿廷拉卡. 河川水力学[M]. 赵文谦，万兆惠，译. 成都：成都科技大学出版社，1997.

[6] 武周虎，贾洪玉. 河流污染混合区的解析计算方法[J]. 水科学进展，2009，20（4）：544-548.

[7] 武周虎. 河流移流离散水质模型的简化和分类判别条件分析[J]. 水利学报，2009，40（1）：27-32.

[8] 李锦秀，廖文根，黄真理. 三峡水库整体一维水质数学模拟研究[J]. 水利学报，2002（12）：7-10，17.

[9] Guymer L. Solute mixing from river outfalls during over-bank flood conditions [C]//Proceeding of the International Symposium on Environmental Hydraulics. HongKong：University of HongKong Press, 1991：447-452.

[10] 陈永灿，刘昭伟，李闯. 三峡库区岸边污染混合区数值模拟与分析[C]//刘树坤，李嘉，黄真理，等. 中国水力学2000. 成都：四川大学出版社，2000：501-508.

[11] 江春波，张黎明，陈立秋. 长江涪陵段污染物混合区并行数值模拟[J]. 水力发电学报，2005，24（3）：83-87，82.

[12] 刘昭伟，陈永灿，付健，等. 三峡水库岸边排污的特性及数值模拟研究[J]. 力学与实践，2006，28（1）：1-6.

3-04 基于环境扩散条件的河流宽度分类判别准则*

摘　要：在河流排污引起的污染物扩散计算中，不同河流宽度类别对应不同的移流扩散解析解算式，但缺少具体的河流宽度分类判别准则，给实际应用带来很大困难。本文按照河流污染物扩散受边界反射影响程度的不同，从移流扩散解析解算式的简化条件出发，提出了宽阔、中宽、窄小的分类方法和定义；根据二维可忽略边界反射的条件和达到全断面均匀混合距离小于等于河流宽度的条件，分别求解了河流宽阔与中宽窄小的分区临界关系线和中宽与窄小的分区临界关系线，提出了相应判据的数学表达式；给出了河流宽阔、中宽、窄小的分类判别准则以及各类别河流移流扩散解析解算式的对应关系。最后指出基于环境扩散条件的河流宽阔、中宽、窄小分区是相对的，对于同一河流在不同水力要素、扩散系数、排污强度和允许浓度升高值等条件下，可以得到不同的分区结果。

关键词：环境水力学；河流；移流扩散；宽度分类；判别准则

　　河流排污按其扩散与混合特点可分为初始稀释、污染带扩展和纵向离散3个阶段。天然河流大多属于宽浅型，污水排入河流后很快在垂线上达到均匀混合，因此污染物在河流中扩散与混合计算主要是二维污染带扩展和一维纵向离散阶段[1]。如果河流宽浅或水面较宽，则边界反射对排污口附近浓度分布的影响可以忽略。天然河流的岸边或中心排污可近似简化为半无穷或无限域内均匀紊流中的连续源扩散问题，可借助扩散理论计算出排污口附近的浓度分布，从而确定污染混合区的范围[2-3]；对于相对窄小的河流排入污水后很快在全断面上达到均匀混合，直接按一维纵向离散问题计算[4-5]；对于相对中宽的河流排入污水后，需考虑边界反射计算排污口附近污染物浓度分布[6-7]。然而，究竟在什么条件下才能认为河流是宽阔还是窄小，目前并没有具体的分类判别准则。这种简化通常是模糊的、经验性的[8]，具有很大的不确定性，计算误差难以估计，其准确性难以判定，给实际应用带来很大困难。

　　本文从二维可忽略边界反射的条件和达到全断面均匀混合距离小于等于河流宽度的条件出发，给出基于环境扩散理论的河流宽阔、中宽、窄小的分类判别准则，以便对于不同的河流类别选择相应的移流扩散解析解算式。

1　河流分类方法

　　基于环境扩散理论的河流宽阔、中宽、窄小分类，主要用于排污引起的污染物移流扩散解析解算式的选择。因此，从污染物移流扩散解析解算式的简化条件出发，对河流宽阔、窄小、中宽提出如下分类方法：

---

* 原文载于《水科学进展》，2012，23（1），作者：武周虎。

（1）宽阔。河流排污引起的允许浓度升高值 C_a 等于水环境功能区所执行的浓度标准限值 C_s 减去背景浓度 C_b，或选取 C_a 为排污对水环境影响最小的污染物浓度升高值，即扩散计算所关注的污染物浓度升高最小值 C_a。以此，浓度升高值 C_a 计算污染混合区（等浓度线）的下游最大长度，当不计边界反射影响时，其污染混合区的下游最大长度大于等于计入边界反射时污染混合区的下游最大长度的95%，则可以忽略边界反射的影响，称为河流宽阔。

（2）窄小。在河流排污引起的污染物扩散计算中，当达到全断面均匀混合的距离 L_m 小于等于河流宽度 B 时，一般无须进行污染带扩展阶段的二维扩散计算，可认为污水排入河流后很快达到全断面均匀混合进入一维纵向离散阶段，称为河流窄小。

（3）中宽。可以忽略边界反射的影响为宽阔和直接按一维纵向离散处理为窄小，介于宽阔与窄小之间为河流中宽，则需要考虑两岸反射作用来确定河流污染物浓度分布。

综上所述，基于环境扩散理论的河流宽阔、中宽、窄小分类是反映污染物扩散浓度受边界反射影响程度的不同，即当污染物扩散范围较小、边界反射影响程度较小时，显得河流宽阔，不计边界反射对污染物扩散浓度影响；当污染物扩散范围较大、边界反射影响程度较大时，显得河流窄小，对达到全断面均匀混合的距离小于等于河流宽度的情况，全断面浓度分布不均匀的二维扩散阶段可以忽略；当污染物扩散范围中等、边界反射影响程度不能忽略时，对达到全断面均匀混合的距离大于河流宽度的情况，全断面浓度分布不均匀的二维扩散阶段不能忽略，此时为河流中宽。

2　宽阔与中宽、窄小的判别条件

基于考虑河流纵向扩散作用的二维移流扩散方程 $U\dfrac{\partial C}{\partial x}=E_L\dfrac{\partial^2 C}{\partial x^2}+E_y\dfrac{\partial^2 C}{\partial y^2}$，在保守物质等强度时间连续垂向线源条件下不计边界反射的解析解为[3]

$$C=\dfrac{\beta m}{2\pi H\sqrt{E_L E_y}}\exp\left(\dfrac{Ux}{2E_L}\right)K_0\left(\dfrac{Ur}{2E_L}\right) \tag{1}$$

式中：C 为污染物浓度；$r=\sqrt{x^2+y^2\dfrac{E_L}{E_y}}$；$x$ 为沿河流流向的纵坐标；y 为垂直于 x 的横向坐标，坐标原点取在排污口中点；m 为单位时间的排污强度；U 为平均流速；E_L、E_y 为纵向、横向扩散系数；β 为排放岸第一次边界反射系数或排污强度调整系数，对于岸边排放取 $\beta=2$，对于中心排放 $\beta=1$；$K_0(z)$ 为第二类修正的零阶贝塞耳函数，在计算机中对应的标准函数为 BESSELK$(z,0)$。

对于宽度为 B 的河流，计入边界反射的浓度分布方程为[7]

$$C=\dfrac{\beta m}{2\pi H\sqrt{E_L E_y}}\exp\left(\dfrac{Ux}{2E_L}\right)\sum_{n=-\infty}^{+\infty}K_0\left[\dfrac{U}{2E_L}\sqrt{x^2+\dfrac{E_L}{E_y}(y+\beta nB)^2}\right] \tag{2}$$

为了方便推导，采用量纲一纵横坐标、相对浓度和反映二维扩散作用的修正贝克来数来表达污染物的量纲一浓度分布方程。令量纲一纵坐标 $x'=\dfrac{E_y x}{UB^2}$；量纲一横坐标 $y'=\dfrac{y}{B}$；

相对浓度 $C' = \dfrac{C}{C_\text{M}}$，其中 $C_\text{M} = \dfrac{m}{BHU} = \dfrac{m}{Q}$ 为横向扩散在整个河宽 B 上实现全断面均匀混合后的污染物浓度，即全断面平均浓度，Q 为河流流量；定义反映二维扩散作用的修正贝克来数 $P_\text{w} = \dfrac{\beta U B}{2\sqrt{E_\text{L} E_y}}$。将以上关系式和排污强度调整系数 β 值代入式（2）整理可得污染物的量纲一浓度分布方程如下。

岸边排放

$$C' = \frac{P_\text{w}}{\pi}\exp\left(\frac{P_\text{w}^2 x'}{2}\right)\sum_{n=-\infty}^{+\infty} K_0\left[\frac{P_\text{w}^2}{2}\sqrt{x'^2 + \frac{1}{P_\text{w}^2}(y'+2n)^2}\right] \quad (3)$$

中心排放

$$C' = \frac{P_\text{w}}{\pi}\exp\left(\frac{P_\text{w}^2(4x')}{2}\right)\sum_{n=-\infty}^{+\infty} K_0\left[\frac{P_\text{w}^2}{2}\sqrt{(4x')^2 + \frac{1}{P_\text{w}^2}(2y'+2n)^2}\right] \quad (4)$$

在式（3）和式（4）中仅取 $n=0$，则得到岸边和中心排放不计边界反射的量纲一浓度分布方程。由式（3）和式（4）不难看出，在相对坐标中污染物的相对浓度分布仅与修正贝克来数 P_w 有关，并且在修正贝克来数 P_w 相等的情况下，岸边排放与中心排放浓度分布的一半具有相似性。即岸边排放的相对浓度分布 $C'(x', y')$ 与中心排放的相对浓度分布 $C'(x', y')$ 在对应点的数值相等，其对应点坐标为岸边排放的 $(4x', 2y')$ 点与中心排放的 $(x', \pm y')$ 点相对应。岸边排放计算的定义域为：$-\infty < x' < \infty$，$0 \leqslant y' \leqslant 1$；中心排放计算的定义域为：$-\infty < x' < \infty$，$-0.5 \leqslant y' \leqslant 0.5$。

根据河流宽阔的定义，在岸边排放计入边界反射时，由式（3）得到处于河流宽阔与中宽窄小临界状态的量纲一允许浓度升高值 $C_\text{a}' = \dfrac{C_\text{a}}{C_\text{M}}$ 等值线上 $y'=0$ 的下游量纲一长度 L_d' 计算公式为

$$C_\text{a}' = \frac{P_\text{w}}{\pi}\exp\left(\frac{P_\text{w}^2 L_\text{d}'}{2}\right)\sum_{n=-\infty}^{+\infty} K_0\left[\frac{P_\text{w}^2}{2}\sqrt{L_\text{d}'^2 + \left(\frac{2n}{P_\text{w}}\right)^2}\right] \quad (5)$$

当不计边界反射时，在式（3）中仅取 $n=0$ 得到处于河流宽阔与中宽窄小临界状态的量纲一允许浓度升高值 C_a' 等值线上 $y'=0$ 的下游量纲一长度 $L_\text{d0}'(=0.95 L_\text{d}')$ 计算公式为

$$C_\text{a}' = \frac{P_\text{w}}{\pi}\exp\left(\frac{P_\text{w}^2 L_\text{d0}'}{2}\right) K_0\left(\frac{P_\text{w}^2 L_\text{d0}'}{2}\right) = \frac{P_\text{w}}{\pi}\exp\left(\frac{0.95 P_\text{w}^2 L_\text{d}'}{2}\right) K_0\left(\frac{0.95 P_\text{w}^2 L_\text{d}'}{2}\right) \quad (6)$$

式（5）与式（6）相等，消去 C_a' 简化得到

$$\exp\left(-\frac{P_\text{w}^2 L_\text{d}'}{40}\right) K_0\left(\frac{0.95 P_\text{w}^2 L_\text{d}'}{2}\right) = K_0\left(\frac{P_\text{w}^2 L_\text{d}'}{2}\right) + 2\sum_{n=1}^{+\infty} K_0\left[\frac{P_\text{w}^2 L_\text{d}'}{2}\sqrt{1+\left(\frac{2n}{P_\text{w} L_\text{d}'}\right)^2}\right] \quad (7)$$

首先给定一系列修正贝克来数 P_w，由式（7）逐一试算求解是否计入边界反射的临界 L_d'；其次将每一组 P_w、L_d' 代入式（6）逐一求解是否计入边界反射的临界 C_a'，图1绘制了量纲一允许浓度升高值 C_a' 与修正贝克来数 P_w 的分区关系线，即 $C_\text{a}' = C_\text{a}'(P_\text{w})$ 分区线。在中心排放时，给定一系列修正贝克来数 P_w，L_d' 和 C_a' 的试算求解方法与岸边排放时相类似，计算结果表明，中心排放与岸边排放的 $C_\text{a}' = C_\text{a}'(P_\text{w})$ 分区关系线重合。

三、水环境问题简化计算的判别条件与分类准则

由图 1 可以看出，$C'_a = C'_a(P_w)$ 为单调递减曲线，当修正贝克来数 $P_w = 3.3$ 时，临界量纲一允许浓度升高值 $C'_a \to \infty$；当 $P_w \geqslant 7.5$ 时，临界 C'_a 均趋近于 1.2。当根据实际河流参数、排污强度和允许浓度升高值或所关注的最小浓度升高值计算的 $C'_{a实} = \dfrac{C_{a实}}{C_M} = \dfrac{BHU}{m} C_{a实}$（式中：符号意义同前）位于 $C'_a = C'_a(P_w)$ 分区关系线右上方区域时，即当实际允许浓度升高值或所关注的最小浓度升高值 $C_{a实} \geqslant C'_a(P_w) C_M$ 或河流宽度 $B \geqslant \dfrac{m C'_a(P_w)}{HUC_{a实}}$ 时，属于不计边界反射的宽阔河流类别；反之，属于计入边界反射的中宽窄小河流类别。

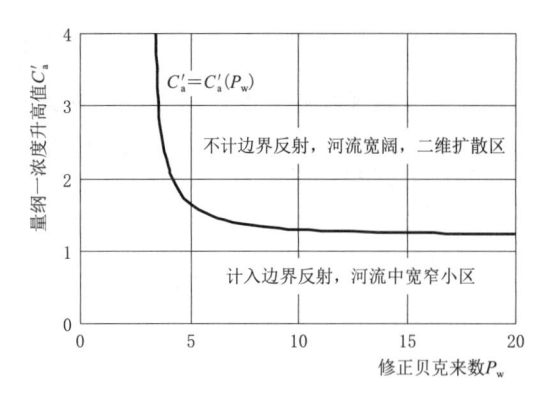

图 1 河流宽阔与中宽窄小的分区关系线

3 中宽与窄小的判别条件

由文献 [7] 可知，在河流排污引起的污染物扩散计算中，达到全断面均匀混合距离为

$$L_m = L'_m \dfrac{UB^2}{E_y} \tag{8}$$

式中：L'_m 为达到全断面均匀混合的量纲一纵向距离，$L'_m = f(P_w)$ 的曲线关系在岸边和中心排放时采用参考文献 [7] 中图 8。根据河流窄小的定义，由式（8）得到处于河流窄小的条件为

$$Pe \leqslant \dfrac{1}{L'_m} = \dfrac{1}{f(P_w)} = F(P_w) \tag{9}$$

或

$$B \leqslant \dfrac{1}{L'_m} \dfrac{E_y}{U} = F(P_w) \dfrac{E_y}{U} \tag{10}$$

式中：$Pe = \dfrac{UB}{E_y}$ 为贝克来数。由式（9）和参考文献 [7] 中图 8 得到处于河流中宽与窄小临界状态的贝克来数 Pe 与修正贝克来数 P_w 的分区关系线，即 $Pe = F(P_w)$ 分区线，绘制于图 2。当中心排放时，在修正贝克来数 P_w 相同的条件下，临界贝克来数 $Pe_{中心} = 4 Pe_{岸边}$。

由图 2 可以看出，$Pe = F(P_w)$ 为先递减后递增趋于常数，该曲线在 $P_w = 0.2$ 存在极小值 $Pe_{\min} = 0.638$（岸边排

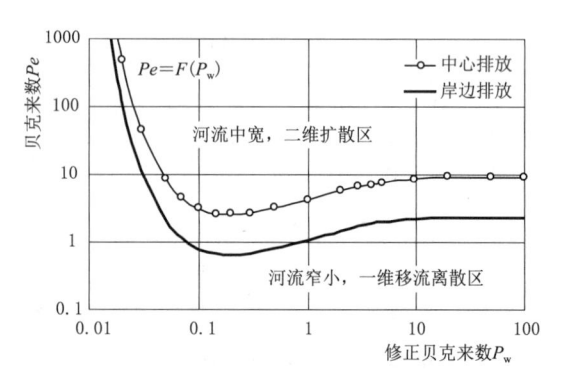

图 2 河流中宽与窄小的分区关系线

放）或 $Pe_{\min}=2.552$（中心排放）；当修正贝克来数 $P_w\to 0$ 时，临界贝克来数 $Pe\to\infty$；当 $P_w\geqslant 7.5$ 时，临界 Pe 趋近于 2.3（岸边排放）或 9.1（中心排放）。当根据实际河流参数计算的 $Pe_{实}=\dfrac{UB}{E_y}$ 位于 $Pe=F(P_w)$ 分区关系线下方区域时，即当实际贝克来数 $Pe_{实}\leqslant F(P_w)$ 或河流宽度 $B\leqslant F(P_w)\dfrac{E_y}{U}$ 时，属于窄小河流类别；反之，属于中宽河流类别。

4 河流分类准则与移流扩散解析解算式选择

河流宽阔与中宽、窄小的分区临界关系线 $C'_a=C'_a(P_w)$，等价于实际允许浓度升高值 $C_{a实}=C'_a(P_w)C_M$ 或河流宽度 $B=\dfrac{mC'_a(P_w)}{HUC_{a实}}$，该判据主要取决于污染物的排污强度、河流水深、宽度、流速、纵横向扩散参数、允许浓度升高值、排放方式等影响因素。河流中宽与窄小的分区临界关系线 $Pe=F(P_w)$，等价于实际贝克来数 $Pe_{实}=F(P_w)$ 或河流宽度 $B=F(P_w)\dfrac{E_y}{U}$，该判据主要取决于河流宽度、流速、纵横向扩散参数、排放方式等影响因素。基于环境扩散理论的河流宽阔、中宽、窄小的分类判别准则及相应各类别河流移流扩散解析解算式的选择结果列于表 1。

表 1　河流宽阔、中宽、窄小分类判别准则及相应的移流扩散解析解算式

类别	修正贝克来数 P_w	允许浓度升高值 $C_{a实}$①	贝克来数 $Pe_{实}$①	河宽 B②	移流扩散解析解算式或算法
宽阔	$3.3<P_w<7.5$	$\geqslant C'_a(P_w)C_M$		$\geqslant mC'_a(P_w)/(HUC_{a实})$	采用考虑纵向扩散、不计边界反射的算式（1）和文献[3]的算法
宽阔	$P_w\geqslant 7.5$	$\geqslant 1.2C_M$		$\geqslant 1.2m/(HUC_{a实})$	忽略纵向扩散按简化二维移流扩散处理[7]，不计边界反射，采用文献[2]的算法
中宽	$P_w\leqslant 3.3$		$>F(P_w)$	$>F(P_w)E_y/U$	采用考虑纵向扩散、计入边界反射的算式（2）和文献[7]的算法
中宽	$3.3<P_w<7.5$	$<C'_a(P_w)C_M$	$>F(P_w)$	$<mC'_a(P_w)/(HUC_{a实})$, $>F(P_w)E_y/U$	
中宽	$P_w\geqslant 7.5$	$<1.2C_M$	岸边排放>2.3；中心排放>9.1	$<1.2m/HUC_{a实}$, 岸边排放>$2.3E_y/U$； 中心排放>$9.1E_y/U$	忽略纵向扩散按简化二维移流扩散处理[7]，计入边界反射，采用文献[6]的算法
窄小	$P_w<7.5$		$\leqslant F(P_w)$	$\leqslant F(P_w)E_y/U$	可认为污水排入河流后很快达到全断面均匀混合，直接按文献[4]给出的一维纵向离散处理
窄小	$P_w\geqslant 7.5$		岸边排放≤2.3；中心排放≤9.1	岸边排放≤$2.3E_y/U$； 中心排放≤$9.1E_y/U$	

注　①、②选其一判据，③表中 $F(P_w)$ 函数区分岸边与中心排放，即 $F(P_w)_{中心}=4F(P_w)_{岸边}$；表中 $C'_a(P_w)$ 和 $F(P_w)$ 的函数值分别由图 1 和图 2 查得。

（1）河流宽阔。当 $3.3<P_w<7.5$、$C_{a实}\geqslant C'_a(P_w)C_M$ 或 $B\geqslant\dfrac{mC'_a(P_w)}{HUC_{a实}}$ 时，采用考虑

纵向扩散、不计边界反射的算式（1）和文献［3］的算法；当 $P_w \geqslant 7.5$、$C_{a实} \geqslant 1.2 C_M$ 或 $B \geqslant 1.2 \dfrac{m}{HUC_{a实}}$ 时，忽略纵向扩散按简化二维移流扩散 $U\dfrac{\partial C}{\partial x} = E_y \dfrac{\partial^2 C}{\partial y^2}$ 处理[7]，不计边界反射，采用文献［2］的算法。

（2）河流中宽。当 $P_w \leqslant 3.3$ 时和当 $3.3 < P_w < 7.5$、$C_{a实} < C'_a(P_w) C_M$ 和 $Pe_实 > F(P_w)$ 或 $F(P_w)\dfrac{E_y}{U} < B < \dfrac{mC'_a(P_w)}{HUC_{a实}}$ 时，采用考虑纵向扩散、计入边界反射的算式（2）和文献［7］的算法；当 $P_w \geqslant 7.5$、$C_{a实} < 1.2 C_M$ 和岸边排放 $Pe_实 > 2.3$（中心排放 $Pe_实 > 9.1$）或岸边排放 $2.3\dfrac{E_y}{U} < B < 1.2\dfrac{m}{HUC_{a实}}$（中心排放 $9.1\dfrac{E_y}{U} < B < 1.2\dfrac{m}{HUC_{a实}}$）时，忽略纵向扩散按简化二维移流扩散处理[7]，计入边界反射，采用文献［6］的算法。

（3）河流窄小。当 $P_w < 7.5$、$Pe_实 \leqslant F(P_w)$ 或 $B \leqslant F(P_w)\dfrac{E_y}{U}$ 时，或当岸边排放 $P_w \geqslant 7.5$、$Pe_实 \leqslant 2.3$（中心排放 $Pe_实 \leqslant 9.1$）或 $B \leqslant 2.3\dfrac{E_y}{U}$（中心排放 $B \leqslant 9.1\dfrac{E_y}{U}$）时，可认为污水排入河流后很快达到全断面均匀混合，直接按文献［4］给出的一维纵向离散处理。

5 结论

（1）按照河流污染物扩散受边界反射影响程度的不同，从移流扩散解析解算式的简化条件出发，提出了二维可忽略边界反射的河流宽阔条件和达到全断面均匀混合距离小于等于河宽的窄小条件。

（2）推导并求解了河流宽阔与中宽窄小的分区临界关系线 $C'_a = C'_a(P_w)$ 和中宽与窄小的分区临界关系线 $Pe = F(P_w)$，提出了相应判据的数学表达式。

（3）给出了河流宽阔、中宽、窄小的分类判别准则以及各类别河流移流扩散解析解算式的对应关系。

（4）需要指出的是，基于环境扩散条件的河流宽阔、中宽、窄小分区是相对的，对于同一河流在不同水力要素、扩散系数、排污强度和允许浓度升高值等条件下，可以得到不同的分区结果。

参考文献

［1］ Fischer H B, Imberger J, List E J, et al. Mixing in inland and coastal waters ［M］. New York：Academic Press，1979.

［2］ 武周虎，贾洪玉. 河流污染混合区的解析计算方法 ［J］. 水科学进展，2009，20（4）：544-548.

［3］ 武周虎，武文，路成刚. 河流混合污染物浓度二维移流扩散方程的解析计算及其简化计算的条件 Ⅰ：顺直宽河流不考虑边界反射 ［J］. 水利学报，2009，40（8）：976-982.

［4］ 武周虎. 河流移流离散水质模型的简化和分类判别条件分析 ［J］. 水利学报，2009，40（1）：27-32.

[5] 王庆改,赵晓宏,吴文军,等. 汉江中下游突发性水污染事故污染物运移扩散模型 [J]. 水科学进展, 2008, 19 (4): 500-504.
[6] 格拉夫, 阿廷拉卡. 河川水力学 [M]. 赵文谦, 万兆惠, 译. 成都: 成都科技大学出版社, 1997.
[7] 武周虎, 武文, 路成刚. 河流混合污染物浓度二维移流扩散方程的解析计算及其简化计算的条件 Ⅱ: 顺直河流考虑边界反射 [J]. 水利学报, 2009, 40 (9): 1070-1076.
[8] Demetracopoulos A C, Stefan H G. Transverse mixing in the wide and shallow river: Case Study [J]. Journal of Environmental Engineering, ASCE, 1983, 109 (3): 685-697.

3-05 河流污染混合区特性计算方法及排污口分类准则Ⅰ：原理与方法*

摘　要：本文在连续点源离岸排放条件下，从考虑河流纵向移流、横向扩散的简化二维方程解析解出发，对基于环境扩散的宽阔河流探讨了污染混合区的计算方法。给出了污染混合区边界曲线的标准方程及量纲一形式；分别给出了离岸系数 $0 \leqslant \eta \leqslant 2$ 和 $\eta > 2$ 两种类型污染混合区 5 个特征点各参数及面积与离岸系数 η 的关系曲线，分析了各参数的变化规律，提出了以离岸系数 η 作为判据的分类参数和临界条件。给出了河流岸边、离岸与中心排放的分类判别准则：①当 $0 \leqslant \eta \leqslant 0.7$ 时，简化为岸边（近岸）排放类型；②当 $0.7 < \eta < 2.3$ 时，称为离岸排放类型；③当 $\eta \geqslant 2.3$ 时，简化为中心排放类型。对河流离岸排放提出了达到全断面均匀混合距离的计算公式，比现行公式有所改进。为河流排污口位置的优化设计和控制排污量计算提供了分类、简便、快捷的理论方法，具有重要实用价值。

关键词：河流；离岸排放；污染混合区；几何特征参数；均匀混合距离；排污口分类准则

河流汇水区域工业、市政或其他来源的废/污水经处理达到相应的排放标准（一般达不到受纳水体的环境质量标准）后，通过排污管道或渠道泄入河道。首先在排污口附近的局部水体中稀释混合达到垂向均匀，然后在河流的长度和宽度方向逐渐迁移扩散，形成一个污染物浓度高于环境质量标准浓度的过渡区域，称作污染混合区[1-4]，也有的称作污染带[5-8]。

关于河流污染混合区几何特征参数的成果报道大多数集中于对岸边和中心排放条件下的分析研究，文献 [1-2] 从水环境管理的角度出发论述了污染混合区分析计算方法与技术指南，给出了污染混合区的规则、审批程序、监管以及用于污染混合区确定的水质模型。武周虎等[3-4] 通过推证给出了岸边和中心排放条件下污染混合区最大长度、最大宽度与相应纵向坐标、面积以及最大允许排污量的理论公式，并给出了污染混合区边界曲线的标准方程；朱发庆等[5]、陈祖君等[6] 和任照阳等[7] 分别采用理论方法、现场观测和二维水质模型求解了污染混合区的几何特征参数。薛红琴等[8] 研究了排污口在河流断面上任意位置污染混合区特征参数的计算方法。遗憾的是他错误地认为："在任意排污口位置情况下污染混合区的最大长度仍应为污染混合区边缘的等浓度线与直线 $y=0$ 两交点之间的距离"，又错误地认为"污染混合区的最大宽度与排放口至岸边的距离基本无关"，其结果除岸边和中心排放情况外必然是错误的。

本文在连续点源离岸排放条件下，从考虑河流纵向移流、横向扩散的简化二维方程解析解出发，通过严格的数学推算与量纲一分析，提出污染混合区边界形状曲线的最大纵向坐标（最大长度）与相应横向坐标、最大横向坐标与相应纵向坐标最小横向坐标与相应纵坐标、最大宽度和面积等几何特征参数的计算方法、变化规律以及简化为岸边、离岸与中

---

* 原文载于《水利学报》，2014，45（8），作者：武周虎，任杰，黄真理，武文。

心排放的分类参数和临界条件,给出离岸排放非对称边界反射情况下达到全断面均匀混合的距离计算公式。对河流污染混合区几何尺度和控制排污量的计算,具有重要理论意义和科学价值。

1 污染混合区边界曲线方程与求解

河流污染混合区是一个短距离输送问题,常可忽略污染物的降解影响[5]。图 1 为河流离岸排放污染混合区几何特征示意图,排污口位于坐标原点 O,x 为沿河流流向的纵向坐标;y 为垂直于 x 轴指向远岸的横向坐标;a 为排放口距离近岸的离岸距离,其值小于半河宽,量纲为 [L];U 为河流的平均流速,量纲为 [L/T]。

在等强度连续垂向线源条件下,忽略边界反射作用河流纵向移流、横向扩散的简化二维方程解析解为[9]

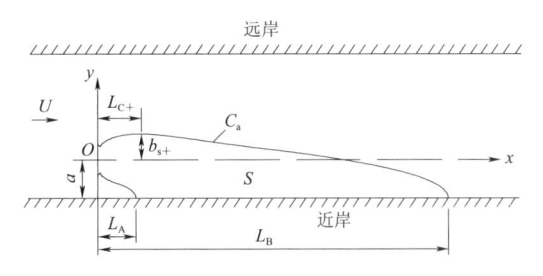

$$C(x,y) = \frac{m}{H\sqrt{4\pi E_y U x}} \exp\left(-\frac{U y^2}{4 E_y x}\right) \tag{1}$$

式中:$C(x,y)$ 为污染物浓度分布值,量纲为 [M/L³];m 为排污量,量纲为 [M/T];H 为平均水深,量纲为 [L];E_y 为横向扩散系数,量纲为 [L²/T];其他符号意义同前。

根据武周虎[10]提出的基于环境扩散条件的河流宽度分类判别准则,对于排污量相对较小,河宽 $B \geqslant 1.2 \dfrac{m}{H U C_a}$ 的宽阔河流,可以忽略远岸边界反射作用确定污染物浓度分布。这里 C_a 为河流排污引起的浓度升高允许值,量纲为 [M/L³],其值等于水功能区所执行的浓度标准限值 C_s 减去背景浓度 C_b。则由式(1)得到顺直河流污染混合区边界等浓度线方程为

$$C_a = \frac{m}{H\sqrt{4\pi E_y U x}} \left[\exp\left(-\frac{U y^2}{4 E_y x}\right) + \exp\left(-\frac{U(2a+y)^2}{4 E_y x}\right) \right] \tag{2}$$

由文献[3]可知,在河流中心排放情况下,忽略边界反射作用的污染混合区最大长度 L_{s0}、最大半宽度 b_{s0} 和面积 S_0 公式分别为

$$L_{s0} = \frac{1}{4\pi U E_y} \left(\frac{m}{H C_a}\right)^2, \quad b_{s0} = \frac{1}{\sqrt{2\pi e}} \frac{m}{U H C_a} \tag{3}$$

$$S_0 = \left(\frac{2}{3}\right)^{1.5} \frac{\sqrt{\pi e}}{2} L_{s0}(2 b_{s0}) = 0.795 L_{s0}(2 b_{s0}) \tag{4}$$

为了使研究成果具有普遍性意义,以 L_{s0}、b_{s0} 分别对污染混合区边界曲线的纵向和横向尺度作量纲一处理。将式(3)代入式(2)化简得到污染混合区边界曲线标准方程为

$$\frac{x}{L_{s0}} = \left\{ \exp\left[-\frac{1}{2e} \frac{L_{s0}}{x} \left(\frac{y}{b_{s0}}\right)^2\right] + \exp\left[-\frac{1}{2e} \frac{L_{s0}}{x} \left(\frac{2a+y}{b_{s0}}\right)^2\right] \right\}^2$$

或

三、水环境问题简化计算的判别条件与分类准则

$$x^* = \left\{\exp\left(-\frac{1}{2\mathrm{e}x^*}y^{*2}\right) + \exp\left[-\frac{1}{2\mathrm{e}x^*}(2\eta+y^*)^2\right]\right\}^2 \tag{5}$$

式中：量纲一纵向坐标 $x^* = \dfrac{x}{L_{s0}}$；量纲一横向坐标 $y^* = \dfrac{y}{b_{s0}}$；离岸系数 $\eta = \dfrac{a}{b_{s0}}$；自然常数 $\mathrm{e} = 2.71828$。

在中心排放条件下，排放口的离岸距离 $a = B/2$（B 为河宽），相应的离岸系数 η_m 为

$$\eta_m = a/b_{s0} = \frac{B}{2} \Big/ \left(\frac{1}{\sqrt{2\pi\mathrm{e}}}\frac{m}{UHC_a}\right) = \frac{\sqrt{2\pi\mathrm{e}}BUHC_a}{2m} = \frac{\sqrt{2\pi\mathrm{e}}}{2}C_a^* \approx 2.066 C_a^*$$

式中：$C_a^* = \dfrac{C_a}{C_M}$ 为相对浓度升高允许值；$C_M = \dfrac{m}{HBU}$ 为由排污产生的全断面均匀混合浓度；其他符号同前。对于河宽 $B \geqslant 1.2m/(HUC_a)$ 的宽阔河流，在中心排放条件下由上式不难得到相应的离岸系数 $\eta_m \geqslant 2.48$。在岸边排放条件下，排放口距离近岸的离岸距离 $a = 0$，相应的离岸系数 $\eta_0 = 0$。

在式（5）中除量纲一纵、横向坐标外只有离岸系数 η 一个参数，也就是说污染混合区边界曲线的标准方程和形状仅与离岸系数 η 有关。当 $\eta = 0$、$\eta = \eta_m$ 时分别为岸边和中心排放情况的污染混合区边界曲线标准方程和形状，该结果与文献 [4] 的结果完全吻合。给定一系列离岸系数 η 值（在 $\eta = 2$ 的两侧污染混合区形状变化较大处加密计算，下同），由式（5）分别绘制出污染混合区的形状分布，图 2 给出从岸边排放到中心排放的部分污染混合区分布与形状变化过程。

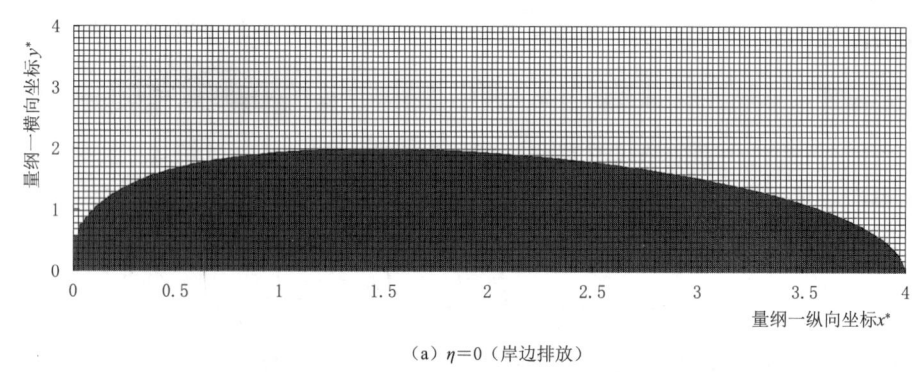

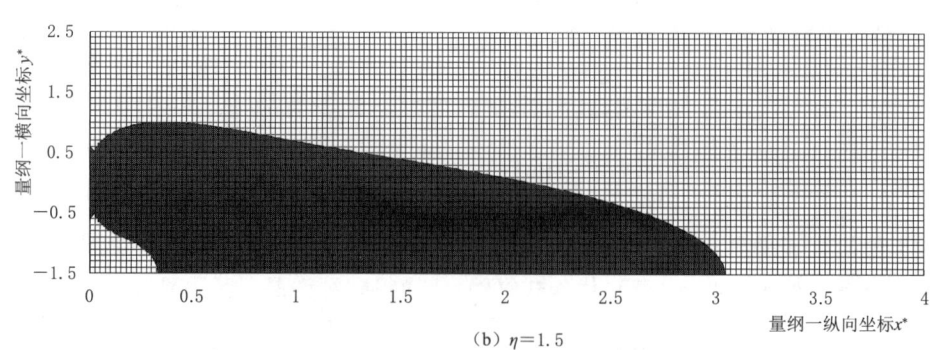

(a) $\eta = 0$（岸边排放）

(b) $\eta = 1.5$

图 2（一） 污染混合区分布与形状变化规律

(c) $\eta=1.9$

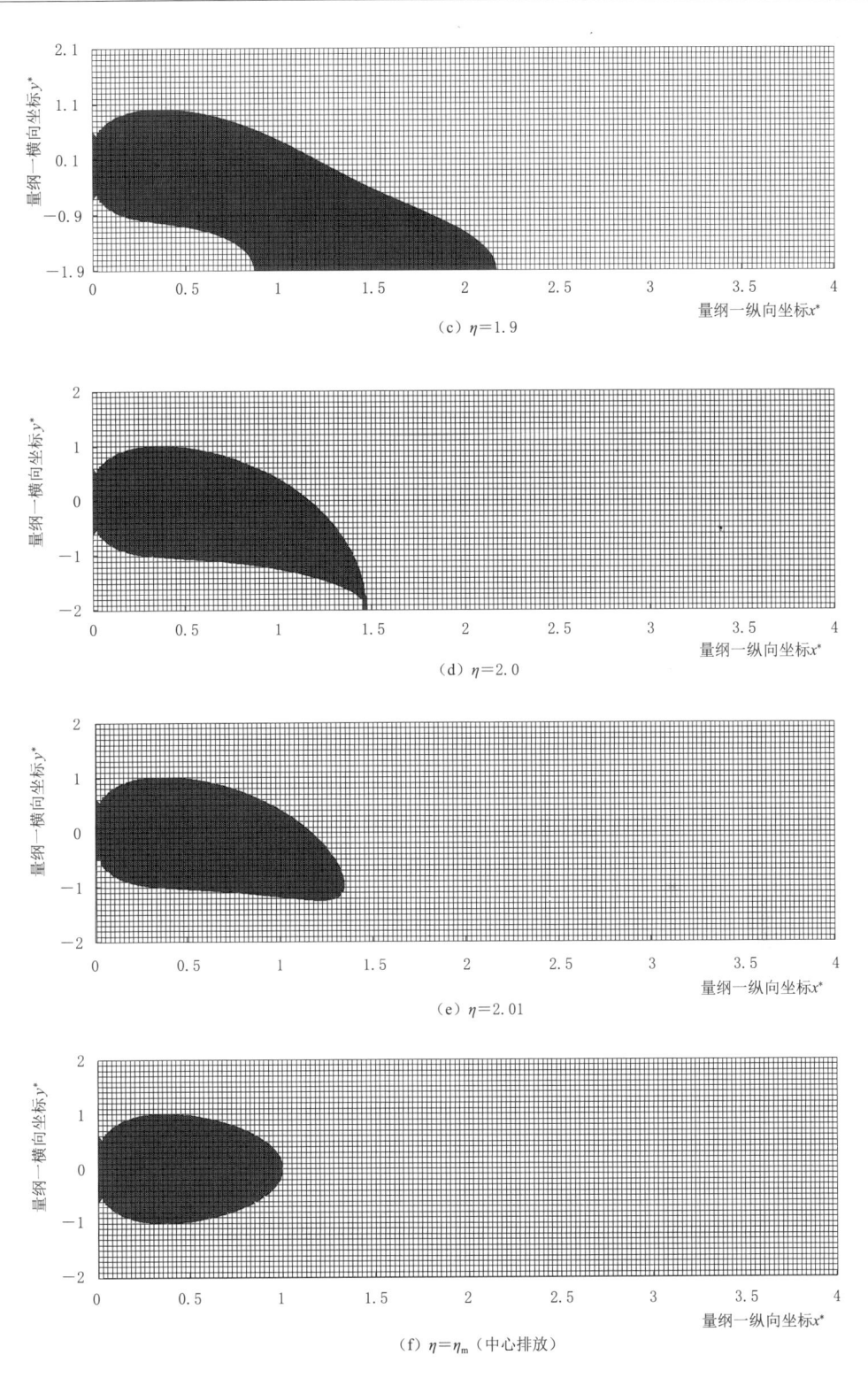

(d) $\eta=2.0$

(e) $\eta=2.01$

(f) $\eta=\eta_m$（中心排放）

图 2（二）　污染混合区分布与形状变化规律

由图2看出，随着离岸系数 η 的增大，污染混合区分布范围越小，污染混合区最大长度和靠岸长度越短，当 $\eta>2$ 时污染混合区边界曲线随 η 的增大迅速离开河岸。离岸系数 $\eta=2$ 将污染混合区的几何分布形状特征分为两种类型：一是 $0\leqslant\eta\leqslant2$ 的靠岸型，形似歪把斜切拉瓜，其边界曲线的5个特征点与坐标依次为原点/x 的极小值点 $(0,0)$、最小距离靠岸点 $(L_A,-a)$、最大距离靠岸点/x 的极大值点 $(L_B,-a)$、与 x 轴下游的交点 $(L_0,0)$、y 的极大值点 (L_{c+},b_{s+})，靠岸长度 $L_{AB}=L_B-L_A$；二是 $\eta>2$ 的离岸型，形似偏头青椒，其边界曲线的5个特征点与坐标依次为原点 $(0,0)$、y 的极小值点 (L_{c-},b_{s-})、x 的极大值点 (L_s,b_c)、与 x 轴下游的交点 $(L_0,0)$、y 的极大值点 (L_{c+},b_{s+})。

2 污染混合区几何特征参数及规律

2.1 L_0^* 的计算

在式（5）中令 $y^*=0$，得到污染混合区边界曲线与 x 轴下游交点量纲一纵向坐标 L_0^* 的计算公式为

$$L_0^* = \left[1+\exp\left(-\frac{2\eta^2}{eL_0^*}\right)\right]^2$$

或

$$\eta = \sqrt{-0.5eL_0^* \ln(\sqrt{L_0^*}-1)} \tag{6}$$

式（6）的迭代收敛速度快，L_0^* 的初值取2。将 L_0^* 与 η 关系曲线的计算结果点绘于图3。

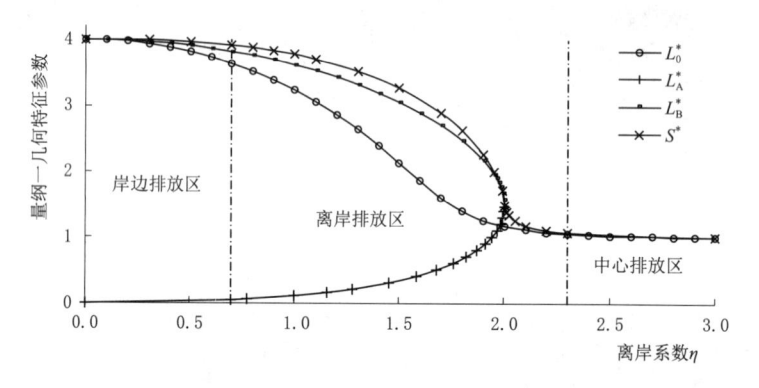

图3 污染混合区几何特征参数的变化规律

由图3看出，L_0^* 为一条单调下降曲线，对岸边排放 $\eta=0$，$L_0^*=4$；对中心排放 $\eta=\eta_m$，$L_0^*=1$。离岸系数的定义域为 $0\leqslant\eta\leqslant\eta_m$，$L_0^*$ 的数值区间为 $[4,1]$。除岸边和中心排放情况外，L_0^* 不是污染混合区的量纲一最大长度。

2.2 L_A^* 和 L_B^* 的计算

在式（5）中令 $y^*=-\eta$，得到污染混合区边界曲线与排放口近岸的量纲一最小靠岸距离 L_A^* 和量纲一最大靠岸距离 L_B^* 的计算公式为

$$L_{A,B}^{*}=4\exp\left(-\frac{\eta^2}{eL_{A,B}^{*}}\right)$$

或

$$\eta=\sqrt{-eL_{A,B}^{*}\ln(L_{A,B}^{*}/4)} \tag{7}$$

式（7）对 L_B^* 的迭代收敛速度快，L_B^* 的初值取 1；式（7）对 L_A^* 的迭代过程发散，按后者公式进行反算绘制曲线。当离岸系数 $\eta=2$ 时，由式（7）解得 $L_A^*=L_B^*=4/e$，这时污染混合区边界曲线仅有一个靠岸点，该断面与岸边排放的污染混合区最大宽度位置相同。将 L_A^* 和 L_B^* 分别与 η 关系曲线的计算结果点绘于图 3。

由图 2 和图 3 看出，当 $0\leqslant\eta\leqslant 2$ 时，污染混合区边界曲线为靠岸型，污染混合区的量纲一最大长度等于量纲一最大靠岸距离 L_B^*，量纲一靠岸长度 L_{AB}^* 等于量纲一最大靠岸距离 L_B^* 与最小靠岸距离 L_A^* 之差。L_A^* 为一条单调上升的上凹型曲线，L_B^* 为一条单调下降的上凸型曲线，这两条曲线在 $\eta=2$ 处光滑对接，两侧相邻曲线曲率同向增大。对岸边排放 $\eta=0$，$L_A^*=0$，$L_B^*=4$；L_A^* 和 L_B^* 的数值区间分别为 [0，4/e] 和 [4，4/e]。

2.3 L_s^* 与 b_c^* 的计算

当 $\eta\geqslant 2$ 时，污染混合区边界曲线不存在靠岸点，该离岸型污染混合区边界曲线纵向坐标极大值点 (L_s^*, b_c^*)，用对式（5）求极值的数学求导方法难以获得。给定一系列离岸系数 $\eta\geqslant 2$ 的值，采用试算比较法由式（5）逐一求解污染混合区量纲一最大长度 L_s^*（$4/e\geqslant L_s^*\geqslant 1$）和其相应的量纲一横向坐标 b_c^*（$-2\leqslant b_c^*\leqslant 0$），将 L_s^* 和 $|b_c^*|$ 分别与 η 关系曲线的计算结果点绘于图 4。

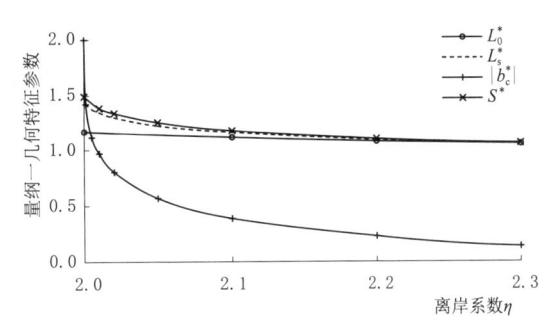

图 4 离岸型污染混合区几何特征参数的变化规律

由图 2～图 4 看出，污染混合区量纲一最大长度 L_B^* 和 L_s^* 两条曲线，在 $\eta=2$ 处以曲率拐点形式光滑对接，两侧相邻曲线曲率反向增大。当 $\eta\geqslant 2$ 时，L_s^* 为一条单调下降的上凹型曲线，L_s^* 随 η 的增大迅速下降，并以 $L_s^*=1$ 为渐近线。当 $\eta=2$ 时，$L_s^*=4/e$，对中心排放 $\eta=\eta_m$，$L_s^*=1$；量纲一最大长度相应的量纲一横向坐标的绝对值 $|b_c^*|$ 也为一条单调下降的上凹型曲线，$|b_c^*|$ 随 η 的增大迅速下降，并以 $|b_c^*|=0$ 为渐近线。当 $\eta=2$ 时，$b_c^*=-2$，对中心排放 $\eta=\eta_m$，$b_c^*=0$。当 $\eta\geqslant 2$ 时，污染混合区边界曲线纵向坐标极大值点随 η 的增大迅速离开河岸，不断靠近 x 轴，很快接近中心排放的情况。

2.4 b_{s+}^* 与 L_{c+}^* 的计算

给定一系列离岸系数 $\eta\geqslant 0$ 的值，采用试算比较法由式（5）逐一求解污染混合区边界曲线横向坐标极大值点的坐标 (L_{c+}^*, b_{s+}^*)。对岸边排放 $\eta=0$，$b_{s+}^*=2$，$L_{c+}^*=4/e$；对中心排放 $\eta=\eta_m$，$b_{s+}^*=1$，$L_{c+}^*=1/e$。量纲一最大横向坐标 b_{s+}^* 的数值区间为 [2，1]，其相应量纲一纵向坐标 L_{c+}^* 的数值区间为 [4/e，1/e]。将 b_{s+}^* 和 L_{c+}^* 分别与 η 关系曲线的计算结果点绘于图 5 和图 6。

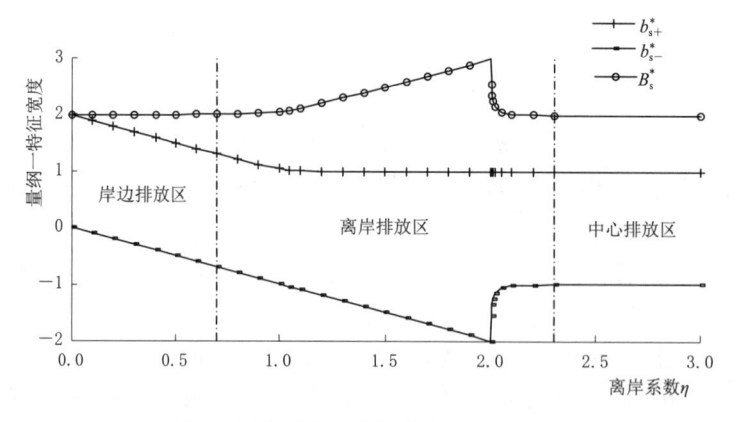

图 5 污染混合区特征宽度的变化规律

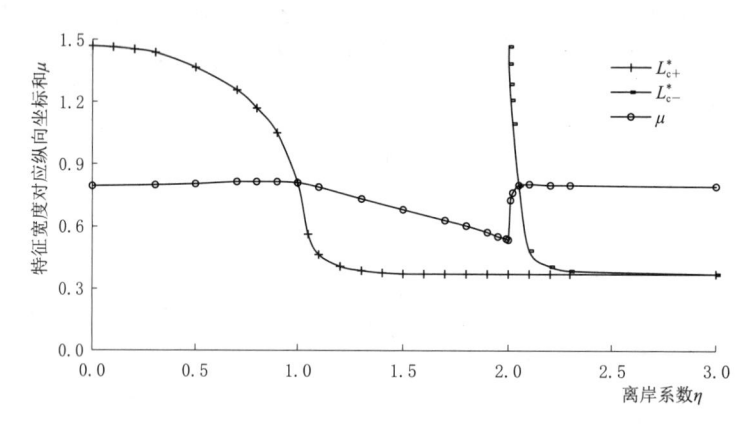

图 6 污染混合区特征宽度对应纵向坐标和面积系数的变化规律

由图 5 和图 6 数据得出，b_{s+}^* 和 L_{c+}^* 均为单调下降曲线，当 $\eta<1$ 和 $\eta>1$ 时 b_{s+}^* 近似为两段直线，在 $\eta=1$ 处出现转折，前者的直线方程为 $b_{s+}^*=-0.963\eta+1.992$，相关系数为 $R^2=0.999$；后者的直线方程为 $b_{s+}^*=1$。在 $\eta=1$ 处 L_{c+}^* 曲线出现曲率拐点，两侧相邻曲线曲率反向增大；当 $\eta>1$ 时 L_{c+}^* 曲线迅速下降以 $L_{c+}^*=1/e$ 为渐近线，当 $\eta>1.3$ 时相对误差小于 5%。

2.5 b_{s-}^* 与 L_{c-}^* 的计算

当 $0\leqslant\eta\leqslant 2$ 时，污染混合区边界曲线为靠岸型，污染混合区边界曲线横向坐标极小值 $b_{s-}^*=-\eta$，数值区间为 $[0,-2]$。当 $\eta>2$ 时，污染混合区边界曲线为离岸型，给定一系列离岸系数 $\eta\geqslant 2$ 的值，采用试算比较法由式（5）逐一求解污染混合区边界曲线横向坐标极小值点的坐标（L_{c-}^*，b_{s-}^*）。量纲一最小横向坐标 b_{s-}^* 的数值区间为 $[-2,-1]$，其相应量纲一纵向坐标 L_{c-}^* 的数值区间为 $[4/e,1/e]$。将 b_{s-}^* 和 L_{c-}^* 分别与 η 关系曲线的计算结果点绘于图 5 和图 6。

由图 5 和图 6 看出，当 $0\leqslant\eta\leqslant 2$ 时，b_{s-}^* 随 η 的增大为一条单调下降的直线，在 $\eta=2$ 时，$b_{s-}^*=-2$ 为离岸任意位置排污口混合区边界曲线量纲一横向坐标的最小值；当 $\eta\geqslant 2$

时，b_{s-}^* 转变为一条急速上升曲线，在 $\eta=2.05$ 时该曲线上升已接近渐近线 $b_{s-}^*=-1$。当 $\eta \geqslant 2$ 时，L_c^* 为一条急速下降曲线，在 $\eta=2$ 时 $L_c^*=4/\mathrm{e}$，在 $\eta=2.3$ 时已接近渐近线 $L_c^*=1/\mathrm{e}$，相对误差小于 5%。当 $\eta>2$ 时，污染混合区边界曲线横向坐标极小值点随 η 的增大急速离开河岸，很快接近中心排放的情况。

2.6 最大宽度 B_s^* 的计算

污染混合区量纲一最大宽度 $B_s^*=$ 量纲一横向坐标极大值 b_{s+}^* 与极小值 b_{s-}^* 之差，将 B_s^* 与 η 关系曲线的计算结果点绘于图 5。

由图 5 的量纲一最大宽度数据得出，当 $0 \leqslant \eta \leqslant 2$ 时，B_s^* 近似为一条单调上升的三段折线；当 $0 \leqslant \eta<0.7$ 时，近似为 $B_s^*=2$ 的直线；当 $0.7 \leqslant \eta \leqslant 1$ 时，该段直线上升的斜率略微增大，在 $\eta=1$ 时 $B_s^*=2.05$；当 $1<\eta \leqslant 2$ 时，该段直线上升的斜率进一步增大，在 $\eta=2$ 时，$B_s^*=3$ 为离岸任意位置排污口混合区量纲一最大宽度的最大值；当 $\eta>2$ 时，B_s^* 转变为一条急速下降曲线，在 $\eta=2.05$ 时已接近渐近线 $B_s^*=2$，接近中心排放的情况，相对误差小于 5%。

2.7 面积 S^* 与面积系数 μ 的计算

河流离岸排放污染混合区面积 S 除以中心排放情况下的污染混合区面积 S_0 [式（4）] 作量纲一处理，即量纲-面积 $S^*=S/S_0$。定义面积系数 $\mu=S/(L_s B_s)$，其中当 $0 \leqslant \eta \leqslant 2$ 时最大长度 $L_s=L_B$，其他符号同前。对于 S^* 的求解，用对式（5）求积分的数学方法难以获得。给定一系列离岸系数 $\eta \geqslant 0$ 的值，借助于 MatLab 数学软件，根据式（5）绘制污染混合区边界曲线、求取面积并进行换算，再结合前述 L_s 和 B_s 的结果计算面积系数 μ，将 S^* 和 μ 分别与 η 关系曲线的计算结果点绘于图 3 和图 6。

由图 3 看出，量纲一面积 S^* 与量纲一最大长度曲线的变化规律大致相同，对岸边排放 $\eta=0$，$S^*=4$；对中心排放 $\eta=\eta_\mathrm{m}$，$S^*=1$；在 $\eta=2$ 处出现曲率拐点，两侧相邻曲线曲率反向增大。当 $0 \leqslant \eta \leqslant 2$ 时，S^* 为一条单调下降的上凸型曲线，$\eta=2$ 时，$S^*=1.483$；当 $\eta>2$ 时，S^* 为一条单调下降的上凹型曲线，S^* 随 η 的增大迅速下降，并以 $S^*=1$ 为渐近线。

面积系数 μ 是综合反映污染混合区形状对面积大小的影响系数，又可称为形状系数。在最大长度和最大宽度一定的条件下，当污染混合区下游末端形状越尖瘦、偏离 x 轴的歪斜程度越大，μ 值越小，面积越小；反之 μ 值越大，面积越大。由图 6 可以看出，对岸边排放 $\eta=0$ 和中心排放 $\eta=\eta_\mathrm{m}$ 均有 $\mu=0.795$，与文献 [3] 中的积分结果完全一致。当 $0 \leqslant \eta \leqslant 1$ 时，μ 为一条先上升再下降的凸型三次曲线，回归方程为 $\mu=-0.091\eta^3+0.123\eta^2-0.016\eta+0.795$，$R^2=0.993$；在 $\eta \approx 0.9$ 处，面积系数取得最大值 $\mu \approx 0.815$；当 $1 \leqslant \eta \leqslant 2$ 时，μ 为一条单调下降的近似直线，回归方程为 $\mu=-0.275\eta+1.091$，$R^2=0.998$；当 $\eta=2$ 时，面积系数 $\mu=0.534$ 为离岸任意位置排污口混合区面积系数的最小值。此时污染混合区下游末端最为尖瘦、偏离 x 轴的歪斜程度最大，参见图 2（d）。当 $\eta>2$ 时，污染混合区边界曲线随 η 的增大迅速离开河岸，边界曲线形状变得圆滑自然，宽度相对匀称，面积系数迅速提高，回归方程为 $\mu=0.534+(\eta-2)/(3.736\eta-7.467)$，$R^2=0.964$；当 $\eta \approx 2.1$ 时，面积系数取得第二极大值 $\mu=0.803$，之后很快下降以中心排放的

$\mu=0.795$ 为渐近线。

3 岸边、离岸和中心排放分类准则

通过上述对河流离岸排放污染混合区几何特征参数变化规律的分析，发现当离岸系数 $\eta \ll 1$ 时各几何参数越接近 $\eta=0$ 的岸边排放情况，而当 $\eta \gg 2$ 时各几何参数急速变化以 $\eta=\eta_m$ 的中心排放情况的几何参数值为渐近线。这样一来，对接近岸边和中心排放的情况，就可以摆脱离岸排放烦琐的污染混合区几何特征参数计算，直接按岸边和中心排放情况进行近似计算。为此，提出根据污染混合区最大长度的近似程度对河流岸边、离岸和中心排放进行分类，以利于河流污染混合区和控制排污量的计算，促进排污口位置的优化设计和排污量的削减量计算，可大大提高河流水环境影响预测与评价水平。

采用污染混合区最大长度与岸边排放最大长度比值等于 95% 和污染混合区最大长度与中心排放最大长度比值等于 105% 分别作为两个分类临界值的确定条件，由图 3 数据得到相应的临界离岸系数 η 分别为 0.7 和 2.3。即按照离岸系数 η 的不同取值范围进行分类。

(1) 当 $0 \leqslant$ 离岸系数 $\eta \leqslant 0.7$ 时，可简化为岸边（近岸）排放类型，按岸边排放公式计算。

(2) 当 $0.7 < \eta < 2.3$ 时，称为离岸排放类型，又可分为两种情况计算 5 个特征点参数：①当 $0.7 < \eta \leqslant 2$ 时，按靠岸型污染混合区计算；②当 $2 < \eta < 2.3$ 时，按离岸型污染混合区计算。

(3) 当 $\eta \geqslant 2.3$ 时，可简化为中心排放类型，按中心排放公式计算。

按岸边、离岸和中心排放进行分类，就可以做到对于距离岸边较近（离岸距离 $a \leqslant 0.7b_{s0}$）的排污口优化设计无需按离岸排放类型，即使排污具有初始动量射程，也可按岸边排放公式计算；对于距离岸边较远（离岸距离 $a \geqslant 2.3b_{s0}$）的排污口优化设计，就可以忽略边界反射作用按中心排放类型计算。并不要求把排污口设在河流断面的中心点上，那样还会阻碍航道、影响行洪和增加投资。

4 全断面均匀混合距离

对河流离岸排放，达到全断面均匀混合距离是水环境影响预测与评价中一个常用的河流混合特征参数[12]。Fischer[9] 采用河流横断面上各处浓度不超过其平均值 5% 作为全断面均匀混合距离的判别条件，包括了 ±5% 的两种误差，累计最大误差达到 10%。武周虎等[11] 采用河流横断面上最小浓度与最大浓度比值等于 95% 作为全断面均匀混合距离的判别条件，定义的达到全断面均匀混合距离的最大相对浓度误差为 5%，下面以此判别条件确定河流离岸排放情况的全断面均匀混合距离。根据文献 [11] 中两岸边界 n 次反射的浓度叠加原理，由式 (1) 得到离岸排放的浓度分布函数为

$$C(x,y)=\frac{m}{H\sqrt{4\pi E_y U x}}\sum_{n=-\infty}^{\infty}\left[\exp\left(-\frac{U(y-2nB)^2}{4E_y x}\right)+\exp\left(-\frac{U(y-2nB+2a)^2}{4E_y x}\right)\right]$$

(8)

为了方便，采用量纲一纵、横向坐标和相对浓度来表达浓度分布函数，则式（8）

变为

$$C' = \frac{C}{C_M} = \frac{1}{\sqrt{4\pi x'}} \sum_{n=-\infty}^{\infty} \left[\exp\left(-\frac{(y'-2n)^2}{4x'}\right) + \exp\left(-\frac{(y'-2n+2a')^2}{4x'}\right) \right] \tag{9}$$

式中：量纲一纵向坐标 $x' = \dfrac{E_y x}{UB^2}$；量纲一横向坐标 $y' = \dfrac{y}{B}$；相对离岸距离 $a' = \dfrac{a}{B}$；相对浓度 $C' = \dfrac{C}{C_M}$；$C_M = \dfrac{m}{HBU}$ 为由排污产生的全断面均匀混合浓度，其他符号意义同前。

在河流离岸排放条件下，给定一系列排污口的相对离岸距离值 $a' \in [0, 0.5]$，由式（9）计算相应情况河宽 B 内的相对浓度分布。在相对浓度 C' 的计算精度取 10^{-6} 条件下，将量纲一全断面均匀混合距离 L'_m 与相对离岸距离之间关系的计算实验结果点绘于图 7。

由图 7 看出，量纲一全断面均匀混合距离随排污口相对离岸距离的增大是一条单调下降的上凸型曲线，当排污口离岸边较近相对离岸距离较小时均匀混合距离缓慢缩短，当排污口位于河流中心线附近时均匀混合距离就会出现较大缩短。在岸边 $a'=0$ 和中心 $a'=0.5$ 排放条件下，达到全断面均匀混合的量纲一纵向距离 L'_m 分别为 0.44 和 0.11，该结果与文献 [11] 的结果完全吻合。

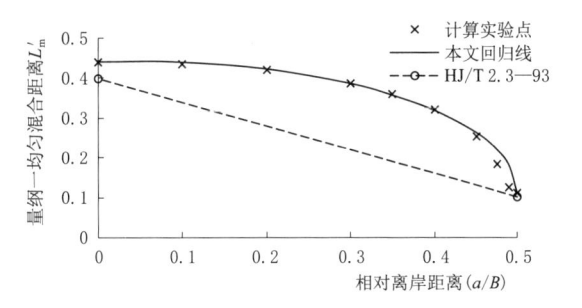

图 7 量纲一均匀混合距离与相对离岸距离的回归曲线和比较

根据量纲一均匀混合距离与相对离岸距离计算实验点之间关系曲线的弯曲、极值和渐近线等形状特性，结合数学上的基本曲线类型，进行坐标平移和变量替换，再进行回归分析来确定公式中的待定参数，最后进行变量逆替换和坐标逆平移分别反演得到量纲一全断面均匀混合距离 L'_m 与相对离岸距离回归曲线的关系式（相关系数 $R^2 = 0.995$）为

$$L'_m = 0.11 + 0.7\left[0.5 - \frac{a}{B} - 1.1\left(0.5 - \frac{a}{B}\right)^2 \right]^{\frac{1}{2}} \tag{10}$$

则达到全断面均匀混合的距离公式为

$$L_m = L'_m \frac{UB^2}{E_y} \tag{11}$$

在《环境影响评价技术导则 地面水环境》（HJ/T 2.3—93）中，仅采用 Fischer 岸边和中心排放时量纲一全断面均匀混合距离两个点的数值，按排污口相对离岸距离进行简单线性插值得到的现行估算公式为[12]

$$L'_m = \left(0.4 - 0.6\frac{a}{B}\right) \tag{12}$$

由式（12）计算的结果与图 7 中的计算实验点相差甚远，按式（12）计算的均匀混合距离最大相差 50% 以上。

5 结论

(1) 对顺直矩形河宽 $B \geqslant 1.2 \dfrac{m}{HUC_a}$ 或 $B \geqslant 4.96 b_{s0}$ 的宽阔河流,给出了污染混合区边界曲线的标准方程及量纲一形式,通过绘图说明了从岸边到中心排放污染混合区的形状分布与离岸变化过程。

(2) 分别给出了离岸系数 $0 \leqslant \eta \leqslant 2$ 和 $\eta > 2$ 两种类型污染混合区 5 个特征点各参数、面积及面积系数与离岸系数 η 的关系曲线,分析了各参数的变化规律,提出了以离岸系数 η 作为判据的分类参数和临界条件。

(3) 给出了河流岸边、离岸与中心排放的分类判别准则:①当 $0 \leqslant \eta \leqslant 0.7$ 时,简化为岸边(近岸)排放类型;②当 $0.7 < \eta < 2.3$ 时,称为离岸排放类型;③当 $\eta \geqslant 2.3$ 时,简化为中心排放类型。

(4) 对河流离岸排放提出了达到全断面均匀混合距离的计算公式,比现行公式有所改进。

参考文献

[1] 张永良,李玉梁. 排污混合区分析计算指南 [M]. 北京:海洋出版社,1993.

[2] Idaho Department of Environmental Quality. Mixing Zone Technical Procedures Manual(DRAFT) [Z]. Boise:Idaho Department of Environmental Quality,USA,2008.

[3] 武周虎,贾洪玉. 河流污染混合区的解析计算方法 [J]. 水科学进展,2009,20(4):544-548.

[4] WU Zhouhu, WU Wen, WU Guizhi. Calculation Method of Lateral and Vertical Diffusion Coefficients in Wide Straight Rivers and Reservoirs [J]. Journal of Computers,2011,6(6):1102-1109.

[5] 朱发庆,吕斌. 长江武汉段工业港酚污染带研究 [J]. 中国环境科学,1996,16(2):148-152.

[6] 陈祖君,王惠民. 关于污染带与排污量计算的进一步探讨 [J]. 水资源保护,1999(6):32-34.

[7] 任照阳,邓春光. 二维水质模型在污染带长度计算中的应用 [J]. 安徽农业科学,2007,35(7):1984-1985,2037.

[8] 薛红琴,刘晓东. 连续点源河流污染带几何特征参数研究 [J]. 水资源保护,2005,21(5):23-26.

[9] FISCHER H B, IMBERGER J, LIST E J, et al. Mixing in inland and coastal waters [M]. New York:Academic Press,1979:112-117.

[10] 武周虎. 基于环境扩散条件的河流宽度分类判别准则 [J]. 水科学进展,2012,23(1):53-58.

[11] 武周虎,武文,路成刚. 河流混合污染物浓度二维移流扩散方程的解析计算及其简化计算的条件 Ⅱ:顺直河流考虑边界反射 [J]. 水利学报,2009,40(9):1070-1076.

[12] HJ/T 2.3—93 环境影响评价技术导则 地面水环境 [S]. 北京:国家环境保护局,1994.

3-06 河流污染混合区特性计算方法及排污口分类准则Ⅱ：应用与实例[*]

摘　要：本文针对困扰排污口位置优化设计与排污削减量计算的实际问题，基于宽阔河流岸边、离岸与中心排放的分类准则，克服理论方法烦琐的试算比较过程，以显函数的形式提出了污染混合区量纲一最大长度、最大宽度及面积的分类简化计算公式和最大控制排污量的计算方法。在河流岸边（近岸）、离岸与中心排放类型条件下，以应用实例给出了根据离岸系数 η 进行污染混合区范围计算和排污口位置优化设计以及排污削减量计算的方法步骤。计算结果表明：在具体工程设计中，排污口的离岸距离与排污削减量可通过经济技术比较进一步核定。结果可为河流排污口位置的优化设计和控制排污量、排污削减量计算提供分类、简便、快捷的方法依据和设计范例。

关键词：河流；离岸排放；污染混合区范围；排污口位置优化；控制排污量；排污削减量

由于废/污水排放标准与地表水环境质量标准的差异性，在排污口外的受纳水体中必然存在一个超标水域，即污染混合区。国家《地表水环境质量标准》（GB 3838—2002）中规定[1]：排污口所在水域划定的混合区，不得影响鱼类洄游通道及混合区外水域使用功能。因此需要对排污口形成的污染混合区特性进行实例计算与应用研究。河流岸边区域水体与人类生活、生产活动密切相关，岸边水域水质的优劣直接影响着人们的取用水质量、人水和谐及自然景观。以往对于河流污染混合区（又称作污染带）几何特性研究大多数集中在岸边和中心排放条件下的研究成果，文献［2-3］从水环境管理的角度出发论述了污染混合区分析计算方法与技术指南，给出了污染混合区的应用规则、审批程序、监管和用于污染混合区确定的水质模型。采用河流二维水质模型的数值解法计算污染混合区范围和排污控制量，对环境监管部门的应用过于麻烦，而且水文水力学、水质与环境扩散参数各变量之间的本构关系不够直观清晰。朱发庆等[4]和陈祖君等[5]分别采用理论方法和现场观测求解了岸边和中心排放条件下污染混合区的几何特征参数；武周虎等[6-8]通过数学推证给出了污染混合区最大长度、最大宽度与相应纵坐标、面积和边界曲线的标准方程。在此基础上，武周虎等[9]全面系统地研究了在河流离岸排放条件下，污染混合区边界形状曲线、几何特征参数、变化规律以及简化为岸边、离岸与中心排放的分类参数和临界条件，提出的分类准则为排污口位置优化设计和排污削减量计算提供了理论支持与设计依据。同时，纠正了薛红琴等[10]关于"在任意排污口位置情况下污染混合区的最大长度仍应为污染混合区边缘的等浓度线与直线 $y=0$ 两交点之间的距离，和最大宽度与排放口至岸边的距离基本无关"的错误观点。

本文在武周虎等[9]给定宽阔河流污染混合区特性计算方法及排污口分类准则基础上，

---

[*] 原文载于《水利学报》，2014，45（9），作者：武周虎，任杰，黄真理，武文。

三、水环境问题简化计算的判别条件与分类准则

通过曲线拟合提出污染混合区主要量纲一几何特征参数的分类简化计算公式和控制排污量的计算方法，结合应用实例给出根据离岸系数 η 进行污染混合区范围计算和排污口位置优化设计以及排污削减量计算的方法步骤，可为河流排污口位置的优化设计和排污削减量计算提供理论支持和设计依据。

1 污染混合区分类简化计算

武周虎等[9] 给出的宽阔河流（河宽 $B \geqslant 1.2 \dfrac{m}{HUC_a}$ 或 $B \geqslant 4.96 b_{s0}$）离岸排放污染混合区几何特征参数的迭代计算公式、原理和试算比较法，对排污口和污染混合区的分类简化理论具有重要科学价值。但在实际设计使用中比较烦琐，对岸边、离岸和中心排放的污染混合区量纲一最大长度、最大宽度及面积进行分类简化与曲线拟合，以显函数形式给出其计算公式十分必要。

由文献 [9] 可知，河流岸边（近岸）和中心排放类型的污染混合区量纲一最大长度、最大宽度及面积见表1。通过对离岸排放类型（$0.7 < \eta < 2.3$）污染混合区量纲一最大长度、最大宽度及面积与离岸系数 η 理论关系曲线的特性分析，以各特征曲线的共同拐点 $\eta = 2$ 进行分段分析，最大宽度曲线在 $\eta = 1$ 处增加分段。根据各特征曲线分段的弯曲、极值和渐近线等形状特性，结合数学上的基本曲线类型，进行坐标平移和变量替换，再进行回归分析来确定公式中的待定参数，最后进行变量逆替换和坐标逆平移分别反演得到量纲一最大长度、最大宽度及面积的分类简化计算公式，见表1；图1~图3分别给出了污染混合区量纲一最大长度、最大宽度及面积的拟合曲线与理论值比较。

表 1 污染混合区主要量纲一几何特征参数的分类简化计算公式

排放类型	污染混合区类型	最大长度 L_B^* 或 L_s^*	最大宽度 B_s^*	面积 S^*
岸边 ($0 \leqslant \eta \leqslant 0.7$)	岸边 (以 $\eta = 0$ 简化)	4	2	4
离岸 ($0.7 < \eta < 2.3$)	靠岸 ($0.7 < \eta \leqslant 2$)①	$4/e + 2.337[2 - \eta - 0.168(2-\eta)^2]^{0.5}$, $R^2 = 0.9997$	$0.138\eta + 1.906$, $R^2 = 0.9197 (0.7 < \eta \leqslant 1)$ $0.968\eta + 1.055$, $R^2 = 0.9990 (1 < \eta \leqslant 2)$	$1.483 + 2.713[2 - \eta - 0.293(2-\eta)^2]^{0.5}$, $R^2 = 0.9994$
	离岸 ($2 < \eta < 2.3$)	$1 + 2998000\eta^{-22.6}$, $R^2 = 0.9572$	$2 + 5.55 \times 10^{56} \eta^{-188.5}$, $R^2 = 0.9419$	$1 + 668500\eta^{-20.4}$, $R^2 = 0.9732$
中心 ($\eta \geqslant 2.3$)	对称 (以 $\eta = \eta_m$ 简化)②	1	2	1

① 量纲一最小靠岸距离的简化计算公式为 $L_A^* = 4/e - 1.927[2 - \eta - 0.683(\eta - 2)^2 - 0.186(\eta - 2)^3]^{0.5}$, $R^2 = 0.9999$，见图1；则量纲一靠岸长度为 $L_{AB}^* = L_B^* - L_A^*$。

② 对于宽阔河流，在中心排放条件下相应的离岸系数为 η_m（$\geqslant 2.48$）[9]。

表和图中符号含义如下：η 为离岸系数，$\eta = a/b_{s0}$；a 为排放口距离近岸的离岸距离，其值小于半河宽；$L_B^* = L_B/L_{s0}$ 或 $L_s^* = L_s/L_{s0}$ 为污染混合区量纲一最大长度，当 $0 \leqslant \eta \leqslant 2$ 时污染混合区最大长度 L_s 为最大靠岸距离 L_B；$B_s^* = B_s/b_{s0}$ 为量纲一最大宽度，B_s 为污染混合区最大宽度；$S^* = S/S_0$ 为量纲一面积，S 为污染混合区面积。L_{s0}、b_{s0} 和 S_0

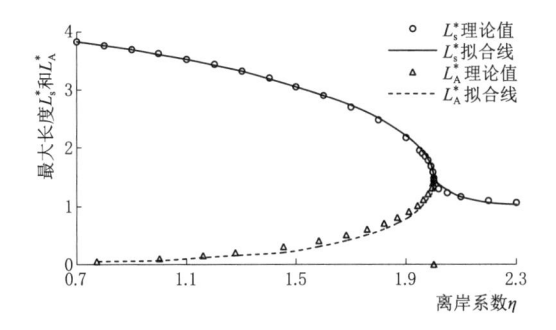

图 1 量纲一最大长度和最小靠岸距离拟合曲线比较

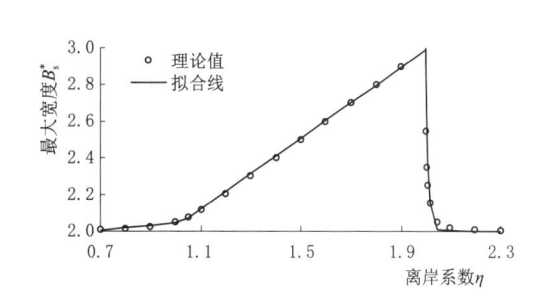

图 2 量纲一最大宽度拟合曲线比较

分别为中心排放忽略边界反射作用的污染混合区最大长度、最大半宽度和面积，其计算公式分别为[6]

$$L_{s0} = \frac{1}{4\pi UE_y}\left(\frac{m}{HC_a}\right)^2 \quad (1)$$

$$b_{s0} = \frac{1}{\sqrt{2\pi e}}\frac{m}{UHC_a} \quad (2)$$

$$S_0 = \left(\frac{2}{3}\right)^{1.5}\frac{\sqrt{\pi e}}{2}L_{s0}(2b_{s0}) \quad (3)$$

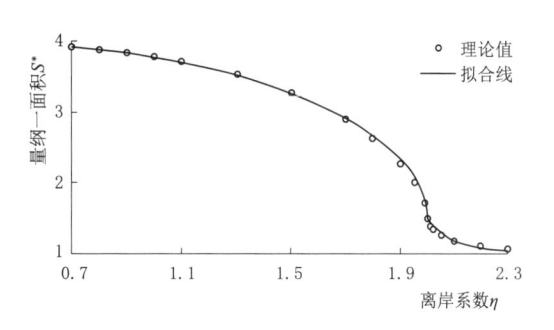

图 3 量纲一面积拟合曲线比较

式中：m 为排污量；U 为河流的平均流速；H 为平均水深；E_y 为横向扩散系数；C_a 为河流排污引起的浓度升高允许值，其值等于水功能区所执行的浓度标准限值 C_s 减去背景浓度 C_b。注意到污染混合区的最大长度、最大宽度和面积与排污量分别为 2 次、1 次、3 次方关系，而最大宽度与横向扩散系数无关。

由表 1 和图 1～图 3 看出，河流离岸排放类型污染混合区量纲一最大长度、最大宽度及面积曲线的两端分别以岸边和中心排放类型的相应值为渐近线；量纲一最大长度和面积曲线在 $\eta=2$ 处出现拐点，这是靠岸和离岸型污染混合区的临界点，两侧相邻曲线曲率反向变化，分别分类获得两段拟合曲线和公式；量纲一最大宽度曲线除在 $\eta=2$ 处出现极值转折点外，在 $\eta=1$ 处出现了折线点，分类获得三段拟合曲线和公式。各特征参数拟合曲线与相应理论值的吻合良好，相关性较高，相对误差绝对值一般在 5% 以内。表 1 中的分类简化计算公式，可作为河流污染混合区、排污口位置优化和控制排污量计算的理论依据。

2 控制排污量确定方法

由图 2 可以得出，河流岸边和中心排放的污染混合区最大宽度均为 $B_s=2b_{s0}$，按式（2）反演确定的控制排污量必然相等；离岸排放的污染混合区最大宽度 $B_s>2b_{s0}$，受污染混合区形状变化的影响，当离岸系数 $\eta=2$ 时达到最大值 $B_s=3b_{s0}$。在允许最大宽度 $[B_s]$ 相同的条件下，当 $\eta=2$ 时按式（2）反演确定的控制排污量最小。而在此时，排污口离开岸边已经较远，污染混合区最大长度已降为岸边排放时的 $1/e$，面积也有大幅度降低，其控制排污量应该允许稍大一些。所以，采用允许最大宽度确定控制排污量不尽合

三、水环境问题简化计算的判别条件与分类准则

理。为此，采用污染混合区允许最大长度和允许最大面积，按式（1）和式（3）反演确定控制排污量。

经反演推导得到，根据污染混合区允许最大长度 $[L_s]$ 确定的控制排污量 G_L 计算公式为

$$G_L = 2HC_a \left(\frac{\pi U E_y [L_s]}{L_B^*} \right)^{\frac{1}{2}} \text{ 或 } G_L = 2HC_a \left(\frac{\pi U E_y [L_s]}{L_s^*} \right)^{\frac{1}{2}} \tag{4}$$

根据污染混合区允许最大面积 $[S]$ 确定的控制排污量 G_S 计算公式为

$$G_S = 3.2 HC_a \left(\frac{E_y U^2 [S]}{S^*} \right)^{\frac{1}{3}} \tag{5}$$

式中：污染混合区允许最大长度 $[L_s]$ 和允许最大面积 $[S]$ 由环境监管部门给定，或根据排污口所在河段的水功能区和环境敏感点确定，水文水力学、水质与环境扩散参数由具体排污河流的环境预测情景设计方案确定；常数 3.2 由 $(\sqrt[3]{2\pi\sqrt{3}})$ 算得。对于河流岸边、离岸与中心排放类型，给定不同的离岸系数 η，采用表 1 中的分类简化公式计算出量纲一最大长度和量纲一面积，分别代入式（4）、式（5）计算污染混合区允许最大长度和允许最大面积对应的控制排污量。

那么，同时考虑污染混合区允许最大长度和允许最大面积的最大控制排污量为

$$G_{\max} = \min\{G_L, G_S\} \tag{6}$$

在式（6）的排污量限制条件下，污染混合区最大长度将被限制在排污口下游 $[L_s]$ 和面积将被限制在 $[S]$ 的范围之内。

3 污染混合区范围计算

根据文献 [4] 中给定的资料，长江武汉段南岸青山工业港（岸边）总排污口挥发酚排放量约为 49.66t/a（现状年），是长江武汉段最大的排污口。排污口附近枯水期江面宽约为 1000m，汛期江面拓宽江水漫过北岸的天兴洲后，江面宽可达 3880m。保证率 90% 的最小月平均流量为 5850m³/s，平均流速为 0.97m/s，江水平均水深为 8m，横向扩散系数 $E_y = 0.67$ m²/s，枯水期挥发酚的平均背景浓度为 0.0007mg/L。根据长江武汉段水功能区划执行《地表水环境质量标准》（GB 3838—2002）中Ⅲ类水质标准要求，即挥发酚的标准限值为 0.005mg/L。计算变量单位换算为：排污量 $m = 49.66\text{t/a} = 1.575\text{g/s}$；允许浓度升高值 $C_a = 0.005 - 0.0007 = 0.0043$（mg/L），根据以上参数进行污染混合区范围的计算。

首先，在给定条件下，由式（1）～式（3）分别计算中心排放污染混合区最大长度、最大半宽度和面积的参考值为：$L_{s0} = 256.7$m，$b_{s0} = 11.4$m，$S_0 = 4663.0$m²。则有长江武汉段枯水期江面宽 $B = 1000\text{m} \geqslant 4.96 \times 11.4 = 56.5$（m），符合表 1 宽阔河流污染混合区分类简化计算公式的适用条件。

其次，由表 1 分别查到岸边排放的污染混合区量纲一最大长度 $L_B^* = 4$，量纲一最大宽度 $B_s^* = 2$，量纲一面积 $S^* = 4$。那么，长江武汉段南岸青山工业港总排污口的污染混

合区最大长度、最大宽度和面积分别为：$L_B=4\times256.7=1026.8$（m），$B_s=2\times11.4=22.8$（m），$S=4\times4663.0=18652.0$（m²），最大宽度对应的纵坐标为 $L_c=L_B/e=377.7$m。再将污染混合区最大长度 L_B 和最大宽度 B_s 代入文献[7]中的理论公式，可以得到现状年岸边排放的污染混合区边界标准曲线方程为

$$y=22.8\sqrt{-e\frac{x}{1026.8}\ln\left(\frac{x}{1026.8}\right)} \tag{7}$$

定义域为：$0\leqslant x\leqslant1026.8$m，$0\leqslant y\leqslant22.8$m。现状年岸边排放排污口及污染混合区范围分布见图4。

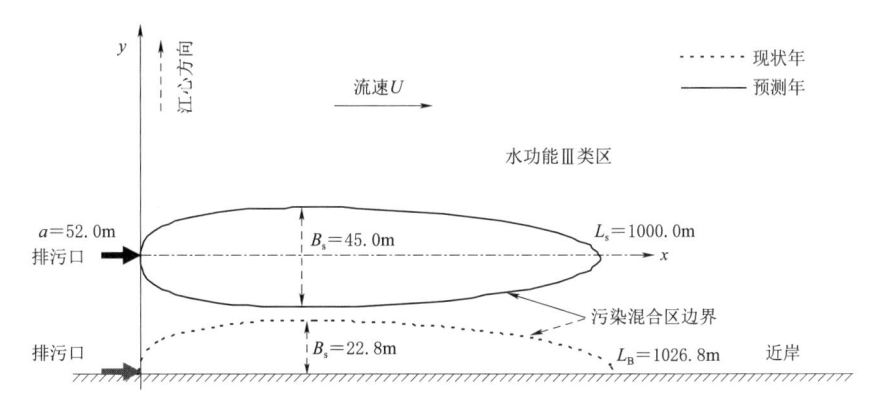

图 4 排污口位置及污染混合区范围分布

4 排污口位置优化与排污削减量计算

根据经济社会发展并考虑技术进步等因素，按照现行排放标准，预计10年后青山工业港总排污口的挥发酚排放量将达到 102.35t/a$=3.245$g/s（预测年），枯水期挥发酚的平均背景浓度将达到 0.001mg/L，其他条件同现状年。在给定条件下，由式（1）~式（3）分别计算中心排放污染混合区最大长度、最大半宽度和面积的参考值为：$L_{s0}=1259.1$m，$b_{s0}=25.3$m，$S_0=50662.9$m²。枯水期江面宽 $B=1000$m$\geqslant4.96\times25.3=125.5$（m），符合宽阔河流污染混合区的计算条件。在岸边排放条件下，污染混合区的最大长度 $L_B=4\times1259.1=5036.4$(m)，面积 $S=4\times50662.9=202651.6$(m²)。若规定将工业港总排污口的污染混合区允许最大长度和允许最大面积分别限制在 $[L_s]=1000$m、$[S]=50000$m² 以内，需进行排污口位置的优化设计与排污削减量计算。

选择岸边和中心排放类型以及离岸（$\eta=1.0,1.5,1.8,2.0,2.1$）排放类型共7个排放口位置，进行污染混合区量纲一几何特征参数、控制排污量和排污削减量的计算与比较分析。由表1中的分类简化公式分别计算7个离岸系数 η 值相应的污染混合区量纲一最大长度 L_B^* 或 L_s^* 和量纲一面积 S^*，再由式（4）和式（5）分别计算当 $[L_s]=1000$m 时的控制排污量 G_L、排污削减量 ΔG_L（=总排污量－控制排污量）和当 $[S]=50000$m² 时的控制排污量 G_S、排污削减量 ΔG_S，列于表2。

三、水环境问题简化计算的判别条件与分类准则

表 2　污染混合区量纲一参数、控制排污量和排污削减量计算结果比较

排放类型	离岸系数 η	量纲一参数 L_B^* 或 L_s^*	量纲一参数 S^*	当 $[L_s]=1000m$ 时 控制排污量 G_L/(t/a)	当 $[L_s]=1000m$ 时 削减量 ΔG_L/(t/a)	当 $[S]=50000m^2$ 时 控制排污量 G_S/(t/a)	当 $[S]=50000m^2$ 时 削减量 ΔG_S/(t/a)
岸边 ($0\leq\eta\leq0.7$)	≤ 0.7	4	4	45.60	56.75	64.18	38.17
离岸 ($0.7<\eta<2.3$)	1.0	3.603	3.764	48.04	54.31	65.49	36.86
	1.5	3.053	3.255	52.19	50.16	68.74	33.61
	1.8	2.499	2.660	57.69	44.66	73.53	28.82
	2.0	1.472	1.483	75.18	27.17	89.34	13.01
	2.1	1.157	1.179	84.80	17.55	96.45	5.90
中心 ($\eta\geq2.3$)	≥ 2.3	1	1	91.20	11.15	101.88	0.47

由表 2 看出，随着离岸系数 η 的增大，在同一列中的控制排污量单调增大，排污削减量单调减小，说明排污口离岸距离越远接纳污染物的能力越强。当 $[L_s]=1000m$ 时的控制排污量均小于当 $[S]=50000m^2$ 时的控制排污量，由式（6）判断得到最大控制排污量选择由允许最大长度 $[L_s]=1000m$ 的计算值，就可同时满足允许最大面积被限制在 $[S]=50000m^2$ 范围之内的条件。当离岸系数在 $\eta=1.8\sim2.3$ 之间时，排污口的离岸距离增加了 21.7%，污染混合区的最大长度缩短了 37.5%，控制排污量增加了 36.7%，说明在该区间内离岸距离增加的效果非常明显。因此，选择排污口位置的优化设计结果为控制排污量 91.20t/a 对应的中心排放类型（$\eta\geq2.3$），最后以此计算污染混合区几何特征参数和离岸距离。由式（1）~式（3）分别计算中心排放的污染混合区最大长度、最大宽度和面积为：$L_s=1000.0m$，$B_s=2b_s=45.0m$，$S=35788.5m^2$（$S<[S]=50000m^2$），最大宽度对应的纵坐标为 $L_c=L_s/e=367.9m$，则离岸距离 $a=2.3b_{s0}=51.8m$。建议排污口位置的设计离岸距离取 $a=52m$ 即可，相应的污染混合区边界离岸最近和最远距离分别为 29.5m、74.5m，该岸边附近水域对枯水期约 1000m 的江面宽影响较小。

将污染混合区最大长度 L_s 和最大半宽度 b_s 代入文献 [7] 中的理论公式，可以得到预测年中心排放的污染混合区边界标准曲线方程为

$$y=\pm 22.5\sqrt{-e\frac{x}{1000}\ln\left(\frac{x}{1000}\right)} \tag{8}$$

定义域为：$0\leq x\leq 1000m$，$-22.5m\leq y\leq 22.5m$。预测年中心排放排污口的优化位置及污染混合区范围分布见图 4。

需要说明的是，即使排污口位置选择了中心排放类型，污染混合区最大长度仍达不到 $L_s\leq 1000m$ 的要求，需进一步进行技术改进、提升废水处理技术和提高排放标准。因此，预测年青山工业港总排污口的挥发酚排放量需进一步削减，其排污削减量 $\Delta G=102.35-91.20=11.15(t/a)$。在实际工程设计中，还可根据具体情况，对不同离岸距离的排污口进行经济技术比较优选排污削减方案。

5 结论

(1) 对顺直矩形河宽 $B \geqslant 1.2 \dfrac{m}{HUC_a}$ 或 $B \geqslant 4.96 b_{s0}$ 的宽阔河流，在恒定流条件下克服理论方法烦琐的试算比较过程，以显函数的形式提出了污染混合区量纲一最大长度、最大宽度及面积的分类简化计算公式。

(2) 提出了根据污染混合区允许最大长度和允许最大面积确定最大控制排污量的计算公式和方法。

(3) 在河流岸边、离岸与中心排放类型条件下，以应用实例给出了根据离岸系数 η 进行污染混合区范围计算和排污口位置优化设计以及排污削减量计算的方法步骤。

(4) 在具体工程设计中，排污口的离岸距离与排污削减量可通过经济技术比较进一步核定。

参考文献

[1] 国家环境保护总局，国家质量监督检验检疫总局. GB 3838—2002 地表水环境质量标准 [S]. 北京：中国环境科学出版社，2002.
[2] 张永良，李玉梁. 排污混合区分析计算指南 [M]. 北京：海洋出版社，1993.
[3] Idaho Department of Environmental Quality. Mixing Zone Technical Procedures Manual（DRAFT）[Z]. Boise：Idaho Department of Environmental Quality，USA，2008.
[4] 朱发庆，吕斌. 长江武汉段工业港酚污染带研究 [J]. 中国环境科学，1996（2）：148-152.
[5] 陈祖君，王惠民. 关于污染带与排污量计算的进一步探讨 [J]. 水资源保护，1999（6）：32-34.
[6] 武周虎，贾洪玉. 河流污染混合区的解析计算方法 [J]. 水科学进展，2009，20（4）：544-548.
[7] WU Zhouhu，WU Wen，WU Guizhi. Calculation Method of Lateral and Vertical Diffusion Coefficients in Wide Straight Rivers and Reservoirs [J]. Journal of Computers，2011，6（6）：1102-1109.
[8] 武周虎. 基于环境扩散条件的河流宽度分类判别准则 [J]. 水科学进展，2012，23（1）：53-58.
[9] 武周虎，任杰，黄真理，等. 河流污染混合区特性计算方法及排污口分类准则Ⅰ：原理与方法 [J]. 水利学报，2014，45（8）：921-929.
[10] 薛红琴，刘晓东. 连续点源河流污染带几何特征参数研究 [J]. 水资源保护，2005，21（5）：23-26.

3-07　铅垂岸水库污染混合区的理论分析及简化条件*

摘　要：本文在恒定时间连续点源条件下，从移流扩散方程的完全三维解析解出发，给出了顺直铅垂岸大宽度深水水库污染混合区的解析计算方法和等浓度曲面方程，分析了污染混合区的断面和平面形状的变化规律；以污染混合区下游长度 L_d 为特征长度，定义了贝克来数 Pe，给出了污染混合区量纲一上、下游长度、最大宽度与最大深度及相应纵向坐标和面积的计算公式及其诺莫图。表明污染混合区的量纲一尺度主要取决于贝克来数，其次量纲一最大宽度和面积还与 λ_y 有关、量纲一最大深度还与 λ_y 和 λ_z 有关。给出了非保守物质污染混合区的修正计算方法以及保守与非保守物质的计算分区图；完整系统地提出了三维移流扩散方程定量化的简化条件。该解析方法和计算公式可为天然水库污染混合区的估算提供有力的工具。

关键词：环境水力学；水库污染混合区；三维解析方法；铅垂岸；移流扩散方程；简化条件

水库沿岸地区工业或城镇生活污水经处理达到相应的排放标准（一般高于水环境功能区标准）后，通过管道或明渠排入水库，在排污口附近水域会形成污染混合区。水库建成后随着蓄水位的抬高，水深和宽度大大增加，水流流速减缓，排污口上、下游附近污染物的移流扩散和污染混合区的空间分布特性多属于三维问题。另外，水库岸边附近是人们生产生活用水对水质要求较高的区域，因此，对水库岸边污染混合区允许范围的确定，是实施总量控制、确保功能目标实现的关键所在。如三峡库区岸边水域污染混合区控制标准确定原则是在不影响饮用水源区等功能条件下，单个排污口的污染混合区最大允许范围分别用长度、宽度或面积作为控制指标来计算最大允许污染负荷量，然后进行合理性比较，最后确定单个污染混合区控制长度采用 100m，江段污染混合区控制长度采用江段总长度的 1/30，具体数据可根据二维模型的计算结果确定[1-2]。针对长江水流几何边界复杂、地形多变、相应模拟河段水深流急等特点，可根据分层三维有限元模型的计算结果确定污染混合区范围[3]。目前，对于水库污染混合区范围和最大允许污染负荷的计算主要是采用水质模型来实现，虽然水质模型具有地形适应性强等特点，但不能直观地给出污染混合区范围和最大允许污染负荷与各参数之间的函数关系，给实际应用带来不便[1-3]。

本文在恒定时间连续点源条件下，从移流扩散方程的三维解析解出发，对顺直铅垂岸大宽度深水水库污染混合区的三维解析计算方法进行探讨和理论求解，推导污染混合区长度、最大宽度与最大深度及相应纵向坐标和面积以及最大允许污染负荷量的解析计算公式，分析提出移流扩散方程定量化的简化条件，进行污染混合区解析结果分析与非保守物质的计算。其成果可为相应水库污染混合区长度、宽度、深度和面积以及最大允许污染负

---

* 原文载于《水力发电学报》，2010，29(2)，作者：武周虎。

荷量提供简便、快捷的理论计算公式，可为天然水库污染混合区的估算提供有力的工具，也可以对水质模型计算和数据的分析归纳起到理论指导作用。

1 污染混合区的解析计算

1.1 等浓度曲面方程

污染混合区是从水环境功能区管理的角度出发，针对排污产生的污染超标区域提出来的概念，它是指由于排污而引起污染物超标水域的影响范围。基于三维移流扩散方程 $U\frac{\partial C}{\partial x}=E_L\frac{\partial^2 C}{\partial x^2}+E_y\frac{\partial^2 C}{\partial y^2}+E_z\frac{\partial^2 C}{\partial z^2}$，在恒定时间连续点源条件下的解析解[4]

$$C(x,y,z)=\frac{\beta m}{4\pi r\sqrt{E_y E_z}}\exp\left[-\frac{U}{2E_L}(r-x)\right] \tag{1}$$

式中：$r=\sqrt{x^2+y^2\frac{E_L}{E_y}+z^2\frac{E_L}{E_z}}$，$x$ 为沿流向的纵向坐标；y、z 为铅垂于 x 的横向和铅垂向坐标，坐标原点取在水面排污点；m 为单位时间的排污强度；U 为平均流速；E_L、E_y、E_z 为纵向、横向和铅垂向扩散系数；β 为边界反射系数，取决于岸坡地形、吸附与水面释放等特性。对于顺直铅垂岸大宽度深水水库，在不计非排放库岸和库底反射的条件下，对岸边水面排放考虑铅垂岸和水面全反射时 $\beta=4$；对离库岸很远的水面排放仅考虑水面全反射时 $\beta=2$。

根据式（1）污染物浓度分布的衰减特征，令水库排污引起的允许浓度升高值 C_a 与背景浓度 C_b 叠加等于水环境功能区所执行的浓度标准值 C_s，即 $C_a+C_b=C_s$，则该等浓度曲面所包围区域为污染混合区。由此可以得出，污染混合区与背景浓度有关，它既反映排污引起的污染超标范围大小，又反映其污染程度。令等标污染负荷 $P=\frac{m}{C_a}=\frac{qC_0}{C_a}$，式中 q 为排污流量，C_0 为排污浓度。则由式（1）可知，污染混合区外边界等浓度 (C_a) 曲面方程为

$$r=\frac{\beta P}{4\pi\sqrt{E_y E_z}}\exp\left[-\frac{U}{2E_L}(r-x)\right] \tag{2}$$

岸边排放计算的定义域为：$-\infty<x<\infty$，$y\geqslant 0$，$z\geqslant 0$，不计对岸反射；离库岸很远的水面排放计算的定义域为：$-\infty<x<\infty$，$-\infty<y<\infty$，$z\geqslant 0$，不计岸边反射。

1.2 污染混合区长度

当 $y=0$、$z=0$ 时，由式（2）可以得到污染混合区的上游 ($x<0$) 长度 L_u 和下游 ($x\geqslant 0$) 长度 L_d 分别为

$$L_u=\frac{\beta P}{4\pi\sqrt{E_y E_z}}\exp\left(-\frac{UL_u}{E_L}\right) \tag{3}$$

$$L_d=\frac{\beta P}{4\pi\sqrt{E_y E_z}} \tag{4}$$

式（3）与式（4）两边同除得到污染混合区上、下游长度的比值为

三、水环境问题简化计算的判别条件与分类准则

$$\frac{L_u}{L_d} = \exp\left(-\frac{UL_u}{E_L}\right) \tag{5}$$

把污染混合区下游长度 $L_d = \dfrac{\beta P}{4\pi\sqrt{E_y E_z}}$ 作为特征长度，定义 $Pe = \dfrac{UL_d}{E_L}$ 为贝克来数，表示纵向移流作用与纵向扩散作用的比值。采用 L_d 对几何量作量纲一处理，则有污染混合区量纲一下游长度 $L'_d \equiv 1$，量纲一上游长度 L'_u 等于污染混合区上、下游长度的比值。式（5）变为

$$L'_u = \exp\left(-\frac{UL_d}{E_L}L'_u\right) = \exp(-PeL'_u) \tag{6}$$

或

$$Pe = -\frac{\ln(L'_u)}{L'_u} \tag{7}$$

由式（7）试算点绘污染混合区量纲一上游长度与贝克来数的关系曲线参见图 1。由图 1 可以看出，岸边污染混合区量纲一上游长度随贝克来数的增大而迅速减小，说明纵向移流作用与纵向扩散作用的比值越大，污染混合区量纲一上游长度越小。

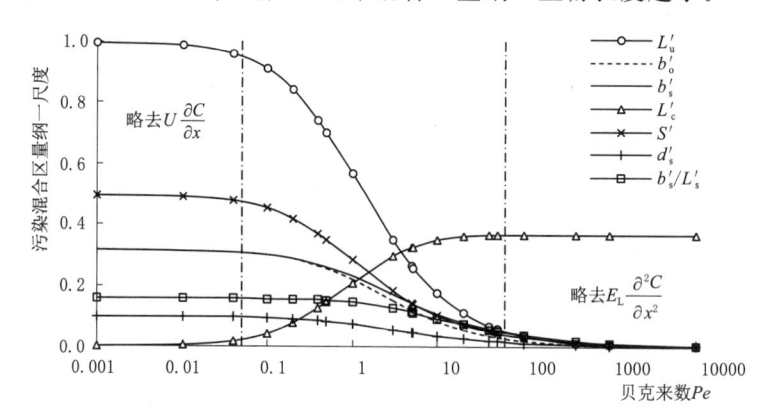

图 1　岸边污染混合区量纲一尺度与贝克来数的关系

污染混合区量纲一总长度 L'_s 等于上、下游长度之和，即为

$$L'_s = L'_d + L'_u = 1 + L'_u \tag{8}$$

1.3　污染混合区断面形状分析

在 $x =$ 常数的断面上，由式（2）得到污染混合区外边界等浓度曲线的量纲一方程为

$$r' = \exp\left[-\frac{Pe}{2}(r' - x')\right] \tag{9}$$

或

$$Pe = -2\frac{\ln(r')}{r' - x'} \tag{10}$$

式中：$r' = \sqrt{x'^2 + r'^2_{yz}}$，$r'_{yz} = \sqrt{\dfrac{y'^2}{\lambda_y} + \dfrac{z'^2}{\lambda_z}}$，$x' = \dfrac{x}{L_d}$，$y' = \dfrac{y}{L_d}$，$z' = \dfrac{z}{L_d}$，$\lambda_y = \dfrac{E_y}{E_L}$，$\lambda_z = \dfrac{E_z}{E_L}$。

由式（9）可以看出，当贝克来数为常数时，在 $x'=$ 常数的断面上污染混合区外边界等浓度曲线量纲一方程为 $r'_{yz}=$ 常数，即该污染混合区外边界等浓度曲线为标准椭圆方程 $\dfrac{y'^2}{\lambda_y r'^2_{yz}}+\dfrac{z'^2}{\lambda_z r'^2_{yz}}=1$ 对应的第Ⅰ象限弧长段。对于 $Pe=1$ 和 $Pe=3$ 的情况，当 $x'=0.1$ 时由式（9）试算分别得到 $r'_1=0.730$、$r'_{yz1}=0.723$ 和 $r'_2=0.527$、$r'_{yz2}=0.517$。当 $\lambda_y=0.1$、$\lambda_z=0.01$（下同）时相应的标准椭圆的半长轴、半短轴分别为 $a_1=\sqrt{\lambda_y}\,r'_{yz1}=0.229$、$b_1=\sqrt{\lambda_z}\,r'_{yz1}=0.0723$ 和 $a_2=\sqrt{\lambda_y}\,r'_{yz2}=0.164$、$b_2=\sqrt{\lambda_z}\,r'_{yz2}=0.0517$，图2给出了岸边排污口下游 $x'=0.1$ 处断面上污染混合区范围。对于离库岸很远的水面排放污染混合区为 y 轴下方的近似半椭圆形。

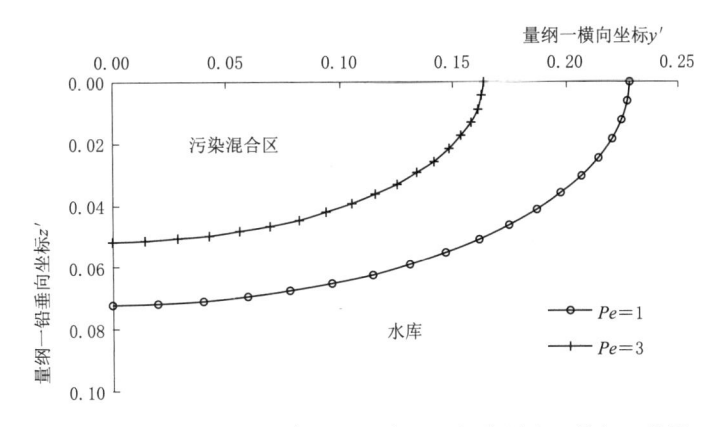

图2 岸边排污口下游 $x'=0.1$ 处断面上污染混合区量纲一范围

由图2可以看出，贝克来数越大，污染混合区量纲一范围越小，即移流作用比纵向扩散作用更容易使污染物得到稀释。由图2还可以看出，按恒定时间连续点源的三维移流扩散计算，污染混合区随水深的增加而出现在表层水体中，污染物浓度并不能在铅垂线上达到均匀混合。在实际应用中，当岸边排污强度较大时，污染混合区范围较大涉及水库的深水区，应选用三维移流扩散的解析解计算；当岸边排污强度较小时，污染混合区范围较小只是在岸边浅水区，污染物浓度在铅垂线上基本达到均匀混合，可选用二维移流扩散的解析解计算[5-6]。

1.4 污染混合区水面形状、宽度与面积

在 $z=0$ 的水面上，由式（9）、式（10）得到污染混合区外边界等浓度曲线量纲一方程为

$$r'_{xy}=\exp\left[-\frac{Pe}{2}(r'_{xy}-x')\right] \tag{11}$$

或

$$x'=r'_{xy}+2\frac{\ln(r'_{xy})}{Pe} \tag{12}$$

式中：$r'_{xy}=\sqrt{x'^2+\dfrac{y'^2}{\lambda_y}}$，则 $y'=\sqrt{\lambda_y}\sqrt{r'^2_{xy}-x'^2}$。对于不同的贝克来数，以此可计算并绘

三、水环境问题简化计算的判别条件与分类准则

制 $z=0$ 平面上的一系列污染混合区外边界等浓度曲线参见图3。对于离库岸很远的水面排放污染混合区在 x 轴两侧为对称图形。

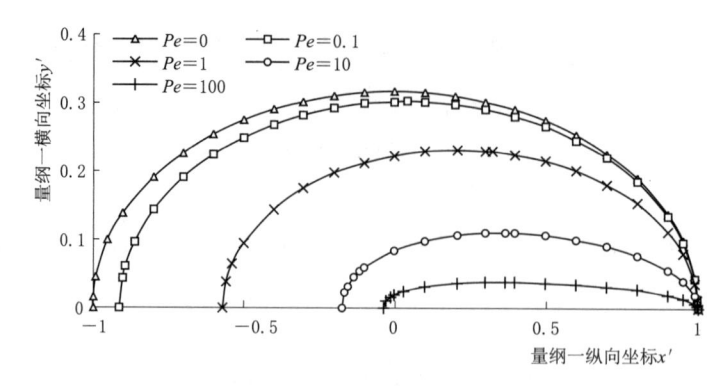

图3 不同贝克来数 $z=0$ 水面上岸边污染混合区量纲一宽度分布

由图3可以看出,贝克来数对污染混合区的形状、范围大小起着至关重要的作用,贝克来数越大,污染混合区量纲一尺度越小,最后在排污口下游拉成细长带状。

当 $z=0$ 时,令 $x=0$ 由式(11)得到污染混合区量纲一宽度 b_0' 为

$$b_0' = \sqrt{\lambda_y}\exp\left(-\frac{Peb_0'}{2\sqrt{\lambda_y}}\right) \tag{13}$$

或

$$Pe = -2\frac{\sqrt{\lambda_y}}{b_0'}\ln\left(\frac{b_0'}{\sqrt{\lambda_y}}\right) \tag{14}$$

由式(14)计算点绘污染混合区在 $x=0$ 处的量纲一宽度 b_0' 与贝克来数的关系曲线参见图1。对于离库岸很远的水面排放污染混合区在 $x=0$ 处的量纲一宽度为 $2b_0'$。

式(11)两边对 x' 求导,令 $\dfrac{\mathrm{d}y'}{\mathrm{d}x'}=0$,可以求得 $z=0$ 的水面上污染混合区量纲一最大宽度 b_s' 和相应纵向坐标 L_c' 的计算公式,推导结果如下:

$$L_c' = 2\exp\left[-\frac{Pe}{4}\left(\sqrt{L_c'^2+\frac{8L_c'}{Pe}}-L_c'\right)\right] - \sqrt{L_c'^2+\frac{8L_c'}{Pe}} \tag{15}$$

在这里

$$r_c' = \sqrt{L_c'^2+\frac{1}{\lambda_y}b_s'^2} = \frac{1}{2}\left(L_c'+\sqrt{L_c'^2+\frac{8L_c'}{Pe}}\right) \tag{16}$$

$$b_s' = \sqrt{\lambda_y}\sqrt{r_c'^2-L_c'^2} \tag{17}$$

量纲一最大宽度的计算步骤为:给定贝克来数和 L_c'($0 \leqslant L_c' < \mathrm{e}^{-1}$)[7] 的初值,由式(15)试算求 L_c',再由式(16)计算 r_c',最后由式(17)计算 b_s'。污染混合区量纲一最大宽度 b_s' 和相应纵向坐标 L_c' 与贝克来数的关系参见图1。对于离库岸很远的水面排放污染混合区量纲一最大宽度为 $2b_s'$。

由于在 $z=0$ 的水面上,污染混合区外边界等浓度曲线量纲一方程(11)是一个隐函数关系,直接采用积分求解不同贝克来数时的污染混合区面积有一定困难。由式(11)

可知当贝克来数 $Pe=0$ 时，污染混合区外边界等浓度曲线量纲一方程是一个标准椭圆方程 $r'_{xy}=1$ 或 $x'^2+\dfrac{y'^2}{\lambda_y}=1$，则有污染混合区量纲一面积计算公式为

$$S'=\frac{\pi}{4}L'_s b'_s=0.7854L'_s b'_s \tag{18}$$

由文献[7]可知，当贝克来数很大时，x 方向的纵向扩散作用可以忽略不计，此时污染混合区为近似椭圆，量纲一面积计算公式为

$$S'=\left(\frac{2}{3}\right)^{1.5}\frac{\sqrt{\pi e}}{2}L'_s b'_s=0.7953L'_s b'_s \tag{19}$$

由式（18）、式（19）、图 1 和图 3 分析认为，对于不同的贝克来数污染混合区均为近似椭圆，随着 Pe 增大该近似椭圆沿水流下游方向拉长，并且有随 L'_c 的增大或 L'_s、b'_s 的减小，污染混合区量纲一面积系数 μ 增大的变化规律。即量纲一面积计算公式可表示为

$$S'=\mu L'_s b'_s \tag{20}$$

其中量纲一面积系数为

$$\mu=0.7854+0.02704L'_c \tag{21}$$

在式（20）中量纲一面积系数的变化范围很小，也可取平均值 0.7904 或最大值 0.7953 进行计算均能满足实际工程的精度要求，选取后者对于环境管理偏于安全。污染混合区量纲一面积与贝克来数的关系参见图 1。对于离库岸很远的水面排放污染混合区量纲一面积为 $S'=\mu L'_s(2b'_s)$。

1.5　污染混合区最大深度

由图 2 可以看出，污染混合区最大深度出现在岸边铅垂面上。根据污染混合区外边界等浓度三维曲面的近似椭球方程与岸边铅垂面相交线分析可知，污染混合区量纲一最大深度 d'_s 相应纵向坐标与最大宽度相应纵向坐标 L'_c 相同。则式（9）、式（10）得到污染混合区外边界等浓度曲线（深度）的量纲一方程为

$$r'_c=\exp\left[-\frac{Pe}{2}(r'_c-L'_c)\right] \tag{22}$$

或

$$r'_c=L'_c-2\frac{\ln(r'_c)}{Pe} \tag{23}$$

在这里：$r'_c=\sqrt{L'^2_c+\dfrac{d'^2_s}{\lambda_z}}=\left(L'_c+\sqrt{L'^2_c+\dfrac{8L'_c}{Pe}}\right)/2$。进一步导出污染混合区的量纲一最大深度计算公式为

$$d'_s=\sqrt{\lambda_z}\sqrt{r'^2_c-L'^2_c}=\sqrt{\frac{E_z}{E_y}}b'_s=\sqrt{\lambda}\,b'_s \tag{24}$$

式中：$\lambda=\dfrac{E_z}{E_y}=\dfrac{\lambda_z}{\lambda_y}$。

污染混合区量纲一最大深度与贝克来数的关系参见图 1。对于离库岸很远的水面排放污染混合区量纲一最大深度出现在排放源轴线所处的铅垂面上，量纲一最大深度仍然为

三、水环境问题简化计算的判别条件与分类准则

$d'_s = \sqrt{\lambda_z}\sqrt{r_c'^2 - L_c'^2}$。

由图1和岸边污染混合区各量纲一尺度的计算公式可以得出，当贝克来数很大时，移流作用远大于纵向扩散作用，量纲一上游长度、最大宽度、最大深度和面积均随贝克来数的增大而减小。当$Pe \to \infty$时，量纲一上游长度无限趋近于零。由文献[7]可知，当贝克来数很大时，量纲一最大宽度、最大深度和面积分别为$b'_s = 2\sqrt{\dfrac{\lambda_y}{ePe}}$、$d'_s = 2\sqrt{\dfrac{\lambda_z}{ePe}}$、$S' = 1.5906\sqrt{\dfrac{\lambda_y}{ePe}}$，最大宽度和深度相应的纵向坐标为$L'_c \approx e^{-1}$。当贝克来数很小时，移流作用远小于纵向扩散作用，岸边污染混合区接近于标准椭圆形，污染混合区上、下游长度接近于相等$L_u \approx L_d$；量纲一最大宽度为$b'_s = \sqrt{\lambda_y}$；量纲一最大深度为$d'_s = \sqrt{\lambda_z}$；量纲一面积为$S' = \dfrac{\pi}{2}\sqrt{\lambda_y}$；最大宽度和深度相应的纵向坐标$L'_c = 0$。

对岸边污染混合区形状的进一步分析表明，量纲一最大宽度与总长度的比值（即宽长比）随贝克来数的增大而减小，当Pe很小时，污染混合区宽长比为$\dfrac{1}{2}\sqrt{\lambda_y}$；当$Pe$很大时，污染混合区宽长比为$2\sqrt{\dfrac{\lambda_y}{ePe}}$。对于离库岸很远的水面排放当$Pe$很小时，污染混合区量纲一最大深度为$d'_s = \sqrt{\lambda_z}$；当$Pe$很大时，污染混合区量纲一最大深度为$d'_s = 2\sqrt{\dfrac{\lambda_z}{ePe}}$。

2 移流扩散方程的简化条件

根据污染混合区上、下游影响长度的比值与贝克来数Pe的关系可以确定物质纵向输移的形式。由式(7)和图1可以得到：

(1) 当$\dfrac{L_u}{L_d} \leqslant 5\%$，相应的$Pe \geqslant 60$（相比于文献[8]中，$x \gg 2E_L/U$的简化条件，更加全面系统和具有可操作性），可忽略纵向扩散作用按简化三维移流扩散$U\dfrac{\partial C}{\partial x} = E_y\dfrac{\partial^2 C}{\partial y^2} + E_z\dfrac{\partial^2 C}{\partial z^2}$问题处理，其污染混合区采用本文方法中贝克来数很大的情况或文献[7]提出的方法计算。

(2) 当$5\% < \dfrac{L_u}{L_d} \leqslant 95\%$，相应的$0.05 \leqslant Pe < 60$，此时纵向移流和纵向扩散作用都比较重要，按三维移流扩散$U\dfrac{\partial C}{\partial x} = E_L\dfrac{\partial^2 C}{\partial x^2} + E_y\dfrac{\partial^2 C}{\partial y^2} + E_z\dfrac{\partial^2 C}{\partial z^2}$问题处理，其污染混合区采用本文提出的方法计算。

(3) 当$\dfrac{L_u}{L_d} > 95\%$，相应的$Pe < 0.05$，可忽略纵向移流作用按三维扩散$E_L\dfrac{\partial^2 C}{\partial x^2} +$

$E_y \dfrac{\partial^2 C}{\partial y^2} + E_z \dfrac{\partial^2 C}{\partial z^2} = 0$ 问题处理，其污染混合区采用本文方法中贝克来数很小的情况计算，一般适用于水库坝前段排污量小的污染混合区计算。

3 结果分析与非保守物质的计算

3.1 结果分析

本文对于污染混合区的解析计算结果给出了量纲一尺度及诺莫图，污染混合区的量纲一尺度主要取决于贝克来数 Pe，其次量纲一最大宽度和面积还与 λ_y、量纲一最大深度还与 λ_y 和 λ_z 有关。污染混合区各长度量等于特征长度 $L_d = \dfrac{\beta P}{4\pi \sqrt{E_y E_z}}$ 乘以相应的量纲一尺度，污染混合区的面积等于 L_d^2 乘以量纲一面积。因此，以 U、E_L 和 L_d 定义的贝克来数 $Pe = UL_d/E_L$ 具有反映排污口附近污染混合区中物质纵向输移现象的绝对意义。

贝克来数之所以能够作为移流扩散方程的简化参数，是因为贝克来数的物理意义可表示为

$$Pe = \dfrac{UL_d}{E_L} = \dfrac{L_d^2}{E_L T_d} \sim \dfrac{L_d}{\sigma_L} = \dfrac{\text{纵向移流尺度}}{\text{纵向离散尺度}} \tag{25}$$

即当 Pe 很大时，纵向移流作用占主要地位；当 Pe 较小时，纵向扩散作用占主要地位。

将特征长度——污染混合区下游长度式（4）代入式（25）得到贝克来数的具体表达式为

$$Pe = \dfrac{\beta P U}{4\pi E_L \sqrt{E_y E_z}} \tag{26}$$

由式（26）可以进一步看出，贝克来数 Pe 不仅与 U、E_L 有关，而且还与 β、P 成正比，与 $\sqrt{E_y E_z}$ 成反比。也就是说，即使在纵向流速和纵向扩散系数不变的情况下，对于不同的等标污染负荷（排污量/允许浓度升高值）、边界反射系数以及横向和铅垂向扩散系数，排污口附近污染混合区中物质的纵向输移形式仍然会有很大的差别。在水库水文、水力条件和扩散参数以及排污强度 m 不变的情况下，贝克来数 Pe 与水环境功能区标准值或允许浓度升高值 C_a 成反比。也就是说，即使其他条件都不变，对于不同的水环境功能区标准值或允许浓度升高值 C_a，污染混合区的形状和尺度范围仍然会发生较大的变化。

需要说明的是在污染混合区范围的解析计算公式应用中，库水位或流量或糙率的变化都将引起流速、边界反射系数以及岸边混合扩散特性的变化。在实际应用中，对于宽阔水库可以根据流速、边界反射系数以及岸边混合扩散特性、污染混合区允许长度或面积或宽度，由本文给出的计算公式和试算方法及诺莫图计算最大等标污染负荷 P，再根据水质目标 C_s 与背景浓度 C_b 之差 C_a 计算最大允许污染负荷量 $G_0 = PC_a(=qC_0)$。

3.2 非保守物质的修正计算

在实际中，对于降解系数较大的非保守物质，其移流扩散方程为 $U\dfrac{\partial C}{\partial x} = E_L \dfrac{\partial^2 C}{\partial x^2} +$

三、水环境问题简化计算的判别条件与分类准则

$E_y \dfrac{\partial^2 C}{\partial y^2} + E_z \dfrac{\partial^2 C}{\partial z^2} - KC$，在恒定时间连续点源条件下的解析解[4]

$$C = \dfrac{m}{4\pi r \sqrt{E_y E_z}} \exp\left[-\dfrac{U}{2E_L}(r\sqrt{1+4\alpha} - x)\right] \quad (27)$$

式中：$\alpha = \dfrac{KE_L}{U^2} = \dfrac{降解与纵向离散作用}{纵向移流作用}$ 为 O'Connor 数；K 为反应降解系数；其他符号意义同前。

当 $y=0$、$z=0$ 时，由式（27）可以得到非保守物质污染混合区的下游（$x \geqslant 0$）长度 L_{df} 为

$$L_{df} = \dfrac{\beta P}{4\pi \sqrt{E_y E_z}} \exp\left[-\dfrac{UL_{df}}{2E_L}(\sqrt{1+4\alpha} - 1)\right] \quad (28)$$

采用特征长度 L_d 和贝克来数 Pe 对式（28）进行简化得到

$$L'_{df} = \dfrac{L_{df}}{L_d} = \exp\left[-\dfrac{PeL'_{df}}{2}(\sqrt{1+4\alpha} - 1)\right] \quad (29)$$

在已知排污口附近污染混合区贝克来数 Pe 和 O'Connor 数的条件下，采用式（29）试算（初值 $L'_{df} = L'_d = 1$）求解污染混合区的量纲一下游长度 L'_{df}。并以此值对保守物质的污染混合区尺度范围进行修正，可以得到相应情况下非保守物质的污染混合区尺度范围。

3.3 保守与非保守物质计算分区

当 $0.95L_d \leqslant L_{df} \leqslant L_d$ 时，由式（29）可以得到忽略反应降解作用按保守物质处理的条件为

$$\alpha \leqslant \dfrac{1}{4}\left[\left(1 - \dfrac{\ln(0.95)}{0.475Pe}\right)^2 - 1\right] \quad (30)$$

在 O'Connor 数和贝克来数 Pe 满足式（30）（参见图 4）的条件下，可以忽略反应降解作用按保守物质计算污染混合区范围。在实际应用中，按保守物质处理对环境管理偏于安全，所以在污染混合区的计算中污染物的反应降解作用通常可以忽略不计。

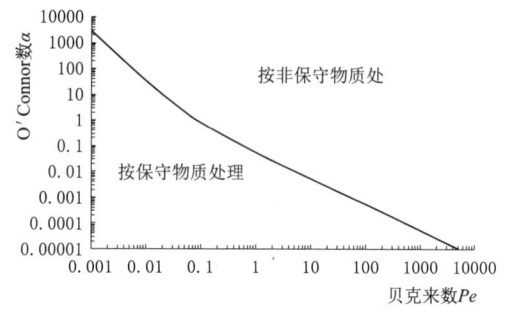

图 4 保守物质与非保守物质污染混合区的计算分区

4 结论

（1）从移流扩散方程的完全三维解析解出发，给出了顺直铅垂岸大宽度深水水库污染混合区的三维解析计算方法和等浓度曲面方程，分析了污染混合区的断面和平面形状的变化规律。

（2）以污染混合区下游长度 $L_d = \dfrac{\beta P}{4\pi \sqrt{E_y E_z}}$ 为特征长度，定义了贝克来数 Pe，给出了铅垂岸水库污染混合区量纲一上、下游长度、最大宽度与最大深度及相应纵向坐标和面积的计算公式及诺莫图。

（3）给出了非保守物质污染混合区的修正计算方法、公式以及保守与非保守物质的计

算分区图。

（4）完整系统地提出了三维移流扩散方程定量化的简化条件，可为天然水库污染混合区的估算提供有力的工具，也可以对水质模型计算和数据的分析归纳起到理论指导作用。

参考文献

[1] 黄真理，李玉梁，陈永灿，等. 三峡水库水质预测和环境容量计算 [M]. 北京：中国水利水电出版社，2006.
[2] 廖文根，李锦秀，彭静. 水体纳污能力量化问题探讨 [J]. 中国水利水电科学研究院学报，2003，1 (3)：211-215.
[3] 陈永灿，刘昭伟，李闯. 三峡库区岸边污染混合区数值模拟与分析 [C] //刘树坤，李嘉，黄真理，等. 中国水力学 2000. 成都：四川大学出版社，2000.
[4] 张书农. 环境水力学 [M]. 南京：河海大学出版社，1988.
[5] 武周虎，贾洪玉. 河流污染混合区的解析计算方法 [J]. 水科学进展，2009，20 (4)：544-548.
[6] 武周虎. 明渠移流扩散中无量纲数与相似准则及其应用 [J]. 青岛理工大学学报，2008，29 (5)：17-22.
[7] 武周虎. 水库铅垂岸地形污染混合区的三维解析计算方法 [J]. 西安理工大学学报，2009，25 (4)：436-440.
[8] 余常昭. 环境流体力学导论 [M]. 北京：清华大学出版社，1992.

3-08 倾斜岸水库污染混合区的理论分析及简化条件*

摘　要：在恒定连续点源条件下，从一维流动中三维扩散方程的解析解出发，给出了顺直倾斜岸大宽度深水水库污染混合区的解析计算方法和等浓度曲面方程，分析了污染混合区断面和平面形状的变化规律；提出了采用污染混合区下游长度 L_d 作为特征长度定义贝克来数 Pe，给出了污染混合区量纲一上、下游长度，最大宽度与最大深度及相应纵向坐标和面积的计算公式及其曲线图。表明污染混合区的量纲一尺度主要取决于贝克来数，其中量纲一最大宽度和面积还与横向（垂向）和纵向扩散系数的比值 λ 有关，量纲一最大深度还与 λ 和岸坡倾角 θ 有关，提出了一维流动中三维扩散方程的简化条件。该解析方法和计算公式可为天然水库污染混合区的估算提供理论依据。

关键词：环境水力学；水库；污染混合区；解析方法；倾斜岸

水库沿岸地区工业或城镇生活污水经处理达到相应的排放标准（一般高于水环境功能区标准）后，通过管道或明渠排入水库，在排污口附近水域会形成污染混合区。水库建成后随着蓄水位的抬高，水深和宽度大大增加，水流流速减缓，排污口上、下游附近污染物的移流扩散和污染混合区的空间分布特性多属于三维问题。另外，水库岸边附近是人们生产生活用水对水质要求较高的区域，因此，对水库岸边污染混合区允许范围的确定，是实施总量控制、确保功能目标实现的关键所在。如三峡库区岸边水域污染混合区控制标准确定原则是在不影响饮用水源区等高功能区的功能条件下，单个排污口的污染混合区最大允许范围分别用长度、宽度或面积作为控制指标来计算最大允许污染负荷量，然后进行合理性比较，最后确定单个污染混合区控制长度采用 100m，江段污染混合区控制长度采用江段总长度的 1/30[1-2]。针对长江水流几何边界复杂、地形多变、相应模拟河段水深流急等特点，陈永灿等[3-4]、江春波等[5-6] 和刘昭伟等[7] 根据二维模型或分层三维有限元模型的计算结果确定三峡库区岸边污染混合区范围。虽然水质模型具有地形适应性强等特点，但不能直观地给出污染混合区范围和最大允许污染负荷与各参数之间的函数关系，给实际应用带来不便[1-3]。

鉴于梯形渠道和倾斜岸坡形成的角形域不仅在形态上更为接近天然河渠和水库截面的一半，而且在工程实际中有着广泛的应用，因此，许多学者利用理论解析、试验手段或数值模拟技术对其污染物的输移混合问题进行了广泛的研究。Holley 等[8] 研究了梯形渠道中的污染物岸边排放，并给出横断面水深的变化对浓度分布的影响；刘昭伟等[9] 定性分析了边坡倾角对梯形渠道中浓度分布的影响，并通过合理的假设建立了梯形渠道岸边排污浓度分布的计算公式；武周虎[10] 采用解析方法对水库倾斜岸坡地形，从移流扩散方程的

---

* 原文载于《水动力学研究与进展》，A 辑，2009，24（3），作者：武周虎。

简化三维解析解出发，推导了污染混合区范围以及最大允许污染负荷的理论公式；Guymer L[11] 在洪水漫滩条件下分析了河流中污染物的混合过程；Demetracopoulos A C et al.[12] 讨论了宽浅河流横向混合系数的计算方法；顾莉等[13] 采用示踪试验结果的优化方法求出河流污染物纵向离散系数；高学平等[14] 采用垂向二维水动力水质模型预测了引黄济津河道水质；陈永灿等[15] 利用一维和二维数值模型在事故排放条件下研究了梯形明渠中的污染物输移扩散规律。

本文在恒定连续点源条件下，从一维流动中三维扩散方程的解析解出发，对顺直倾斜岸大宽度深水水库污染混合区的三维解析计算方法进行探讨和理论求解，推导污染混合区长度、最大宽度与最大深度及相应纵向坐标和面积以及最大允许污染负荷量的解析计算公式，分析提出一维流动中三维扩散方程的简化条件，进行污染混合区解析结果分析与讨论。其成果可为相应水库污染混合区长度、宽度、深度和面积以及最大允许污染负荷量提供简便、快捷的理论公式，可为天然水库污染混合区的估算提供理论依据，也可以对水质模型计算和数据的分析整理起到理论指导作用。

1 污染混合区的解析计算

1.1 等浓度曲面方程

污染混合区是从水环境功能区管理的角度出发，针对排污产生的污染物超标区域提出来的概念，它是指由于排污而引起污染物超标水域的影响范围。基于一维流动中三维扩散方程 $U\dfrac{\partial C}{\partial x}=E_L\dfrac{\partial^2 C}{\partial x^2}+E_y\dfrac{\partial^2 C}{\partial y^2}+E_z\dfrac{\partial^2 C}{\partial z^2}$，对于横向和铅垂向扩散系数相等 $E_y=E_z=E$ 的情况，在恒定连续点源条件下的解析解[16]

$$C(x,y,z)=\dfrac{\beta m}{4\pi E r}\exp\left[-\dfrac{U}{2E_L}(r-x)\right] \tag{1}$$

式中：$r=\sqrt{x^2+(y^2+z^2)\dfrac{E_L}{E}}$，$x$ 为沿流向的纵向坐标；y、z 为垂直于 x 的横向和铅垂向坐标，坐标原点取在水面排污点；其中在 yoz 平面的矢径为 $r_{yz}=\sqrt{y^2+z^2}$，极角为 φ；m 为单位时间的排污强度；U 为平均流速；E_L、E 为纵向扩散系数和横向或铅垂向扩散系数；β 为角域映射系数，在不计边界吸收和水面释放作用的条件下取决于岸坡倾角、地形等特征。

由式（1）可以得到 $\dfrac{\partial C}{\partial \varphi}=0$，即在 $x=$ 常数的水库横断面全域上，各向同性扩散的污染物等浓度线为圆，污染物只在径向上扩散，水面和倾斜岸（法向）均满足浓度梯度和扩散通量为零的物面条件。因此，对于顺直倾斜岸大宽度深水水库，当岸坡线与水平线之间的夹角为 θ，在角形域顶点与或全域原点等排放强度条件下考虑角形域边界倾斜岸和水面全反射时，不计非排放库岸反射的角域映射系数 $\beta=360°/\theta$；对中心水面排放仅考虑水面全反射时 $\beta=2$[10]。

根据式（1）污染物浓度分布的衰减特征，令水库排污引起的允许浓度升高值 C_a 与背景浓度 C_b 叠加等于水环境功能区所执行的浓度标准值 C_s，即 $C_a+C_b=C_s$，则该等浓度曲面所包围区域为污染混合区。由此可以得出，污染混合区与背景浓度有关，它既反映排污引起的污染物超标范围大小，又反映其污染程度。令等标污染负荷 $P=\dfrac{m}{C_a}=\dfrac{qC_0}{C_a}$，式中 q 为排污流量，C_0 为排污浓度。则由式（1）可知，污染混合区外边界等浓度（C_a）曲面方程为

$$r=\frac{\beta P}{4\pi E}\exp\left[-\frac{U}{2E_L}(r-x)\right] \tag{2}$$

岸边排放计算的定义域为：$-\infty<x<\infty$，$y\geqslant0$，$\tan(\theta)y\geqslant z\geqslant0$，或 $-\infty<x<\infty$，$r_{yz}\geqslant0$，$\theta\geqslant\varphi\geqslant0$，不计对岸反射。

中心排放计算的定义域为：$-\infty<x<\infty$，$-\infty<y<\infty$，$z\geqslant0$，或 $-\infty<x<\infty$，$r_{yz}\geqslant0$，$\pi\geqslant\varphi\geqslant0$，不计岸边反射。

1.2 污染混合区长度

当 $y=0$、$z=0$ 时，由式（2）可以得到污染混合区的上游（$x<0$）长度 L_u 和下游（$x\geqslant0$）长度 L_d 分别为

$$L_u=\frac{\beta P}{4\pi E}\exp\left(-\frac{UL_u}{E_L}\right) \tag{3}$$

$$L_d=\frac{\beta P}{4\pi E} \tag{4}$$

式（3）与式（4）两边同除得到污染混合区上、下游长度的比值为

$$\frac{L_u}{L_d}=\exp\left(-\frac{UL_u}{E_L}\right) \tag{5}$$

把污染混合区下游长度 $L_d=\dfrac{\beta P}{4\pi E}$ 作为特征长度，定义 $Pe=\dfrac{UL_d}{E_L}$ 为贝克来数[17]，表示纵向移流作用与纵向扩散作用的比值。则污染混合区量纲一下游长度 $L'_d\equiv1$，量纲一上游长度 L'_u 等于污染混合区上、下游长度的比值。式（5）变为

$$L'_u=\exp\left(-\frac{UL_d}{E_L}L'_u\right)=\exp(-PeL'_u) \tag{6}$$

或

$$Pe=-\frac{\ln(L'_u)}{L'_u} \tag{7}$$

由式（7）试算点绘污染混合区量纲一上游长度与贝克来数的关系曲线参见图1。由图1可以看出，岸边污染混合区量纲一上游长度随贝克来数的增大而迅速减小，说明纵向移流作用与纵向扩散作用的比值越大，污染混合区量纲一上游长度越小。

污染混合区量纲一总长度 L'_s 等于上、下游长度之和，即为

$$L'_s=L'_d+L'_u=1+L'_u \tag{8}$$

1.3 污染混合区断面形状分析

在 $x=$ 常数的断面上，由式（2）得到污染混合区外边界等浓度曲线的量纲一方程为

$$r'=\exp\left[-\frac{Pe}{2}(r'-x')\right] \tag{9}$$

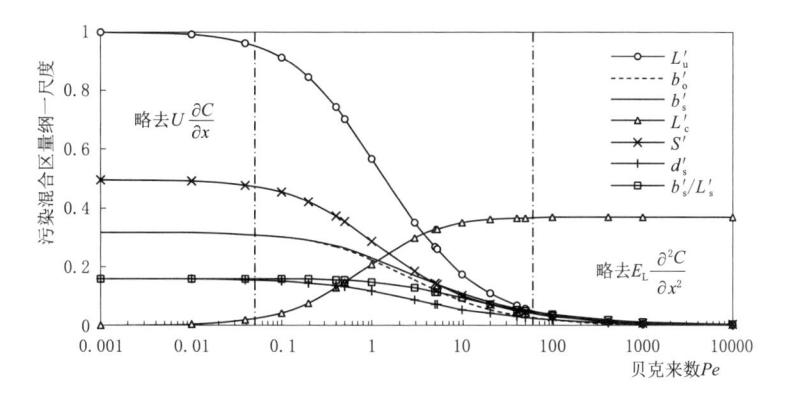

图 1 岸边污染混合区量纲一尺度与贝克来数的关系

或

$$Pe = -2\frac{\ln(r')}{r'-x'} \tag{10}$$

式中：$r' = \sqrt{x'^2 + \dfrac{r_{yz}'^2}{\lambda}}$，$r_{yz}' = \dfrac{r_{yz}}{L_d}$，$x' = \dfrac{x}{L_d}$，$y' = \dfrac{y}{L_d}$，$z' = \dfrac{z}{L_d}$，$\lambda = \dfrac{E}{E_L}$。

由式（9）可以得到当贝克来数为 $Pe=$ 常数时，在 $x'=$ 常数的断面上污染混合区外边界等浓度曲线量纲一方程为 $r_{yz}'=$ 常数，即该污染混合区外边界等浓度曲线为圆方程中心角 θ 对应的弧长段。对于 $Pe=1$ 和 $Pe=3$ 的情况，当 $x'=0.1$ 时由式（9）试算分别得到 $r_1'=0.730$ 和 $r_2'=0.527$。当 $\lambda=0.1$（下同）时相应的有 $r_{yz1}'=0.229$ 和 $r_{yz2}'=0.164$，图 2 给出了岸边排污口下游 $x'=0.1$ 处断面上污染混合区范围。对于中心排放污染混合区为 y 轴（水面）下方的半圆形。

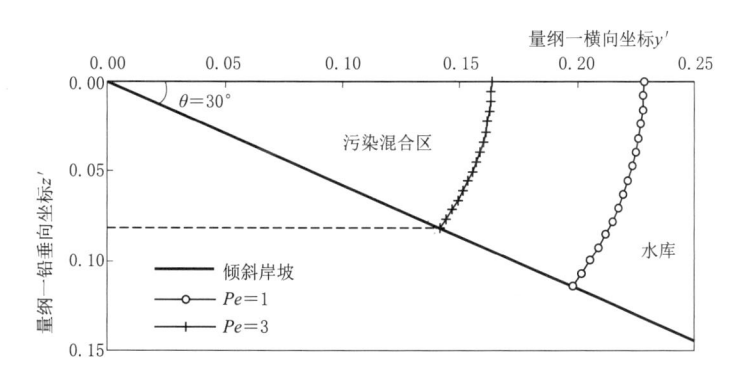

图 2 岸边排污口下游 $x'=0.1$ 处断面上污染混合区量纲一范围

由图 2 可以看出，贝克来数越大，污染混合区量纲一范围越小，即移流作用比纵向扩散作用更容易使污染物得到稀释。由图 2 还可以看出，按恒定连续点源的一维流动中三维扩散计算，污染混合区随水深的增加而出现在表层水体中，污染物浓度并不能在铅垂线上达到均匀混合。在实际应用中，当岸边排污强度较大时，污染混合区范围会扩散到水库的深水区，应选用一维流动中三维扩散的解析解计算；当岸边排污强度较小时，污染混合区范围较小只是在岸边浅水区扩散，污染物浓度在铅垂线上基本达到均匀混合，可选用二维移流扩散的解析解计算[18]。

1.4 污染混合区水面形状、宽度与面积

在 $z=0$ 的水面上，由式（9）、式（10）得到污染混合区外边界等浓度曲线量纲一方程为

$$r'_{xy} = \exp\left[-\frac{Pe}{2}(r'_{xy} - x')\right] \tag{11}$$

或

$$x' = r'_{xy} + 2\frac{\ln(r'_{xy})}{Pe} \tag{12}$$

其中在 xoy 平面的矢径为：$r'_{xy} = \sqrt{x'^2 + \frac{y'^2}{\lambda}}$，则 $y' = \sqrt{\lambda}\sqrt{r'^2_{xy} - x'^2}$。

对于不同的贝克来数，以此可计算并绘制 $z=0$ 平面上的一系列污染混合区外边界等浓度曲线参见图 3。对于中心排放污染混合区在 x 轴两侧为对称图形。

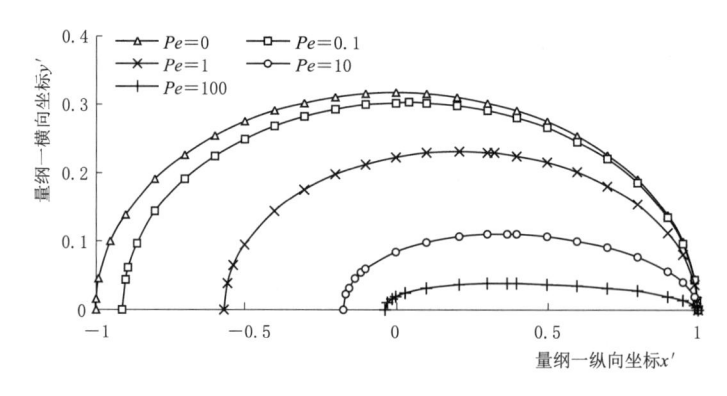

图 3　不同贝克来数 $z=0$ 水面上岸边污染混合区量纲一宽度分布

由图 3 可以看出，贝克来数对污染混合区的形状、范围大小起着至关重要的作用，贝克来数越大，污染混合区量纲一尺度越小，最后在排污口下游拉成细长带状。

当 $z=0$ 时，令 $x=0$ 由式（11）得到污染混合区量纲一宽度 b'_0 为

$$b'_0 = \sqrt{\lambda}\exp\left(-\frac{Peb'_0}{2\sqrt{\lambda}}\right) \tag{13}$$

或

$$Pe = -2\frac{\sqrt{\lambda}}{b'_0}\ln\left(\frac{b'_0}{\sqrt{\lambda}}\right) \tag{14}$$

由式（14）计算点绘污染混合区在 $x=0$ 处的量纲一宽度 b'_0 与贝克来数的关系曲线参见图 1。对于中心排放污染混合区在 $x=0$ 处的量纲一宽度为 $2b'_0$。

式（11）两边对 x' 求导，令 $\frac{dy'}{dx'} = 0$，可以求得 $z=0$ 的水面上污染混合区量纲一最大宽度 b'_s 和相应纵向坐标 L'_c 的计算公式，推导结果如下：

$$L'_c = 2\exp\left[-\frac{Pe}{4}\left(\sqrt{L'^2_c + \frac{8L'_c}{Pe}} - L'_c\right)\right] - \sqrt{L'^2_c + \frac{8L'_c}{Pe}} \tag{15}$$

在这里

$$r'_c = \sqrt{L'^2_c + \frac{1}{\lambda}b'^2_s} = \frac{1}{2}\left(L'_c + \sqrt{L'^2_c + \frac{8L'_c}{Pe}}\right) \tag{16}$$

$$b'_s = \sqrt{\lambda}\sqrt{r'^2_c - L'^2_c} \tag{17}$$

量纲一最大宽度的计算步骤为：给定贝克来数和 L'_c（$0 \leqslant L'_c < e^{-1}$）[10] 的初值，由式 (15) 试算求 L'_c，再由式 (16) 计算 r'_c，最后由式 (17) 计算 b'_s。污染混合区量纲一最大宽度 b'_s 和相应纵向坐标 L'_c 与贝克来数的关系参见图 1。对于中心排放污染混合区量纲一最大宽度为 $2b'_s$。

由于在 $z=0$ 的水面上，污染混合区外边界等浓度曲线量纲一方程式 (11) 是一个隐函数关系，直接采用积分求解不同贝克来数时的污染混合区面积有一定困难。由式 (11) 可知当贝克来数 $Pe=0$ 时，污染混合区外边界等浓度曲线量纲一方程是一个标准椭圆方程 $r'_{xy}=1$ 或 $x'^2 + \frac{y'^2}{\lambda} = 1$，则有污染混合区量纲一面积计算公式为

$$S' = \frac{\pi}{4}L'_s b'_s = 0.7854 L'_s b'_s \tag{18}$$

由文献 [10] 可知，当贝克来数很大时，x 方向的纵向扩散作用可以忽略不计，此时污染混合区为近似椭圆，量纲一面积计算公式为

$$S' = \left(\frac{2}{3}\right)^{1.5}\frac{\sqrt{\pi e}}{2}L'_s b'_s = 0.7953 L'_s b'_s \tag{19}$$

由式 (18)、式 (19)、图 1 和图 3 分析认为，对于不同的贝克来数污染混合区均为近似椭圆，随着 Pe 增大该近似椭圆沿水流下游方向拉长，并且有随 L'_c 的增大或 L'_s、b'_s 的减小，污染混合区量纲一面积系数 μ 增大的变化规律。即量纲一面积计算公式可表示为

$$S' = \mu L'_s b'_s \tag{20}$$

其中量纲一面积系数的近似公式为

$$\mu = 0.7854 + 0.02704 L'_c \tag{21}$$

在式 (20) 中量纲一面积系数的变化范围很小，也可取平均值 0.7904 或最大值 0.7953 进行计算均能满足实际工程的精度要求，选取后者对于环境管理偏于安全。污染混合区量纲一面积与贝克来数的关系参见图 1。对于中心排放污染混合区量纲一面积为 $S' = \mu L'_s (2b'_s)$。

1.5 污染混合区最大深度

由图 2 可以看出，污染混合区最大深度出现在 $z = \tan(\theta)y$ 的倾斜岸上。根据污染混合区外边界等浓度三维曲面的近似椭球方程与 $z = \tan(\theta)y$ 的倾斜岸平面相交线分析可知，污染混合区量纲一最大深度 d'_s 相应纵向坐标与最大宽度相应纵向坐标 L'_c 相同。则由式 (9)、式 (10) 得到污染混合区外边界等浓度曲线（深度）的量纲一方程为

$$r'_c = \exp\left[-\frac{Pe}{2}(r'_c - L'_c)\right] \tag{22}$$

三、水环境问题简化计算的判别条件与分类准则

或

$$r'_c = L'_c - 2\frac{\ln(r'_c)}{Pe} \quad (23)$$

在这里：$r'_c = \sqrt{L'^2_c + \dfrac{\cos^2(\theta)b'^2_s + d'^2_s}{\lambda}}$。进一步导出污染混合区的量纲一最大深度计算公式为

$$d'_s = \sin(\theta)\sqrt{\lambda(r'^2_c - L'^2_c)} = \sin(\theta)b'_s \quad (24)$$

当岸坡线与水平线之间的夹角 $\theta = 30°$ 时，污染混合区量纲一最大深度与贝克来数的关系参见图1。对于水库中心排放污染混合区的解析计算，只需要在上述计算公式中令 $\theta = 180°$，即角域映射系数 $\beta = 2$，此时污染混合区最大宽度为 $2b_s$，最大深度出现在 $y=0$ 的铅垂面上，即在式（24）中取 $\sin\left(\dfrac{\theta}{2}\right) = 1$，则 $d'_s = b'_s$。

由图1和岸边污染混合区各量纲一尺度的计算公式可以得出，当贝克来数很大时，移流作用远大于纵向扩散作用，量纲一上游长度、最大宽度、最大深度和面积均随贝克来数的增大而减小。当 $Pe \rightarrow \infty$ 时，量纲一上游长度无限趋近于零。由文献[10]可知，当贝克来数很大时，量纲一最大宽度、最大深度和面积分别为：$b'_s = 2\sqrt{\dfrac{\lambda}{ePe}}$，$d'_s = \sin(\theta)b'_s$，$S' = 1.5906\sqrt{\dfrac{\lambda}{ePe}}$，最大宽度和深度相应的纵向坐标为 $L'_c \approx e^{-1}$。当贝克来数很小时，移流作用远小于纵向扩散作用，岸边污染混合区接近于标准椭圆形，污染混合区上、下游长度接近于相等 $L_u \approx L_d$；量纲一最大宽度为 $b'_s = \sqrt{\lambda}$；量纲一最大深度为 $d'_s = \sin(\theta)\sqrt{\lambda}$；量纲一面积为 $S' = \dfrac{\pi}{2}\sqrt{\lambda}$；最大宽度和深度相应的纵向坐标 $L'_c = 0$。

对岸边污染混合区形状的进一步分析表明，量纲一最大宽度与量纲一总长度的比值（即宽长比）随贝克来数的增大而减小，当 Pe 很小时，污染混合区宽长比为 $\dfrac{\sqrt{\lambda}}{2}$；当 Pe 很大时，污染混合区宽长比为 $2\sqrt{\dfrac{\lambda}{ePe}}$。对于中心排放当 Pe 很小时，污染混合区量纲一最大深度为 $d'_s = \sqrt{\lambda}$；当 Pe 很大时，污染混合区量纲一最大深度为 $d'_s = 2\sqrt{\dfrac{\lambda}{ePe}}$。

2 移流扩散方程的简化条件

引用文献[17]按污染物上、下游影响长度比值分类的临界条件：$\dfrac{L_u}{L_d} = 5\%$，$\dfrac{L_u}{L_d} = 95\%$。根据污染混合区上、下游影响长度的比值与贝克来数 Pe 的关系可以确定物质纵向输移的形式。由式（7）和图1可以得到：

(1) 当 $\dfrac{L_u}{L_d} \leqslant 5\%$，相应的 $Pe \geqslant 60$（相比于文献[19]中，$x \gg 2E_L/U$ 的简化条件，

更加全面系统和具有可操作性），可忽略纵向扩散作用按简化一维移流中二维扩散 $U\dfrac{\partial C}{\partial x}=E\left(\dfrac{\partial^2 C}{\partial y^2}+\dfrac{\partial^2 C}{\partial z^2}\right)$ 的三维问题处理，其污染混合区采用本文方法中贝克来数很大的情况或文献[10]提出的方法计算。

（2）当 $5\%<\dfrac{L_u}{L_d}\leqslant 95\%$，相应的 $0.05\leqslant Pe<60$，此时纵向移流和纵向扩散作用都比较重要，按一维移流中三维扩散 $U\dfrac{\partial C}{\partial x}=E_L\dfrac{\partial^2 C}{\partial x^2}+E\left(\dfrac{\partial^2 C}{\partial y^2}+\dfrac{\partial^2 C}{\partial z^2}\right)$ 的问题处理，其污染混合区采用本文提出的方法计算。

（3）当 $\dfrac{L_u}{L_d}>95\%$，相应的 $Pe<0.05$，可忽略纵向移流作用按三维扩散 $E_L\dfrac{\partial^2 C}{\partial x^2}+E\left(\dfrac{\partial^2 C}{\partial y^2}+\dfrac{\partial^2 C}{\partial z^2}\right)=0$ 问题处理，其污染混合区采用本文方法中贝克来数很小的情况计算，一般适用于水库坝前段排污量小的污染混合区计算。

3 结果分析与讨论

3.1 结果分析

本文对于污染混合区的解析计算结果给出了量纲一尺度及其曲线图，污染混合区的量纲一尺度主要取决于贝克来数 Pe，其次中量纲一最大宽度和面积还与横向（垂向）和纵向扩散系数的比值 λ 有关、量纲一最大深度还与 λ 和岸坡倾角 θ 有关。污染混合区各长度量等于 $L_d=\dfrac{\beta P}{4\pi E}$ 乘以相应的量纲一尺度，污染混合区的面积等于 L_d^2 乘以量纲一面积。因此，以 U、E_L 和 L_d 定义的贝克来数 $Pe=\dfrac{UL_d}{E_L}$ 具有反映排污口附近污染混合区中物质纵向输移现象的重要意义。

在这里贝克来数之所以能够作为一维流动中三维扩散方程的简化参数，是因为贝克来数的物理意义可表示为

$$Pe=\dfrac{UL_d}{E_L}=\dfrac{L_d^2}{E_L T_d}\sim\dfrac{L_d}{\sigma_L}=\dfrac{纵向移流尺度}{纵向离散尺度} \tag{25}$$

即当 Pe 很大时，纵向移流作用占主要地位；当 Pe 较小时，纵向扩散作用占主要地位。

将特征长度——污染混合区下游长度式（4）代入式（25）得到贝克来数的具体表达式为

$$Pe=\dfrac{\beta PU}{4\pi E_L E} \tag{26}$$

由式（26）可以进一步看出，贝克来数 Pe 不仅与 U、E_L 有关，而且还与 β、P 成正比，与 E 成反比。也就是说，即使在纵向流速和纵向扩散系数不变的情况下，对于不同的等标污染负荷（排污量/允许浓度升高值）、边界反射角域映射系数以及横向、铅垂向扩

散系数，排污口附近污染混合区中物质的纵向输移形式仍然会有很大的差别。在水库水文、水力条件和扩散参数以及排污强度 m 不变的情况下，贝克来数 Pe 与水环境功能区标准值或允许浓度升高值 C_a 成反比。也就是说，即使其他条件都不变，对于不同的水环境功能区标准值或允许浓度升高值 C_a，污染混合区的形状和尺度范围仍然会发生较大的变化。

需要说明的是在污染混合区范围的解析计算公式应用中，库水位或流量或糙率的变化都将引起流速、边界反射角域映射系数以及岸边混合扩散特性的变化。在实际应用中，对于宽阔水库可以根据流速、边界反射角域映射系数以及岸边混合扩散特性、污染混合区允许长度或面积或宽度，由本文给出的计算公式和试算方法及其曲线图计算最大等标污染负荷 P，再根据水质目标 C_s 与背景浓度 C_b 之差 C_a 计算最大允许污染负荷量 $G_0 = PC_a (= qC_0)$。

3.2 讨论

(1) 当 x 方向的移流作用远大于其扩散作用，即当 $U \frac{\partial C}{\partial x} \gg E_L \frac{\partial^2 C}{\partial x^2}$ 时，$E_L \frac{\partial^2 C}{\partial x^2}$ 项可以忽略，由式（1）得到 $C = \frac{\beta m}{4\pi E x} \exp\left[-\frac{U(y^2+z^2)}{4Ex}\right]$，其中 $\beta = 360°/\theta$。这一结果与文献 [9] 中 $h \to 0$ 的情况下的结果完全一致。

(2) 当 x 方向的移流作用远大于其扩散作用，贝克来数 $Pe \to \infty$。由式（3）和式（4）得到污染混合区的上、下游长度分别为 $L_u = 0$ 和 $L_d = \frac{\beta P}{4\pi E}$，则有污染混合区总长度 $L_s = \frac{\beta P}{4\pi E}$；由式（15）～式（17）得到污染混合区的最大宽度及相应纵向坐标分别为 $b_s = \sqrt{\frac{4EL_s}{eU}}$ 和 $L_c = \frac{L_s}{e}$；由式（24）得到污染混合区的最大深度为 $d_s = \sin(\theta)b_s$。这一结果与文献 [10] 中的条件和结果完全一致。

以上结果分析与讨论说明本文倾斜岸水库污染混合区的理论分析及简化条件是合理的。

4 结论

(1) 从一维流动中三维扩散方程的解析解出发，通过理论分析和讨论，给出了顺直倾斜岸大宽度深水水库污染混合区的三维解析计算方法和等浓度曲面方程，分析了污染混合区的断面和平面形状的变化规律。

(2) 提出了采用污染混合区下游长度 $L_d = \frac{\beta P}{4\pi E}$ 作为特征长度定义贝克来数 Pe，给出了倾斜岸水库污染混合区量纲一上、下游长度，最大宽度与最大深度及相应纵向坐标和面积的计算公式及其曲线图。

(3) 分析提出了一维流动中三维扩散方程定量化的简化条件。结果分析和讨论表明，在简化条件下本文计算公式与可对比理论解完全一致。

参考文献

[1] 黄真理，李玉梁，陈永灿，等. 三峡水库水质预测和环境容量计算 [M]. 北京：中国水利水电出版社，2006.

[2] 廖文根，李锦秀，彭静. 水体纳污能力量化问题探讨 [J]. 中国水利水电科学研究院学报，2003，1 (3)：211-215.

[3] 陈永灿，刘昭伟，李闯. 三峡库区岸边污染混合区数值模拟与分析 [C] //刘树坤，等. 中国水力学 2000，成都：四川大学出版社，2000：501-508.

[4] 陈永灿，申满斌，刘昭伟. 三峡库区城市排污口附近污染混合区的特性 [J]. 清华大学学报：自然科学版，2004，44 (9)：1223-1226.

[5] 江春波，李凯，李苹，等. 长江三峡库区污染混合区的有限元模拟 [J]. 清华大学学报：自然科学版，2004，44 (6)：808-811.

[6] 江春波，张黎明，陈立秋. 长江涪陵段污染物混合区并行数值模拟 [J]. 水力发电学报，2005，24 (3)：83-87，82.

[7] 刘昭伟，陈永灿，付健，等. 三峡水库岸边排污的特性及数值模拟研究 [J]. 力学与实践，2006，28 (1)：1-6.

[8] HOLLEY E R, SIEMOUS J, ABRAHAM G. Some aspects of analyzing transverse diffusion in rivers [J]. Journal of Hydraulic Research，1972，10 (1)：27-57.

[9] 刘昭伟，陈永灿，王智勇，等. 梯形渠道岸边排污浓度分布的理论分析 [J]. 环境科学学报，2007，27 (2)：332-336.

[10] 武周虎. 水库倾斜岸坡地形污染混合区的三维解析计算方法 [J]. 科技导报，2008，26 (18)：30-34.

[11] GUYMER L. Solute mixing from river outfalls during over-bank flood conditions [C] //Proceeding of the International Symposium on Environmental Hydraulics. HongKong：The University of HongKong，1991：447-452.

[12] DEMETRACOPOULOS A C, STEFAN H G. Transverse mixing in wide and shallow river：Case Study [J]. Journal of Environmental Engineering, ASCE，1983，109 (3)：685-697.

[13] 顾莉，华祖林，何伟，等. 河流污染物纵向离散系数确定的演算优化法 [J]. 水利学报，2007，38 (12)：1421-1425.

[14] 高学平，张晨，张亚，等. 引黄济津河道水质数值模拟与预测 [J]. 水动力学研究与进展，A辑，2007，22 (1)：36-43.

[15] 陈永灿，朱德军，刘昭伟. 事故排放污染物在梯形明渠中运动规律的数值研究 [C]. 中国环境与生态水力学，北京：中国水利水电出版社，2008：20-26.

[16] 张书农. 环境水力学 [M]. 南京：河海大学出版社，1988.

[17] 武周虎. 河流移流离散水质模型的简化和分类判别条件分析 [J]. 水利学报，2009，40 (1)：27-32.

[18] 武周虎，贾洪玉. 河流污染混合区的解析计算方法及算例分析 [J]. 水科学进展，2009，20 (64)：84-88.

[19] FISCHER H B, IMBERGER J, LIST E J, et al. Mixing in inland and coastal waters [M]. New York：Academic Press，1979.

3-09 有限时段源一维水质模型的求解及其简化条件[*]

摘　要：有限时段源一维水质模型的求解及其简化为按瞬时源处理的判别条件，对事故性排放污水的应急计算具有十分重要的意义。本文在等强度有限时段源条件下，采用变量替换和拉普拉斯变换方法，求解了河流污染物浓度分布的解析解。在不同的简化条件下，讨论了该解析解与可对比解析解的一致性。定义了排放数 $W_t = u^2 t_0 / D_x$，提出了有限时段源可以按瞬时源计算的临界时间 $t_k(W_t)$ 方程和简化判别条件：当移流扩散历时 $t < t_k$，按有限时段源的浓度分布公式计算；当移流扩散历时 $t \geq t_k$，按瞬时源的浓度分布公式计算。

关键词：环境水力学；有限时段源；瞬时源；河流水质模型；拉普拉斯变换；浓度分布；临界时间；简化判别条件

在《建设项目环境风险评价技术导则》（HJ 169—2016）[1] 中指出：有毒有害物质进入水环境的途径包括事故直接导致和事故处理处置过程间接导致，污染物进入水体的方式一般包括"瞬时源"和"有限时段源"。但在该导则中并未给出有限时段源一维水质模型的求解，对后者若排放数小时仍按瞬时源模型来处理，会给环境风险防范与应急工作带来不利影响。在以往的教科书[2-3] 和文献报道[4-6] 中，仅给出了瞬时源模型的解析解、稳态源模型的解析解和连续源模型浓度分布的积分形式。武周虎等[7-8] 在间隙性排放源条件下，给出了一维移流离散水质模型的解析解，适用于周期性间隙排放情况下沿程污染物浓度分布的计算；彭应登等[9] 给出的有限时段源（连续源）浓度积分公式被积函数中变量 t 未改为一系列瞬时源到计算时间的移流扩散历时（$t-\tau$），错误地对变量 t 求积分，因此，无法据此获得正确结果。

本文在等强度有限时段源条件下，从一维移流离散水质模型方程出发，采用变量替换和拉普拉斯变换的数学方法，求解河流污染物浓度分布的解析解，进行不同移流扩散历时"有限时段源"与"瞬时源"沿程污染物浓度分布的比较分析，给出有限时段源可以按瞬时源计算的简化判别条件，为建设项目水环境风险影响预测与评价以及增强《环境风险防范措施和环境风险应急预案》的可靠性，提供理论支持。

1　有限时段源的模型方程与求解条件

根据武周虎[10] 提出的基于环境扩散条件的河流宽度分类判别准则，对于窄小河流，如果河道顺直且可以概化为恒定均匀流，污水排入河流后很快在较短的时间（距离）内达到全断面均匀混合，河流中有毒有害物质的断面平均浓度可按一维纵向移流离散问题

---

[*] 原文载于《中国水利水电科学研究院学报》，2017，15 (5)，作者：武周虎。

处理。

如果污染物的排放不是一次性瞬时完成，而是排放持续一段时间 t_0 后完全停止，把这种污染源称为"有限时段源"。将排污口断面设为坐标原点 O，沿河流流向的纵向坐标为 x。设初始时间 $t=0$ 在 x 轴上的有毒有害物质浓度为零，背景浓度暂不计入。当时间 $0<t\leqslant t_0$ 时，在 $x=0$ 处排放有毒有害物质的全断面均匀混合浓度 C_0 维持不变，当时间 $t>t_0$ 时，在 $x=0$ 处的排污停止，污染物浓度维持为零。采用一维移流离散水质模型方程[2]

$$\frac{\partial C}{\partial t}+u\frac{\partial C}{\partial x}=D_x\frac{\partial^2 C}{\partial x^2}-KC \tag{1}$$

式中：C 为污染物的浓度，mg/L；u 为平均流速；D_x 为纵向离散系数；K 为污染物的降解速率系数；t 为从开始排放计算的移流扩散历时（时间）。除浓度外，其他变量和参数均采用 m-s 单位制。

求解条件为：$C|_{t=0,\text{对一切}x}=0$，$C|_{0<t\leqslant t_0,x=0}=C_0$，$C|_{t>t_0,x=0}=0$，$C|_{t>0,x=\pm L}=0$，其中 L 足够大。

2 有限时段源模型方程的求解过程

2.1 模型方程的变形处理

首先，进行第一次变量替换，令 $C(t,x)=\exp\left(\dfrac{ux}{2D_x}\right)Q(t,x)$[8]，给变换式两边分别对 t 和 x 求一阶偏导数，再对 x 求二阶偏导数，代入式（1）整理得到

$$\frac{\partial Q}{\partial t}=D_x\frac{\partial^2 Q}{\partial x^2}-\left(K+\frac{u^2}{4D_x}\right)Q=D_x\frac{\partial^2 Q}{\partial x^2}-K'Q \tag{2}$$

式中：$K'=K+\dfrac{u^2}{4D_x}$。求解条件相应变为：$Q|_{t=0,\text{对一切}x}=0$，$Q|_{0<t\leqslant t_0,x=0}=C_0$，$Q|_{t>t_0,x=0}=0$，$Q|_{t>0,x=\pm L}=0$。

其次，进行第二次变量替换，令 $Q(t,x)=e^{-K't}V(t,x)$，给变换式两边对 t 求一阶偏导数，对 x 求二阶偏导数，代入式（2）整理得到

$$\frac{\partial V}{\partial t}=D_x\frac{\partial^2 V}{\partial x^2} \tag{3}$$

求解条件相应变为：$V|_{t=0,\text{对一切}x}=0$，$V|_{0<t\leqslant t_0,x=0}=C_0 e^{K't}$，$V|_{t>t_0,x=0}=0$，$V|_{t>0,x=\pm L}=0$。

2.2 拉普拉斯变换及求解

对式（3）关于 t 取拉普拉斯变换，$0\leqslant t<\infty$。在 $t=0$ 和 $t=t_0$ 处均属于第一类间断点，满足拉普拉斯变换的存在条件[11]，将原函数和一阶偏导数的拉普拉斯变换分别记为

$$L[V(t,x)]=\int_0^\infty V(t,x)e^{-pt}\mathrm{d}t=F(p,x) \tag{4}$$

$$L\left[\frac{\partial V}{\partial t}\right]=pF(p,x)-V(0^+,x) \tag{5}$$

将式（4）和式（5）代入式（3）得到

$$\frac{\mathrm{d}^2 F(p,x)}{\mathrm{d}x^2} - \frac{1}{D_x}[pF(p,x) - V(0^+,x)] = 0 \tag{6}$$

将初始条件 $V|_{t=0,对一切x} = 0$ 代入式（6），则有

$$\frac{\mathrm{d}^2 F(p,x)}{\mathrm{d}x^2} - \frac{p}{D_x} F(p,x) = 0 \tag{7}$$

边界条件相应变为：当 $0 < t \leqslant t_0$ 时，$F(p,0) = L[C_0 \exp(K't)] = C_0/(p-K')$；当 $t > t_0$ 时，$F(p,0) = 0$；当 $t > 0$ 时，$F(p,\pm L) = 0$。不难得到，二阶常系数齐次线性常微分方程式（7）的通解为

$$F(p,x) = C_1 \exp\left(-\sqrt{\frac{p}{D_x}}x\right) + C_2 \exp\left(\sqrt{\frac{p}{D_x}}x\right) \tag{8}$$

式中：C_1、C_2 为积分常数。

根据给定边界条件，可得出方程式（8）中的积分常数 C_1 和 C_2。

对于排污口断面的下游河段 $x \geqslant 0$ 有：当 $0 < t \leqslant t_0$ 时，由 $F(p,0^+) = C_0/(p-K')$ 得到 $C_1 = C_0/(p-K')$，由 $F(p,+L) = 0$ 得到 $C_2 = 0$；当 $t > t_0$ 时，由 $F(p,0^+) = 0$ 得到 $C_1 = 0$，由 $F(p,+L) = 0$ 得到 $C_2 = 0$。则有

$$F(p,x) = \begin{cases} \dfrac{C_0}{p-K'} \exp\left(-\sqrt{\dfrac{p}{D_x}}x\right) & (0 < t \leqslant t_0) \\ 0 & (t > t_0) \end{cases} \quad (下游河段\ x \geqslant 0) \tag{9}$$

对于排污口断面的上游河段 $x < 0$ 有：当 $0 < t \leqslant t_0$ 时，由 $F(p,0^-) = C_0/(p-K')$ 得到 $C_2 = C_0/(p-K')$，由 $F(p,-L) = 0$ 得到 $C_1 = 0$；当 $t > t_0$ 时，由 $F(p,0^-) = 0$ 得到 $C_2 = 0$，由 $F(p,-L) = 0$ 得到 $C_1 = 0$。则有

$$F(p,x) = \begin{cases} \dfrac{C_0}{p-K'} \exp\left(\sqrt{\dfrac{p}{D_x}}x\right) & (0 < t \leqslant t_0) \\ 0 & (t > t_0) \end{cases} \quad (上游河段\ x < 0) \tag{10}$$

2.3 拉普拉斯逆变换

对式（9）和式（10）分别取拉普拉斯逆变换得到

$$V(t,x) = L^{-1}\left[\frac{C_0}{p-K'} \exp\left(-\sqrt{\frac{p}{D_x}}x\right)\right] = C_0 L^{-1}\left[\frac{1}{p-K'} \exp\left(-\sqrt{\frac{p}{D_x}}x\right)\right]$$
$$= C_0 g_1(t) * g_2(t) \quad (x \geqslant 0) \tag{11}$$

$$V(t,x) = L^{-1}\left[\frac{C_0}{p-K'} \exp\left(\sqrt{\frac{p}{D_x}}x\right)\right] = C_0 L^{-1}\left[\frac{1}{p-K'} \exp\left(-\sqrt{\frac{p}{D_x}}|x|\right)\right]$$
$$= C_0 g_1(t) * g_3(t) \quad (x < 0) \tag{12}$$

式中：$g_1(t) * g_2(t)$ 为函数 $g_1(t)$ 和 $g_2(t)$ 的卷积积分；$g_1(t) * g_3(t)$ 为函数 $g_1(t)$ 和 $g_3(t)$ 的卷积积分（这里的"*"为卷积符号）。

由拉普拉斯逆变换表查知[11]

$$g_1(t) = L^{-1}\left(\frac{1}{p-K'}\right) = \mathrm{e}^{K't}$$

$$g_2(t)=L^{-1}\left[\exp\left(-\sqrt{\frac{p}{D_x}}x\right)\right]=\frac{x}{2\sqrt{\pi D_x t^3}}\exp\left(-\frac{x^2}{4D_x t}\right)$$

$$g_3(t)=L^{-1}\left[\exp\left(-\sqrt{\frac{p}{D_x}}|x|\right)\right]=\frac{|x|}{2\sqrt{\pi D_x t^3}}\exp\left(-\frac{|x|^2}{4D_x t}\right)$$

对下游河段 $x\geqslant 0$，将 $g_1(t)$ 和 $g_2(t)$ 代入式（11），并应用卷积积分得到

$$V(t,x)=\frac{2C_0}{\sqrt{\pi}}\int_0^t e^{K'\tau}\exp\left[-\left(\frac{x}{2\sqrt{D_x(t-\tau)}}\right)^2\right]d\left(\frac{x}{2\sqrt{D_x(t-\tau)}}\right) \quad (0<t\leqslant t_0) \quad (13)$$

$$V(t,x)=\frac{2C_0}{\sqrt{\pi}}\int_0^{t_0} e^{K'\tau}\exp\left[-\left(\frac{x}{2\sqrt{D_x(t-\tau)}}\right)^2\right]d\left(\frac{x}{2\sqrt{D_x(t-\tau)}}\right) \quad (t>t_0) \quad (14)$$

令 $v=\frac{x}{2\sqrt{D_x(t-\tau)}}$，则有 $\tau=t-\frac{x^2}{4D_x v^2}$。那么，当 $\tau=0$ 时，$v=\frac{x}{2\sqrt{D_x t}}$；当 $\tau=t_0$ 时，$v=\frac{x}{2\sqrt{D_x(t-t_0)}}$；当 $\tau=t$ 时，$v=\infty$。代入式（13）整理得到

$$V(t,x)=\frac{2C_0}{\sqrt{\pi}}e^{K't}\int_{\frac{x}{2\sqrt{D_x t}}}^{\infty}\exp\left[-\left(\frac{K'x^2}{4D_x v^2}+v^2\right)\right]dv \quad (0<t\leqslant t_0) \quad (15)$$

根据积分公式 $\int\exp\left[-\left(\frac{a^2}{4v^2}+v^2\right)\right]dv=\frac{\sqrt{\pi}}{4}\left[e^a\operatorname{erf}\left(\frac{a}{2v}+v\right)-e^{-a}\operatorname{erf}\left(\frac{a}{2v}-v\right)\right]$，并注意到 $a=\sqrt{\frac{K'}{D_x}}x$。误差函数是一个奇函数，即 $\operatorname{erf}(-z)=-\operatorname{erf}(z)$，余误差函数 $\operatorname{erfc}(z)=1-\operatorname{erf}(z)$。式（15）变为

$$V(t,x)=\frac{C_0}{2}e^{K't}\left[e^a\operatorname{erf}\left(\frac{a}{2v}+v\right)-e^{-a}\operatorname{erf}\left(\frac{a}{2v}-v\right)\right]\bigg|_{\frac{x}{2\sqrt{D_x t}}}^{\infty}$$

$$=\frac{C_0}{2}e^{K't}\left\{\exp\left(\sqrt{\frac{K'}{D_x}}x\right)\left[1-\operatorname{erf}\left(\sqrt{K't}+\frac{x}{2\sqrt{D_x t}}\right)\right]+\right.$$

$$\left.\exp\left(-\sqrt{\frac{K'}{D_x}}x\right)\left[1+\operatorname{erf}\left(\sqrt{K't}-\frac{x}{2\sqrt{D_x t}}\right)\right]\right\}$$

$$=\frac{C_0}{2}e^{K't}\left[\exp\left(-\sqrt{\frac{K'}{D_x}}x\right)\operatorname{erfc}\left(\frac{x}{2\sqrt{D_x t}}-\sqrt{K't}\right)+\right.$$

$$\left.\exp\left(\sqrt{\frac{K'}{D_x}}x\right)\operatorname{erfc}\left(\frac{x}{2\sqrt{D_x t}}+\sqrt{K't}\right)\right] \quad (0<t\leqslant t_0) \quad (16)$$

同理，式（14）变为

$$V(t,x)=\frac{C_0}{2}e^{K't}\left\{\exp\left(-\sqrt{\frac{K'}{D_x}}x\right)\left[\operatorname{erfc}\left(\frac{x}{2\sqrt{D_x t}}-\sqrt{K't}\right)-\operatorname{erfc}\left(\frac{x}{2\sqrt{D_x(t-t_0)}}-\sqrt{K'(t-t_0)}\right)\right]+\right.$$

$$\left.\exp\left(\sqrt{\frac{K'}{D_x}}x\right)\left[\operatorname{erfc}\left(\frac{x}{2\sqrt{D_x t}}+\sqrt{K't}\right)-\operatorname{erfc}\left(\frac{x}{2\sqrt{D_x(t-t_0)}}+\sqrt{K'(t-t_0)}\right)\right]\right\}$$

$$(t>t_0) \quad (17)$$

对上游河段 $x<0$，将 $g_1(t)$ 和 $g_3(t)$ 代入式（12），并应用卷积积分得到

$$V(t,x) = \frac{2C_0}{\sqrt{\pi}} \int_0^t e^{K'\tau} \exp\left[-\left(\frac{|x|}{2\sqrt{D_x(t-\tau)}}\right)^2\right] d\left(\frac{|x|}{2\sqrt{D_x(t-\tau)}}\right) \quad (0 < t \leq t_0) \tag{18}$$

$$V(t,x) = \frac{2C_0}{\sqrt{\pi}} \int_0^{t_0} e^{K'\tau} \exp\left[-\left(\frac{|x|}{2\sqrt{D_x(t-\tau)}}\right)^2\right] d\left(\frac{|x|}{2\sqrt{D_x(t-\tau)}}\right) \quad (t > t_0) \tag{19}$$

当 $x<0$ 时，采用上述式（13）－式（17）类似的求解过程得到

$$V(t,x) = \frac{C_0}{2} e^{K't} \left[\exp\left(-\sqrt{\frac{K'}{D_x}}|x|\right) \mathrm{erfc}\left(\frac{|x|}{2\sqrt{D_x t}} - \sqrt{K't}\right) \right.$$
$$\left. + \exp\left(\sqrt{\frac{K'}{D_x}}|x|\right) \mathrm{erfc}\left(\frac{|x|}{2\sqrt{D_x t}} + \sqrt{K't}\right) \right] \quad (0 < t \leq t_0) \tag{20}$$

$$V(t,x) = \frac{C_0}{2} e^{K't} \left\{ \exp\left(-\sqrt{\frac{K'}{D_x}}|x|\right) \left[\mathrm{erfc}\left(\frac{|x|}{2\sqrt{D_x t}} - \sqrt{K't}\right) - \mathrm{erfc}\left(\frac{|x|}{2\sqrt{D_x(t-t_0)}} - \sqrt{K'(t-t_0)}\right)\right] \right.$$
$$\left. + \exp\left(\sqrt{\frac{K'}{D_x}}|x|\right) \left[\mathrm{erfc}\left(\frac{|x|}{2\sqrt{D_x t}} + \sqrt{K't}\right) - \mathrm{erfc}\left(\frac{|x|}{2\sqrt{D_x(t-t_0)}} + \sqrt{K'(t-t_0)}\right)\right] \right\}$$
$$(t > t_0) \tag{21}$$

2.4 浓度分布公式

按照 2.1 节中两次变量替换的逆序，对函数 $C(t,x)$ 进行还原计算。在有限时段源排放持续期间（$0<t\leq t_0$），由式（16）和式（20）分别还原化简得到如下公式：

下游河段 $x \geq 0$

$$C(t,x) = \frac{C_0}{2} \exp\left(\frac{ux}{2D_x}\right) \left[\exp\left(-\sqrt{\frac{K'}{D_x}}x\right) \mathrm{erfc}\left(\frac{x}{2\sqrt{D_x t}} - \sqrt{K't}\right) \right.$$
$$\left. + \exp\left(\sqrt{\frac{K'}{D_x}}x\right) \mathrm{erfc}\left(\frac{x}{2\sqrt{D_x t}} + \sqrt{K't}\right) \right] \tag{22}$$

或

$$C(t,x) = \frac{C_0}{2} \left[\exp\left(-\frac{(\alpha_1-1)ux}{2D_x}\right) \mathrm{erfc}\left(\frac{x}{2\sqrt{D_x t}} - \frac{\alpha_1 u}{2}\sqrt{\frac{t}{D_x}}\right) \right.$$
$$\left. + \exp\left(\frac{(\alpha_1+1)ux}{2D_x}\right) \mathrm{erfc}\left(\frac{x}{2\sqrt{D_x t}} + \frac{\alpha_1 u}{2}\sqrt{\frac{t}{D_x}}\right) \right] \tag{23}$$

上游河段 $x<0$

$$C(t,x) = \frac{C_0}{2} \exp\left(\frac{ux}{2D_x}\right) \left[\exp\left(-\sqrt{\frac{K'}{D_x}}|x|\right) \mathrm{erfc}\left(\frac{|x|}{2\sqrt{D_x t}} - \sqrt{K't}\right) \right.$$
$$\left. + \exp\left(\sqrt{\frac{K'}{D_x}}|x|\right) \mathrm{erfc}\left(\frac{|x|}{2\sqrt{D_x t}} + \sqrt{K't}\right) \right] \tag{24}$$

或

$$C(t,x) = \frac{C_0}{2} \left[\exp\left(-\frac{u(\alpha_1|x|-x)}{2D_x}\right) \mathrm{erfc}\left(\frac{|x|}{2\sqrt{D_x t}} - \frac{\alpha_1 u}{2}\sqrt{\frac{t}{D_x}}\right) \right.$$
$$\left. + \exp\left(\frac{u(\alpha_1|x|+x)}{2D_x}\right) \mathrm{erfc}\left(\frac{|x|}{2\sqrt{D_x t}} + \frac{\alpha_1 u}{2}\sqrt{\frac{t}{D_x}}\right) \right] \tag{25}$$

式中：$K'=K+\dfrac{u^2}{4D_x}$；$\alpha_1=\sqrt{1+\dfrac{4KD_x}{u^2}}=\sqrt{1+4\alpha}$；$\alpha=\dfrac{KD_x}{u^2}$，称为 O'Connor 数[6]。

式（22）～式（25）就是在有限时段源排放持续期间（$0<t\leqslant t_0$），排污口断面下游和上游河段一维水质模型方程污染物浓度分布的解析解。

在有限时段源排放停止后（$t>t_0$），由式（17）和式（21）分别还原化简得到如下公式：

下游河段 $x\geqslant 0$

$$C(t,x)=\frac{C_0}{2}\exp\left(\frac{ux}{2D_x}\right)\left\{\exp\left(-\sqrt{\frac{K'}{D_x}}x\right)\left[\mathrm{erfc}\left(\frac{x}{2\sqrt{D_xt}}-\sqrt{K't}\right)\right.\right.$$
$$\left.-\mathrm{erfc}\left(\frac{x}{2\sqrt{D_x(t-t_0)}}-\sqrt{K'(t-t_0)}\right)\right]$$
$$+\exp\left(\sqrt{\frac{K'}{D_x}}x\right)\left[\mathrm{erfc}\left(\frac{x}{2\sqrt{D_xt}}+\sqrt{K't}\right)\right.$$
$$\left.\left.-\mathrm{erfc}\left(\frac{x}{2\sqrt{D_x(t-t_0)}}+\sqrt{K'(t-t_0)}\right)\right]\right\} \tag{26}$$

或

$$C(t,x)=\frac{C_0}{2}\left\{\exp\left(-\frac{(\alpha_1-1)ux}{2D_x}\right)\left[\mathrm{erfc}\left(\frac{x}{2\sqrt{D_xt}}-\frac{\alpha_1 u}{2}\sqrt{\frac{t}{D_x}}\right)\right.\right.$$
$$\left.-\mathrm{erfc}\left(\frac{x}{2\sqrt{D_x(t-t_0)}}-\frac{\alpha_1 u}{2}\sqrt{\frac{t-t_0}{D_x}}\right)\right]$$
$$+\exp\left(\frac{(\alpha_1+1)ux}{2D_x}\right)\left[\mathrm{erfc}\left(\frac{x}{2\sqrt{D_xt}}+\frac{\alpha_1 u}{2}\sqrt{\frac{t}{D_x}}\right)\right.$$
$$\left.\left.-\mathrm{erfc}\left(\frac{x}{2\sqrt{D_x(t-t_0)}}+\frac{\alpha_1 u}{2}\sqrt{\frac{t-t_0}{D_x}}\right)\right]\right\} \tag{27}$$

上游河段 $x<0$

$$C(t,x)=\frac{C_0}{2}\exp\left(\frac{ux}{2D_x}\right)\left\{\exp\left(-\sqrt{\frac{K'}{D_x}}|x|\right)\left[\mathrm{erfc}\left(\frac{|x|}{2\sqrt{D_xt}}-\sqrt{K't}\right)\right.\right.$$
$$\left.-\mathrm{erfc}\left(\frac{|x|}{2\sqrt{D_x(t-t_0)}}-\sqrt{K'(t-t_0)}\right)\right]$$
$$\left.+\exp\left(\sqrt{\frac{K'}{D_x}}|x|\right)\left[\mathrm{erfc}\left(\frac{|x|}{2\sqrt{D_xt}}+\sqrt{K't}\right)-\mathrm{erfc}\left(\frac{|x|}{2\sqrt{D_x(t-t_0)}}+\sqrt{K'(t-t_0)}\right)\right]\right\} \tag{28}$$

或

$$C(t,x)=\frac{C_0}{2}\left\{\exp\left(-\frac{u(\alpha_1|x|-x)}{2D_x}\right)\left[\mathrm{erfc}\left(\frac{|x|}{2\sqrt{D_xt}}-\frac{\alpha_1 u}{2}\sqrt{\frac{t}{D_x}}\right)\right.\right.$$
$$\left.-\mathrm{erfc}\left(\frac{|x|}{2\sqrt{D_x(t-t_0)}}-\frac{\alpha_1 u}{2}\sqrt{\frac{t-t_0}{D_x}}\right)\right]$$

$$+ \exp\left(\frac{u(\alpha_1|x|+x)}{2D_x}\right)\left[\operatorname{erfc}\left(\frac{|x|}{2\sqrt{D_x t}}+\frac{\alpha_1 u}{2}\sqrt{\frac{t}{D_x}}\right)\right.$$

$$\left.-\operatorname{erfc}\left(\frac{|x|}{2\sqrt{D_x(t-t_0)}}+\frac{\alpha_1 u}{2}\sqrt{\frac{t-t_0}{D_x}}\right)\right]\right\} \tag{29}$$

式（26）～式（29）就是在有限时段源排放停止后（$t > t_0$），排污口断面下游和上游河段一维水质模型方程污染物浓度分布的解析解。

根据污染源排放强度 $W(g/s)$ 确定断面 $x=0$ 处污染物初始稀释混合浓度 C_0 的方法与文献［7］相同，计算公式为

$$C_0 = \frac{W}{Q_e} \Big/ \sqrt{1+\frac{4KD_x}{u^2}} = \frac{W}{Q_e\sqrt{1+4\alpha}} = \frac{W}{\alpha_1 Q_e} \tag{30}$$

式中：$Q_e = A_e u$ 为河流的环境设计流量[12]，$A_e = BH$ 为断面面积，B 为平均河宽，H 为平均水深。除排放强度和浓度外，其他变量和参数均采用 m-s 单位制。

注意到式（23）与式（25）以及式（27）与式（29）的结构形式对应相同，当 $x \geqslant 0$ 时 $|x| = x$，因此，可统一使用 $x < 0$ 的式（25）或式（29）计算上、下游河段的污染物浓度分布。

3 有限时段源浓度分布分析与讨论

3.1 浓度分布分析

（1）当 $u = 0$，$0 < t \leqslant t_0$ 时，式（22）变为

$$C(t,x) = \frac{C_0}{2}\left[\exp\left(-\sqrt{\frac{K}{D_x}}x\right)\operatorname{erfc}\left(\frac{x}{2\sqrt{D_x t}}-\sqrt{Kt}\right) + \exp\left(\sqrt{\frac{K}{D_x}}x\right)\operatorname{erfc}\left(\frac{x}{2\sqrt{D_x t}}+\sqrt{Kt}\right)\right] \tag{31}$$

式（31）与文献［13］静止水体中连续源一维离散水质模型方程在 $x \geqslant 0$ 时的解析解相同。连续源是指污染物的排放从时间 $t=0$ 开始持续进行，在浓度计算时间污染物的排放没有结束。因此，在有限时段源排放持续期间（$0 < t \leqslant t_0$）的浓度分布公式，同样适用于连续源模型方程在相同求解条件下的浓度分布计算。

（2）当 $u = 0$，$t \to t_0 \to \infty$ 时，式（22）和式（24）变为

$$C(x) = C_0 \exp\left(-\sqrt{\frac{K}{D_x}}|x|\right) \tag{32}$$

式（32）与文献［5］和《环境水力学》中一维稳态离散水质模型方程的解析解一致，有效浓度主要分布在 $|x| \leqslant 3\sqrt{\frac{D_x}{K}}$ 的一段，在此范围内 $C/C_0 \geqslant 0.05$。

（3）当 $K = 0$，$0 < t \leqslant t_0$ 时，式（22）变为

$$C(t,x) = \frac{C_0}{2}\left[\operatorname{erfc}\left(\frac{x-ut}{2\sqrt{D_x t}}\right) + \exp\left(\frac{ux}{D_x}\right)\operatorname{erfc}\left(\frac{x+ut}{2\sqrt{D_x t}}\right)\right] \tag{33}$$

式（33）与文献［13-14］连续源一维移流离散水质模型方程在 $x \geqslant 0$ 时的解析解相同。

(4) 当 $u=0$，$K=0$ 时，即有 $K'=0$，式（31）或式（26）变为

$$C(t,x)=\begin{cases}C_0\,\mathrm{erfc}\left(\dfrac{x}{2\sqrt{D_x t}}\right) & (0<t\leqslant t_0)\\ C_0\left[\mathrm{erfc}\left(\dfrac{x}{2\sqrt{D_x t}}\right)-\mathrm{erfc}\left(\dfrac{x}{2\sqrt{D_x(t-t_0)}}\right)\right] & (t>t_0)\end{cases} \quad (34)$$

式（34）与文献［13］类似问题的解析解形式相同。

(5) 当 $t\to t_0\to\infty$ 时，有限时段源一维水质模型转化为恒定连续源的一维移流离散问题，又称为稳态源模型，式（23）和式（25）变为

$$C(x)=\begin{cases}C_0\exp\left[\dfrac{ux}{2D_x}\left(1-\sqrt{1+\dfrac{4KD_x}{u^2}}\right)\right] & (x\geqslant 0)\\ C_0\exp\left[\dfrac{ux}{2D_x}\left(1+\sqrt{1+\dfrac{4KD_x}{u^2}}\right)\right] & (x<0)\end{cases} \quad (35)$$

式（35）与文献［5］和《环境水力学》中一维稳态移流离散水质模型方程的解析解一致。

通过在特定条件下，对本文污染物浓度分布公式的简化与可对比解析解的一致性分析，表明经过严格数学推导以不同形式给出的污染物浓度分布解析式（22）～式（29）的正确性。

3.2 浓度分布讨论

（1）略去有限时段源浓度分布公式（25）中第二项的条件。在有限时段源排放持续期间（$0<t\leqslant t_0$），对式（25）右边中括弧内 $[A+B]$ 两项的贡献率作比较分析，以便对公式（25）进行简化处理。改写式（25）有

$$C(t,x)=\dfrac{C_0}{2}\exp\left(\dfrac{ux}{2D_x}\right)[A+B] \quad (36)$$

式中：$A=\exp\left(-\dfrac{\alpha_1 u|x|}{2D_x}\right)\mathrm{erfc}\left(\dfrac{|x|}{2\sqrt{D_x t}}-\dfrac{\alpha_1 u}{2}\sqrt{\dfrac{t}{D_x}}\right)$，$B=\exp\left(\dfrac{\alpha_1 u|x|}{2D_x}\right)\times\mathrm{erfc}\left(\dfrac{|x|}{2\sqrt{D_x t}}+\dfrac{\alpha_1 u}{2}\sqrt{\dfrac{t}{D_x}}\right)$。

A、B 均为偶函数，只讨论 $x\geqslant 0$ 的情况。B/A 的表达式为

$$\dfrac{B}{A}=\dfrac{\exp\left(\dfrac{\alpha_1 ux}{2D_x}\right)\mathrm{erfc}\left(\dfrac{x}{2\sqrt{D_x t}}+\dfrac{\alpha_1 u}{2}\sqrt{\dfrac{t}{D_x}}\right)}{\exp\left(-\dfrac{\alpha_1 ux}{2D_x}\right)\mathrm{erfc}\left(\dfrac{x}{2\sqrt{D_x t}}-\dfrac{\alpha_1 u}{2}\sqrt{\dfrac{t}{D_x}}\right)} \quad (37)$$

在文献［14］对式（33）右边中括弧内两项的贡献率作比较分析时得到：当 $\xi=\dfrac{ut}{x}=1$ 时，出现函数式（33）的最大值；当 $\xi\to\infty$ 时，出现函数式（33）的最小值 $\to 0$。据此，假设 $t=\dfrac{x}{u}$ 进行分析。设定在式（25）中可略去 B 项的计算条件为 $B/A\leqslant 0.05$，并令

三、水环境问题简化计算的判别条件与分类准则

$P_x = \dfrac{ux}{D_x}$,注意到 $\alpha_1 = \sqrt{1+4\alpha} \geqslant 1$,式(37)变为

$$\frac{B}{A} = \frac{\exp\left(\dfrac{\alpha_1}{2}P_x\right)\operatorname{erfc}\left[\dfrac{1}{2}(1+\alpha_1)\sqrt{P_x}\right]}{\exp\left(-\dfrac{\alpha_1}{2}P_x\right)\operatorname{erfc}\left[\dfrac{1}{2}(1-\alpha_1)\sqrt{P_x}\right]} = f(\alpha, P_x) \leqslant 0.05 \quad (38)$$

依据式(38)的试算结果,绘制量纲一 $P_x(\alpha)$ 函数的半对数曲线,见图1。值得注意的是,在计算机标准函数库中,余误差函数 $\operatorname{erfc}(z)$ 只能取到 $z \geqslant 0$ 时的值,当自变量 $z < 0$ 时,使用余误差函数的性质 $\operatorname{erfc}(-z) = 2 - \operatorname{erfc}(z)$ 来计算。

由图1可知,在有限时段源浓度分布公式(25)中可略去 B 项的计算条件为

$$P_x = \frac{ux}{D_x} \geqslant 2.2\alpha^{-1.1} \quad (R^2 = 0.9996) \quad (39)$$

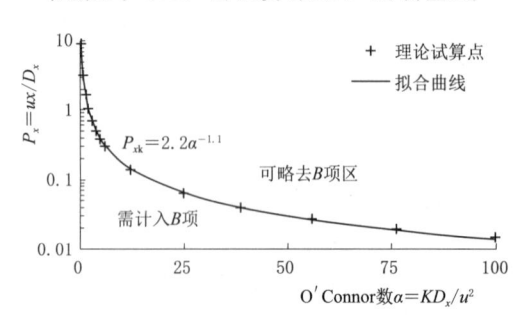

图1 在有限时段源浓度分布公式(25)中是否计入 B 项的计算分区

通常,在某计算河段的流速 u 和纵向离散系数 D_x 都为常数,当浓度计算点远离排污口时,式(39)很容易得到满足。即:除对小的 $|x|$ 外,B 项可以略去不计。同理可以推证,这一关系式仍然适用于对式(22)~式(29)的简化处理。

(2) 不考虑上游河段污染物浓度分布的条件。在有限时段源排放持续期间($0 < t \leqslant t_0$),污染物向排污断面上、下游移流离散的影响范围不断扩大,污染影响长度逐步增长。当 $t \to t_0 \to \infty$ 时,排污断面上、下游的污染物浓度分布逐渐达到稳定状态,其污染影响长度达到最大。

文献[5-6]给出的河流稳态移流离散水质模型的简化分类条件,可作为有限时段源排放持续期间,污染物是否向上游($x<0$)离散迁移、是否考虑上游河段污染物浓度分布的判据,对环境管理是偏于安全的。该判别条件为:当 O'Connor 数 $\alpha = \dfrac{KD_x}{u^2} \leqslant 0.027$ 和贝克来数 $Pe = \dfrac{uB}{D_x} \geqslant 1$ 时,移流作用占主导地位,天然河流的上中游河段大多属于此类情况,无须考虑排污断面上游的污染物浓度分布;在其他条件下,均需对排污断面上游的污染物浓度分布进行计算。

当有限时段源排放停止后($t > t_0$),对于 α 较大或者 α 较小且 $W_t \ll 1$ 的情况,离散作用相对较大,污染物对排污断面上游的污染影响将会持续一段时间,逐渐消失;但对其余情况,污染物对排污断面上游的污染影响会迅速消失。

4 算例与对比分析

4.1 有限时段源的算例分析

设有限时段源的排放持续时间 $t_0 = 1\text{h}$,排污断面 $x = 0$ 处的污染物初始稀释混合浓度

C_0 保持不变，河流的平均流速 $u=1.0\text{m/s}$，纵向离散系数 $D_x=30\text{m}^2/\text{s}$。则由式（25）和式（29）计算不同移流扩散历时 $t=0.5\text{h}$、1.5h、2.5h 和 3.5h 的沿程污染物浓度分布，见图2。在图2中，实线表示降解速率系数 $K=0$ 的保守物质，虚线表示降解速率系数 $K=0.26\text{d}^{-1}$ 的非保守物质。

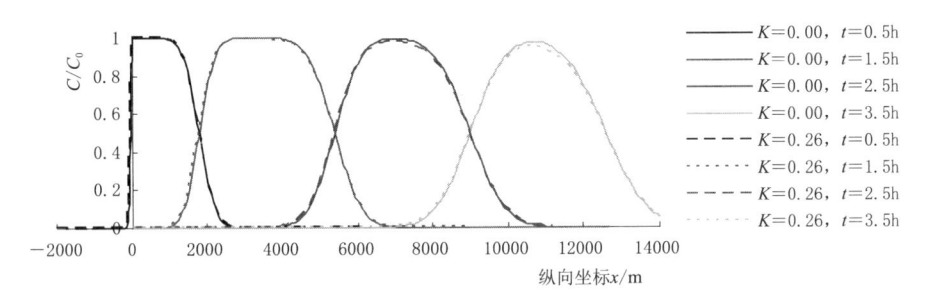

图 2 有限时段源不同移流扩散历时的沿程浓度分布

由图2看出，当 $0<t\leqslant t_0$ 时，有限时段源在 $x=0$ 断面产生的污染物浓度维持不变，在移流作用下，浓度分布曲线出现了水平段；在离散作用下，出现浓度分布曲线向上游 $x<0$ 的急剧衰减下降段和向水平段下游的衰减下降曲线。当 $t=t_0$ 时有限时段源排放结束，之后出现浓度分布曲线向排污断面下游的整体移动，中间近似平顶段，浓度最大值对应的纵向坐标小于有限时段源排放中间点的迁移距离，即 $x_{c1}<x_c=u(t-t_0/2)$，两侧分别呈现向上、下游的衰减下降曲线。当移流扩散历时继续增大，浓度分布曲线的中间平顶段逐渐消失，浓度最大值对应的纵向坐标很快趋于有限时段源排放中间点的迁移距离，即 $x_{c1}\to x_c$，出现向下游比向上游的浓度下降过程稍缓的偏态分布。当 $t\gg t_0$、x 较大时，浓度分布曲线趋于正态分布。图2还表明，由降解速率系数 K 引起的污染物衰减作用，使对应时间和空间点上的污染物浓度减小，当移流扩散历时越短，降解速率系数的作用越不明显，当移流扩散历时越长，高浓度减小的幅度稍大。

4.2 有限时段源与瞬时源浓度分布比较分析

瞬时源一维移流离散水质模型方程式（1）的解析解为[2-3]

$$C(t,x)=\frac{M_0}{A_e\sqrt{4\pi D_x t}}\exp\left[-\frac{(x-ut)^2}{4D_x t}-Kt\right] \tag{40}$$

式中：在 $x=0$ 断面 $t=0$ 时间突发瞬时源的污染物质量为 M_0，取其值等于有限时段源在排放持续期间的污染物总排放量 Wt_0，其他符号意义同前。

采用初始稀释混合浓度 C_0 的表达式（30）对式（40）中的污染物浓度作量纲一处理，整理得到

$$\frac{C(t,x)}{C_0}=\frac{\alpha_1 ut_0}{\sqrt{4\pi D_x t}}\exp\left[-\frac{(x-ut)^2}{4D_x t}-Kt\right] \tag{41}$$

为便于比较，取河流特性和排污等计算参数与4.1节中相同，对降解速率系数 $K=0$ 的保守物质进行分析。在瞬时源的突发时间 $t=0$ 条件下，图3给出了不同移流扩散历时有限时段源与瞬时源沿程污染物浓度分布比较。

由图3看出，由于瞬时源是在 $x=0$ 断面 $t=0$ 时间突发出现，而有限时段源才刚刚开

三、水环境问题简化计算的判别条件与分类准则

始排放，有限时段源在持续排放期间，瞬时源所产生的污染物沿程浓度分布，已逐渐离开起始排放断面出现在下游河段。由此看出，瞬时源产生的污染云质量中心（正态浓度分布的峰值点）与有限时段源产生的沿程浓度分布前沿同步，其污染云的质量中心提前有限时段源排放持续时间的一半 $t_0/2$ 到达下游河段同一位置，即瞬时源与有限时段源有个相位差。因此，在将有限时段源简化为瞬时源计算时，务必将瞬时源的突发时间移至有限时段源排放的中间时间 $t_0/2$ 进行计算。

将瞬时源的突发时间移至有限时段源排放的中间时间 $t_0/2$ 进行计算，式（41）变为

$$\frac{C(t,x)}{C_0} = \frac{\alpha_1 u t_0}{\sqrt{4\pi D_x(t-t_0/2)}} \exp\left\{-\frac{[x-u(t-t_0/2)]^2}{4D_x(t-t_0/2)} - K\left(t-\frac{t_0}{2}\right)\right\} \quad (42)$$

在瞬时源的突发时间 $t=t_0/2$ 条件下，图4给出了不同移流扩散历时有限时段源与瞬时源沿程污染物浓度分布比较；图5给出了瞬时源最大相对浓度（C_m/C_0）、有限时段源最大相对浓度（C_{m1}/C_0）和比值（C_m/C_{m1}）以及两者最大浓度相应位置的纵向坐标比值（x_{c1}/x_c）随时间的变化过程（下标"1"表示有限时段源的计算值，下同）。

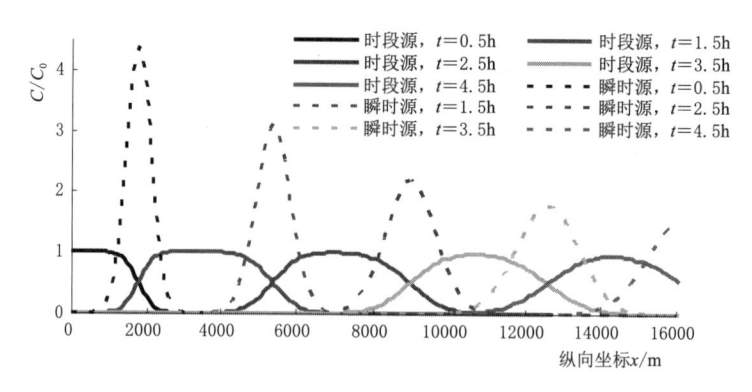

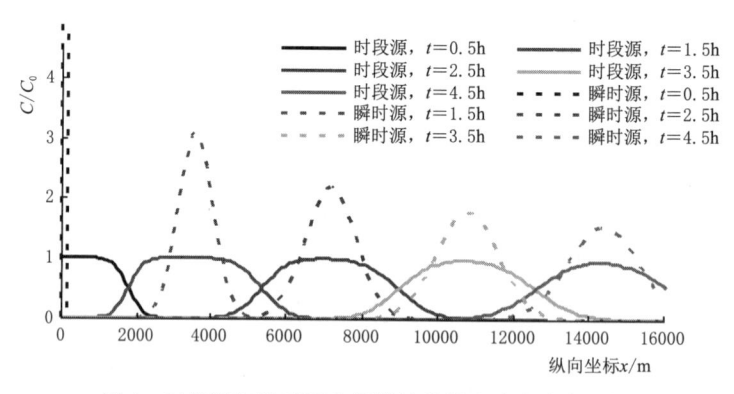

图4 时段源与瞬时源中间排放的沿程浓度分布比较

由图4和图5看出，由于瞬时源是在 $x=0$ 断面 $t=t_0/2$ 时间突发出现，因此，瞬时源产生的污染云质量中心与有限时段源产生的沿程浓度分布质量中心大致同步到达下游河段同一位置。但由于瞬时源是集中排放，污染云不容易离散开，当移流扩散历时较短，污染物最大浓度远超有限时段源。主要表现为瞬时源的沿程浓度分布曲线瘦高，污染物主要

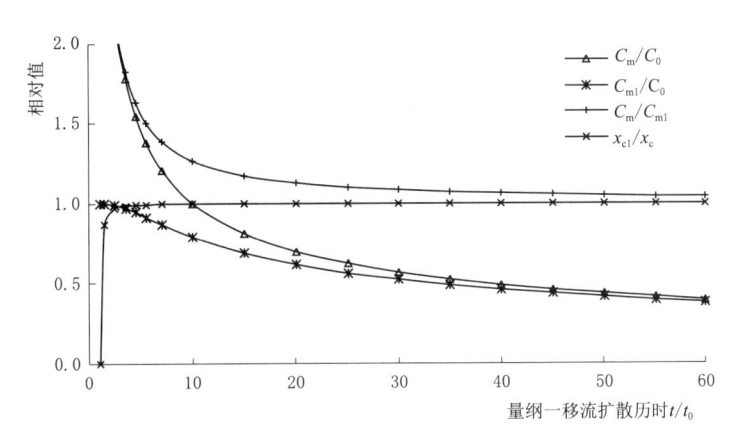

图 5 时段源与瞬时源最大浓度和相应位置比较

集中在最大值两侧附近，但瞬时源的污染物最大浓度沿程下降较快；而有限时段源的沿程浓度分布曲线扁平，浓度分布较宽，且污染物最大浓度沿程下降较缓慢，这种差别随着移流扩散历时的增长逐渐减小。对有限时段源与瞬时源的比较分析表明，在移流扩散历时 t 较短时，两者的沿程污染物浓度分布相差较大，有限时段源的最大浓度小于瞬时源，但时段源处于较高浓度的河段更长；在移流扩散历时 t 较长时，两者的沿程污染物浓度分布逐渐趋于一致。

由图 5 还看出，有限时段源与瞬时源最大浓度相应位置的纵向坐标比值（x_{c1}/x_c）很快趋于 1，说明有限时段源沿程浓度分布曲线的中间平顶段消失后，浓度最大值对应的纵向坐标很快趋于有限时段源排放中间点的迁移距离，即 $x_{c1} \to x_c = u(t-t_0/2)$。相比之下，瞬时源与有限时段源最大浓度比值（$C_m/C_{m1}$）趋于 1 的过程要缓慢得多，说明只有在移流扩散历时较长、两者预测的最大浓度接近时，才可以将有限时段源简化为按瞬时源计算。

5 有限时段源按瞬时源计算的简化条件

5.1 有限时段源与瞬时源计算临界点的定义

在突发污染事故持续排放一段时间 t_0 的情况下，若按瞬时源进行计算，在移流扩散历时较短时污染物的沿程浓度分布预测值偏离较大，但在移流扩散历时较长时两者的预测结果会逐渐接近。也就是说有限时段源与瞬时源的浓度最大值是一个渐近过程，据此定义：将按瞬时源与有限时段源进行计算的污染物最大浓度之比等于 1.05 的条件，作为可以简化为按瞬时源计算的临界时间 t_k 确定依据。即：当移流扩散历时 $t \geq t_k$ 时，污染物的沿程浓度分布可以按瞬时源的计算公式预测；否则，应按有限时段源的计算公式预测。下面讨论降解速率系数 $K=0$ 保守物质的临界时间 t_k 与排放持续时间 t_0 及其相关因子的关系。

由式（42）可知，瞬时源的污染物最大浓度为

$$C_m = \frac{ut_0 C_0}{\sqrt{4\pi D_x(t-t_0/2)}} \tag{43}$$

由图 4 看出，由于有限时段源排放结束的时间滞后，污染物浓度分布中间出现近似平

顶段，浓度最大值出现位置滞后，但当污染物浓度分布中间的平顶段很快消失时，有限时段源与瞬时源的浓度最大值出现位置很快趋于一致。即令 $x=x_c=u(t-t_0/2)$，代入式（26）整理得到有限时段源的污染物最大浓度为

$$C_{m1}=\frac{C_0}{2}\left\{\left[\text{erfc}\left(\frac{-ut_0}{4\sqrt{D_xt}}\right)-\text{erfc}\left(\frac{ut_0}{4\sqrt{D_x(t-t_0)}}\right)\right]+\right.$$
$$\left.\exp\left(\frac{u^2(2t-t_0)}{2D_x}\right)\left[\text{erfc}\left(\frac{u(4t-t_0)}{4\sqrt{D_xt}}\right)-\text{erfc}\left(\frac{u(4t-3t_0)}{4\sqrt{D_x(t-t_0)}}\right)\right]\right\} \quad (44)$$

再令移流扩散历时 $t=\zeta t_0$，代入式（43）和式（44）分别得到瞬时源和有限时段源的污染物最大浓度为

$$C_m=C_0\sqrt{\frac{W_t}{4\pi(\zeta-0.5)}} \quad (45)$$

$$C_{m1}=\frac{C_0}{2}\left\{1+\text{erf}\left(\frac{1}{4}\sqrt{\frac{W_t}{\zeta}}\right)-\text{erfc}\left(\frac{1}{4}\sqrt{\frac{W_t}{\zeta-1}}\right)+\right.$$
$$\left.\exp\left(\frac{2\zeta-1}{2}W_t\right)\left[\text{erfc}\left(\frac{4\zeta-1}{4}\sqrt{\frac{W_t}{\zeta}}\right)-\text{erfc}\left(\frac{4\zeta-3}{4}\sqrt{\frac{W_t}{\zeta-1}}\right)\right]\right\} \quad (46)$$

其中：量纲一数 $W_t=u^2t_0/D_x=us/D_x$（称为"排放数"），表示有限时段源在持续排放期间的污染物迁移传递与离散传递通量之比；$s=ut_0$ 为初始迁移长度。

5.2 有限时段源简化为瞬时源的判据

根据临界时间 t_k 的定义，令式（45）与式（46）的比值等于 1.05，则有

$$C_m/C_{m1}=f(W_t,\zeta_k)=1.05 \quad (47)$$

由式（47）的试算结果，绘制量纲一临界时间 ζ_k 与量纲一数 W_t 的关系曲线，见图 6。

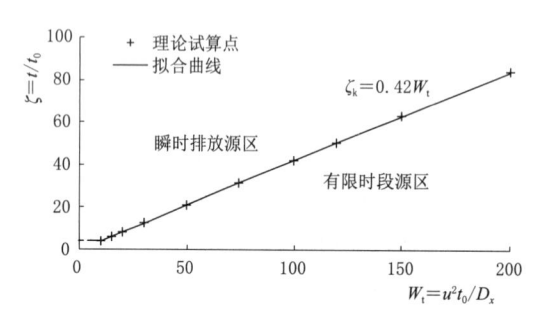

图 6 有限时段源与瞬时源的计算分区

当 $W_t>10$ 时，由图 6 中的理论试算点进行回归分析，得到有限时段源与瞬时源计算分区的量纲一临界时间方程为

$$\zeta_k=0.42W_t \quad (R^2=1) \quad (48)$$

由图 6 和式（48）可以看出，量纲一临界时间 ζ_k 与量纲一数 W_t 呈现良好的正比例关系。在河流平均流速和纵向离散系数不变的情况下，量纲一数 W_t 随排放持续时间 t_0 的增加而增加，量纲一临界时间 ζ_k 同步增加。即排放持续时间越长，量纲一临界时间越大，有限时段源简化为按瞬时源计算需要的临界时间越长，相应的污染云质量中心纵向坐标 $x_{ck}=u(t_k-t_0/2)$ 越远。

当 $W_t\leqslant 10$ 时，由于同一移流扩散历时，有限时段源与瞬时源的浓度最大值不在同一位置出现，式（44）和式（46）均不能代表有限时段源的污染物最大浓度值，而且两者预测结果的沿程浓度分布特征差别较为明显，所以，此时的有限时段源不能简化为按瞬时源

计算。在实际中，当量纲一数 W_t 较小，排放断面 $x=0$ 附近区域处于污染物的初始稀释混合阶段，一维移流离散水质模型很难准确预测，再者移流扩散历时 t 较短，或小于应急反应时间，所以，可无须进行水质预测。分析认为，可将 $W_t=10$ 时的量纲一临界时间 $\zeta_k=4.20$ 作为 $W_t \leqslant 10$ 时的计算分区依据。

综上，有限时段源可以按瞬时源计算的简化条件，即从开始排放计算的移流扩散历时（时间）必须满足 $t \geqslant t_k = \zeta_k t_0$，则有

$$\begin{cases} t \geqslant 0.42 W_t t_0 & (W_t > 10) \\ t \geqslant 4.20 t_0 & (W_t \leqslant 10) \end{cases} \tag{49}$$

将 W_t 代入式（49）化简得到有限时段源简化为瞬时源的判别条件为

$$\begin{cases} Wu \leqslant Wu_k = 0.77 & (W_t > 10) \\ t_0/t \leqslant 0.24 & (W_t \leqslant 10) \end{cases} \tag{50}$$

其中：量纲一数 $Wu = \dfrac{ut_0}{\sqrt{4D_x t}} = \dfrac{s}{\sqrt{2}\sigma_x}$（称为 Wu's 数），表示有限时段源在持续排放期间的初始迁移长度与 t 时间污染物浓度分布的特征长度（$L=\sqrt{2}\sigma_x$）之比。$\sigma_x=\sqrt{2D_x t}$ 为 t 时间污染物浓度分布的标准差，最大浓度两侧区间 $(x_c-\sqrt{2}\sigma_x/2,\ x_c+\sqrt{2}\sigma_x/2)$ 对应浓度分布曲线与 x 轴所围面积占总面积的比例为 52.05%；Wu_k 为判断瞬时源与有限时段源的临界 Wu's 数。

此时，相应的污染云质量中心纵向坐标 $x_c=u(t-t_0/2) \geqslant (\zeta_k-0.5)ut_0$，即

$$\begin{cases} x_c \geqslant (0.42W_t-0.50)ut_0 & (W_t>10) \\ x_c \geqslant 3.70 ut_0 & (W_t \leqslant 10) \end{cases} \tag{51}$$

5.3 分类临界状态的浓度分布比较及其标准差分析

在 4.1 节中算例的给定参数条件下，计算得到量纲一数 $W_t=u^2 t_0/D_x=120$，由式（48）得到临界时间 $t_k=50.40\,t_0=181440\mathrm{s}$，相应的污染云质量中心纵向坐标 $x_{ck}=179.64\mathrm{km}$。在降解速率系数 $K=0$ 和 $K=0.26\mathrm{d}^{-1}$ 条件下，图 7 和表 1 给出了在临界时间按有限时段源和瞬时源计算的沿程浓度分布及特性比较。

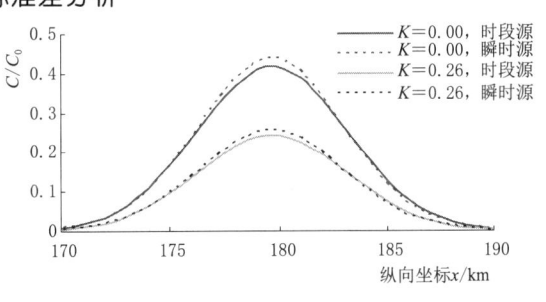

图 7 在临界时间按时段源与瞬时源计算的沿程浓度分布比较

表 1　在临界时间按时段源与瞬时源计算的沿程浓度分布特性比较

污染物降解速率系数 K/d^{-1}	浓度最大值及误差 时段源 C_{m1}/C_0	浓度最大值及误差 瞬时源 C_m/C_0	相对误差 /%	标准差及误差* 时段源 σ_{x1}/km	标准差及误差* 瞬时源 σ_x/km	相对误差 /%
0	0.417	0.437	5.0	3.442	3.283	-4.7
0.26	0.243	0.255	5.0	2.627	2.504	-4.7

* 浓度峰值点两侧对称区间分布宽度 $4\sigma_x$ 范围内的污染物质量占总排放量的 95.5%。

由图 7 和表 1 可知，当降解速率系数 $K=0$ 和 $K=0.26\text{d}^{-1}$ 时，在临界时间的有限时段源按瞬时源计算，其最大浓度和浓度分布标准差的相对误差绝对值均小于等于 5.0%。表明，在临界时间条件下，对降解速率系数 $K=0$ 和 $K=0.26\text{d}^{-1}$ 的情况，按瞬时源和有限时段源计算的沿程浓度分布曲线和特性均吻合良好。说明在降解速率系数 $K=0$ 保守物质条件下，给出的有限时段源可以按瞬时源计算的临界时间 $t_k(W_t)$ 方程和简化判别条件，同样适用于 $K\neq 0$ 的非保守物质。由图 5 可知，随着移流扩散历时的进一步增大，两者计算结果的相对误差将进一步减小，沿程浓度分布曲线和特性的吻合程度将进一步提高。

由此推论，在移流扩散历时 $t\geqslant t_k$，即有限时段源可以按瞬时源计算的情况下，可以通过实测河段的沿程污染物浓度分布或河段纵向坐标 $x(\geqslant x_c)$ 断面的污染物浓度过程线，按瞬时源的浓度分布公式反推，确定出该河段的纵向离散系数。

6 结论

（1）在等强度有限时段源条件下，给出了有限时段源排放持续期间和排放结束后，不同移流扩散历时河流沿程污染物浓度分布的解析解。分析表明，在不同简化条件下与可对比解析解完全一致。

（2）给出了在有限时段源浓度分布公式中，可略去第二项的计算条件与量纲一分区曲线，以及可略去上游河段污染物浓度分布的判别条件。

（3）定义了量纲一数 $W_t=u^2t_0/D_x$，提出了有限时段源可以按瞬时源计算的临界时间 $t_k(W_t)$ 方程和简化判别条件：当移流扩散历时 $t<t_k$，按有限时段源的浓度分布公式计算；当移流扩散历时 $t\geqslant t_k$，且将污染事故的突发时间移至排放持续时段的中间时间 $t_0/2$，方可按瞬时源的浓度分布公式计算。

（4）根据移流离散水质模型方程式（1）的线性特性，其解浓度分布符合叠加原理。因此，对变强度有限时段源可按时间坐标分成若干个排放时段单独计算，最后，按对应时间和空间进行浓度分布叠加计算。

参考文献

［1］ 中华人民共和国生态环境部. HJ 169—2016 建设项目环境风险评价技术导则［S］. 北京：中国环境科学出版社，2016.
［2］ 余常昭，马尔柯夫斯基，李玉梁. 水环境中污染物扩散输移原理与水质模型［M］. 北京：中国环境科学出版社，1989.
［3］ 张书农. 环境水力学［M］. 南京：河海大学出版社，1988.
［4］ 吴燮苏. 河流水质数学模型及其解［J］. 污染防治技术，1995，8（1）：23-26.
［5］ 武周虎. 河流移流离散水质模型的简化和分类判别条件分析［J］. 水利学报，2009，40（1）：27-32.
［6］ 武周虎. 对移流离散水质模型分类参数 Pe 中特征长度的修正［J］. 青岛理工大学学报，2015，36（4）：7-9，41.
［7］ 武周虎. 间隙性点源排放的一维移流离散［J］. 青岛大学学报：工程技术版，2000，15（1）：68-71.
［8］ WU Z H, QIAO H T. Advection and dispersion of substance discharged by intermittent point source in rivers［C］//Environmental Hydraulics and Sustainable Water Management, Vol. 1. London:

Taylor & Francis Group, 2005: 167-173.
- [9] 彭应登, 唐子华. 有限时段源模式在河流水质预测中的应用 [J]. 环境保护, 1990, 18 (2): 26-27.
- [10] 武周虎. 基于环境扩散条件的河流宽度分类判别准则 [J]. 水科学进展, 2012, 23 (1): 53-58.
- [11] 数学手册编写组. 数学手册 [M]. 北京: 高等教育出版社, 1979.
- [12] 武周虎, 祝帅举, 牟天瑜, 等. 水环境影响预测中计算参数的确定及敏感性分析 [J]. 人民长江, 2016, 47 (8): 1-6.
- [13] Li W H. Differential equations of hydraulic transients, dispersion and groundwater flow, Mathematical Methods in Water Resources [M]. Prentice Hall, Inc., 1972.
- [14] Akio Ogata, R B Banks. A Solution of the Differential Equation of Longitudinal Dispersion in Porous Media [R]. U. S. Geological Survey Professional Paper 411-A, U. S. Government Printing Office, Washington, D. C., 1961.

3–10 有限分布源与瞬时源浓度分布计算的分类准则[*]

摘 要：本文从一维、二维、三维起始有限分布源和瞬时平面源、线源、点源相应维度扩散浓度分布的解析解出发，通过对污染物浓度分布随扩散时间变化规律的分析与比较，提出了以起始有限分布源与相应维度瞬时源扩散的最大浓度相对误差 5.0% 作为分类临界点。定义了 Wu's 数 $Wu_x = \dfrac{2a}{\sqrt{4D_x t}}$、$Wu_y = \dfrac{2b}{\sqrt{4D_y t}}$ 和 $Wu_z = \dfrac{2d}{\sqrt{4D_z t}}$，分别给出了一维、二维、三维起始有限分布源与瞬时平面源、线源、点源分类的临界 Wu's 数 $Wu_{k1} = 0.77$，$Wu_{k2} = 0.55$，$Wu_{k3} = 0.44$，给出了起始有限分布源简化为瞬时平面源、线源、点源扩散的判别条件 $Wu_{\max} \leqslant Wu_{ki}$。其结果为水质模型的分类应用和水环境风险影响预测与评价，提供理论支持。

关键词：环境水力学；有限分布源；瞬时平面源；瞬时线源；瞬时点源；分类准则

有毒有害物质进入水环境的途径包括事故直接导致和事故处理处置过程的间接导致，污染物进入水体的排放方式一般包括"瞬时源""有限时段源"和"起始有限分布源"。在《环境水力学》[1-3]中，从瞬时平面源一维扩散浓度分布的解析解出发，依次得到了瞬时线源二维扩散和瞬时点源三维扩散浓度分布的解析解以及一维、二维、三维起始有限分布源相应的一维、二维、三维扩散浓度分布的解析解。

张江山[4-5]在瞬时点源条件下探讨了三维超标污染区域的几何特征及最大超标范围，并通过瞬时线源二维示踪实验给出了确定河流纵向离散系数和横向混合系数的线性回归法，但对瞬时点源和线源的适用条件未作讨论。武周虎[6]在求解了有限时段源一维水质模型方程解析解的基础上，提出了将"有限时段源"简化为"瞬时排放源"的判别条件，定义并给出了"量纲一数"的定量判据，解决了多年来困扰环境水力学学术界"瞬时源"排放时间的相对长短问题。但仍缺乏一维、二维、三维起始有限分布源与瞬时平面源、线源、点源的分类准则，给水环境影响预测计算公式的选择带来困难[7]。在数学上，平面源、线源和点源依次是没有厚度、粗细和大小的。但在污染物扩散计算中，通常需要假设在有限分布源的空间尺度相对于污染物扩散计算的空间尺度很小时，可近似按平面源或线源或点源来处理。尚缺乏定量的判据和误差控制范围，给教学过程和实际工作带来不便。

本文从一维、二维、三维起始有限分布源和瞬时平面源、线源、点源相应维度扩散浓度分布的解析解出发，通过相应维度扩散浓度分布及其特性分析与比较，提出一维、二维、三维起始有限分布源分别简化为瞬时平面源、线源、点源的临界条件，给出相应的污染源分类准则，为建设项目水环境风险影响预测与评价以及增强《环境风险防范措施和环

---

[*] 原文载于《中国水利水电科学研究院学报》，2018，16（1），作者：武周虎。

境风险应急预案》的可靠性，提供理论支持。

1 一维起始有限分布源与瞬时平面源的分类准则

1.1 一维扩散浓度分布分析与比较

设在一维无限长的清水环境中，有一段起始浓度均匀、分布长度为 $2a$ 的有限分布源。坐标原点 O 设在有限分布源的中心处，取 x 轴与一维水体的轴线平行，见图 1。

一维起始有限分布源扩散污染物的浓度分布为[1-2]

$$C(t,x) = \frac{C_0}{2}\left[\text{erf}\left(\frac{x+a}{\sqrt{4D_xt}}\right) - \text{erf}\left(\frac{x-a}{\sqrt{4D_xt}}\right)\right] \tag{1}$$

式中：$C(t,x)$ 为 t 时间 x 处的污染物浓度；C_0 为有限分布源的起始污染物浓度；D_x 为 x 方向的扩散系数。浓度单位为 mg/L，其他参数和自变量采用 m-s 单位制。

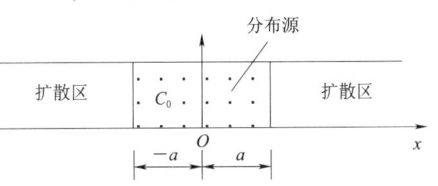

瞬时平面源一维扩散污染物的浓度分布为[1-2]

图 1 一维起始有限分布源示意

$$C(t,x) = \frac{M_0}{A\sqrt{4\pi D_xt}}\exp\left(-\frac{x^2}{4D_xt}\right) \tag{2}$$

式中：M_0 为 $t=0$ 时间 $x=0$ 处瞬时平面源的污染物总排放量；A 为一维水体的断面面积；其他符号意义同前。取 M_0 等于一维起始有限分布源的污染物总排放量（$=2aAC_0$），代入式（2）变为

$$C(t,x) = \frac{2aC_0}{\sqrt{4\pi D_xt}}\exp\left(-\frac{x^2}{4D_xt}\right) \tag{3}$$

为了便于分析与比较，对式（1）和式（3）作量纲一处理。令污染物的相对浓度 $C' = \frac{C}{C_0}$；量纲一纵向坐标 $x' = \frac{x}{2a}$。定义：量纲一数 $Wu_x = \frac{2a}{\sqrt{4D_xt}} = \frac{2a}{\sqrt{2}\sigma_x}$（即为 Wu's 数），对一维问题，$Wu = Wu_x$。表示起始有限分布源的长度 $2a$ 与 t 时间、x 方向浓度分布的特征长度（$\sqrt{2}\sigma_x$）比值。$\sigma_x = \sqrt{2D_xt}$ 为 t 时间浓度分布的标准差，最大浓度两侧区间（$-\sqrt{2}\sigma_x/2, \sqrt{2}\sigma_x/2$）对应浓度分布曲线与 x 轴所围面积占总面积的比例为 52.05%。

将以上量纲一参数代入式（1）整理得到一维起始有限分布源扩散的相对浓度分布为

$$C' = \frac{1}{2}\{\text{erf}[(x'+0.5)Wu] - \text{erf}[(x'-0.5)Wu]\} \tag{4}$$

将以上量纲一参数代入式（3）整理得到瞬时平面源一维扩散的相对浓度分布为

$$C' = \frac{Wu}{\sqrt{\pi}}\exp[-(Wux')^2] \tag{5}$$

在一维有限分布源的长度和扩散系数不变的条件下，量纲一数 Wu 仅与 $t^{-0.5}$ 成正比，即 Wu 随扩散时间的增大迅速减小。在污染源排放的初始时间 $t=0$，相应的 $Wu=\infty$。给定一系列量纲一数 Wu 分别为 5.0、2.0、1.0 和 0.5，由式（4）和式（5）分别计算一维

三、水环境问题简化计算的判别条件与分类准则

起始有限分布源与瞬时平面源一维扩散的相对浓度分布,点绘于图 2 进行比较。

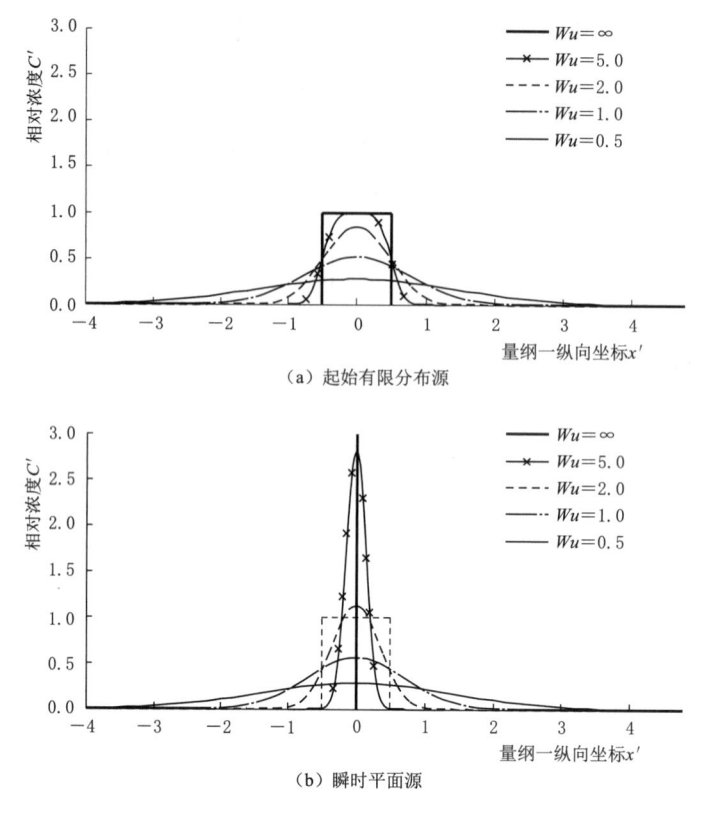

(a) 起始有限分布源

(b) 瞬时平面源

图 2 一维扩散的相对浓度分布比较

由图 2 (a) 看出,一维起始有限分布源的扩散受起始浓度分布长度的直接作用,在扩散时间较小、量纲一数 Wu 较大时,相对浓度分布呈矮胖型,中间出现平顶段,最大相对浓度等于 1;随着扩散时间的增大,量纲一数 Wu 迅速减小,浓度分布曲线的中间平顶段消失,最大相对浓度逐步下降,污染物的分布范围逐渐扩大。由图 2 (b) 看出,对污染物总排放量相同的瞬时平面源的一维扩散而言,在扩散时间较小、量纲一数 Wu 较大时,相对浓度分布呈瘦高型,最大相对浓度远大于 1,污染物主要集中在最大值附近;随着扩散时间的增大,量纲一数 Wu 迅速减小,最大相对浓度迅速下降,污染物的分布范围迅速扩大。

由图 2 (a) (b) 比较看出,随着扩散时间的进一步增大,当量纲一数 Wu 减小到小于 1 时,一维起始有限分布源与瞬时平面源一维扩散的最大相对浓度和相对浓度分布逐步趋于一致。

在文献 [8] 中,瞬时平面源一维扩散的浓度分布图和一维起始有限分布源扩散的浓度分布图,在扩散时间 t 较小时的分布曲线绘制明显错误;在有边界反射情况下的浓度分布,出现明显不满足边界条件的情况。

1.2 一维起始有限分布源简化为瞬时平面源的判据

将 $x'=0$ 代入式 (4) 得到扩散时间 t、相应量纲一数 Wu 条件下,一维起始有限分布

源扩散的最大相对浓度为

$$C'_{m1} = \text{erf}(0.5Wu) \tag{6}$$

将 $x'=0$ 代入式（5）得到扩散时间 t、相应量纲一数 Wu 条件下，瞬时平面源一维扩散的最大相对浓度为

$$C'_m = \frac{Wu}{\sqrt{\pi}} \tag{7}$$

由式（7）和式（6）得到扩散时间 t、相应量纲一数 Wu 条件下，瞬时平面源与起始有限分布源扩散的最大浓度比值为

$$\frac{C_m}{C_{m1}} = \frac{C'_m}{C'_{m1}} = f(Wu) = \frac{Wu}{\sqrt{\pi}\ \text{erf}(0.5Wu)} \tag{8}$$

由式（6）～式（8）看出，一维起始有限分布源与瞬时平面源一维扩散的最大相对浓度以及它们的比值，仅与量纲一数 Wu 有关，瞬时平面源一维扩散的最大相对浓度与 Wu 呈线性增长关系。图 3 给出了瞬时平面源一维扩散的最大相对浓度 C'_m、一维起始有限分布源扩散的最大相对浓度 C'_{m1} 以及它们的比值函数 $f(Wu)$ 与量纲一数 Wu 的变化关系。

由图 3 看出，一维起始有限分布源扩散的最大相对浓度 C'_{m1} 随 Wu 呈单调递增关系，其值在 $Wu>3$ 时很快趋近于极大值 1，而当 Wu 减小到小于 1 时，则

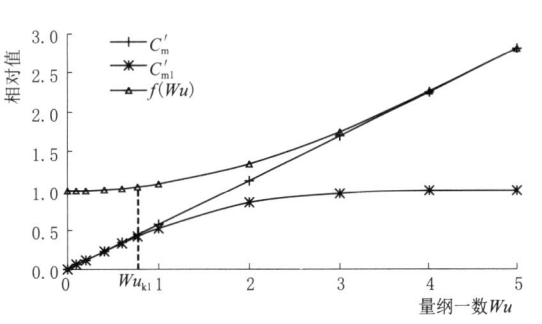

图 3 有限分布源、瞬时平面源的最大浓度及其比值与 Wu 的关系

以瞬时平面源一维扩散的最大相对浓度为渐近线。最大浓度的比值函数 $f(Wu)$ 随 Wu 呈单调递增关系，当 $Wu \to 0$ 时，$f(Wu) \to 1$。也就是说，当扩散时间较大、$Wu \to 0$ 时，一维起始有限分布源与瞬时平面源扩散的最大浓度值有一个渐近过程。

据此定义：将瞬时平面源与起始有限分布源扩散的最大浓度比值等于 1.05，作为一维起始有限分布源可以简化为瞬时平面源一维扩散的分类临界条件。由式（8）和图 3 不难得到，一维起始有限分布源与瞬时平面源扩散的量纲一临界判据为

$$Wu_{k1} = 0.77 \tag{9}$$

那么，一维起始有限分布源简化为瞬时平面源扩散的判别条件为

$$Wu \leqslant Wu_{k1} \tag{10}$$

或

$$t \geqslant 1.69 \frac{a^2}{D_x} \tag{11}$$

1.3 一维分类临界状态的浓度分布比较及其标准差分析

将量纲一临界判据 $Wu_{k1}=0.77$ 代入式（4）和式（5）分别计算一维起始有限分布源和瞬时平面源一维扩散的相对浓度分布，点绘于图 4。

由图 4 看出，在分类临界状态时，一维起始有限分布源与瞬时平面源扩散的相对浓度

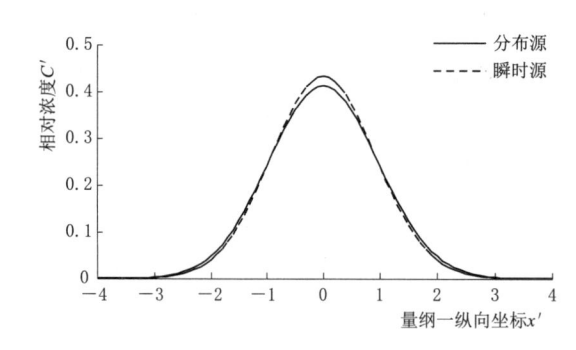

三、水环境问题简化计算的判别条件与分类准则

图 4 在临界状态时，有限分布源与瞬时平面源的浓度分布比较

分布特征、规律和变化趋势完全一致。前者分布源的最大相对浓度为 0.4139，后者瞬时源的最大相对浓度为 0.4344，两者的相对误差为 5.0%。瞬时平面源一维扩散相对浓度分布（正态分布）的标准差 $\sigma'_x = \dfrac{1}{\sqrt{2}Wu_{k1}} = \dfrac{1}{0.77\sqrt{2}} = 0.9183$；采用数值积分法计算一维起始有限分布源扩散相对浓度分布的标准差为 0.9639，两者标准差的相对误差为 −4.7%。说明采用瞬时平面源与起始有限分布源扩散最大浓度相对误差 5.0% 确定的分类临界条件，同时也满足两者浓度分布标准差的相对误差绝对值小于 5.0% 的要求。

根据浓度分布特性，峰值点两侧对称区间分布宽度 $4\sigma'_x$ 范围内的污染物质量占总排放量的 95.5%。因此，在临界状态时，污染物的分布宽度是一维起始有限分布源长度 $2a$ 的 $4\sigma'_x = 3.67$ 倍。由图 3 可知，随着扩散历时的进一步增大，量纲一数 Wu 不断减小，两者计算结果的相对误差将进一步减小，相对浓度分布曲线和特性的吻合程度将进一步提高。

2 二维起始有限分布源与瞬时线源的分类准则

2.1 二维扩散浓度分布分析

设在二维无限域清水环境中，有一起始浓度均匀、分布面积为长×宽＝$2a \times 2b$ 的有限分布源。坐标原点 O 设在有限分布源的中心点，取 x、y 轴分别与 $2a$ 长边和 $2b$ 宽边平行，见图 5。垂直于 xOy 平面为无限延伸或等水深"柱状源"或"线源"条件，下面按单位水深进行分析。

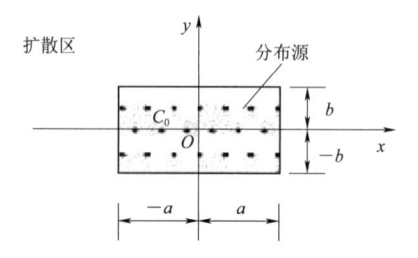

图 5 二维起始有限分布源示意

二维起始有限分布源扩散污染物的浓度分布为[1-2]

$$C(t,x,y) = \dfrac{C_0}{4}\left[\mathrm{erf}\left(\dfrac{x+a}{\sqrt{4D_x t}}\right) - \mathrm{erf}\left(\dfrac{x-a}{\sqrt{4D_x t}}\right)\right]\left[\mathrm{erf}\left(\dfrac{y+b}{\sqrt{4D_y t}}\right) - \mathrm{erf}\left(\dfrac{y-b}{\sqrt{4D_y t}}\right)\right] \quad (12)$$

式中：$C(t,x,y)$ 为 t 时间、(x,y) 点的污染物浓度；C_0 为有限分布源的起始污染物浓度；D_x、D_y 分别为 x、y 方向的扩散系数。

瞬时线源二维扩散污染物的浓度分布为[1-2]

$$C(t,x,y) = \dfrac{m_0}{\sqrt{4\pi D_x t}\sqrt{4\pi D_y t}}\exp\left(-\dfrac{x^2}{4D_x t} - \dfrac{y^2}{4D_y t}\right) \quad (13)$$

式中：m_0 为 $t=0$ 时间、$(x=y=0)$ 点单位水深上瞬时线源的污染物总排放量。取 m_0 等于二维起始有限分布源单位水深上的污染物总排放量 $(2a \times 2b)C_0$，代入式（13）变为

$$C(t,x,y)=\frac{(2a\times2b)C_0}{\sqrt{4\pi D_x t}\sqrt{4\pi D_y t}}\exp\left(-\frac{x^2}{4D_x t}-\frac{y^2}{4D_y t}\right) \tag{14}$$

令量纲一横向坐标 $y'=\dfrac{y}{2b}$；定义：量纲一数 $Wu_y=\dfrac{2b}{\sqrt{4D_y t}}=\dfrac{2b}{\sqrt{2}\sigma_y}$，表示起始有限分布源的宽度 $2b$ 与 t 时间、y 方向浓度分布的特征宽度 ($\sqrt{2}\sigma_y$) 比值，$\sigma_y=\sqrt{2D_y t}$ 为 t 时间、y 方向浓度分布的标准差，其他符号意义同前。

将以上量纲一参数代入式（12）整理得到二维起始有限分布源扩散的相对浓度分布为：

$$C'=\frac{1}{4}\{\operatorname{erf}[(x'+0.5)Wu_x]-\operatorname{erf}[(x'-0.5)Wu_x]\}\times$$
$$\{\operatorname{erf}[(y'+0.5)Wu_y]-\operatorname{erf}[(y'-0.5)Wu_y]\} \tag{15}$$

将以上量纲一参数代入式（14）整理得到瞬时线源二维扩散的相对浓度分布为

$$C'=\frac{Wu_x Wu_y}{\pi}\exp[-(Wu_x x')^2-(Wu_y y')^2] \tag{16}$$

在二维有限分布源的长度、宽度和扩散系数不变的条件下，量纲一数 Wu_x 和 Wu_y 仅与 $t^{-0.5}$ 成正比，即 Wu_x 和 Wu_y 随扩散时间的增大迅速减小。对不同的扩散时间 t，计算量纲一数 Wu_x 和 Wu_y，由式（15）和式（16）分别绘制 x、y 坐标轴上二维起始有限分布源与瞬时线源二维扩散的相对浓度分布曲线进行比较，其情况类似于图 2（a）与（b）的比较，分析从略。

2.2 二维起始有限分布源简化为瞬时线源的判据

将 $x'=y'=0$ 代入式（16）和式（15）分别得到扩散时间 t、相应量纲一数 Wu_x 和 Wu_y 条件下，瞬时线源与二维起始有限分布源扩散的最大相对浓度。两者相除，可以得到瞬时线源与二维起始有限分布源扩散的最大浓度比值为

$$\frac{C_m}{C_{m1}}=\frac{C'_m}{C'_{m1}}=\frac{Wu_x Wu_y}{\pi\operatorname{erf}(0.5Wu_x)\operatorname{erf}(0.5Wu_y)}=f(Wu_x)f(Wu_y) \tag{17}$$

由图 3 可知，函数 $f(Wu)$ 随 Wu 呈单调递增关系，当 $Wu\to 0$ 时，$f(Wu)\to 1$。为了获得瞬时线源与二维起始有限分布源扩散最大浓度相对误差 5% 的分类临界条件，假设

$$f(Wu_{k2})=\max\{f(Wu_x)f(Wu_y)\}=\sqrt{1.05}=1.025 \tag{18}$$

据此，由式（17）得到瞬时线源与二维起始有限分布源扩散的最大浓度比值为

$$\frac{C_m}{C_{m1}}=f(Wu_x)f(Wu_y)\leqslant 1.025\sim 1.051 \tag{19}$$

说明将满足式（18）条件的量纲一数 Wu_{k2}，作为二维起始有限分布源可以简化为瞬时线源二维扩散的分类临界条件，可实现瞬时线源与起始有限分布源扩散最大浓度的最大相对误差范围为 2.5%～5.1%。根据式（18）的条件，由图 3 和式（8）得到二维起始有限分布源与瞬时线源扩散的量纲一临界判据为

$$Wu_{k2}=0.55 \tag{20}$$

那么，二维起始有限分布源简化为瞬时线源扩散的判别条件为

$$Wu=\max\{Wu_x,Wu_y\}\leqslant Wu_{k2} \tag{21}$$

或

$$t \geq \max\left\{3.31\frac{a^2}{D_x}, 3.31\frac{b^2}{D_y}\right\} \tag{22}$$

由式（22）看出，二维起始有限分布源简化为瞬时线源扩散的判别条件取决于 x 或 y 坐标方向的有限分布源长度平方与相应方向的扩散系数之比。对天然河流，纵向离散系数和横向混合系数参照文献 [9-10] 中给出的方法确定。

2.3 二维分类临界状态坐标轴上的浓度分布比较及其标准差分析

将量纲一临界判据 $Wu_{k2}=0.55$（$=Wu_x=Wu_y$）代入式（15）和式（16）分别计算 x、y 坐标轴上二维起始有限分布源和瞬时线源二维扩散的相对浓度分布，垂向坐标按 $25 \times C'$ 值点绘于图 6。

由图 6 看出，在分类临界状态时，二维起始有限分布源与瞬时线源扩散的相对浓度分布特征、规律和变化趋势完全一致。前者分布源的最大相对浓度为 0.0916，后者瞬时源的最大相对浓度为 0.0963，两者的相对误差为 5.1%。在 x 轴（$y=0$）上，瞬时线源二维扩散相对浓度分布（正态分布）的标准差 $\sigma'_x = \frac{1}{\sqrt{2}Wu_{k2}} = \frac{1}{0.55\sqrt{2}} = 1.2856$；采用数值积分法计算二维起始有限分布源扩散相对浓度分布的标准差为 1.3186，两者标准差的相对误差为 -2.5%。表明在最大浓度的相对误差 5.0% 条件下，二维比一维扩散相对浓度分布标准差的相对误差绝对值更小。

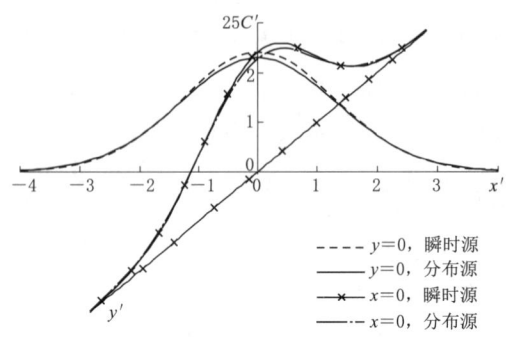

图 6 在临界状态时，有限分布源与瞬时线源的浓度分布比较

由于采用量纲一数 Wu_x 和 Wu_y 同时满足临界判据 $Wu_{k2}=0.55$ 的条件，所以，在 y 轴（$x=0$）上，二维扩散相对浓度分布与 x 轴上的相同，分析从略。在 x、y 轴上，污染物的分布宽度是二维起始有限分布源相同方向长度的 $4\sigma'=5.14$ 倍。

3 三维起始有限分布源与瞬时点源的分类准则

3.1 三维扩散浓度分布分析

三维起始有限分布源，又称为瞬时有限体积源。设在三维无限域清水环境中，有一起始浓度均匀、分布体积为长×宽×高=$2a \times 2b \times 2d$ 的有限体积源。坐标原点 O 设在有限体积源的中心点，取 x、y、z 轴分别与 $2a$ 长边、$2b$ 宽边、$2d$ 高边平行。

三维起始有限分布源扩散污染物的浓度分布为[1-2]

$$C(t,x,y,z) = \frac{C_0}{8}\left[\text{erf}\left(\frac{x+a}{\sqrt{4D_x t}}\right) - \text{erf}\left(\frac{x-a}{\sqrt{4D_x t}}\right)\right]\left[\text{erf}\left(\frac{y+b}{\sqrt{4D_y t}}\right) - \text{erf}\left(\frac{y-b}{\sqrt{4D_y t}}\right)\right] \times$$
$$\left[\text{erf}\left(\frac{z+d}{\sqrt{4D_z t}}\right) - \text{erf}\left(\frac{z-d}{\sqrt{4D_z t}}\right)\right] \tag{23}$$

式中：$C(t,x,y,z)$ 为 t 时间、(x,y,z) 点的污染物浓度；C_0 为有限体积源的起始污染物浓度；D_x、D_y、D_z 分别为 x、y、z 方向的扩散系数。

瞬时点源三维扩散污染物的浓度分布为[1-2]

$$C(t,x,y,z)=\frac{M_0}{\sqrt{4\pi D_x t}\sqrt{4\pi D_y t}\sqrt{4\pi D_z t}}\exp\left(-\frac{x^2}{4D_x t}-\frac{y^2}{4D_y t}-\frac{z^2}{4D_z t}\right) \tag{24}$$

式中：M_0 为 $t=0$ 时间、$(x=y=z=0)$ 点瞬时点源的污染物总排放量。取 M_0 等于三维起始有限分布源的污染物总排放量 $(2a\times 2b\times 2d)C_0$，代入式（24）变为

$$C(t,x,y,z)=\frac{(2a\times 2b\times 2d)C_0}{\sqrt{4\pi D_x t}\sqrt{4\pi D_y t}\sqrt{4\pi D_z t}}\exp\left(-\frac{x^2}{4D_x t}-\frac{y^2}{4D_y t}-\frac{z^2}{4D_z t}\right) \tag{25}$$

令量纲一垂向坐标 $z'=\dfrac{z}{2d}$；定义：量纲一数 $Wu_z=\dfrac{2d}{\sqrt{4D_z t}}=\dfrac{2d}{\sqrt{2}\sigma_z}$，表示起始有限分布源的高度 $2d$ 与 t 时间、z 方向浓度分布的特征高度（$\sqrt{2}\sigma_z$）比值，$\sigma_z=\sqrt{2D_z t}$ 为 t 时间、z 方向浓度分布的标准差，其他符号意义同前。

将以上量纲一参数代入式（23），并令 $x'=y'=z'=0$，整理得到三维起始有限分布源扩散的最大相对浓度为

$$C'_{m1}=\mathrm{erf}(0.5Wu_x)\,\mathrm{erf}(0.5Wu_y)\,\mathrm{erf}(0.5Wu_z) \tag{26}$$

将以上量纲一参数代入式（25），并令 $x'=y'=z'=0$，整理得到瞬时点源三维扩散的最大相对浓度为

$$C'_m=\frac{Wu_x Wu_y Wu_z}{\pi^{3/2}} \tag{27}$$

在三维有限分布源的长度、宽度、高度和扩散系数不变的条件下，量纲一数 Wu_x、Wu_y 和 Wu_z 仅与 $t^{-0.5}$ 成正比，即 Wu_x、Wu_y 和 Wu_z 随扩散时间的增大迅速减小。对不同的扩散时间 t，计算量纲一数 Wu_x、Wu_y 和 Wu_z，由式（26）和式（27）分别得到瞬时有限体积源和瞬时点源三维扩散的最大相对浓度进行比较，关于三维浓度分布的分析比较从略。

3.2 三维起始有限分布源简化为瞬时点源的判据

由式（27）与式（26）相除，可以得到瞬时点源与三维起始有限分布源扩散的最大浓度比值为

$$\frac{C_m}{C_{m1}}=\frac{C'_m}{C'_{m1}}=\frac{Wu_x Wu_y Wu_z}{\pi^{3/2}\mathrm{erf}(0.5Wu_x)\mathrm{erf}(0.5Wu_y)\mathrm{erf}(0.5Wu_z)}=f(Wu_x)f(Wu_y)f(Wu_z) \tag{28}$$

为了获得瞬时点源与三维起始有限分布源扩散最大浓度相对误差 5% 的分类临界条件，假设

$$f(Wu_{k3})=\max\{f(Wu_x)f(Wu_y)f(Wu_z)\}=\sqrt[3]{1.05}=1.016 \tag{29}$$

据此，由式（28）得到瞬时点源与三维起始有限分布源扩散的最大浓度比值为

$$\frac{C_m}{C_{m1}}=f(Wu_x)f(Wu_y)f(Wu_z)\leqslant 1.016\sim 1.049 \tag{30}$$

三、水环境问题简化计算的判别条件与分类准则

说明将满足式（29）条件的量纲一数 Wu_{k3}，作为三维起始有限分布源可以简化为瞬时点源三维扩散的分类临界条件，可实现瞬时点源与起始有限分布源扩散最大浓度的最大相对误差范围为 $1.6\% \sim 4.9\%$。根据式（29）的条件，由图 3 和式（8）得到三维起始有限分布源与瞬时点源扩散的量纲一临界判据为

$$Wu_{k3} = 0.44 \tag{31}$$

那么，三维起始有限分布源简化为瞬时点源扩散的判别条件为

$$Wu = \max\{Wu_x, Wu_y, Wu_z\} \leqslant Wu_{k3} \tag{32}$$

或

$$t \geqslant \max\left\{5.17\frac{a^2}{D_x}, 5.17\frac{b^2}{D_y}, 5.17\frac{d^2}{D_z}\right\} \tag{33}$$

3.3 三维分类临界状态最大浓度与坐标轴上浓度分布的标准差分析

将量纲一临界判据 $Wu_{k3} = 0.44$（$=Wu_x=Wu_y=Wu_z$）代入式（26）和式（27）得到三维起始有限分布源和瞬时点源扩散的最大相对浓度分别为 0.0146 和 0.0153，两者的相对误差为 4.9%。在 x 轴（$y=z=0$）上，瞬时点源三维扩散相对浓度分布（正态分布）的标准差 $\sigma_x' = \dfrac{1}{\sqrt{2}Wu_{k3}} = \dfrac{1}{0.44\sqrt{2}} = 1.6071$。在最大浓度的相对误差 5.0% 条件下，三维比二维和一维扩散相对浓度分布标准差的相对误差绝对值更小。

由于采用量纲一数 Wu_x、Wu_y 和 Wu_z 同时满足临界判据 $Wu_{k3}=0.44$ 的条件，所以，在 y 轴和 z 轴上，三维扩散相对浓度分布与 x 轴上的相同，分析从略。在 x、y、z 轴上，污染物的分布宽度是三维起始有限分布源相同方向长度的 $4\sigma' = 6.43$ 倍。

值得一提的是，在水环境影响预测中，扩散时间 t 往往以"小时"或"天"进行计算，其扩散时间的"秒"数值一般较大。因此，起始有限分布源简化为瞬时平面源、线源、点源扩散的判别条件式（11）、式（22）和式（33）还是比较容易得到满足的，其分类准则具有很好的应用前景。

4 结论

（1）从一维、二维、三维起始有限分布源和瞬时平面源、线源、点源相应维度扩散浓度分布的解析解出发，提出了以起始有限分布源与相应维度瞬时源扩散的最大浓度相对误差 5.0% 作为分类临界点。研究表明，分类临界状态的浓度分布标准差的相对误差绝对值小于 5.0%。

（2）定义了 Wu's 数 $Wu_x = \dfrac{2a}{\sqrt{4D_x t}}$、$Wu_y = \dfrac{2b}{\sqrt{4D_y t}}$ 和 $Wu_z = \dfrac{2d}{\sqrt{4D_z t}}$，分别给出了一维、二维、三维起始有限分布源与瞬时平面源、线源、点源分类的临界 Wu's 数 $Wu_{k1}=0.77$、$Wu_{k2}=0.55$、$Wu_{k3}=0.44$。

（3）给出了一维、二维、三维起始有限分布源分别简化为瞬时平面源、线源、点源扩散的判别条件：$Wu=Wu_x \leqslant Wu_{k1}$、$Wu=\max\{Wu_x, Wu_y\}\leqslant Wu_{k2}$ 和 $Wu=\max\{Wu_x, Wu_y, Wu_z\}\leqslant Wu_{k3}$。否则，应按相应维度起始有限分布源的扩散计算污染物浓度分布。

（4）提出的各维度污染源分类准则，同样适用于非保守物质和移流扩散问题的污染源分类。

参考文献

[1] FISCHER H B, IMBERGER J, LIST E J, et al. Mixing in Inland and Coastal Waters [M]. New York: Academic Press, 1979.

[2] 赵文谦. 环境水力学 [M]. 成都: 成都科技大学出版社, 1986.

[3] 张书农. 环境水力学 [M]. 南京: 河海大学出版社, 1988.

[4] 张江山. 瞬时点源三维超标污染区域的几何特征及最大超标范围的估计 [J]. 中国环境科学, 1997, 17 (6): 508-511.

[5] 张江山. 瞬时源示踪实验确定河流纵向离散系数和横向混合系数的线性回归法 [J]. 环境科学, 1991, 12 (6): 40-43, 63.

[6] 武周虎. 有限时段源一维水质模型的求解及其简化条件 [J]. 中国水利水电科学研究院学报, 2017, 15 (5): 397-408.

[7] 中华人民共和国环境保护部. HJ 169—2016 建设项目环境风险评价技术导则 [S]. 北京: 环境科学出版社, 2016.

[8] 杨志峰, 王烜, 孙涛, 等. 环境水力学原理 [M]. 北京: 北京师范大学出版社, 2006.

[9] 顾莉, 华祖林. 天然河流纵向离散系数确定方法的研究进展 [J]. 水利水电科技进展, 2007, 27 (2): 85-89.

[10] 顾莉, 惠慧, 华祖林, 等. 河流横向混合系数的研究进展 [J]. 水利学报, 2014, 45 (4): 450-457, 466.

四、概念修正和相似准则及其参数确定方法

4-01 对环境水力学"污染带扩展阶段"一词的修正*

摘　要：随着由排污产生水环境问题的日益突出，从环境管理角度来定义的污染混合区及其计算愈加受到涉水和环境保护行业的重视。本文在分析"污染带扩展阶段"沿流程横断面上浓度分布变化规律的基础上，分别进行了不计和计入边界反射作用时的污染带宽度计算。表明污染带在不足全断面均匀混合距离五分之一的范围内扩展到全河宽，污染带边缘的浓度是一个变化值，这使得污染带的计算无法应用于环境管理之中。在不同水体功能区所执行环境质量标准限值条件下，通过计算得到污染混合区的最长范围由排污口逐步发展到全断面均匀混合距离，最宽范围由排放岸发展到半河宽。表明"混合区发展阶段"一词比"污染带扩展阶段"一词更为贴切和实用，由此引出的污染混合区几何特征参数等计算问题，能更好地表征排入河流中污水扩散与混合"第二阶段"的特征。

关键词：环境水力学；污染带；污染带扩展阶段；污染混合区；混合区发展阶段

笔者在长期教授大学课程"环境水力学"和对排入河流中污染物扩散与混合规律研究的实践中，发现"污染带扩展阶段"一词存在诸多缺陷且不实用，提出将"污染带扩展阶段"一词修正为"混合区发展阶段"，供读者商榷。

1 "污染带扩展阶段"一词的概念与由来

根据排入河流中污水的扩散与混合特点，可以将其划分为3个阶段。第一阶段是初始稀释阶段，即在污水的初始动量和浮力作用下，经过射流扩散和稀释混合的污水云团达到与河水具有相同的紊动运动速度后；进入第二阶段，继续随流迁移和横向扩散与混合，直到污水扩散至全河宽，并且达到全断面均匀混合后；进入第三阶段，继续沿纵向随流迁移离散，称为一维纵向离散阶段。由于天然河流的水深一般远小于河宽，第一阶段的长度相对很短，垂向扩散会很快完成。因此，第二阶段常按纵向、横向二维移流扩散问题处理。对排入河流中污水扩散与混合3个阶段的认识和处理方法国内外学者是基本一致的[1-8]。

赵文谦（1986）[1] 借鉴水力学和流体力学中按照断面流速分布特点划分的边界层或混合层与外部流动区的方法，基于断面浓度分布特点，从浓度梯度形成的水体混合特性来定义，将河流断面上浓度大于同一断面最大浓度5%的区域称为"污染带"，并将排入河流中污水扩散与混合的第二阶段称为"污染带扩展阶段"。张书农（1988）[2] 将第二阶段的等浓度线（或冷却水排放等温线）包围的高浓度区域、浓度在横向上服从正态分布的宽度 $4\sigma_y$（σ_y 为断面浓度分布的均方差）范围内和断面上浓度大于同一断面最大浓度5%的区域均称为"污染带"。受国内教科书中对"污染带"一词定义的影响，"污染带"和"污染

---

* 原文载于《青岛理工大学学报》，2015，36（2），作者：武周虎。

带扩展阶段"以其在污水与河水相混合时"比较明显"、在水体水质清洁的情况下"明晰可辨"、容易"理解"、顺口、形象和记忆方便等特点，在教学和环境影响评价工程师等有关考试中频繁出现而传播开来。但在余常昭（1992）[4]等著作中并没有使用"污染带"和"污染带扩展阶段"的概念。

张永良等（1991）[9-10]从环境管理的角度来定义"污染混合区"。它既不意味着只有在这个区域内才有扩散与混合作用，也不表示在这个区域之外污染物的浓度梯度接近于零。当污水进入水体以后，污染物浓度在排污口处最大，随着污染物与水体的不断扩散与混合，污染物浓度随离排污口距离的增大而逐步下降，沿流向延伸较远。在浓度下降到水体功能区所执行的水质标准限值时，其相应的污染物等浓度线所包围的空间区域称为"污染混合区"。实际上，该区域就是排污口附近的一块超标区域，这与下面国外学者的定义是基本一致的。

国外学者[7-8,11-15]很少有使用"污染带（Pollution belt；Pollution zone；Contaminated zone）"一词，也罕见使用"污染带扩展阶段"一词，而是把排入河流中污水扩散与混合"第二阶段"由等浓度线所包围的高浓度区域称为"混合区（Mixing zone）"。也许是因为污染带的概念有些含糊不确切，而污染混合区的概念确切唯一，最早提出混合区概念的是 Fetterolf（1973）[11]。在国内大学教科书中，"污染带"和"污染带扩展阶段"概念的先入为主，也限制了"污染混合区"概念的推广应用，而后者更具实际应用价值。这一点与工程实践严重脱节，且造成很大程度上的概念混乱。

2 "污染带扩展阶段"一词存在的问题

在排入河流中污水扩散与混合的3个阶段中，初始稀释阶段属排污口近区复杂的射流混合问题，此阶段单独讨论或被忽略不计；对于河流中排污口远区第二阶段和第三阶段的计算则是重点。第二阶段被称作"污染带扩展阶段"，使人很容易联想到污染带宽度和达到全断面均匀混合距离的计算。在等强度连续点源条件下，考虑河流纵向移流、横向扩散的简化二维方程解析解为[1-2]

$$C(x,y)=\frac{\beta m}{H\sqrt{4\pi E_y Ux}}\exp\left(-\frac{Uy^2}{4E_y x}\right) \tag{1}$$

式中：排污口位于坐标原点 0，x 为沿河流流向的纵向坐标；y 为垂直于 x 轴指向远岸的横向坐标；$C(x,y)$ 为污染物浓度分布值；m 为排污强度；H 为河流的平均水深；U 为平均流速；E_y 为横向扩散系数；β 为反射系数，对于岸边排放取 $\beta=2$，对于中心排放取 $\beta=1$。

根据赵文谦[1]污染带的定义，当不计边界反射时，在岸边排污口下游距离 x 处的断面上最大浓度为 $C(x,0)$，该断面上污染带边缘点的浓度为 $C(x,b)$。令 $\dfrac{C(x,b)}{C(x,0)}=0.05$ 时的 y 坐标值即为岸边排放时的污染带宽度 b，则有

$$\frac{C(x,b)}{C(x,0)}=\exp\left(-\frac{Uy^2}{4E_y x}\right)=0.05 \tag{2}$$

由式（2）可解出岸边排放时的污染带宽度计算公式为

$$b=\sqrt{-\ln(0.05)\frac{4E_y x}{U}}=3.46\sqrt{\frac{E_y x}{U}} \tag{3}$$

为了方便期间作量纲一处理，令纵向坐标 $x'=\frac{xE_y}{UB^2}$；横向坐标 $y'=\frac{y}{B}$；由排污产生的全断面均匀混合浓度 $C_m=\frac{m}{UHB}$；相对浓度 $C'=\frac{C}{C_m}$。则式（3）变为

$$b'=\frac{b}{B}=3.46\sqrt{\frac{E_y x}{UB^2}}=3.46x'^{0.5} \tag{4}$$

当岸边排放时的污染带宽度 $b=$ 河宽 B 时，由式（4）得到污染带扩展到对岸所需的距离 $L_b'=0.0835$；当计入边界反射时，污染带扩展到对岸所需的距离 $L_b'=0.0678$[2]。按照 Fischer H B[7] 的定义给出岸边排放时达到全断面均匀混合的距离 $L_m'=0.4$；文献[13]给出岸边排放时达到全断面均匀混合的距离 $L_m'=0.5$；按照武周虎等[16] 的新定义给出岸边排放时达到全断面均匀混合的距离 $L_m'=0.44$。当纵向坐标分别为 $x'=0.03$，0.25，0.44 时 3 个断面上的污染物浓度分布以及不计和计入边界反射时的污染带宽度变化规律参见图 1。

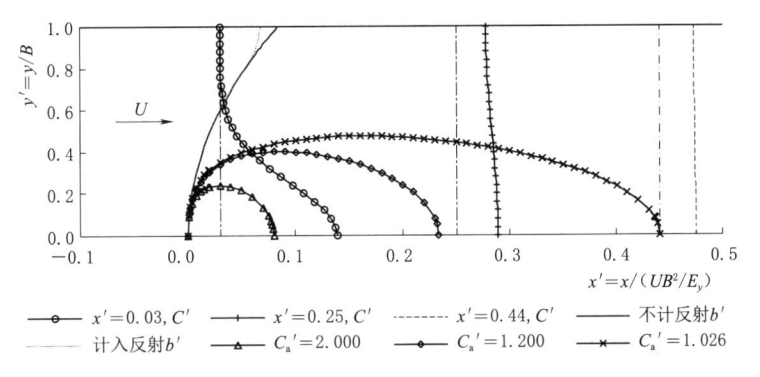

图 1　河流中污水扩散与混合的污染带与污染混合区特征

由图 1 可以看出，河流中岸边排放污染物扩散与混合在"污染带扩展阶段"的距离由排污口 $x'=0$ 发展到全断面均匀混合 $L_m'=0.44$，断面浓度分布由半正态分布、经不均匀扩散、再发展到全断面均匀分布。其中污染带宽度扩展到对岸所需的距离不足总长度的五分之一，其余河段的污染带范围为全河宽水域，并非人们理解的是排放点下游形成的带状高浓度污染区域。在污染带定义下，对污染带扩展阶段的分析计算很难深入，污染带在宽度扩展到对岸之后，就没有其他特征值可供参考和应用了。

另外，由于污染带边缘浓度是按同一断面最大浓度的 5％ 定义，由式（1）可知断面最大浓度是随纵向坐标 x 的负二分之一次方减小。即污染带边缘的浓度也是一个变化值，并非人们理解的高浓度污染区域范围，这就使得污染带的概念无法应用于环境管理之中。在实际应用中，人们又大多将"污染混合区"理解为就是"污染带"，而在教材[1-3,5-6] 和有关考试指导书[17] 中却又是按"污染带"的定义作答，造成概念混乱。对河流中心排放的分析讨论与岸边排放情况相类似，不再赘述（下同）。

四、概念修正和相似准则及其参数确定方法

目前，在大学《环境水力学》教科书中污染带及污染带扩展阶段的概念和相关计算，并没有实用价值。在地表水环境影响预测与评价、水域纳污能力计算和入河排污口设置论证等实际应用中，使用的几乎都是污染混合区的概念和相关计算，即使在很多时候仍称作"污染带"或"第二污染带"，但实际含义也已经是污染混合区及其计算了[18-22]。因此，在工程实践中"污染带"一词早已不是教科书中的概念，造成理论教学与工程实践相脱节，使污染带与污染混合区产生混乱，将"污染带扩展阶段"一词修正为"混合区发展阶段"一词，取而代之的是污染混合区及其计算。便于强化污染混合区的教学，做到学以致用，就可以避免"污染带"一词混淆人们的思想。

3 "混合区发展阶段"一词更为贴切和实用

张永良等[9-10]从环境管理角度来定义的污染混合区，是以水体功能区所执行的水质标准限值为基准，相应的污染物等浓度线所包围的空间区域。即污染混合区一般定义为污水排放口附近水域中不满足受纳水体功能区水质标准要求的空间区域，是环境管理中认可的污水排放口附近的允许超标区域。实用上污染混合区也可定义为达到环境管理规定的稀释度所需要的空间区域。为方便可将污染混合区简称为混合区[9-10,23]。美国爱达荷州环境质量局《混合区技术程序手册》[14]和张永良等《排污混合区分析计算指南》[10]是污染混合区应用于环境管理的重要技术文献。污染混合区是真正意义上的排放点下游形成的带状高浓度污染区域，也是真正具有在污水与河水相混合时比较明显、在水体水质清洁的情况下明晰可辨和容易理解等特点的超标污染区域，对环境管理具有重要科学支撑意义、实用价值和很强的可操作性。

令允许浓度升高值 C_a =标准限值 C_s −背景浓度 C_b，相对允许浓度升高值 $C_a' = \dfrac{C_a}{C_m}$。当 $C_a' \geq 1.200$ 时按不计边界反射的宽阔河流公式计算污染混合区；当 $C_a' < 1.200$ 时按计入边界反射的中宽河流公式计算污染混合区[24-26]。经理论计算，在不同水体功能区所执行环境质量标准限值（与背景浓度的差值）条件下，分别绘制河流岸边排放 $C_a' = 2.000$、1.200、1.026 时的 3 条污染混合区外边界（等浓度）曲线，参见图 1。

由图 1 可以看出，当相对允许浓度升高值分别为 $C_a' = 2.000$ 和 1.200 时，对应的污染混合区最大长度分别为 $L_s' = 0.0796$ 和 0.2334；最大宽度分别为 $b_s' = 0.2419$ 和 0.4033，最大宽度相应的纵向坐标分别为 $L_c' = 0.030$ 和 0.090。当相对允许浓度升高值下降到 $C_a' = 1.026$ 时，对应的污染混合区下游边界发展到全断面均匀混合距离，即此时污染混合区的最大长度 L_s' 等于达到全断面均匀混合距离 $L_m' = 0.440$；最大宽度为 $b_s' = 0.4785$，该最大宽度相应的纵向坐标为 $L_c' = 0.160$。污染混合区外边界曲线标准方程为

$$y = b_s \sqrt{-\mathrm{e}\dfrac{x}{L_s}\ln\left(\dfrac{x}{L_s}\right)} \tag{5}$$

污染混合区的面积为

$$S = 0.7953 L_s b_s \tag{6}$$

一般来说，从环境管理的角度规定污染混合区不应占据河流全断面，为排放点下游形成的带状高浓度污染区域，即污染混合区为相对允许浓度升高值 $C_a' > 1$ 的区域，最大宽

度小于半河宽。由图 1 看出，河流中岸边排放污染物扩散与混合在第二阶段，随着水体功能区所执行环境质量类别的提高，水质标准限值（与背景浓度的差值）减小，污染混合区的最长范围由排污口逐步发展到全断面均匀混合距离，最宽范围由排放岸发展到半河宽。由此看出，只有"混合区发展阶段"一词才能真正代表河流中污染物扩散与混合"第二阶段"的特征，根据水体功能区所执行环境质量标准的严格程度，确定相应的污染混合区范围大小。因此，将"污染带扩展阶段"一词修正为"混合区发展阶段"，取而代之的是污染混合区及其计算，让容易产生混乱现象的"污染带"概念和不具有实用价值的污染带宽度计算自然淡出。图 2 是文献 [26] 给出的洸府河某淀粉厂岸边排污口污染混合区的现场观测结果，污染混合区与本文分析吻合，是对笔者观点的有力诠释。

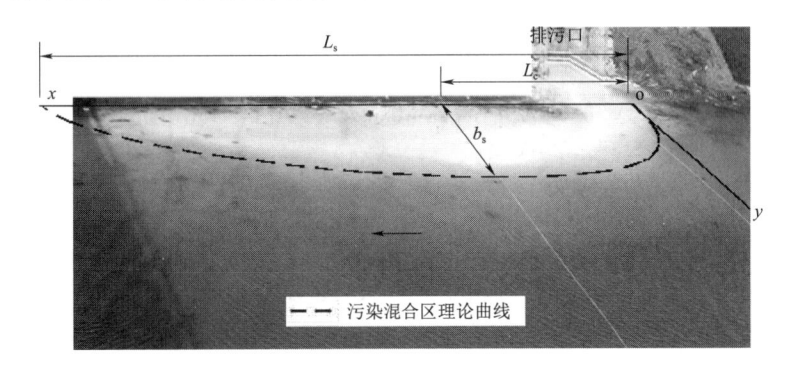

图 2　洸府河某淀粉厂岸边排污口污染混合区现场观测示意

观测结果表明，洸府河某淀粉厂岸边排污口高浓度白色污染混合区外边界曲线方程为

$$y = 5\sqrt{-\mathrm{e}\frac{x}{32}\ln\left(\frac{x}{32}\right)} \tag{7}$$

4　结论

（1）随着由排污产生水环境问题的日益突出，从环境管理角度来定义的污染混合区及其计算愈加受到涉水和环境保护行业的重视。通过计算分析了污染带概念和污染带宽度存在的突出问题，讨论了"污染带扩展阶段"一词的局限性。

（2）从污染混合区的发展过程，通过计算提出了"混合区发展阶段"一词比"污染带扩展阶段"一词更为贴切和实用，避免了污染带与污染混合区的概念混乱，克服了教学与工程实际相脱节的现象。

（3）提出依据排入河流中污水的扩散与混合特点，将其划分为初始稀释、混合区发展和一维纵向离散 3 个阶段。"混合区发展阶段"的提出，顺其自然就引出了具有广泛实用价值的污染混合区几何特征参数的计算问题。

参考文献

[1]　赵文谦. 环境水力学 [M]. 成都：成都科技大学出版社，1986.
[2]　张书农. 环境水力学 [M]. 南京：河海大学出版社，1988.

四、概念修正和相似准则及其参数确定方法

［3］ 徐孝平. 环境水力学［M］. 北京：水利电力出版社，1991.
［4］ 余常昭. 环境流体力学导论［M］. 北京：清华大学出版社，1992.
［5］ 杨志峰，王烜，孙涛，等. 环境水力学原理［M］. 北京：北京师范大学出版社，2006.
［6］ 董志勇. 环境水力学［M］. 北京：科学出版社，2006.
［7］ FISCHER H B, IMBERGER J, LIST E J, et al. Mixing in Inland and Coastal Waters［M］. New York：Academic Press，1979.
［8］ FISCHER H B. Transport Models for Inland and Coastal Waters［M］. New York：Academic Press，1981.
［9］ 张永良，刘培哲. 水环境容量综合手册［K］. 北京：清华大学出版社，1991.
［10］ 张永良，李玉梁. 排污混合区分析计算指南［M］. 北京：海洋出版社，1993.
［11］ FETTEROLF C M Jr. Mixing Zone Concepts［C］// Cairns J Jr, Dickson K L. Biological Methods for the Assessment of Water Quality. Philadelphia：ASTM Special Technical Publication 528，1973：31-45.
［12］ BROCK Neely W. The Definition and Use of Mixing Zones［J］. Environmental Science & Technology，1982，16（9）：518A-521A.
［13］ 格拉夫，阿廷拉卡. 河川水力学［M］. 赵文谦，万兆惠，译. 成都：成都科技大学出版社，1997.
［14］ Idaho Department of Environmental Quality. Mixing Zone Technical Procedures Manual（DRAFT）［Z］. Boise：Idaho Department of Environmental Quality，USA，2008.
［15］ HALAPPA Gowda T P. Water Quality Prediction in Mixing Zones of Rivers［J］. Journal of Environmental Engineering，1984，110（4）：751-769.
［16］ 武周虎，武文，路成刚. 河流混合污染物浓度二维移流扩散方程的解析计算及其简化计算的条件Ⅱ：顺直河流考虑边界反射［J］. 水利学报，2009，40（9）：1070-1076.
［17］ 中华人民共和国环境保护部. 环境影响评价技术方法（2013年版）［M］. 北京：中国环境科学出版社，2013.
［18］ 韩伟明，徐颖. 河流污染带的简化预测法［J］. 环境科学技术，1989，2（4）：29-31.
［19］ 朱发庆，吕斌. 长江武汉段工业港酚污染带研究［J］. 中国环境科学，1996（2）：148-152.
［20］ 陈祖君，王惠民. 关于污染带与排污量计算的进一步探讨［J］. 水资源保护，1999（6）：32-34.
［21］ 任照阳，邓春光. 二维水质模型在污染带长度计算中的应用［J］. 安徽农业科学，2007，35（7）：1984-1985，2037.
［22］ 薛红琴，刘晓东. 连续点源河流污染带几何特征参数研究［J］. 水资源保护，2005，21（5）：23-26.
［23］ 张永良，富国，李玉梁，等. 河口海湾中排污混合区分析计算［J］. 水资源保护，1993，（3）：1-5.
［24］ 武周虎. 基于环境扩散条件的河流宽度分类判别准则［J］. 水科学进展，2012，23（1）：53-58.
［25］ 武周虎，贾洪玉. 河流污染混合区的解析计算方法［J］. 水科学进展，2009，20（4）：544-548.
［26］ WU Z H, WU W, WU G Z. Calculation Method of Lateral and Vertical Diffusion Coefficients in Wide Straight Rivers and Reservoirs［J］. Journal of Computers，2011，6（6）：1102-1109.

4-02 明渠移流扩散中无量纲数与相似准则及其应用[*]

摘　要：本文从描述物质移流扩散的基本方程出发，采用相似原理和量纲分析方法，通过理论推导给出了原型与模型两种移流扩散的相似系统，必须满足对应点处贝克来数 Pe、降解数 De 或 O'Connor 数相等的移流扩散相似准则和比尺关系，分析了量纲一数的物理意义。在明渠水流重力相似条件下，按移流扩散相似准则推导了扩散系数和降解系数的相似比尺与长度比尺的关系。举例分析了移流扩散相似准则在模型试验设计中的应用、Pe 数在河流二维移流扩散简化方程基本解讨论中的应用、O'Connor 数在河流移流离散方程基本解讨论及其模型简化和分类中的应用。

关键词：明渠水流；污染物；移流扩散；量纲一数；相似准则；应用分析

明渠水流是自然界水体流动的一种基本形式，对于明渠水力学的理论和试验研究已经比较成熟。但对于其新兴环境水力学分支学科明渠水流中的移流扩散试验研究还不够成熟，在试验中常常只对示踪物质进行试验，这就使得在试验特别是现场试验中或多或少存在物质的反应降解损失被忽略的问题。在水质模型参数确定中，这种忽略所带来的误差往往在进行现场试验与室内试验结果分析时，统统归结为反应条件的差异，一般在实验室得到的降解系数 K 值要比野外测定的值小[1]。而实际上可能还存在比尺因素所带来的误差放大作用。笔者从描述物质移流扩散的基本方程出发，采用相似原理和量纲分析方法，通过理论推导给出明渠移流扩散的相似准则、量纲一数和相似比尺，进行应用与分析。

1 环境水力学中的相似

在分析中对原型中的物理量注以下标"P"，模型中的物理量注以下标"M"。按照两种液流的力学相似必须满足：几何相似、运动相似和动力相似[2]。

几何相似：长度比尺 $\lambda_L = \dfrac{L_P}{L_M}$，面积比尺 $\lambda_A = \dfrac{A_P}{A_M} = \dfrac{L_P^2}{L_M^2} = \lambda_L^2$，体积比尺 $\lambda_V = \dfrac{V_P}{V_M} = \dfrac{L_P^3}{L_M^3} = \lambda_L^3$。

运动相似：时间比尺 $\lambda_t = \dfrac{t_P}{t_M}$，速度比尺 $\lambda_u = \dfrac{u_P}{u_M} = \dfrac{L_P}{t_P} \Big/ \dfrac{L_M}{t_M} = \dfrac{\lambda_L}{\lambda_t}$。

动力相似（对明渠水流重点讨论重力相似准则）：即弗劳德数 $Fr = \dfrac{\lambda_u^2}{\lambda_g \lambda_L} = 1$，因重力加速度比尺 $\lambda_g = 1$，则有 $\lambda_u = \lambda_L^{0.5}$，$\lambda_t = \lambda_L^{0.5}$。

---

[*] 原文载于《青岛理工大学学报》，2008，29（5），作者：武周虎。

定义扩散相似：原型与模型两种移流扩散的相似系统，必须满足对应点处各方向扩散通量的比值应相等，而且遵循费克扩散定律 $G=-E\dfrac{\partial C}{\partial L}$，故扩散通量比尺为

$$\lambda_G=\dfrac{G_P}{G_M}=\dfrac{E_P C_P}{L_P}\bigg/\dfrac{E_M C_M}{L_M}=\lambda_E\dfrac{\lambda_C}{\lambda_L} \tag{1}$$

式中：$\lambda_E=\dfrac{E_P}{E_M}$ 为扩散系数比尺；$\lambda_C=\dfrac{C_P}{C_M}=\dfrac{m_P}{V_P}\bigg/\dfrac{m_M}{V_M}=\dfrac{\lambda_m}{\lambda_L^3}$ 为浓度比尺；$\lambda_m=\dfrac{m_P}{m_M}$ 为扩散物质的质量比尺。

2 移流扩散相似准则

根据原型与模型中的物质移流扩散必须为同一物理方程所描述的相似要求，从移流扩散的基本方程出发，推导相似准则、量纲一数和相似比尺。根据移流扩散基本方程，原型中任意点的移流扩散必须满足

$$\dfrac{\partial C_P}{\partial t_P}+u_{xP}\dfrac{\partial C_P}{\partial x_P}+u_{yP}\dfrac{\partial C_P}{\partial y_P}+u_{zP}\dfrac{\partial C_P}{\partial z_P}=E_{xP}\dfrac{\partial^2 C_P}{\partial x_P^2}+E_{yP}\dfrac{\partial^2 C_P}{\partial y_P^2}+E_{zP}\dfrac{\partial^2 C_P}{\partial z_P^2}-K_P C_P \tag{2}$$

模型中任意点的移流扩散必须满足

$$\dfrac{\partial C_M}{\partial t_M}+u_{xM}\dfrac{\partial C_M}{\partial x_M}+u_{yM}\dfrac{\partial C_M}{\partial y_M}+u_{zM}\dfrac{\partial C_M}{\partial z_M}=E_{xM}\dfrac{\partial^2 C_M}{\partial x_M^2}+E_{yM}\dfrac{\partial^2 C_M}{\partial y_M^2}+E_{zM}\dfrac{\partial^2 C_M}{\partial z_M^2}-K_M C_M \tag{3}$$

因为原型和模型是几何相似、运动相似、动力相似和扩散相似的，所以相应物理量必须满足其相似条件，令降解速率（常数）系数比尺 $\lambda_K=\dfrac{K_P}{K_M}$。把各物理量的比尺关系代入表示原型移流扩散的式（2）中，即可以模型物理量表示原型的移流扩散方程。

$$\dfrac{\lambda_C}{\lambda_t}\dfrac{\partial C_M}{\partial t_M}+\lambda_u\dfrac{\lambda_C}{\lambda_L}\left(u_{xM}\dfrac{\partial C_M}{\partial x_M}+u_{yM}\dfrac{\partial C_M}{\partial y_M}+u_{zM}\dfrac{\partial C_M}{\partial z_M}\right)$$
$$=\lambda_E\dfrac{\lambda_C}{\lambda_L^2}\left(E_{xM}\dfrac{\partial^2 C_M}{\partial x_M^2}+E_{yM}\dfrac{\partial^2 C_M}{\partial y_M^2}+E_{zM}\dfrac{\partial^2 C_M}{\partial z_M^2}\right)-\lambda_K\lambda_C K_M C_M \tag{4}$$

比较式（4）和式（3）可以看出，要使该两式都成立，亦即原型与模型两种移流扩散是相似的，则必须满足

$$\dfrac{\lambda_C}{\lambda_t}=\lambda_u\dfrac{\lambda_C}{\lambda_L}=\lambda_E\dfrac{\lambda_C}{\lambda_L^2}=\lambda_K\lambda_C \tag{5}$$

式（5）中的每一项分别表示原型与模型对应点上当地通量、移流通量、扩散通量、降解通量之间的比值。式（5）中各项均以移流通量的比值 $\lambda_u\dfrac{\lambda_C}{\lambda_L}$ 除之，则得到

$$\dfrac{\lambda_L}{\lambda_u\lambda_t}=\dfrac{\lambda_E}{\lambda_u\lambda_L}=\dfrac{\lambda_K\lambda_L}{\lambda_u}=1 \tag{6}$$

式（6）即为移流扩散相似的原型与模型系统中，在对应点各扩散通量与移流通量之比值，取式（6）中前两项的倒数和第三项可得

$$\frac{\lambda_u \lambda_t}{\lambda_L}=1 \text{ 或 } \frac{u_P t_P}{L_P}=\frac{u_M t_M}{L_M} \tag{7}$$

$$\frac{\lambda_u \lambda_L}{\lambda_E}=1 \text{ 或 } \frac{u_P L_P}{E_P}=\frac{u_M L_M}{E_M} \tag{8}$$

$$\frac{\lambda_K \lambda_L}{\lambda_u}=1 \text{ 或 } \frac{K_P L_P}{u_P}=\frac{K_M L_M}{u_M} \tag{9}$$

这样就得到三个量纲一数，分别定义为：

第一个表征物质移流通量与当地通量的比值，即线时数 $=\frac{ut}{L}=\frac{\text{移流通量}}{\text{当地通量}}=\frac{\text{移流作用}}{\text{时变作用}}$。

第二个表征物质移流通量与扩散通量的比值，贝克来数 $Pe=\frac{uL}{E}=\frac{\text{移流通量}}{\text{扩散通量}}=\frac{\text{移流作用}}{\text{扩散作用}}$。

第三个表征物质降解通量与移流通量的比值，降解数 $De=\frac{KL}{u}=\frac{\text{降解通量}}{\text{移流通量}}=\frac{\text{降解作用}}{\text{移流作用}}$。

同时定义：第四个量纲一数为表征物质降解·扩散通量与移流通量平方的比值，其值等于降解数与贝克来数的比值，即 O'Connor 数 $\alpha=\frac{De}{Pe}=\frac{KE}{u^2}=\frac{\text{降解与扩散作用}}{\text{移流作用}}$。

因此，对于原型与模型两种移流扩散的相似系统，必须使这两个系统对应点处的线时数、贝克来数、降解数或 O'Connor 数相等，这就是移流扩散相似准则，其中线时数相等也是力学相似准则所要求的。由此可以得出如下比尺关系

$$\lambda_E = \lambda_u \lambda_L = \lambda_L^{1.5} \tag{10}$$

$$\lambda_K = \frac{\lambda_u}{\lambda_L} = \lambda_L^{-0.5} \tag{11}$$

由式（10）、式（11）可以看出，扩散系数和降解系数的相似比尺都与长度比尺有关。在以往的现场试验与室内试验结果中，给出的量纲一扩散系数不会受到长度比尺的影响[3-4]，但给出的降解系数会受到长度比尺（试验规模大小）的影响。如当长度比尺 $\lambda_L=100$ 时，由式（10）、式（11）得到 $\lambda_E=1000$、$\lambda_K=0.1$，即要满足原型与模型系统的移流扩散相似，模型选用扩散物质的降解系数必须等于原型扩散物质降解系数的 10 倍。

尽管扩散物质在原型与模型系统中往往可能存在生化反应条件的差异，但降解系数的相似比尺问题同样应该引起重视。

3 应用与分析

3.1 移流扩散相似准则在模型试验设计中的应用

明渠移流扩散模型试验设计，主要是根据试验场地和供水流量的大小并满足相似条件而决定模型的长度比尺，注意到浓度比尺 $\lambda_C=\lambda_m \lambda_L^{-3}$，再根据所研究的移流扩散问题和浓度测定技术条件以及降解系数比尺 $\lambda_K=\lambda_L^{-0.5}$，合理选择扩散物质种类和质量比尺 λ_m。

如一个主要为重力相似的水流扩散，初步选定模型比尺 $\lambda_L=10$，$\lambda_m=1000$，则由上述比尺关系可以得到浓度比尺为 $\lambda_C=1$。即在模型试验系统中投放扩散物质 1g 相当于在原型系统中排放扩散物质 1000g，模型与原型系统中对应点上的扩散物质浓度应相等。还要选择降解系数比尺为 $\lambda_K=0.316$，即模型降解系数为 $K_M=3.16K_P$ 的扩散物质进行试验。此时，扩散系数的相似比尺为 $\lambda_E=31.6$。

初步确定比尺以后，要仔细检查是否满足各种相似条件，包括初始条件和边界条件的相似，如不能满足就要重新修改比尺，选到合适的扩散物质进行试验至关重要。

3.2 Pe 数在河流二维移流扩散简化方程基本解讨论中的应用

河流二维移流扩散略去 $E_x\dfrac{\partial^2 C}{\partial x^2}\left(\ll U\dfrac{\partial C}{\partial x}\right)$ 项的简化方程 $U\dfrac{\partial C}{\partial x}=E_y\dfrac{\partial^2 C}{\partial y^2}$，在恒定时间连续点源条件下的基本解[5]

$$C(x,y)=\frac{\beta C_0 q}{H\sqrt{4\pi E_y U x}}\exp\left(-\frac{Uy^2}{4E_y x}\right) \tag{12}$$

式中：x 为自排污口沿河流流向的纵向坐标；y 为垂直于 x 的横向坐标；q 为排污流量；C_0 为排污浓度；U 为河流断面平均流速；H 为平均水深；E_y 为横向扩散系数；β 为边界反射系数，对于中心排放取 $\beta=1$，对于岸边排放取 $\beta=2$。

为了方便推导，采用贝克来数、量纲一纵横向坐标和量纲一排污流量来表达量纲一浓度方程。令贝克来数 $Pe=\dfrac{UB}{E_y}$，B 为水面宽度；量纲一纵向坐标 $x'=\dfrac{x}{B}$；量纲一横向坐标 $y'=\dfrac{y}{B}$；量纲一排污流量 $q'=\dfrac{q}{Q}=\dfrac{q}{UHB}$，$Q(=UHB)$ 为河流流量；量纲一浓度 $C'=\dfrac{C}{C_0}$；其他符号意义同前。则由式（12）可知量纲一浓度方程为

$$C'=\beta q'\sqrt{\frac{Pe}{4\pi x'}}\exp\left(-\frac{Pe y'^2}{4x'}\right) \tag{13}$$

根据污染带的定义，由式（13）可以得出中心排放时污染带量纲一半宽度或岸边排放时污染带量纲一宽度的计算公式为

$$b'=\frac{b}{B}=3.46\sqrt{\frac{x'}{Pe}} \tag{14}$$

污染带扩展达到全断面均匀混合的量纲一距离 L'_m 计算公式如下。

中心排放时

$$L'_m=\frac{L_m}{B}=0.11 Pe \tag{15}$$

岸边排放时

$$L'_m=0.44 Pe=4(L'_m)_{中心排放} \tag{16}$$

在式（14）中 Pe 表示纵向移流作用与横向扩散作用的比值，污染带的量纲一宽度与 Pe 数的 1/2 次方成反比，图 1 给出了河流岸边排污口附近不同 Pe 数污染带量纲一宽度的比较。

由图 1 可以看出，在量纲一纵向坐标相同的条件下，Pe 数越大，即纵向移流作用相对于横向扩散作用越大，污染带的量纲一宽度越小，污染带被纵向移流作用拉长变窄。由式（15）、式（16）可以看出，污染带扩展达到全断面均匀混合的量纲一距离 L_m' 随 Pe 数的增加线性增大。

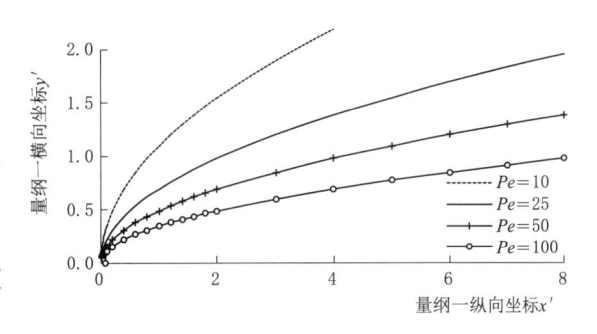

图 1 河流岸边排污口附近不同 Pe 数污染带量纲一宽度比较

根据污染混合区的定义，令河流排污引起的允许浓度升高值 C_a 等于水环境功能区所执行的浓度标准值 C_s 与背景浓度 C_b 之差，即 $C_a = C_s - C_b$，量纲一允许浓度升高值 $C_a' = \dfrac{C_a}{C_0}$。以 C_a' 代替式（13）中的 C' 则变为污染混合区外边界量纲一等浓度方程，由此得到污染混合区外边界量纲一等浓度曲线方程为

$$y' = \sqrt{-4\frac{x'}{Pe}\ln\left(\frac{C_a'}{\beta q'}\sqrt{\frac{4\pi x'}{Pe}}\right)} \tag{17}$$

由式（17）可以看出，污染混合区外边界量纲一曲线方程与 Pe 数、量纲一排污流量、量纲一允许浓度升高值以及边界反射系数 β 有关。

如令式（17）中 $y'=0$，可以得到污染混合区量纲一长度的计算公式为

$$L_s' = \frac{L_s}{B} = \frac{Pe}{4\pi}\left(\frac{\beta q'}{C_a'}\right)^2 \tag{18}$$

式（17）两边对 x' 求导，令 $\dfrac{\mathrm{d}y'}{\mathrm{d}x'}=0$，可以求得污染混合区量纲一最大宽度和相应量纲一纵向坐标的计算公式分别为

$$b_s' = \frac{b_s}{B} = \frac{1}{\sqrt{2\pi\mathrm{e}}}\frac{\beta q'}{C_a'} \tag{19}$$

$$L_c' = \frac{L_s'}{\mathrm{e}} \tag{20}$$

在中心排放时污染混合区的量纲一最大宽度为 $2b_s'$。图 2 给出了河流岸边和中心排污口附近不同 Pe 数污染混合区外边界范围比较。

由式（18）、式（19）和图 2 可以看出，污染混合区量纲一长度与 Pe 数成正比，而污染混合区量纲一宽度与 Pe 数无关。即纵向移流作用相对于横向扩散作用越大，污染混合区被纵向移流作用拉长，污染混合区的宽度则不受影响。

3.3 O'Connor 数在河流移流离散水质模型简化、分类中的应用

河流移流离散方程 $U\dfrac{\partial C}{\partial x} = E_L\dfrac{\partial^2 C}{\partial x^2} - KC$ 的简化、分类判别条件为：

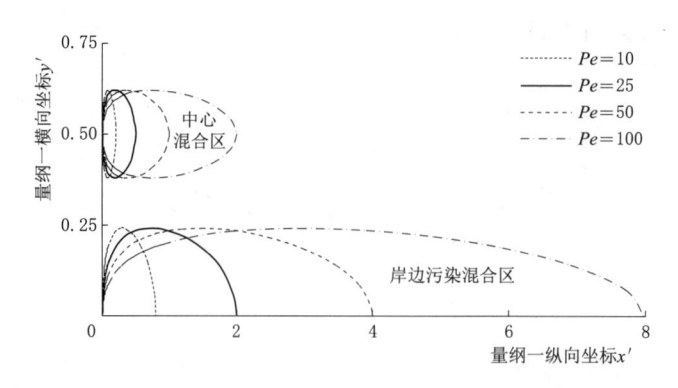

四、概念修正和相似准则及其参数确定方法

图 2 河流岸边和中心排污口附近不同 Pe 数污染混合区比较（$q'/C_a' = 0.5$）

(1) 当 O'Connor 数 $\alpha = \dfrac{KE_L}{U^2} \leqslant 0.027$、贝克来数 $Pe = \dfrac{UH}{E_L} \geqslant 1$（式中：$U$ 为断面平均流速；H 为断面平均水深；E_L 为纵向离散系数；K 为降解系数）时，移流作用大于离散作用，可以忽略河流排污对上游的影响长度，可以忽略离散作用采用移流模型，一般适用于河流上、中游和推流反应器系统。

(2) 当 $\alpha \leqslant 0.027$、$Pe < 1$ 时，河流排污对上游的影响长度较大，不能忽略其影响作用，移流和离散作用都比较重要采用移流离散简化模型，一般适用于河流中、下游、感潮河段和推流离散反应器系统。

(3) 当 $0.027 < \alpha \leqslant 380$ 时，移流和降解离散作用都比较重要采用移流离散模型，一般适用于河流下游、感潮河段和推流离散反应器系统。

(4) 当 $\alpha > 380$ 时，移流作用远小于降解离散作用，可以忽略移流作用采用离散模型，一般适用于纯离散段和离散反应器系统。

4 结论

(1) 定义了原型与模型两种移流扩散的相似系统，必须满足对应点处各方向扩散通量的比值应相等，而且遵循费克扩散定律。

(2) 给出了原型与模型两种移流扩散的相似系统，必须满足对应点处贝克来数 Pe、降解数 De 或 O'Connor 数相等的移流扩散相似准则和比尺关系，分析了量纲一数的物理意义。

(3) 在明渠水流重力相似条件下，给出了污染物扩散系数和降解系数的相似比尺与长度比尺的关系，$\lambda_E = \lambda_u \lambda_L = \lambda_L^{1.5}$，$\lambda_K = \lambda_u / \lambda_L = \lambda_L^{-0.5}$。

(4) 举例分析了移流扩散相似准则在模型试验设计中的应用、Pe 数在河流二维移流扩散简化方程基本解讨论中的应用、O'Connor 数在河流移流离散方程基本解讨论及其模型简化和分类中的应用。

参考文献

[1] 谢永明. 环境水质模型概论 [M]. 北京：中国科学技术出版社，1996.

[2] 闻德荪. 工程流体力学（水力学）（上册）[M]. 北京：高等教育出版社，2004.
[3] 李玲，李玉梁，陈嘉范. 梯形断面水槽中横向扩散系数的实验 [J]. 清华大学学报（自然科学版），2003，43（8）：1124-1126，1152.
[4] 梁秀娟，刘耀莹，张文静，等. 室内模拟试验确定横向扩散系数的研究 [J]. 吉林大学学报（地球科学版），2004，34（4）：560-565.
[5] 格拉夫，阿廷拉卡. 河川水力学 [M]. 赵文谦，万兆惠，译. 成都：成都科技大学出版社，1997.

4-03　水环境影响预测中背景浓度与允许浓度升高值的确定方法[*]

摘　要：在建设项目地表水环境影响预测与评价中，排污口外受纳水域污染混合区范围计算是一项主要内容，允许浓度升高值是污染混合区范围计算的重要影响因素之一。通过分析发现，当背景浓度与水质标准限值比较接近时，受纳水体背景浓度的一个微小误差，就会引起允许浓度升高值和污染混合区几何特征参数误差传递的放大效应。本文提出了确定背景浓度与允许浓度升高值的新方法：①针对背景浓度的随机特征，提出了根据河流断面实测资料计算水质频率曲线的方法和以75%或90%水质保证率确定背景浓度的原则，以及采样60%~90%之间部分频率分布的曲线拟合方程计算背景浓度的方法。最后，由水质标准值减去背景浓度得到允许浓度升高值。②按照河流上、下游水环境容量的公平合理分配和留有余地的原则，提出了以水功能区水质标准值的5%直接作为允许浓度升高值，以此计算污染混合区范围。

关键词：水环境影响预测；污染混合区；背景浓度；浓度升高值；水质频率曲线；水质保证率

厂矿企业、工业园区和城镇污水厂等建设项目或其他来源的废/污水经处理达到相应的排放标准后，通过明渠或管道排入到附近的河流或湖库。由于水功能区所执行的《地表水环境质量标准》（GB 3838—2002），一般要严格于国家和地方《污水综合排放标准》（GB 8978—1996）中相关的浓度排放限值，在排污口外的受纳水体中必然存在一个超标水域，即污染混合区。所以在文献［1］中规定：排污口所在水域划定的混合区，不得影响鱼类洄游通道及混合区外水域使用功能。因此在建设项目地表水环境影响预测与评价中，需要对排污口形成污染混合区外边界的允许浓度升高值进行科学合理地确定。

以往学者的研究[2-12]大多都是针对污染混合区的定义和几何特征参数的计算进行，很少涉及污染物允许浓度升高值的确定对污染混合区几何特征参数的影响研究。从环境管理角度的定义，污染混合区是以水功能区所执行的水质标准限值为基准，相应的污染物（除难降解、毒性大、易长期积累的持久性污染物外）等浓度线所包围的空间区域。即污染混合区为在污水排放口附近区域中，不能满足受纳水体功能所要求水质标准的水域范围，是环境管理中允许的超标区域[2-4]。由此得到，在污染混合区几何特征参数的计算中，由排污引起的允许浓度升高值等于水功能区所执行的水质标准限值减去受纳水体的背景浓度值[5-12]。根据国家和地方相应的法规、标准可以查知研究区域水功能区所执行的水质标准限值，所以污染物允许浓度升高值的确定通常就变成了受纳水体背景浓度值的确定问题。然而，受纳水体背景浓度值的确定，往往存在随机性、或然性、不确定性和监测时段选取的人为主观性等多种因素影响，会给污染混合区几何特征参数的计算带来成倍甚至数倍的传递误差，使其计算结果的实际应用受到极大影响。

---

[*] 原文载于《环境工程学报》，2016，10（5），作者：武周虎，张洁，牟天瑜，杨正涛，丁敏。

本文通过对地表水环境影响预测与评价中，现行污染物允许浓度升高值确定方法和背景浓度波动误差引起污染混合区几何特征参数计算结果的误差传递分析，剖析现行确定方法存在的问题，提出确定背景浓度与允许浓度升高值的新方法，对地表水污染混合区几何尺度和控制排污量的计算，具有重要的实际指导意义，在地下水和大气环境影响预测中具有参考借鉴价值。

1 现行确定方法存在的问题

在地表水环境影响预测与评价和污染混合区几何特征参数的计算中，现行污染物允许浓度升高值的确定方法是按照水功能区所执行的水质标准限值减去受纳水体的背景浓度值来计算。对于建设项目地表水环境影响选定的评价区域，前者根据其所处水功能区类别由国家和地方相应的法规、标准可以查到，后者则由环境影响评价工作中水环境现状调查分析确定。

在《环境影响评价技术导则　地面水环境》(HJ 2.3—93)[13]中各类水域（以河流为例）在不同评价等级时水质的调查时期表述为：一级评价一般调查一个水文年的丰水期、平水期和枯水期；若评价时间不够，至少应调查平水期和枯水期。二级评价在条件许可的情况下，可调查一个水文年的丰水期、平水期和枯水期；一般只可调查枯水期和平水期；若评价时间不够，可只调查枯水期。三级评价一般可只调查枯水期。对于河流水质调查取样次数的规定，在不同评价等级的调查时期中，每期调查一次，每次调查三四天；至少有一天对所有已选定的水质参数取样分析；其他天数根据预测需要进行水质参数取样分析；一般情况，每天每个水质参数只取一个样。根据对地表水质的调查与分析表明[14-15]，受河流水文情势和上游排污条件变化的影响，河流不同监测站点的水质呈现为年际（丰、平、枯水年）和年内季节性的变化特征。也就是说，按照地表水环境影响评价技术导则中河流水质调查时期和次数的规定，进行河流水质现状调查的结果存在监测时段和频次选取等多种因素的影响，很难有效代表受纳水体的背景浓度值。

以某建设项目地表水环境影响预测与评价区域河段的水功能区执行Ⅲ类水质标准要求，其化学耗氧量（COD_{Cr}）的标准限值 $C_s \leq 20\text{mg/L}$[1] 为例，对受纳水体的背景浓度监测误差所依次带来的污染物允许浓度升高值和污染混合区几何特征参数的误差传递作用进行分析计算。目前，我国大部分河流的主要污染物背景浓度比较高，已接近或超过相应的水功能区所执行的水质标准限值。当受纳河流的 COD_{Cr} 背景浓度监测值＋误差为 $C_b=(18.5\pm0.5)\text{mg/L}$ 时，其相对误差为±2.7%（增大/减小），在实际水质监测工作中这是一个很容易产生的误差范围，由此引起的误差传递为：允许浓度升高值 $C_a=C_s-C_b=20-(18.5\pm0.5)=(1.5\mp0.5)\text{mg/L}$，其相对误差为∓33.3%（减小/增大）。

宽阔河流岸边排放污染混合区最大长度 L_s、最大宽度 b_s 和面积 S 的理论计算公式分别为[9]

$$L_s = \frac{1}{\pi E_y U}\left(\frac{m}{HC_a}\right)^2 \tag{1}$$

$$b_s = \sqrt{\frac{2}{\pi e}}\frac{m}{UHC_a} \tag{2}$$

四、概念修正和相似准则及其参数确定方法

$$S = \left(\frac{2}{3}\right)^{1.5} \frac{\sqrt{\pi e}}{2} L_s b_s \tag{3}$$

污染混合区外边界（等浓度）标准曲线方程为[10]

$$\left(\frac{y}{b_s}\right)^2 = -e\frac{x}{L_s}\ln\left(\frac{x}{L_s}\right) \tag{4}$$

由式（1）～式（3）可以看出，河流污染混合区最大长度、最大宽度和面积依次与允许浓度升高值的-2、-1和-3次方成比例。在其他参数不变的条件下，由背景浓度相对误差为±2.7%引起污染混合区几何特征参数的计算误差传递分别为：最大长度的相对误差为125.0%和-43.8%；最大宽度的相对误差为50.0%和-25.0%；面积的相对误差为237.5%和-57.8%。图1给出了受纳水体的背景浓度监测误差引起的计算误差传递过程。采用背景浓度$C_b=18.5$mg/L对应的污染混合区最大长度和最大宽度分别对纵向和横向坐标作量纲一处理，由式（4）分别绘制背景浓度和背景浓度±2.7%误差的污染混合区量纲一参考范围，见图2。

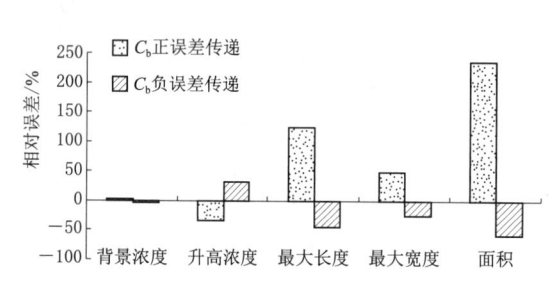

图1 背景浓度监测误差引起的计算误差传递过程

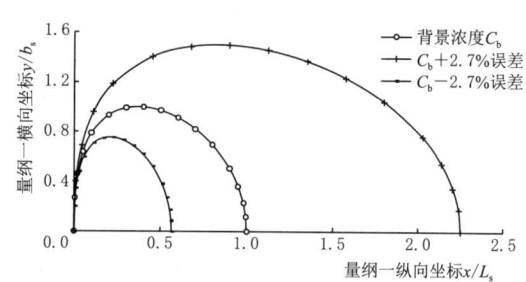

图2 背景浓度监测误差引起的污染混合区量纲一参考范围变化

由图1和图2看出，河流背景浓度现状监测中看起来一个很平常的波动误差±2.7%，就会带来允许浓度升高值以及污染混合区最大长度、最大宽度和面积误差传递的放大效应，以至于使污染混合区的面积增加了237.5%和减小了-57.8%。河流污染混合区几何特征参数的计算公式是由环境水力学扩散理论，经过严格的数学推导获得其各影响因素（变量）之间的本构关系方程[9-10]，当背景浓度与水质标准限值比较接近时，背景浓度的一个微小误差，就会引起允许浓度升高值和污染混合区几何特征参数误差传递的放大效应；当背景浓度远小于水质标准限值时，上述放大效应的影响会较小。如何能够科学地确定出允许浓度升高值就是一个值得研究的问题，河流背景浓度的合理确定就显得至关重要。在地表水环境影响预测与评价中，这也是困惑污染混合区范围计算，经常被省略而难以推广应用的主要原因之一。

在实际工作中，河流背景浓度现状调查又何止是会产生一个正常的波动误差范围？河流水质具有年际和年内季节性的变化特征，又受河流水文情势和上游排污条件变化的影响，呈现出随机性和监测时段选取的人为主观性等多种因素影响。导致我国环境影响评价法实施十几年来，虽然建设项目的水环境影响评价结论都能达到相应的水功能区标准要求，然而实际水环境质量超标严重，水污染形势严峻。事实上，河流背景浓度的波动范围

往往会出现成倍的变化,即使对不同评价等级的水质调查时期都规定为枯水期,也会有很大的波动性;在地表水环境影响评价技术导则[13]中对建设项目环境影响评价河流水质调查的规定:每期调查一次,每次调查三四天的代表性也是一个需要质疑的问题,如何合理地确定其值就成为一个难题。下面提出一种采用水质监测系列资料通过频率分析确定背景浓度的新方法,另外提出一种避开河流背景浓度,直接按水质标准限值的5%确定允许浓度升高值的有效方法。

2 确定背景浓度与允许浓度升高值的新方法

2.1 确定背景浓度的频率分析法

为了克服水环境现状调查中众多随机性因素的影响,可以从河流水质的总体中抽取实际(例行)监测资料作为研究对象,这些实测资料称为样本。随着经济社会发展与水生态文明建设,考虑到水环境污染与改善双重因素产生的水质变化趋势,所选水质样本的月平均个数应以建设项目环评时最近的24个月为宜,中间所缺月的水质资料不应超过样本历时(月数)的20%。选取建设项目环境影响评价区域河段水质监测断面连续15个月以上(至少包含2个枯水期数据)的水质实测资料,进行背景浓度样本的频率分析。

将河流监测断面连续序列的水质实测资料,按地表水环境影响预测与评价中所选某种污染物的月平均浓度由小到大排序,其序号为 i($=1,2,3,\cdots,n$),最大序号为 n,即样本容量。考虑到样本容量远远小于总体容量,样本中并不一定包括总体中所可能出现的浓度最大值,其样本的累积频率最大值就不一定等于总体的累积频率最大值100%,因此,选择水文学上通常采用的累积频率计算公式

$$P_i = \frac{i}{n+1} \times 100\% \tag{5}$$

以南四湖流域洙赵新河、薛城沙河和泗河3条河流、4个断面、2008—2009年24个月的实测月平均 COD_{Cr} 浓度(表1)为例,分别按4个监测断面的月平均 COD_{Cr} 浓度由小到大排序,样本容量均为 $n=24$,分别进行累积频率计算。然后,以月平均浓度 C_i 为垂坐标,以累积频率 P_i 为横坐标,分别点绘随机变量小于等于 C_i 而出现的累积频率,称为水质频率曲线(或称水质保证率曲线),见图3。

表1 河流监测断面实测连续序列 COD_{Cr} 资料① 单位:mg/L

河流断面	洙赵新河菜园集		薛城沙河十字河桥		泗河泉林		泗河书院	
月 \ 年	2008	2009	2008	2009	2008	2009	2008	2009
1	38.9	68.4	25.0	13.0	13.7	10.2	39.8	45.7
2	28.7	17.7	16.0	20.0	14.6	17.4	39.7	26.3
3	29.0	26.1	18.0	18.0	14.4	20.9	51.0	43.3
4	41.0	24.2	20.0	14.0	14.3	12.7	22.5	39.6
5	28.0	31.4	17.0	12.0	17.8	14.0	28.8	47.0
6	19.7	20.1	22.0	12.0	12.6	12.1	48.9	36.5

四、概念修正和相似准则及其参数确定方法

续表

河流断面 年 月	洙赵新河菜园集		薛城沙河十字河桥		泗河泉林		泗河书院	
	2008	2009	2008	2009	2008	2009	2008	2009
7	15.4	16.0	18.0	16.0	14.2	10.0	29.3	42.2
8	39.9	46.8	25.0	12.9	11.9	16.6	30.9	18.5
9	33.1	12.2	19.0	11.8	10.8	13.2	32.3	35.9
10	28.2	49.6	18.0	18.6	10.1	11.4	33.5	30.8
11	39.1	12.8	16.0	15.8	13.8	20.0	48.6	31.0
12	31.5	13.6	16.0	9.8	12.7	17.2	49.5	49.8
样本平均值	29.6		16.8		14.0		37.6	
75%保证率	37.9		18.5		15.5		46.9	
75%保证率与平均值相对差/%	27.7		9.8		10.4		24.8	

① 摘自：山东省环境监测中心站。山东省排放污染物总量控制水质监测公报．济南：山东省环境监测中心站，2008，2009．

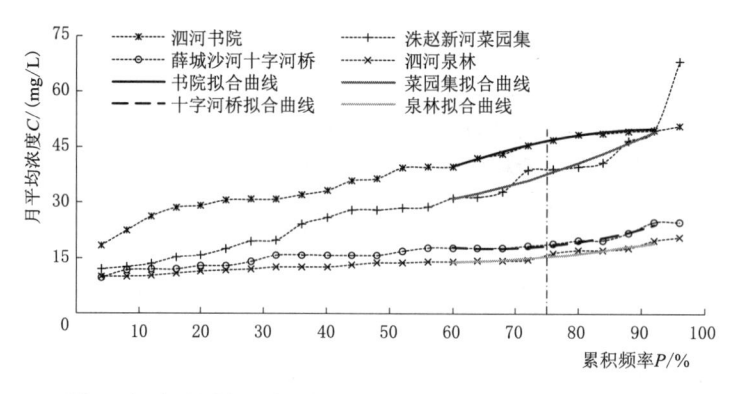

图 3 河流监测断面实测 COD_{Cr} 的累积频率及部分拟合曲线

由表 1 看出，洙赵新河菜园集、薛城沙河十字河桥、泗河泉林和泗河书院监测断面的样本平均值依次为 29.6mg/L、16.8mg/L、14.0mg/L 和 37.6mg/L。由图 3 看出，河流监测断面的水质频率曲线呈现为单调上升的变化特征，也就是说水功能区标准要求的污染物浓度限值越高（即水质类别越低），水质的保证率越高，水质越容易得到满足。薛城沙河十字河桥和泗河泉林 2 个监测断面的水质总体较好；洙赵新河菜园集和泗河书院 2 个监测断面的水质总体较差。仔细分析发现，在约 92% 保证率下泗河书院的 COD_{Cr} 浓度普遍高于洙赵新河菜园集，但也有约 8% 频率的样本是洙赵新河菜园集的 COD_{Cr} 浓度高于泗河书院，出现了水质保证率曲线的交叉现象。在累积频率较低或较高时，水质频率曲线的斜率变化较大，曲线上升过程陡峻的情况，这一点符合在实际中发生极端浓度概率较低的统计学特征。

在当前我国经济社会快速发展的大背景下，大部分河流的中、下游发展中地区，特别是粗放生产经营地区、城镇河段和小型河流很难实现所有监测样本达到相应的水功能区标准限值。一方面存在突发污染事件、偷排或初期雨水超标的问题，另一方面存在河流水文情势的年际和年内季节性变化（如：极枯水情）等引起污染物浓度超标的问题。从国情实际出发，选择一个比较恰当的背景浓度保证率，既支持我国经济社会健康稳步发展，又使水功能区的环境质量处于较高水平。为此，提出在河流源头区、水源保护区以及水质受随机因素冲击影响较小的上游河段、大江大河、湖泊、水库等水域，水质样本容量以最近的36个月为宜，采用90%保证率作为背景浓度确定的原则；在其他水域，考虑到水环境污染与改善双重因素产生的水质变化趋势，水质样本容量以最近的24个月为宜，采用75%保证率作为背景浓度确定的原则。

根据水质保证率确定背景浓度的原则和累积频率曲线的变化特征，为提高75%和90%保证率时累积频率曲线拟合方程的计算精度，对累积频率在60%~90%之间的部分频率分布采用二次曲线进行拟合。由图3可以看出，河流水质4个监测断面的累积频率部分拟合曲线分别与各自相应区间的实测值吻合良好，相关系数 R^2 为0.938~0.994。结果表明，按照75%保证率确定的原则，洙赵新河菜园集、薛城沙河十字河桥、泗河泉林和泗河书院监测断面（河段）的 COD_{Cr} 背景浓度 C_{75} 依次为37.9mg/L、18.5mg/L、15.5mg/L 和 46.9mg/L。该数值依次大于相应样本平均值的27.7%、9.8%、10.4%和24.8%，由此确定的背景浓度能够较好地反映监测河段的水环境质量状况。按照定义，由排污引起的允许浓度升高值等于水功能区所执行的水质标准限值减去受纳水体的背景浓度值，即有

$$C_a = C_s - C_{75} \text{ 或 } C_a = C_s - C_{90} \tag{6}$$

式中：C_{75}、C_{90} 分别为以75%和90%水质保证率确定的背景浓度值，其他符号意义同前。

根据水功能区划和《地表水环境质量标准》（GB 3838—2002）[1]中规定，薛城沙河十字河桥和泗河泉林河段执行Ⅲ类水标准，COD_{Cr} 的标准限值为20mg/L；洙赵新河菜园集和泗河书院河段执行Ⅳ类水标准，COD_{Cr} 的标准限值为30mg/L。由此计算得到，薛城沙河十字河桥和泗河泉林河段的 COD_{Cr} 允许浓度升高值分别为 $C_a = C_s - C_{75} = 20 - 18.5 = 1.5$ mg/L 和 $20 - 15.5 = 4.5$ mg/L；而洙赵新河菜园集和泗河书院河段的 COD_{Cr} 浓度已经超过水功能区标准限值，不允许排污引起 COD_{Cr} 浓度再升高，一般性建设项目的排污应实行限批。对于城镇污水厂等建设项目，应对项目污水经处理厂达到相应排放标准后的尾水，再经过人工湿地水质净化工程进一步降低污染物浓度，在水质超标河段治理达标之前，不应允许向其水体排污。

2.2 确定允许浓度升高值的新方法

在南四湖流域泗河上游泉林断面与下游书院断面相距118.0km。由表1可知，2008—2009年24个月的样本平均 COD_{Cr} 浓度分别为14.0mg/L和37.6mg/L，75%水质保证率的 COD_{Cr} 背景浓度分别为15.5mg/L和46.9mg/L。由此可以看出，泗河上游泉林断面为Ⅲ类水与下游书院断面为超Ⅴ类水的水环境质量相差很大，说明在百余千米泗河河段的入河排污量远远超过该河段的水环境容量。类似情况在我国并不鲜见[14,16-18]，因此，如何对河流上、下游的水环境容量进行科学利用和公平合理分配是需要急迫解决的问题。

让江河湖泊休养生息是生态文明理念在水环境综合治理领域的集中体现，水环境容量

四、概念修正和相似准则及其参数确定方法

的利用要给降雨径流带来的面源污染留有余地，要有环境风险意识，为人水和谐、人与自然的和谐相处创造条件。借鉴我国在污水海洋处置工程的允许混合区范围设计中规定[19]：污水海洋处置排放点的选取和放流系统的设计，应满足以受纳水功能区所执行的水质标准限值来规定的初始稀释度要求。在海洋排污工程对允许混合区范围初始稀释度的规定是不随受纳水体的实际水环境质量而变化的。为增强地表水环境影响预测与评价的科学性，提高污染混合区的计算精度，避免河流背景浓度波动误差引起污染混合区几何特征参数计算误差的传递增大，同时兼顾河流上、下游水环境容量的公平合理分配，促进河流上、下游地区经济、社会与环境的协调发展。

在污染混合区允许最大长度 $[L_s]$ 等条件一定的情况下，由式（1）可以得到最大允许排污量的计算公式为

$$G = \sqrt{\pi E_y U [L_s]} H C_a \tag{7}$$

在实践中，常会出现在一条河流上游的背景浓度相对于水质标准限值较小或很小的情况，而在其下游的背景浓度相对于水质标准限值比较接近的情况。由式（7）可知，河流上游的允许浓度升高值较大，其最大允许排污量也较大；而河流下游的允许浓度升高值很小，其最大允许排污量也很小。这就出现了河流上、下游水环境容量的公平合理分配问题。如果采用环境质量标准比例法确定允许浓度升高值，要求河流上、下游的允许浓度升高值都只能取排污河段水功能区所执行水质标准限值的5%，这对河流上、下游水环境容量的合理利用是非常具有实际意义的，也克服了环评人员的人为主观性等多种因素影响。但对背景浓度大于水质标准限值95%的河段，不建议采用环境质量标准比例法，应先治污，禁止排污，以免加重污染形势。为此，提出以水功能区所执行水质标准限值的5%直接作为建设项目排污地表水中污染物的允许浓度升高值，即有

$$C_a = 0.05 C_s \tag{8}$$

以此代入式（1）～式（3）计算污染混合区几何特征参数。

在建设项目排污口外的受纳水体中，按照污染物允许浓度升高值等于水功能区所执行水质标准限值5%的原则，由环境监管部门规定其允许最大长度、允许最大宽度或允许最大面积，由环境影响评价单位在地表水环境影响预测与评价中科学合理地进行计算，回答是否满足污染混合区允许范围要求，否则要提出具体的环保措施和排污削减量方案。

3 结论

（1）通过对背景浓度波动误差传递过程的分析发现，当背景浓度与水质标准限值比较接近时，背景浓度看似一个很平常的微小误差，就会引起允许浓度升高值以及污染混合区最大长度、最大宽度和面积误差传递的放大效应，以至于导致污染混合区的最大长度和面积成倍增加或大幅度减小。

（2）针对背景浓度受多种因素影响的随机性特征，提出了根据河流断面实测资料计算水质频率曲线的方法和采样75%或90%水质保证率确定背景浓度的原则，以及采样60%～90%之间部分频率分布的曲线拟合方程计算背景浓度的方法，从而由水功能区所执行的水质标准限值减去背景浓度值得到允许浓度升高值。

（3）按照让江河湖泊休养生息，兼顾河流上、下游水环境容量的公平合理分配和留有

余地的原则，在背景浓度小于水质标准限值95%的条件下，提出了以水功能区所执行水质标准限值的5%直接作为允许浓度升高值，以此计算污染混合区范围。

参考文献

[1] 国家环境保护总局，国家质量监督检验检疫总局. GB 3838—2002 地表水环境质量标准 [S]. 北京：中国环境科学出版社，2002.

[2] 张永良，李玉梁. 排污混合区分析计算指南 [M]. 北京：海洋出版社，1993.

[3] BROCK NEELY W. The definition and use of mixing zones [J]. Environmental Science & Technology，1982，16（9）：518A-521A.

[4] Idaho Department of Environmental Quality. Mixing Zone Technical Procedures Manual (DRAFT) [Z]. Boise：Idaho Department of Environmental Quality，USA，2008.

[5] 朱发庆，吕斌. 长江武汉段工业港酚污染带研究 [J]. 中国环境科学，1996，16（2）：148-152.

[6] 陈祖君，王惠民. 关于污染带与排污量计算的进一步探讨 [J]. 水资源保护，1999，15（6）：32-34.

[7] 任照阳，邓春光. 二维水质模型在污染带长度计算中的应用 [J]. 安徽农业科学，2007，35（7）：1984-1985，2037.

[8] 薛红琴，刘晓东. 连续点源河流污染带几何特征参数研究 [J]. 水资源保护，2005，21（5）：23-26.

[9] 武周虎，贾洪玉. 河流污染混合区的解析计算方法 [J]. 水科学进展，2009，20（4）：544-548.

[10] WU Z H，WU W，WU G Z. Calculation Method of Lateral and Vertical Diffusion Coefficients in Wide Straight Rivers and Reservoirs [J]. Journal of Computers，2011，6（6）：1102-1109.

[11] 武周虎. 考虑边界反射作用河流污染混合区的简化算法 [J]. 水科学进展，2014，25（6）：864-872.

[12] 武周虎，任杰，黄真理，等. 河流污染混合区特性计算方法及排污口分类准则Ⅰ：原理与方法 [J]. 水利学报，2014，45（8）：921-929.

[13] 国家环境保护局. HJ/T 2.3—93 环境影响评价技术导则 地面水环境 [S]. 北京：中国环境科学出版社，1994.

[14] 武周虎，慕金波，谢刚，等. 南四湖及入出湖河流水环境质量变化趋势分析 [J]. 环境科学研究，2010，23（9）：1167-1173.

[15] 陈永灿，郑敬云，刘昭伟. 三峡库区河段水质评价与分析 [J]. 水利水电技术，2001，32（7）：24-27.

[16] 慕金波，甄文栋，王忠训，等. 山东省河流环境容量及最大允许排污量研究 [J]. 山东大学学报（工学版），2008，38（5）：77-81.

[17] 周洋，周孝德，冯民权. 渭河陕西段水环境容量研究 [J]. 西安理工大学学报，2011，27（1）：7-11.

[18] 李兵，张建强，张绍修. 苏南运河苏锡常段水环境容量和排污控制量研究 [J]. 水资源与水工程学报，2007，18（5）：61-63.

[19] 国家环境保护总局，国家质量监督检验检疫总局. GB 18486—2001 污水海洋处置工程污染控制标准 [S]. 北京：中国环境科学出版社，2001.

4-04　水环境影响预测中计算参数的确定及敏感性分析*

摘　要：无论采用解析计算还是数学模拟对河流污染混合区开展分析，其计算参数的准确性比选择不同数学模型对预测结果的影响更大，应予以重视。本文基于宽阔河流污染混合区几何特征尺度的理论公式，分析并提出了采用多年平均枯水期流量确定环境设计流量的方法和考虑排污风险修正系数的排污强度确定方法，给出了河流污染混合区各计算参数正、负误差分别引起的最大长度、最大宽度和面积误差的敏感性排序。结果表明，水深、流速和横向扩散系数的正误差会减小污染混合区范围，而排污强度的正误差则会增大污染范围，而且，污染混合区几何特征尺度的误差变化幅度远超过其计算参数的误差变化幅度，揭示了计算误差的放大效应。

关键词：环境设计流量；计算参数；确定方法；敏感性分析；污染混合区

　　河流沿岸地区工业、市政或其他来源的废/污水经处理达到相应的排放标准（但一般达不到受纳水体的功能区标准）后，通过排污管道或渠道泄入河流。在排污口附近的局部水体中稀释混合首先达到垂向均匀，然后在河流的纵向和横向方向逐渐迁移扩散。随其排放的污染物会使受纳河流的水环境质量下降，对河流的水环境影响进行预测是地表水环境影响评价和水域纳污能力计算的主要内容之一[1-3]。

　　近20多年来，常用的河流水环境影响预测一维、二维稳态模式在分类和求解理论方面缺乏更新[1-2]，甚至文献［3］在对环境水力学经典理论解的应用方面出现了理解上的错误。比如O'Connor河口衰减模式是一个潮平均模型，在恒定连续排放条件下的稳态解包括污染物向排污口上游和下游传递的2个浓度分布公式[4-5]。而在文献［3］中错误地把向上游（上溯）传递的浓度分布公式当作高潮平均情况，而把向下游传递的浓度分布公式当作低潮平均情况，给实际应用带来很多麻烦。武周虎等[6-10]解决了困扰学术界多年的理论难题，取得了一系列重要的理论创新成果。主要包括：提出了河流一维、二维移流扩散方程的分类准则[6-8]；提出了污染混合区的解析计算方法和基于环境扩散条件的河流宽度分类判别准则[9-10]等，大大提高了河流水环境影响预测理论的可靠性。武周虎等[11]基于河流污染混合区理论分析发现，受纳水体背景浓度的一个微小误差，就会引起允许浓度升高值和污染混合区几何特征尺度误差传递的放大效应。崔冬等[12]给出了对流扩散方程的数值耗散，相当于在原方程中增加了1个扩散项，在三阶QUICKEST离散格式下的"假扩散"系数与流速的0.5次方及空间步长的2次方呈正相关关系。但在建设项目排污河流的水环境影响预测与评价中，河流的水文和扩散参数通常是按人为经验、资料类比和项目借鉴选取，严重影响了河流污染混合区范围的理论计算和数学模拟结果的可靠性。一

---

* 原文载于《人民长江》，2016，47（8），作者：武周虎，祝帅举，牟天瑜，徐斌，陈妮。

一般来讲，河流的水文和扩散参数比数学模型的选择更为重要，越是复杂精细的数学模型对计算参数选取的精度要求也就越高。人们常常较为重视对数学模型的选择，而轻视对其计算参数的确定。

本文基于宽阔河流污染混合区最大长度、最大宽度和面积的理论计算公式，探讨除允许浓度升高值/背景浓度以外的计算参数——环境设计流量、流速、水深、河宽、横向扩散系数以及排污强度的确定方法，进行计算参数的敏感性分析，对地表水污染混合区几何特征尺度和控制排污强度的计算，具有重要的实际指导意义，在地下水环境影响预测与评价中具有参考借鉴价值。

1 污染混合区计算参数确定

对河宽 $B \geqslant 1.2 \dfrac{m}{HUC_a}$ 的宽阔河流岸边排放污染混合区最大长度 L_s、最大宽度 b_s 和面积 S 的理论计算公式依次为[9]

$$L_s = \frac{1}{\pi E_y U}\left(\frac{m}{HC_a}\right)^2 \tag{1}$$

$$b_s = \sqrt{\frac{2}{\pi e}} \frac{m}{UHC_a} \tag{2}$$

$$S = \left(\frac{2}{3}\right)^{1.5} \frac{\sqrt{\pi e}}{2} L_s b_s = 0.7953 L_s b_s \tag{3}$$

式中：U 为河流的断面平均流速；H 为平均水深；E_y 为河流的横向扩散系数；m 为污染物的排污强度；C_a 为河流排污引起的允许浓度升高值，该值等于水环境功能区所执行的标准限值减去河流背景浓度，其等浓度线所包围的区域称为污染混合区。污染混合区外边界（等浓度）标准曲线方程为[13]

$$\left(\frac{y}{b_s}\right)^2 = -e \frac{x}{L_s} \ln\left(\frac{x}{L_s}\right) \tag{4}$$

由式（4）表明，河流污染混合区具有相似性，岸边污染混合区外边界标准曲线形状近似于半椭圆，在靠近排污口一端出现钝头，在污染混合区下游边界出现稍尖形状，污染混合区最大宽度相应的纵坐标为最大长度的 $1/e \approx 0.368$。

由式（1）～式（3）可以看出，宽阔河流污染混合区最大长度、最大宽度和面积的直接计算参数包括流速、水深、横向扩散系数、排污强度以及允许浓度升高值，间接计算参数包括环境设计流量和河宽，鉴于允许浓度升高值/背景浓度的确定方法和敏感性分析已在参考文献[11]讨论。因此，下面进行其余计算参数的确定方法及敏感性分析。

1.1 环境设计流量

关于河流环境设计流量的选择在水环境容量计算中研究较多，但尚缺乏统一的确定方法[14-15]。如有 7Q10 指 90％保证率下最枯连续 7d 的平均流量，由于该标准要求比较高，一般河流可采用最近 10a 最枯月平均流量或 90％保证率下最枯月平均流量（即 30Q10）。我国北方各个流域由于枯水月流量太小或可能断流，也可采用最近 10a 最枯季平均流量或 90％保证率下最枯季平均流量（即 90Q10），以及最小生态流量（即多年平均流量的

10%）作为环境设计流量。也有采用生物学方法来确定设计流量，如30B3，即重现期3a，允许平均期30d的河流稳态设计流量。

张晓东等[16]分别采用90%保证率下最枯月、最近15a最枯月、最枯季（月平均流量最小的3个月）和最枯期（月平均流量最小的4个月）平均流量计算了山东省河流的水环境容量。司全印等[17]提出了按照自产水资源估算各地水环境容量的方法，分别采用95%和75%保证率下最枯月平均流量和相应保证率下典型年枯水期平均流量计算了陕西省2种主要污染物COD_{Cr}、NH_3-N的水环境容量。Tennant法又称为蒙大拿法（Montana method）是Tennant D L[18]于1976年提出的。他们在1964—1974年对美国蒙大拿、怀俄明及内布拉斯加的11条河流进行了野外观测研究。通过分析地域、断面和流量变化对渔业的影响，建立了水深、河宽、流速等鱼类栖息地参数与流量之间的关系。多年平均流量的10%是保持河流生态系统健康的最小流量，多年平均流量的30%能为大多数水生生物提供较好的栖息地条件。以上河流环境设计流量的确定方法均无具体的判别与适用条件，对同一河流断面的水文资料，各种确定方法的环境设计流量相差甚远，给实际应用带来极大不便。

笔者分析认为：对于内陆水体，自净能力最小的时段大多为枯水期，一般情况下，环境设计流量应选择多年平均枯水期流量。考虑到天然河流的情况十分复杂，多年平均枯水期流量可能会小于最小生态流量；或者偏大，会使水环境容量和水域纳污能力的计算结果偏大，不利于水环境安全的控制与管理。为此，提出在多年平均枯水期流量小于多年平均流量的10%时，选择环境设计流量等于多年平均流量的10%（即最小生态流量），这种情况一般会出现在我国北方的部分河流；在多年平均枯水期流量大于多年平均流量的30%时，选择环境设计流量等于多年平均流量的30%，这种情况一般会出现在我国南方的部分河流。其表达式可写成

$$Q_e = \begin{cases} 0.1Q_a & (Q_{dry} \leqslant 0.1Q_a) \\ Q_{dry} & (0.1Q_a < Q_{dry} < 0.3Q_a) \\ 0.3Q_a & (Q_{dry} \geqslant 0.3Q_a) \end{cases} \quad (5)$$

对无实测资料河流，罗育池等[19]以颍河流域为例，应用等值线图法、水文比拟法和径流系数法对该流域的年径流量进行推算，相互验证和比较上述三种方法的推算结果，进而得到相应河流断面的多年平均径流量和多年平均流量。据此，笔者提出在这种情况下，选择环境设计流量等于多年平均流量的20%。其表达式可写成

$$Q_e = 0.2Q_a \quad （无资料推算情况） \quad (6)$$

上二式中：Q_e为环境设计流量；Q_a为多年平均流量；Q_{dry}为多年平均枯水期流量。以上所提出的环境设计流量的确定方法简单，无须进行频率计算，易于掌握，实际运用十分简便、快捷有效。

1.2 流速、水深与河宽

流速是指与环境设计流量相对应的断面平均流速。在环境设计流量确定后，断面平均流速可根据河道流速与流量的关系曲线来确定。在按规范设立的水文站观测资料中，一般包括有河道水位与流量、水位与流速、水位与宽度、水位与断面面积等关系曲线（或对照

列表）资料。当河道中水位越高，河宽越大，断面面积越大，流速越大，流量也越大，因此水位与宽度、水位与断面面积、水位与流速以及水位与流量关系曲线的变化趋势基本相同。河道断面平均流速与流量成正比例关系，其经验关系式可表示为

$$U = \alpha Q^{\beta} \tag{7}$$

河道平均水深与流量成正比例关系，其经验关系式可表示为

$$H = \gamma Q^{\delta} \tag{8}$$

式中：Q 为河流流量；U 为断面平均流速；H 为平均水深；α、β、γ、δ 为经验系数，由实测水文资料确定。将环境设计流量 Q_e 代入式（7）和式（8）中分别计算出断面平均流速和平均水深。

天然河流大多属于宽浅型，过水断面通常可按矩形断面处理。根据已确定的河流环境设计流量、断面平均流速和平均水深，由水流连续性方程得到河宽 B 为

$$B = \frac{Q_e}{UH} \tag{9}$$

在缺乏实测水文资料时，可根据对河流/河段枯水期流量过程、水面宽度或稳定河槽宽度、水深、过水断面面积、河道糙率（n）、水面比降或河床比降（J）等资料的调查和流速测试，综合环境设计流量和明渠水力学计算公式（如 $U = \frac{1}{n} H^{2/3} J^{1/2}$）确定流速、水深与河宽。

1.3 横向扩散系数

横向扩散系数（横向混合系数）是河流中污染物横向扩散与混合特性的重要体现与反映，也是河流污染混合区计算的主要参数之一。对于河流横向扩散系数的研究已有 50 多年的历程，大多是通过室内试验水槽与天然河流的野外试验对横向扩散系数进行探索，常见确定横向扩散系数的方法为经验公式估算法和示踪试验测定法。艾尔德（Elder，1959）首先推导出二维明渠中垂向紊动扩散系数的表达式，之后通过类比将表达式的形式推广到横向扩散系数中。对于实际应用，费希尔（Fischer，1979）建议可采用[4]

$$E_y = \alpha_y H u_* \tag{10}$$

式中：E_y 为横向扩散系数；α_y 为量纲一横向扩散系数；H 为河流平均水深；u_* 为摩阻流速（$=\sqrt{gHJ}$）。

实践表明，对于不同特征的明渠和河道，α_y 的取值范围较宽。对顺直室内水槽试验 $\alpha_y = 0.10 \sim 0.25$；对天然河流 $\alpha_y = 0.3 \sim 0.9$。对于顺直均匀明渠可取较低值，对于弯道曲率较大、边壁不规则或几何特性变化较快的河道可取较高值。顾莉等[20] 针对不同河道情况下横向扩散系数的确定方法进行了分析，列举了具有代表性的量纲一横向扩散系数 α_y 值和顺直河段代表性 α_y 表达式，可供选用，不再赘述。

1.4 排污强度

河流污染混合区的计算是指污水处理厂出水水质达到规定的排放标准后，以恒定连续点源形式排放入河，在排污口外受纳水体中形成一个超过水环境功能区质量标准限值的水域范围计算。其点源排污强度按下式确定

四、概念修正和相似准则及其参数确定方法

$$m = k_r m_0 = k_r \frac{qC_{out}}{8.64} \tag{11}$$

式中：$m_0 = qC_{out}/8.64$；m 为某种污染物的排污强度，g/s；q 为排污流量，即污水处理厂的设计规模（日处理水量），万 m³/d；C_{out} 为某种污染物的出水浓度，即规定的相应排放标准值，mg/L；k_r 为排污风险修正系数，建议取值：对城市污水处理厂排放口 $k_r = 1.05\sim1.10$，对工业企业污水处理厂排放口 $k_r = 1.10\sim1.20$。一般来讲，污水处理厂的设计规模越小，污水处理的运行与出水稳定性越差，超标排放的风险越大，则排污风险修正系数也越大。

2 计算参数的敏感性分析

为直观起见，只对河流污染混合区最大长度、最大宽度和面积的直接计算参数流速、水深、横向扩散系数和排污强度进行敏感性分析，且不考虑这些计算参数估算值相对误差之间的交互作用影响。

2.1 最大长度

假设河流/河段断面平均流速的估算值可表示为

$$U_1 = U + \Delta U = U + \varepsilon_u U = (1 + \varepsilon_u)U \tag{12}$$

式中：U_1 为断面平均流速的估算值；U 为断面平均流速的精确值；ΔU 为断面平均流速的绝对误差；ε_u 为断面平均流速的相对误差。将式（12）代入式（1）得到由断面平均流速估算值计算的污染混合区最大长度的预测值为

$$L_{su} = \frac{1}{\pi E_y (1+\varepsilon_u) U} \left(\frac{m}{HC_a}\right)^2 = \frac{1}{1+\varepsilon_u} L_s \tag{13}$$

式（13）除以式（1）再减去 1，得到由断面平均流速估算值相对误差引起的最大长度相对误差的表达式为

$$\varepsilon_{Ls}^u = \frac{L_{su}}{L_s} - 1 = -\frac{\varepsilon_u}{1+\varepsilon_u} \tag{14}$$

式中：L_{su} 为由断面平均流速估算值计算的最大长度预测值；ε_{Ls}^u 为由断面平均流速估算值相对误差引起的最大长度相对误差。

同理推导，分别得到由平均水深、横向扩散系数和排污强度估算值相对误差引起的最大长度相对误差的表达式依次为

$$\varepsilon_{Ls}^h = -\frac{(2+\varepsilon_h)\varepsilon_h}{(1+\varepsilon_h)^2} \tag{15}$$

$$\varepsilon_{Ls}^e = -\frac{\varepsilon_e}{1+\varepsilon_e} \tag{16}$$

$$\varepsilon_{Ls}^m = (2+\varepsilon_m)\varepsilon_m \tag{17}$$

式中：ε_{Ls}^h、ε_{Ls}^e 和 ε_{Ls}^m 分别为由平均水深、横向扩散系数和排污强度估算值相对误差引起的最大长度相对误差；ε_h、ε_e 和 ε_m 分别为平均水深、横向扩散系数和排污强度的相对误差。图 1 给出了污染混合区最大长度相对误差与各计算参数相对误差的关系曲线。

由图 1 和式（14）～式（17）看出，由河流断面平均流速和横向扩散系数估算值相对

误差所引起污染混合区最大长度的预测值相对误差关系曲线重合，说明由两者估算值相对误差引起的最大长度预测值相对误差相同。河流断面平均流速、平均水深和横向扩散系数估算值相对误差与由其引起的最大长度相对误差成反比关系，呈单调下降曲线。若其计算参数的估算值偏小，则污染混合区最大长度的计算结果均增大，且其最大长度的增大幅度会超过其计算参数估算值的偏小幅度。而排污强度估算值相对误差与由其引起的最大长度相对误差成正比关系，呈单调上升曲线。若排污强度的估算值偏大，则污染混合区最大长度的计算结果也增大，且其最大长度的增大幅度会超过排污强度估算值的偏大幅度。

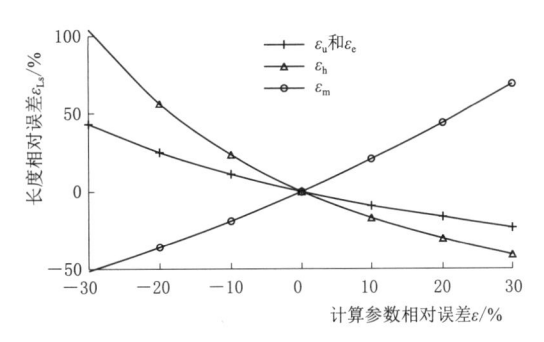

图1 污染混合区最大长度误差与各计算参数误差的关系曲线

按其计算参数估算值相对误差引起的最大长度相对误差绝对值由大到小排序，则有最大长度对计算参数负误差的敏感性是：水深＞排污强度＞流速和横向扩散系数；对计算参数正误差的敏感性是：排污强度＞水深＞流速和横向扩散系数。

2.2 最大宽度

由式（2）看出，污染混合区最大宽度与横向扩散系数无关，即横向扩散系数估算值的误差对最大宽度的计算结果没有影响。将式（12）代入式（2）得到由断面平均流速估算值计算的污染混合区最大宽度的预测值为

$$b_{su}=\sqrt{\frac{2}{\pi e}}\frac{m}{(1+\varepsilon_u)UHC_a}=\frac{1}{1+\varepsilon_u}b_s \tag{18}$$

式（18）除以式（2）再减去1，得到由断面平均流速估算值相对误差引起的最大宽度相对误差的表达式为

$$\varepsilon_{bs}^u=\frac{b_{su}}{b_s}-1=-\frac{\varepsilon_u}{1+\varepsilon_u} \tag{19}$$

式中：b_{su}为由断面平均流速估算值计算的最大宽度预测值；ε_{bs}^u为由断面平均流速估算值相对误差引起的最大宽度相对误差。

同理推导，分别得到由平均水深和排污强度估算值相对误差引起的最大宽度相对误差的表达式依次为

$$\varepsilon_{bs}^h=-\frac{\varepsilon_h}{1+\varepsilon_h} \tag{20}$$

$$\varepsilon_{bs}^m=\varepsilon_m \tag{21}$$

式中：ε_{bs}^h和ε_{bs}^m分别为由平均水深和排污强度估算值相对误差引起的最大宽度相对误差。图2给出了污染混合区最大宽度相对误差与各计算参数相对误差的关系曲线。

由图2和式（19）~式（21）看出，由河流断面平均流速和平均水深估算值相对误差所引起污染混合区最大宽度的预测值相对误差关系曲线重合，说明由两者估算值相对误差引起的最大宽度预测值相对误差相同。河流断面平均流速和平均水深估算值相对误差与由

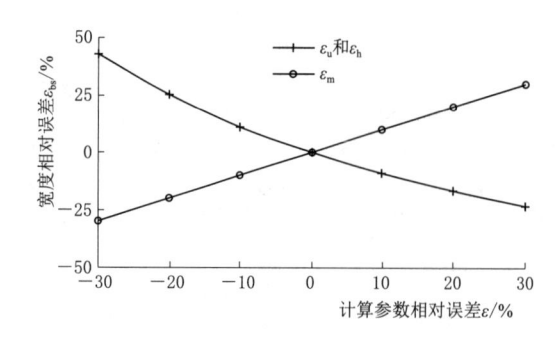

四、概念修正和相似准则及其参数确定方法

图 2 污染混合区最大宽度误差与各计算参数误差的关系曲线

其引起的最大宽度相对误差成反比关系，呈单调下降曲线。若其计算参数的估算值偏小，则污染混合区最大宽度的计算结果均增大，且其最大宽度的增大幅度会超过其计算参数估算值的偏小幅度。而排污强度估算值相对误差与由其引起的最大宽度相对误差成 1 次方正比关系，因此，其最大宽度的增大幅度与排污强度估算值的偏大幅度相同。

按其计算参数估算值相对误差引起的最大宽度相对误差绝对值由大到小排序，则有最大宽度对计算参数负误差的敏感性是：流速和水深＞排污强度；对计算参数正误差的敏感性是：排污强度＞流速和水深。

2.3 面积

将式（13）和式（18）代入式（3）得到由断面平均流速估算值计算的污染混合区面积的预测值为

$$S_u = 0.7953 \frac{1}{(1+\varepsilon_u)^2} L_s b_s \tag{22}$$

式（22）除以式（3）再减去 1，得到由断面平均流速估算值相对误差引起的面积相对误差的表达式为

$$\varepsilon_S^u = \frac{S_u}{S} - 1 = -\frac{(2+\varepsilon_u)\varepsilon_u}{(1+\varepsilon_u)^2} \tag{23}$$

式中：S_u 为由断面平均流速估算值计算的面积预测值；ε_S^u 为由断面平均流速估算值相对误差引起的面积相对误差。

同理推导，分别得到由平均水深、横向扩散系数和排污强度估算值相对误差引起的面积相对误差的表达式依次为

$$\varepsilon_S^h = \frac{1}{(1+\varepsilon_h)^3} - 1 \tag{24}$$

$$\varepsilon_S^e = -\frac{\varepsilon_e}{1+\varepsilon_e} \tag{25}$$

$$\varepsilon_S^m = (1+\varepsilon_m)^3 - 1 \tag{26}$$

式中：ε_S^h、ε_S^e 和 ε_S^m 分别为由平均水深、横向扩散系数和排污强度估算值相对误差引起的面积相对误差。图 3 给出了污染混合区面积相对误差与各计算参数相对误差的关系曲线。

由图 3 和式（23）～式（26）看出，河流断面平均流速、平均水深和横向扩散系数估算值相对误差与由其引起的面积相对误差成反比关系，呈单调下降曲线。若其计算参数的估算值偏小，则污染混合区面积的计算结果均增大，且其面积的增大幅度会超过其计算参数估算值的偏小幅度。而排污强度估算值相对误差与由其引起的面积相对误差成正比关系，呈单调上升曲线。若排污强度的估算值偏大，则污染混合区面积的计算结果也增大，

且其面积的增大幅度会超过排污强度估算值的偏大幅度。

按其计算参数估算值相对误差引起的面积相对误差绝对值由大到小排序，则有面积对计算参数负误差的敏感性是：水深＞流速＞排污强度＞横向扩散系数；对计算参数正误差的敏感性是：排污强度＞水深＞流速＞横向扩散系数。

值得注意的是流速、水深、横向扩散系数的负误差和排污强度的正误差会一并引起污染混合区几何特征尺度计算误差的累积增大，反之亦然。

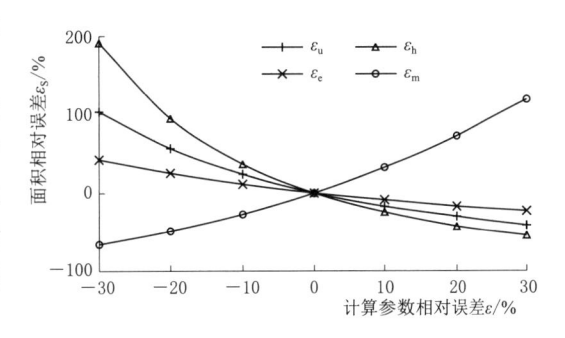

图3 污染混合区面积误差与各计算参数误差的关系曲线

3 结论

（1）提出了采用多年平均枯水期流量确定环境设计流量的方法，并给出了最小值和最大值范围以及无实测水文资料河流年径流量推算情况下环境设计流量的取值方法。

（2）简要归纳了流速、水深、河宽和横向扩散系数的确定方法，提出了考虑排污风险修正系数的排污强度确定方法，即提出了水环境影响预测与评价应与其他工程设计一样要考虑安全性系数。

（3）给出了河流污染混合区各计算参数正、负误差分别引起的最大长度、最大宽度和面积误差的敏感性排序。表明水深、流速和横向扩散系数的正误差对污染混合区范围的影响是减小，排污强度的正误差对污染混合区范围的影响是增大，反之则反。而且，所引起污染混合区几何特征尺度的误差变化幅度远超过其计算参数的误差变化幅度，揭示了计算误差的放大效应。

（4）在现代计算技术蓬勃发展的今天，相同条件下选择不同的水质数学模型获得的水环境预测结果趋于接近。相比之下，其计算条件参数的准确性对水环境预测结果的影响作用不容忽视。因此，在建设项目水环境影响预测与评价中，应重视和加强对水环境影响预测模型计算参数的确定方法研究。

参考文献

[1] 国家环境保护局. HJ/T 2.3—93 环境影响评价技术导则 地面水环境 [S]. 北京：中国环境科学出版社，1994.
[2] 环境保护部环境工程评估中心. 环境影响评价技术方法（2013年版）[M]. 北京：中国环境科学出版社，2013.
[3] 中华人民共和国国家质量监督检验检疫总局，中国国家标准化管理委员会. GB 25173—2010 水域纳污能力计算规程 [S]. 北京：中国环境科学出版社，2010.
[4] Fischer H B, Imberger J, List E J, et al. Mixing in inland and coastal waters [M]. New York: Academic Press, 1979: 47-48, 109-112.

四、概念修正和相似准则及其参数确定方法

[5] 余常昭，M. 马尔柯夫斯基，李玉梁. 水环境中污染物扩散输移原理与水质模型 [M]. 北京：中国环境科学出版社，1989.

[6] 武周虎. 河流移流离散水质模型的简化和分类判别条件分析 [J]. 水利学报，2009，40 (1)：27-32.

[7] 武周虎，武文，路成刚. 河流混合污染物浓度二维移流扩散方程的解析计算及其简化计算的条件 Ⅰ：顺直宽河流不考虑边界反射 [J]. 水利学报，2009，40 (8)：976-982.

[8] 武周虎，武文，路成刚. 河流混合污染物浓度二维移流扩散方程的解析计算及其简化计算的条件 Ⅱ：顺直河流考虑边界反射 [J]. 水利学报，2009，40 (9)：1070-1076.

[9] 武周虎，贾洪玉. 河流污染混合区的解析计算方法 [J]. 水科学进展，2009，20 (4)：544-548.

[10] 武周虎. 基于环境扩散条件的河流宽度分类判别准则 [J]. 水科学进展，2012，23 (1)：53-58.

[11] 武周虎，张洁，牟天瑜，等. 水环境影响预测中背景浓度与允许浓度升高值的确定方法 [J]. 环境工程学报，2016，10 (5)：2214-2220.

[12] 崔冬，何小燕，杨海燕. 对流扩散方程数值耗散的定量研究方法 [J]. 水利水电科技进展，2014，34 (5)：8-11，74.

[13] 武周虎，胡德俊，徐美娥. 明渠混合污染物侧向和垂向扩散系数的计算方法及其应用 [J]. 长江科学院院报，2010，27 (10)：23-29.

[14] 桑连海，陈西庆，黄薇. 河流环境流量法研究进展 [J]. 水科学进展，2006，17 (5)：754-760.

[15] 桑蓉，富国，雷坤，等. 水环境容量计算中设计流量的选择与应用 [J]. 人民长江，2013，44 (5)：69-73.

[16] 张晓东，慕金波，王艳，等. 山东省河流水环境容量研究 [M]. 济南：山东大学出版社，2007.

[17] 司全印，高榕. 水环境容量的测算方法 [J]. 水资源保护，2006，22 (6)：41-42，67.

[18] Tennant D L. Instream flow regiments for fish, wildlife, recreation and related environmental resources [J]. Fisheries, 1976, 1 (4): 6-10.

[19] 罗育池，蔡俊雄，靳孟贵，等. 无实测资料河流环境容量核算中设计流量推求 [J]. 环境科学与技术，2008，31 (3)：69-72.

[20] 顾莉，惠慧，华祖林，等. 河流横向混合系数的研究进展 [J]. 水利学报，2014，45 (4)：450-457，466.

4-05 明渠混合污染物侧向和垂向扩散系数的计算方法及其应用[*]

摘 要：明渠的侧向和垂向扩散系数是衡量岸边水流对污染物质混合输移能力的重要水质参数之一，其值的准确与否直接关系到明渠水质预测预报成果的可靠性。本文基于污染混合区的理论计算方法，推导了污染混合区外边界标准曲线和曲面的统一方程，包含最大长度 L_s、最大宽度 b_s 和最大深度 d_s 等特征尺度。该曲线形状近似于半椭圆，曲面形状为近似椭球体的一部分，表明污染混合区具有相似性。给出了由岸边污染混合区外边界最大长度、最大宽度或最大深度和平均流速确定侧向或垂向扩散系数的计算公式，提出了采用污染混合区面积或体积进行总体控制的侧向或垂向扩散系数计算方法和采用水面横向积分浓度确定垂向扩散系数的实用方法。通过现场观测结果分析，给出了洸府河下游河段枯水期的侧向扩散系数 $E_y = 0.27 \text{m}^2/\text{s}$。

关键词：明渠；污染混合区；标准曲线；侧向扩散系数；垂向扩散系数；计算方法

明渠沿岸地区工业或城镇生活污水经处理达到相应的排放标准后，大多数情况是通过管道或明渠实施岸边排放。污水首先在排污口近区稀释混合，其次在水域的长度与宽度、深度方向逐渐移流扩散，在排污口附近水域会形成污染混合区[1]。对于宽阔河流的污染混合区分布多属于二维问题[2-3]，而对于宽阔深水水库的污染混合区分布则多属于三维问题[4-5]。另外，明渠岸边附近水体常常是人们生产生活用水对水质要求较高的区域，对大江大河来说，"总体水质"不超标，并不意味着"岸边水质"不超标。"岸边水质"对应"岸边环境容量"[6]。

明渠的横向和垂向扩散系数是衡量水流对污染物质混合输移能力的重要水质参数之一，其值的准确与否直接关系到明渠水质预测预报成果的可靠性。目前国内外确定河流横向和垂向扩散系数的主要方法有理论公式、经验公式法和示踪试验法，艾尔德采用对数流速分布函数，在各向同性紊动条件下得出垂向扩散系数为 $E_z = 0.067 H u_*$（式中：H 为断面平均水深，u_* 为摩阻流速）。由于量纲一横向扩散系数经验公式 $\alpha_y = \dfrac{E_y}{H u_*}$ 一般认为其值为 $0.3 \sim 0.9$[7]，所以横向扩散系数的计算结果是一个范围值，其准确性难以判定。示踪试验法分为现场实验和室内实验，示踪试验完成后可采用矩法[8-14]、直线图解法[15-16]、线性回归法[17]、曲线拟合法[18]、遗传算法[19]、人工神经网络法[20] 等计算横向扩散系数。现场实验法计算结果比较可靠，但河流实验受示踪剂的投放、取样等条件的限制；室内实验多用于水槽中横向扩散系数与粗糙形式、宽度、水深、流速、摩阻流速等水力要素的关系研究。郑旭荣等[21] 借助于抛物线型断面形态方程，提出了横向紊动扩散系数的断面分布及其平均值表达式。现行关于横向扩散系数的关系式和数值都是针对河流全

---

[*] 原文载于《长江科学院院报》，2010，27（10），作者：武周虎，胡德俊，徐美娥。

四、概念修正和相似准则及其参数确定方法

断面混合特性的研究成果。实际工程中常见的多为岸边排放，对于宽阔的明渠（如长江、黄河、三峡水库等）水流对污染物质混合输移能力主要取决于岸边混合扩散特性，大江大河岸边污染混合区和岸边环境容量的计算往往只涉及全断面宽度的数十分之一甚至于数百分之一，选择采用全断面平均水深等水力要素确定的横向扩散系数显然不尽合理，侧向扩散系数比横向扩散系数能更好地反映岸边水流的混合扩散特性。如三峡水库万州段的平均水深为 71m，而岸边扩散区的水深比较浅，并且往往处于一个由倾斜岸坡形成的角形变化域。

本文以顺直宽阔的明渠水流对污染物质的混合输移研究为背景，基于武周虎等[2-5]提出的岸边污染混合区理论计算方法，推导污染混合区外边界等浓度标准曲线和曲面的统一方程，提出确定侧向扩散系数和垂向扩散系数的计算公式。采用洣府河岸边污染混合区的现场观测结果计算其侧向扩散系数，为进一步解决大江大河、水库岸边污染混合区和岸边环境容量的计算问题，提供一定的参考依据。

1 侧向扩散系数计算方法

1.1 河流二维问题

河流保守物质平面二维移流扩散简化方程 $U\dfrac{\partial C}{\partial x}=E_y\dfrac{\partial^2 C}{\partial y^2}$，在等强度时间连续岸边垂向线源条件下的解析解[2-3]

$$C(x,y)=\dfrac{m}{H\sqrt{\pi E_y U x}}\exp\left(-\dfrac{Uy^2}{4E_y x}\right) \tag{1}$$

式中：x 为自排污口沿河流主流向的纵向坐标；y 为垂直于 x 的横向坐标，坐标原点取在岸边排污点；m 为单位时间的排污强度；U 为岸边水域平均流速；H 为平均水深；E_y 为岸边排污的横向扩散系数，又称侧向扩散系数❶。

由文献[2]给出的岸边污染混合区最大长度 L_s、最大宽度 b_s 和相应纵向坐标 L_c 以及面积 S 的理论计算公式分别为

$$L_s=\dfrac{1}{\pi E_y U}\left(\dfrac{m}{HC_a}\right)^2, b_s=\sqrt{\dfrac{2E_y L_s}{eU}}, L_c=\dfrac{L_s}{e}, S=\left(\dfrac{2}{3}\right)^{1.5}\dfrac{\sqrt{\pi e}}{2}L_s b_s \tag{2}$$

式中：C_a 为河流排污引起的允许浓度升高值，该值等于水环境功能区所执行的浓度标准值 C_s 减去背景浓度 C_b，即 $C_a=C_s-C_b$，其等浓度线所包围的区域称为污染混合区。由式（2）可以得到岸边污染混合区最大长度与最大宽度的比值为

$$\dfrac{L_s}{b_s}=\sqrt{\dfrac{ePe}{2}} \tag{3}$$

式中：$Pe=UL_s/E_y$ 为贝克来数，表征物质的纵向移流通量与侧向扩散通量的比值[3]。即岸边污染混合区的长宽比与贝克来数 Pe 的 0.5 次方成正比。

将式（2）代入式（1）并令 $C=C_a$，化简整理得到河流岸边污染混合区外边界标准

---

❶ Mixing Zone Technical Procedures Manual (DRAFT), Idaho Department of Environmental Quality, USA, 2008.

曲线（见图1）方程为

$$\left(\frac{y}{b_s}\right)^2 = -\mathrm{e}\frac{x}{L_s}\ln\left(\frac{x}{L_s}\right) \tag{4}$$

由图1可以看出，河流岸边污染混合区外边界标准曲线形状近似于半椭圆，在靠近排污口一端出现钝头，在污染混合区下游边界出现稍尖形状，污染混合区最大宽度相应的纵向坐标为最大长度的 $1/\mathrm{e} \approx 0.368$，说明污染混合区具有相似性。

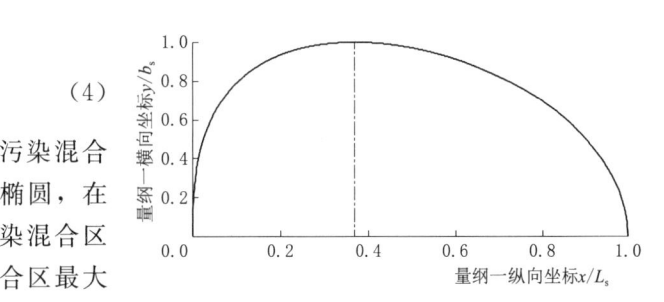

图1 岸边污染混合区外边界标准曲线

由式（2）可以得到顺直宽阔河流侧向扩散系数的计算公式为

$$E_y = \frac{\mathrm{e}U}{2L_s}b_s^2, \quad E_y = \frac{27}{4\pi}\frac{US^2}{L_s^3}, \quad E_y = \frac{1}{\pi U L_s}\left(\frac{m}{HC_a}\right)^2 \tag{5}$$

式（5）给出了侧向扩散系数的3个计算公式。表明顺直宽阔河流侧向扩散系数与岸边污染混合区最大宽度的2次方成正比，与平均流速的1次方成正比，与最大长度的1次方成反比。说明在平均流速相同的条件下，污染混合区最大长度越大侧向扩散系数越小，最大宽度和面积越大侧向扩散系数越大。在实际应用中，可根据岸边污染混合区的现场观测结果采用式（5）计算侧向扩散系数。

通常，受天然河道地形的影响，污染混合区的形状一般不会像式（4）和图1所示的那么规则，污染混合区最大宽度的测量受多种因素的影响也会存在变数。为了减小污染混合区最大宽度测量不准给侧向扩散系数计算带来的误差，可以根据现场观测数据绘制污染混合区外边界等浓度曲线，在污染混合区形状大体为上游出现钝头和下游出现稍尖的近似椭圆形情况下，即在最大宽度相应的纵向坐标大约为最大长度的 $1/\mathrm{e}$ 时确定其面积（其他形状污染混合区的侧向扩散系数较为复杂，另文研究），然后按照式（5）计算侧向扩散系数，即采用污染混合区面积进行总体控制的侧向扩散系数计算方法，下同。

1.2 倾斜岸水库三维问题

保守物质三维移流扩散简化方程 $U\frac{\partial C}{\partial x} = E_y\frac{\partial^2 C}{\partial y^2} + E_z\frac{\partial^2 C}{\partial z^2}$，对于横向和垂向扩散系数相等（$E_x = E_y = E$）的情况，在顺直宽阔倾斜岸水库岸边等强度时间连续点源条件下的解析解为[4]

$$C = \frac{\beta m}{4\pi E x}\exp\left[-\frac{U(y^2 + z^2)}{4Ex}\right] \tag{6}$$

式中：x 为沿水库主流向的纵向坐标；y、z 为垂直于 x 的横向和垂向坐标，坐标原点取在库岸水面排污点；β 为角域映射系数，当岸坡线与水平线之间的夹角为 θ 时，$\beta = 360/\theta$；其他符号意义同前。

由文献[4]可知，倾斜岸水库岸边污染混合区在 $z = 0$ 水面上最大长度 L_s、最大宽度 b_s、最大深度 d_s 和相应纵向坐标 L_c 以及面积 S 的理论计算公式依次为

$$L_s = \frac{\beta m}{4\pi E C_a}, \quad b_s = 2\sqrt{\frac{EL_s}{\mathrm{e}U}}, \quad d_s = \sin(\theta)b_s, \quad L_c = \frac{L_s}{\mathrm{e}}, \quad S = \left(\frac{2}{3}\right)^{1.5}\frac{\sqrt{\pi\mathrm{e}}}{2}L_s b_s \tag{7}$$

四、概念修正和相似准则及其参数确定方法

倾斜岸水库岸边污染混合区外边界等浓度标准曲线（宽度）方程与河流二维问题的式（4）、图1相同，污染混合区的空间形状为该等浓度标准曲线在 θ 角度上的旋转体，是一近似椭球体的扇形截图。

由式（7）可以得到顺直宽阔倾斜岸水库侧向扩散系数的计算公式为

$$E=\frac{eU}{4L_s}b_s^2, E=\left(\frac{3}{2}\right)^3\frac{US^2}{\pi L_s^3}, E=\frac{\beta m}{4\pi C_a L_s} \tag{8}$$

顺直宽阔倾斜岸水库侧向扩散系数与平均流速和水面上污染混合区特征尺度的关系与河流情况相同，只是系数减半。在实际应用中，可根据倾斜岸水库岸边水面上污染混合区的现场观测结果采用式（8）计算侧向扩散系数。

1.3 垂直岸水库三维问题

保守物质三维移流扩散简化方程 $U\dfrac{\partial C}{\partial x}=E_y\dfrac{\partial^2 C}{\partial y^2}+E_z\dfrac{\partial^2 C}{\partial z^2}$，在顺直宽阔垂直岸水库岸边水面等强度时间连续点源条件下的解析解为[5]

$$C=\frac{m}{\pi x\sqrt{E_y E_z}}\exp\left(-\frac{Uy^2}{4E_y x}-\frac{Uz^2}{4E_z x}\right) \tag{9}$$

式中符号意义同前。

由文献[5]可知，垂直岸水库岸边污染混合区在 $z=0$ 水面上最大长度 L_s、最大宽度 b_s 以及面积 S 和在 $y=0$ 垂直面上最大深度 d_s 以及相应纵向坐标 L_c 的理论计算公式依次为

$$L_s=\frac{m}{\pi C_a\sqrt{E_y E_z}}, b_s=2\sqrt{\frac{E_y L_s}{eU}}, S=\left(\frac{2}{3}\right)^{1.5}\frac{\sqrt{\pi e}}{2}L_s b_s, d_s=2\sqrt{\frac{E_z L_s}{eU}}, L_c=\frac{L_s}{e} \tag{10}$$

垂直岸水库岸边污染混合区外边界等浓度标准曲线（宽度和深度）方程分别与河流二维问题的式（4）、图1相同，污染混合区的空间形状为四分之一近似椭球体的扁蛋形。将式（10）代入式（9）并令 $C=C_a$，化简整理得到该曲面方程为

$$\left(\frac{y}{b_s}\right)^2+\left(\frac{z}{d_s}\right)^2=-e\frac{x}{L_s}\ln\left(\frac{x}{L_s}\right) \tag{11}$$

由式（10）可以得到顺直宽阔水库侧向扩散系数的计算公式为

$$E_y=\frac{eU}{4L_s}b_s^2, E_y=\left(\frac{3}{2}\right)^3\frac{US^2}{\pi L_s^3} \tag{12}$$

顺直宽阔垂直岸水库侧向扩散系数与平均流速和水面上污染混合区特征尺度的关系与倾斜岸水库情况相同。在实际应用中，可根据垂直岸水库岸边水面上污染混合区的现场观测结果采用式（12）计算侧向扩散系数。

2 垂向扩散系数计算方法

针对垂直岸水库三维问题，在横向和垂向扩散系数不相等的情况下，讨论垂向扩散系数的计算方法。

2.1 垂直面上污染混合区法

根据垂直面上岸边污染混合区外边界标准曲线的特征尺度，按照与侧向扩散系数相同

的方法，由式（10）可以得到顺直宽阔水库垂向扩散系数的计算公式为

$$E_z = \frac{eU}{4L_s}d_s^2, E_z = \left(\frac{3}{2}\right)^3 \frac{US_z^2}{\pi L_s^3} \tag{13}$$

式（13）表明顺直宽阔垂直岸水库垂向扩散系数与垂直面上岸边污染混合区最大深度的2次方成正比，与平均流速的1次方成正比，与最大长度的1次方成反比。说明在平均流速相同的条件下，污染混合区最大长度越大垂向扩散系数越小，最大深度和面积越大垂向扩散系数越大。在实际应用中，根据垂直岸水库岸边垂直面上污染混合区的现场观测结果采用式（13）计算垂向扩散系数。

2.2 岸边污染混合区体积法

根据岸边污染混合区体积计算垂直岸水库的垂向扩散系数是考虑到受天然水库地形的影响，岸边污染混合区的空间形状一般不会像式（11）给出的那么规则，垂直面上岸边污染混合区最大深度和面积的测量受多种因素的影响也会存在变数。为了减小垂直面上岸边污染混合区最大深度和面积测量不准给垂向扩散系数计算带来的误差，可以根据现场观测数据采用数值积分求和方法计算岸边污染混合区（云团）的体积，然后根据岸边污染混合区体积进行总体控制计算垂向扩散系数。

由文献[5]可知，垂直岸水库三维问题岸边污染混合区体积的理论计算公式为

$$V = \frac{\pi e}{16}b_s d_s L_s \tag{14}$$

由式（10）和式（14）可以得到顺直宽阔水库垂向扩散系数的计算公式为

$$E_z = \frac{16}{E_y}\left(\frac{UV}{\pi L_s^2}\right)^2 = 1.62\frac{U^2 V^2}{E_y L_s^4} \tag{15}$$

式（15）表明顺直宽阔垂直岸水库垂向扩散系数与平均流速和岸边污染混合区体积的2次方成正比，与最大长度的4次方成反比，与侧向扩散系数的1次方成反比。说明在平均流速相同的条件下，岸边污染混合区最大长度和侧向扩散系数越大垂向扩散系数越小，污染混合区体积越大垂向扩散系数越大；在侧向扩散系数相同的条件下，平均流速和体积越大垂向扩散系数越大，而岸边污染混合区最大长度越大垂向扩散系数越小。

在实际应用中，根据垂直岸水库岸边污染混合区的现场观测结果采用式（15）计算垂向扩散系数。观测数据包括岸边污染混合区范围内的平均流速、岸边污染混合区的最大长度和体积以及由1.3节中计算方法观测求得的侧向扩散系数。

2.3 水面横向浓度积分法

当 $z=0$ 时，由式（9）得到垂直岸水库三维问题的岸边水面等强度时间连续点源条件下的水面污染物浓度分布为

$$C = \frac{m}{\pi x \sqrt{E_y E_z}}\exp\left(-\frac{Uy^2}{4E_y x}\right) \tag{16}$$

将式（16）对 y 积分得到水面横向积分浓度 C_{wI} 为

$$C_{wI} = \frac{m}{\pi x \sqrt{E_y E_z}}\int_0^\infty \exp\left(-\frac{Uy^2}{4E_y x}\right)\mathrm{d}y = \frac{2m}{\pi \sqrt{E_z Ux}}\int_0^\infty \exp\left(-\frac{Uy^2}{4E_y x}\right)\mathrm{d}\left(\sqrt{\frac{U}{4E_y x}}y\right) \tag{17}$$

四、概念修正和相似准则及其参数确定方法

进行变量替换，令 $\eta=\sqrt{\dfrac{U}{4E_y x}}y$，并注意到 $\int_0^\infty \exp(-\eta^2)\mathrm{d}\eta=\dfrac{\sqrt{\pi}}{2}$，则有

$$C_{wI}=\dfrac{2m}{\pi\sqrt{E_z Ux}}\int_0^\infty \exp(-\eta^2)\mathrm{d}\eta=\dfrac{m}{\sqrt{\pi E_z Ux}} \tag{18}$$

由式（18）可以看出，水面横向积分浓度公式中没有出现侧向扩散系数 E_y。这样就可以根据垂直岸水库岸边排污口下游距离 x_0 处水面横向浓度分布的观测资料求得水面横向积分浓度 C_{wI}，然后利用下式计算垂向扩散系数

$$E_z=\dfrac{1}{\pi U x_0}\left(\dfrac{m}{C_{wI}}\right)^2 \tag{19}$$

式（19）表明顺直宽阔垂直岸水库垂向扩散系数与平均流速和排污口下游距离的 1 次方成反比，与水面横向积分浓度的 2 次方成反比，与排污强度的 2 次方成正比。说明在排污强度相同的条件下，水面横向积分浓度越大垂向扩散系数越小。即垂向扩散系数越小，向深水区扩散的污染物就会越少，大量污染物就会聚集在水面附近的浅层水体。对水库水面中心排放条件式（19）同样适用，此时水面横向积分浓度 C_{wI} 的积分区间是断面全宽度。

根据水面横向浓度积分法计算垂向扩散系数，使现场观测工作得到了大大的简化，无须在深水区大量采样观测其空间浓度分布。观测水面横向浓度分布既省时省力，又容易保证观测精度。建议水面横向浓度分布的观测选在污染混合区最大宽度出现的断面附近，该断面污染物浓度相对较高，污染物浓度分布较宽，有利于保证精度。

3 现场观测结果分析

洸府河发源于泰山山脉，流经泰安、济宁两地市入南四湖的南阳湖北端，流域面积 $1331\mathrm{km}^2$。作者于 2005 年 3 月枯水期调研时，在济宁市洸河路大桥附近右岸发现某淀粉厂向洸府河大量排放超标淀粉废水，在排污口附近下游形成清晰可辨的白色污染混合区，当即进行了现场拍照和测量，图 2 给出了该淀粉厂岸边污染混合区现场观测示意图。经现场测量该淀粉厂岸边高浓度白色污染混合区外边界最大长度 L_s 和最大宽度 b_s 分别为 32m 和 5m，最大宽度相应的纵向坐标 L_c 为 12m，污染混合区范围内的平均流速 U 为 0.25m/s，该河段水面宽度 B 为 72m。

洸府河顺直宽阔，而且纵向移流作用较强，排放岸边高浓度白色污染混合区的色度基本不受对岸边界反射的影响。将现场观测的最大长度和最大宽度代入式（4）得到该淀粉厂岸边高浓度白色污染混合区外边界（等色度）曲线方程为

$$y=5\sqrt{-\mathrm{e}\dfrac{x}{32}\ln\left(\dfrac{x}{32}\right)} \tag{20}$$

由式（20）绘制的污染混合区理论曲线见图 2。由图 2 可以看出，由现场观测的最大长度和最大宽度确定的污染混合区理论曲线与拍照的该淀粉厂岸边高浓度白色污染混合区外边界吻合良好，最大宽度相应的纵向坐标理论值 $L_c=L_s/\mathrm{e}=11.8\mathrm{m}$ 与现场观测值 12m 非常接近，说明河流保守物质平面二维移流扩散简化方程以及由此得到的理论公式适用于洸府河污染混合区的计算。因此，可采用式（5）计算洸府河侧向扩散系数为

$$E_y = \frac{eU}{2L_s}b_s^2 = \frac{2.71828 \times 0.25}{2 \times 32} \times 5^2 = 0.27 (\text{m}^2/\text{s})$$

顺直宽明渠混合污染物侧向扩散系数计算方法涉及的现场观测数据主要是岸边污染混合区外边界最大长度、最大宽度和污染混合区范围内的平均流速共三个要素，对已有排污口的现场观测在岸边污染混合区外边界线清晰可辨时更为简单方便，快捷灵活，利于掌握。一般情况下，需进行现场水流水质同步监测，即在已有排污口邻近上游和下游污染影响区布设若干个断面和垂线，监测流速和水质指标，同时测定排污强度以及河流水文水力要素。然后，根据水质监测结果绘制一系列等浓度线并计算相应的平均流速，在等浓度线与式（4）表示的标准曲线吻合较好时，采用式（5）计算侧向扩散系数，分析侧向扩散系数与河流水文水力要素和污染混合区尺度的关系。

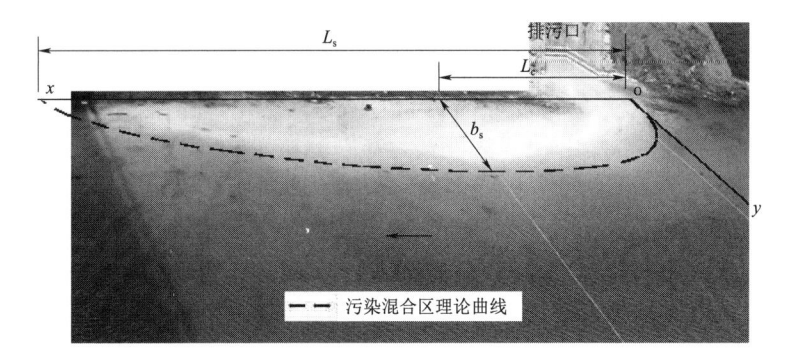

图 2　洗府河某淀粉厂岸边污染混合区现场观测示意图

4　结论

（1）推导了顺直宽阔明渠岸边污染混合区外边界标准曲线和曲面的统一方程，包含最大长度 L_s、最大宽度 b_s 和最大深度 d_s 等参数，曲线形状近似于半椭圆，空间形状为近似椭球体的一部分，表明污染混合区具有相似性。

（2）给出了顺直宽阔明渠混合污染物侧向和垂向扩散系数的理论计算公式，表明侧向和垂向扩散系数可以根据污染混合区特征尺度和平均流速来计算，还提出了采用水面横向积分浓度确定垂向扩散系数的实用方法。

（3）通过现场观测结果分析，给出了洗府河下游河段枯水期的侧向扩散系数 $E_y = 0.27 \text{m}^2/\text{s}$。

参考文献

[1] 张永良，李玉梁. 排污混合区分析计算指南 [M]. 北京：海洋出版社，1993.
[2] 武周虎，贾洪玉. 河流污染混合区的解析计算方法 [J]. 水科学进展，2009，20（4）：544-548.
[3] 武周虎. 明渠移流扩散中无量纲数与相似准则及其应用 [J]. 青岛理工大学学报，2008，29（5）：17-22.
[4] 武周虎. 倾斜岸水库坡地形污染混合区的三维解析计算方法 [J]. 科技导报，2008，26（18）：30-34.
[5] 武周虎. 水库铅垂岸地形污染混合区的三维解析计算方法 [J]. 西安理工大学学报，2009，

四、概念修正和相似准则及其参数确定方法

25（4）：436-440.
- [6] 黄真理,李玉梁,李锦秀,等.三峡水库水环境容量计算[J].水利学报,2004,35（3）：7-16.
- [7] FISCHER H B, IMBERGER J, LIST E J, et al. Mixing in inland and coastal waters [M]. New York：Academic Press，1979.
- [8] ELDER J W. The diffusion of marked fluid in turbulent shear flow [J]. Fluid Mechanics, 1959, 5（4）：544-560.
- [9] LAU Y L, KRISHNAPPAN B G. Transverse dispersion in rectangular channels [J]. Journal of Hydraulics Division，ASCE，1977，103（10）：1173-1189.
- [10] HOLLEY E R, SIEMOUS J, ABRAHAM G. Some aspects of analyzing transverse diffusion in rivers [J]. Journal of Hydraulic Research, 1972, 10（1）：27-57.
- [11] DEMETRACOPOULOS A C, STEFAN H G. Transverse mixing in wide and shallow river：Case Study [J]. Journal of Environmental Engineering，ASCE，1983，109（3）：685-697.
- [12] 周云.天然河流横向混合系数的研究[J].水利学报,1988,19（6）：54-60.
- [13] 李玲,李玉梁,陈嘉范.梯形断面水槽中横向扩散系数的实验[J].清华大学学报：自然科学版,2003,43（8）：1124-1126,1152.
- [14] 郭建青,郑鹏海.确定河流横向扩散系数的改进矩法[J].水电能源科学,1998,16（4）：32-35.
- [15] 梁秀娟,刘耀莹,张文静,等.室内模拟试验确定横向扩散系数的研究[J].吉林大学学报（地球科学版),2004,34（4）：560-565.
- [16] 郭建青,张勇.确定河流横向扩散系数的直线图解法[J].水利学报,1997,28（1）：62-67.
- [17] 郑鹏海,郭建青.确定河流横向扩散系数的线性回归法[J].水电能源科学,1999,17（3）：17-19.
- [18] 龙炳清,赵仕林,周后珍,等.岷江蕨溪段环境水力学研究——横向扩散[J].四川师范大学学报（自然科学版),2001,24（4）：372-374.
- [19] 金保明,杨晓华,金菊良,等.确定河流横向扩散系数的实码遗传算法[J].水电能源科学,2000,18（1）：9-12.
- [20] 龙腾锐,郭劲松,冯裕钊,等.二维水质模型横向扩散系数的人工神经网络模拟[J].重庆环境科学,2002,24（2）：25-28.
- [21] 郑旭荣,邓志强,申继红.顺直河流横向紊动扩散系数[J].水科学进展,2002,13（6）：670-674.

4-06 河流排污混合区横向扩散系数快速估算方法[*]

摘 要：以往的河流示踪试验，需要在排污口下游选定距离的断面上采集多点水样进行水质分析，也只能反映横向浓度分布特征，确定的横向扩散系数具有或然性，而且试验过程与计算工作量大。本文在宽阔河流顺直岸边稳定点源排放条件下，提出了排污混合区的示踪试验、无人机摄像快速观测及浓度图像筛选与坐标定位等方法步骤；基于排污混合区等浓度线所包围区域纵向最大长度 L_s 与横向最大宽度（或中心排放的最大半宽度）b_s 之间的关系式，采用理论等浓度线与高浓度等色度线的整体比较法，提出了快速确定横向扩散系数的近似估算法和精确估算法。该方法无须采样分析水质、观测排污量和实际浓度值，既省时省力，又方便快捷。

关键词：顺直河流；排污混合区；等浓度线；无人机摄像；快速观测；横向扩散系数

横向扩散系数是河流污染物横向扩散与混合特性的重要体现，是采用迁移扩散方程和数学模型解决河流水质问题的关键参数之一[1-3]。在河流水域纳污能力、水环境容量计算和水环境影响预测与评价中，首要任务就是确定横向扩散系数[4-6]。横向扩散系数通常是根据稳定点源排放条件下，河流平面二维迁移扩散简化方程污染物浓度分布的解析解[7]，通过在排污口下游选定距离的断面上采集多点水样分析，但只能获得污染物/示踪剂浓度的柱状横向分布，再按横向浓度分布服从正态分布规律，采用浓度矩法、直线图解法和线性回归法等[8-10]来确定明渠和天然河流矩形断面的横向扩散系数。该方法试验过程和计算工作量大，特别是以瞬时点源方式投放罗丹明 B 的示踪试验，其断面位置的选择和采样时间的控制更难把握。本文基于宽阔河流污染混合区理论和排污混合区理论等浓度线方程，给出横向扩散系数计算原理，提出宽阔河流排污混合区示踪试验、快速观测方法及横向扩散系数的近似估算法和精确估算法，并采用洸府河岸边排污混合区的示踪试验结果，计算其横向扩散系数的近似值和精确值。

1 横向扩散系数计算原理

1.1 河流排污混合区理论

河流保守物质平面二维迁移扩散方程略去纵向离散项的简化方程为 $U\dfrac{\partial C}{\partial x}=E_y\dfrac{\partial^2 C}{\partial y^2}$，在稳定点源排放条件下的解析解[7] 为

$$C(x,y)=\frac{\beta m}{H\sqrt{4\pi E_y U x}}\exp\left(-\frac{U y^2}{4E_y x}\right) \tag{1}$$

---

* 原文载于《环境影响评价》，2019，41（6），作者：武周虎，李冬桂，路成刚，武桂芝。

式中：$C(x,y)$ 为单位体积水中含有某种污染物的质量浓度；x 为自排污口沿河流主流向的纵向坐标；y 为自排污口垂直于 x 的横向坐标；m 为单位时间的排污量；U 为平均流速；H 为平均水深；E_y 为横向扩散系数；β 为边界反射系数，对于岸边排放取 $\beta=2$，对于中心排放取 $\beta=1$。

在污染物浓度 $C(x,y)=C_a$（常数）条件下，由公式（1）求解了宽阔河流排污混合区等浓度线所包围区域的纵向最大长度 L_s、横向最大宽度（或中心排放的最大半宽度）b_s 和相应纵向坐标 L_c 的理论公式分别为[11]

$$L_s = \frac{1}{4\pi U E_y}\left(\frac{\beta m}{HC_a}\right)^2 \tag{2}$$

$$b_s = \frac{1}{\sqrt{2\pi e}}\frac{\beta m}{UHC_a} = \sqrt{\frac{2E_y L_s}{eU}} \tag{3}$$

$$L_c = \frac{L_s}{e} \tag{4}$$

式中：自然常数 $e \approx 2.71828$；其他符号意义同前。

值得注意的是，在式（2）和式（3）中，由于岸边排放和中心排放边界反射系数的取值不同，岸边排放排污混合区等浓度线所包围区域的纵向最大长度 L_s 等于中心排放的 4 倍，岸边排放排污混合区等浓度线的横向最大宽度 b_s 等于中心排放横向最大半宽度 b_s 的 2 倍。

在式（1）中取浓度 $C=C_a$，对纵向坐标 x 除以 L_s 得到归一化纵向坐标（x/L_s），再乘以式（2）右边的纵向最大长度表达式；对横向坐标 y 除以 b_s 得到归一化横向坐标（y/b_s），再乘以式（3）右边的横向最大宽度（或最大半宽度）表达式，整理得到河流排污混合区归一化理论等浓度线方程为[12]

$$\left(\frac{y}{b_s}\right)^2 = -e\frac{x}{L_s}\ln\left(\frac{x}{L_s}\right) \tag{5}$$

对于岸边排放定义域为 $0 \leqslant x \leqslant L_s$，$0 \leqslant y \leqslant b_s$，在图 1 中只包括上半部分区域；对于中心排放定义域为 $0 \leqslant x \leqslant L_s$，$-b_s \leqslant y \leqslant b_s$，在图 1 中包括全部区域。

由图 1 可以看出，河流排污混合区归一化理论等浓度线的形状近似于椭圆，横向最大宽度相应的纵向坐标与纵向最大长度的比值为 $1/e \approx 0.368$，位于图中点线位置。即横向最大宽度的位置偏向排污口一侧，使得等浓度线在靠近排污口一端出现钝头，在远离排污口下游一端出现稍尖形状，为此，我们把由式（5）表示的排污混合区等浓度线定义为异形椭圆（形状）。由于不同取值的等浓度线都在归一化纵向坐标（x/L_s）和归一化横向坐标（y/b_s）系中相重合，表明排污混合区等浓度线具有相似性。

1.2 横向扩散系数计算原理

由式（3）可以反推得到，由快速观测法得到的河流排污混合区等浓度线纵向

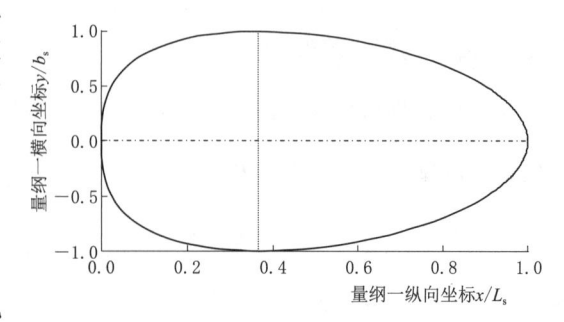

图 1 河流排污混合区归一化理论等浓度线

最大长度 L_s 和横向最大宽度（或中心排放的最大半宽度）b_s 值来估算横向扩散系数的计算公式为

$$E_y = \frac{eU}{2L_s} b_s^2 \quad (6)$$

式（6）表明，宽阔河流横向扩散系数与平均流速的 1 次方成正比，与排污混合区等浓度线的横向最大宽度（或最大半宽度）b_s 的 2 次方成正比，与纵向最大长度 L_s 的 1 次方成反比。说明在平均流速相同条件下，横向最大宽度（或最大半宽度）b_s 越大，横向扩散系数越大；纵向最大长度 L_s 越大，横向扩散系数越小。

该方法的最大特点是，无须采样进行水质分析获得污染物/示踪剂浓度的空间分布，也无须测定等浓度线上的浓度常数 C_a 值，只需测定河流排污混合区任一条等浓度线所包围区域的纵向最大长度 L_s 和横向最大宽度（或最大半宽度）b_s，就可以计算出横向扩散系数 E_y。

2 示踪试验方法与图像坐标定位

2.1 示踪试验与观测方法步骤

对中心排放，横向扩散系数主要反映河流中部深水域受大涡控制的横向扩散特性；对岸边排放，横向扩散系数主要反映河流岸边浅水域受岸坡地形影响的横向扩散特性，所以又称侧向扩散系数。当河岸倾角小于 28°时，水面浓度与深度平均浓度近似相等，这种情形在天然河流中很容易得到满足[13]。因此，应根据科研或环评工作对横向扩散系数的需要，选择宽阔河流示踪试验的排放点位置，使用无人机对排污混合区等浓度线影响范围的水面拍照，具体示踪试验与快速观测的方法步骤如下：

（1）在拟进行试验河流（河段）的岸边或中心线上，选择一个稳定的排放口或排放点位置。最好是选择该河段现有的工业或城镇排污管（渠）排放口，在没有适合的排放口情况下，再考虑选择专门的试验投放点。

（2）在排放口或排放点附近及下游河段示踪试验浓度场/排污混合区影响范围所涉及区域，沿纵向和横向设置 3~5 个包括排放点的固定标记点进行编号，测量各标记点之间的实际距离和坐标方位，以便确定无人机拍摄图像的比例尺。

（3）在河水流速恒定条件下，按照《水文测量规范》（SL 58—2014）观测河流断面的水面宽度、水深、流速、流量以及纵向水面比降等水力要素，这些数据除了用于计算平均流速外，还是河流横向扩散系数示踪试验的背景数据和应用条件。也可以采用较为简单的浮标测流法测定河流流速。

（4）选择罗丹明 B 染料、石灰水或淀粉水等有色但无毒害的溶解物质作为示踪剂，取一定量的示踪剂倒入容器中，加入适量清水搅拌均匀使其充分溶解即可。在天气晴朗、光线均匀时，进行快速观测示踪试验。

（5）在稳态条件下，将示踪染料溶液以恒定速率均匀注入排污管中或试验投放点排放，约持续 15~30min，河流中的示踪剂浓度分布/污染混合区范围趋于稳定。采用无人机摄像装置同步空中拍照，从上空拍摄示踪试验浓度场/排污混合区影响范围的彩色图像资料。在每一次拍照中至少要包含 3 个标记点（含排放点），在同一张图像中要完整拍照示踪试验浓度场/排污混合区影响范围。

（6）选择不同浓度的示踪染料溶液，或在不同的河流水文水力学条件下，重复上述实验过程，进行河流多组次排污混合区等浓度线影响范围的快速观测试验。在现场观测试验结束后，进入试验资料的整理、技术处理和数据分析。

2.2 浓度图像筛选与坐标定位

罗丹明 B 在水中溶解后呈现红色，浓度越高颜色越深，浓度越低颜色越浅，这种颜色的深、浅变化，恰恰反映了示踪剂浓度的大小[14]。无人机摄像装置现场拍摄的示踪试验彩色图像资料中，染料浓度与图像颜色的深浅成比例，即同色度线表示等浓度线。为了从无人机同步拍摄的图像资料中获得示踪剂等色度线与理论等浓度线，需进行以下的浓度图像资料筛选、旋转与坐标定位。

（1）将图像资料导入计算机，对多幅图像进行筛选，选出示踪试验浓度场/排污混合区影响范围完整、颜色特征清晰、拍照位置较高、照片居中和变形小的图像。

（2）进行图像定位、旋转以及陆域多出部分的修剪处理，使其与式（1）坐标系保持一致，并根据图像中固定标记点的实际距离和坐标方位，确定无人机拍摄图像的比例尺、标注坐标方向和实际刻度。

2.3 洸府河示踪试验

根据南水北调东线南四湖入湖河流水环境容量的计算要求，选择洸府河岸边排污混合区进行等浓度线的现场快速观测来估算洸府河的横向扩散系数。洸府河发源于泰山山脉，流经泰安、济宁两地市入南四湖的南阳湖北端，流域面积 $1331 km^2$。经现场调研和比较，确定将洸府河下游顺直河段洸府河大桥上游 45m 处右岸某淀粉厂排污口的污染物扩散混合段作为示踪试验观测的研究对象。具体实验过程如下：

在 2005 年 3 月枯水期试验期间，恰巧遇到该淀粉厂的污水处理设施出现故障，该厂的淀粉废水未经处理直接排放，高浓度的淀粉废水在排污口下游形成清晰可辨的岸边白色污染混合区，而使试验省去了向排污管（渠）中均匀注入示踪染料溶液的环节。在稳态条件下，高位拍摄到较为完整的洸府河某淀粉厂岸边排污口扩散混合段白色污染混合区图像，经导入计算机、筛选、旋转与坐标定位以及陆域多出部分修剪处理后的图像见图 2。

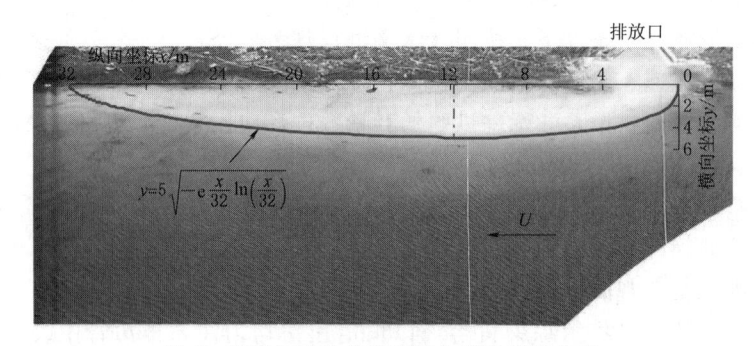

图 2 洸府河理论等浓度线与等色度线比较

同时，采用浮标测流法观测的河流流速 $U_a = 0.25 m/s$，根据《水文测量规范》（SL 58—2014）观测的河流平均流速 $U_q = 0.22 m/s$，河宽 $B = 72 m$，平均水深 $H = 0.58 m$。

3 横向扩散系数估算方法

3.1 近似估算法

在标有坐标系和实际刻度的浓度图像中，读取任一条示踪剂等色度线所包围区域的纵向最大长度 L_s 和横向最大宽度或半宽度 b_s。将 L_s 和 b_s 值代入式（5）中计算理论等浓度线坐标，并点绘于相应的浓度图像中，进行曲线的整体吻合程度比较。适当调整 L_s 和 b_s 值代入式（5）中计算理论等浓度线坐标，反复进行比较，直至浓度图像中的示踪剂等色度线与理论等浓度线吻合良好。再将最终确定的纵向最大长度 L_s、横向最大宽度或半宽度 b_s 和采用浮标测流法观测的河流流速 U_a 代入式（6）中计算，得到河流示踪试验条件下的横向扩散系数近似值。

下面根据洸府河岸边排污混合区的示踪试验结果来估算横向扩散系数的近似值。

在标有坐标系和实际刻度的洸府河岸边排污口扩散混合段白色污染混合区图 2 中，读取到高浓度等色度线所包围区域的纵向最大长度为 $L_s=32.0\mathrm{m}$、横向最大宽度为 $b_s=5.0\mathrm{m}$ 和相应的纵向坐标为 $L_c=12.0\mathrm{m}$。将 L_s 和 b_s 值代入式（5）得到理论等浓度线方程为

$$y=5\sqrt{-\mathrm{e}\frac{x}{32}\ln\left(\frac{x}{32}\right)} \tag{7}$$

由式（7）点绘理论等浓度线于图 2 中，进行理论等浓度线与高浓度等色度线及区域的整体吻合程度比较。

由图 2 可以看出，由 L_s 和 b_s 值确定的理论等浓度线与拍照图像中的高浓度等色度线及区域吻合良好。因此，可以将理论等浓度线所包围区域的纵向最大长度 L_s、横向最大宽度 b_s 和采用浮标测流法观测的河流流速 $U_a=0.25\mathrm{m/s}$ 一并代入式（6）中计算，得到洸府河示踪试验河段的横向扩散系数近似值为

$$E_y=\frac{\mathrm{e}U}{2L_s}b_s^2=\frac{2.71828\times 0.25}{2\times 32}\times 5^2=0.265(\mathrm{m}^2/\mathrm{s})$$

需要说明的是，在进行理论等浓度线与高浓度等色度线及区域的整体吻合程度比较中，对污染混合区横向最大宽度相应纵向坐标 L_c 的观测值进行验证，有利于横向扩散系数的快速合理确定。根据文献[15]给出的条件，当污染混合区横向最大宽度相应的纵向坐标 $0.318L_s \leqslant L_c \leqslant 0.418L_s$ 时，横向扩散系数 E_y 可以按常数情况来处理，否则，应按这些文献中提出的变横向扩散系数情况来处理。洸府河岸边排污口扩散混合段白色污染混合区横向最大宽度相应纵向坐标的观测值 $L_c=12\mathrm{m}=0.375L_s$，符合本文横向扩散系数按常数情况来处理的条件。

3.2 精确估算法

河流横向扩散系数的精确估算方法主要是借助于数字图像处理技术，对经筛选与坐标定位选定的示踪试验"浓度图像"中的示踪剂等色度线进行仿真处理，然后再与理论等浓度线进行比较，确定出河流示踪试验浓度场/污染混合区的纵向最大长度 L_s、横向最大宽度或半宽度 b_s，并采用《水文测量规范》（SL 58—2014）观测的河流平均流速 U_q，最后

四、概念修正和相似准则及其参数确定方法

由式（6）计算出示踪试验河段的横向扩散系数精确值。

对河流示踪试验浓度场/污染混合区图像的数字处理技术，选择 MATLAB 语言进行仿真处理，以便绘制任一条示踪剂等色度线，数字图像处理流程[16] 参见图 3。

下面以洺府河岸边排污混合区的示踪试验结果为例，说明借助于数字图像处理技术来估算横向扩散系数精确值的方法步骤。

（1）滤波处理：输入已筛选出的标有坐标系及刻度的示踪剂浓度场/污染混合区图 2，进行初次滤波，在河流示踪试验浓度场/污染混合区图像的拍照过程中，可能存在光照的不均匀现象，这对图像处理后的效果影响很大，因此需采用同态滤波消除光照不均匀性影响。为消除示踪试验浓度场/污染混合区图像的噪声（指图像数据中不必要的或多余的干扰信息），使图像平滑，有利于图像的后续处理，还需选择中值滤波对图像进行再次滤波处理。

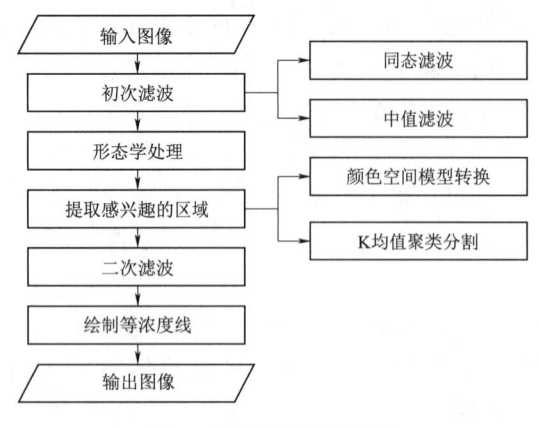

图 3 数字图像处理流程

（2）形态学处理：将数字形态学作为工具，从图像中提取对表达和描绘区域形状有用处的图像分量，如河流示踪试验浓度场/污染混合区图像中的边界、骨架以及凸壳，还包括用于预处理或后处理的形态学过滤、细化和修剪等。图像形态学处理中感兴趣的主要是黑、白二值图像。对河流示踪试验中拍照的多组浓度场/污染混合区图像经过处理仿真的反复比较，采用先腐蚀后膨胀的开运算处理，发现仿真效果较好，可以消除不同图像间的差异对后续处理的影响。

（3）提取感兴趣区域：在形态学处理之后，提取需要研究的河流示踪试验浓度场/污染混合区区域。先要进行颜色空间模型的转换，提取 Cr 分量进行 K 均值聚类分割（MatLab 语言的术语），提取二值化图像的轮廓线，使提取的示踪剂扩散轮廓清晰，与扩散轨迹符合程度良好。再将之前经过滤波和形态学处理后的图像填充到轮廓中。

（4）绘制等浓度线：经过以上程序处理后，在试验过程中拍照的河流示踪试验浓度场/污染混合区图像，已转化为可进行等浓度线绘制的灰度图，再利用 MatLab 语言中的 contour 与 contourf 函数对灰度图像进行等浓度线绘制。

（5）数字图像处理等浓度线及其拟合分析：在灰度图像绘制的等浓度线上，读取高浓度等色度线所包围区域的纵向最大长度为 $L_{s1}=32.0 \text{m}$ 和横向最大宽度为 $b_{s1}=5.5 \text{m}$，代入式（5）得到第一次拟合的理论等浓度线方程为

$$y = 5.5 \sqrt{-\mathrm{e}\frac{x}{32}\ln\left(\frac{x}{32}\right)} \tag{8}$$

经作图比较发现，第一次拟合的理论等浓度线与高浓度等色度线的整体吻合程度有待改进。在灰度图像绘制的等浓度线上，重新读取高浓度等色度线所包围区域的纵向最大长度为 $L_{s2}=32.0 \text{m}$（未变）和横向最大宽度为 $b_{s2}=5.2 \text{m}$，再代入式（5）得到第二次拟合

的理论等浓度线方程为

$$y = 5.2\sqrt{-e\frac{x}{32}\ln\left(\frac{x}{32}\right)} \tag{9}$$

由式（9）点绘第二次拟合的理论等浓度线于图4中，进行理论等浓度线与高浓度等色度线及区域比较发现，第二次拟合的理论等浓度线与拍照图像中高浓度等色度线的整体吻合程度更高。

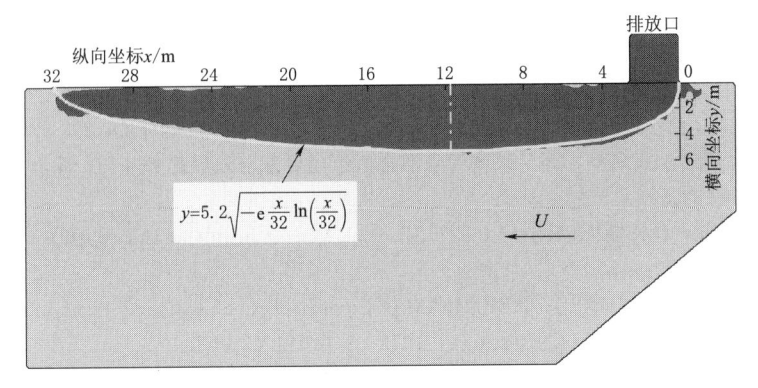

图4 洣府河理论等浓度线与图像处理等浓度线比较

最后，将重新读取的纵向最大长度 L_{s2}、横向最大宽度 b_{s2} 和采用《水文测量规范》（SL 58—2014）观测的河流平均流速 $U_q=0.22\text{m/s}$ 一并代入式（6）中，得到洣府河示踪试验河段的横向扩散系数精确值为

$$E_y = \frac{eU}{2L_s}b_s^2 = \frac{2.71828\times0.22}{2\times32}\times5.2^2 = 0.253(\text{m}^2/\text{s})$$

计算表明，洣府河示踪试验河段的横向扩散系数近似值与精确值的相对误差为4.7%，非常接近。说明河流横向扩散系数的近似估算法和精确估算法均可使用。

4 结论

本研究在宽阔顺直河流岸边稳定点源排放条件下，基于排污混合区等浓度线所包围区域纵向最大长度 L_s 与横向最大宽度（或中心排放的最大半宽度）b_s 之间的关系式，阐述了横向扩散系数的计算原理；提出了宽阔河流排污混合区的示踪试验、无人机摄像快速观测和浓度图像筛选与坐标定位等方法步骤；采用理论等浓度线与高浓度等色度线的整体比较法，提出了快速确定横向扩散系数的近似估算法和精确估算法，这两种估算法均能够满足工程设计的精度要求。

本项研究提出的快速观测估算河流横向扩散系数的方法，无须采样分析水质、观测排污量和实际浓度值，既省时省力，又方便快捷。在河流水域纳污能力、水环境容量计算和水环境影响预测与评价中，可作为横向扩散系数的确定依据，能够有效克服采用不同经验公式确定横向扩散系数相差甚远的问题。针对我国各地区不同类型的河流，在不同水文、水力学条件下，对岸边排放横向扩散系数的变化规律开展系统研究非常必要。

四、概念修正和相似准则及其参数确定方法

参考文献

[1] 张书农. 天然河流横向扩散系数的研究 [J]. 水利学报, 1983, 14 (12): 8-18.

[2] 顾莉, 惠慧, 华祖林, 等. 河流横向混合系数的研究进展 [J]. 水利学报, 2014, 45 (4): 450-457, 466.

[3] 武周虎, 祝帅举, 牟天瑜, 等. 水环境影响预测中计算参数的确定及敏感性分析 [J]. 人民长江, 2016, 47 (8): 1-6.

[4] 董飞, 刘晓波, 彭文启, 等. 地表水水环境容量计算方法回顾与展望 [J]. 水科学进展, 2014, 25 (3): 451-463.

[5] 幸梅, 高煜歆, 汪小艳. 三峡库区污染带及其变化特征 [J]. 环境影响评价, 2018, 40 (5): 66-70.

[6] 吴佳鹏, 陈凯麒, 刘来胜, 等. 水体污染混合区组成要素与发展趋势 [J]. 环境影响评价, 2018, 40 (4): 49-52.

[7] FISCHER H B, IMBERGER J, LIST E J, et al. Mixing in inland and coastal waters [M]. New York: Academic Press, 1979: 50-54.

[8] HOLLEY E R, SIEMONS J, ABRAHAM G. Some aspects of analyzing transverse diffusion in rivers [J]. Journal of Hydraulic Research, 1972, 2 (10): 27-57.

[9] 郭建青, 张勇. 确定河流横向扩散系数的直线图解法 [J]. 水利学报, 1997 (1): 62-67.

[10] 郑鹏海, 郭建青. 确定河流横向扩散系数的线性回归法 [J]. 水电能源科学, 1999, 17 (3): 17-19.

[11] 武周虎, 贾洪玉. 河流污染混合区的解析计算方法 [J]. 水科学进展, 2009, 20 (4): 544-548.

[12] WU Z H, WU W, WU G Z. Calculation method of lateral and vertical diffusion coefficients in wide straight rivers and reservoirs [J]. Journal of Computers, 2011, 6 (6): 1102-1109.

[13] 武周虎. 倾斜岸坡深度平均浓度分布及污染混合区解析计算 [J]. 水利学报, 2015, 46 (10): 1172-1180.

[14] 武周虎, 吉爱国, 胡德俊, 等. 倾斜岸坡角形域顶点排污浓度分布的实验研究 [J]. 长江科学院院报, 2012, 29 (12): 34-40.

[15] WU W, WU Z H, SONG Z W. Calculation method for steady-state pollutant concentration in mixing zones considering variable lateral diffusion coefficient [J]. Water Science and Technology, 2017, 76 (1): 201-209.

[16] 牟天瑜, 武周虎, 周立俭, 等. MATLAB图像处理技术在水环境扩散实验研究中的应用 [J]. 中国环境管理干部学院学报, 2015, 25 (5): 58-61.

4-07　MatLab 图像处理技术在水环境扩散实验研究中的应用[*]

摘　要：本文基于 MatLab 建立示踪剂浓度的数字图像处理系统，对示踪剂浓度图像进行数字化处理，以便研究复杂岸坡水体中示踪剂的扩散规律。在立面二维槽中槽复杂岸坡断面角形域排放的扩散实验过程中，使用数码相机记录示踪剂浓度扩散的一系列瞬时图像，对示踪剂扩散区域进行处理提取；再根据比色（Ⅲ）标定实验把灰度值转化为对应的浓度值，使示踪剂的扩散图像以等浓度线图的形式显示，实现了浓度分布数据读取的可视化。结果表明，基于 MatLab 数学工具建立的示踪剂浓度的数字图像处理系统，对研究水体中扩散实验的示踪剂浓度场是可行的。

关键词：MatLab；图像处理技术；复杂岸坡；扩散实验；浓度分布

随着我国城镇化和工业化水平的提高，生活和工业用水高度集中引起污水的集中排放，污水大多通过江河水库岸边的排污口进入水体，自然水体中的污染物在岸坡角形域顶点排放的扩散与边界反射往往非常复杂，横向与垂向扩散系数一般不相等[1-3]。污水进入环境水体后受岸坡地形以及紊流扩散等影响，在排污口附近将形成复杂的高浓度污染混合区。针对不同岸坡地形及紊流条件，对这一区域污染物的浓度扩散规律进行探索研究，是对水环境进行功能区划分、管理决策、综合整治的重要依据和技术环节。

MatLab 软件集图像处理、科学计算、语音、视频处理于一身，而且本身带有大量集成的函数，在水环境中的应用非常广泛，越来越多的研究者将 MatLab 的数据分析、建模仿真应用到水环境的管理、评价和模型预测中。孟宪林等[4] 将水体污染物迁移扩散方程简化建立水质模型，借助 MatLab 平台对突发性水体污染进行浓度预测；罗定贵等[5] 通过 MatLab 工具箱函数应用径向基网络方法进行区域地下水质评价；张卫兵等[6] 将未知测度模型建立过程标准化，再利用 MatLab 编程进行水质评价；安静华等[7] 用 Visual Basic（简称 VB）编程语言调用 MatLab 工具箱中数据处理和图形显示功能，构建二维稳态河流水环境数字化评价平台；ZHU C et al.[8] 将 MatLab 的运算功能和 VB 良好的用户界面结合设计软件，进行水质评价。在获取浓度场分布数据时，通常使用的流动测量仪器如压力和电导探头等都只能提供流场中有限点的数据，且移动探头会对取样点附近的流场造成干扰，数据读取与实际流场也存在不同步性，导致所测流场浓度与实际浓度存在较大误差。在科学研究中，可以通过图像对一些物理现象进行直观描述，随着环境水力学、光学和计算机技术的飞速发展，数字图像处理技术已被应用到浓度场的研究中。沈良朵等[9] 应用 CCD 摄像设备和 MatLab 的图像处理功能对海岸污染物扩散实验过程进行测量；卢曦等[10] 利用烟雾粒子的积分浓度与数字图像强度之间的关系进行了烟雾扩散的非定常瞬

---

[*] 原文载于《中国环境管理干部学院学报》，2015，25（5），作者：牟天瑜，武周虎，周立俭，杨正涛，吉爱国。

四、概念修正和相似准则及其参数确定方法

时全场浓度的定量测量；晁晓波等[11]在明渠悬沙浓度场的测量实验中对数字图像处理技术的应用进行了初步探索；武周虎等[12]在河库倾斜岸坡角形域顶点排污浓度分布的实验模拟研究中，基于研制的倾斜岸坡角形域顶点排污立面二维扩散水槽实验装置，借助数字图像采集与处理技术进行深水浓度场的测量，将实验结果与理论解析解对比分析。

数字图像处理技术在水环境扩散实验研究中的应用，对于环境水力学的发展与完善具有重要的推动作用，可解决水体浓度场测量中存在的诸多问题。本文基于 MatLab 数学工具建立示踪剂浓度的数字图像处理系统，对水体中扩散实验图像进行二维等浓度线的绘制，实现浓度分布数据读取可视化。

1 浓度场的测量与标定

1.1 浓度场测量原理

为模拟倾斜岸坡河库中某个截面上的污染物扩散过程并取得良好的实验效果，采用立面二维槽中槽扩散实验装置进行实验。在角形域水槽扩散实验模型中，选择颜色明显的罗丹明 B 作为示踪物质，使用数码相机采集不同时间条件下的示踪剂扩散图像，应用数字图像处理技术对采集到的浓度场进行测量。罗丹明 B 在水中溶解后颜色为红色，浓度较大时颜色深，对应的灰度值小，这种颜色深浅的变化即反映了示踪剂浓度的大小。配置一定浓度的示踪剂溶液作为标准系列，找到浓度与灰度的对应关系，将采集到的图像输入计算机进行处理，借助 MatLab 平台，将立面水槽中示踪剂的二维浓度场以等浓度线图的形式输出在显示器上。立面二维槽中槽水体扩散实验与浓度场拍摄示意图 1 和图 2。

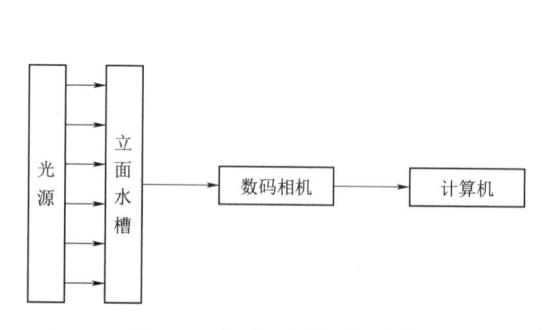

图 1 示踪剂浓度场拍摄示意　　图 2 立面二维槽中槽扩散实验装置

采集的图像质量对于获取实验数据的准确性至关重要。实验过程在室内进行，光线较弱且分布不均匀，这将影响浓度所对应灰度值的大小，降低获取实验数据的精度。经过研究分析，在玻璃水槽后设置白色幕布，均匀布置背景光源，实验室采光窗户均挂上深色布帘，以降低外界环境光照因素对实验的影响。在后续的实验图像处理中，也会采用一些算法来降低光照不均匀的影响。

1.2 浓度-灰度标定实验

在图像处理过程中，首先需要确定浓度与灰度之间的对应关系，配置已知浓度的示踪

剂溶液作为标准系列进行拍照（图3）。对所获得图片去除噪声，进行灰度化处理，得到对应的灰度值，使用MatLab对示踪剂浓度与对应灰度进行拟合，见图4。

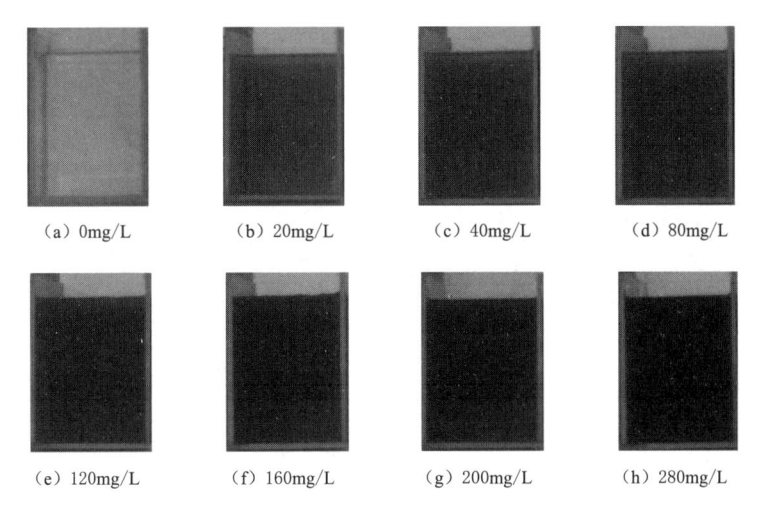

(a) 0mg/L　　(b) 20mg/L　　(c) 40mg/L　　(d) 80mg/L

(e) 120mg/L　　(f) 160mg/L　　(g) 200mg/L　　(h) 280mg/L

图3　标准系列浓度图片

由图4中灰度与浓度的散点数据，进行回归分析得到对应浓度C与灰度G的关系式为

$$C = \frac{2527}{G} - 9.264 \quad (R^2 = 0.995) \tag{1}$$

2　浓度场图像处理方法

MatLab语言简单且带有大量的集成函数，对于所获得浓度场的瞬时扩散图像，选择MatLab语言进行仿真处理，具体流程见图5。

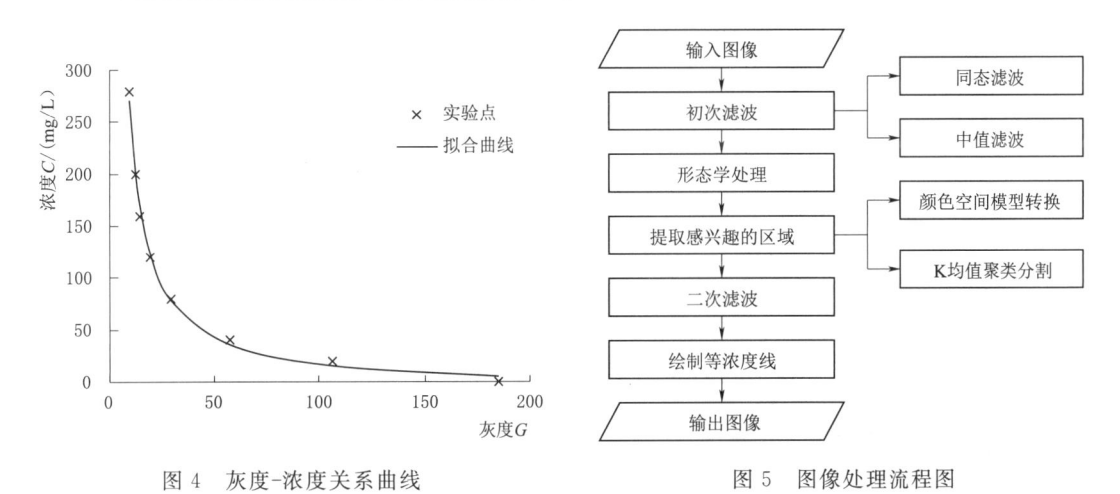

图4　灰度-浓度关系曲线

图5　图像处理流程图

对读入的图像进行滤波处理，同态滤波是一种在频域中同时压缩灰度范围和增强对比度的方法。在扩散图像采集过程中，由于摄像条件和被摄物体局部表面对光线的吸收与反射性能不同等因素，常出现光照分布不均匀的现象，这对处理图片的效果影响很大。示踪

四、概念修正和相似准则及其参数确定方法

剂扩散过程中采集到的瞬时浓度分布图像，要研究的部分颜色较深，灰度值小，细节辨认难度大，光照不均匀将影响示踪剂浓度所对应的灰度值大小。现有的处理不均匀光照，提高图片对比度的主要方法有灰度变换、直方图均衡化、同态滤波、Gamma 矫正等算法。通过对实验图像的仿真比较，本文采用同态滤波算法。为了降低实验所获得图像的噪声，使图像平滑，有利于后续处理，选择中值滤波对图像进行滤波处理。图 6～图 11 为示踪剂瞬时扩散图像处理仿真的主要步骤。

图 6　原始图像

图 7　形态学处理仿真图

图 8　YCbCr 彩色模型

图 9　扩散区域轮廓

图 10　二次滤波图

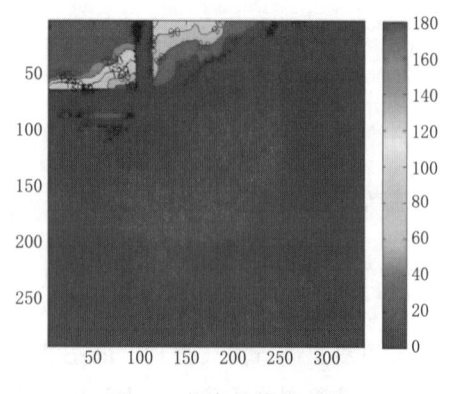

图 11　仿真的等值面图

在实验采集的图片上，用于震荡产生紊流条件的钢丝网格，对后续等浓度线的处理影响很大。经过多组图片的处理仿真比较，发现采用先腐蚀后膨胀的开运算处理仿真效果较好，可以消除震荡格栅对后续处理的影响，图 7 为形态学处理仿真图。

在形态学处理之后，提取要研究液体的扩散区域。先要进行颜色空间模型的转换，经过选取多幅图片进行实验算法研究，将 RGB 彩色空间分别转换到 HSV 和 YCbCr 彩色空间[13]，对示踪剂扩散轮廓进行提取比较，发现转换到 YCbCr 彩色空间提取的轮廓与原图像吻合较好，使用 MatLab 中的 rgb2ycbcr 函数，编写代码简单。将示踪剂扩散图像转化到 YCbCr 彩色空间，见图 8。提取 Cr 分量即仿真出红色液体扩散的轮廓后对 Cr 分量图像进行 K 均值聚类分割，提取二值化后的扩散轮廓，见图 9。然后将之前经过滤波和形态学处理后的图像填充到轮廓中。对提取后的红色液体区域进行二次滤波，与第一次滤波相同，这里同样选择中值滤波算法消除噪声使图像平滑。图 10 为二次滤波后的图像。

经过以上算法的处理，实验过程采集到的示踪剂扩散图像已转化为可进行等浓度线绘制的灰度图。由配置的标准系列得到的浓度与灰度对应的曲线关系式（1），将灰度 G 转换成浓度 C，然后利用 MatLab 中的 contour 与 contourf 函数对灰度图像进行等浓度曲线与等值面的绘制。图 10 即为处理完的示踪物质浓度等值面图。

由图 9 可以看出提取的示踪剂扩散轮廓清晰，与扩散轨迹符合程度较好，而后对轮廓进行填充后再次中值滤波，如图 10 所示，得到了平滑的灰度图像，最后得到的图 11 中的示踪剂浓度等值面图，浓度曲线较为平滑，不同坐标的扩散浓度清晰易读。

3 结语

（1）在立面二维复杂岸坡水体断面顶点排放实验的基础上，提出采用数字图像处理的方法进行二维浓度场的测量，采用罗丹明 B 作为示踪物质，利用数码相机拍摄记录示踪剂扩散的一系列瞬时图像。

（2）基于 MatLab 数学工具，应用图像处理的方法对采集到的示踪剂扩散图像进行处理，经过同态滤波、中值滤波、颜色空间模型转换和聚类分割等算法处理后最终得到效果较好的等浓度分布曲线，实现了浓度分布数据读取的可视化，反映了示踪剂在水中输移扩散的基本特征。

（3）建立的示踪剂浓度的数字图像处理系统，为探索示踪剂的扩散规律提供了有效的测量手段。为进一步研究、检验和修正特定条件下的示踪剂浓度扩散模型提供了有效的方法。

参考文献

[1] 武周虎. 倾斜岸坡角形域顶点排污浓度分布的理论分析 [J]. 水利学报, 2010, 41 (8): 997-1002.
[2] 武周虎, 徐美娥, 武桂芝. 倾斜岸坡角形域顶点排污浓度分布规律探讨 [J]. 水力发电学报, 2012, 31 (6): 166-172.
[3] 武周虎, 贾洪玉. 倾斜岸河流和水库水面污染带下的污染物质浓度分布 [J]. 水利水电科技进展, 2012, 32 (6): 1-5.
[4] 孟宪林, 于长江, 孙丽欣. 突发水环境污染事故的风险预测研究 [J]. 哈尔滨工业大学学报,

2008, 40 (2): 223-225.
- [5] 罗定贵, 王学军, 郭青. 基于 MatLab 实现的 ANN 方法在地下水质评价中的应用 [J]. 北京大学学报 (自然科学版), 2004, 40 (2): 296-302.
- [6] 张卫兵, 姚建, 汤乐, 等. 程序化的未确知测度模型用于水环境质量评价 [J]. 环境工程学报, 2014, 8 (1): 392-396.
- [7] 安静华, 白文斌, 张亚丽. 地表二维稳态河流水环境数字化评价平台的设计 [J]. 现代农业科技, 2013, (10): 31-35.
- [8] ZHU C J, WU L P, Li S. Application of Combined Matlab and VB Model in Water Pollution Control Planning [J]. Key Engineering Materials, 2010, 439-440 (pt.1): 407-410.
- [9] 沈良朵, 邹志利. 基于 MatLab 的海岸污染物浓度扩散实验分析 [J]. 海洋环境科学, 2011, 30 (6): 862-865.
- [10] 卢曦, 吴文权. 瞬态积分浓度场的测量研究 [J]. 工程热物理学报, 2004, 25 (5): 761-764.
- [11] 晁兆波, 赵文谦. 数字图象处理技术在悬沙浓度测量中的应用 [J]. 四川联合大学学报, 1997, 1 (1): 7-11.
- [12] 武周虎, 吉爱国, 胡德俊, 等. 倾斜岸坡角形域顶点排污浓度分布的实验研究 [J]. 长江科学院院报, 2012, 29 (12): 34-40.
- [13] 冈萨雷斯. 数字图像处理 (MatLab 版) [M]. 北京: 电子工业出版社, 2013: 152-153.

五、其他条件下的浓度分布理论分析

5-01 水面油膜下油滴输移扩散方程的解析解*

摘　要：本文在所给定解条件下，进行严密的数学推导，给出油滴输移扩散方程的解析解。分析了解析解的合理性，讨论了与简化方程解析解的一致性，其结果令人满意。此解对河流、水库、海洋事故溢油引起的水体油污染计算具有实际应用价值，也具有重大的理论意义。

关键词：石油污染；油滴扩散；解析解

由于油比水轻，当油进入水体后，首先是漂浮于水面上形成油膜。但由于水体常常处于流动状态，或由于风和波浪作用，水面的波动和紊动普遍存在，油膜终将逐渐被分散成油滴，在紊动作用下，可扩散至水体内部。大尺寸的油滴，即使偶尔被带至水面以下也会很快在浮力作用下返回水面，当受紊动作用被破碎为更小的油滴（$d<60\mu m$）后，就会继续在水下输移扩散。

本文就一维流动水环境中，溢油油膜在围油栏限制其漂移的情况下，从油滴输移扩散方程入手，求解围栏上游水面油膜下油滴的浓度分布。对遏制溢油的扩散与影响范围，最大限度地清除与减少其对环境的污染具有实际应用价值。同时在求解同类型方程方面具有一定的理论指导意义。

1　基本方程及其对前人的求解分析

假定水平纵向一维水流流速 U 和纵向、垂向扩散系数分别为 D_x、D_y，在水面 $x>0$，$y=0$ 处的油滴浓度 C_0 保持不变，如图 1 所示。

水中油滴的输移扩散方程为[1-2]

$$U\frac{\partial C}{\partial x}=D_x\frac{\partial^2 C}{\partial x^2}+D_y\frac{\partial^2 C}{\partial y^2}+W\frac{\partial C}{\partial y}-KC \tag{1}$$

式中：K 为油滴在水中的生化降解系数；W 为油滴上浮速度，采用油滴在静止水中均匀上升的斯托克斯速度公式计算

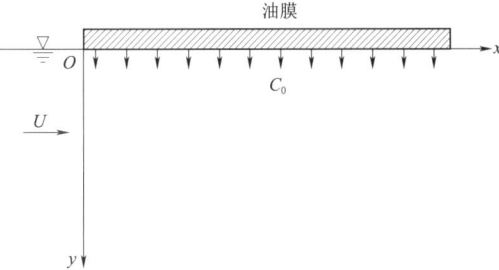

图 1　油滴的水下扩散

$$W=\frac{1}{18}\frac{\rho_w-\rho_0}{\mu_w}gd^2 \tag{2}$$

式中：d 为油滴粒径；ρ_w、ρ_0 分别为水和油的密度；μ_w 为水的动力黏滞系数；g 为重力加速度。

---

* 原文载于《海洋环境科学》，2000，19（3），作者：武周虎，于进伟。

五、其他条件下的浓度分布理论分析

在 $K=0$ 的条件下，文献 [1-2] 认为式 (1) 具有某种对称性，为此作变量替换，令 $\eta=y-x$，对式 (1) 进行了化简求解，从而得出水中油滴浓度分布的解析表达式为

$$C=C_0\exp\left[-\frac{U+W}{D_x+D_y}(y-x)\right] \tag{3}$$

由式 (3) 不难看出，当 y 取定值时，随着 x 的增大，水中的油滴浓度会无限增大，这显然是不可能的。由于文献 [1-2] 在数学处理上错误的变量替换，所以解析表达式 (3) 的错误在所难免。

2 解析求解

油滴在水下的输移扩散中，由于 $xU/D_x \gg 1$，即纵向移流作用远大于纵向扩散作用，所以可忽略纵向扩散作用。并用 D 代替 D_y，令 $\tau=x/U$，则有式 (1) 变为

$$\frac{\partial C}{\partial \tau}=D\frac{\partial^2 C}{\partial y^2}+W\frac{\partial C}{\partial y}-KC \tag{4}$$

定解条件为：$C|_{\tau=0,y>0}=0$，$C|_{\tau>0,y=0}=C_0$，$C|_{\tau>0,y=H}=0$，其中 H 充分大。

首先，进行第一次变量替换，令 $C(\tau,y)=\exp\left(-\frac{W}{2D}y\right)Q(\tau,y)$，式 (4) 变为

$$\frac{\partial Q}{\partial \tau}=D\frac{\partial^2 Q}{\partial y^2}-\left(K+\frac{W^2}{4D}\right)Q=D\frac{\partial^2 Q}{\partial y^2}-K'Q \tag{5}$$

其中：$K'=K+\dfrac{W^2}{4D}$。定解条件相应地变为：$Q|_{\tau=0,y>0}=0$，$Q|_{\tau>0,y=0}=C_0$，$Q|_{\tau>0,y=H}=0$。

进行第二次变量替换，令 $Q(\tau,y)=e^{-K'\tau}V(\tau,y)$，式 (5) 变为

$$\frac{\partial V}{\partial \tau}=D\frac{\partial^2 V}{\partial y^2} \tag{6}$$

定解条件相应地变为：$V|_{\tau=0,y>0}=0$，$V|_{\tau>0,y=0}=C_0 e^{K'\tau}$，$V|_{\tau>0,y=H}=0$。

其次，对式 (6) 关于 τ 取拉普拉斯变换 $F(p,y)=\int_0^\infty V(\tau,y)e^{-p\tau}d\tau$，则式 (6) 变为

$$\frac{d^2 F(p,y)}{dy^2}-\frac{1}{D}[pF(p,y)-V(0^+,y)]=0$$

将 $V|_{\tau=0,y>0}=0$ 代入上式，则有

$$\frac{d^2 F(p,y)}{dy^2}-\frac{p}{D}F(p,y)=0 \tag{7}$$

定解条件相应地变为：$F(p,0)=L[C_0 e^{K'\tau}]=C_0/(p-K')$，$F(p,H)=0$。

二阶常系数齐次线性常微分方程式 (7) 的通解为

$$F(p,y)=C_1\exp\left(-\sqrt{\frac{p}{D}}y\right)+C_2\exp\left(\sqrt{\frac{p}{D}}y\right) \tag{8}$$

由定解条件 $F(p,H)=0$ 求得 $C_2=0$，由 $F(p,0)=C_0/(p-K')$ 求得 $C_1=C_0/(p-K')$。

将 C_1 和 C_2 代入式 (8) 得到

$$F(p,y) = \frac{C_0}{p-K'}\exp\left(-\sqrt{\frac{p}{D}}y\right) \tag{9}$$

对式（9）取拉普拉斯逆变换

$$V(\tau,y) = L^{-1}\left[\frac{C_0}{p-K'}\exp\left(-\sqrt{\frac{p}{D}}y\right)\right] = C_0 L^{-1}\left[\frac{1}{p-K'}\exp\left(-\sqrt{\frac{p}{D}}y\right)\right] = C_0 g_1(\tau) * g_2(\tau) \tag{10}$$

其中 $g_1(\tau) * g_2(\tau)$ 称为函数 $g_1(\tau)$ 和 $g_2(\tau)$ 的卷积（这里的"$*$"为卷积符号）。即有

$$g_1(\tau) = L^{-1}\left(\frac{1}{p-K'}\right) = e^{K'\tau}, \quad g_2(\tau) = L^{-1}\left[\exp\left(-\sqrt{\frac{p}{D}}y\right)\right] = \frac{y}{2\sqrt{\pi D}\tau^{3/2}}\exp\left(-\frac{y^2}{4D\tau}\right)$$

将 $g_1(\tau)$、$g_2(\tau)$ 代入式（10）并用卷积公式得

$$V(\tau,y) = \frac{2C_0}{\sqrt{\pi}}\int_0^\tau e^{K't}\exp\left[-\left(\frac{y}{2\sqrt{D(\tau-t)}}\right)^2\right]d\left(\frac{y}{2\sqrt{D(\tau-t)}}\right) \tag{11}$$

令 $v = \frac{y}{\sqrt{4D(\tau-t)}}$，则有 $t = \tau - \left(\frac{y}{\sqrt{4D}v}\right)^2$。积分上、下限分别变为：当 $t=\tau$ 时，$v=\infty$；当 $t=0$ 时，$v = \frac{y}{\sqrt{4D\tau}}$。代入式（11）变为

$$V(\tau,y) = \frac{2C_0}{\sqrt{\pi}}e^{K'\tau}\int_{\frac{y}{2\sqrt{D\tau}}}^\infty \exp\left[-\left(\frac{K'y^2}{4Dv^2}+v^2\right)\right]dv \tag{11a}$$

把式（11a）等号右边的系数 2 分成两个 1，并分别加、减表达式 $\sqrt{\frac{K'}{4D}}\frac{y}{v^2}$，得到 $\left(1+\sqrt{\frac{K'}{4D}}\frac{y}{v^2}\right) + \left(1-\sqrt{\frac{K'}{4D}}\frac{y}{v^2}\right)$，将其添加到积分号中，然后进行分项整理得到

$$V(\tau,y) = \frac{C_0}{\sqrt{\pi}}e^{K'\tau}\left\{\int_{\frac{y}{2\sqrt{D\tau}}}^\infty \left(1+\sqrt{\frac{K'}{4D}}\frac{y}{v^2}\right)\exp\left[-\left(\frac{K'y^2}{4Dv^2}+v^2\right)\right]dv + \right.$$
$$\left.\int_{\frac{y}{2\sqrt{D\tau}}}^\infty \left(1-\sqrt{\frac{K'}{4D}}\frac{y}{v^2}\right)\exp\left[-\left(\frac{K'y^2}{4Dv^2}+v^2\right)\right]dv\right\}$$
$$= \frac{C_0}{\sqrt{\pi}}e^{K'\tau}\left\{\int_{\frac{y}{2\sqrt{D\tau}}}^\infty \exp\left[-\left(v-\sqrt{\frac{K'}{4D}}\frac{y}{v}\right)^2\right]e^{-\sqrt{\frac{K'}{D}}y}d\left(v-\sqrt{\frac{K'}{4D}}\frac{y}{v}\right) + \right.$$
$$\left.\int_{\frac{y}{2\sqrt{D\tau}}}^\infty \exp\left[-\left(v+\sqrt{\frac{K'}{4D}}\frac{y}{v}\right)^2\right]e^{\sqrt{\frac{K'}{D}}y}d\left(v+\sqrt{\frac{K'}{4D}}\frac{y}{v}\right)\right\} \tag{11b}$$

令 $z = v - \sqrt{\frac{K'}{4D}}\frac{y}{v}$ 或 $z = v + \sqrt{\frac{K'}{4D}}\frac{y}{v}$，则有积分上、下限分别变为：当 $v=\infty$ 时，$z=\infty$；当 $v = \frac{y}{\sqrt{4D\tau}}$ 时，$z = \frac{y}{2\sqrt{D\tau}} - \sqrt{K'\tau}$ 或 $z = \frac{y}{2\sqrt{D\tau}} + \sqrt{K'\tau}$。代入式（11b）变为

五、其他条件下的浓度分布理论分析

$$V(\tau,y)=\frac{C_0}{\sqrt{\pi}}e^{K'\tau}\left(e^{-\sqrt{\frac{K'}{D}}y}\int_{\frac{y}{2\sqrt{D\tau}}-\sqrt{K'\tau}}^{\infty}e^{-z^2}dz+e^{\sqrt{\frac{K'}{D}}y}\int_{\frac{y}{2\sqrt{D\tau}}+\sqrt{K'\tau}}^{\infty}e^{-z^2}dz\right) \quad (11c)$$

借助于余误差函数形式，式（11c）变为

$$V(\tau,y)=\frac{C_0}{2}e^{K'\tau}\left[e^{-\sqrt{\frac{K'}{D}}y}\mathrm{erfc}\left(\frac{y}{2\sqrt{D\tau}}-\sqrt{K'\tau}\right)+e^{\sqrt{\frac{K'}{D}}y}\mathrm{erfc}\left(\frac{y}{2\sqrt{D\tau}}+\sqrt{K'\tau}\right)\right] \quad (12)$$

按照两次变量替换的表达式，进行逆向变量替换，则有浓度分布为

$$C(x,y)=e^{-\frac{W}{2D}y}Q=e^{-\frac{W}{2D}y}e^{-K'\tau}V(\tau,y)$$

$$=\frac{C_0}{2}e^{-\frac{W}{2D}y}\left[e^{-\sqrt{\frac{K'}{D}}y}\mathrm{erfc}\left(\frac{y}{2}\sqrt{\frac{U}{Dx}}-\sqrt{\frac{K'x}{U}}\right)+e^{\sqrt{\frac{K'}{D}}y}\mathrm{erfc}\left(\frac{y}{2}\sqrt{\frac{U}{Dx}}+\sqrt{\frac{K'x}{U}}\right)\right] \quad (13)$$

这就是一维流动环境中水面油膜下油滴浓度分布的解析解。此解同样适用于 $0<x\leqslant L$, $y=0$ 处 $C=C_0$ 时，在 $0<x\leqslant L$ 范围内的油滴浓度分布计算。

3 解析解的分析与讨论

3.1 解析解的分析

从式（13）看出，油滴上浮速度对抑制油滴向水下扩散具有明显作用。它一方面产生小于1的浓度衰减系数 $\exp\left(-\frac{W}{2D}y\right)$，另一方面还与油滴生化降解系数 K（或 $K'=K+\frac{W^2}{4D}$）共同起作用，使水中油滴浓度减小，这与实际情况是一致的。

取代表性参数：水流流速 $U=1.0\mathrm{m/s}$，垂向扩散系数 $D=2.5\times10^{-4}\ \mathrm{m}^2/\mathrm{s}$，油滴生化降解系数 $K=0.26$（1/d）；油滴粒径 $d=40\mu\mathrm{m}$，$\mu_\mathrm{w}=0.001\mathrm{Pa\cdot s}$，$\rho_\mathrm{w}=1000\mathrm{kg/m}^3$，$\rho_0=900\mathrm{kg/m}^3$，$g=9.81\mathrm{m/s}^2$，由式（2）计算出油滴上浮速度 $W=8.7\times10^{-5}\mathrm{m/s}$。

选取 $x=10^3\mathrm{m}$、$10^4\mathrm{m}$、$10^5\mathrm{m}$ 和 $x\to\infty$ 的4条断面垂线，由式（13）分别计算水面油膜下油滴浓度分布。图2绘制了 $W=8.7\times10^{-5}\mathrm{m/s}$ 条件下，$K=0$ 和 $K=0.26$（1/d）的油滴浓度分布比较；图3绘制了 $K=0.26$（1/d）条件下，$W=0$ 和 $W=8.7\times10^{-5}\mathrm{m/s}$ 的油滴浓度分布比较。

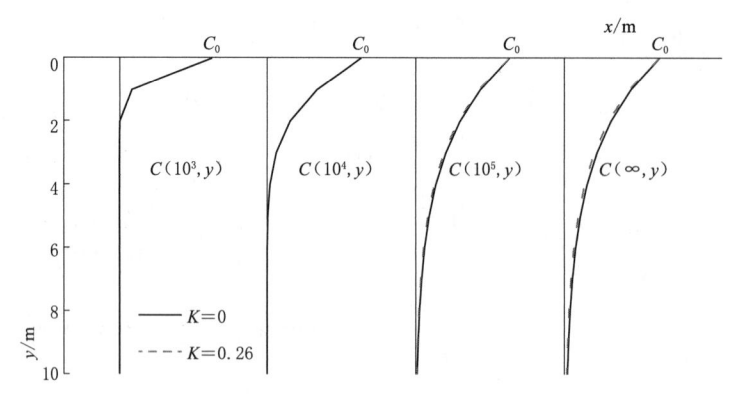

图 2 有无降解作用的油滴浓度分布比较

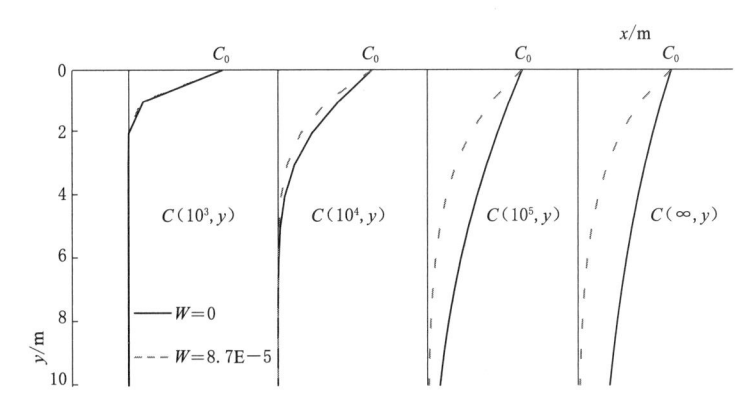

图 3 有无上浮作用的油滴浓度分布比较

由图 2 和图 3 看出，水面油膜下油滴浓度随着 y 坐标的增大而减小，即随水深的增加迅速衰减；当 y 取定值时，油滴浓度随着 x 坐标的增大而增加，但增幅越来越小，最后趋于稳定。当 $x \to \infty$ 时，油滴浓度分布只是 y 的函数，即油滴浓度分布 $C(\infty, y) = C(y)$。

由图 2 看出，有无降解作用的油滴浓度分布差别微小。也就是说，在水面油膜持续污染情况下，油滴生化降解作用可以忽略不计，对环境管理偏于安全。由图 3 看出，有无上浮作用的油滴浓度分布差别较大。也就是说，在水面油膜持续污染情况下，应该考虑油滴的上浮作用以及在水面的重新聚集。

进一步分析计算表明，油滴不会无限地向水下扩散，油滴浓度的有效影响深度为 $\dfrac{6D}{W(1+\sqrt{1+4DK/W^2})}$。在给定条件下，表 1 给出了油滴浓度的有效影响深度。

表 1　　　　　　　　　　　　油滴浓度的有效影响深度

$K/(1/\text{d})$	0.26	0	0.26	0
$d/\mu\text{m}$	40	40	10	10
$W/(\text{m/s})$	8.7×10^{-5}	8.7×10^{-5}	5.5×10^{-6}	5.5×10^{-6}
影响深度/m	7.9	8.6	24.8	137.6

3.2　解析解的讨论

式（13）与式（4）简化方程解析解的对比讨论：

(1) 当 $W=0$ 时，式（13）变为

$$C = \frac{C_0}{2}\left[e^{-\sqrt{\frac{K}{D}}y}\operatorname{erfc}\left(\frac{y}{2}\sqrt{\frac{U}{Dx}} - \sqrt{\frac{Kx}{U}}\right) + e^{\sqrt{\frac{K}{D}}y}\operatorname{erfc}\left(\frac{y}{2}\sqrt{\frac{U}{Dx}} + \sqrt{\frac{Kx}{U}}\right)\right]$$

这与式（4）简化方程 $U\dfrac{\partial C}{\partial x} = D\dfrac{\partial^2 C}{\partial y^2} - KC$ 的解析解[3] 完全相同。

(2) 当 $W=0$，$K=0$ 时，式（13）变为：$C = C_0 \operatorname{erfc}\left(\dfrac{y}{2}\sqrt{\dfrac{U}{Dx}}\right)$，这与式（4）简化方程 $U\dfrac{\partial C}{\partial x} = D\dfrac{\partial^2 C}{\partial y^2}$ 的解析解[3] 完全相同。

五、其他条件下的浓度分布理论分析

（3）当 $U=0$ 时，式（13）变为：$C=C_0 \exp\left[-\dfrac{Wy}{2D}\left(1+\sqrt{1+\dfrac{4DK}{W^2}}\right)\right]$，这与式（4）简化方程 $D\dfrac{\mathrm{d}^2 C}{\mathrm{d}y^2}+W\dfrac{\mathrm{d}C}{\mathrm{d}y}-KC=0$ 的解析解[4] 完全相同。

（4）当 $U=0$，$W=0$ 时，式（13）变为：$C=C_0 \exp\left(-\sqrt{\dfrac{K}{D}}y\right)$，这与式（4）简化方程 $D\dfrac{\mathrm{d}^2 C}{\mathrm{d}y^2}-KC=0$ 的解析解[4] 完全相同。

（5）当 $U=0$，$K=0$ 时，式（13）变为：$C=C_0 \exp\left(-\dfrac{W}{D}y\right)$，这与式（4）简化方程 $D\dfrac{\mathrm{d}^2 C}{\mathrm{d}y^2}+W\dfrac{\mathrm{d}C}{\mathrm{d}y}=0$ 的解析解[5] 完全相同。

（6）当 $K=0$ 时，式（13）变为

$$C=\dfrac{C_0}{2}\left[\mathrm{e}^{-\frac{W}{D}y}\mathrm{erfc}\left(\dfrac{y}{2}\sqrt{\dfrac{U}{Dx}}-\dfrac{W}{2}\sqrt{\dfrac{x}{DU}}\right)+\mathrm{erfc}\left(\dfrac{y}{2}\sqrt{\dfrac{U}{Dx}}+\dfrac{W}{2}\sqrt{\dfrac{x}{DU}}\right)\right]$$

这就是式（4）简化方程 $U\dfrac{\partial C}{\partial x}=D\dfrac{\partial^2 C}{\partial y^2}+W\dfrac{\partial C}{\partial y}$ 的解析解。

4 结语

通过推导证明和对解析解的分析与讨论，表明解式（13）与式（4）简化方程可对比解析解完全相同，浓度分布规律正确。因此，式（13）是式（4）在相应定解条件下的解析解，纠正了文献［1－2］中该解析解的错误。

参考文献

［1］江洎. 石油以分散态形式在水环境中扩散的研究［D］. 成都：成都科技大学，1990：36－39.
［2］赵文谦，江洎. 石油以油滴形式向水下扩散的研究［J］. 环境科学学报，1990，10（2）：173－182.
［3］李文勋. 水力学中的微分方程及其应用［M］. 韩祖恒，郑开琪，译. 上海：上海科学技术出版社，1982.
［4］余常昭，M. 马尔柯夫斯基，李玉梁. 水环境中污染物扩散输移原理与水质模型［M］. 北京：中国环境科学出版社，1989.
［5］李炜. 环境水力学进展［M］. 武汉：武汉水利电力大学出版社，1999.

5-02 水面有限长油膜下油滴输移扩散方程的解析解

摘 要：本文在所给定的边界条件下，进行严密的数学推导，给出了油滴输移扩散方程的解析解。分析了解析解的合理性，讨论了与可对比解析解的一致性，其结果是令人满意的。此解对河流、水库、海洋事故溢油引起的水体油污染计算具有实际应用价值，也具有重要理论意义。

关键词：石油污染；油滴扩散；解析解

由于油比水轻，也极少溶于水，当油进入水体后，首先是漂浮在水面上形成油膜。但由于水体常常处于流动状态，或由于风和波浪作用，水面的波动和紊动普遍存在，油膜终将逐渐被分散成油滴，在紊动作用下，可扩散至水体内部。大尺度的油滴，即使偶尔被带到水面以下也会很快在浮力作用下返回水面。当受紊动作用被破碎为更小的油滴（$d < 60\mu m$）后，就会继续在水下输移扩散。

本文就一维流动水环境中，事故溢油油膜在围油栏限制其漂移的情况下，从油滴输移扩散方程入手，求解围油栏上游有限长油膜下油滴输移扩散方程的解析解，给出围油栏上、下游水下油滴的浓度分布。对遏制溢油的扩散和影响范围，最大限度地清除与减少其对环境的污染具有实际应用价值，同时具有重要理论意义。

1 基本方程及其求解条件

假定水平纵向一维水流流速 U 和纵向、垂向扩散系数分别为 D_x、D_y，围油栏左侧（上游）的油膜富集宽度为 L，在水面 $0 < x \leqslant L$，$y = 0$ 处的油滴浓度 C_0 保持不变，如图1所示。

水中油滴的输移扩散方程为[1]

$$U\frac{\partial C}{\partial x} = D_x\frac{\partial^2 C}{\partial x^2} + D_y\frac{\partial^2 C}{\partial y^2} + W\frac{\partial C}{\partial y} - KC \tag{1}$$

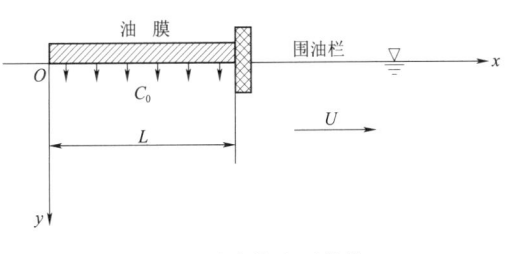

图1 油滴的水下扩散

式中：K 为油滴在水中的降解系数；W 为油滴上浮速度，采用油滴在静止水中均匀上升的斯托克斯速度公式计算

$$W = \frac{1}{18}\frac{\rho_w - \rho_0}{\mu_w}gd^2 \tag{2}$$

式中：d 为油滴粒径；ρ_w、ρ_0 分别为水和油的密度；μ_w 为水的动力黏滞系数；g 为重力

---

* 原文载于《交通环保》，2000，21（3），作者：武周虎，尹海龙。

五、其他条件下的浓度分布理论分析

加速度。

油滴在水下的输移扩散中，由于 $xU/D_x \gg 1$，可以忽略纵向扩散作用。并用 D 代替 D_y，令 $\tau = x/U$，则有式（1）变为

$$\frac{\partial C}{\partial \tau} = D\frac{\partial^2 C}{\partial y^2} + W\frac{\partial C}{\partial y} - KC \tag{3}$$

定解条件为：$C\mid_{0<\tau\leqslant t_0, y=0} = C_0$，$C\mid_{\tau>t_0, y=0} = 0$，$C\mid_{\tau=0, y>0} = 0$，$C\mid_{\tau>0, y=H} = 0$。其中 $t_0 = L/U$，H 足够大。注意，这里的定解条件与文献 [2] 不同。

2 解析求解

首先，进行第一次变量替换，令 $C(\tau, y) = \exp\left(-\dfrac{W}{2D}y\right)Q(\tau, y)$，式（3）变为

$$\frac{\partial Q}{\partial \tau} = D\frac{\partial^2 Q}{\partial y^2} - \left(K + \frac{W^2}{4D}\right)Q = D\frac{\partial^2 Q}{\partial y^2} - K'Q \tag{4}$$

其中：$K' = K + \dfrac{W^2}{4D}$。求解条件相应地变为：$Q\mid_{0<\tau\leqslant t_0, y=0} = C_0$，$Q\mid_{\tau>t_0, y=0} = 0$，$Q\mid_{\tau=0, y>0} = 0$，$Q\mid_{\tau>0, y=H} = 0$。

进行第二次变量替换，令 $Q(\tau, y) = e^{-K'\tau}V(\tau, y)$，式（4）变为

$$\frac{\partial V}{\partial \tau} = D\frac{\partial^2 V}{\partial y^2} \tag{5}$$

求解条件相应地变为：$V\mid_{0<\tau\leqslant t_0, y=0} = C_0 e^{K'\tau}$，$V\mid_{\tau>t_0, y=0} = 0$，$V\mid_{\tau=0, y>0} = 0$，$V\mid_{\tau>0, y=H} = 0$。

其次，对式（5）关于 τ 取拉普拉斯变换 $F(p,y) = \int_0^\infty V(\tau, y)e^{-p\tau}d\tau$（注：$\tau = t_0$ 属于第一类间断点，满足拉普拉斯变换的存在条件），式（5）变为

$$\frac{d^2 F(p,y)}{dy^2} - \frac{1}{D}[pF(p,y) - V(0^+, y)] = 0$$

将 $V\mid_{\tau=0, y>0} = 0$ 代入上式，则有

$$\frac{d^2 F(p,y)}{dy^2} - \frac{p}{D}F(p,y) = 0 \tag{6}$$

求解条件相应地变为：$F(p, H) = 0$，当 $0<\tau\leqslant t_0$ 时，$F(p,0) = L[C_0 e^{K'\tau}] = C_0/(p - K')$；当 $\tau > t_0$ 时，$F(p, 0) = 0$。

二阶常系数齐次线性常微分方程式（6）的通解为

$$F(p, y) = C_1\exp\left(-\sqrt{\frac{p}{D}}y\right) + C_2\exp\left(\sqrt{\frac{p}{D}}y\right) \tag{7}$$

由求解条件 $F(p, H) = 0$ 得 $C_2 = 0$。当 $0<\tau\leqslant t_0$ 时，由 $F(p, 0) = C_0/(p - K')$ 得 $C_1 = C_0/(p - K')$；当 $\tau > t_0$ 时，由 $F(p, 0) = 0$ 得 $C_1 = 0$。

将 C_1 和 C_2 代入式（7）得到

$$F(p, y) = \begin{cases} \dfrac{C_0}{p - K'}\exp\left(-\sqrt{\dfrac{p}{D}}y\right) & (0<\tau\leqslant t_0) \\ 0 & (\tau > t_0) \end{cases} \tag{8}$$

对式（8）取拉普拉斯逆变换，得

$$V(\tau,y)=L^{-1}\left[\frac{C_0}{p-K'}\exp\left(-\sqrt{\frac{p}{D}}y\right)\right]=C_0 L^{-1}\left[\frac{1}{p-K'}\exp\left(-\sqrt{\frac{p}{D}}y\right)\right]=C_0 g_1(\tau)*g_2(\tau) \tag{9}$$

其中 $g_1(\tau)*g_2(\tau)$ 称为函数 $g_1(\tau)$ 和 $g_2(\tau)$ 的卷积（这里的"$*$"为卷积符号）。即有

$$g_1(\tau)=L^{-1}\left(\frac{1}{p-K'}\right)=e^{K'\tau}, \quad g_2(\tau)=L^{-1}\left[\exp\left(-\sqrt{\frac{p}{D}}y\right)\right]=\frac{y}{2\sqrt{\pi D}\tau^{\frac{3}{2}}}\exp\left(-\frac{y^2}{4D\tau}\right)$$

将 $g_1(\tau)$、$g_2(\tau)$ 代入式（9）并使用卷积公式，当 $0<\tau\leqslant t_0$ 时

$$V(\tau,y)=\frac{2C_0}{\sqrt{\pi}}\int_0^\tau e^{K't}\exp\left[-\left(\frac{y}{2\sqrt{D(\tau-t)}}\right)^2\right]d\left(\frac{y}{2\sqrt{D(\tau-t)}}\right) \tag{10}$$

当 $\tau>t_0$ 时

$$V(\tau,y)=\frac{2C_0}{\sqrt{\pi}}\int_0^{t_0} e^{K't}\exp\left[-\left(\frac{y}{2\sqrt{D(\tau-t)}}\right)^2\right]d\left(\frac{y}{2\sqrt{D(\tau-t)}}\right) \tag{11}$$

令 $v=\dfrac{y}{\sqrt{4D(\tau-t)}}$，则有 $t=\tau-\left(\dfrac{y}{\sqrt{4Dv}}\right)^2$。积分上、下限分别变为：当 $t=\tau$ 时，$v=\infty$；当 $t=0$ 时，$v=\dfrac{y}{\sqrt{4D\tau}}$；当 $t=t_0$ 时，$v=\dfrac{y}{\sqrt{4D(\tau-t_0)}}$。

当 $0<\tau\leqslant t_0$ 时，代入式（10）并采用文献[2]的积分方法和结果，得到

$$V(\tau,y)=\frac{2C_0}{\sqrt{\pi}}e^{K'\tau}\int_{\frac{y}{\sqrt{4D\tau}}}^{\infty}\exp\left[-\left(\frac{K'y^2}{4Dv^2}+v^2\right)\right]dv$$

$$=\frac{C_0}{2}e^{K'\tau}\left[e^{-\sqrt{\frac{K'}{D}}y}\operatorname{erfc}\left(\frac{y}{2\sqrt{D\tau}}-\sqrt{K'\tau}\right)+e^{\sqrt{\frac{K'}{D}}y}\operatorname{erfc}\left(\frac{y}{2\sqrt{D\tau}}+\sqrt{K'\tau}\right)\right] \tag{12}$$

当 $\tau>t_0$ 时，代入式（11）并采用文献[2]的积分方法和结果，得到

$$V(\tau,y)=\frac{2C_0}{\sqrt{\pi}}e^{K'\tau}\int_{\frac{y}{\sqrt{4D\tau}}}^{\frac{y}{\sqrt{4D(\tau-t_0)}}}\exp\left[-\left(\frac{K'y^2}{4Dv^2}+v^2\right)\right]dv$$

$$=\frac{C_0}{2}e^{K'\tau}\left\{e^{-\sqrt{\frac{K'}{D}}y}\left[\operatorname{erfc}\left(\frac{y}{2\sqrt{D\tau}}-\sqrt{K'\tau}\right)-\operatorname{erfc}\left(\frac{y}{2\sqrt{D(\tau-t_0)}}-\sqrt{K'(\tau-t_0)}\right)\right]+\right.$$

$$\left.e^{\sqrt{\frac{K'}{D}}y}\left[\operatorname{erfc}\left(\frac{y}{2\sqrt{D\tau}}+\sqrt{K'\tau}\right)-\operatorname{erfc}\left(\frac{y}{2\sqrt{D(\tau-t_0)}}+\sqrt{K'(\tau-t_0)}\right)\right]\right\} \tag{13}$$

按照两次变量替换的表达式，进行逆向变量替换，当 $0<x\leqslant L$ 时，由式（12）得到

$$C(x,y)=e^{-\frac{W}{2D}y}Q=e^{-\frac{W}{2D}y}e^{-K'\tau}V(\tau,y)$$

$$=\frac{C_0}{2}e^{-\frac{W}{2D}y}\left[e^{-\sqrt{\frac{K'}{D}}y}\operatorname{erfc}\left(\frac{y}{2}\sqrt{\frac{U}{Dx}}-\sqrt{\frac{K'x}{U}}\right)+e^{\sqrt{\frac{K'}{D}}y}\operatorname{erfc}\left(\frac{y}{2}\sqrt{\frac{U}{Dx}}+\sqrt{\frac{K'}{D}}\right)\right] \tag{14}$$

五、其他条件下的浓度分布理论分析

当 $x>L$ 时，由式（13）得到

$$C(x,y)=\frac{C_0}{2}e^{-\frac{W}{2D}y}\left\{e^{-\sqrt{\frac{K'}{D}}y}\left[\text{erfc}\left(\frac{y}{2}\sqrt{\frac{U}{Dx}}-\sqrt{\frac{K'x}{U}}\right)-\text{erfc}\left(\frac{y}{2}\sqrt{\frac{U}{D(x-L)}}-\sqrt{\frac{K'(x-L)}{U}}\right)\right]\right.$$
$$\left.+e^{\sqrt{\frac{K'}{D}}y}\left[\text{erfc}\left(\frac{y}{2}\sqrt{\frac{U}{Dx}}+\sqrt{\frac{K'x}{U}}\right)-\text{erfc}\left(\frac{y}{2}\sqrt{\frac{U}{D(x-L)}}+\sqrt{\frac{K'(x-L)}{U}}\right)\right]\right\}$$

(15)

式（14）和式（15）就是一维流动环境中水面有限长油膜下油滴浓度分布的解析解。

3 解析解的分析与讨论

3.1 解析解的分析

从式（14）和式（15）看出，油滴上浮速度对抑制油滴向水下扩散具有明显作用。它一方面产生小于 1 的浓度系数 $\exp\left(-\frac{W}{2D}y\right)$，另一方面还与油滴降解系数 $K\left(\text{或 }K'=K+\frac{W^2}{4D}\right)$ 共同起作用，使水中油浓度减小。这与实际情况是一致的。

取代表性参数：水流流速 $U=1.0\text{m/s}$，垂向扩散系数 $D=2.5\times10^{-4}\text{m}^2/\text{s}$，油滴降解系数 $K=0.26$（1/d）；油滴粒径 $d=40\mu\text{m}$，$\mu_w=0.001\text{Pa·s}$，$\rho_w=1000\text{kg/m}^3$，$\rho_o=900\text{kg/m}^3$，$g=9.81\text{m/s}^2$，由式（2）计算出油滴上浮速度 $W=8.7\times10^{-5}\text{m/s}$。

图 2 绘制了油膜宽度 $L=50\text{m}$ 条件下，选取 $x=25\text{m}$、50m、75m 和 100m 的 4 条断面垂线；图 3 绘制了 $L=100\text{m}$ 条件下，选取 $x=50\text{m}$、100m、150m 和 200m 的 4 条断面垂线，由式（14）和式（15）分别计算的围油栏上、下游水下油滴浓度分布。

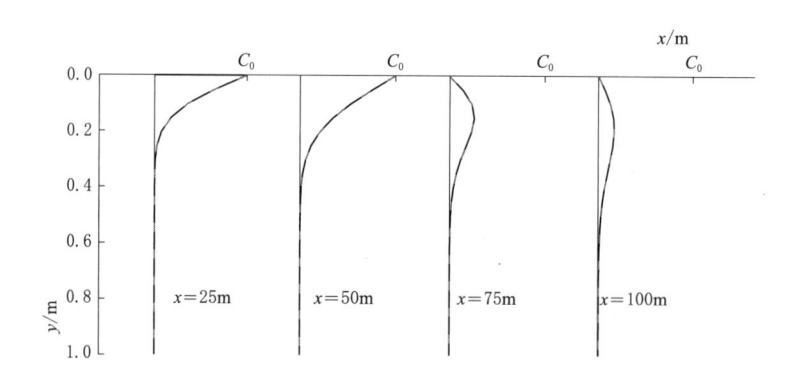

图 2 $L=50\text{m}$ 时的水下油滴浓度分布

由图 2 和图 3 看出，当 $0<x\leqslant L$ 时，由于水面油膜不断向水下扩散油滴，水面油浓度保持 C_0 不变，水下油滴向纵深输移扩散，浓度逐渐增大；当 $x>L$ 时，由于求解条件是水面油浓度为零，水下油滴继续向纵深输移扩散，最大油浓度逐渐减小而且下移，断面油浓度分布趋于均匀；当 $x>L$ 时，对水面油浓度不为零的情况，参阅笔者随后发表的文献 [4]。

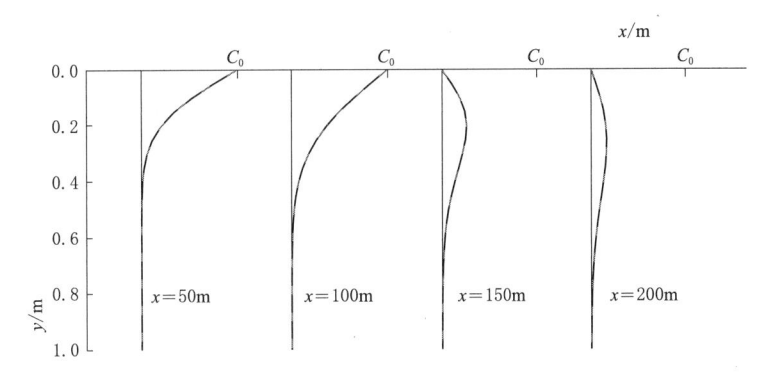

图 3　$L=100$m 时的水下油滴浓度分布

3.2　解析解的讨论

式（14）和式（15）与可对比解析解的讨论如下。

(1) 当 $L=\infty$，$W=0$ 时，式（14）和式（15）变为

$$C=\frac{C_0}{2}\left[e^{-\sqrt{\frac{K}{D}}y}\operatorname{erfc}\left(\frac{y}{2}\sqrt{\frac{U}{Dx}}-\sqrt{\frac{Kx}{U}}\right)+e^{\sqrt{\frac{K}{D}}y}\operatorname{erfc}\left(\frac{y}{2}\sqrt{\frac{U}{Dx}}+\sqrt{\frac{Kx}{U}}\right)\right]$$

这与文献 [3] 相应情况的解析解完全相同。

(2) 当 $W=0$，$K=0$ 时，式（14）和式（15）变为

$$C=\begin{cases}C_0\operatorname{erfc}\left(\dfrac{y}{2}\sqrt{\dfrac{U}{Dx}}\right) & (0<x\leqslant L)\\ C_0\left[\operatorname{erfc}\left(\dfrac{y}{2}\sqrt{\dfrac{U}{Dx}}\right)-\operatorname{erfc}\left(\dfrac{y}{2}\sqrt{\dfrac{U}{D(x-L)}}\right)\right] & (x>L)\end{cases}$$

这与文献 [3] 相应情况的解析解完全相同。

(3) 当 $L\to\infty$ 时，式（15）不存在，式（14）与文献 [2] 相应情况的解析解完全相同。

4　结语

通过推导证明和对解析解的分析与讨论，表明解式（14）和式（15）与可对比解析解完全相同，浓度分布规律正确。因此式（14）和式（15）是式（3）在相应求解条件下的解析解。

参考文献

[1] 赵文谦，江洧. 石油以油滴形式向水下扩散的研究 [J]. 环境科学学报，1990，10 (2)：173-182.
[2] 武周虎，于进伟. 水面油膜下油滴输移扩散方程的解析解 [J]. 海洋环境科学，2000，19 (3)：44-47.
[3] 李文勋. 水力学中的微分方程及其应用 [M]. 韩祖恒，郑开琪，译. 上海：上海科学技术出版社，1982.
[4] 武周虎，尹海龙. 水面有限长油膜下油滴浓度分布及其污染带的数值计算 [J]. 水动力学研究与进展，A 辑，2001，16 (4)：481-486.

5-03 水面有限长油膜下油滴浓度分布及其污染带的数值计算*

摘　要：本文在分析围油栏上、下游水下油滴形成、输移扩散和上浮特征的基础上，给出了油滴输移扩散方程合理的求解条件，建立了四点差分格式，进行了数值计算和验证。按照正交试验表 $L_8(2^5)$ 进行了数值试验。经正交直观分析，采用量纲分析和曲线拟合方法，给出了油滴污染带（污染混合区）最大深度（$h_{\max}$）、相应点的纵向坐标（x_c）和在 $x > L$ 时围油栏下游的水面油滴浓度指数衰减规律参数（α, n）的经验公式。

关键词：油滴扩散；浓度分布；污染带；污染混合区；数值计算

事故溢油已成为水环境中石油污染的重要途径之一，一旦溢流到海洋、河流、水库，由于油比水轻，溶解性又小，极易在水面形成油膜。在事故发生的水域施放围油栏，可以防止溢油的扩展，便于溢油回收作业。但由于水体常常处于流动状态，或由于风和浪的作用，水面的波动和紊动普遍存在。这些油滴进入水中，一方面随流输移，在水流紊动的作用下继续向下扩散；另一方面在浮力的作用下油滴上浮，二者共同作用形成了油滴的输移扩散。

油膜（或在油水交界面）终将形成分散油滴。水流的紊动作用不但使进入水中的油滴继续向下扩散，而且不断把大油滴破碎，形成更小的油滴或乳化油滴。所形成的油滴粒径取决于被破碎波加强了的水流紊动结构和强度溢油的性质以及油膜的厚度等多重因素。水流的紊动强度越大，微尺度涡旋越多，所形成油滴的粒径越小。Forrester[1]对事故溢油后形成的油滴实测发现，水中油滴粒径分布为 $5 \sim 1000 \mu m$；但能向水下继续扩散的大都是小于 $100 \mu m$ 的油滴。大粒径的油滴要么上升返回水面，要么被水流紊动分裂变小后再继续在水下扩散。

本文在分析围油栏上、下游水下油滴形成、输移扩散和上浮特征的基础上，给出油滴输移扩散方程合理的求解条件。建立水下油滴浓度数值模型，进行数值计算与可对比解析解比较验证，按照正交试验设计（表）的5个因素、2个水平（数）进行数值试验，建立水下油滴污染带最大深度 $h_{\max}$ 和相应点的纵向坐标 x_c 以及在 $x > L$ 时围油栏下游的水面油滴浓度指数衰减规律参数的经验公式。

1　油滴输移扩散方程及其求解条件

假定水平纵向一维水流流速 U 和纵向、垂向扩散系数分别为 D_x、D_y，围油栏左侧（上游）的油膜富集宽度为 L，在水面 $0 < x \leqslant L$，$y = 0$ 处的油滴浓度 C_0 保持不变，

---

* 原文载于《水动力学研究与进展》，A辑，2001，16（4），作者：武周虎，尹海龙。

如图 1 所示。

水中油滴的输移扩散方程为[2]

$$U\frac{\partial C}{\partial x} = D_x \frac{\partial^2 C}{\partial x^2} + D_y \frac{\partial^2 C}{\partial y^2} + W \frac{\partial C}{\partial y} - KC \tag{1}$$

式中：K 为油滴在水中的降解系数；W 为油滴上浮速度，采用油滴在静止水中均匀上升的斯托克斯速度公式计算

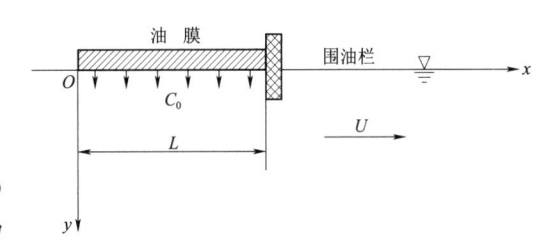

图 1 油滴的水下扩散

$$W = \frac{1}{18} \frac{\rho_w - \rho_0}{\mu_w} g d^2 \tag{2}$$

式中：d 为油滴粒径；ρ_w、ρ_0 分别为水和油的密度；μ_w 为水的动力黏滞系数；g 为重力加速度。

油滴在水下的输移扩散中，由于 $xU/D_x \gg 1$，可以忽略纵向扩散作用。并用 D 代替 D_y，令 $\tau = x/U$，则有式（1）变为

$$\frac{\partial C}{\partial \tau} = D \frac{\partial^2 C}{\partial y^2} + W \frac{\partial C}{\partial y} - KC \tag{3a}$$

求解条件为：$C|_{\tau=0, y>0} = 0$，$C|_{\tau>0, y=H} = 0$，$C|_{0<\tau \leqslant t_0, y=0} = C_0$，$\left(D\frac{\partial C}{\partial y} + WC\right)|_{\tau>t_0, y=0} = 0$。最后一项求解条件的含义为当 $x > L$ 时，水面垂向扩散通量与上浮通量之和为零。其中 $t_0 = L/U$，H 足够大。注意，这里的求解条件与文献 [3-4] 是不同的。

需要说明的是，在 $0 < \tau \leqslant t_0$（即 $0 < x \leqslant L$）时，仍然可以使用式（3）的解析解[4]

$$C(\tau, y) = \frac{C_0}{2} e^{-\frac{W}{2D}y} \left[e^{-\sqrt{\frac{K'}{D}}y} \operatorname{erfc}\left(\frac{y}{2\sqrt{D\tau}} - \sqrt{K'\tau}\right) + e^{\sqrt{\frac{K'}{D}}y} \operatorname{erfc}\left(\frac{y}{2\sqrt{D\tau}} + \sqrt{K'\tau}\right) \right] \tag{3b}$$

其中：$K' = K + \dfrac{W^2}{4D}$。

2 数值计算与验证

在式（3a）中，对"时间的导数"$\dfrac{\partial C}{\partial \tau}$ 取前向差分（步长取 $\Delta \tau$，相应的数组序号 i），对空间的导数 $\dfrac{\partial C}{\partial y}$ 和 $\dfrac{\partial^2 C}{\partial y^2}$ 均取中心差分（步长取 Δy，相应的数组序号 j），得到四点差分格式的差分方程为

$$\frac{C_j^{i+1} - C_j^i}{\Delta \tau} = D \frac{C_{j+1}^i - 2C_j^i + C_{j-1}^i}{\Delta y^2} + W \frac{C_{j+1}^i - C_{j-1}^i}{2\Delta y} - \frac{K}{2}(C_{j+1}^i + C_{j-1}^i)$$

化简得

$$C_j^{i+1} = C_j^i + s(C_{j+1}^i - 2C_j^i + C_{j-1}^i) + r(C_{j+1}^i - C_{j-1}^i) + t(C_{j+1}^i + C_{j-1}^i) \tag{4}$$

其中：$s = \dfrac{D\Delta\tau}{\Delta y^2}$，$r = \dfrac{W\Delta\tau}{2\Delta y}$，$t = \dfrac{-K\Delta\tau}{2}$。差分方程式（4）的稳定性条件为同时满足[5]：$s \leqslant 1/2$ 和 $r/s \leqslant 1$。

五、其他条件下的浓度分布理论分析

边界条件 $\left(D\dfrac{\partial C}{\partial y}+WC\right)\big|_{\tau>t_0,y=0}=0$ 的差分格式相应地为：$C_0^i=\left(1+\dfrac{W}{D}\Delta y\right)C_1^i$。

取代表性参数：水流流速 $U=0.8\text{m/s}$，油滴降解系数 $K=0.43$（1/d）；$\mu_w=0.001\text{Pa}\cdot\text{s}$，$\rho_w=1000\text{kg/m}^3$，$\rho_0=900\text{kg/m}^3$，$g=9.81\text{m/s}^2$。表1给出了围油栏上、下游水下油滴浓度分布的计算方案与参数。

表1　　　　　　　水下油滴浓度分布的计算方案与参数

计算方案	L/m	t_0/s	$d/\mu\text{m}$	式（2）计算 $W/(\text{m/s})$	$D/(\text{m}^2/\text{s})$	x_c/m	$h_{\max}/\text{m}$
方案1	50	62.5	40	8.72×10^{-5}	5.0×10^{-4}	601.25	0.850
方案2	100	125.0	20	2.18×10^{-5}	2.5×10^{-4}	1192.50	0.867

在两个计算方案的给定条件下，采用式（4）的数值方法分别计算了围油栏上、下游（$0<x\leqslant L$ 和 $x>L$）的水下油滴二维浓度场；采用式（3b）的解析解同步计算了围油栏上游（$0<x\leqslant L$）相应的水下油滴二维浓度场（由于篇幅所限，不能全部列出）。图2和图3分别绘制了方案1和方案2采用两种算法的相对浓度 $C/C_0=0.1$、0.2、0.3 和 0.5 的 4 条等值线（点）。

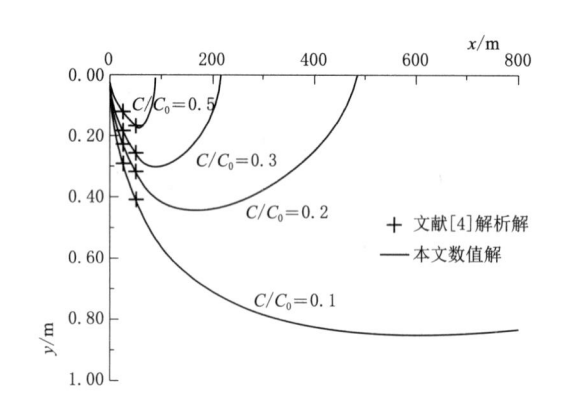

图2　方案1的水下油滴等浓度线比较

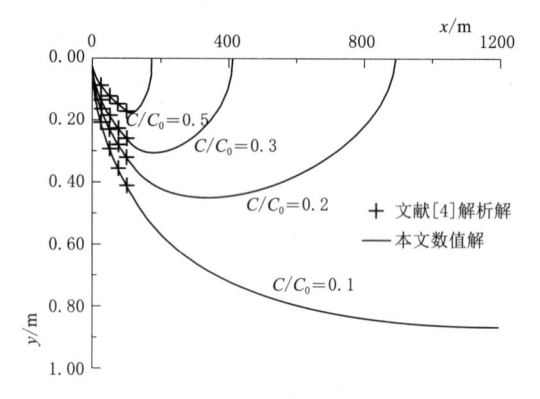

图3　方案2的水下油滴等浓度线比较

由图2和图3看出，在围油栏上游（$0<x\leqslant L$）油膜宽度 L 范围内，两种算法的水下油滴等浓度线（点）十分吻合，说明采用式（4）数值方法计算的油滴浓度分布是可靠的。在水下跨越围油栏进入下游（$x>L$）的油滴会继续输移扩散，其等浓度线进一步向水下延伸，逐步达到最深点后向水面弯曲，直至在更远处与水面正交，这符合水面油滴通量为零的边界条件。由于油滴的上浮作用，水下油滴浓度随着垂向坐标 y 的增大而减小，即随水深的增加水下油滴浓度迅速衰减，等浓度线的包络范围随着相对浓度的减小迅速扩大。

这里定义相对浓度 $C/C_0=0.1$ 的等浓度线为油滴污染带（污染混合区）边界的包络范围，油滴污染带的最大深度为 $h_{\max}$，相应点的纵向坐标为 x_c。两个计算方案油滴污染带的最深点位置坐标，参见表1。

由计算结果整理分析发现，在 $x>L$ 时围油栏下游，$y=0$ 的水面油滴浓度随纵向坐

标 x 呈指数衰减规律,可表示为

$$C=C_0 e^{-[a(x-L)]^n} \tag{5}$$

式中:a、n 为数值试验待定参数。

3 数值试验与结果分析

3.1 数值试验

为了弄清油膜宽度 L、水流速度 U、垂向扩散系数 D、油滴上浮速度 W 和降解系数 K 对水下油滴污染带最大深度 h_{max}、相应点的纵向坐标 x_c 以及在 $x>L$ 时围油栏下游的水面油滴浓度指数衰减规律式(5)中参数 a、n 的重要影响因素,按照正交试验设计,每个因素(因子)选择 2 个水平(取值尽可能接近实际范围),参见表 2。安排 8 次数值试验,即选用正交表 $L_8(2^5)$ 进行数值计算试验,结果列于表 3。

根据试验结果列出正交直观分析表,依照各因素指标均值的极差大小评定因素重要性顺序,参见表 4。

表 2　　　　　　　　　　因 素 水 平 表

水平＼因素	L/m	U/(m/s)	D/(m²/s)	W/(m/s)	K/(1/s)
1	100	0.8	2.5×10^{-4}	9×10^{-5}	3×10^{-6}
2	50	0.5	5.0×10^{-4}	2×10^{-5}	5×10^{-6}

表 3　　　　　　　　　　试 验 结 果 表

指标＼试验号	1	2	3	4	5	6	7	8
h_{max}/m	0.815	0.867	1.520	1.600	0.850	0.879	0.740	0.785
x_c/m	1183	1193	1293	1285	601	610	593	605
$a\times 10^3$/(1/m)*	4.042	4.850	3.631	4.266	9.088	9.811	8.200	9.851
n*	0.333	0.353	0.341	0.363	0.349	0.355	0.337	0.359

* 参数 a、n 由数值试验结果,按式(5)拟合获得。

表 4　　　　　　　　　　极 差 表

指标＼因素	L	U	D	W	K
h_{max}	<u>0.387</u>	<u>0.308</u>	<u>0.410</u>	0.053	0.015
x_c	<u>635.9</u>	<u>47.2</u>	<u>54.1</u>	5.9	4.7
a	<u>0.00497</u>	<u>0.00053</u>	0.000031	<u>0.00089</u>	0.00017
n	0.0026	0.0025	<u>0.0067</u>	<u>0.0174</u>	<u>0.0039</u>

注　下划线极差值表示重要因素。

由表 4 看出,h_{max} 的重要因素依此为 D、L、U、W;x_c 的重要因素依此为 L、D、U;a 的重要因素依此为 L、W、U;n 的重要因素依此为 W、D、K。

五、其他条件下的浓度分布理论分析

3.2 结果分析

按照忽略次要因素的原则，进行量纲分析，经曲线拟合得到水下油滴污染带最大深度 $h_{\max}$ 的经验公式为

$$h_{\max} = 3.48 \left(\frac{U}{W}\right)^{0.0349} \left(\frac{LD}{U}\right)^{0.5} \tag{6}$$

相应点的纵向坐标为

$$x_c = 37.48 \left(\frac{D}{U}\right)^{0.0843} (L^{0.9157} - 5.75) \tag{7}$$

当 $x > L$ 时围油栏下游，$y = 0$ 的水面油滴浓度计算公式（5）中参数 a、n 的经验公式分别为

$$a = 0.213 \left(\frac{U}{W}\right)^{0.0883} \left(\frac{1}{L} - 0.0016\right) \tag{8}$$

$$n = 0.4255 \left(\frac{DK}{W^2}\right)^{0.0165} - 0.0756 \tag{9}$$

3.3 检验

在按照正交试验设计（表）的 5 个因素、2 个水平（数）条件下，水下油滴污染带最深点位置坐标的经验公式计算值、水面油滴浓度指数衰减规律参数的经验公式计算值与数值模型试验结果比较，如图 4 所示。

由图 4 可以看出，各参数的经验公式计算值与数值模型试验结果吻合良好。

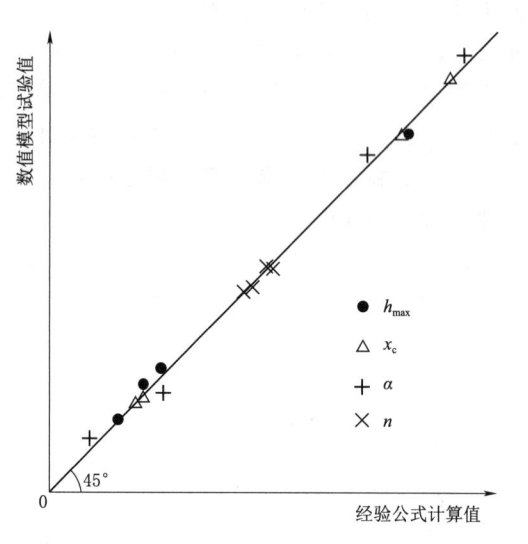

图 4 各参数值比较

4 结论

（1）在分析围油栏上、下游水下油滴形成、输移扩散和上浮特征的基础上，给出了油滴输移扩散方程合理的求解条件。

（2）建立了水下油滴浓度数值模型，进行了数值计算与可对比解析解吻合良好，油滴浓度分布规律正确。

（3）按照正交试验表 $L_8(2^5)$ 进行了数值试验，给出了水下油滴污染带最大深度 $h_{\max}$ 和相应点的纵向坐标 x_c 的经验公式。

（4）在 $x > L$ 时围油栏下游，给出了 $y = 0$ 的水面油滴浓度随纵向坐标 x 呈指数衰减规律参数的经验公式。

参考文献

[1] FORRESTER W D. Distribution of Suspended Oil Particles Following the Grounding of the Tanker Arrow [J]. Journal of Marine Research，1971，29 (2)：111-116.

[2] 赵文谦, 江洧. 石油以油滴形式向水下扩散的研究 [J]. 环境科学学报, 1990, 10 (2): 173-182.
[3] 武周虎, 于进伟. 水面油膜下油滴输移扩散方程的解析解 [J]. 海洋环境科学, 2000, 19 (3): 44-47.
[4] 武周虎, 尹海龙. 水面有限长油膜下油滴输移扩散方程的解析解 [J]. 交通环保, 2000, 21 (3): 10-12, 44.
[5] 汪德爟. 计算水力学理论与应用 [M]. 南京: 河海大学出版社, 1989.

5–04　恒定条件下物质输移扩散方程的几种解析解[*]

摘　要：本文从恒定条件下物质输移扩散方程出发，在固体边界上扩散通量为零的条件下，进行严密的数学推证，给出恒定条件下物质输移扩散方程的3种解析解。分析了解析解的合理性，讨论了解析解的正确性，其结果是令人满意的。对求解许多环境扩散问题具有实际应用价值，也具有重要理论意义。

关键词：输移扩散；恒定条件；浓度分布；解析解

自然界物质的很多运移现象可用输移扩散方程来描述，但由于求解条件简化或选择的不同，其结果相差很大，或者无法求得解析解。对于恒定条件下物质的输移扩散方程，文献［1］的求解条件：水面和底部分别为 $C|_{y=0}=C_0$ 和 $C|_{y=\infty}=0$，难以适应水深有限条件下物质浓度分布的计算，而按照边界反射原理计入底部（$y=h$）作用，又会改变水面（$y=0$）边界条件（比如饱和溶解氧浓度 $C_0=C_s$），甚至会出现底部浓度大于水面浓度的反常情况。

本文克服以往求解条件的不足，在固体边界上扩散通量为零的条件下，给出物质输移扩散方程的解析解，可应用于许多环境扩散问题的浓度场计算。

1　基本方程及其求解条件

假定水平纵向一维水流流速 U 和纵向、垂向扩散系数分别为 D_x、D_y，在水面 $x>0$，$y=0$ 处的物质浓度 C_0 保持不变，如图1所示。

水中物质的输移扩散方程为[2]

$$U\frac{\partial C}{\partial x}=D_x\frac{\partial^2 C}{\partial x^2}+D_y\frac{\partial^2 C}{\partial y^2}-KC \tag{1}$$

式中：K 为物质的降解系数。

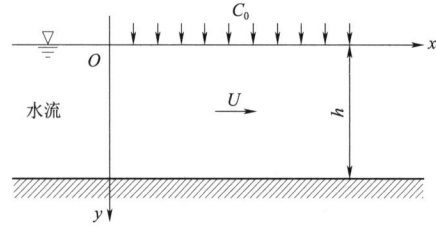

图1　水下输移扩散示意

由于在物质的输移扩散过程中，由于 $xU/D_x \gg 1$，即纵向移流作用远大于纵向扩散作用，所以可忽略纵向扩散作用。并用 D 代替 D_y，则有式（1）变为

$$U\frac{\partial C}{\partial x}=D\frac{\partial^2 C}{\partial y^2}-KC \tag{2}$$

求解条件为：$C|_{x>0,y=0}=C_0$，$C|_{x=0,y>0}=0$，底部固体边界上的扩散通量为零，即 $(\partial C/\partial y)|_{x>0,y=h}=0$，其中 h 是水深。

---

[*] 原文载于《水动力学研究与进展》，A辑，2002，17（6），作者：武周虎。

2 解析求解

2.1 情况1

当 $U=0$ 或者 $x \to \infty$ 时的一维垂向扩散情况，式（2）变为

$$\frac{d^2 C}{dy^2} - \frac{K}{D} C = 0 \tag{3}$$

求解条件为：$C|_{y=0} = C_0$，$(dC/dy)|_{y=h} = 0$。

二阶常系数齐次线性常微分方程式（3）的通解为

$$C(y) = C_1 \exp\left(-\sqrt{\frac{K}{D}} y\right) + C_2 \exp\left(\sqrt{\frac{K}{D}} y\right) \tag{4}$$

由求解条件有：$C|_{y=0} = C_0 = C_1 + C_2$；$(dC/dy)|_{y=h} = C_1 \exp(-2h\sqrt{K/D}) - C_2 = 0$。联立解出：$C_1 = \dfrac{C_0}{1+\exp(-2h\sqrt{K/D})}$，$C_2 = \dfrac{C_0 \exp(-2h\sqrt{K/D})}{1+\exp(-2h\sqrt{K/D})}$。

将 C_1、C_2 代入式（4）得到一维垂向浓度分布为

$$C(y) = \frac{C_0 \left\{ \exp\left(-y\sqrt{\dfrac{K}{D}}\right) + \exp\left[-(2h-y)\sqrt{\dfrac{K}{D}}\right] \right\}}{1+\exp\left(-2h\sqrt{\dfrac{K}{D}}\right)} \tag{5}$$

式（5）就是情况1求解条件下，输移扩散方程式（2）的解析解浓度分布公式。

2.2 情况2

对保守物质 $K=0$ 的输移扩散情况，令 $\tau = x/U$，则有式（2）变为

$$\frac{\partial C}{\partial \tau} = D \frac{\partial^2 C}{\partial y^2} \tag{6}$$

求解条件变为：$C|_{\tau>0, y=0} = C_0$，$C|_{\tau=0, y>0} = 0$，$(\partial C/\partial y)|_{\tau>0, y=h} = 0$。对式（6）关于 τ 取拉普拉斯变换 $F(p, y) = \int_0^\infty C(\tau, y) e^{-p\tau} d\tau$，式（6）变为

$$\frac{d^2 F(p, y)}{dy^2} - \frac{1}{D}[pF(p,y) - C(0^+, y)] = 0$$

将 $C|_{\tau=0, y>0} = 0$ 代入上式得

$$\frac{d^2 F(p, y)}{dy^2} - \frac{p}{D} F(p, y) = 0 \tag{7}$$

相应的求解条件为：$F(p, 0) = L[C_0] = C_0/p$，$\partial F(p, h)/\partial y = 0$。

二阶常系数齐次线性常微分方程式（7）的通解为

$$F(p, y) = C_1 \exp\left(-\sqrt{\frac{p}{D}} y\right) + C_2 \exp\left(\sqrt{\frac{p}{D}} y\right) \tag{8}$$

由求解条件有：$C_0/p = C_1 + C_2$ 和 $C_1 \exp(-2h\sqrt{p/D}) - C_2 = 0$。联立解出：$C_1 = \dfrac{C_0}{p[1+\exp(-2h\sqrt{p/D})]}$，$C_2 = \dfrac{C_0 \exp(-2h\sqrt{p/D})}{p[1+\exp(-2h\sqrt{p/D})]}$。

五、其他条件下的浓度分布理论分析

将 C_1、C_2 代入式（8）得到

$$F(p,y) = \frac{C_0 \left\{ \exp\left(-y\sqrt{\frac{p}{D}}\right) + \exp\left[-(2h-y)\sqrt{\frac{p}{D}}\right] \right\}}{p\left[1 + \exp\left(-2h\sqrt{\frac{p}{D}}\right)\right]} \tag{9}$$

由数学手册可知，当 p 选得足够大时，有展开式

$$\left[1 + \exp\left(-2h\sqrt{\frac{p}{D}}\right)\right]^{-1} = \sum_{n=0}^{\infty} (-1)^n \exp\left(-2nh\sqrt{\frac{p}{D}}\right) \tag{10}$$

将式（10）代入式（9）取拉普拉斯逆变换，由拉普拉斯逆变换表可知，$L^{-1}\left[\frac{1}{p}e^{-a\sqrt{p}}\right] = \mathrm{erfc}\left(\frac{a}{2\sqrt{\tau}}\right)$，其中 $a = \frac{y}{\sqrt{D}}$ 或 $a = \frac{2h-y}{\sqrt{D}}$。于是，可得

$$C(\tau,y) = L^{-1}[F(p,y)] = C_0 \sum_{n=0}^{\infty} (-1)^n \left[\mathrm{erfc}\left(\frac{2nh+y}{2\sqrt{D\tau}}\right) + \mathrm{erfc}\left(\frac{2nh+2h-y}{2\sqrt{D\tau}}\right)\right] \tag{11}$$

故有

$$C(x,y) = C_0 \sum_{n=0}^{\infty} (-1)^n \left[\mathrm{erfc}\left(\frac{2nh+y}{2\sqrt{Dx/U}}\right) + \mathrm{erfc}\left(\frac{2nh+2h-y}{2\sqrt{Dx/U}}\right)\right] \tag{12}$$

式（12）就是保守物质在情况 2 求解条件下，输移扩散方程式（2）的解析解浓度分布公式。

2.3 情况 3

对非保守物质的输移扩散情况，令 $\tau = x/U$，则有式（2）变为

$$\frac{\partial C}{\partial \tau} = D \frac{\partial^2 C}{\partial y^2} - KC \tag{13}$$

求解条件变为：$C|_{\tau>0, y=0} = C_0$，$C|_{\tau=0, y>0} = 0$，$(\partial C/\partial y)|_{\tau>0, y=h} = 0$。

进行变量替换，令 $C(\tau,y) = V(\tau,y)e^{-K\tau}$，式（13）变为

$$\frac{\partial V}{\partial \tau} = D \frac{\partial^2 V}{\partial y^2} \tag{14}$$

求解条件相应的变为：$V|_{\tau>0, y=0} = C_0 e^{K\tau}$，$V|_{\tau=0, y>0} = 0$，$(\partial V/\partial y)|_{\tau>0, y=h} = 0$。

对式（14）关于 τ 取拉普拉斯变换 $F(p,y) = \int_0^{\infty} V(\tau,y) e^{-p\tau} d\tau$，变换后的微分方程与式（7）相同，其通解与式（8）相同，求解条件变为：$F(p,0) = L[C_0 e^{K\tau}] = C_0/(p-K)$，$\partial F(p,h)/\partial y = 0$。

将求解条件代入式（8）得到：$C_1 + C_2 = \dfrac{C_0}{p-K}$，$C_1 \exp(-2h\sqrt{p/D}) - C_2 = 0$。联立解出：$C_1 = \dfrac{C_0}{(p-K)[1 + \exp(-2h\sqrt{p/D})]}$，$C_2 = \dfrac{C_0 \exp(-2h\sqrt{p/D})}{(p-K)[1 + \exp(-2h\sqrt{p/D})]}$。

将 C_1、C_2 代入式（8）得到

$$F(p,y) = \frac{C_0 \left\{ \exp\left(-y\sqrt{\frac{p}{D}}\right) + \exp\left[-(2h-y)\sqrt{\frac{p}{D}}\right] \right\}}{(p-K)\left[1+\exp\left(-2h\sqrt{\frac{p}{D}}\right)\right]} \tag{15}$$

将式（10）代入式（15）产生一系列 $\dfrac{C_0}{p-K}\mathrm{e}^{-a\sqrt{p}}$ 项的拉普拉斯逆变换为

$$L^{-1}\left(\frac{C_0}{p-K}\mathrm{e}^{-a\sqrt{p}}\right) = C_0 L^{-1}\left(\frac{1}{p-K}\mathrm{e}^{-a\sqrt{p}}\right) = C_0 g_1(\tau) * g_2(\tau) \tag{16}$$

式中：$a = \dfrac{2nh+y}{\sqrt{D}}$ 或 $a = \dfrac{2nh+2h-y}{\sqrt{D}}$，$g_1(\tau) * g_2(\tau)$ 为函数 $g_1(\tau)$ 和 $g_2(\tau)$ 的卷积（这里的"$*$"为卷积符号）。即有

$$g_1(\tau) = L^{-1}\left(\frac{1}{p-K}\right) = \mathrm{e}^{K\tau}, \quad g_2(\tau) = L^{-1}(\mathrm{e}^{-a\sqrt{p}}) = \frac{a}{2\sqrt{\pi}\tau^{\frac{3}{2}}}\exp\left(-\frac{a^2}{4\tau}\right)$$

将 $g_1(\tau)$、$g_2(\tau)$ 代入式（16）并用卷积公式得

$$L^{-1}\left(\frac{C_0}{p-K}\mathrm{e}^{-a\sqrt{p}}\right) = \frac{2C_0}{\sqrt{\pi}}\int_0^\tau \mathrm{e}^{Kt}\exp\left[-\left(\frac{a}{2\sqrt{\tau-t}}\right)^2\right]\mathrm{d}\left(\frac{a}{2\sqrt{\tau-t}}\right) \tag{17}$$

令 $v = \dfrac{a}{2\sqrt{\tau-t}}$，则有 $t = \tau - \dfrac{a^2}{4v^2}$。积分上、下限分别变为：当 $t=\tau$ 时，$v=\infty$；当 $t=0$ 时，$v = \dfrac{a}{2\sqrt{\tau}}$。那么，式（17）变为

$$L^{-1}\left[\frac{C_0}{p-K}\mathrm{e}^{-a\sqrt{p}}\right] = \frac{2C_0}{\sqrt{\pi}}\mathrm{e}^{K\tau}\int_{\frac{a}{2\sqrt{\tau}}}^{\infty}\exp\left[-\left(\frac{Ka^2}{4v^2}+v^2\right)\right]\mathrm{d}v$$

$$= \frac{C_0}{2}\mathrm{e}^{K\tau}\left[\mathrm{e}^{-a\sqrt{K}}\mathrm{erfc}\left(\frac{a}{2\sqrt{\tau}}-\sqrt{K\tau}\right) + \mathrm{e}^{a\sqrt{K}}\mathrm{erfc}\left(\frac{a}{2\sqrt{\tau}}+\sqrt{K\tau}\right)\right] \tag{18}$$

将式（10）代入式（15）取拉普拉斯逆变换，并将式（18）代入化简得

$$V(\tau,y) = L^{-1}[F(p,y)] = \frac{C_0}{2}\mathrm{e}^{K\tau}\sum_{n=0}^{\infty}(-1)^n\left[\mathrm{e}^{-(2nh+y)\sqrt{\frac{K}{D}}}\mathrm{erfc}\left(\frac{2nh+y}{2\sqrt{D\tau}}-\sqrt{K\tau}\right)\right.$$

$$+ \mathrm{e}^{(2nh+y)\sqrt{\frac{K}{D}}}\mathrm{erfc}\left(\frac{2nh+y}{2\sqrt{D\tau}}+\sqrt{K\tau}\right) + \mathrm{e}^{-(2nh+2h-y)\sqrt{\frac{K}{D}}}\mathrm{erfc}\left(\frac{2nh+2h-y}{2\sqrt{D\tau}}-\sqrt{K\tau}\right)$$

$$\left. + \mathrm{e}^{(2nh+2h-y)\sqrt{\frac{K}{D}}}\mathrm{erfc}\left(\frac{2nh+2h-y}{2\sqrt{D\tau}}+\sqrt{K\tau}\right)\right] \tag{19}$$

按照变量替换的表达式，进行逆向变量替换，由式（19）得到

$$C(x,y) = V(\tau,y)\mathrm{e}^{-K\tau} = \frac{C_0}{2}\sum_{n=0}^{\infty}(-1)^n\left[\mathrm{e}^{-(2nh+y)\sqrt{\frac{K}{D}}}\mathrm{erfc}\left(\frac{2nh+y}{2\sqrt{Dx/U}}-\sqrt{\frac{Kx}{U}}\right)\right.$$

$$+ \mathrm{e}^{(2nh+y)\sqrt{\frac{K}{D}}}\mathrm{erfc}\left(\frac{2nh+y}{2\sqrt{Dx/U}}+\sqrt{\frac{Kx}{U}}\right) + \mathrm{e}^{-(2nh+2h-y)\sqrt{\frac{K}{D}}}\mathrm{erfc}\left(\frac{2nh+2h-y}{2\sqrt{Dx/U}}-\sqrt{\frac{Kx}{U}}\right)$$

$$\left. + \mathrm{e}^{(2nh+2h-y)\sqrt{\frac{K}{D}}}\mathrm{erfc}\left(\frac{2nh+2h-y}{2\sqrt{Dx/U}}+\sqrt{\frac{Kx}{U}}\right)\right] \tag{20}$$

五、其他条件下的浓度分布理论分析

式（20）就是非保守物质在情况3求解条件下，输移扩散方程式（2）的解析解浓度分布公式。

3 解析解的分析与讨论

3.1 解析解的分析

取水流流速 $U=1.0\text{m/s}$，垂向扩散系数 $D=2.5\times10^{-4}\text{m}^2/\text{s}$，水深 $h=2.0\text{m}$，降解系数 $K=0.44$ (1/d)。选取 $x=10^2\text{m}$、10^3m、10^4m 和 $x\to\infty$ 的4条垂线，由式（5）、式（12）和式（20）计算的水下物质浓度分布，如图2所示。

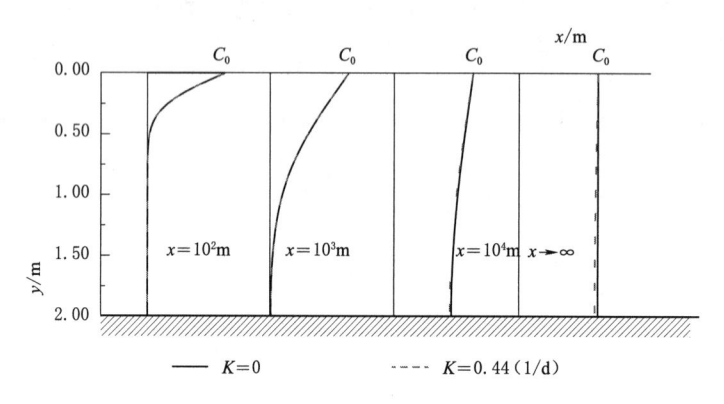

图 2　水下物质浓度分布

在图2中，情况1代表 $U=0$ 或者 $x\to\infty$ 的一维垂向浓度分布 $C(y)$，情况2代表保守物质 $K=0$，情况3代表非保守物质 $K=0.44$ (1/d) 的浓度分布 $C(x,y)$。

由图2看出，随着纵向坐标 x 的增大，物质的输移扩散浓度向纵深发展，水面以下和底部的浓度沿程增大，而水面 $x>0$，$y=0$ 处的物质浓度 C_0 会保持不变。

3.2 解析解的讨论

上述分析推导是由易到难分情况进行的。实际上，式（5）和式（12）可由式（20）根据相应的求解条件简化直接得到。讨论如下：

（1）在式（20）中，令 $U=0$ 或者 $x\to\infty$ 时，$\text{erfc}(-\infty)=2$，$\text{erfc}(\infty)=0$，则式（20）变为

$$C(y)=C_0\sum_{n=0}^{\infty}(-1)^n\left\{\exp\left[-(2nh+y)\sqrt{\frac{K}{D}}\right]+\exp\left[-(2nh+2h-y)\sqrt{\frac{K}{D}}\right]\right\}$$

逆向使用展开式（10），则有

$$C(y)=\frac{C_0\{\exp(-y\sqrt{K/D})+\exp[-(2h-y)\sqrt{K/D}]\}}{1+\exp(-2h\sqrt{K/D})}$$

这与式（5）物质的一维垂向浓度分布完全相同。

（2）在式（20）中，令 $K=0$ 变为

$$C(x,y)=C_0\sum_{n=0}^{\infty}(-1)^n\left[\text{erfc}\left(\frac{2nh+y}{2\sqrt{Dx/U}}\right)+\text{erfc}\left(\frac{2nh+2h-y}{2\sqrt{Dx/U}}\right)\right]$$

这与式（12）保守物质的浓度分布完全相同。

（3）在式（20）中，令 $h=\infty$ 变为

$$C(x,y)=\frac{C_0}{2}\left[e^{-\sqrt{\frac{K}{D}}y}\text{erfc}\left(\frac{y}{2\sqrt{Dx/U}}-\sqrt{\frac{Kx}{U}}\right)+e^{\sqrt{\frac{K}{D}}y}\text{erfc}\left(\frac{y}{2\sqrt{Dx/U}}+\sqrt{\frac{Kx}{U}}\right)\right]$$

这与文献［2］中类似问题的解析解相同。

（4）文献［3］例 3-3 给定有害物质在池底均匀分布，没有给出水面边界条件，估算一年之后池面的有害物质浓度，其计算条件是不完整的。在水面上，水与空气介质发生突变，物质的扩散规律是不同的，浓度梯度一定是突变的。采用边界条件水深 $h\rightarrow\infty$ 的解析解浓度公式，直接计算 $y=50\text{m}$ 处的水面浓度值是不对的。

在所给瞬时源条件下，如果水面的法向扩散通量为零，则与情况 1 的水下扩散示意图是倒置关系，可按情况 1 的方法计算；如果有害物质在水面是直接溢出，参阅笔者随后发表的文献［4］。

4　结语

通过推导证明和对解析解的分析讨论，表明式（5）、式（12）和式（20）与可对比解析解完全一致，浓度分布规律正确。因此，它们分别是相应求解条件下方程式（2）的解析解。

参考文献

［1］ 李炜. 环境水力学进展［M］. 武汉：武汉水利电力大学出版社，1999.
［2］ 李文勋. 水力学中的微分方程及其应用［M］. 韩祖恒，郑开琪，译. 上海：上海科学技术出版社，1982.
［3］ 赵文谦. 环境水力学［M］. 成都：成都科技大学出版社，1986.
［4］ WU Zhouhu. Advection and Diffusion of Poisonous Gas Contaminant Released from Bottom Sludge in Open Channel［J］. Journal of Hydrodynamics, Ser. B, 2004, 16（1）: 80-83.

5-05 强透水层上均质土壤中溶质浓度分布的解析解*

摘　要：本文从溶质渗透扩散方程出发，针对强透水层上均质土壤的液体饱和状态，在顶层含有大量饱和溶质（如养分等）维持着渗透扩散的条件下，进行严密的数学推证，给出均质土壤中溶质浓度分布的解析解。分析了解析解的合理性，讨论了解析解的正确性。此解对土壤改良等类似问题具有实际应用价值，也具有重要理论意义。

关键词：均质土壤；强透水层；溶质扩散；浓度分布；解析解

针对强透水层上液体饱和均质土壤中肥力、养分渗漏流失和地下水污染情况，本文从溶质渗透扩散方程出发，在给定求解条件下，通过数学推演研究均质土壤中溶质浓度分布的解析解，进行结果的分析与讨论，为土壤改良等类似问题的处理处置，提供理论支持。

1　基本方程及其求解条件

假定均质土壤中的垂向渗透速度为 U，垂向扩散系数为 D，在时间 $t>0$，$y=0$ 处的溶质浓度 C_s 保持不变，如图 1 所示。

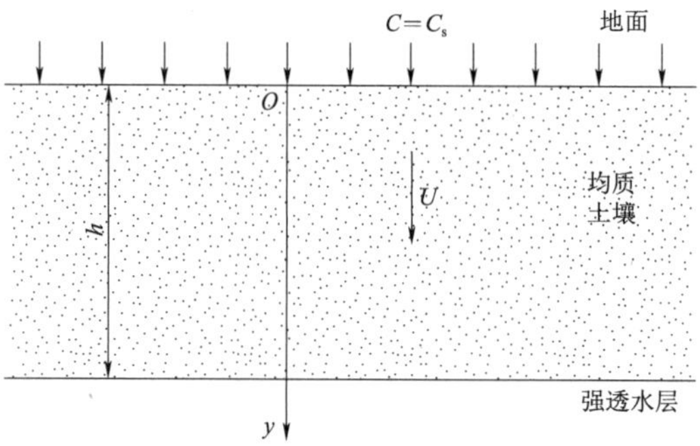

溶质的渗透扩散方程为

$$\frac{\partial C}{\partial t}+U\frac{\partial C}{\partial y}=D\frac{\partial^2 C}{\partial y^2}-KC \tag{1}$$

式中：K 为溶质的降解系数。

求解条件为：$C\mid_{t>0,y=0}=C_s$，$C\mid_{t=0,y>0}=0$，强透水层边界上的溶质浓度为零，即 $C\mid_{t>0,y=h}=0$，其中 h 是均质土壤层厚度。

图 1　均质土壤中溶质的渗透扩散

2　解析求解

首先，进行第一次变量替换，令 $C(t,y)=\exp\left(\dfrac{U}{2D}y\right)Q(t,y)$，代入式（1）变为

$$\frac{\partial Q}{\partial t}=D\frac{\partial^2 Q}{\partial y^2}-\left(K+\frac{U^2}{4D}\right)Q=D\frac{\partial^2 Q}{\partial y^2}-K'Q \tag{2}$$

式中：$K'=K+\dfrac{U^2}{4D}$。求解条件相应的变为：$Q\mid_{t>0,y=0}=C_s$，$Q\mid_{t=0,y>0}=0$，$Q\mid_{t>0,y=h}=0$。

---

* 原文载于《灌溉排水》，2000，19（2），作者：武周虎，杨晓明。

再进行第二次变量替换，令 $Q(t,y)=V(t,y)\mathrm{e}^{-K't}$，代入式（2）变为

$$\frac{\partial V}{\partial t}=D\frac{\partial^2 V}{\partial y^2} \tag{3}$$

求解条件相应的变为：$V|_{t>0,y=0}=C_s\mathrm{e}^{K'\tau}$，$V|_{t=0,y>0}=0$，$V|_{t>0,y=h}=0$。

其次，对式（3）关于 t 取拉普拉斯变换 $F(p,y)=\int_0^\infty V(t,y)\mathrm{e}^{-pt}\mathrm{d}t$，式（3）变为

$$\frac{\mathrm{d}^2 F(p,y)}{\mathrm{d}y^2}-\frac{1}{D}[pF(p,y)-V(0^+,y)]=0$$

将 $V|_{t=0,y>0}=0$ 代入上式得

$$\frac{\mathrm{d}^2 F(p,y)}{\mathrm{d}y^2}-\frac{p}{D}F(p,y)=0 \tag{4}$$

相应的求解条件为：$F(p,0)=L[C_s\mathrm{e}^{K't}]=C_s/(p-K')$，$F(p,h)=0$。二阶常系数齐次线性常微分方程式（4）的通解为

$$F(p,y)=C_1\exp\left(-y\sqrt{\frac{p}{D}}\right)+C_2\exp\left(y\sqrt{\frac{p}{D}}\right) \tag{5}$$

由求解条件有：$F(p,0)=C_s/(p-K')=C_1+C_2$，$F(p,h)=C_1\exp(-2h\sqrt{p/D})+C_2=0$。

联立解出：$C_1=\dfrac{C_s}{(p-K')[1-\exp(-2h\sqrt{p/D})]}$，$C_2=\dfrac{-C_s\exp(-2h\sqrt{p/D})}{(p-K')[1-\exp(-2h\sqrt{p/D})]}$。

将 C_1、C_2 代入式（5）得到

$$F(p,y)=\frac{C_s}{(p-K')[1-\exp(-2h\sqrt{p/D})]}\left\{\exp\left(-y\sqrt{\frac{p}{D}}\right)-\exp\left[-(2h-y)\sqrt{\frac{p}{D}}\right]\right\} \tag{6}$$

当 h 选得足够大时，有展开式

$$\left[1-\exp\left(-2h\sqrt{\frac{p}{D}}\right)\right]^{-1}=\sum_{n=0}^\infty \exp\left(-2nh\sqrt{\frac{p}{D}}\right) \tag{7}$$

将式（7）代入式（6）产生一系列 $\dfrac{C_s}{p-K'}\mathrm{e}^{-a\sqrt{p}}$ 项的拉普拉斯逆变换为

$$L^{-1}\left(\frac{C_s}{p-K'}\mathrm{e}^{-a\sqrt{p}}\right)=C_s L^{-1}\left(\frac{1}{p-K'}\mathrm{e}^{-a\sqrt{p}}\right)=C_s g_1(t)*g_2(t) \tag{8}$$

式中：$a=\dfrac{2nh+y}{\sqrt{D}}$ 或 $a=\dfrac{2nh+2h-y}{\sqrt{D}}$；$g_1(t)*g_2(t)$ 为函数 $g_1(t)$ 和 $g_2(t)$ 的卷积（这里的"$*$"为卷积符号）。即有

$$g_1(t)=L^{-1}\left(\frac{1}{p-K'}\right)=\mathrm{e}^{K't},\quad g_2(t)=L^{-1}\left[\mathrm{e}^{-a\sqrt{p}}\right]=\frac{a}{2\sqrt{\pi}t^{\frac{3}{2}}}\exp\left(-\frac{a^2}{4t}\right)$$

将 $g_1(t)$、$g_2(t)$ 代入式（8）并用卷积公式得

$$L^{-1}\left(\frac{C_s}{p-K'}\mathrm{e}^{-a\sqrt{p}}\right)=\frac{2C_s}{\sqrt{\pi}}\int_0^t \mathrm{e}^{K'\tau}\exp\left[-\left(\frac{a}{2\sqrt{t-\tau}}\right)^2\right]\mathrm{d}\left(\frac{a}{2\sqrt{t-\tau}}\right) \tag{9}$$

五、其他条件下的浓度分布理论分析

令 $v = \dfrac{a}{2\sqrt{t-\tau}}$，则有 $\tau = t - \dfrac{a^2}{4v^2}$。积分上、下限分别变为：当 $\tau = t$ 时，$v = \infty$；当 $\tau = 0$ 时，$v = \dfrac{a}{2\sqrt{t}}$。那么，式（9）变为

$$L^{-1}\left(\dfrac{C_s}{p-K'}\mathrm{e}^{-a\sqrt{p}}\right) = \dfrac{2C_s}{\sqrt{\pi}}\mathrm{e}^{K't}\int_{\frac{a}{2\sqrt{t}}}^{\infty}\exp\left[-\left(\dfrac{K'a^2}{4v^2}+v^2\right)\right]\mathrm{d}v$$

$$= \dfrac{C_s}{2}\mathrm{e}^{K't}\left[\mathrm{e}^{-a\sqrt{K'}}\mathrm{erfc}\left(\dfrac{a}{2\sqrt{t}}-\sqrt{K't}\right)+\mathrm{e}^{a\sqrt{K'}}\mathrm{erfc}\left(\dfrac{a}{2\sqrt{t}}+\sqrt{K't}\right)\right] \tag{10}$$

对式（6）取拉普拉斯逆变换，并将式（10）代入化简得

$$V(t,y) = L^{-1}[F(p,y)] = \dfrac{C_s}{2}\mathrm{e}^{K't}\sum_{n=0}^{\infty}\left[\mathrm{e}^{-(2nh+y)\sqrt{\frac{K'}{D}}}\mathrm{erfc}\left(\dfrac{2nh+y}{2\sqrt{Dt}}-\sqrt{K't}\right)\right.$$

$$+\mathrm{e}^{(2nh+y)\sqrt{\frac{K'}{D}}}\mathrm{erfc}\left(\dfrac{2nh+y}{2\sqrt{Dt}}+\sqrt{K't}\right)-\mathrm{e}^{-(2nh+2h-y)\sqrt{\frac{K'}{D}}}\mathrm{erfc}\left(\dfrac{2nh+2h-y}{2\sqrt{Dt}}-\sqrt{K't}\right)$$

$$\left.-\mathrm{e}^{(2nh+2h-y)\sqrt{\frac{K'}{D}}}\mathrm{erfc}\left(\dfrac{2nh+2h-y}{2\sqrt{Dt}}+\sqrt{K't}\right)\right] \tag{11}$$

按照两次变量替换的表达式，进行逆向变量替换，由式（11）得到

$$C(t,y) = Q(t,y)\mathrm{e}^{\frac{U}{2D}y} = V(t,y)\mathrm{e}^{-K't}\mathrm{e}^{\frac{U}{2D}y} = \dfrac{C_s}{2}\mathrm{e}^{\frac{U}{2D}y}\sum_{n=0}^{\infty}\left[\mathrm{e}^{-(2nh+y)\sqrt{\frac{K'}{D}}}\mathrm{erfc}\left(\dfrac{2nh+y}{2\sqrt{Dt}}-\sqrt{K't}\right)\right.$$

$$+\mathrm{e}^{(2nh+y)\sqrt{\frac{K'}{D}}}\mathrm{erfc}\left(\dfrac{2nh+y}{2\sqrt{Dt}}+\sqrt{K't}\right)-\mathrm{e}^{-(2nh+2h-y)\sqrt{\frac{K'}{D}}}\mathrm{erfc}\left(\dfrac{2nh+2h-y}{2\sqrt{Dt}}-\sqrt{K't}\right)$$

$$\left.-\mathrm{e}^{(2nh+2h-y)\sqrt{\frac{K'}{D}}}\mathrm{erfc}\left(\dfrac{2nh+2h-y}{2\sqrt{Dt}}+\sqrt{K't}\right)\right] \tag{12}$$

这就是强透水层上均质土壤液体饱和状态下溶质浓度分布的解析解。

3 解析解的分析与讨论

3.1 解析解的分析

取溶质在均质土壤液体饱和状态下的渗流速度为 $U=0$ 和 $U=1.0\times10^{-5}\mathrm{m/s}$，扩散系数 $D=2.5\times10^{-6}\mathrm{m}^2/\mathrm{s}$，降解系数 $K=0.26$ (1/d)，均质土壤层厚度 $h=2.0\mathrm{m}$，则由式（12）计算的强透水层上均质土壤中溶质浓度分布，如图2所示。

由图2看出，随着时间的增大，溶质扩散向深层发展，约需5d时间达到稳定。渗流速度越大，深层饱和土壤中的溶质浓度越高。由于 $y>h$ 处是强透水层，溶质被强稀释，浓度始终保持为零。

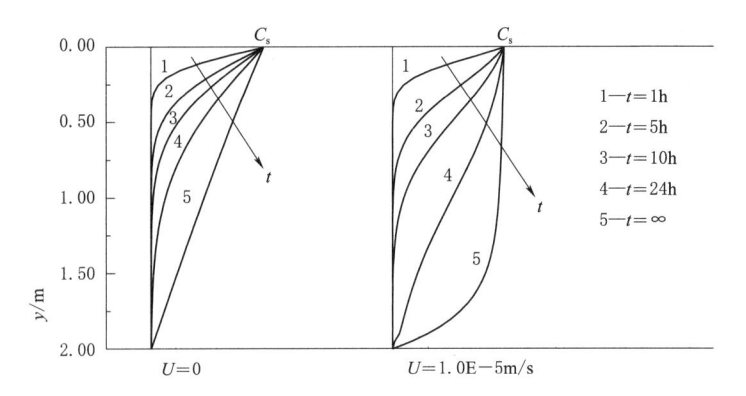

图 2　均质土壤液体饱和状态下溶质浓度分布

3.2　解析解的讨论

对解析解的讨论如下：

（1）当 $U=0$ 时，即无渗透速度的纯扩散情况，式（12）变为

$$C(t,y)=\frac{C_s}{2}\sum_{n=0}^{\infty}\left[e^{-(2nh+y)\sqrt{\frac{K}{D}}}\mathrm{erfc}\left(\frac{2nh+y}{2\sqrt{Dt}}-\sqrt{Kt}\right)\right.$$

$$\left.+e^{(2nh+y)\sqrt{\frac{K}{D}}}\mathrm{erfc}\left(\frac{2nh+y}{2\sqrt{Dt}}+\sqrt{Kt}\right)-e^{-(2nh+2h-y)\sqrt{\frac{K}{D}}}\mathrm{erfc}\left(\frac{2nh+2h-y}{2\sqrt{Dt}}-\sqrt{Kt}\right)\right.$$

$$\left.-e^{(2nh+2h-y)\sqrt{\frac{K}{D}}}\mathrm{erfc}\left(\frac{2nh+2h-y}{2\sqrt{Dt}}+\sqrt{Kt}\right)\right] \tag{13}$$

这就是式（1）简化方程 $\dfrac{\partial C}{\partial t}=D\dfrac{\partial^2 C}{\partial y^2}-KC$ 在相应求解条件下的解析解。

（2）当 $t\to\infty$ 时，即稳态情况，式（12）变为

$$C(y)=C_s e^{\frac{U}{2D}y}\sum_{n=0}^{\infty}\left\{\exp\left[-(2nh+y)\sqrt{\frac{K'}{D}}\right]-\exp\left[-(2nh+2h-y)\sqrt{\frac{K'}{D}}\right]\right\} \tag{14}$$

注意到展开式（7），则有

$$C(y)=\frac{C_s e^{\frac{U}{2D}y}}{1-\exp(-2h\sqrt{K'/D})}\left\{\exp\left(-y\sqrt{\frac{K'}{D}}\right)-\exp\left[-(2h-y)\sqrt{\frac{K'}{D}}\right]\right\} \tag{15}$$

这就是式（1）简化方程 $U\dfrac{dC}{dy}=D\dfrac{d^2C}{dy^2}-KC$ 在相应求解条件下的解析解。

（3）对保守物质，即 $K=0$ 的情况，式（12）变为

$$C(t,y)=C_s\sum_{n=0}^{\infty}\left[e^{-nh\frac{U}{D}}\mathrm{erfc}\left(\frac{2nh+y-Ut}{2\sqrt{Dt}}\right)+e^{nh\frac{U}{D}}\mathrm{erfc}\left(\frac{2nh+y+Ut}{2\sqrt{Dt}}\right)\right.$$

$$\left.-e^{-(nh+h-y)\frac{U}{D}}\mathrm{erfc}\left(\frac{2nh+2h-y-Ut}{2\sqrt{Dt}}\right)-e^{(nh+h-y)\frac{U}{D}}\mathrm{erfc}\left(\frac{2nh+2h-y+Ut}{2\sqrt{Dt}}\right)\right] \tag{16}$$

这就是式（1）简化方程 $\dfrac{\partial C}{\partial t}+U\dfrac{\partial C}{\partial y}=D\dfrac{\partial^2 C}{\partial y^2}$ 在相应求解条件下的解析解。

五、其他条件下的浓度分布理论分析

（4）对半无限均质土壤中的溶质扩散，即 $h=\infty$ 的情况，式（12）变为

$$C(t,y)=\frac{C_s}{2}e^{\frac{U}{2D}y}\left[e^{-\sqrt{\frac{K'}{D}}y}\mathrm{erfc}\left(\frac{y}{2\sqrt{Dt}}-\sqrt{K't}\right)+e^{\sqrt{\frac{K'}{D}}y}\mathrm{erfc}\left(\frac{y}{2\sqrt{Dt}}+\sqrt{K't}\right)\right] \quad (17)$$

这与文献［1］中类似问题的解析解形式相同。

4 结语

通过推导证明和对解析解的分析讨论，表明式（12）与式（1）简化方程可对比解析解完全一致，浓度分布规律正确。因此，式（12）是式（1）在相应求解条件下的解析解。

参考文献

［1］ 武周虎，于进伟. 水面油膜下油滴输移扩散方程的解析解［J］. 海洋环境科学，2000，19（3）：44-47.

5-06 不透水层上均质土壤中溶质浓度分布的解析解[*]

摘　要：本文从溶质扩散方程出发，针对不透水层上均质土壤的液体饱和状态，在顶层含有大量饱和溶质（如养分等）维持着扩散的条件下，进行严密的数学推证，给出均质土壤中溶质浓度分布的解析解。分析了解析解的合理性，讨论了解析解的正确性。此解对土壤改良等类似问题具有实际应用价值，也具有重要理论意义。

关键词：均质土壤；不透水层；溶质扩散；浓度分布；解析解

针对不透水层上液体饱和均质土壤中肥力、养分或污染物富集情况，本文从溶质扩散方程出发，在给定求解条件下，通过数学推演研究均质土壤中溶质浓度分布的解析解，进行结果的分析与讨论，为土壤改良等类似问题的处理处置，提供理论支持。

1　基本方程及其求解条件

假定均质土壤中溶质的垂向扩散系数为 D，在时间 $t>0$，$y=0$ 处的溶质浓度 C_s 保持不变，如图 1 所示。

溶质的扩散方程为

$$\frac{\partial C}{\partial t} = D\frac{\partial^2 C}{\partial y^2} - KC \tag{1}$$

式中：K 为溶质的降解系数。

求解条件为：$C\mid_{t>0,y=0} = C_s$，$C\mid_{t=0,y>0} = 0$，不透水层边界上的扩散通量为零，即 $(\partial C/\partial y)\mid_{t>0,y=h} = 0$，其中 h 是均质土壤层厚度。

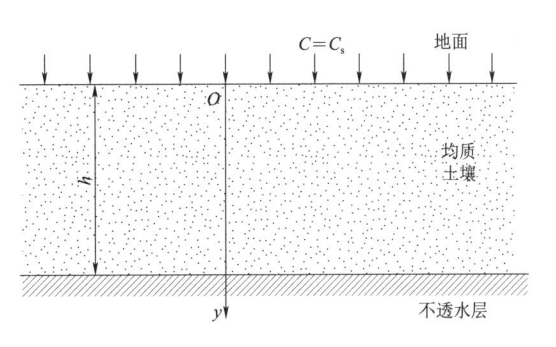

图 1　均质土壤中溶质的扩散

2　解析求解

进行变量替换，令 $C(t,y) = V(t,y)\mathrm{e}^{-Kt}$，代入式（1）变为

$$\frac{\partial V}{\partial t} = D\frac{\partial^2 V}{\partial y^2} \tag{2}$$

求解条件相应的变为：$V\mid_{t>0,y=0} = C_s\mathrm{e}^{Kt}$，$V\mid_{t=0,y>0} = 0$，$(\partial V/\partial y)\mid_{t>0,y=h} = 0$。

对式（2）关于 t 取拉普拉斯变换 $F(p,y) = \int_0^\infty V(t,y)\mathrm{e}^{-pt}\mathrm{d}t$，式（2）变为

---

[*] 原文载于《灌溉排水》，2001，20（2），作者：武周虎。

五、其他条件下的浓度分布理论分析

$$\frac{d^2 F(p,y)}{dy^2} - \frac{1}{D}[pF(p,y) - V(0^+,y)] = 0$$

将 $V|_{t=0, y>0} = 0$ 代入上式得

$$\frac{d^2 F(p,y)}{dy^2} - \frac{p}{D}F(p,y) = 0 \tag{3}$$

相应的求解条件为：$F(p,0) = L[C_s e^{Kt}] = C_s/(p-K)$，$\partial F(p,h)/\partial y = 0$。二阶常系数齐次线性常微分方程 (3) 的通解为

$$F(p,y) = C_1 \exp\left(-y\sqrt{\frac{p}{D}}\right) + C_2 \exp\left(y\sqrt{\frac{p}{D}}\right) \tag{4}$$

由求解条件有：$C_s/(p-K) = C_1 + C_2$，$C_1 \exp(-2h\sqrt{p/D}) - C_2 = 0$。联立解得：

$$C_1 = \frac{C_s}{(p-K)[1+\exp(-2h\sqrt{p/D})]}, \quad C_2 = \frac{C_s \exp(-2h\sqrt{p/D})}{(p-K)[1+\exp(-2h\sqrt{p/D})]} \text{。}$$

将 C_1、C_2 代入式 (4) 得到

$$F(p,y) = \frac{C_s}{(p-K)[1+\exp(-2h\sqrt{p/D})]} \left\{ \exp\left(-y\sqrt{\frac{p}{D}}\right) + \exp\left[-(2h-y)\sqrt{\frac{p}{D}}\right] \right\} \tag{5}$$

当 h 选得足够大时，有展开式

$$(1+e^{-2\sqrt{\frac{p}{D}}h})^{-1} = \sum_{n=0}^{\infty}(-1)^n e^{-2nh\sqrt{\frac{p}{D}}} \tag{6}$$

将式 (6) 代入式 (5) 产生一系列 $\dfrac{C_s}{p-K}e^{-a\sqrt{p}}$ 项的拉普拉斯逆变换为

$$L^{-1}\left(\frac{C_s}{p-K}e^{-a\sqrt{p}}\right) = C_s L^{-1}\left(\frac{1}{p-K}e^{-a\sqrt{p}}\right) = C_s g_1(t) * g_2(t) \tag{7}$$

式中：$a = \dfrac{2nh+y}{\sqrt{D}}$ 或 $a = \dfrac{2nh+2h-y}{\sqrt{D}}$，$g_1(t) * g_2(t)$ 为函数 $g_1(t)$ 和 $g_2(t)$ 的卷积（这里的"$*$"为卷积符号）。即有

$$g_1(t) = L^{-1}\left(\frac{1}{p-K}\right) = e^{Kt}, \quad g_2(t) = L^{-1}[e^{-a\sqrt{p}}] = \frac{a}{2\sqrt{\pi}t^{\frac{3}{2}}}\exp\left(-\frac{a^2}{4t}\right)$$

将 $g_1(t)$、$g_2(t)$ 代入式 (7) 并用卷积公式得

$$L^{-1}\left(\frac{C_s}{p-K}e^{-a\sqrt{p}}\right) = \frac{2C_s}{\sqrt{\pi}}\int_0^t e^{K\tau}\exp\left[-\left(\frac{a}{2\sqrt{t-\tau}}\right)^2\right]d\left(\frac{a}{2\sqrt{t-\tau}}\right) \tag{8}$$

令 $v = \dfrac{a}{2\sqrt{t-\tau}}$，则有 $\tau = t - \dfrac{a^2}{4v^2}$。积分上、下限分别变为：当 $\tau = t$ 时，$v = \infty$；当 $\tau = 0$ 时，$v = \dfrac{a}{2\sqrt{t}}$。那么，式 (8) 变为

$$L^{-1}\left(\frac{C_s}{p-K}e^{-a\sqrt{p}}\right) = \frac{2C_s}{\sqrt{\pi}}e^{Kt}\int_{\frac{a}{2\sqrt{t}}}^{\infty}\exp\left[-\left(\frac{Ka^2}{4v^2}+v^2\right)\right]dv$$

$$= \frac{C_s}{2} e^{Kt} \left[e^{-a\sqrt{K}} \mathrm{erfc}\left(\frac{a}{2\sqrt{t}} - \sqrt{Kt}\right) + e^{a\sqrt{K}} \mathrm{erfc}\left(\frac{a}{2\sqrt{t}} + \sqrt{Kt}\right) \right] \quad (9)$$

对式（5）取拉普拉斯逆变换，并将式（9）代入化简得

$$V(t,y) = L^{-1}[F(p,y)] = \frac{C_s}{2} e^{Kt} \sum_{n=0}^{\infty} (-1)^n \left[e^{-(2nh+y)\sqrt{\frac{K}{D}}} \mathrm{erfc}\left(\frac{2nh+y}{2\sqrt{Dt}} - \sqrt{Kt}\right) \right.$$
$$+ e^{(2nh+y)\sqrt{\frac{K}{D}}} \mathrm{erfc}\left(\frac{2nh+y}{2\sqrt{Dt}} + \sqrt{Kt}\right) + e^{-(2nh+2h-y)\sqrt{\frac{K}{D}}} \mathrm{erfc}\left(\frac{2nh+2h-y}{2\sqrt{Dt}} - \sqrt{Kt}\right)$$
$$\left. + e^{(2nh+2h-y)\sqrt{\frac{K}{D}}} \mathrm{erfc}\left(\frac{2nh+2h-y}{2\sqrt{Dt}} + \sqrt{Kt}\right) \right] \quad (10)$$

按照变量替换的表达式，进行逆向变量替换，由式（10）得到

$$C(t,y) = V(t,y) e^{-Kt} = \frac{C_s}{2} \sum_{n=0}^{\infty} (-1)^n \left[e^{-(2nh+y)\sqrt{\frac{K}{D}}} \mathrm{erfc}\left(\frac{2nh+y}{2\sqrt{Dt}} - \sqrt{Kt}\right) \right.$$
$$+ e^{(2nh+y)\sqrt{\frac{K}{D}}} \mathrm{erfc}\left(\frac{2nh+y}{2\sqrt{Dt}} + \sqrt{Kt}\right) + e^{-(2nh+2h-y)\sqrt{\frac{K}{D}}} \mathrm{erfc}\left(\frac{2nh+2h-y}{2\sqrt{Dt}} - \sqrt{Kt}\right)$$
$$\left. + e^{(2nh+2h-y)\sqrt{\frac{K}{D}}} \mathrm{erfc}\left(\frac{2nh+2h-y}{2\sqrt{Dt}} + \sqrt{Kt}\right) \right] \quad (11)$$

这就是不透水层上均质土壤液体饱和状态下溶质浓度分布的解析解。

3 解析解的分析与讨论

3.1 解析解的分析

取溶质在均质土壤液体饱和状态下的扩散系数 $D = 2.5 \times 10^{-6} \mathrm{~m^2/s}$，降解系数 $K = 0.26 \mathrm{~(1/d)}$，均质土壤层厚度 $h = 2.0 \mathrm{m}$，则由式（11）计算的溶质浓度分布，如图 2 所示。

由图 2 看出，随着时间的增大，溶质扩散向深层发展，底部浓度逐渐增大，最后趋于稳定。

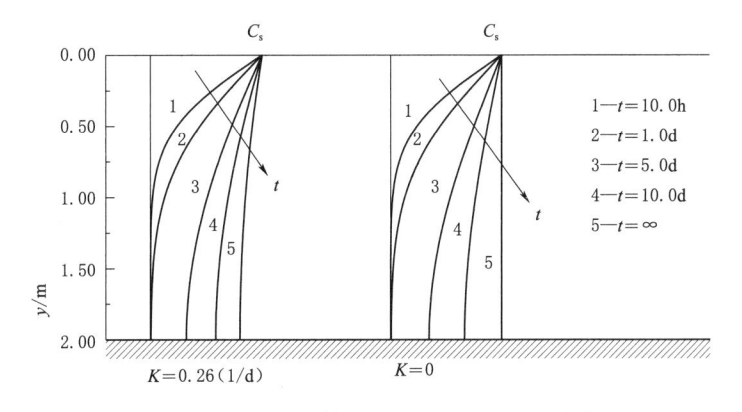

图 2 均质土壤液体饱和状态下溶质浓度分布

五、其他条件下的浓度分布理论分析

3.2 解析解的讨论

对解析解的讨论如下：

（1）当 $t \to \infty$ 时，即稳态情况，式（11）变为

$$C(y) = C_s \sum_{n=0}^{\infty} (-1)^n \left\{ \exp\left[-(2nh+y)\sqrt{\frac{K}{D}}\right] + \exp\left[-(2nh+2h-y)\sqrt{\frac{K}{D}}\right] \right\} \tag{12}$$

注意到展开式（6）则有

$$C(y) = \frac{C_s}{1+\exp(-2h\sqrt{K/D})} \left\{ \exp\left(-y\sqrt{\frac{K}{D}}\right) + \exp\left[-(2h-y)\sqrt{\frac{K}{D}}\right] \right\} \tag{13}$$

这就是式（1）简化方程 $D\dfrac{\mathrm{d}^2 C}{\mathrm{d} y^2} - KC = 0$ 在相应求解条件下的解析解。

（2）对保守物质，即 $K=0$ 的情况，式（11）变为

$$C(t,y) = C_s \sum_{n=0}^{\infty} (-1)^n \left[\mathrm{erfc}\left(\frac{2nh+y}{2\sqrt{Dt}}\right) + \mathrm{erfc}\left(\frac{2nh+2h-y}{2\sqrt{Dt}}\right) \right] \tag{14}$$

这就是式（1）简化方程 $\dfrac{\partial C}{\partial t} = D\dfrac{\partial^2 C}{\partial y^2}$ 在相应求解条件下的解析解。

（3）对半无限均质土壤中的溶质扩散，即 $h=\infty$ 的情况，式（11）变为

$$C(t,y) = \frac{C_s}{2}\left[\mathrm{e}^{-y\sqrt{\frac{K}{D}}} \mathrm{erfc}\left(\frac{y}{2\sqrt{Dt}} - \sqrt{Kt}\right) + \mathrm{e}^{y\sqrt{\frac{K}{D}}} \mathrm{erfc}\left(\frac{y}{2\sqrt{Dt}} + \sqrt{Kt}\right) \right] \tag{15}$$

这与文献［1］中类似问题的解析解形式相同。

4 结语

通过推导证明和对解析解的分析讨论，表明式（11）与式（1）简化方程可对比解析解完全一致，浓度分布规律正确。因此，式（11）是式（1）在相应求解条件下的解析解。

参考文献

［1］李文勋. 水力学中的微分方程及其应用［M］. 韩祖恒，郑开琪，译. 上海：上海科学技术出版社，1982.

5-07 Advection and Diffusion of Poisonous Gas Contaminant Released from Bottom Sludge in Open Channel[*]

Abstract: In some cases, poisonous contaminants may be released from bottom sludge in open channels. The equation of advection and diffusion for the related problem was analyzed in this paper. The conditions for the definite solution to the equation were given. The analytic solution of poisonous gas concentration distribution was worked out. The reasonableness of this solution was discussed. The result is also of significance for other similar problems.

Keywords: Bottom sludge; Poisonous gas contaminant; Concentration distribution

Because of the absorption or deposition of sediment, rivers are often full of contaminants in the bottom sludge at the downstream reach of waste water outlet. With the scouring of water flow or seasonal variation of temperature the contaminant will spread and make surrounding water polluted further. If the poisonous gas and its derivatives stay for a longer time in the bottom sludge there will appear poisonous substances such as benzopyrene, polycyclic aryne, etc. If such substances are assimilated and gathered by aquatic animals, they will be harmful to animals. Entering into human's body through food chain, they may cause various diseases in stomach, intestines, liver and kidney.

To provide a theoretical approach to the diffusion procedure of poisonous gas contaminant released from bottom sludge, the advection and diffusion equation is treated in this paper. The conditions for its definite solution are determined. The analytic solution is given. The method presented herein may be used to solve other similar problems.

1 Basic equation and its conditions of definite solution

In an open channel, U is the velocity of water flow; if the concentration of substance C_s at $x>0$ and $y=0$ is constant, as shown in Fig. 1.

In the open channel, D_x and D_y are the diffusion coefficients; W is the buoyant of released substance from the bottom sludge; K is the degradation coefficient. Then the equation of steady advection and diffusion will be

$$U\frac{\partial C}{\partial x}+W\frac{\partial C}{\partial y}=D_x\frac{\partial^2 C}{\partial x^2}+D_y\frac{\partial^2 C}{\partial y^2}-KC \tag{1}$$

---

[*] 原文载于 *Journal of Hydrodynamics*, Ser. B, 2004, 16 (1), 作者：武周虎。

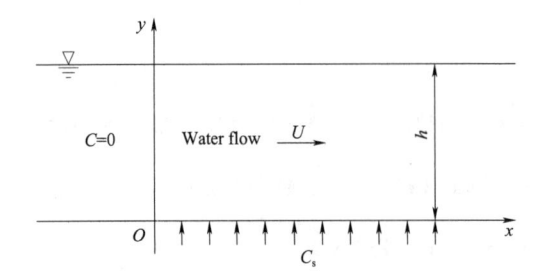

五、其他条件下的浓度分布理论分析

Fig. 1 Sketch of diffusion and advection in an open channel

In practical problems on diffusion and advection, the value of x required to satisfy the condition $xU/D_x \gg 1$ is often very small, so that diffusion in the direction of flow can be ignored[1]. Replacing D_y by D and letting $\tau = x/U$ in Eq. (1) gives

$$\frac{\partial C}{\partial \tau} + W\frac{\partial C}{\partial y} = D\frac{\partial^2 C}{\partial y^2} - KC \qquad (2)$$

The conditions for its solution are $C|_{\tau>0, y=0} = C_s$; $C|_{\tau=0, y>0} = 0$; $C|_{\tau>0, y=h} = 0$, in which h is the water depth of the open channel [2].

2 Analytic solution

With the variable transformation $C(\tau,y) = \exp\left(\dfrac{Wy}{2D}\right)Q(\tau,y)$, Eq. (2) becomes

$$\frac{\partial Q}{\partial \tau} = D\frac{\partial^2 Q}{\partial y^2} - \left(K + \frac{W^2}{4D}\right)Q = D\frac{\partial^2 Q}{\partial y^2} - K'Q \qquad (3)$$

In which $K' = K + \dfrac{W^2}{4D}$. The corresponding conditions for its solution turns into $Q|_{\tau>0, y=0} = C_s$; $Q|_{\tau=0, y>0} = 0$; $Q|_{\tau>0, y=h} = 0$.

Taking another variable transformation and letting $Q(\tau,y) = V(\tau,y)\mathrm{e}^{-K'\tau}$, change Eq. (3) into

$$\frac{\partial V}{\partial \tau} = D\frac{\partial^2 V}{\partial y^2} \qquad (4)$$

The corresponding conditions for its solution becomes $V|_{\tau>0,y=0} = C_s\mathrm{e}^{K'\tau}$; $V|_{\tau=0,y>0} = 0$; $V|_{\tau>0,y=h} = 0$.

For Eq. (4), by making the Laplace transform about τ, $F(p,y) = \int_0^\infty V(\tau,y)\mathrm{e}^{-p\tau}\mathrm{d}\tau$, Eq. (4) is reduced to

$$\frac{\mathrm{d}^2 F(p,y)}{\mathrm{d}y^2} - \frac{1}{D}[pF(p,y) - V(0^+,y)] = 0$$

Substituting $V|_{\tau=0, y>0} = 0$ into above equation yields

$$\frac{\mathrm{d}^2 F(p,y)}{\mathrm{d}y^2} - \frac{p}{D}F(p,y) = 0 \qquad (5)$$

The corresponding conditions for its solution are $F(p,0) = L[C_s\mathrm{e}^{K'\tau}] = C_s/(p - K')$, $F(p,h) = 0$. The general solution of Eq. (5) is

$$F(p,y) = C_1\exp\left(-y\sqrt{\frac{p}{D}}\right) + C_2\exp\left(y\sqrt{\frac{p}{D}}\right) \qquad (6)$$

From the conditions of solution: $C_s/(p - K') = C_1 + C_2$, $C_1\exp(-2h\sqrt{p/D}) + C_2 = 0$, it

· 390 ·

follows that $C_1 = \dfrac{C_s}{(p-K')[1-\exp(-2h\sqrt{p/D})]}$, $C_2 = \dfrac{-C_s\exp(-2h\sqrt{p/D})}{(p-K')[1-\exp(-2h\sqrt{p/D})]}$.

Substituting C_1 and C_2 into Eq. (6), therefore

$$F(p,y) = \dfrac{C_s}{(p-K')[1-\exp(-2h\sqrt{p/D})]}\left\{\exp\left(-y\sqrt{\dfrac{p}{D}}\right) - \exp\left[-(2h-y)\sqrt{\dfrac{p}{D}}\right]\right\} \tag{7}$$

When h is chosen to be large enough, we have

$$\left[1-\exp\left(-2h\sqrt{\dfrac{p}{D}}\right)\right]^{-1} = \sum_{n=0}^{\infty}\exp\left(-2nh\sqrt{\dfrac{p}{D}}\right) \tag{8}$$

Substitute Eq. (8) into Eq. (7) and make the inverse Laplace transform for $\dfrac{C_s}{p-K'}e^{-a\sqrt{p}}$

$$L^{-1}\left(\dfrac{C_s}{p-K'}e^{-a\sqrt{p}}\right) = C_s L^{-1}\left(\dfrac{1}{p-K'}e^{-a\sqrt{p}}\right) = C_s g_1(\tau)*g_2(\tau) \tag{9}$$

In which $a = \dfrac{2nh+y}{\sqrt{D}}$ or $a = \dfrac{2nh+2h-y}{\sqrt{D}}$. $g_1(\tau)*g_2(\tau)$ is convolution of $g_1(\tau)$ and $g_2(\tau)$. Where

$$g_1(\tau) = L^{-1}\left(\dfrac{1}{p-K'}\right) = e^{K'\tau},\ g_2(\tau) = L^{-1}(e^{-a\sqrt{p}}) = \dfrac{a}{2\sqrt{\pi}\tau^{\frac{3}{2}}}\exp\left(-\dfrac{a^2}{4\tau}\right)$$

Substituting $g_1(\tau)$ and $g_2(\tau)$ into Eq. (9) and using the convolution theorem lead to

$$L^{-1}\left(\dfrac{C_s}{p-K'}e^{-a\sqrt{p}}\right) = \dfrac{2C_s}{\sqrt{\pi}}\int_0^{\tau} e^{K't}\exp\left[-\left(\dfrac{a}{2\sqrt{\tau-t}}\right)^2\right]d\left(\dfrac{a}{2\sqrt{\tau-t}}\right) \tag{10}$$

Let $v = \dfrac{a}{2\sqrt{\tau-t}}$, then $t = \tau - \left(\dfrac{a}{2v}\right)^2$ and Eq. (10) becomes

$$L^{-1}\left(\dfrac{C_s}{p-K'}e^{-a\sqrt{p}}\right) = \dfrac{2C_s}{\sqrt{\pi}}e^{K'\tau}\int_{\frac{a}{2\sqrt{\tau}}}^{\infty}\exp\left[-\left(\dfrac{K'a^2}{4v^2}+v^2\right)\right]dv$$

$$= \dfrac{C_s}{2}e^{K'\tau}\left[e^{-a\sqrt{K'}}\mathrm{erfc}\left(\dfrac{a}{2\sqrt{\tau}}-\sqrt{K'\tau}\right) + e^{a\sqrt{K'}}\mathrm{erfc}\left(\dfrac{a}{2\sqrt{\tau}}+\sqrt{K'\tau}\right)\right] \tag{11}$$

Taking the inverse Laplace transform in Eq. (11) and rearranging the result yield

$$V(\tau,y) = L^{-1}[F(p,y)] = \dfrac{C_s}{2}e^{K'\tau}\sum_{n=0}^{\infty}\left[e^{-(2nh+y)\sqrt{\frac{K'}{D}}}\mathrm{erfc}\left(\dfrac{2nh+y}{2\sqrt{D\tau}}-\sqrt{K'\tau}\right)\right.$$

$$+ e^{(2nh+y)\sqrt{\frac{K'}{D}}}\mathrm{erfc}\left(\dfrac{2nh+y}{2\sqrt{D\tau}}+\sqrt{K'\tau}\right) - e^{-(2nh+2h-y)\sqrt{\frac{K'}{D}}}\mathrm{erfc}\left(\dfrac{2nh+2h-y}{2\sqrt{D\tau}}-\sqrt{K'\tau}\right)$$

$$\left. - e^{(2nh+2h-y)\sqrt{\frac{K'}{D}}}\mathrm{erfc}\left(\dfrac{2nh+2h-y}{2\sqrt{D\tau}}+\sqrt{K'\tau}\right)\right] \tag{12}$$

Therefore

$$C(x,y) = Q(\tau,y)e^{\frac{W}{2D}y} = V(\tau,y)e^{-K'\tau}e^{\frac{W}{2D}y}$$

五、其他条件下的浓度分布理论分析

$$= \frac{C_s}{2} e^{\frac{W}{2D}y} \sum_{n=0}^{\infty} \left[e^{-(2nh+y)\sqrt{\frac{K'}{D}}} \operatorname{erfc}\left(\frac{2nh+y}{2\sqrt{Dx/U}} - \sqrt{K'x/U}\right) \right.$$

$$+ e^{(2nh+y)\sqrt{\frac{K'}{D}}} \operatorname{erfc}\left(\frac{2nh+y}{2\sqrt{Dx/U}} + \sqrt{K'x/U}\right)$$

$$- e^{-(2nh+2h-y)\sqrt{\frac{K'}{D}}} \operatorname{erfc}\left(\frac{2nh+2h-y}{2\sqrt{Dx/U}} - \sqrt{K'x/U}\right)$$

$$\left. - e^{(2nh+2h-y)\sqrt{\frac{K'}{D}}} \operatorname{erfc}\left(\frac{2nh+2h-y}{2\sqrt{Dx/U}} + \sqrt{K'x/U}\right) \right] \tag{13}$$

Eq. (13) is the analytic solution for the concentration distribution of substance released from the bottom sludge in an open channel.

3 Discussion

We consider an open channel with the following parameters: the velocity of water flow $U=1.0$ m/s; the water depth $h=2.0$ m; the buoyant velocities $W=0$ and $W=1.0\times 10^{-5}$ m/s; the degradation coefficient $K=0.26$ (1/d); the diffusion coefficient $D=2.5\times 10^{-3}$ m²/s. Thus the concentration distribution of substance calculated with Eq. (13) is shown in Fig. 2.

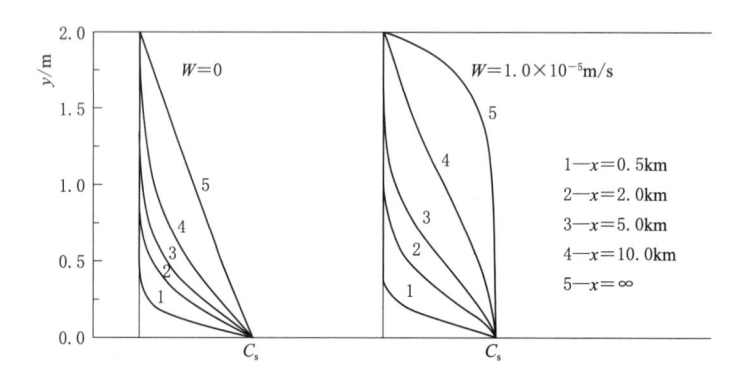

Fig. 2 Concentration distribution of substance under water surface

It can be seen from Fig. 2 that with the increase of the distance x the substance continuously diffuses towards water surface. Because of the escape of substance from water surface at $y=h$, the concentration always keeps as zero.

We discuss the analytic solution as follows.

(1) When $W=0$, it is the case that there is no advection by buoyant velocity. Hence Eq. (13) becomes

$$C(x,y) = \frac{C_s}{2} \sum_{n=0}^{\infty} \left[e^{-(2nh+y)\sqrt{\frac{K}{D}}} \operatorname{erfc}\left(\frac{2nh+y}{2\sqrt{Dx/U}} - \sqrt{Kx/U}\right) + e^{(2nh+y)\sqrt{\frac{K}{D}}} \operatorname{erfc}\left(\frac{2nh+y}{2\sqrt{Dx/U}} + \sqrt{Kx/U}\right) \right.$$

$$- e^{-(2nh+2h-y)\sqrt{\frac{K}{D}}} \operatorname{erfc}\left(\frac{2nh+2h-y}{2\sqrt{Dx/U}} - \sqrt{Kx/U}\right)$$

$$\left. - e^{(2nh+2h-y)\sqrt{\frac{K}{D}}} \operatorname{erfc}\left(\frac{2nh+2h-y}{2\sqrt{Dx/U}} + \sqrt{Kx/U}\right) \right] \tag{14}$$

Eq. (14) is the analytic solution of the simplified equation for Eq. (1) $U\frac{\partial C}{\partial x} = D\frac{\partial^2 C}{\partial y^2} - KC$ under the same conditions for solution.

(2) When $x \to \infty$ or $U=0$, that is, for the case of one-dimensional diffusion, Eq. (13) becomes

$$C(y) = C_s e^{\frac{W}{2D}y} \sum_{n=0}^{\infty} \left\{ \exp\left[-(2nh+y)\sqrt{\frac{K'}{D}}\right] - \exp\left[-(2nh+2h-y)\sqrt{\frac{K'}{D}}\right] \right\} \tag{15}$$

Considering expansion of Eq. (8) we have

$$C(y) = \frac{C_s}{1 - \exp(-2h\sqrt{K'/D})} e^{\frac{W}{2D}y} \left\{ \exp\left(-y\sqrt{\frac{K'}{D}}\right) - \exp\left[-(2h-y)\sqrt{\frac{K'}{D}}\right] \right\} \tag{16}$$

Eq. (16) is the analytic solution of the simplified equation for Eq. (1) $W\frac{dC}{dy} = D\frac{d^2C}{dy^2} - KC$ under the corresponding condition of solution.

(3) For conservative substance, that is, for the case of $K=0$, Eq. (13) becomes

$$C(x,y) = C_s \sum_{n=0}^{\infty} \left[e^{-nh\frac{W}{D}} \operatorname{erfc}\left(\frac{2nh+y-Wx/U}{2\sqrt{Dx/U}}\right) + e^{nh\frac{W}{D}} \operatorname{erfc}\left(\frac{2nh+y+Wx/U}{2\sqrt{Dx/U}}\right) \right.$$

$$\left. - e^{-(nh+h-y)\frac{W}{D}} \operatorname{erfc}\left(\frac{2nh+2h-y-Wx/U}{2\sqrt{Dx/U}}\right) - e^{(nh+h-y)\frac{W}{D}} \operatorname{erfc}\left(\frac{2nh+2h-y+Wx/U}{2\sqrt{Dx/U}}\right) \right] \tag{17}$$

Eq. (17) is the analytic solution of simplified equation for Eq. (1) $U\frac{\partial C}{\partial x} + W\frac{\partial C}{\partial y} = D\frac{\partial^2 C}{\partial y^2}$ under the corresponding condition of solution.

(4) For the case of infinite water depth $h = \infty$, Eq. (13) becomes

$$C(x,y) = \frac{C_s}{2} e^{\frac{W}{2D}y} \left[e^{-y\sqrt{\frac{K'}{D}}} \operatorname{erfc}\left(\frac{y}{2\sqrt{Dx/U}} - \sqrt{K'x/U}\right) + e^{y\sqrt{\frac{K'}{D}}} \operatorname{erfc}\left(\frac{y}{2\sqrt{Dx/U}} + \sqrt{K'x/U}\right) \right] \tag{18}$$

This is the analytic solution in the form same as that for similar problem in Ref. [3].

4 Peroration

Through above derivation and discussion, it has shown that the comparable analytic

五、其他条件下的浓度分布理论分析

solutions Eq. (13) and Eq. (1) are consistent. The distribution law of concentration is reasonable. It can be sure that Eq. (13) is the analytic solution of Eq. (1) when x is not very small and h is large enough.

References

[1] FISCHER H B, BERGER J I, LIST E J, et al. Mixing in Inland and Coastal Waters [M]. New York: Academic Press, 1979.
[2] WU Z H. Analytical Solution of Oil Droplet's Transport Diffusion Equation under Oil Slick of Water Surface [J]. Marine Environmental Science, 2000, 19 (3): 44 – 47.
[3] LI W H. Differential Equation and Its Application in Hydraulics [M]. Translated by HAN Zhuheng and ZHEN Kangqi, Shanghai: Scientific and Technical Press of Shanghai, 1982.

六、应用举例

6-01 一维水质问题的计算

【例 1-1】

某水厂采用往复式隔板反应池，总长度 $L=400\text{m}$，断面平均流速 $U=0.3\text{m/s}$。在反应池入口断面上，混凝剂的初始均匀混合浓度 $C_0=0.2\text{mg/L}$，一级反应动力学速率系数 $K=0.002\text{s}^{-1}$。试求：(1) 若纵向离散系数 $E_L=0.15\text{m}^2/\text{s}$，反应池的出口浓度为多少？反应池的效率为多少？(2) 若纵向离散系数扩大 10 倍 $E_L=1.5\text{m}^2/\text{s}$，计算结果又如何？

解答：

(1) 根据移流离散水质模型的简化和分类判别条件[1-2]，计算 O'Connor 数（奥康纳数）

$$\alpha = \frac{KE_L}{U^2} = \frac{0.002 \times 0.15}{0.3^2} = 0.003 \leqslant 0.027$$

据此判断，选择推流水质模型，则有反应池的出口浓度为

$$C(L) = C_0 \exp\left(-\frac{KL}{U}\right) = 0.2 \times \exp\left(-\frac{0.002 \times 400}{0.3}\right) = 0.014 (\text{mg/L})$$

此时，反应池的效率为：

$$\eta = \left(1 - \frac{C(L)}{C_0}\right) \times 100 = \left(1 - \frac{0.014}{0.2}\right) \times 100 = 93.0(\%)$$

(2) 若纵向离散系数扩大 10 倍 $E_L = 1.5\text{m}^2/\text{s}$，计算 O'Connor 数

$$0.027 < \alpha = \frac{KE_L}{U^2} = \frac{0.002 \times 1.5}{0.3^2} = 0.033 \leqslant 380$$

据此判断，选择移流离散水质模型，则有反应池的出口浓度为

$$C(L) = C_0 \exp\left[\frac{UL}{2E_L}(1-\sqrt{1+4\alpha})\right] = 0.2 \times \exp\left[\frac{0.3 \times 400}{2 \times 1.5}(1-\sqrt{1+4 \times 0.033})\right]$$
$$= 0.015 (\text{mg/L})$$

此时，反应池的效率为

$$\eta = \left(1 - \frac{C(L)}{C_0}\right) \times 100 = \left(1 - \frac{0.015}{0.2}\right) \times 100 = 92.5(\%)$$

结果表明，采用推流水质模型比采用移流离散水质模型计算的反应池效率稍高，说明往复式隔板反应池更接近理想的推流条件，因此，推流水质模型是往复式隔板反应池的最佳设计条件。

【例 1-2】

某河流的平均宽度 $B=40\text{m}$，平均流速 $U=0.116\text{m/s}$，纵向离散系数 $E_L=11.6\text{m}^2/\text{s}$，污染物的降解系数 $K=0.25\text{d}^{-1}$，河流流量为 Q。(1) 试确定恒定连续排放源（源强为 W [M/T]）条件下的河流纵向浓度分布公式；(2) 按初始断面混合浓度的 5% 来确定排污

六、应用举例

对上游河段影响最远所到达的断面位置。

解答：

(1) 首先，计算 O'Connor 数 α 和贝克来数 Pe，选择水质模型[1-2]

$$\alpha = \frac{KE_L}{U^2} = \frac{0.25}{86400} \times \frac{11.6}{0.116^2} = 0.0025 \leqslant 0.027$$

$$Pe = \frac{UB}{E_L} = \frac{0.116 \times 40}{11.6} = 0.40 < 1$$

据此判断，选择移流离散简化水质模型。

其次，确定河流纵向浓度分布公式。由文献 [1-2] 可知，移流离散简化水质模型的基本解表达式为

$$C(x) = C_0 \exp\left(\frac{Ux}{E_L}\right) \quad （上游 \ x < 0）$$

$$C(x) = C_0 \exp\left(-\frac{Kx}{U}\right) \quad （下游 \ x \geqslant 0）$$

其中：初始断面稀释混合浓度 $C_0 = W/Q$。

代入已知条件得到

$$C = C_0 \exp\left(\frac{Ux}{E_L}\right) = \frac{W}{Q} \exp\left(\frac{0.116}{11.6}x\right) = \frac{W}{Q} e^{0.01x} \quad （上游 \ x < 0）$$

$$C = C_0 \exp\left(-\frac{Kx}{U}\right) = \frac{W}{Q} \exp\left(-\frac{0.25}{86400 \times 0.116}x\right) = \frac{W}{Q} e^{-2.49 \times 10^{-5} x} \quad （下游 \ x \geqslant 0）$$

该河流按移流离散简化水质模型确定的纵向浓度分布，如图1所示。

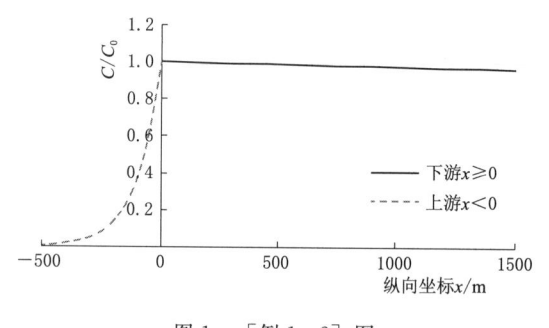

图1 [例1-2] 图

(2) 按初始断面混合浓度的5%来确定排污对上游（$x<0$）河段影响最远所到达的断面位置为

$$\frac{C}{C_0} = e^{0.01x} = 0.05$$

对右边等式两边取自然对数，整理得到

$$x = \frac{\ln(0.05)}{0.01} = -299.6 \text{(m)}$$

因此，排污对上游河段影响最远所到达的断面位置距离排污口299.6m。

【例1-3】

某感潮河段（受潮汐影响河段）潮周期河流平均流速 $U=0.0116\text{m/s}$，纵向离散系数 $E_L = 116.0\text{m}^2/\text{s}$，污染物的降解系数 $K=0.25\text{d}^{-1}$，河流流量为 Q。试确定恒定连续排放源（源强为 W [M/T]）条件下，河流纵向浓度分布公式。

解答：

首先计算 O'Connor 数，选择水质模型[1-2]

$$0.027 < \alpha = \frac{KE_L}{U^2} = \frac{0.25}{86400} \times \frac{116.0}{0.0116^2} = 2.5 \leqslant 380$$

据此判断，选择移流离散水质模型。

其次，确定河流纵向浓度分布公式。由文献 [1-2] 可知，移流离散水质模型的基本解表达式为

$$C(x) = C_0 \exp\left[\frac{Ux}{2E_L}(1+\sqrt{1+4\alpha})\right] = C_0 e^{\lambda_1 x} \quad (上游\ x<0)$$

$$C(x) = C_0 \exp\left[\frac{Ux}{2E_L}(1-\sqrt{1+4\alpha})\right] = C_0 e^{\lambda_2 x} \quad (下游\ x\geqslant 0)$$

其中：初始断面稀释混合浓度 $C_0 = \dfrac{W/Q}{\sqrt{1+4\alpha}}$。

代入已知条件得到

$$C_0 = \frac{W/Q}{\sqrt{1+4\times 2.5}} = 0.302\frac{W}{Q}$$

$$\because \lambda_{1,2} = \frac{U}{2E_L}(1\pm\sqrt{1+4\times 2.5}) = \frac{0.0116}{2\times 116.0}(1\pm\sqrt{11})$$

$\therefore$ 在上游 $x<0$ 时，$\lambda_1 = 2.16\times 10^{-4}$；在下游 $x\geqslant 0$ 时，$\lambda_2 = -1.16\times 10^{-4}$。

则河流纵向浓度分布公式为

$$C = C_0 e^{\lambda_1 x} = 0.302\frac{W}{Q}e^{2.16\times 10^{-4}x} \quad (上游\ x<0)$$

$$C = C_0 e^{\lambda_2 x} = 0.302\frac{W}{Q}e^{-1.16\times 10^{-4}x} \quad (下游\ x\geqslant 0)$$

该感潮河段的 O'Connor 数 $\alpha = 2.5$ 在（0.027～380）区间内，按河流移流离散水质模型确定的纵向浓度分布，如图 2 所示。

【例 1-4】

某河流排污如图 3 所示。已知河流流量 $Q_r = 29.2\text{m}^3/\text{s}$，污水流量 $q = 3.26\text{m}^3/\text{s}$，生化需氧量 $BOD_5 = C_p = 100\text{mg/L}$，一级反应动力学速率系数 $K = 0.25\text{d}^{-1}$。试求：（1）在河流流速 $U = 0.116\text{m/s}$ 条件下，试按推流水质模型计算下游 $x = 10\text{km}$ 处的 BOD_5 值；

图 2 [例 1-3] 图

图 3 [例 1-4] 图 a

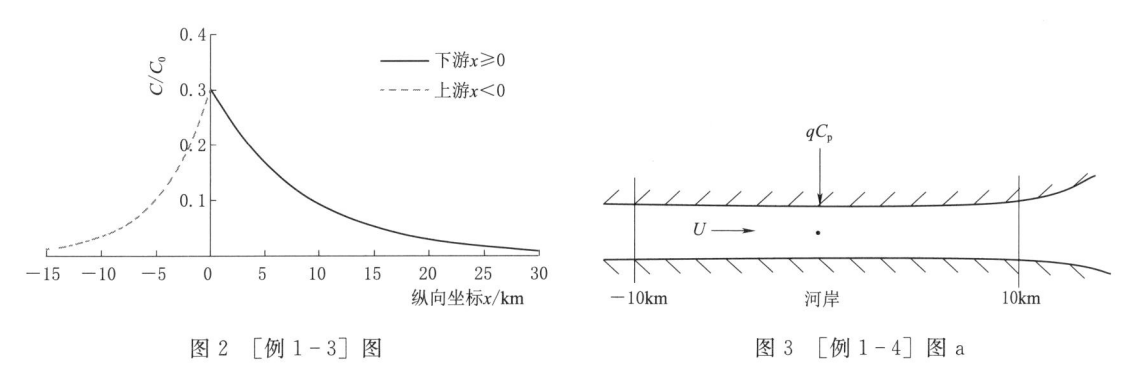

六、应用举例

（2）在感潮河段潮周期河流平均流速 $U=0.0116\text{m/s}$、纵向离散系数 $E_\text{L}=116.0\text{m}^2/\text{s}$ 条件下，试按移流离散水质模型计算上、下游 $x=10\text{km}$ 处的 BOD_5 值；（3）绘制污染源上、下游 10km 范围的 BOD_5 分布图。（注：只需计算排污引起的浓度升高值。）

解答：

（1）按推流水质模型计算[1-2]，初始断面稀释混合浓度为

$$C_0=\frac{W}{Q}=\frac{qC_\text{p}}{Q_\text{r}+q}=\frac{3.26\times 100}{29.2+3.26}=10.04(\text{mg/L})$$

根据推流水质模型的浓度分布公式，代入已知条件得到

$$C=C_0\exp\left(-\frac{Kx}{U}\right)=10.04\exp\left(-\frac{0.25}{86400}\times\frac{x}{0.116}\right)=10.04\text{e}^{-2.49\times 10^{-5}x}$$

x 的定义域为排污点下游 $x\geqslant 0$。

下游 $x=10\text{km}$ 处的 BOD_5 值为

$$C_{10\text{km}}=10.04\text{e}^{-2.49\times 10^{-5}x}=10.04\times\text{e}^{-2.49\times 10^{-5}\times 10000}=7.82(\text{mg/L})$$

（2）按移流离散水质模型计算[1-2]，计算 O'Connor 数

$$\alpha=\frac{KE_\text{L}}{U^2}=\frac{0.25}{86400}\times\frac{116.0}{0.0116^2}=2.5$$

初始断面稀释混合浓度为

$$C_0=\frac{W/Q}{\sqrt{1+4\alpha}}=\frac{10.04}{\sqrt{1+4\times 2.5}}=\frac{10.04}{\sqrt{11}}=3.03(\text{mg/L})$$

根据移流离散水质模型的浓度分布公式，代入已知条件得到：

对上游 $x<0$ 河段

$$C(x)=C_0\exp\left[\frac{Ux}{2E_\text{L}}(1+\sqrt{1+4\alpha})\right]=3.03\exp\left[\frac{0.0116x}{2\times 116.0}(1+\sqrt{1+4\times 2.5})\right]$$
$$=3.03\text{e}^{2.16\times 10^{-4}x}$$

上游 $x=10\text{km}$ 处的 BOD_5 值为

$$C_{-10\text{km}}=3.03\text{e}^{2.16\times 10^{-4}x}=3.03\times\text{e}^{2.16\times 10^{-4}\times(-10000)}=0.35(\text{mg/L})$$

对下游 $x\geqslant 0$ 河段

$$C(x)=C_0\exp\left(\frac{Ux}{2E_\text{L}}(1-\sqrt{1+4\alpha})\right)=3.03\exp\left[\frac{0.0116x}{2\times 116.0}(1-\sqrt{1+4\times 2.5})\right]$$
$$=3.03\text{e}^{-1.16\times 10^{-4}x}$$

下游 $x=10\text{km}$ 处的 BOD_5 值为

$$C_{10\text{km}}=3.03\text{e}^{-1.16\times 10^{-4}x}=3.03\text{e}^{-1.16\times 10^{-4}\times 10000}=0.95(\text{mg/L})$$

（3）绘制污染源上、下游 10km 范围的 BOD_5 分布，如图 4 所示。

【例 1-5】

根据美国弗吉尼亚州立大学土木系郭钦义（Guo Qinyi）教授法律援助项目案例改编。某感潮河段有两个化工厂的相对位置，如图 5 所示。已知排污流量分别为 $q_1=2.83\text{m}^3/\text{s}$、$q_2=1.42\text{m}^3/\text{s}$，污水中含有害物浓度均为 $C_\text{p}=40\text{mg/L}$，降解系数均为 $K=0.11\text{d}^{-1}$。河

流上游来水流量 $Q_r = 25.49 \text{m}^3/\text{s}$，平均流速 $U = 0.014 \text{m/s}$，纵向离散系数 $E_L = 449.5 \text{m}^2/\text{s}$，忽略排污对河流流量和流速的影响。试问：(1) 若排污引起上游养殖区的有害物浓度升高值超过 1.0mg/L，就会引起水产品减产，判断这两个化工厂是否需要赔偿；(2) 若需要赔偿，那么两个化工厂应如何分担赔偿费。

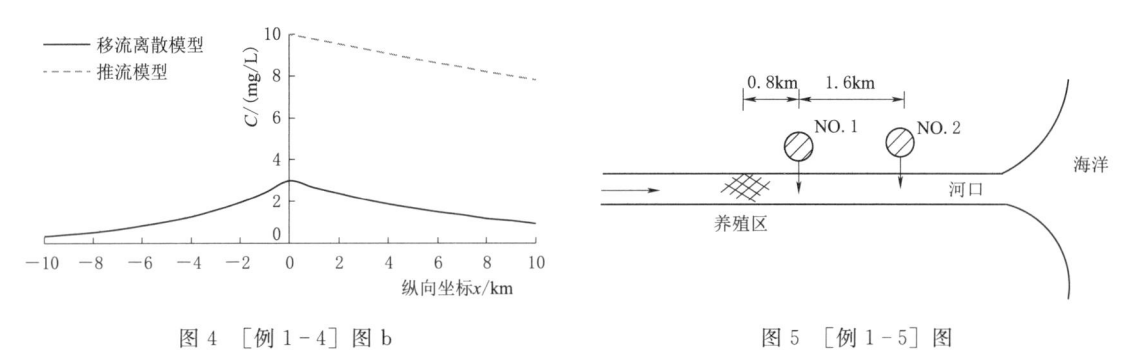

图 4　[例 1-4] 图 b

图 5　[例 1-5] 图

解答：

(1) 计算 O'Connor 数：$\alpha = \dfrac{KE_L}{U^2} = \dfrac{0.11}{86400} \times \dfrac{449.5}{0.014^2} = 2.92$，判断适用模型[1-2]。

∵　$0.027 < \alpha \leqslant 380$，∴　选用移流离散水质模型。

由题意可知，养殖区位于两个化工厂排污口的上游位置分别为 $x_1 = -800 \text{m}$ 和 $x_2 = -2400 \text{m}$，故采用移流离散水质模型向上游（$x < 0$）的浓度公式，计算排污引起上游养殖区的有害物浓度升高值如下。

NO.1 化工厂

$$C_{01} = \frac{q_1 C_p}{Q_r \sqrt{1+4\alpha}} = \frac{2.83 \times 40}{25.49 \times \sqrt{1+4 \times 2.92}} = 1.25 (\text{mg/L})$$

$$C_1 = C_{01} \exp\left[\frac{Ux_1}{2E_L}(1+\sqrt{1+4\alpha})\right] = 1.25 \times \exp\left[\frac{0.014 \times (-800)}{2 \times 449.5}(1+\sqrt{1+4 \times 2.92})\right]$$

$$= 1.18 (\text{mg/L})$$

NO.2 化工厂

$$C_{02} = \frac{q_2 C_p}{Q_r \sqrt{1+4\alpha}} = \frac{1.42 \times 40}{25.49 \times \sqrt{1+4 \times 2.92}} = 0.63 (\text{mg/L})$$

$$C_2 = C_{02} \exp\left[\frac{Ux_2}{2E_L}(1+\sqrt{1+4\alpha})\right] = 0.63 \times \exp\left[\frac{0.014 \times (-2400)}{2 \times 449.5}(1+\sqrt{1+4 \times 2.92})\right]$$

$$= 0.53 (\text{mg/L})$$

两个化工厂排污引起上游养殖区有害物浓度升高值的总和为：$C = C_1 + C_2 = 1.18 + 0.53 = 1.71 (\text{mg/L}) > 1.0 \text{mg/L}$，因此，会引起上游养殖区的水产品减产，需要赔偿。

(2) 两个化工厂按照排污引起上游养殖区有害物浓度升高值的比例，来分担赔偿费百分数。则有 NO.1 化工厂应分担赔偿费的

$$\eta_1 = \frac{C_1}{C_1 + C_2} \times 100\% = \frac{1.18}{1.71} \times 100\% = 69.0 (\%)$$

NO.2 化工厂应分担赔偿费的：$\eta_2 = 1 - 69.0\% = 31.0 (\%)$。

六、应用举例

【例 1-6】

在某河流上游有一座桥梁,当一辆载有中性示踪剂的汽车通过桥面时,由于震动使 1 桶示踪剂跌入河中而破裂,装有 $M=90.8\text{kg}$ 的示踪剂全部释放于河中。已知该河流断面面积 $A=12.258\text{m}^2$,平均流速 $U=0.779\text{m/s}$,纵向离散系数 $E_L=48.96\text{m}^2/\text{s}$。试按瞬时平面源的一维移流离散,分别估算桥梁下游距离 6.40km 和 9.65km 断面上的最大示踪剂浓度及出现时间,并绘制两个断面的浓度过程线。

解答:

按瞬时平面源的一维移流离散的浓度分布为

$$C=\frac{M/A}{\sqrt{4\pi E_L t}}\exp\left[-\frac{(x-Ut)^2}{4E_L t}\right]$$

由上式不难看出,最大浓度出现在 $x=Ut$ 的断面上,其值为:$C_{\max}=\dfrac{M/A}{\sqrt{4\pi E_L t}}$。

(1) 在桥梁下游距离 $x_1=Ut_1=6.40\text{km}$ 处,最大浓度相应的出现时间为

$$t_1=\frac{x_1}{U}=\frac{6400}{0.779}=8216(\text{s})=2.28\text{h}$$

其最大示踪剂浓度为

$$C_{\max,1}=\frac{M/A}{\sqrt{4\pi E_L t_1}}=\frac{90.8\times 1000}{12.258\sqrt{4\pi\times 48.96\times 8216}}=3.29(\text{mg/L})$$

(2) 在桥梁下游距离 $x_2=Ut_2=9.65\text{km}$ 处,最大浓度相应的出现时间为

$$t_2=\frac{x_2}{U}=\frac{9650}{0.779}=12388(\text{s})=3.44\text{h}$$

其最大示踪剂浓度为

$$C_{\max,2}=\frac{M/A}{\sqrt{4\pi E_L t_2}}=\frac{90.8\times 1000}{12.258\sqrt{4\pi\times 48.96\times 12388}}=2.68(\text{mg/L})$$

(3) 在桥梁下游距离 $x_1=6.40\text{km}$ 处的浓度过程线为

$$C_1(t)=3.29\times\exp\left[-\frac{(6400-0.779t)^2}{195.84t}\right]$$

在桥梁下游距离 $x_2=9.65\text{km}$ 处的浓度过程线为

$$C_2(t)=2.68\times\exp\left[-\frac{(9650-0.779t)^2}{195.84t}\right]$$

绘制两个断面的浓度过程线,如图 6 所示。

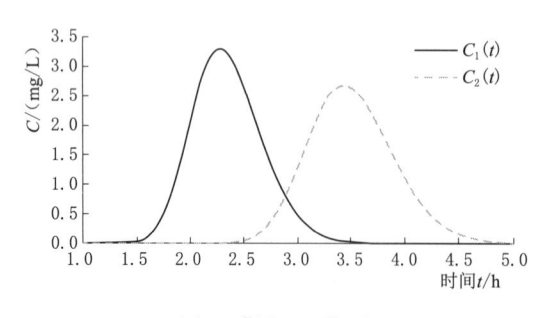

图 6 [例 1-6] 图

【例 1-7】

某工厂突发事故向一河流排放超标污染物,排放持续时间 $t_0=6\text{h}$,假设排污断面 $x=0$ 处的污染物初始稀释混合浓度 C_0 保持不变,河流平均流速 $u=0.3\text{m/s}$,纵向离散系数 $E_L=30.0\text{m}^2/\text{s}$,污染物的降

解系数 $K=0.26\text{d}^{-1}$。(1) 计算排污结束后，当 $t-t_0=1\text{h}$、6h、12h（即 $t=7\text{h}$、12h、18h）时，下游河段 $x\geqslant 0$ 的纵向污染物浓度分布。(2) 试确定该有限时段源可按瞬时源一维水质模型计算的时间条件。

解答：

(1) 由文献 [3] 可知，在有限时段源排放停止后（$t>t_0$）下游河段 $x\geqslant 0$ 的污染物浓度分布公式为

$$C(t,x)=\frac{C_0}{2}\exp\left(\frac{ux}{2E_\text{L}}\right)\left\{\exp\left(-\sqrt{\frac{K'}{E_\text{L}}}x\right)\left[\text{erfc}\left(\frac{x}{2\sqrt{E_\text{L}t}}-\sqrt{K't}\right)\right.\right.$$

$$\left.-\text{erfc}\left(\frac{x}{2\sqrt{E_\text{L}(t-t_0)}}-\sqrt{K'(t-t_0)}\right)\right]$$

$$\left.+\exp\left(\sqrt{\frac{K'}{E_\text{L}}}x\right)\left[\text{erfc}\left(\frac{x}{2\sqrt{E_\text{L}t}}+\sqrt{K't}\right)-\text{erfc}\left(\frac{x}{2\sqrt{E_\text{L}(t-t_0)}}+\sqrt{K'(t-t_0)}\right)\right]\right\}$$

其中：$K'=K+\dfrac{u^2}{4E_\text{L}}=\dfrac{0.26}{86400}+\dfrac{0.3^2}{4\times 30}=7.53\times 10^{-4}(\text{s}^{-1})$，采用 m-s 单位制。

代入已知条件，并将 t 的计算单位换算为小时（h），由上式化简整理得到

$$\frac{C(t,x)}{C_0}=\frac{1}{2}\text{e}^{0.005x}\left\{\text{e}^{-0.005x}\left[\text{erfc}\left(0.00152\frac{x}{\sqrt{t}}-1.64646\sqrt{t}\right)\right.\right.$$

$$\left.-\text{erfc}\left(0.00152\frac{x}{\sqrt{t-6}}-1.64646\sqrt{t-6}\right)\right]$$

$$\left.+\text{e}^{0.005x}\left[\text{erfc}\left(0.00152\frac{x}{\sqrt{t}}+1.64646\sqrt{t}\right)-\text{erfc}\left(0.00152\frac{x}{\sqrt{t-6}}+1.64646\sqrt{t-6}\right)\right]\right\}$$

在给定河流断面位置 x 的条件下，上式可用于计算污染物的浓度过程线；在给定扩散历时 t 的条件下，上式可用于计算河流纵向浓度分布。

在计算中需要注意，当余误差函数的自变量为负数时，采用余误差函数的性质计算其值，即 $\text{erfc}(-z)=1+\text{erf}(z)$[4]。

将 $t=7\text{h}$、12h、18h 依次代入上式计算，分别绘制河流纵向污染物浓度分布，如图 7 所示。

(2) 计算排放数：$W_t=u^2 t_0/E_\text{L}=0.3^2\times 6\times 3600/30=64.8$。

根据文献 [3] 提出的判别条件，当 $W_t>10$ 时，有限时段源可按瞬时源计算的简化条件——武氏数（Wu's 数）

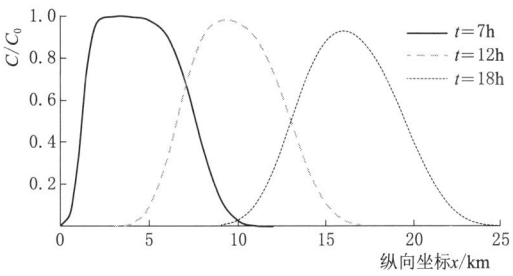

图 7　[例 1-7] 图

$$Wu=\frac{ut_0}{\sqrt{4E_\text{L}t}}\leqslant 0.77$$

反推得到该有限时段源可按瞬时源计算的时间条件为：$t\geqslant 0.42W_t t_0=163.3\text{h}$，即在污染云团中心通过 $x=ut=176.4\text{km}$ 断面之后，可按瞬时源一维水质模型计算。

注意： 瞬时源与有限时段源有个相位差 $0.5t_0$，即瞬时源的排放时间后移 $0.5t_0$。

六、应用举例

【例 1-8】

某明渠宽度 $B=15.0\mathrm{m}$,平均水深 $H=1.2\mathrm{m}$,平均流速 $u=1.0\mathrm{m/s}$,纵向离散系数 $E_L=30.0\mathrm{m^2/s}$。若突发污染事故的恒定排放源强 $M=20.0\mathrm{g/s}$,排放持续时间 $t_0=1.0\mathrm{h}$,污染物的降解系数 $K=0.2\mathrm{d^{-1}}$。在扩散历时 $t=2.5\mathrm{d}$ 条件下,(1) 试判断河流污染物浓度分布能否按瞬时源计算;(2) 试确定河流纵向污染物浓度分布。

解答:

(1) 计算排放数:$W_t = u^2 t_0/E_L = 1.0^2 \times 3600/30 = 120$;计算武氏数

$$Wu = \frac{ut_0}{\sqrt{4E_L t}} = \frac{1.0 \times 3600}{\sqrt{4 \times 30 \times 2.5 \times 86400}} = 0.71$$

根据文献 [3] 提出的判别条件,当 $W_t > 10$ 时,有限时段源可按瞬时源计算的简化条件 ($Wu \leqslant 0.77$) 判断:在扩散历时 $t=2.5\mathrm{d}$ 条件下,河流污染物浓度分布可按瞬时源计算。

(2) 注意到瞬时源与有限时段源的相位差,排放时间后移 $0.5t_0$。按瞬时源浓度分布公式为[3]

$$C(t,x) = \frac{M_0 \exp[-K(t-0.5t_0)]}{A\sqrt{4\pi E_L(t-0.5t_0)}} \exp\left\{-\frac{[x-u(t-0.5t_0)]^2}{4E_L(t-0.5t_0)}\right\}$$

式中:$(t-0.5t_0) = 2.5 \times 86400 - 1800 = 214200\mathrm{(s)}$,采用 m-s 单位制。

代入已知条件,由上式可以得到扩散历时 $t=2.5\mathrm{d}$ 的河流纵向污染物浓度分布为

$$C(x) = \frac{20 \times 3600 \times \exp\left(-\frac{0.2}{86400} \times 214200\right)}{15 \times 1.2 \times \sqrt{4\pi \times 30 \times 214200}} \exp\left(-\frac{(x-1.0 \times 214200)^2}{4 \times 30 \times 214200}\right)$$

化简整理得到

$$C(x) = 0.271 \cdot \exp\left(-\frac{(x-214200)^2}{25704000}\right)$$

该河流纵向污染物浓度分布曲线是以 $x_c = 214.20\mathrm{km}$(即 $C_{max} = 0.271\mathrm{mg/L}$)为中心,向河流上、下游延伸的正态分布,其均方差为

$$\sigma = \sqrt{2E_L(t-0.5t_0)} = \sqrt{2 \times 30 \times 214200} = 3585.0\mathrm{(m)}$$

因此,污染物浓度分布范围主要在 $x = (x_c - 2\sigma) \sim (x_c + 2\sigma) = 207.03 \sim 221.37\mathrm{(km)}$。

【例 1-9】

在 [例 1-8] 相同条件下,若扩散历时 $t=1.0\mathrm{d}$。(1) 试判断河流污染物浓度分布能否按瞬时源计算;(2) 试确定河流纵向污染物浓度分布。

解答:

(1) 计算排放数:$W_t = u^2 t_0/E_L = 1.0^2 \times 3600/30 = 120$;计算武氏数

$$Wu = \frac{ut_0}{\sqrt{4E_L t}} = \frac{1.0 \times 3600}{\sqrt{4 \times 30 \times 86400}} = 1.12$$

根据文献 [3] 提出的判别条件,当 $W_t > 10$ 时,有限时段源可按瞬时源计算的简化条件 ($Wu \leqslant 0.77$) 判断:在扩散历时 $t=1.0\mathrm{d}$ 条件下,河流污染物浓度分布不能按瞬时源计算。

(2) 若采用文献 [3] 有限时段源浓度分布的解析解计算，由于污染云团已迁移离散至河流下游较远处，x 值较大，该解析解公式中会出现"极大值项"与"极小值项"乘积的不定式情况，使计算无法正常进行。因此，改用文献 [2] E.3.2.2 有限时段源按分段源叠加的计算方法。

在有限时段源排放停止后（$t > t_0$），有限时段源叠加计算的污染物浓度分布公式为

$$C(x,t) = \frac{M \Delta t}{A \sqrt{4\pi E_L}} \sum_{i=1}^{n} \frac{\exp[-K(t-(i-0.5)\Delta t)]}{\sqrt{t-(i-0.5)\Delta t}} \exp\left\{-\frac{[x-u(t-(i-0.5)\Delta t)]^2}{4 E_L [t-(i-0.5)\Delta t]}\right\}$$

式中：n 为有限时段源分段数；Δt 为分段源的时间步长，$\Delta t = t_0/n$；$(i-0.5)\Delta t (\leqslant t_0)$ 表示分段源按发生在时间步中间的瞬时源处理；i 为自然数，$i = 1, 2, 3, \cdots, n$。

将排放持续时间 $t_0 = 1.0\text{h} = 3600\text{s}$，划分为 $n = 10$ 个等分段，则有 $\Delta t = 360\text{s}$。代入已知条件，上式变为

$$C(x,t) = \frac{20 \times 360}{15 \times 1.2 \sqrt{4\pi \times 30}} \sum_{i=1}^{10} \frac{\exp\left[-\frac{0.2}{86400}(t-360\times(i-0.5))\right]}{\sqrt{t-360\times(i-0.5)}} \times$$
$$\exp\left\{-\frac{[x-1.0\times(t-360\times(i-0.5))]^2}{4\times30\times(t-360\times(i-0.5))}\right\}$$

化简整理得到

$$C(x,t) = 20.6 \times \sum_{i=1}^{10} \frac{\exp\left[-\frac{0.2}{86400}(t-360i+180)\right]}{\sqrt{t-360i+180}} \exp\left\{-\frac{[x-(t-360i+180)]^2}{120\times(t-360i+180)}\right\}$$

在给定河流断面位置 x 的条件下，上式可用于计算污染物的浓度过程线；在给定扩散历时 t 的条件下，上式可用于计算河流纵向浓度分布。

当扩散历时 $t = 1.0\text{d}$ 时，河流纵向污染物浓度分布为

$$C(x) = 20.6 \times \sum_{i=1}^{10} \frac{\exp[-(0.20042-0.00083i)]}{\sqrt{86580-360i}} \exp\left\{-\frac{[x-(86580-360i)]^2}{43200\times(240.5-i)}\right\}$$

绘制河流纵向污染物浓度分布，如图 8 所示。

在 [例 1-9] 图中，还给出了当扩散历时 $t = 1.0\text{d}$ 时，按 [例 1-8] 瞬时源方法计算的河流纵向污染物浓度分布。但由于不满足武氏数 $Wu \leqslant 0.77$ 的判别条件，按瞬时源计算的最大浓度 0.582mg/L 高于按有限时段源计算的最大浓度 0.526mg/L，其相对误差达到 10.6%。按瞬时源的计算结果是标准正态分布，浓度分布偏高偏瘦，误差较大。两种计算方法最大浓度的出现位置非常接近，均在排污口下游 $x = 84.6\text{km}$ 处。

2005 年松花江污染事件，可用 [例 1-7] 至 [例 1-9] 中的方法按有限时段或瞬时源公式（$Wu \leqslant 0.77$）计算松花江苯和硝基苯等有机污染物的浓度分布。也可根据水文和有机污染物的浓度分布资料，

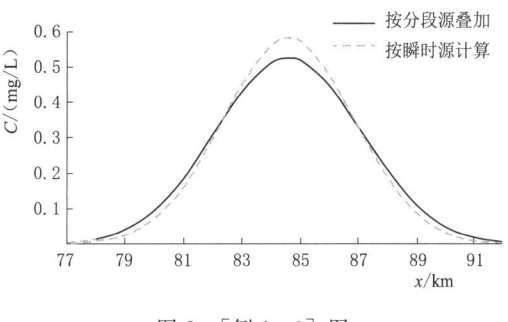

图 8 [例 1-9] 图

六、应用举例

反算松花江的纵向离散系数和不同有机污染物的降解系数。

【例 1-10】

Streeter-Phelps（推流）模型算例。某河流流量 $Q_r=25.0\text{m}^3/\text{s}$，河水背景值 $\text{BOD}_5=2.5\text{mg/L}$，$\text{DO}=7.5\text{mg/L}$；排污流量 $q=0.5\text{m}^3/\text{s}$，$\text{BOD}_5=100\text{mg/L}$，$\text{DO}=1.0\text{mg/L}$。若耗氧系数 $K_d=0.12\text{d}^{-1}$，复氧系数 $K_a=0.18\text{d}^{-1}$，水温 $T=20℃$，流速 $U=0.15\text{m/s}$，忽略排污对河流流速的影响。（1）试绘制排污口下游 100km 范围内的溶解氧分布曲线；（2）计算河流排污口下游 20km 处的 BOD_5 和 DO 值；（3）确定排污口下游临界距离和最小溶解氧。

解答：

设：生化需氧量 BOD_5 以 L 表示，溶解氧 DO 以 C 表示，氧亏 $D=C_s-C$，C_s 为饱和溶解氧。由文献 [5] 可知，Streeter-Phelps（推流）模型方程为

$$L(x)=L_0 e^{-K_d \frac{x}{U}}$$

$$C(x)=\underbrace{C_s-D_0 e^{-K_a \frac{x}{U}}}_{A}-\underbrace{\frac{K_d L_0}{K_a-K_d}(e^{-K_d \frac{x}{U}}-e^{-K_a \frac{x}{U}})}_{B}$$

式中：A 为由初始氧亏 D_0 引起的复氧项（$=C_s-$初始氧亏的衰减项）；B 为由初始生化需氧量 L_0 引起的 DO 消耗项（包含耗氧与复氧系数的双重作用）。

由"标准大气压下的饱和溶解氧表"可知，当水温 $T=20℃$ 时，饱和溶解氧 $C_s=9.17\text{mg/L}$。

计算初始断面均匀混合浓度为

$$L_0=\frac{Q_r L_{r0}+q L_p}{Q_r+q}=\frac{25\times 2.5+0.5\times 100}{25+0.5}=4.41(\text{mg/L})$$

$$D_0=\frac{Q_r D_{r0}+q D_p}{Q_r+q}=\frac{25\times(9.17-7.5)+0.5\times(9.17-1.0)}{25+0.5}=1.80(\text{mg/L})$$

即有：$C_0=C_s-D_0=9.17-1.80=7.37(\text{mg/L})$。

（1）代入已知条件，由模型方程得到河流溶解氧分布曲线方程为

$$C(x)=9.17-1.80\times e^{-\frac{0.18}{86400}\cdot\frac{x}{0.15}}-\frac{0.12\times 4.41}{0.18-0.12}(e^{-\frac{0.12}{86400}\cdot\frac{x}{0.15}}-e^{-\frac{0.18}{86400}\cdot\frac{x}{0.15}})$$

化简整理得到

$$C(x)=9.17+7.02\times e^{-1.39\text{E}-5x}-8.82\times e^{-9.26\text{E}-6x}$$

绘制排污口下游 100km 范围内的溶解氧分布曲线，即氧垂曲线，如图 9 所示。

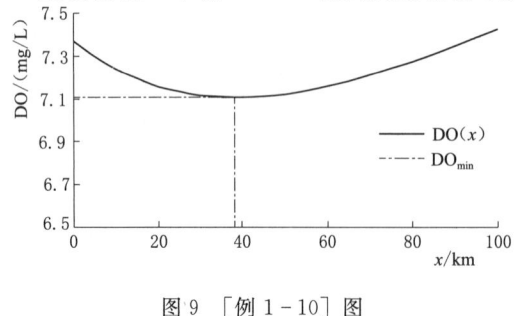

图 9 [例 1-10] 图

（2）河流排污口下游 20km 处的 BOD_5 和 DO 值

$$L_{20\text{km}}=L_0 e^{-K_d \frac{x}{U}}=4.41\times e^{-\frac{0.12}{86400}\cdot\frac{20000}{0.15}}=3.66(\text{mg/L})$$

$$C_{20\text{km}}=9.17+7.02\times e^{-1.39\text{E}-5\times 20000}-8.82\times e^{-9.26\text{E}-6\times 20000}=7.16(\text{mg/L})$$

(3) 确定排污口下游临界距离和最小溶解氧

$$x_c = \frac{U}{K_a - K_d} \ln\left[\frac{K_a}{K_d}\left(1 - \frac{(K_a - K_d)D_0}{K_d L_0}\right)\right]$$

$$= \frac{0.15 \times 86400}{0.18 - 0.12} \times \ln\left[\frac{0.18}{0.12} \times \left(1 - \frac{0.06 \times 1.80}{0.12 \times 4.41}\right)\right] = 38.28 \text{(km)}$$

$$C_{\min} = 9.17 + 7.02 \times e^{-1.39\text{E}-5 x_c} - 8.82 \times e^{-9.26\text{E}-6 x_c} = 7.11 \text{(mg/L)}$$

6-02 二维水质问题的计算

【例 2-1】

某河流宽度 $B=100\text{m}$，平均水深 $h=2.8\text{m}$，平均流速 $U=0.6\text{m/s}$，水面比降 $J=0.0004$，横向扩散系数 $E_y=0.5hu_*$。在岸边排放和中心排放条件下，分别计算达到全断面均匀混合距离。

解答：

由水力学公式计算：$u_*=\sqrt{ghJ}=\sqrt{9.81\times2.8\times0.0004}=0.105(\text{m/s})$

再计算横向扩散系数：$E_y=0.5hu_*=0.5\times2.8\times0.105=0.147(\text{m}^2/\text{s})$

由文献 [2, 6-7] 可知，达到全断面均匀混合距离的计算公式为

$$L_m=\left\{0.11+0.7\left[0.5-\frac{a}{B}-1.1\left(0.5-\frac{a}{B}\right)^2\right]^{1/2}\right\}\frac{UB^2}{E_y}$$

式中：a 为排污口到岸边的距离，取值为 $0\sim0.5B$。

(1) 岸边排放（$a=0$）

$$L_{m岸边}=0.44\frac{UB^2}{E_y}=0.44\times\frac{0.6\times100^2}{0.147}=17959.2(\text{m})$$

(2) 中心排放（$a=0.5B$）

$$L_{m中心}=0.11\frac{UB^2}{E_y}=\frac{L_{m岸边}}{4}=\frac{17959.2}{4}=4489.8(\text{m})$$

【例 2-2】

某明渠宽度 $B=30.0\text{m}$，平均水深 $H=1.2\text{m}$，平均流速 $U=0.8\text{m/s}$，横向扩散系数 $E_y=0.25\text{m}^2/\text{s}$，COD 的背景浓度 $C_b=17.5\text{mg/L}$，水功能区水质标准限值 $C_s=20\text{mg/L}$，排污流量 $q=0.4\text{m}^3/\text{s}$，污水浓度 $C_p=50\text{mg/L}$，忽略排污对河流流速的影响（下同）。(1) 在岸边排放和中心排放条件下，分别计算污染混合区最大长度、最大宽度、最大宽度相应的纵坐标和面积，并确定污染混合区标准曲线方程；(2) 若河流中 COD 的降解系数 $K=0.22\text{d}^{-1}$，试判定 (1) 污染混合区按保守物质计算结果的可靠性。

解答：

计算允许浓度升高值：$C_a=C_s-C_b=20-17.5=2.5(\text{mg/L})$；排污强度 $m=qC_p=0.4\times50=20.0(\text{g/s})$；计算临界河宽

$$B_{cl}=1.2\frac{m}{HUC_a}=1.2\times\frac{20.0}{1.2\times0.8\times2.5}=10.0(\text{m})$$

根据文献 [8-9] 提出的判别条件：$B=30.0\text{m}\geqslant B_{cl}$，按宽阔河流计算污染混合区（无须考虑边界反射作用，下同）。

由文献 [2, 10-11] 可知，污染混合区最大长度 L_s、最大宽度 b_s、最大宽度相应的纵坐标 L_c、面积 S 以及标准曲线方程（岸边排放和中心排放均以排污口为坐标原点，下

同）依次为

$$L_s = \frac{1}{4\pi U E_y}\left(\frac{\beta m}{HC_a}\right)^2, \quad b_s = \sqrt{\frac{2E_y L_s}{eU}}, \quad L_c = \frac{L_s}{e},$$

$$S = \left(\frac{2}{3}\right)^{3/2} \frac{\sqrt{\pi e}}{2} L_s b_s = 0.7953 L_s b_s, \quad \left(\frac{y}{b_s}\right)^2 = -e\frac{x}{L_s}\ln\left(\frac{x}{L_s}\right)$$

（1）在岸边排放和中心排放条件下，污染混合区的计算。

1）岸边排放（$\beta=2$）。代入已知条件，由以上公式可以得到岸边排放的污染混合区最大长度、最大宽度、最大宽度相应的纵坐标、面积以及标准曲线方程依次为

$$L_s = \frac{1}{4\pi \times 0.8 \times 0.25}\left(\frac{2 \times 20}{1.2 \times 2.5}\right)^2 = 70.7(\text{m})$$

$$b_s = \sqrt{\frac{2 \times 0.25 \times 70.7}{2.71828 \times 0.8}} = 4.0\text{m}, \quad L_c = \frac{70.7}{2.71828} = 26.0(\text{m})$$

$$S = 0.7953 \times 70.7 \times 4.0 = 224.9(\text{m}^2)$$

$$\left(\frac{y}{4.0}\right)^2 = -e\frac{x}{70.7}\ln\left(\frac{x}{70.7}\right)$$

岸边排放的定义域为：$x \geq 0$，$0 \leq y \leq B$，其污染混合区范围，如图1所示。

2）中心排放（$\beta=1$），中心排放的污染混合区最大宽度$=2b_s$。由文献［9］岸边排放与中心排放二维浓度分布的相似性关系可知，中心排放的污染混合区最大长度L_s、最大宽度b_s、最大宽度相应的纵坐标L_c、面积S以及标准曲线方程依次为：

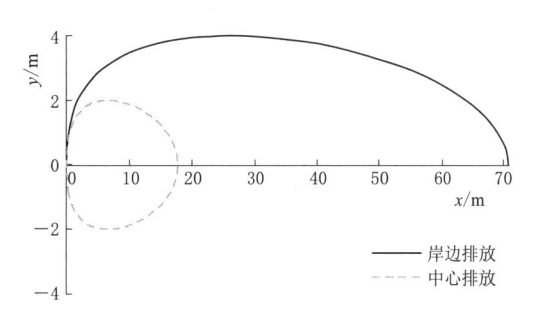

图1　［例2-2］图

$$L_s = \frac{L_{s岸边}}{4} = \frac{70.7}{4} = 17.7(\text{m}), \quad 2b_s = 2\frac{b_{s岸边}}{2} = 4.0(\text{m})$$

$$L_c = \frac{17.7}{2.71828} = 6.5(\text{m}), \quad S = 0.7953 \times 17.7 \times 4.0 = 56.3(\text{m}^2)$$

$$\left(\frac{y}{2.0}\right)^2 = -e\frac{x}{17.7}\ln\left(\frac{x}{17.7}\right)$$

中心排放的定义域为：$x \geq 0$，$-B/2 \leq y \leq B/2$，其污染混合区范围，如图1所示。

（2）判定污染混合区按保守物质计算结果的可靠性。在相同条件下，岸边排放比中心排放污染混合区范围大，扩散历时长。所以，这里只需判定岸边排放情况。计算降解数

$$De = \frac{KL_s}{U} = \frac{0.22 \times 70.7}{86400 \times 0.8} = 0.0002$$

根据文献［10］给出的非保守物质按保守物质处理的条件：降解数$De \leq 0.027$，判定（1）按保守物质计算污染混合区的结果是可靠的。

在实际应用中，按保守物质处理对环境管理偏于安全。所以，在污染混合区范围的计算中，污染物的一级反应降解作用，通常可以忽略不计。

六、应用举例

【例 2-3】

在一条稍有弯曲的宽阔河流中心设有一工业排污口,污水流量为 $0.2\text{m}^3/\text{s}$,污水中含有害物浓度为 10.0mg/L。已知河流宽度为 45.0m,平均水深为 1.4m,平均流速为 0.6m/s,摩阻流速 $u_* = 0.061\text{m/s}$,该河段的横向扩散系数 $E_y = 0.4Hu_*$,河水中有害物背景浓度 $C_b = 0.85\text{mg/L}$,水功能区水质标准限值 $C_s = 1.0\text{mg/L}$,假定污水排入河流后在垂向可很快达到均匀混合。(1) 计算排污口下游 $x = 400\text{m}$ 处河流断面上有害物最大浓度为多少 mg/L,并判断是否达标;(2) 计算有害物污染混合区最大长度、最大宽度、最大宽度相应的纵坐标、面积以及标准曲线方程。

解答:

计算允许浓度升高值:$C_a = C_s - C_b = 1.0 - 0.85 = 0.15(\text{mg/L})$;排污强度 $m = qC_p = 0.2 \times 10 = 2.0(\text{g/s})$;计算临界河宽

$$B_{cl} = 1.2 \frac{m}{HUC_a} = 1.2 \times \frac{2.0}{1.4 \times 0.6 \times 0.15} = 19.0(\text{m})$$

根据文献 [8-9] 提出的判别条件:$B = 45.0\text{m} \geqslant B_{cl}$,按宽阔河流计算污染混合区。

计算横向扩散系数 $E_y = 0.4Hu_* = 0.4 \times 1.4 \times 0.061 = 0.034(\text{m}^2/\text{s})$,中心排放 $\beta = 1$。

(1) 计算排污口下游 $x = 400\text{m}$ 处河流断面上有害物最大浓度。由文献 [10] 可知,二维移流扩散简化方程污染物浓度分布的解析解为

$$C(x,y) = \frac{\beta m}{H\sqrt{4\pi E_y Ux}} \exp\left(-\frac{Uy^2}{4E_y x}\right)$$

由上式分析可知,河流断面上有害物最大浓度出现在中心线上,即 $y = 0$ 处。代入已知条件,由上式可以得到排污口下游 400m 处河流断面上有害物最大浓度为

$$C(400,0) = \frac{2.0}{1.4 \times \sqrt{4\pi \times 0.034 \times 0.6 \times 400}} = 0.14(\text{mg/L})$$

∵ $C(400,0) < C_s = 1.0\text{mg/L}$,∴ 该断面有害物是达标的。

(2) 代入已知条件,由 [例 2-2] 中公式可以得到有害物污染混合区最大长度、最大宽度(中心排放的最大宽度 $= 2b_s$)、最大宽度相应的纵坐标、面积以及标准曲线方程依次为

$$L_s = \frac{1}{4\pi \times 0.6 \times 0.034}\left(\frac{1 \times 2.0}{1.4 \times 0.15}\right)^2 = 353.8(\text{m})$$

$$2b_s = 2 \times \sqrt{\frac{2 \times 0.034 \times 353.8}{2.71828 \times 0.6}} = 7.7(\text{m}), \quad L_c = \frac{L_s}{e} = \frac{353.8}{2.71828} = 130.2(\text{m})$$

$$S = 0.7953 L_s (2b_s) = 0.7953 \times 353.8 \times 7.7 = 2166.6(\text{m}^2)$$

$$\left(\frac{y}{3.85}\right)^2 = -e \frac{x}{353.8} \ln\left(\frac{x}{353.8}\right)$$

【例 2-4】

某明渠宽度 $B = 15.0\text{m}$,平均水深 $H = 1.2\text{m}$,平均流速 $U = 0.8\text{m/s}$,横向扩散系数

$E_y = 0.25 \text{m}^2/\text{s}$，COD 的背景浓度 $C_b = 18.5 \text{mg/L}$，水功能区水质标准限值 $C_s = 20.0 \text{mg/L}$。已知有一岸边排污口流量 $q = 0.4 \text{m}^3/\text{s}$，污水浓度 $C_p = 50 \text{mg/L}$。(1) 试计算污染混合区最大长度、最大宽度、最大宽度相应的纵坐标、面积以及近似外边界曲线标准方程；(2) 绘制排污口至全断面均匀混合距离（位置）河段的"三线"（两岸线和中心线）沿程浓度分布。

解答：

计算允许浓度升高值：$C_a = C_s - C_b = 20.0 - 18.5 = 1.5 \text{(mg/L)}$；排污强度 $m = qC_p = 0.4 \times 50 = 20.0 \text{(g/s)}$；计算临界河宽

$$B_{cl} = 1.2 \frac{m}{HUC_a} = 1.2 \times \frac{20.0}{1.2 \times 0.8 \times 1.5} = 16.7 \text{(m)}$$

根据文献 [8-9] 提出的判别条件：$B = 15.0 \text{m} \leqslant B_{cl}$，按中宽河流计算污染混合区（需要考虑边界反射作用）。

(1) 由文献 [9] 可知，中宽河流污染混合区最大长度 L_z、最大宽度 b_z、最大宽度相应的纵坐标 L_{cz}、面积 S_z 以及近似外边界曲线标准方程依次为

$$L_z = \lambda_L L_s, \quad b_z \approx b_s, \quad L_{cz} = \zeta_c L_z, \quad S_z = \mu_z L_z b_z,$$

$$\left(\frac{y}{b_z}\right)^2 = -e \frac{x}{L_z} \ln\left(\frac{x}{L_z}\right)$$

式中：L_s 和 b_s 分别为相同条件下按宽阔河流计算的污染混合区最大长度和最大宽度；λ_L 为中宽河流最大长度修正系数，$\lambda_L = 1 + 0.679 C_a'^{-15.6}$；$\zeta_c$ 为最大宽度纵向坐标系数，$\zeta_c = -0.912 C_a'^2 + 2.253 C_a' - 1.038$；$\mu_z$ 为中宽河流面积系数，$\mu_z = 0.795 + 0.075 C_a'^{-23.5}$。

其中：$C_a' = \frac{C_a}{C_m}$ 为相对浓度升高值；$C_m = \frac{m}{Q} = \frac{m}{UHB}$ 为全断面均匀混合浓度。

计算 $C_a' = \frac{C_a}{C_m} = C_a \frac{UHB}{m} = 1.5 \times \frac{0.8 \times 1.2 \times 15}{20} = 1.08$；对于岸边排放，$\beta = 2$。

将已知条件代入上述公式，依次计算：

$\because \lambda_L = 1 + 0.679 C_a'^{-15.6} = 1 + 0.679 \times 1.08^{-15.6} = 1.204$，

$$L_s = \frac{1}{4\pi U E_y}\left(\frac{\beta m}{HC_a}\right)^2 = \frac{1}{4\pi \times 0.8 \times 0.25}\left(\frac{2 \times 20}{1.2 \times 1.5}\right)^2 = 196.5 \text{(m)}$$

$\therefore L_z = \lambda_L L_s = 1.204 \times 196.5 = 236.6 \text{m}$。

$$b_z \approx b_s = \sqrt{\frac{2 E_y L_s}{eU}} = \sqrt{\frac{2 \times 0.25 \times 196.5}{2.71828 \times 0.8}} = 6.7 \text{(m)}$$

$\because \zeta_c = -0.912 C_a'^2 + 2.253 C_a' - 1.038 = -0.912 \times 1.08^2 + 2.253 \times 1.08 - 1.038 = 0.331$

$\therefore L_{cz} = \zeta_c L_z = 0.331 \times 236.6 = 78.3 \text{(m)}$

$\because \mu_z = 0.795 + 0.075 C_a'^{-23.5} = 0.795 + 0.075 \times 1.08^{-23.5} = 0.807$

$\therefore S_z = \mu_z L_z b_z = 0.807 \times 236.6 \times 6.7 = 1279.3 \text{(m}^2\text{)}$

$$\left(\frac{y}{6.7}\right)^2 = -e \frac{x}{236.6} \ln\left(\frac{x}{236.6}\right)$$

六、应用举例

(2) 由文献 [9] 可知,中宽河流"三线"沿程浓度升高值分布的实用化公式分别如下。

排放岸沿程浓度

$$C_1(x) = \begin{cases} \dfrac{m}{H\sqrt{\pi E_y U x}} & (0 < x' \leqslant 0.221) \\ \lambda_1 \dfrac{m}{H\sqrt{\pi E_y U x}} & (0.221 < x' \leqslant 0.440) \end{cases}$$

对岸沿程浓度

$$C_2(x) = \lambda_2 \dfrac{m}{H\sqrt{\pi E_y U x}} \quad (0.066 < x' \leqslant 0.440)$$

中心线沿程浓度

$$C_3(x) = \begin{cases} \lambda_3 \dfrac{m}{H\sqrt{\pi E_y U x}} & (0.017 < x' \leqslant 0.135) \\ \dfrac{m}{HBU} & (0.135 < x' \leqslant 0.440) \end{cases}$$

式中:排放岸浓度系数 $\lambda_1 = 1.398 x'^2 - 0.066 x' + 0.966$;对岸浓度系数 $\lambda_2 = -4.428 x'^2 + 5.223 x' - 0.300$;中心线浓度系数 $\lambda_3 = -30.242 x'^2 + 9.816 x' - 0.134$。

其中:$x' = \dfrac{x E_y}{U B^2}$ 为河流量纲一纵向坐标,达到全断面均匀混合的量纲一距离 $L_m' = 0.44$[6]。

将已知条件代入"三线"沿程浓度升高值分布公式,依次得到:

排放岸沿程浓度

$$C_1(x) = \begin{cases} \dfrac{20}{1.2\sqrt{\pi \times 0.25 \times 0.8}} \dfrac{1}{\sqrt{x}} = \dfrac{21.026}{\sqrt{x}} & (0 < x' \leqslant 0.221) \\ 21.026 \dfrac{\lambda_1}{\sqrt{x}} & (0.221 < x' \leqslant 0.440) \end{cases}$$

对岸沿程浓度

$$C_2(x) = 21.026 \dfrac{\lambda_2}{\sqrt{x}} \quad (0.066 < x' \leqslant 0.440)$$

中心线沿程浓度

$$C_3(x) = \begin{cases} 21.026 \dfrac{\lambda_3}{\sqrt{x}} & (0.017 < x' \leqslant 0.135) \\ \dfrac{20}{1.2 \times 15 \times 0.8} = 1.389 & (0.135 < x' \leqslant 0.440) \end{cases}$$

式中:$x = \dfrac{UB^2}{E_y} x' = \dfrac{0.8 \times 15^2}{0.25} x' = 720 x'$。

对 $x'(=0 \sim 0.44)$ 取一系列值,依次计算相应的 λ_1、λ_2、λ_3 和 x,分别代入"三线"沿程浓度升高值分布公式进行系列计算。之后,再给沿程浓度升高值都加上 COD 的

背景浓度 $C_b=18.5\text{mg/L}$，绘制出河流排放岸、对岸和中心线沿程浓度分布，如图2所示。

【例2-5】

在某河流右岸有一恒定连续排污口，排污流量 $q=1.0\text{m}^3/\text{s}$。已知河段平均宽度 $B=90\text{m}$，平均水深 $H=2.8\text{m}$，平均流速 $U=0.62\text{m/s}$，平均比降 $J=0.002$，横向扩散系数 $E_y=0.4Hu_*$，其中 u_* 为摩阻流速。今欲在排污口下游相距 $x=2000\text{m}$ 的断面左岸设置一工业用水提水站，若污染物的允许浓度升高值 $C_a=0.1\text{mg/L}$，试问上游排污口的限制排污浓度 C_p 为多少？

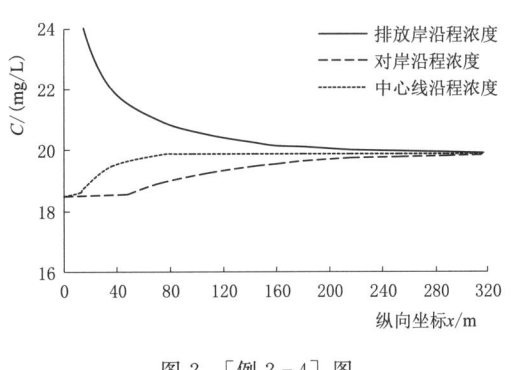

图2 [例2-4]图

解答：

由水力学公式计算：$u_*=\sqrt{gHJ}=\sqrt{9.81\times2.8\times0.002}=0.234(\text{m/s})$

再计算横向扩散系数：

$$E_y=0.4Hu_*=0.4\times2.8\times0.234=0.262(\text{m}^2/\text{s})$$

根据题意分析，要计算排污口下游对岸的污染物浓度，势必是采用中宽河流"三线"中对岸沿程浓度升高值分布的实用化公式[9]

$$C_2(x)=\lambda_2\frac{qC_p}{H\sqrt{\pi E_y Ux}}\quad(0.066<x'\leqslant0.440)$$

式中：$x'=\dfrac{xE_y}{UB^2}=\dfrac{2000\times0.262}{0.62\times90^2}=0.104$；对岸浓度系数 $\lambda_2=-4.428x'^2+5.223x'-0.300=-4.428\times0.104^2+5.223\times0.104-0.300=0.195$。

将已知条件代入"对岸"公式，化简整理得到上游排污口的限制排污浓度为

$$C_p\leqslant\frac{C_2(x)H\sqrt{\pi E_y Ux}}{q\lambda_2}=\frac{0.1\times2.8\sqrt{\pi\times0.262\times0.62\times2000}}{1.0\times0.195}=45.9(\text{mg/L})$$

【例2-6】

某感潮河段[12] 平均宽度 $B=306\text{m}$，平均水深 $H=2.88\text{m}$，平均流速 $U=0.019\text{m/s}$，横向混合系数 $E_y=0.1\text{m}^2/\text{s}$，纵向离散系数 $E_L=9.5\text{m}^2/\text{s}$。设有一岸边排污口，排污流量 $q=0.12\text{m}^3/\text{s}$，污水浓度 $C_p=50\text{mg/L}$，该河段背景浓度 $C_b=12.8\text{mg/L}$，水质标准限值 $C_s=15\text{mg/L}$。(1) 试计算污染混合区总长度；(2) 试算污染混合区最大宽度和相应的纵坐标；(3) 计算污染混合区面积；(4) 试算绘制污染混合区外边界等浓度曲线。

解答：

计算允许浓度升高值：$C_a=C_s-C_b=15-12.8=2.2(\text{mg/L})$；排污强度 $m=qC_p=0.12\times50=6.0(\text{g/s})$；计算临界河宽

$$B_{cl}=1.2\frac{m}{HUC_a}=1.2\times\frac{6.0}{2.88\times0.019\times2.2}=59.8(\text{m})$$

根据文献[8-9]提出的判别条件：$B=306\text{m}\geqslant B_{cl}$，按宽阔河流计算污染混合区。

六、应用举例

对于岸边排放，$\beta=2$。

以简化二维移流扩散 $U\dfrac{\partial C}{\partial x}=E_y\dfrac{\partial^2 C}{\partial y^2}$ 条件下的污染混合区最大长度[10] $L_s=\dfrac{1}{4\pi UE_y}\left(\dfrac{\beta m}{HC_a}\right)^2$ 作为特征长度，计算贝克来数[13]

$$Pe=\frac{UL_s}{E_L}=\frac{1}{4\pi E_L E_y}\left(\frac{\beta m}{HC_a}\right)^2=\frac{1}{4\pi\times 9.5\times 0.1}\left(\frac{2\times 6.0}{2.88\times 2.2}\right)^2=0.30$$

根据文献[13]提出的判别条件：当 $0.1\leqslant Pe<30$ 时，按二维移流扩散 $U\dfrac{\partial C}{\partial x}=E_L\dfrac{\partial^2 C}{\partial x^2}+E_y\dfrac{\partial^2 C}{\partial y^2}$ 问题处理。

计算特征长度

$$L_s=\frac{1}{4\pi UE_y}\left(\frac{\beta m}{HC_a}\right)^2=\frac{1}{4\pi\times 0.019\times 0.1}\left(\frac{2\times 6.0}{2.88\times 2.2}\right)^2=150.2(\text{m})$$

为方便起见，采用量纲一坐标变量和参数：$x'=\dfrac{x}{L_s}$ 为量纲一纵向坐标；$y'=\dfrac{y}{L_s}$ 为量纲一纵向坐标；$\lambda_y=\dfrac{E_y}{E_L}$ 为河流横向混合系数与纵向离散系数之比。

(1) 计算污染混合区总长度。由文献[13]可知，排污口上游（$x<0$）污染混合区量纲一长度 L'_u 试算公式为

$$L'_u=-\frac{1}{Pe}\left\{\ln\left(\frac{\pi}{Pe}\right)-\ln\left[K_0^2\left(\frac{PeL'_u}{2}\right)\right]\right\}$$

排污口下游（$x\geqslant 0$）污染混合区量纲一长度 L'_d 试算公式为

$$L'_d=\frac{1}{Pe}\left\{\ln\left(\frac{\pi}{Pe}\right)-\ln\left[K_0^2\left(\frac{PeL'_d}{2}\right)\right]\right\}$$

因此，污染混合区量纲一总长度 L'_{ud} 等于上、下游长度之和，即：$L'_{ud}=L'_u+L'_d$。式中：$K_0(z)$ 为第二类修正的零阶贝塞耳函数。在采用 Excel 计算时，$K_0(z)$ 对应的函数形式为 BESSELK(z,0)，z 为自变量。

将贝克来数 $Pe=0.30$ 代入上述公式，通过试算分别得到排污口上、下游污染混合区量纲一长度为：$L'_u=0.2593$、$L'_d=0.3480$。

给污染混合区量纲一长度乘以特征长度 $L_s=150.2\text{m}$，分别得到排污口上、下游污染混合区长度和总长度为

$$L_u=L'_u L_s=0.2593\times 150.2=38.9(\text{m})$$
$$L_d=L'_d L_s=0.3480\times 150.2=52.3(\text{m})$$
$$L_{ud}=L_u+L_d=38.9+52.3=91.2(\text{m})$$

(2) 试算污染混合区最大宽度 b_s 和相应的纵坐标 L_c。由文献[13]可知，污染混合区量纲一最大宽度 b'_s 与相应纵坐标 L'_c 所满足的关系式为

$$L'_c=\frac{1}{Pe}\left\{\ln\left(\frac{\pi}{Pe}\right)-\ln\left[K_0^2\left(\frac{Pe}{2}\sqrt{L'^2_c+\frac{1}{\lambda_y}b'^2_s}\right)\right]\right\}$$

将贝克来数 $Pe=0.30$ 和 $\lambda_y=\dfrac{E_y}{E_L}=\dfrac{1}{95}$ 代入上式，化简整理得到

$$L'_c=\dfrac{1}{0.3}\left\{2.3487-\ln\left[K_0^2\left(0.15\sqrt{L'^2_c+95b'^2_s}\right)\right]\right\}$$

通过试算上式得到：$L'_c=0.04395$，$b'_s=0.03058$。给污染混合区量纲一极值点坐标乘以特征长度 $L_s=150.2\text{m}$，则有污染混合区最大宽度和相应的纵坐标分别为

$$L_c=L'_c L_s=0.04395\times150.2=6.6(\text{m})$$
$$b_s=b'_s L_s=0.03058\times150.2=4.6(\text{m})$$

（3）计算污染混合区面积 S。由文献[13]可知，污染混合区面积计算公式为：$S=\mu L_{ud}b_s$。其中，面积系数为

$$\mu=0.7854+0.02704L'_c=0.7854+0.02704\times0.04395=0.7866$$

故有

$$S=\mu L_{ud}b_s=0.7866\times91.2\times4.6=330.0(\text{m}^2)$$

（4）试算绘制污染混合区外边界等浓度曲线。由文献[13]可知，污染混合区外边界量纲一等浓度曲线方程为

$$x'=\dfrac{1}{Pe}\left\{\ln\left(\dfrac{\pi}{Pe}\right)-\ln\left[K_0^2\left(\dfrac{Pe}{2}\sqrt{x'^2+\dfrac{y'^2}{\lambda_y}}\right)\right]\right\}$$

将贝克来数 $Pe=0.30$ 和 $\lambda_y=\dfrac{E_y}{E_L}=\dfrac{1}{95}$ 代入上式，化简整理得到

$$x'=\dfrac{1}{0.3}\left\{2.3487-\ln\left[K_0^2\left(0.15\sqrt{x'^2+95y'^2}\right)\right]\right\}$$

给定量纲一横向坐标 y'（$=0\sim b'_s=0\sim0.03058$）的一系列值，将每一个 y' 值分别代入上式，通过试算确定相应的量纲一纵向坐标 x'（$=-L'_u\sim L'_d=-0.2593\sim0.3480$）值，将计算结果列于表1；给量纲一坐标变量（$x'$，$y'$）乘以特征长度 $L_s=150.2\text{m}$，换算成实际坐标。绘制污染混合区外边界等浓度曲线，如图3所示。

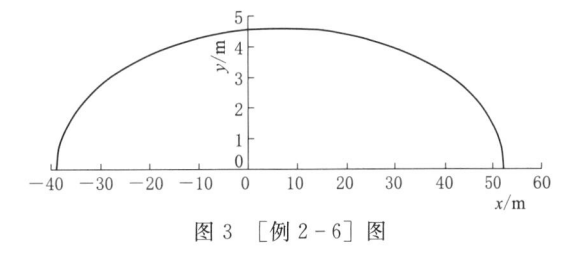

图3 [例2-6]图

由表1和图12可以看出，在感潮河段污染混合区是可以向排污口上游延伸的。

表1　　　　　　　　　　　　[例2-6]表

x'	y'	x'	y'	x'	y'
-0.25930	0.00000	-0.03616	0.02950	0.27389	0.02000
-0.25524	0.00500	0.00000	0.03026	0.30885	0.01500
-0.24267	0.01000	0.04395	0.03058	0.33124	0.01000
-0.22038	0.01500	0.09195	0.03020	0.34387	0.00500
-0.18556	0.02000	0.12411	0.02950	0.34800	0.00000
-0.13084	0.02500	0.16620	0.02800		
-0.07815	0.02800	0.21900	0.02500		

六、应用举例

【例 2-7】

借鉴国外经验从环境管理层面,明确对污染混合区(又称排污混合区)的要求,将排污引起的超标区域限定在允许范围内,实行排污量控制[14]。而污染混合区范围受其计算参数,特别是受水体背景浓度的影响很大[15-16]。为了体现河流上、下游利用水环境容量的公平性和避免水体背景浓度受人为因素的影响,建议将水功能区水质标准限值的 5% 作为允许浓度升高值,即 $C_a = 5\% C_s$,据此计算污染混合区。

已知某宽阔河流平均水深 $H = 1.28\text{m}$,平均流速 $U = 0.27\text{m/s}$,横向扩散系数 $E_y = 0.11\text{m}^2/\text{s}$,水功能区 COD 标准限值 $C_s = 20\text{mg/L}$。该河段无超标,给定岸边排放污染混合区允许最大长度 $[L_s] = 100\text{m}$ 和 500m,试分别计算 COD 的允许排污量 $[m]$。

解答:

根据题意,按宽阔河流计算污染混合区。

由文献[2,10-11]可知,对于岸边排放($\beta = 2$),污染混合区最大长度为

$$L_s = \frac{1}{\pi U E_y}\left(\frac{m}{HC_a}\right)^2$$

式中:排污量 $m = qC_p$,其中 q 为排污流量,C_p 为排污浓度。

由上式反推到允许排污量计算公式为

$$[m] = 0.05 H C_s \sqrt{\pi U E_y [L_s]}$$

将已知条件代入上式可以得到,当 $[L_{s1}] = 100\text{m}$ 时,COD 的允许排污量为

$$[m_1] = 0.05 \times 1.28 \times 20 \times \sqrt{\pi \times 0.27 \times 0.11 \times 100} = 3.91(\text{g/s})$$

当 $[L_{s2}] = 500\text{m}$ 时,COD 的允许排污量为

$$[m_2] = 0.05 \times 1.28 \times 20 \times \sqrt{\pi \times 0.27 \times 0.11 \times 500} = 8.74(\text{g/s})$$

值得注意的是,由于水功能区水质标准限值不同,不同种类污染物的允许排污量是不同的。通常需要对不同种类污染物的允许排污量与产生量进行分析比较,以便确定污水中污染物的主要处理对象,实现水污染物排放标准限值和排污量控制目标的多级管控体系。

对不同类型和规模的排污口,其污染混合区允许最大长度可作不同规定。比如:涉及国计民生的较大城市污水处理厂、国家骨干企业建设项目的污染混合区允许最大长度可以规定大一些,一般企业建设项目的污染混合区允许最大长度可以规定小一些,还可以通过规定特定河段累计污染混合区允许最大长度的占比来进行污染混合区管理。如在三峡水库水污染控制研究结论中,建议对污染混合区允许范围作如下规定:对单个排放口污染混合区控制其长度不超过 100m,城市江段近岸水域污染混合区总长度不超过 1/30 江段长度[17]。

参考文献

[1] 武周虎. 河流移流离散水质模型的简化和分类判别条件分析[J]. 水利学报,2009,40(1):27-32.

[2] 生态环境部. HJ 2.3—2018 环境影响评价技术导则 地表水环境[S]. 北京:中国环境科学出版社,2018.

[3] 武周虎. 有限时段源一维水质模型的求解及其简化条件[J]. 中国水利水电科学研究院学报,

2017, 15 (5): 397-408.

[4] 赵文谦. 环境水力学 [M]. 成都: 成都科技大学出版社, 1986.

[5] 徐祖信, 尹海龙. 环境水力学 [M]. 北京: 中国水利水电出版社, 2017.

[6] 武周虎, 武文, 路成刚. 河流混合污染物浓度二维移流扩散方程的解析计算及其简化计算的条件 Ⅱ: 顺直河流考虑边界反射 [J]. 水利学报, 2009, 40 (9): 1070-1076.

[7] 武周虎, 任杰, 黄真理, 等. 河流污染混合区特性计算方法及排污口分类准则 Ⅰ: 原理与方法 [J]. 水利学报, 2014, 45 (8): 921-929.

[8] 武周虎. 基于环境扩散条件的河流宽度分类判别准则 [J]. 水科学进展, 2012, 23 (1): 53-58.

[9] 武周虎. 考虑边界反射作用河流污染混合区的简化算法 [J]. 水科学进展, 2014, 25 (6): 864-872.

[10] 武周虎, 贾洪玉. 河流污染混合区的解析计算方法 [J]. 水科学进展, 2009, 20 (4): 544-548.

[11] 武周虎, 胡德俊, 徐美娥. 明渠混合污染物侧向和垂向扩散系数的计算方法及其应用 [J]. 长江科学院院报, 2010, 27 (10): 23-29.

[12] 韩伟明, 徐颖. 河流污染带的简化预测法 [J]. 环境科学技术, 1989, 2 (4): 29-31.

[13] 武周虎, 武文, 路成刚. 河流混合污染物浓度二维移流扩散方程的解析计算及其简化计算的条件 Ⅰ: 顺直宽河流不考虑边界反射 [J]. 水利学报, 2009, 40 (8): 976-982.

[14] Idaho Department of Environmental Quality. Mixing Zone Technical Procedures Manual (DRAFT) [Z]. Boise: Idaho Department of Environmental Quality, USA, 2008.

[15] 武周虎, 张洁, 牟天瑜, 等. 水环境影响预测中背景浓度与允许浓度升高值的确定方法 [J]. 环境工程学报, 2016, 10 (5): 2214-2220.

[16] 武周虎, 祝帅举, 牟天瑜, 等. 水环境影响预测中计算参数的确定及敏感性分析 [J]. 人民长江, 2016, 47 (8): 1-6.

[17] 黄真理, 李玉梁, 陈永灿, 等. 三峡水库水质预测和环境容量计算 [M]. 北京: 中国水利水电出版社, 2006.

附　　录

附录一　主要参考书目
（以出版时间为序）

[1]　Li W H. Differential Equations of Hydraulic Transients, Dispersion, and Groundwater Flow: Mathematical Methods in Water Resources [M]. Englewood Cliffs, N. J.: Prentice - Hall, Inc. 1972.

[2]　李文勋. 水力学中的微分方程及其应用 [M]. 韩祖恒，郑开琪，译. 上海：上海科学技术出版社，1982.

[3]　Fischer H B, ImBerger J, List E J, et al. Mixing in Inland and Coastal Waters [M]. New York: Academic Press, 1979.

[4]　H. B. 费希尔，J. 英伯格，E. J. 李斯特，等. 内陆及近海水域中的混合 [M]. 清华大学水力学教研室，译，余常昭，审校. 北京：水利电力出版社，1987.

[5]　H. B. Fischer. Transport Models for Inland and Coastal Waters [M]. New York: Academic Press, 1981.

[6]　赵文谦. 环境水力学 [M]. 成都：成都科技大学出版社，1986.

[7]　W. 金士博. 水环境数学模型 [M]. 北京：中国建筑工业出版社，1987.

[8]　傅国伟. 河流水质数学模型及其模拟计算 [M]. 北京：中国环境科学出版社，1987.

[9]　张书农. 环境水力学 [M]. 南京：河海大学出版社，1988.

[10]　A. 詹姆斯，D. J. 埃里奥特. 水质模拟导论（An Introduction to Water Quality Modeling）[M]. 陈祖明，任守贤，武周虎，译. 成都：成都科技大学出版社，1989.

[11]　余常昭，M. 马尔柯夫斯基，李玉梁. 水环境中污染物扩散输移原理与水质模型 [M]. 北京：中国环境科学出版社，1989.

[12]　徐孝平. 环境水力学 [M]. 北京：中国水利水电出版社，1991.

[13]　张永良，刘培哲. 水环境容量综合手册 [M]. 北京：清华大学出版社，1991.

[14]　夏震寰. 现代水力学（三）：紊动力学 [M]. 北京：高等教育出版社，1992.

[15]　余常昭. 环境流体力学导论 [M]. 北京：清华大学出版社，1992.

[16]　张永良，李玉梁. 排污混合区分析计算指南 [M]. 北京：海洋出版社，1993.

[17]　国家环境保护局. HJ/T 2.3—93 环境影响评价技术导则 地面水环境 [S]. 北京：中国环境科学出版社，1994.

[18]　周雪漪. 计算水力学 [M]. 北京：清华大学出版社，1995.

[19]　张永良，阎鸿邦. 污水海洋处置技术指南 [M]. 北京：中国环境科学出版社，1996.

[20]　谢永明. 环境水质模型概论 [M]. 北京：中国科学技术出版社，1996.

[21]　格拉夫，阿廷拉卡. 河川水力学（Hydraulique Fluviale）[M]. 赵文谦，万兆惠，译. 成都：成都科技大学出版社，1997.

[22] 李炜. 环境水力学进展 [M]. 武汉：武汉水利电力大学出版社，1999.
[23] 郭振仁. 污水排放工程水力学 [M]. 北京：科学出版社，2001.
[24] 张玉清. 河流功能区水污染物容量总量控制的原理和方法 [M]. 北京：中国环境科学出版社，2001.
[25] 韦鹤平. 环境工程水力模拟 [M]. 北京：海洋出版社，2001.
[26] 谷清，李云生. 大气环境模式计算方法 [M]. 北京：气象出版社，2002.
[27] 董志勇. 环境水力学 [M]. 北京：科学出版社，2006.
[28] 黄真理，李玉梁，陈永灿，等. 三峡水库水质预测和环境容量计算 [M]. 北京：中国水利水电出版社，2006.
[29] 杨志峰，王烜，孙涛，等. 环境水力学原理 [M]. 北京：北京师范大学出版社，2006.
[30] 本书编辑委员会. 环境水力学理论及应用——赵文谦教授论文选集 [M]. 北京：中国水利水电出版社，2006.
[31] 李大美，黄克中. 环境水力学 [M]. 武汉：武汉大学出版社，2007.
[32] 彭泽洲，杨天行，梁秀娟，等. 水环境数学模型及其应用 [M]. 北京：化学工业出版社，2007.
[33] 张晓东，慕金波，王艳，等. 山东省河流水环境容量研究 [M]. 济南：山东大学出版社，2007.
[34] Idaho Department of Environmental Quality. Mixing Zone Technical Procedures Manual (DRAFT) [Z]. Boise：Idaho Department of Environmental Quality，USA，2008.
[35] 中华人民共和国国家质量监督检验检疫总局，中国国家标准化管理委员会. GB 25173—2010 水域纳污能力计算规程 [S]. 北京：中国标准出版社，2010.
[36] 季振刚（Zhen-Gang Ji）. 水动力学和水质——河流湖泊及河口数值模拟（Hydrodynamics and Water Quality：Modeling Rivers，Lakes，and Estuaries）[M]. 李建平，冯立成，赵万星，等译. 北京：海洋出版社，2012.
[37] 环境保护部环境工程评估中心. 环境影响评价技术方法（2013年版）[M]. 北京：中国环境科学出版社，2013.
[38] 槐文信，杨中华，曾玉红. 环境水力学基础 [M]. 武汉：武汉大学出版社，2014.
[39] 中华人民共和国生态环境部. HJ 169—2016 建设项目环境风险评价技术导则 [S]. 北京：环境科学出版社，2016.
[40] 徐祖信，尹海龙. 环境水力学 [M]. 北京：中国水利水电出版社，2017.
[41] 陈凯麟，江春波. 地表水环境影响评价数值模拟方法及应用 [M]. 北京：中国环境科学出版社，2018.
[42] 中华人民共和国生态环境部. HJ 2.3—2018 环境影响评价技术导则 地表水环境 [S]. 北京：环境科学出版社，2018.
[43] 李一平，龚然，保罗·克雷格. 地表水环境数值模拟与预测——EFDC建模技术及案例实训 [M]. 北京：科学出版社，2019.
[44] 华祖林. 环境水力学基础 [M]. 北京：科学出版社，2020.
[45] 王玉敏. 环境流体力学 [M]. 南京：东南大学出版社，2022.
[46] Lung W S（龙梧生）. Water Quality Modeling That Works [M]. Charlottesville：Springer Nature Switzerland AG，2022.
[47] 史蒂文·C. 查普拉（Steven C. Chapra）. 地表水水质模型（Surface Water-Quality Modeling）[M]. 尹海龙，黄静水，译. 上海：同济大学出版社，2023.

附录二　武周虎教授获奖和兼职目录

（含合作获奖、社会与学术兼职和
民盟兼职，以时间为序）

一、荣誉称号

（1）优秀教师。授予单位：西安理工大学。1993年。

（2）陕西省优秀青年科技工作者。授予单位：陕西省科学技术协会。1994年。

（3）部级青年教师教书育人特等奖。授予单位：机械电子工业部。1994年。

（4）民盟青岛市优秀盟员。授予单位：中国民主同盟青岛市委员会。2007年。

（5）山东省有突出贡献的中青年专家。授予单位：山东省人民政府。2010年。

（6）山东省南四湖水专项工作突出贡献个人（路成刚、朱婕、张晓波、张芳园、任杰、辛颖共6名研究生获先进个人，并为学校赢得先进集体奖牌）。授予单位：国家重大科技水专项山东省项目领导小组办公室。2013年。

（7）山东省首批环境保护特聘专家。授予单位：山东省环境保护厅。2013年。

（8）首届十大师德标兵。授予单位：青岛理工大学。2013年。

（9）优秀研究生指导教师。授予单位：青岛理工大学。2013年。

（10）首届师德导师。授予单位：青岛理工大学。2016年。

（11）民盟山东省优秀盟员。授予单位：中国民主同盟山东省委员会。2016年。

（12）民盟山东省和民盟青岛市杰出盟员。授予单位：中国民主同盟山东省委员会和中国民主同盟青岛市委员会分别授奖。2021年。

二、教育教学奖

（1）陕西省优秀教学成果二等奖（名称：结合水力学、结构力学教学 培养学生电算能力的十年实践）。获奖人：武周虎，赵乃熊，张俊发，牛争鸣，简政。授予单位：陕西省人民政府。1993年。

（2）陕西省教学成果一等奖（名称：水力学课程建设与改革实践）。获奖人：李建中，孙建，张志昌，武周虎，李国栋。授予单位：陕西省人民政府。1997年。

（3）山东省教学成果三等奖（名称：环境工程专业"3+1+x"人才培养模式）。获奖人：夏文香，武周虎，沈文，管锡珺，张延青。授予单位：山东省省级教学成果奖评委会和中国建设教育协会分别授奖。2001年。

（4）山东省教学成果三等奖（名称：建筑给排水与水泵站多媒体CAI课件）。获奖人：沈文，武周虎，陈文成，姚广田，管锡珺。授予单位：山东省省级教学成果奖评委会和中国建设教育协会分别授奖。2001年。

（5）山东省教学成果三等奖（名称：给水排水工程专业毕业设计中的计算机教学）。获奖人：曹银妹，王国荣，武周虎。授予单位：山东省省级教学成果奖评委会。2001年。

（6）山东省高等学校实验教学与实验技术成果三等奖（名称：水泵性能综合实验台）。获奖人：张锡义，李丽，李伟江，武周虎。授予单位：山东省教育厅。2004年。

（7）山东省研究生优秀科技创新成果三等奖（名称：一种激光对中式经纬测量装置）。获奖人：路成刚、邢磊，指导教师：马洪洲、武周虎。授予单位：山东省人民政府学位委员会、山东省教育厅、山东省财政厅。2009年。

（8）山东省优秀硕士学位论文（名称：基于WASP7.3的南四湖水质模拟分析研究）。获奖人：路成刚，指导教师：武周虎。授予单位：山东省人民政府学位委员会、山东省教育厅、山东省财政厅。2011年。

（9）山东省专业学位研究生优秀实践成果三等奖（名称：一种岸坡模型污染扩散实验装置等4项专利）。获奖人：牟天瑜，指导教师：武周虎、范迪。授予单位：山东省人民政府学位委员会、山东省教育厅。2016年。

三、科学技术奖

（1）教育部科技进步三等奖（名称：石油污染风险预报模型及应急系统可靠性分析）。获奖人：赵文谦，武周虎，江洧，沈永明。授予单位：教育部。1993年。

（2）发明创新科技之星奖（名称：石油污染风险预报模型及应急系统可靠性分析）。获奖人：赵文谦，武周虎，江洧，沈永明。授予单位：联合国TIPS中国国家分部。1994年。

（3）山东高等学校优秀科研成果三等奖（名称：环境水力学若干理论问题的研究）。获奖人：武周虎，于进伟，尹海龙，杨晓明。授予单位：山东省教育厅。2001年。

（4）山东省科技进步二等奖（名称：南水北调水环境保护研究）。获奖人：赵克志，张凯，张波，谢刚，范立侯，慕金波，张可，武周虎，张高生。授予单位：山东省人民政府。2004年。

（5）山东高等学校优秀科研成果二等奖（名称：适合我国小城市的高效湿地污水处理系统研究）。获奖人：宋志文，武周虎，李捷，席俊秀。授予单位：山东省教育厅。2007年。

（6）山东省科技进步二等奖（名称：南水北调南四湖二维水流水质数值模拟与应用研究）。获奖人：武周虎，罗辉，刘长余，孙丽风，赵培青，周建仁，付莎莎，潘志柔，焦义坤。授予单位：山东省人民政府。2008年。

（7）山东省科技进步一等奖（名称：南水北调东线南四湖流域污染综合治理技术体系创新与应用）。获奖人：张波，张建，张化永，王安德，慕金波，谢刚，武周虎，毕学军，刘勃，谢松光，刘长青，李锋民。授予单位：山东省人民政府。2012年。

（8）领跑者5000——中国精品科技期刊顶尖学术论文（名称：南四湖及入出湖河流水环境质量变化趋势分析）。获奖人：武周虎，慕金波，谢刚，路成刚，朱婕。授予单位：中国科学技术信息研究所。2015年。

（9）青岛市科技进步三等奖（名称：平原水库水质预测、预警及富营养化防治技术）。获奖人：吴裕德，宋志文，武周虎，马继平，孙辉。授予单位：青岛市人民政府。2016年。

四、社会与学术兼职

（1）中国水利学会环境与生态水力学学组成员和副主任，1992—2016年。

（2）青岛市知识分子联络员，1997—2002年。

（3）中国人民政治协商会议第九届青岛市委员会委员，1998—2002年。

（4）《青岛理工大学学报》编委，1998—2022年。

（5）国家自然科学基金评议专家，1999年至今。

（6）青岛市环境保护社会监督员，1999—2012年。

（7）山东环境科学学会理事，2001—2016年。

（8）中国水利学会水力学专业委员会委员，2003—2023年。

（9）教育部高等学校高职高专水资源与水环境专业教学指导委员会委员，2006—2011年。

（10）山东省水利规划专家咨询委员会委员，2011—2016年。

（11）山东水生态文明促进会理事，2013—2022年。

（12）教育部博士硕士学位论文评议专家，2014年至今。

（13）山东省高层次人才发展促进会会员，2016年至今。

（14）生态环境部水生态环境保护专家库成员，2019年至今。

（15）《水电能源科学》编委，2022年至今。

五、民盟兼职

（1）民盟青岛市科技工作委员会委员，1997—2002年。

（2）民盟青岛理工大学基层委员会委员，2011—2016年。

（3）民盟青岛理工大学基层委员会副主委，2016—2021年。

（4）民盟青岛市第十三届委员会教育委员会副主任，2017—2022年。

（5）民盟青岛市第十四届委员会老龄委员会委员，2022年至今。

附录三　武周虎教授论著目录

（含合作发表的论文、著作/译著和
高等学校教材，以发表时间为序）

一、论文

（一）教育教学研究

（1）结合水力学、结构力学教学 培养学生电算能力的实践及效果。水利高等教育，1993（1）。作者：武周虎，张俊发。

（2）结合水力学教学 培养学生的电算能力。高等工科教育，1993（2）。作者：武周虎。

（3）西安理工大学水利学院《水力学》课程的现状与建设。高等工科教育，1994（2）。作者：武周虎。

（4）录像教材在实践教学中的应用。高等工科教育，1994（4）。作者：武周虎。

（5）充分发挥录像教材的作用。青岛化工学院学报，1995，16（S1）。作者：武周虎。

（6）青岛建筑工程学院教书育人工作的调研。引自高等教育改革与探索。青岛：青岛海洋大学出版社，1996。作者：武周虎。

（7）硕士研究生的因材施教问题。引自高等教育改革与探索。青岛：青岛海洋大学出版社，1996。作者：武周虎。

（8）深化教学改革 学分制势在必行。青岛建院报，1997年11月20日第1版。作者：武周虎。

（9）科教兴国 首先应发展高教。联合日报，1998年9月22日第3版。作者：武周虎。

（10）环境工程专业毕业设计教学的几个问题。引自高等工程教育发展问题与对策。青岛：中国石油大学出版社，2000。作者：管锡君，武周虎。

（11）21世纪环境科学的展望。引自高等工程教育发展问题与对策。青岛：中国石油大学出版社，2000。作者：叶文虎，武周虎（整理）。

（12）高等工科院校系级建设的探索与实践。引自中国高等教育研究。北京：中国农业科学技术出版社，2001。作者：乔海涛，武周虎，殷勤。

（13）高等工科院校系级建设的认识与思考。青岛建院报，2002年6月20日第3版。作者：武周虎。

（14）水泵性能综合实验技术及其应用。青岛建筑工程学院学报，2004，25（3）。作者：张锡义，武周虎，李丽，李伟江。

（15）矩形水槽污染带综合实验台研制及应用。实验技术与管理，2006，23（3）。作者：张锡义，李伟江，武周虎。

（二）科学与技术研究

（1）石油在海面的扩展、迁移与离散——海域油污染研究述评。成都科技大学学报，1987（1）。作者：赵文谦，武周虎，周克钊。

（2）对流扩散方程 FTCS 差分格式稳定性分析研究。四川水力发电，1988（2）。作者：武周虎。

（3）海面瞬间溢油油膜扩延范围确定。成都科技大学学报，1988（5）。作者：赵文谦，武周虎。

（4）A Model of Spreading, Dispersion and Advection Caused by an Oil Slick on the Unstable Sea Surface。引自国际水利学会第 6 届亚太地区学术会议（Proceedings of 6th APD–IAHR Congress）论文集。日本京都，1988。作者：赵文谦，武周虎。

（5）预报不平静海面溢油扩展、离散和迁移的数学模型。引自第一届全国环境水力学学术会议（武汉）论文集。北京：中国水利学会，1989。作者：武周虎，赵文谦。

（6）海面溢油预报中风过程的模拟。水利水运工程学报，1990（2）。作者：赵文谦，武周虎。

（7）溢油污染数学模型及其应用研究。环境科学研究，1991，4（3）。作者：张永良，褚绍喜，富国，赵文谦，武周虎。

（8）大气污染预报中风过程的模拟。包头环保，1992（3）。作者：武周虎。

（9）黄土地区中小型水库排沙计算方法。陕西水力发电，1992（4）。作者：武周虎，王新宏。

（10）伶仃洋溢油污染风险区划及防污染对策。水利学报，1992（10）。作者：武周虎，赵文谦。

（11）海面溢油扩展、离散和迁移的组合模型。海洋环境科学，1992，11（3）。作者：武周虎，赵文谦。

（12）黄河小北干流河床冲淤数学模型。水动力学研究与进展，A 辑，1992，7（S1）。作者：武周虎，钱善琪，王新宏，曹如轩。

（13）黄河一维泥沙数学模型。引自齐璞，赵文林，杨美卿，黄河高含沙水流运动规律及应用前景。北京：科学出版社，1993。作者：王新宏，曹如轩，武周虎，钱善琪。

（14）水库泥沙设计中程序研究。陕西水力发电，1993（3）。作者：武周虎，王新宏。

（15）Statistical analysis and simulation of wind vector in environmental science。引自中日双边环境流体力学与管理方法研讨会［Proceedings of China–Japan Bilateral Symposium on Fluid Mechanics and Management Tools for Environment（北京）］论文集。合肥：中国科学技术大学出版社，1994。作者：武周虎。

（16）用等参元函数计算河道流速场。水利学报，1994（11）。作者：武周虎，魏文礼，刘玉玲。

（17）利用弯管测量管道流量研究。灌溉排水，1995（1）。作者：李郁侠，武周虎。

(18) 风矢量的统计分析与模拟。西安理工大学学报，1995（2）。作者：武周虎。

(19) 水库中悬油滴的解析解。实验力学，1996，11（S1）。作者：武周虎。

(20) 含油污水排污混合区数学模型。引自96全国海事技术研讨会文集。北京：海洋出版社，1996。作者：武周虎，郑林平。

(21) 水库悬移油运动的数值模拟。引自96全国海事技术研讨会文集。北京：海洋出版社，1996。作者：武周虎。

(22) 水中泥沙对油吸附的实验方法探究。青岛化工学院学报，1997，18（S1）。作者：朱世文，武周虎，鲁建利。

(23) 明渠非均匀流中污染物质的转移。青岛化工学院学报，1997，18（S1）。作者：武周虎。

(24) 安康水库洪水传播特性水槽试验研究。水利学报，1997（5）。作者：武周虎，张宗孝，赵乃熊。

(25) 三峡水库油污染及其处理对策。引自中国科协第十九次青年科学家论坛（北京，1997）论文集——21世纪长江大型水利工程中的生态与环境保护。北京：中国环境科学出版社，1998。作者：武周虎。

(26) 环境科学中风矢量的统计分析与模拟研究。水资源与水工程学报，1999，（1）。作者：刘玉玲，魏文礼，武周虎。

(27) 水库环境与治理技术。青岛建筑工程学院学报，1999，20（2）。作者：武周虎。

(28) The Transport–Diffusion of Released Oil Pollutants from Deposit Sludge in One-Dimensional Flow Water。引自国际水资源、土壤——环境保护与处理技术研讨会[Proceedings of International Workshop on Water Resources, Soil—Environmental Protection and Treatment Technology（兰州，1999）]论文集。Copyright Australian Centre for Groundwater Studies, 2000。作者：武周虎，尹海龙，于进伟。

(29) 间隙性点源排放的一维移流离散。青岛大学学报（工程技术版），2000，15（1）。作者：武周虎。

(30) 强透水层上均质土壤中溶质浓度分布的解析解。灌溉排水，2000，19（2）。作者：武周虎，杨晓明。

(31) 水面有限长油膜下油滴输移扩散方程的解析解。交通环保，2000，21（3）。作者：武周虎，尹海龙。

(32) 水面油膜下油滴输移扩散方程的解析解。海洋环境科学，2000，19（3）。作者：武周虎，于进伟。

(33) 水库水质预测的解析计算。环境科学研究，2000，13（4）。作者：武周虎。

(34) 香港利用海水冲厕的实践。中国给水排水，2000，16（11）。作者：武周虎，张国辉，武桂芝。

(35) 青岛市生态环境之我见。环境与发展，2001，17（1）。作者：武周虎。

(36) 不透水层上均质土壤中溶质浓度分布的解析解。灌溉排水，2001，20（2）。作者：武周虎。

(37) 用水槽试验研究水库洪水传播特性。西安理工大学学报，2001，17（2）。作者：

张宗孝，武周虎。

（38）The Oil-droplet Concentration Distribution and Its Pollution Zone Numerical Computation on Condition of Limited Length Oil Slick on Water Surface。引自第 29 届国际水利学大会（北京）论文集，B 辑：环境水力学与生态水力学（29th IAHR Congress Proceedings，Theme B：Environmental Hydraulics and Eco-Hydraulics）。北京：清华大学出版社，2001。作者：武周虎，尹海龙。

（39）石油在水中悬浮物上的吸附研究。海洋环境科学，2001，20（3）。作者：尹海龙，武周虎。

（40）水面有限长油膜下油滴浓度分布及其污染带的数值计算。水动力学研究与进展，A 辑，2001，16（4）。作者：武周虎，尹海龙。

（41）南水北调东线调水期南四湖流场的数值模拟。引自中国环境水力学 2002。北京：中国水利水电出版社，2002。作者：武周虎，姜雅萍。

（42）恒定条件下物质输移扩散方程的几种解析解。水动力学研究与进展，A 辑，2002，17（6）。作者：武周虎。

（43）海水冲厕的应用现状与发展前景。青岛建筑工程学院学报，2002，23（3）。作者：武桂芝，武周虎，张国辉，沈晓南，王为强。

（44）高含盐量废水处理现状与前景展望。工业水处理，2002，22（11）。作者：王志霞，王志岩，武周虎。

（45）青岛市海水冲厕技术研究与应用。引自 2002 年山东环境科学与应用技术学术会议（济南）论文集。山东省环境学会，2002。作者：王志霞，武周虎。

（46）两段接触氧化法处理含海水城市污水的工艺研究。中国给水排水，2003，19（13）。作者：武周虎，王志霞。

（47）Advection and Diffusion of Poisonous Gas Contaminant Released from Bottom Sludge in Open Channel。Journal of Hydrodynamics，B 辑，2004，16（1）。作者：武周虎。

（48）南水北调东线调水期东平湖流场的数值模拟。引自中国环境水力学 2004。北京：中国水利水电出版社，2004。作者：武周虎。

（49）南水北调梁济运河段水流及排污混合区的数值模拟。引自中国环境水力学 2004。北京：中国水利水电出版社，2004。作者：付莎莎，武周虎。

（50）芦苇床废水处理生态系统的特征和原理。引自中国环境水力学 2004。北京：中国水利水电出版社，2004。作者：周玉华，武周虎。

（51）生物接触氧化法处理含海水城市污水试验研究。青岛建筑工程学院学报，2004，25（4）。作者：武桂芝，武周虎，沈晓南，白焕文。

（52）人工湿地污水处理研究与进展。青岛建筑工程学院学报，2004，25（4）。作者：李向心，武周虎，孔德玉，孔德刚，伊冬梅。

（53）Advection and dispersion of substance discharged by intermittent point source in rivers。引自第 4 届国际环境水力学研讨会 [The 4th International Symposium on Environmental Hydraulics（香港，2004）] 论文集：环境水力学与可持续水资源管理（第 1

卷）. 伦敦：泰勒 & 弗朗西斯集团出版，2005。作者：武周虎，乔海涛。

（54）SBR法处理含海水城市污水的脱氮除磷效果。工业水处理，2005，25（4）。作者：王志霞，武周虎，王娟。

（55）水的异味去除技术研究进展。青岛建筑工程学院学报，2005，26（1）。作者：郭烽，武周虎，姚杰，史坚鹏。

（56）环境生物技术在污染治理方面的应用。青岛建筑工程学院学报，2005，26（1）。作者：王秀英，盛铭军，武周虎。

（57）南水北调东线工程对南四湖生态与环境的影响及对策。引自中国环境保护优秀论文集。北京：中国环境科学出版社，2005。作者：武周虎。

（58）南水北调南四湖流场、浓度场的数值模拟与应用研究。引自第四届环境模拟与污染控制学术研讨会论文集。北京大学，2005。作者：武周虎。

（59）南水北调东线工程对南四湖环境的影响及对策。青岛理工大学学报，2006，27（1）。作者：武周虎，乔海涛，付莎莎，周玉华。

（60）南水北调南四湖下级湖水流水质数值模拟。引自中国环境水力学2006。北京：中国水利水电出版社，2006。作者：焦义坤，武周虎，孙丽凤。

（61）南水北调东线东平湖大汶河口污染混合区数值模拟研究。引自中国环境水力学2006。北京：中国水利水电出版社，2006。作者：夏存娟，武周虎。

（62）河滩人工湿地对河流洪水位影响的数值模拟。长江流域资源与环境，2007，16（1）。作者：武周虎，张娜。

（63）表面流人工湿地COD、NH_4^+-N和TP的动力学探讨。青岛理工大学学报，2007，28（5）。作者：陈翔，武周虎，孔德刚，孔德玉，等。

（64）青岛市七区生活用水量预测。青岛理工大学学报，2008，29（1）。作者：陈娟，武周虎，姜瑶。

（65）青岛奥帆赛区赤潮污染突发事件的预防与应急措施。青岛理工大学学报，2008，29（2）。作者：路成刚，高莹，姜金全，徐晓军，武周虎。

（66）南水北调东线南四湖出、入湖泵站开启时间差分析研究。南水北调与水利科技，2008，6（1）。作者：武周虎，罗辉，刘长余，孙丽凤，赵培青。

（67）南水北调南四湖提水泵站开启时间的分析研究。水力发电学报，2008，27（2）。作者：武周虎，罗辉，刘长余，孙丽凤，赵培青。

（68）明渠移流扩散中无量纲数与相似准则及其应用。青岛理工大学学报，2008，29（5）。作者：武周虎。

（69）水库倾斜岸坡地形污染混合区的三维解析计算方法。科技导报，2008，26（18）。作者：武周虎。

（70）风对南四湖上级湖输水流场的影响研究。引自中国环境与生态水力学2008。北京：中国水利水电出版社，2008。作者：何国峰，武周虎。

（71）河流移流离散水质模型的简化和分类判别条件分析。水利学报，2009，40（1）。作者：武周虎。

（72）膜生物反应器在脱氮除磷方面的应用。西南给排水，2009，31（1）。作者：王海波，武周虎。

（73）倾斜岸水库污染混合区的理论分析及简化条件。水动力学研究与进展，A辑，2009，24（3）。作者：武周虎。

（74）河流污染混合区的解析计算方法。水科学进展，2009，20（4）。作者：武周虎，贾洪玉。

（75）延时曝气活性污泥法在低DO下处理草浆废水。工业水处理，2009，29（7）。作者：王海波，武周虎。

（76）河流混合污染物浓度二维移流扩散方程的解析计算及其简化计算的条件Ⅰ：顺直宽河流不考虑边界反射。水利学报，2009，40（8）。作者：武周虎，武文，路成刚。

（77）河流混合污染物浓度二维移流扩散方程的解析计算及其简化计算的条件Ⅱ：顺直河流考虑边界反射。水利学报，2009，40（9）。作者：武周虎，武文，路成刚。

（78）水库铅垂岸地形污染混合区的三维解析计算方法。西安理工大学学报，2009，25（4）。作者：武周虎。

（79）The lake eutrophication modeling and the appliance in Nansi Lake。引自第13届世界湖泊大会［13th World Lake Conference（武汉，2009）］论文集。北京：中国农业大学出版社，2010。作者：武周虎，王海波，路成刚，朱婕，胡德俊。

（80）铅垂岸水库污染混合区的理论分析及简化条件。水力发电学报，2010，29（2）。作者：武周虎。

（81）静止液体中射流和浮力羽流污染混合区的理论分析。青岛理工大学学报，2010，31（4）。作者：武周虎。

（82）倾斜岸坡角形域顶点排污浓度分布的理论分析。水利学报，2010，41（8）。作者：武周虎。

（83）南四湖及入出湖河流水环境质量变化趋势分析。环境科学研究，2010，23（9）。作者：武周虎，慕金波，谢刚，路成刚，朱婕。

（84）南四湖流域水环境质量比较分析及评价。环境污染与防治（网络版），2010，32（9）。作者：武周虎，路成刚，朱婕，张晓波，张芳园。

（85）明渠混合污染物侧向和垂向扩散系数的计算方法及其应用。长江科学院院报，2010，27（10）。作者：武周虎，胡德俊，徐美娥。

（86）大汶河和东平湖水环境质量比较分析与评价。引自中国环境与生态水力学2010。北京：中国水利水电出版社，2010。作者：朱婕，武周虎。

（87）Numerical simulation of sediment deposition thickness at Beidaihe International Yacht Club。Water Science and Engineering，2010，3（3）。作者：路成刚，武周虎，何国峰，朱婕，肖贵勇。

（88）浅水湖泊富营养化机理及控制方法探讨。青岛理工大学学报，2010，31（5）。作者：朱婕，路成刚，武周虎。

（89）奥贝尔氧化沟工艺工程应用性能研究。西南给排水，2010，（1）。作者：焦义坤，宋述瑞，武周虎。

（90）Calculation Method of Lateral Diffusion Coefficient in Wide Straight Rivers and Reservoirs。引自 2010 现代水利工程学术会议［2010 Conference on Modern Hydraulic Engineering（西安）］论文集．伦敦：伦敦科学出版社（London Science Publishing），2010。作者：武周虎，路成刚，张晓波。

（91）湖泊富营养化模型及其在南四湖的应用。引自海洋科学集刊（丛刊），第 50 集，北京：科学出版社，2010。作者：王海波，武周虎。

（92）南四湖入湖重点污染河流筛选与水环境问题分析。长江流域资源与环境，2011，20（4）。作者：武周虎，张晓波，张芳园。

（93）南四湖水质空间分布监测分析与水环境问题解析。长江流域资源与环境，2011，20（S1）。作者：武周虎，张建，路成刚，谢刚，朱婕。

（94）Calculation Method of Lateral and Vertical Diffusion Coefficients in Wide Straight Rivers and Reservoirs。第 6 届国际环境水力学研讨会［6th International Symposium on Environmental Hydraulics（希腊雅典，2010）］专辑：Journal of Computers，2011，6（6）。作者：武周虎，武文，武桂芝。

（95）南四湖流域主要污染河流水质改善效果分析与评价。青岛理工大学学报，2011，32（6）。作者：武周虎，周虹，刘继凯，朱婕，张晓波，张芳园。

（96）A Monitoring Project Planning Technique of the Water Quality Spatial Distribution in Nansi Lake。引自第 3 届国际环境科学与信息应用技术大会［3rd International Conference on Environmental Science and Information Application Technology（南昌）］论文集。Procedia Environmental Sciences，2011，10（C）。作者：武周虎，张建，朱婕，任杰，陈珊。

（97）南四湖水质空间分布监测计划编制技术。引自中国环境科学学会 2011 年学术年会（乌鲁木齐）论文集（第四卷）。北京：中国环境科学出版社，2011。作者：武周虎，张可，张建，朱婕。

（98）棘洪滩水库典型风况分析及其应用研究。环境科学与管理，2011，36（12）。作者：张晓波，徐德林，武周虎，张芳园，任杰。

（99）The Experimental Research of Pollutant Diffusion Based on Image Processing。引自第 2 届国际电子与信息工程大会［2nd International Conference on Electronics and Information Engineering（天津）］论文集。Advanced Materials Research，Vols，403－408，2012。作者：吉爱国，时林艳，武周虎。

（100）基于环境扩散条件的河流宽度分类判别准则。水科学进展，2012，23（1）。作者：武周虎。

（101）Spatial-Time Comparative Analysis and Evaluation of Eutrophication Level of Nansi Lake。引自 2012 年亚太环境科学与技术会议［2012 Asia Pacific Conference on Environmental Science and Technology（马来西亚吉隆坡）］论文集。Advances in Biomedical Engineering，Vol.6，2012。作者：武周虎，任杰，陈珊，辛颖，梁永亮。

（102）南四湖水体富营养化时空比较分析与评价。青岛理工大学学报，2012，33（3）。作者：武周虎，杨连宽，金玲仁，张建，路成刚。

附录

(103) 南四湖水环境信息数据库构建技术。青岛理工大学学报，2012，33（2）。作者：张芳园，武周虎，张晓波。

(104) 南四湖入湖河口水质综合分析与改善效果评估。环境污染与防治，2012，34（7）。作者：武周虎，任杰，张晓波，陈珊，董国栋。

(105) 南四湖水质空间分布特征分析与改善效果评估。水资源保护，2012，28（6）。作者：武周虎，张可，金玲仁，杨连宽，张建。

(106) 南四湖表层底泥有机质及氮磷时空比较分析。环境科学与技术，2012，35（6I）。作者：武周虎，张建，金玲仁，杨连宽，任杰。

(107) 棘洪滩水库水文情势与水质变化趋势分析。人民黄河，2012，34（11）。作者：张晓波，炳强兴，武周虎，刘玉华，张芳园。

(108) 棘洪滩水库总磷模型构建技术及其应用。人民黄河，2012，34（12）。作者：董国栋，武周虎，周洋，孙辉，任杰，陈珊。

(109) 倾斜岸坡角形域顶点排污浓度分布规律探讨。水力发电学报，2012，31（6）。作者：武周虎，徐美娥，武桂芝。

(110) 倾斜岸坡角形域顶点排污浓度分布的实验研究。长江科学院院报，2012，29（12）。作者：武周虎，吉爱国，胡德俊，时林艳，徐美娥。

(111) 倾斜岸河库水面污染源下浓度分布的理论分析。水动力学研究与进展，A辑，2012，27（4）。作者：武周虎。

(112) 南四湖水质控制方案实施的水质模拟与效果评估。安全与环境工程，2012，19（5）。作者：任杰，武周虎，史会剑，蔡燕，陈珊，董国栋。

(113) 倾斜岸河流和水库水面污染带下的污染物质量浓度分布。水利水电科技进展，2012，32（6）。作者：武周虎，贾洪玉。

(114) 基于WASP软件的南四湖上级湖水质模拟及其应用。引自中国环境与生态水力学2012。北京：中国水利水电出版社，2012。作者：陈珊，武周虎，路成刚，任杰，董国栋。

(115) WASP7.3在湖泊水质分析与评价中的应用。引自中国环境与生态水力学2012。北京：中国水利水电出版社，2012。作者：路成刚，武周虎，任杰，辛颖。

(116) 倾斜岸河库水面污染带影响下的浓度分布研究。引自中国环境与生态水力学2012。北京：中国水利水电出版社，2012。作者：武周虎，贾洪玉。

(117) 南四湖入湖、入干线河流与输水干线的水质动态分析。安全与环境工程，2013，20（3）。作者：辛颖，武周虎，慕金波，杜金辉，任杰。

(118) Spatial-temporal Comparative Analysis of Water Environmental Quality Features in Nansi Lake Basin。引自第2届能源与环境保护国际学术会议［2nd International Conference on Energy and Environmental Protection（桂林）］论文集。Advanced Materials Research Vols. 726-731，2013。作者：辛颖，武周虎，王冉，梁永亮，类宏程，张双双。

(119) 青岛市老排水涵管德式蛋形断面的水力学分析。中国给水排水，2013，29（21）。作者：武周虎，辛颖，武鹏崑，李冬桂。

（120）马踏湖水流水质数学模型及其应用研究。青岛理工大学学报，2013，34（5）。作者：梁永亮，辛颖，武周虎，任杰。

（121）蛋形断面明渠正常水深和临界水深的简化算法。人民长江，2014，45（4）。作者：武周虎。

（122）南水北调南四湖输水二维流场数值模拟及应用。南水北调与水利科技，2014，12（3）。作者：武周虎，付莎莎，罗辉，刘长余，赵培青。

（123）Theoretical analysis of pollutant-mixing zone for rivers with variant lateral diffusion coefficient。引自第7届国际环境科学与技术大会［The Seventh International Conference on Environmental Science and Technology（美国休斯敦）］论文集——Environmental Science & Technology，American Science Press，Houston，USA，2014。作者：武周虎，武文。

（124）武河人工湿地工程去除COD效果及WASP模拟。中国给水排水，2014，30（11）。作者：王洪秀，袁佐栋，武周虎，冯素萍，吴海明，张建。

（125）南水北调东线东平湖水流水质模拟。人民黄河，2014，36（7）。作者：类宏程，武周虎，王芳，辛颖。

（126）河流污染混合区特性计算方法及排污口分类准则Ⅰ：原理与方法。水利学报，2014，45（8）。作者：武周虎，任杰，黄真理，武文。

（127）河流污染混合区特性计算方法及排污口分类准则Ⅱ：应用与实例。水利学报，2014，45（9）。作者：武周虎，任杰，黄真理，武文。

（128）风对南水北调东线工程东平湖输水流场影响的模拟。水电能源科学，2014，32（9）。作者：类宏程，武周虎，杨正涛。

（129）南四湖表层底泥有机质及氮磷分布特征。青岛理工大学学报，2014，35（5）。作者：张双双，武周虎，张洁，牟天瑜。

（130）考虑边界反射作用河流污染混合区的简化算法。水科学进展，2014，25（6）。作者：武周虎。

（131）对环境水力学"污染带扩展阶段"一词的修正。青岛理工大学学报，2015，36（2）。作者：武周虎。

（132）Calculation Methods for the Concentration Distribution and Pollutant Mixing Zone in Rivers with Variant Lateral Diffusion Coefficient。引自第36届国际水利学大会［36th IAHR World Congress］交流论文，荷兰海牙，2015。作者：武周虎，武文，宋志文。

（133）对移流离散水质模型分类参数 Pe 中特征长度的修正。青岛理工大学学报，2015，36（4）。作者：武周虎。

（134）倾斜岸坡深度平均浓度分布及污染混合区解析计算。水利学报，2015，46（10）。作者：武周虎。

（135）MATLAB图像处理技术在水环境扩散实验研究中的应用。中国环境管理干部学院学报，2015，25（5）。作者：牟天瑜，武周虎，周立俭，杨正涛，吉爱国。

（136）南四湖内风生流及输水期流场的数值模拟研究。青岛理工大学学报，2015，

36（5）。作者：王芳，武周虎，丁敏。

（137）河流离岸排放污染物二维浓度分布特性分析。水科学进展，2015，26（6）。作者：武周虎。

（138）水环境影响预测中背景浓度与允许浓度升高值的确定方法。环境工程学报，2016，10（5）。作者：武周虎，张洁，牟天瑜，杨正涛，丁敏。

（139）水环境影响预测中计算参数的确定及敏感性分析。人民长江，2016，47（8）。作者：武周虎，祝帅举，牟天瑜，徐斌，陈妮。

（140）倾斜岸水面污染源与线源扩散浓度的理论分析。青岛理工大学学报，2016，37（2）。作者：杨正涛，牟天瑜，武周虎。

（141）Theoretical concentration contours equation of sewage mixing zone in rivers and its application。引自第24届国际理论与应用力学大会［24th International Congress of Theoretical and Applied Mechanics］交流论文，加拿大蒙特利尔，2016。作者：武周虎，武文，陈妮。

（142）弯曲河段污染混合区几何特征参数的实用化算法。水电能源科学，2017，35（1）。作者：丁敏，武周虎，徐斌，陈妮，祝帅举。

（143）变扩散系数倾斜岸三维浓度分布及混合区计算。水力发电学报，2017，36（4）。作者：武周虎，武文，黄真理。

（144）Calculation method for steady－state pollutant concentration in mixing zones considering variable lateral diffusion coefficient。Water Science and Technology，2017，76（1）。作者：武文，武周虎，宋志文。

（145）表流人工湿地COD去除影响因素研究。绿色科技，2017，（8）。作者：徐斌，陈翔，武周虎，李修岭。

（146）有限时段源一维水质模型的求解及其简化条件。中国水利水电科学研究院学报，2017，15（5）。作者：武周虎。

（147）考虑边界反射的河流离岸排放污染混合区计算方法。水利水电科技进展，2017，37（6）。作者：武周虎。

（148）南四湖湖区与输水航道水质持续改善效果分析。青岛理工大学学报，2017，38（5）。作者：陈妮，武周虎，路成刚，冯娜，彭亮。

（149）有限分布源与瞬时源浓度分布计算的分类准则。中国水利水电科学研究院学报，2018，16（1）。作者：武周虎。

（150）复式阶梯岸坡顶点排污浓度分布的实验研究。水动力学研究与进展，A辑，2018，33（1）。作者：祝帅举，武周虎，彭亮，冯娜，王瑜。

（151）基于DPSIR模型和改进的群组AHP法的岸堤水库水生态安全评价。人民珠江，2018，39（1）。作者：徐斌，申恒伦，胡长伟，李修岭，武周虎。

（152）弯曲河段污染混合区变化规律研究。青岛理工大学学报，2018，39（2）。作者：丁敏，武周虎，彭亮，冯娜，陈妮。

（153）南四湖入湖河流水质综合评价与改善效果分析。绿色科技，2018，（10）。作者：冯娜，武周虎，郭琦，相福亮，岳太星。

(154) 2006—2015 年南四湖水质评价与改善效果分析。水电能源科学，2018，36（6）。作者：陈妮，武周虎，郭琦，相福亮，岳太星。

(155) 基于 SMS 模型的临沂城区河流水流水质模拟研究。青岛理工大学学报，2019，40（1）。作者：彭亮，冯娜，李冬桂，武周虎，等。

(156) 考虑河流流速和横向扩散系数变化的污染混合区理论分析及其分类。水利学报，2019，50（3）。作者：武周虎。

(157) Theoretical analysis of pollutant mixing zone considering lateral distribution of flow velocity and diffusion coefficient。Environmental Science and Pollution Research，2019，26（30）。作者：武周虎，武文。

(158) 河流排污混合区横向扩散系数快速估算方法。环境影响评价，2019，41（6）。作者：武周虎，李冬桂，路成刚，武桂芝。

(159) A New Two‐Parameter Heteromorphic Elliptic Equation：Properties and Applications。第 8 届世界工程技术大会［The 8th World Congress on Engineering and Technology（西安）］专辑：World Journal of Engineering and Technology，2020，8（4）。作者：武周虎。

(160) 一种新型异形椭圆无压隧洞断面的水力学分析。水利水电科技进展，2020，40（5）。作者：武周虎，王瑜，祝帅举。

(161) 标准型异形椭圆断面正常水深和临界水深计算。水利水电科技进展，2020，40（6）。作者：武周虎，王瑜，祝帅举。

(162) 南四湖湖区富营养化变化趋势与影响因素分析。青岛理工大学学报，2020，41（1）。作者：张晓翠，武周虎，王瑜，李琪，马景。

(163) 一种新型异形椭圆隧道横断面的性质及优化设计。重庆交通大学学报（自然科学版），2021，40（1）。作者：武周虎。

(164) 基于灰色马尔科夫模型的南四湖水质预测。水资源保护，2021，37（5）。作者：马景，武周虎，邹艳均，任鹏，李琪。

(165) 南四湖水质评价及改善效果分析。青岛理工大学学报，2021，42（6）。作者：马景，武周虎。

(166) 三参数异形椭球面方程、几何特征及应用前景。西安理工大学学报，2022，38（2）。作者：武周虎。

(167) 溶潭容积对岩溶管道穿透曲线的影响实验。吉林大学学报（地球科学版），2022，52（3）。作者：李琪，赵小二，武周虎，武桂芝，张成。

(168) 人工蜂群优化 LM‐BP 网络在东平湖水质评价中的应用。水电能源科学，2022，40（4）。作者：邹艳均，武周虎，任鹏，马景，李琪。

(169) 新型异形椭圆沉淀池的 CFD 数值模拟研究。河北环境工程学院学报，2022，32（05）。作者：任鹏，施雪卿，武周虎，邹艳均。

(170) 一种新的异形超椭圆方程、形状特征及其应用前景。国际应用数学进展，2023，5（1）。作者：武周虎。

(171) 几种新型异形椭球面方程、几何特征及其应用前景。土木建筑工程信息技术，

2023，15（6）。作者：武周虎。

二、著作/译著

（1）不平静海面溢油的扩展、离散和迁移模型。成都：成都科技大学硕士学位论文，1987。作者：武周虎。

（2）水质模拟导论（原著 A. James，D. J. Elliott. An introduction to water quality modeling［英］）。成都：成都科技大学出版社，1989。译者：陈祖明，任守贤，武周虎。

（3）水环境容量综合手册（赵文谦，武周虎编写：第十八章 水环境石油污染的分析计算）。北京：清华大学出版社，1991。作者：张永良，刘培哲。

（4）第三届全国环境水力学学术会议（西安）论文集。北京：中国水利学会，1994。作者：武周虎主编。

（5）污水海洋处置技术指南（武周虎编写：附录国外污水海洋处置案例）。北京：中国环境科学出版社，1996。作者：张永良，阎鸿邦。

（6）环境水力学进展（赵文谦，武周虎编写：第九篇 水环境中石油污染的预测与分析）。武汉：武汉水利电力大学出版社，1999。作者：李炜。

（7）环境水力学理论及应用——赵文谦教授论文选集。北京：中国水利水电出版社，2006。作者：武周虎编委。

（8）中国环境与生态水力学。北京：中国水利水电出版社，2008。作者：黄真理主编，武周虎编委。

（9）异形椭圆和异形超椭圆及工程设计原理与方法。北京：中国水利水电出版社，2025。作者：武周虎。

三、高等学校教材

（1）水力学教学实践程序指导书。西安：陕西机械学院教材科，1991。作者：武周虎。

（2）水质模拟。西安：陕西机械学院教材科，1992。作者：武周虎。

（3）水质模拟（修订本）。青岛：青岛建筑工程学院教材科，1999。作者：武周虎。

（4）青岛污水处理工程（教学光盘）。泰安：山东农业大学科教音像出版社，2002。策划：武周虎；撰稿：张延青；制片：姚广田，徐学清；监制：武周虎，管锡珺。

附录四　武周虎教授专利目录

（含合作授权的专利，以授权时间为序）

一、发明专利

（1）一种立面变角度二维污染扩散实验装置 ZL201010277823.0。中国，2011。发明人：武周虎，路成刚，胡德俊。

（2）一种可确定水深与水质的取样装置 ZL201110191740.4。中国，2012。发明人：路成刚，武周虎，高莹，张晓波（已转让：山东兴硕环保科技有限公司）。

（3）一种沙质滩涂地下立面二维石油污染实验装置 ZL201310175310.2。中国，2014。发明人：武周虎。

（4）一种河道横断面二维地下渗流水力学实验装置 ZL201310175471.1。中国，2014。发明人：武周虎，武桂芝，路成刚，李冬桂。

（5）一种趸船式河流漂浮垃圾自动收集装置 ZL201310175441.0。中国，2015。发明人：武周虎（已转让：光大青岛理工环境技术研究院）。

（6）一种水面漂浮物自动收集装置 ZL201310289795.8。中国，2015。发明人：武周虎（已转让：光大青岛理工环境技术研究院）。

（7）一种植物坛式水质净化装置 ZL201510551152.5。中国，2017。发明人：武周虎，宋志文，牟天瑜，丁敏（已转让：北京远浪潮生态建设有限公司）。

（8）一种岸坡模型污染扩散实验装置 ZL201510208169.0。中国，2017。发明人：武周虎，牟天瑜，杨正涛，路成刚。

（9）一种二参数曲线隧道横断面优化设计方法 ZL201710595942.2。中国，2019。发明人：武周虎。

（10）一种二参数曲线隧洞断面及水利设计方法 ZL201710413716.8。中国，2020。发明人：武周虎。

（11）一种脚踏式健身划水曝气增氧装置 ZL201810794538.2。中国，2021。发明人：武周虎（已转让：山东飞洋环境工程有限公司）。

二、实用新型专利

（1）一种岸坡模型污染扩散实验装置 ZL201520261898.8。中国，2015。发明人：武周虎，牟天瑜，杨正涛，路成刚。

（2）一种植物坛式水质净化装置 ZL201520673312.9。中国，2016。发明人：武周虎，宋志文，牟天瑜，丁敏。

（3）一种城市与山地水文学实验模型装置 CN201820000532.9。中国，2018。发明人：路成刚，高巍，武周虎，唐沂珍。

（4）一种竖流式二沉池（倒置异形椭圆二沉池）CN202120740386.5。中国，2022。发明人：施雪卿，任鹏，武周虎。

附录五　听武老师讲故事

听武老师讲那些难忘、耀眼的往事回忆，就像听故事一样，让我们充满了好奇与向往，下面根据武老师口述整理。

一、回乡一年好运来

我 1959 年 8 月 13 日出生于陕西省岐山县的一个小村庄里，那里处于周文化的发祥地周原，距今 1400 多年的周公庙就位于我舅家庙王村，那里的岐山臊子面享誉海内外。怀念童年时光，那时虽然家里清苦贫穷，在父母和姐姐哥哥的精心呵护下，我无忧无虑地快乐成长。每当下雨天和冬季不能下地干活了，全家人围坐在炕上，爸爸就教我九九乘法口诀，手拉手教我珠算。

光阴似箭，很快就到了 1974 年 12 月我初中毕业。那时候是春节过后学生升级，初中和高中的学制都是两年。当年初中升高中的政策：一是考试成绩要好，二是生产队的推荐意见具有一票否决权。我是被第二条否决了，没有直接升入高中读书。原因很简单，当时的贫下中农代表，生产队副队长说："周娃（我的小名）这孩子聪明，算数（数学）好，外号 100 瓦（算数经常考 100 分）。现在我们村里的会计既是大队会计，又是生产队会计，他回来可以当生产队会计"。就这样我回村当上了生产队会计兼农业技术员，在村里算是个"知识分子"。半年后，生产队队长作为下乡知青回城后，我又担任了生产队队长，一身兼三职。

我除了做好生产队会计工作，记清楚账，做好半年预算、年终决算外，学习了辣椒栽种技术、棉花病虫害防治技术，各种下地干活是少不了的。通常每周我还要去大队或公社参加政治学习或技术培训，即使这样在空闲时间和晚上我总会找一些数学题来做。在生产队的一年里，我整天忙忙碌碌，作为农村长大的孩子，也不了解外面的世界，对未来也没有什么想法，就是踏实认真地做好每一件事，感觉很充实。

我哥哥武映虎在电气化铁路当工人（后来调到陕西汽车制造厂工作），去的地方多。由于文化水平低，在单位（职场）的发展受到一些影响。因此，每当哥哥回家探亲，父母和姐姐哥哥们都会在一起谈论我的职业与前途，从小就听他们说我适合做教师。受其影响，我也就萌发了做一名教师的信念。通过姐姐哥哥好友的帮助，1976 年我进入陕西省凤翔中学读高中。

我推迟了一年上高中，正好赶上恢复高考，凤翔县（现凤翔区）给我们学校调配了好老师（教学名师），狠抓教学质量，我的好运自然也就来了。受那个年代"学好数理化，走遍天下都不怕"口号的影响，我的学习严重偏科。我们那一级高中读了两年半（毕业/升学改为暑假前/后），1978 年我参加高考是应届生，比往届生更有利，顺利通过高考分数线。

我们那里严重缺水、靠天吃饭的困境,从小就深深印在我的脑海里。我在生产队劳动期间,参加了冯家山水库灌区北干渠岐山城区段及乡村引水工程建设,包括挖水渠、运土石和夯筑大坝等,也算对水利工程有一些了解。因此,我报考大学的第一志愿是西北农学院水利系,被成功录取。

那个时候,考学难(1978年全国高考录取人数只有40.2万人),无钱上学也难。虽然上大学不收取学费,但录取通知书上写着:除生活用品外,入学后要买计算尺、丁字尺、大三角板和工程制图文具(1套)。为此,父母天天发愁,寝食难安。实在没有办法了,母亲让我去找我大妗子(大舅母)。大妗子看见我含泪为难的样子,小心翼翼地拿出压在箱底的20个银圆。为安全起见,她把银圆装进粮食口袋里给我,反复地嘱咐我要拿好了。我先拿回家,后来拿到银行去换钱,每个2.5元,其中一个的年代品质有差异是2.0元,共换回人民币49.5元。

我入学后被指定(高考成绩较好)为学习委员,连任了四年。在大学里开展了理想信念教育,我们将成为未来工程师、国之栋梁,我们懂得了大学生身上所肩负的使命与担当,同学们都为实现四个现代化而努力学习。

二、开云南水库泥沙设计先河

1990年9月的一天,西安理工大学水利水电学院水力学教研室中,我们一起工作的河流泥沙研究方向的一名年轻老师,拿着我院在读研究生高盈孟(当时就职于水电部昆明勘测设计研究院科研所)从昆明打来的电报,对我说:"钱善琪老师给西安市机关事业单位技术人员考试出题去了,在考试、阅卷之前都联系不上。云南有个水库泥沙项目需要马上去人承接,我有事去不了,你能不能去,我替你上课"(第二年他就下海经商了)。就这样,我坐上西安经成都去昆明的火车,经过30多个小时到达昆明后,得到云南省水利水电勘测设计研究院(甲方)的热情接待,我急于想知道需要我们做的项目情况,对方给我的回答是:"今天你先好好休息,明天上午开会再说"。

第二天上午,我被甲方人员领到差不多已经坐满人的会议室里,主持会议的孙志坚总工程师,先是让"麻栗坝水库枢纽工程初步设计"的各专项设计组汇报进展情况,各组汇报进行了大约2个小时。然后,孙总对我讲:"武老师你也听到了,麻栗坝水库各专项设计进展已经都差不多了。根据水利部的最新要求,我们云南的水电水利工程项目从现在开始,也要作泥沙专项设计,麻栗坝水库还缺一个泥沙设计专项报告。我们有三个要求:一是我们要派两个人跟你们学习,二是要达到国际领先水平,三是要在今年12月15日前完成。这个水库正在争取国家扶贫开发项目,年底前上报水利部,才有可能获得国家专项资金支持。"那一年我31岁,第一次单独承接项目,而且还是针对实际工程的泥沙专项设计。面对那么多经验丰富的工程设计人员,甲方提出的后面两个要求是比较苛刻的,会议还在进行中,正等待着我的答复。

我回答说:学校是培养人的场所,第一个培养两个人没有问题;第二个关于达到国际领先水平,虽然结合中国水利水电科学研究院万兆惠教授牵头的国家自然科学基金项目,我们建立了"黄河龙门—潼关泥沙冲淤数学模型"。如果我们直接拿来进行麻栗坝水库泥沙设计专项研究，上报水利部批不了。这个项目属于工程设计项目，应该按《水电水利工程泥沙设计规范》来做。2年前，在水电部成都勘测设计研究院招待所召开了该规范（讨论稿）的专家讨论会，我刚好也在成都，在看望参加会的钱善琪老师时，我留存了该规范的讨论稿，就一直放在我的书架上，估计该规范的（试用稿）已颁布了（这个回答甲方无疑是满意的）；第三个关于完成时间，只要我这次回西安时，能把"麻栗坝水库泥沙设计专项研究"所需要的资料带齐全，12月15日完成没有问题。孙总紧接着问，做这个项目都需要哪些资料？

我一边分析，一边回答说：①需要水库库区等高线地形图；②需要水库正常蓄水位、防洪限制水位、防洪高水位，水库设计最大泄洪流量、放水洞高程和放空流量等设计特征值；③水库流速、水面线计算，还需要河道糙率；④水库泥沙淤积计算，需要推移质输沙率、悬移质输沙率、推移质颗粒级配曲线、悬移质颗粒级配曲线，水库形态、输沙量和泥沙粒径大小对水库淤积形态影响很大；⑤水库排沙比/量计算，需要水库汛期的洪水过程线和输沙率过程线，水库年度调度计划方案，特别是水库放空方案；⑥入库泥沙的主要来源区，比如黄河刘家峡水库坝前一级支流洮河来沙量大，造成坝前电站进水口泥沙淤积严重；⑦……我的发言被打断。

孙总说："武老师，你需要的这些资料，①地形图我们可以到云南省测绘局购买；②水库设计特征值，在设计过程中还要进一步确定；其他资料我们都没有，请你到现场调查看看确定吧。"我问：麻栗坝水库在哪里，远吗？甲方的回答是在中缅边境地区德宏州陇川县，来回大概十多天。我还说等晚上要打电话，向学校延长请假。甲方已急不可待，要了我的身份证，马上就去办理边防证。

就这样，我和甲方的付亚丽工程师以及水电部昆明勘测设计研究院科研所陈汝劼副所长、白绍学助理工程师组成麻栗坝水库库区泥沙调研组，乘坐白族师傅驾驶的吉普车出发了。第1天晚上住大理；第2天晚上住保山；第3天晚上住潞西（芒市），并与德宏傣族景颇族自治州水利局对接协调；第4天中午到达陇川，得到陇川县水利局的热情接待。3天半的长途旅行，途中跨越了澜沧江、怒江大峡谷，遇见沿途最美的高山峡谷风光，传颂着滇缅公路和功果桥的史话。

当天下午，在陇川县政府办公室和水利局接待组的带领下，我们开始了麻栗坝水库库区泥沙现场调研。麻栗坝水库位于南宛河干流上，我们沿南宛河和拟建水库周边及流域进行考察。现场边考察调研边探索开展的工作，包括水库库区地形地貌、上下游河床粒径与粗糙度变化（河床上放尺子并拍照）、推移质采样（扒掉河床表面粗化层，挖出圆柱坑的砂卵石全部装入编织袋）、悬移质采样（汛期洪水季节已过，只能在下雨时采集溪流浑水装入塑料桶）、主要支流交汇处及支流河道地质地貌考察、流域植被覆盖度考察（以便确定土壤侵蚀模数、输沙量和入库泥沙主要来源区）、走访调查历史洪水痕迹等。也让我们深深地感受到傣族、景颇族老百姓的淳朴和善良，家家门上不用锁，就连我们住的县政府招待所房间也没有锁。

经过1天半的实地考察和采样后，我觉得只有考察照片和记录，还是表达不清现场的情况。就向接待组提出能不能找个摄像机，明天再搞个考察录像。对方回答没有问题，当即就联系好了县广播电影电视局，安排摄像师明天跟拍考察。当天晚上，我编写了拍摄脚本提纲、考察路线和拍摄策划,在准备好的地图上作了标注。对库区流域植被覆盖情况进行了分区,并用彩色铅笔分区涂色。次日,按拍摄策划,我担当起"导演",为避免拍摄成哑剧,还要跟在摄像师旁边进行讲解,偶尔还要出场当"演员"。首先拍摄了标注和划分流域植被分区的地图;其次按考察路线和拍摄提纲,有序进行考察拍摄;最后到达坝址位置,拍摄了该水库先后经历1958年、1966年、1970年三次缓停建的遗迹。调研结束,在回程途中才想着在庄严雄伟的畹町口岸停车、留影。

在我们回到昆明的第二天上午,孙志坚总工又召集了麻栗坝水库枢纽工程各专项设计组人员会议,主要是观看这次的考察录像和听取调研汇报。我才知道,大多数设计人员都没有机会去拟建的麻栗坝水库现场。在看完约100分钟的考察录像后,与会人员兴奋不已,交流讨论起了设计中的细节,有人则对录像中坝区的停建遗迹特别感兴趣。会后,孙总让给各设计组都复制1盘录像带,安排实验室对现场采样进行分析。我在从陇川回昆明途中的4个晚上,已写好了《云南省德宏州陇川县麻栗坝水库泥沙来源及河道糙率调查报告》(简称《调查报告》)初稿,交给甲方打印成册。在《调查报告》中间的适当位置,留了几处张贴考察照片和推移质、悬移质颗粒级配曲线图的空白。安排付亚丽和白绍学两人学习水库泥沙设计,在国庆节前带上麻栗坝水库库区等高线地形图和《调查报告》来西安理工大学。次日,我乘火车返往西安。

回到西安后,钱善琪教授让我总负责这个项目,他在技术上把关。曹如轩教授级高工和唐允吉教授担任咨询专家,王新宏、付亚丽、白绍学参加。经过项目组2个多月的紧张工作,按照《水电水利工程泥沙设计规范》和《麻栗坝水库泥沙设计专项合同书》任务要求,《云南省德宏州陇川县麻栗坝水库泥沙冲淤变化计算专题报告》如期完成。

1991年元旦刚过,甲方打电话让我来昆明一趟。我心里想2万元的项目,《初步设计报告》都已经上报水利部了,应该算是结题了吧。但我还是按甲方的要求,在学生期末考完试放假后,我和王新宏来到昆明。孙志坚总工召集开会,我们进行了麻栗坝水库泥沙冲淤变化计算专题汇报以及技术和程序软件交底。之后,孙总问:"武老师,你们能不能不回西安过春节?还有一个水库也要作泥沙专项设计,春节过后,我们马上安排去现场调研。"那个年代春运一票难求,我迟疑了一下回答说:可以。王新宏家里有事,提前回西安了。

春节前,甲方为我准备了礼物,他们单位食堂为我准备了丰富的过节食品。高盈孟和付亚丽分别邀请我去他们家里过节,朋友们的热情好客、盛情款待和昆明独特的年味儿,让我终生难忘。

我和甲方的付亚丽工程师、温维超助理工程师组成渔洞水库库区泥沙调研组,农历正月初七,我们乘坐一辆小型面包车就出发了。在到达云南省昭通市后,我们得到昭通市水利局的热情接待。这里地处云南省东北部,在云、贵、川三省接合部的乌蒙山区腹地,呈现丘陵沟壑林立的地形地貌特征。当时的公路大多是砂石路面,一路上翻山越岭,尘土飞扬。

渔洞水库位于金沙江流域的二级支流居乐河上,按照麻栗坝水库库区泥沙调研的流程,我们对渔洞水库库区泥沙开展了现场调研和考察录像。返回昆明后,我向甲方提交了考察录像和《云南省昭通渔洞水库泥沙来源及河道糙率调研报告》初稿,安排好付亚丽和温维超 2 人来西安学习水库泥沙设计。次日，我先行乘火车返往西安。1991 年 5 月，按照《水电水利工程泥沙设计规范》和《渔洞水库泥沙设计专项合同书》任务要求，《云南省昭通渔洞水库泥沙冲淤变化计算专题报告》如期完成。云南省麻栗坝水库和渔洞水库泥沙冲淤变化计算专题报告的完成，开辟了云南省水库泥沙设计工作的先河。那段时期，我发表了黄河小北干流河床冲淤数学模型和水库泥沙方面的学术论文 4 篇。

1992 届毕业生剡文平刚毕业不久，在给我的信中写道："我一直把您当作我们这一代青年学者的楷模，能有幸得到您的指导，是我平生莫大的幸福。您给我留下最深刻的印象是：您办事效率如此之高，简直令我惊讶，请问您的秘诀是什么？您的精力非常之旺盛，常常彻夜地工作，请问您是否在服用一种秘而不宣的药物？"我在回信中写道："我的效率来于始终不渝地勤奋学习；我的精力来自学生，来自一张张求知的面孔；每当我站上讲台就会精神焕发、思路敏锐地讲授。"

蔡明（黄河勘测规划设计研究院副总工程师）回忆说："当年上课时，听了武老师做云南水库泥沙项目的经历，展现出超凡智慧和科研能力，就选定跟您做毕业设计了。"刘云贺（西安理工大学校长）回忆说："武老师当我们的班主任时，陕西省大学生高等数学竞赛前，有一天晚自习又遇上停电，每个同学都点着蜡烛学习，您给我们辅导答疑高等数学的情景，依然历历在目。"张存库（西安理工大学党委副书记）说："我们同学聚会时，常提起武老师的帅气、才华以及严谨博学的师德风范！还记得武老师带我毕业设计的情景以及给您搬家送别的情景，似乎就在眼前，多么的亲切和值得珍惜的回忆！"

三、助力南水北调山东治污攻坚战

2001 年春节前的一天，时任山东省环境保护局副局长张波博士给我打电话说："南水北调东线输水要穿过南四湖，你能不能模拟计算湖内的输水路线，能不能避开南四湖的生产养殖区……"对于从事水力学及河流动力学研究领域的我来说，已经完全明白张波局长的意思，必须通过调水期湖内流场的数值模拟计算回答。

春节期间，参考《山东省科技计划项目申请书》格式，我编写了"南水北调东线南四湖二维流场的数值模拟"项目申请书。农历正月初九，我拿着打印好的项目申请书来到山东省环境保护局，张波副局长召集办公室主任王安德、科技标准处处长谢锋和副处长霍太英等有关人员，在听取了我的研究计划后，讨论了该课题的立项问题。最终，追加纳入 2001 年山东省环境保护科技计划（第一批）项目，落实经费 5 万元。

最令人棘手的问题是缺乏南四湖及流域地形图、水文、污染来源和水质资料。凭着做云南水库泥沙项目时的经验，我第一时间拿着单位介绍信到山东省测绘局购买了 1974 年版十万分之一包含有南四湖和东平湖流域的 8 张地图（2015 年按规定已交专门机构办理销毁），该地图中没有水下地形/等深线。

我边翻阅《全国电话号码簿》边打电话，投石问路找南四湖水下地形图。功夫不负有心人，在给水利部淮河水利委员会办公室和下属部门、山东省水利勘测设计院等有关单位的办公室或资料室打了十几个电话后，我几经周折找到位于枣庄市薛城区的淮委沂沭泗水利管理局南四湖管理处（局）。接待我的值班人员房益强工程师，听了我的介绍后，领我看大厅墙上张贴的一张 2m 多长的南四湖地图，我看到后兴奋不已，就是这张地图。房工说:"明天资料室上班了,我找一张寄给您"。我们又坐下来交谈了一会,谈到我的大学同学淮委沂沭泗水利管理局王三虎和他是一个系统工作的朋友,我们的攀谈更感亲切。我离开时,留了通信地址,就乘长途汽车转去济宁市环境保护局调研。大约一周后,我收到房益强邮寄来的五万分之一南四湖地形图(含等深线),附信简短,感人至深。房工写道:"武老师,我们资料室没有这张地图了,我把大厅墙上张贴的地图,拿下来寄给您用吧"。

正在我考虑选择地表水数值模拟软件时,巧的是 2001 年 5 月北京师范大学和美国杨百翰大学在北京联合举办了第一届中美水资源高级研讨会(班)。在教室里,杨志峰教授为每一位学员配备了安装有 SMS (Surface Water Modeling System) 软件包的计算机。该研讨班主要由杨百翰大学博士讲授《SMS——地表水模拟软件》的使用方法。我和研究生姜雅萍一起参加学习,学员大多为研究生和刚参加工作的年轻人。无疑我是年龄最大的一位,好在我有一定的数学模型基础。课堂上即学即练表明,我对 SMS 软件的使用方法,学习掌握得比较好。

随着南四湖资料收集工作的不断深入,我们对南四湖上级湖、下级湖分别进行了计算网格划分、参数选取与模型验证等工作,南四湖二维流场、浓度场的数值模拟进展顺利。2001 年 8 月,我向山东省环境保护局做项目进展情况汇报时,在水质控制方案中,虽然拟定了严于国家标准的"山东省地方排放标准"[那时,国家执行的是《污水综合排放标准》(GB 8978—1996)和各行业的"水污染物排放标准"],南四湖调水期出湖口水质仍然达不到《地表水环境质量标准》(GB 3838—2002)中Ⅲ类水要求。在讨论中,我提到"只要提高降解系数 K 值,南四湖预测结果就可达标。"张波副局长问道:"如何提高 K 值?"我随口回答:"在南四湖全种上芦苇"。张波局长疑惑地又问:"芦苇有那么大的作用吗?"我回答:"芦苇湿地对污染物会产生一定的降解作用。"

在这次项目汇报讨论后,在水质控制方案中,我们又增加了"拟定严于国标的'山东省地方排放标准'+人工湿地"的计算方案。该方案的模拟预测结果表明,南四湖调水期出湖口水质 COD 和氨氮可达到Ⅲ类水要求。关于芦苇湿地对污染物降解作用的问题,我向山东省环境保护局递交了"南四湖、东平湖区芦苇及湿地生态对污染物降解能力的研究"项目建议书。后来,该项目被列入"2002 年山东省环境保护重点科技项目招投标通知"。我有幸中标,开展了人工湿地中试实验研究。

2002 年农历正月初十,张波局长带领我,向时任山东省副省长赵克志汇报"南四湖数学模型预测成果"。现场气氛严肃认真,我汇报 PPT 画面上南水北调东线南四湖流场和浓度场数值模拟数据的可视化动态视频,增强了输水流动和浓度扩散的直观感受,提升了研究成果的可信度。在多个场合,张波局长如此说:"根据武教授的南四湖数学模型预测成果,我省将出台地方排放标准,研究和建设人工湿地,确定南水北调东线山东省治污的重点工作,落实治污补偿资金。"这次汇报,我结合《地表水环境质量标准》采用水质模型进行的倒逼计算,催生出台了《山东省南水北调沿线水污染物综合排放标准》(DB 37/599—2006),也是全国首个同类地方标准。该标准制定了严于国标的各行业统一的水污染物综合排放标准,取消了高污染行业排放特权,推进了企业产业布局优化和结构调整。

受杨志峰教授的邀请,我在第二届中美水资源高级研讨会(北京,2002)上,做了题为"南水北调东线南四湖水流水质数值模拟及应用——SMS 软件使用经验介绍"的大会报告，得到与会中外人员的一致好评。

2004年，我最早起草了山东省拟申报国家重大科技项目"南四湖、东平湖流域水质安全保障技术与工程示范"的申请书初稿，吸收了李广贺、王琳、崔广柏、Dr. Tom De-Busk等专家的电子文件意见，我带领张建（山东大学）和姜翠玲（河海大学）修改完成，张波、霍太英、郑丙辉、谢刚、毕学军、宋志文、张建军、于恒启、袁佐栋等参加了修改讨论会。5年后，山东省申报成功国家重大水污染控制专项"南水北调东线南四湖水质综合改善方案及支撑技术与示范"课题。

在20多年的南水北调山东治污研究工作中，我主持完成了山东省南水北调工程建设指挥部资助的"南四湖二维流场、浓度场的数值模拟与应用研究"、山东省环境保护局资助的"南四湖、东平湖区芦苇及湿地生态对污染物降解能力的研究""南四湖流域水污染物综合排放标准研究""南水北调南四湖、东平湖水质风险模拟与评估""南四湖、东平湖水质空间监测结果分析及水质持续改善效果研究"等多项科研项目，编制了"南四湖和东平湖水质空间分布例行监测方案"，获山东省科技进步奖3项。

在一次晚宴上，我感谢山东省环境保护厅厅长张波博士多年来的支持。张厅长回应说："感谢你自己吧，是你抓住了机遇，做出了成绩。你的南四湖、东平湖数学模型预测成果，对我省南水北调治污工作，发挥了科技支撑引领作用。"

在此我一并感谢山东省生态环境厅、济宁市生态环境局、泰安市生态环境局、山东省南四湖东平湖环境管理委员会办公室、济宁市生态环境局微山县分局、美商生化科技有限公司（BioChem Technology, Inc.）以及兄弟高校、科研院所同行专家的鼎力支持和帮助。

四、好建议造福泰安人民

泰山区域山水林田湖草生态保护修复工程于2017年12月入选国家第二批试点，泰安市高规格成立了泰安市泰山区域山水林田湖草生态保护修复工程领导小组（总指挥部）及办公室，后者简称"泰安山水办公室"。

凭借十几年来，我评审指导数以百计的人工湿地水质净化工程推广建设的经验，我多次深入"泰安山水项目"现场调研，实地察看，出谋划策，帮助指导较难实施的人工湿地生态保护修复项目走出困境。泰安山水办公室刘金朋总工程师和侯存伦科长如此说："武教授，我们多次麻烦请您来，就因为您了解情况、敢说，专家会上有您在场，心里踏实、放心，您能帮项目解决问题。"

在2018年8月—2022年7月期间，受泰安山水办公室刘培亭副主任、刘金朋总工程师、侯存伦科长的邀请，我数十次来到泰安，对泰山区、岱岳区、新泰市、肥城市、宁阳县、东平县、高新区、泰山景区、旅游经济开发区和泰安市直管理区共10个分区（县/市）的数百个山水林田湖草生态保护修复工程项目，带领专家组赴现场检查指导、规划与设计方案评审/评标、中期检查评估、人工湿地现场跟踪评估、市级层面专家验收和国家级专家的"泰山模式"总结与数据库建设项目验收。

2019年6月21—23日，对泰安市23个山水林田湖草生态保护修复工程进行了中期检查评估，每天乘车和现场检查指导近十小时，晚上我在手机上对每个项目分别编写指导意见，共计2200多字。2020年5月14—16日，对泰安市24个人工湿地生态保护修复项目进行了现场跟踪评估，审核了湿地工程的可研、环评、设计方案、招投标文件、合同以及湿地面积绩效完成有关情况。

2019年5月的一天，泰安山水办公室组织召开泰安市第一、第二污水处理厂人工湿地水质净化工程设计方案开标/评标会议。该项目是泰安市投资最大的人工湿地水质净化工程项目，泰安市张红旗副市长全程参加了会议。会议邀请的专家来自北京、天津、沈阳、武汉和青岛，投标单位来自济南、上海和南京。开会前，张副市长、山水办公室和招标单位找我商量，我辞让无效，还是我担任专家组组长。

在第一家投标单位汇报后，我提出工程选址不合理。张副市长说："这是市里主要领导选的地方，在招标书中就定了。"该选址是：将第一污水处理厂的5万m^3/d尾水，先通过6km长的管道输送与第二污水处理厂12万m^3/d尾水合并，再通过10km长的管道输送到泮河下游与大汶河交汇处东北侧空地，建设人工湿地水质净化工程设施，经过净化后的排水直接流入大汶河。

前提说明：泰安市第一、第二污水处理厂经过提标改造后的尾水，水质可达到准Ⅳ类（主要指标达到《地表水环境质量标准》中Ⅳ类）水要求，再经人工湿地水质净化工程设施净化后的排水，水质可达到准Ⅲ类（主要指标达到《地表水环境质量标准》中Ⅲ类）水要求。

我提的问题是：泰安城区的河流均属山前河流，特别是穿城而过的主干河流——泮河，比降大、雨水流失快、水资源短缺，是典型的北方季节性河流。经过人工湿地净化后的水体水质已经很好了，不能让其白白流走。我继续问道：在第一、第二污水处理厂附近或泮河上游能不能找到空地。得到的回答是能找到，布置第一、第二污水处理厂人工湿地水质净化工程没有问题。他们担心的问题是："泰安城区老百姓，不接受污水处理厂的排水。"我回答说：准Ⅲ类水质很好了，Ⅲ类水质就是饮用水源地要求了。为了消除老百姓的顾虑，我提出将第一、第二污水处理厂人工湿地水质净化工程的名称，在工程现场标志牌上，改写为"泮河第一湿地""泮河第二湿地"，更为亲民。

在第二和第三投标单位汇报、专家质询与讨论后，形成的专家评审意见中，首先是对3家投标单位进行排序，其次主要是对调整工程选址的建议。提出在第一、第二污水处理厂附近或泮河上游的选址方案，人工湿地水质净化工程的达标排水直接引入泮河，实现6km的泮河河段至少具有约$0.6m^3/s$、10km的泮河河段至少具有约$2m^3/s$的生态流量，对解决泮河断流具有至关重要的作用。

一周后，泰安市委书记崔洪刚一行来到泮河与长城路交汇处（如今的泮河第一湿地）和泮河与万官大街交汇处（如今的泮河第二湿地）实地调研，详细了解泮河上游来水、规划、建设等问题，并与相关部门负责人现场办公，采纳了我的建议。提出通过将泰安市第一、第二污水处理厂人工湿地水质净化工程引流至泮河上游，作为泮河补水水源，解决泮河断流问题。

泰安城区泮河湿地生态走廊，穿城而过，自上游（西北部的石腊河）到下游（东南部的泮河与大汶河交汇处）串起了泰山西湖景区、泮河公园、泮河第一湿地公园、泮河第二湿地公园和泰安汶河国家湿地公园。不仅给泰安带来了灵气，也为泰安这座山城增添了水的魅力，已成为泰安休闲观光的好去处。

后来，在我到泰安评审指导和验收山水项目时，经常会听到夸赞的话语："武教授，您为泰安子孙后代做了一件大好事。"如今的泮河第一、第二湿地公园，已成为泰安市两处风景优美的人工湿地体验区和湿地科普教育展示区。

武桂芝　青岛理工大学环境与市政工程学院市政工程系副主任，
　　　　副教授，硕士生导师
王海波　中国科学院生态环境研究中心副研究员，硕士生导师
路成刚　青岛理工大学科技处副处长，讲师，硕士生导师
任　杰　内蒙古大学生态与环境学院副教授，硕士生导师

2024 年 9 月 10 日

后　　记

在此《论文选集》出版之际，更加怀念我的老师、恩人、伯乐们，他们是我奋斗道路上的一盏盏明灯，时刻照亮、指引、支持和鼓励我前行。

1978年，我考入西北农学院水利系（今西北农林科技大学水利与建筑工程学院），1981年院系调整时随迁至陕西机械学院（今西安理工大学），1982年本科毕业。以各科平均94.6分，全年级第一的优异成绩留校任教。

在大学期间，沈晋教授讲授了"暴雨洪水"课程，谢定义教授讲授了"土动力学"课程，王克成教授讲授了"弹性力学"课程等。王老师在到宿舍看望同学们时，讲了影响我很多年的话，分享给读者，他说："反映自然规律的数学表达式应该是简单的，如牛顿定律的数学表达式就非常简单。"经过多年的努力钻研，我研究创建的污染混合区标准曲线方程、异形椭圆方程和异形超椭圆方程的形式确实是简单的，其方程诠释了自然界普遍存在的单对称轴物体形状，如蛋形、叶形、果实形状和鱼形等。

我的本科毕业论文（设计）指导教师是张海东教授，论文题目是"某水电站圆形压力隧洞的有限元分析计算"，具体研究方案是某水电站圆形压力隧洞喷锚支护前、后应力场的有限元分析计算与比较研究。计算工具是陕西省计算中心（今陕西省科技培训中心）的大型电子计算机，计算主程序是张海东教授引进的合作开发程序，我自编了辅助计算小程序。隧洞断面的有限元网格数据、计算参数和小程序使用纸带穿孔机（打孔纸带上的每一行小孔是用二进制编码表示的一个字符，即一个数字、符号或字母），通过光电机读取输入计算机，打印机输出。衷心感谢张海东教授把我带进计算机时代（在之前使用的计算工具是计算尺），让我学会了通过建立数学模型和编写计算机程序的思想方法，解决工程实际问题的能力。

＊　　　　　＊　　　　　＊

1982—1987年，在西安理工大学接受老教师"传帮带"，培养青年教师教学科研能力的实践中，我是李建中老师主讲的水利水电动力工程专业80级和81级《水力学》、唐允吉老师主讲的水利水电工程建筑专业80级《水力学》、赵乃熊老师主讲的铸造和热处理专业81级《工程流体力学》、姜杏娟老师主讲的水利水电工程建筑专业85级《水力学》等课程的助教。杨全民老师担任农田水利工程专业80级《生产实习》队长，我担任指导教师，并负责全程安排学生前往辽宁省大连市碧流河水库实习的行程和车船票等。那时的课程助教包括随堂听课、辅导答疑、上习题课、指导实验课和试讲部分章节（试讲时，主讲教师随堂听课，课后指导）等。老师们手拉手培养我、指导我、帮助我、关心我，令我感到很温馨和欣慰。

在科研能力的培养方面也是一样的。我参加了李建中老师主持的"陕西省商洛二龙山水库左岸底孔闸门槽气蚀问题研究"、唐允吉老师主持的"陕西省淳化县希河水库水力吸泥装置研究"和"云南省以礼河水电站水槽子水库水力吸泥水工模型试验研究"、阎晋垣和郭天德老师主持的"江西省永修县柘林水电站水库(庐山西湖)泄洪洞消能掺气墩原型观测研究"、姜杏娟老师主持的"四川省蓬安县马回电站水工模型试验研究"、曹如轩老师参加的由中国水利水电科学研究院万兆惠教授牵头的国家自然科学基金项目"黄河高含沙水流运动规律及其在治黄中的应用",我负责主研"黄河龙门—潼关泥沙冲淤数学模型研究"、曹如轩老师主持的"黄河河口流场及流态分析"、钱善琪老师主持的"水库溯源冲刷计算数学模型研究"、马光文老师主持的"黄土地区中小型水库水沙联合优化调度研究"、张宗孝老师主持的"青海省班玛县仁钦果水电站引水枢纽水工模型试验研究"等科研项目(含1988—1993年参加的项目,这一时期采用 Turbo BASIC 语言编程)。在参加这些科研项目的过程中,对于年轻的我来说,所得到的科研技能训练和科研能力培养是永远的财富。

在下水力学实验室锻炼半年的时间里,在汪学昌主任和田长山老师的指导下,我设计、研制、改造仪器设备6台(套)。在学校青年教师过好教学关和科研关的考核中被评为优秀。

*　　　　　*　　　　　*

1984年,我参加了高等学校助教进修班招生全国统一考试,以较高分数被成都科技大学(今四川大学)水利水电工程专业助教进修班录取,被指定为学习委员。

高等学校助教进修班结业证书显示:武周虎同志于一九八四年九月至一九八五年十二月在我校(院)水利水电工程助教进修班学习硕士研究生主要课程,通过考试成绩合格,以资证明。校(院)长:王建华(印),一九八五年十二月。附硕士研究生主要课程:线性代数、微分(含偏微分)方程及变分法、自然辩证法、概率论及数理统计、复变函数、数值分析、计算流体力学、相似原理及模型试验、随机过程及其在水资源规划中的应用、计算机及算法语言、急流水力学和泥沙运动力学共12门(其中6门是数学类课程)和英语课程成绩单(略)。

我把当年水利水电工程专业助教进修班结业证书上的内容抄写下来,就是想让读者看看工程领域的硕士研究生都要学习哪些数学课程。我们经常倡导强基础,就必须清楚什么是基础,这是我国高等教育改革和发展过程中面临的问题之一。

我是水利水电工程助教进修班全班21名同学中,唯一直接转为攻读硕士学位的。必须感恩同意做我指导教师的赵文谦教授。

1985年,赵老师编写的《环境水力学》讲义,在国家教育委员会昆明暑期教师讲习班首次使用之前,我如饥似渴,提前自学,先睹为快。在放暑假回西安的火车上,我一路上未起身、未吃、未喝,闷头读书(也因为那时在宝成铁路列车上,乘客总是爆满的,让人感觉窒息)。我认真读完了《环境水力学》的所有章节,除了有关的数学推导过程没有进行推演外,其他的课程内容基本都学习明白了。巧的是回到西安后,应西安理工大学沈晋教授的邀请,美国弗吉尼亚州立大学土木系郭钦义教授刚好要进行为期1周的"环境水力学"讲学。对我来说,这简直就是雪中送炭,郭钦义教授的讲学真是太及时了。因为刚看过《环境水力学》讲义,郭钦义教授讲授的内容我基本都能听懂。他还推导了环境水力

后记

学的基本方程式，求解了河流移流离散方程的浓度分布等，讲授了用拉普拉斯变换和傅里叶变换求解课程中偏微分方程的方法步骤。他采用河流移流离散浓度分布公式，计算感潮河段污染纠纷问题的法律案例，成为日后我教学中的必选内容之一。次年暑期，在西安我又听了郭钦义教授讲授的"城市水文学"，让我开阔了眼界，增长了见识。

1986年，赵老师为我单独开设的"环境水力学"学位课，我们交流讨论了2次，赵老师发现我基本都会，就给了我一些作业习题，我在规定时间内做完，赵老师批阅后，给出的"环境水力学"成绩为86分。我做的那些作业习题及解答，经过加工作为例题，1986年编入由成都科技大学出版社出版的赵文谦《环境水力学》一书中。

* * *

关于我的硕士学位论文选题事宜，1986年春节过后，赵老师安排我到北京去找张永良老师（时任中国环境科学研究院水环境所所长，"七五"攻关项目"水环境容量研究"负责人），赵老师和张老师之前已有承担国家"七五"科技攻关项目子课题的意向。张老师是在清华大学西南区家属院家中接待我的。张老师和蔼可亲，乌师母给我端上了水果。张老师给我谈了"七五"攻关"伶仃洋项目子课题"的分工情况，基本是沿用"六五"攻关"深圳湾项目子课题"的承担单位和研究方向，只有海洋溢油污染方面的研究，"六五"攻关没有做过。问我对海洋溢油污染研究有没有兴趣，能不能做事故溢油污染数学模型的研究工作，我的回答是肯定的。就这样我们承担了国家"七五"科技攻关项目子课题"伶仃洋瞬时事故溢油污染数学模型及其应用"，经费5万元。张老师还送给我一些文献资料，包括吴甲斌《水面溢油的迁移扩散及其处理对策》发表于《交通环保》1982年第6期的文章、清华大学水力学教研室编写的《水质模型》讲义、"六五"攻关"深圳湾项目"系列报告等。我真是如获至宝，高兴极了。后来，我成了张老师家的常客，无论是科研课题的问题、学位论文的问题或是到北京出差，我都要去张老师家里请教、看望张老师和乌师母。

为尽快查找和掌握海洋溢油污染方面的文献资料（在那个年代没有互联网，只能去现场通过图书资料的分类卡片查阅），我直接留在北京2个多月，吃住在远房亲戚北京工业大学邱棣华教授家，邱教授待人宽厚仁慈，专门腾出一间屋子让我住。我查资料最多的是北京图书馆（今国家图书馆，原址：北京文津街）和中国科学技术情报研究所（今中国科学技术信息研究所，原址：原北京化工学院院内），前者是以期刊和书籍文献为主，后者是以专题研究报告、学位论文和会议论文集为主。在清华大学图书馆复印了H. B. 费希尔等的专著 *Mixing in inland and coastal waters*，又到首都图书馆（原址：北京国子监）、交通部天津水运工程科研所（今交通运输部天津水运工程科学研究院）资料室和《交通环保》杂志社查找资料。那时，国内海洋溢油污染数学模型研究尚属空白，我每天查阅大量的英文文献资料后，分拣出重点资料复印回住所，晚上认真阅读做笔记，进行分析归纳，最后写了约2万字的综述报告（压缩改写后发表于《成都科技大学学报》，1987年第1期）。

从北京回到成都后，我就把全部精力放在海洋溢油污染数学模型的建模、自学《FORTRAN 77程序设计语言》、日本产32位超级计算机MV/6000计算机系统使用和数据库管理系统（DG/DBMS）。我的发小同学王枢给我寄来，他在海军广州舰艇学院培训时，教材中的一张伶仃洋地形图，对我的帮助很大。我以此地形图为基础，进行数学模型的计算网格划分。我到广州中国科学院南海海洋研究所、生态环境部华南环境科学研究所、中山大学和广州白云国际机场等单位调研，设想在伶仃洋做"事故溢油"现场观测试验，拟采用直升机（那时的价格是 1 万元/架次）航空遥感技术测量海面上油膜漂浮范围的时空变化情况。该项计划由于经费、人力和物力以及对海洋污染需要报批等原因放弃。又到建设中的深圳蛇口工业区海滨眺望伶仃洋，亲眼目睹研究区域。

经过近 2 年的努力，我建立了不平静海面溢油的扩展离散模型、溢油油膜的组合运动模型和海面溢油预报中风过程的模拟模型及相应模型的程序设计与编程，采用国外海洋事故溢油监测资料进行了模型验证，开展了珠江口伶仃洋事故溢油污染风险模拟预报。计算结果作图是采用笔式绘图仪（DXY-1300），需要编制专门的绘图程序（提笔、落笔、读取数组、线型选择、画点/线和坐标轴及刻度绘制等都是由程序操控）。我的硕士学位论文评审专家中山大学唐永銮教授、中国环境科学研究院张永良研究员、成都科技大学梁曾相教授、导师赵文谦教授和答辩委员会主席吴持恭教授（四川大学原终身教授）博士研究生导师都给予较高评价："武周虎的论文不仅有重要的学术意义，而且具有重大的应用价值"，"他做了创造性的工作"。经以上资深教授、权威专家的肯定评价，极大地鼓舞了我的科研信心，我也成为赵文谦教授指导的首届硕士学位获得者。

*　　　　*　　　　*

我参加主研的国家"七五"科技攻关项目子课题，1989 年暑期已经到了最后冲刺的关键阶段。伶仃洋海流资料采用中国水利水电科学研究院水力学所教授级高工何少苓承担的七五攻关"伶仃洋项目子课题"，提供的伶仃洋大、中、小三种潮型的流场计算结果；风矢量数据使用 1981—1983 年《中国地面气象月报》伶仃洋畔中山县气象站的风速、风向观测资料。以上数据文件及海洋溢油污染数学模型和风过程模拟模型的程序软件、伶仃洋地形与计算网格系统、绘图程序等文件，全部存储在成都科技大学计算中心的 MV/6000 超级计算机上。

不巧的是，该计算机正在升级改造，无法正常使用。成都科大计算中心主任梁老师说，重庆有 3 家单位，中国人民解放军后勤工程学院、重庆大学和重庆邮电学院的计算中心都有 MV/6000 计算机，成都这种型号的计算机很少。梁老师托口信让我去重庆找这 3 所大学的计算中心主任（负责人），请他们帮助解决把数据和程序文件导出来。

这里，必须要写我在重庆的难忘一天，就是要感谢重庆邮电学院计算中心（今重庆邮电大学计算机科学与技术学院）主任曾省三老师。1989 年暑期的一天，我带上存储着我的数据和程序文件的盘式磁带卷（外形类似于电影老式胶片），拿着当晚成都开往重庆的无座火车票上了车（自备马扎）。第二天早晨，天还没亮火车就抵达重庆站了，不到 7 点我就赶到了后勤工程学院计算中心门口，急切地等待着有人来上班。等到有老师来上班时，当我说明事由后，他回答说"会导出盘式磁带文件的那个老师，休假回老家了"。我失望地离开，再乘公交车到达重庆大学大门口。当向传达室值班人员说明我要到校计算中心办事时，被以学校放假都封门了为由，直接被拒之大门外，最后的希望只有重庆邮电学院计算中心了。

重庆邮电学院位于重庆市南山（南岸区），换乘公交车约 3 小时到达，大约中午 1 点

后记

我找到曾省三老师的家里。曾老师将我请进门，40℃的高温天气，曾老师的爱人端上西瓜让我先吃，解暑凉快凉快再慢慢说。曾老师和他爱人的热情令我感动不已，我的心情慢慢就放松了下来。当我说明事由后，曾老师就一直在琢磨帮我想办法。他随口说，由于他们学校的邮电类专业特点，MV/6000超级计算机使用的人少，一个学期也开不了几次机。他先是想等到了晚上，气温低一点，再打开计算中心机房的空调降温。那个年代的大型计算机房，工作温度要求是20℃，中午室外温度很高，空调降温难度大。过了一会时间后，曾老师又说我们（重庆）南山这个地方经常会停电（担心晚上停电），他就急不可耐地带我到计算机房，开启空调降温，一直到下午5点多，机房室温在25℃就再也降不下去了。他已叫来了一位会导出盘式磁带文件的年轻老师，开启MV/6000超级计算机，经过大约1个小时的尝试，将我的数据和程序文件成功导出到了8英寸方形磁盘上，这时我们都如释重负，谢过之后。我要离开时，曾老师看了看表说："现在6点多，你可以赶晚上9点多重庆开往成都的那趟火车，还来得及"，我的心里充满了感激和温暖。对曾老师的感激之情，我却无以言表。这一难忘经历，我时常会对我的学生和朋友讲——我遇到的重庆好人曾省三老师。

回到成都后，成都科大计算中心的梁老师又将8英寸方形磁盘上的数据和程序文件导出到5.25英寸大软盘上，后来使用的是3.5英寸的小软盘，再就是U盘或光驱（盘）等。之后，伶仃洋瞬时事故溢油污染的数学模拟计算和计算机绘图都是在陕西机械学院计算中心完成。接着，我起草了国家"七五"科技攻关项目子课题"伶仃洋瞬时事故溢油污染数学模型及其应用"的报告初稿，赵文谦教授和我在西安讨论定稿后，1990年中国环境科学研究院组织的子课题结题鉴定专家意见为："达到国内领先水平"。

"七五"攻关"伶仃洋项目海洋油污染子课题"的顺利完成，使我的科研能力得到了实实在在地提升，使我受益匪浅。后来，我相继撰写了大型工具书《水环境容量综合手册》"第十八章 水环境石油污染的分析计算"和综合专著《环境水力学进展》"第九篇 水环境中石油污染的预测与分析"的初稿。

* * *

第一届全国环境水力学学术会议（武汉，1989），开启了我至今36年的学术交流之旅。在这次学术会议上，我的报告题目是"预报不平静海面溢油扩展、离散和迁移的数学模型"。上海大学及上海市应用数学和力学研究所蔡树棠教授的提问（请你解释一下，溢油扩展与扩散有什么不同？），我依然印象深刻。在这次学术会议上，我结识了一批环境水力学领域的前辈老师和青年同行，包括李炜、刘树坤、方子云、余常昭、陈惠泉、倪浩清、李玉梁、周雪漪、何少苓、陶建华、张玉清、徐孝平、邓联木、叶闽、郭振仁、槐文信、彭文启等。并收获了河海大学张书农教授的《环境水力学》专著，参观了武汉水利电力大学水力学实验室和梁在潮教授的紊流实验装置与测试系统，开阔了眼界。

1994年，我作为负责人在西安理工大学承办了第三届全国环境水力学学术会议。遴选了13篇优秀论文刊登在《水利学报》（环境水力学专辑）1994年第11期上。要特别感谢的是负责会议代表在西安周边考察和返程飞机票、火车卧铺票购买的李起祥老师（他兼任陕西省水力发电学会副秘书长），当时他已经接近60岁，为会议忙前忙后，无私奉献和鼎力支持，确保了学术会议取得了圆满成功。

后记

1994年受清华大学李玉梁教授的邀请，我作为全国两位青年特邀代表之一，参加了中日双边环境流体力学与管理方法研讨会（北京），对年轻的我是一种鼓励，更是一种鞭策。在我开展南水北调南四湖水质模拟研究工作时，李玉梁老师给我寄来了《南水北调东线工程治污规划》；李玉梁老师对我在《水力发电学报》的投稿论文评审时，亲自打电话指出："你的投稿论文中，倾斜岸坡等浓度线存在不满足边界条件的问题"，促使我突破了这一理论难题。

1995年在我调离西安理工大学前，母校的常务副校长、知名书法家韩克敬研究员题字："雨余窗竹图书润 风过瓶梅笔砚香——周虎同志留念 甲戌之冬 于西安理工大学 韩克敬书"（书法作品）激励我孜孜不倦地求索，源源不断地收获。

1997年受中国科协第十九次青年科学家论坛——21世纪长江大型水利工程中的生态与环境保护（北京）执行主席黄真理博士、教授级高工的邀请，我参加并作了题为"三峡水库油污染及其处理对策"的演讲报告。这次论坛让我结识了一批青年才俊、科技精英，如傅伯杰、杨志峰、陈永灿、常剑波、彭静、李锦秀、廖文根等，使我拓展了知识领域，开阔了研究视野。

陈长宁（Chen Chang-Ning），新加坡南洋理工大学终身荣誉教授，新加坡南洋理工大学副校长，新加坡建设局主席，国际水利研究协会、美国土木工程学会和新加坡工程师协会等学会资深会员。2001年在第29届国际水利学大会（29th IAHR World Congress，北京）期间，他将国际水利研究协会授予的"XXIX IAHR CONGRESS"，赠送给我，激励我前进。我已将这块珍藏的"第29届国际水利学大会纪念牌"捐赠于母校西安理工大学展出，供学子们参观，以资鼓励。

在第四届全国水力学与水利信息学大会（西安，2009）上，我作了分会场特邀报告"明渠污染混合区的解析计算方法"。中国水利水电科学研究院老所长、总工程师陈惠泉教授级高级工程师，在听取了我的报告后，亲切地拉着我的手，急切地走出会场，对我的系列学术成果赞不绝口，让我把电子版都发给他，他要在北京宣传推广，鼓励我继续理论研究。清华大学江春波教授，称赞道："武教授太厉害了，把污染混合区体积的三重积分都做出来了"。在生态环境部环境工程评估中心组织的《环境影响评价技术导则 地表水环境》（新版修订稿）专家讨论会上，当我指出《导则》中有几个公式的错误时，会场一片寂静（那是因为《导则》修订稿已经层层审阅，各省、市、自治区环境影响评价机构已征求过意见）。后来，还是江春波教授打破了寂静说"这些年，武教授对水环境模拟理论研究的比较清楚，课题组请武教授直接修改就行，不用会议讨论"，会议采纳了江教授的建议。

中国海洋大学郑西来教授、杨俊杰教授、彭昌盛教授，清华大学方红卫教授，山东大学曹升乐教授，中国水利水电科学研究院彭文启教授级高级工程师、王雨春教授级高级工程师、黄真理教授级高级工程师等专家，聘请我做博士研究生学位论文答辩委员会主任/委员，这些知名院校专家教授的认可，对我是莫大的荣幸和鼓励。曾任学院、学校高级职称评审组组长，山东省高校高级职称学科评审组组长，国家自然科学奖学科评审组成员，是对我的信任和肯定，也是对我的鞭策和激励。

我参加了第一届到第十二届全国环境与生态水力学学术会议（除第四届外，1989—2016年，后来停办）、第四届到第十一届全国水力学与水利信息学大会（除第五届外，

后记

2009—2024年)、第三届到第八届水环境模拟与预测学术论坛（2018—2024年）、29th and 36th IAHR World Congress 及第一届到第七届让江河湖泊休养生息学术研讨会（2007—2013年，后来停办）等百余场次学术活动。在第七、第八届水环境模拟与预测学术论坛闭幕式上，李一平教授在总结讲话中，对我积极支持"论坛"和发表精彩演讲提出表扬，全场掌声四起，将闭幕式推向高潮。

每一次学术活动组委会的诚挚地邀请和精心安排，提供了学术交流与讨论的机会和平台。使我与众多的同行专家相识相交，结下深厚的友谊，年龄范围从长我30多岁的前辈老师，到小我30多岁的年轻学者；使我的研究成果在实践中不断完善和提升，在此一并表示感谢！

* * * *

《论文选集》中水环境预测理论与方法系列论文的选题，主要来自《环境水力学》及相关书籍中未给出、不一致、不实用和存在的疑点，期刊论文中的错误之处；学术活动启发，环境影响评价中缺少却又急需的水质模型分类准则、计算公式和计算方法等；还有自己感兴趣的知识点和专业学术问题及其延伸等，创新往往生长在有争议、不一致和出现错误的问题上。

1990年，当我阅读到某权威期刊上的一篇文章时，发现该论文存在严重的数学假设和推证错误。其结论为：在给定流速、扩散系数和水深条件下，水面油膜下油滴浓度随距离 x 的增大，会无限增大，这显然是错误的。此后，我就一直试图给予纠正。终于在十年后，我和于进伟在《海洋环境科学》2000年第3期上，发表了论文《水面油膜下油滴输移扩散方程的解析解》纠正了这一错误，极大地增强了我求解环境水力学方程和解决环境水力学问题的信心。随后，我发表了《水面有限长油膜下油滴浓度分布的解析解》和《均质土壤中溶质浓度分布的解析解》等理论文章。

关于"河流移流离散水质模型的简化分类判别条件"：在 *Mixing in inland and coastal waters* 专著中，给出当 O'Connor 数 $\alpha \approx 0$ 时，按移流问题处理。在《环境影响评价技术方法》环境影响评价教材中给出对内陆河流，当 O'Connor 数 $\alpha < 0.05$ 时，按移流问题处理；对感潮河段，一般地为 $\alpha \approx 1$ 或更大，按移流离散问题处理。在《水环境中污染物扩散输移原理与水质模型》专著中，给出当 $\alpha \leqslant 0.01$ 时，按移流问题处理；当 $0.01 < \alpha \leqslant 10000$ 时，按移流离散问题处理；当 $\alpha > 10000$ 时，按离散问题处理。但在该专著中又指出：实际应用时，很少严格地按此规定来进行限制。以上简化分类判别条件，既缺乏完整性和一致性，又不具有实用性。对此，我产生了浓厚的研究兴趣。通过深入分析研究后，我在《水利学报》2009年第1期上，发表了论文《河流移流离散水质模型的简化和分类判别条件分析》，给出新的简化分类判别条件，弥补了这个缺憾。

在河流污染物扩散与混合计算中，排污口至达到全断面均匀混合的距离是污染物进入一维纵向移流离散段的标志。关于达到全断面均匀混合距离的计算，国内《环境水力学》《环境流体力学》及环境影响评价教材中，大多都引用 *Mixing in inland and coastal waters* 专著中，按断面上最大浓度与平均浓度的相对误差和最小浓度与平均浓度相对误差的绝对值都等于5%（其实，断面上最大浓度与最小浓度的相对误差已达到10%），作为达到全断面均匀混合的判别依据，给出岸边排放和中心排放达到全断面均匀混合的量纲—距离分别为 0.4 和 0.1。而在《河川水力学》(*Hydraulique Fluviale*［瑞士］)专著中,给出的相应数值分别为 0.5 和 0.1。两者缺乏一致性,给使用带来不便。针对这种情况,我提出将断面上最小浓度与最大浓度之比等于 0.95,作为达到全断面均匀混合的判别依据,给出岸边排放和中心排放达到全断面均匀混合的量纲一距离分别为 0.44 和 0.11。后来,我又推导出河流岸边排放与中心排放污染混合区二维浓度分布的相似性关系——相似准则,填补了这一空缺。

在国内《环境水力学》《环境流体力学》及环境影响评价教材中,将河流排污口下游同一断面上最大浓度 5% 的边远点浓度处,作为污染带宽度的确定依据。由于不同断面上的最大浓度是不断变化的,则相应污染带边界上的浓度也会是不断变化的,因此,这样确定的污染带(宽度)没有实际意义。人们常说的"污染带",又称为排污混合区或污染混合区,简称为混合区。污染混合区是指排污口附近以受纳水体功能区所执行的水质标准限值为基准,相应的某污染物等浓度线所包围的空间超标区域。这一定义将污染混合区范围与水环境质量标准紧密联系起来,有利于进行环境水质控制,也能够反映污水排放对环境水体的影响范围。我在《青岛理工大学学报》2015 年第 2 期上,发表了论文《对环境水力学"污染带扩展阶段"一词的修正》,纠正了教科书中"污染带和污染带扩展阶段"存在的缺陷。

2001 年,在我参加完第 29 届国际水利学大会(29th IAHR World Congress)后,受国务院三峡工程建设委员会办公室邀请,我参加了"三峡水库水污染控制研究"课题(一维、二维数学模型)专题的成果验收会。在会上,我建议三峡水库典型排污口混合区可以尝试找出主要影响因素,建立主要物理量之间的本构关系。可以借鉴我在 IAHR 会议上的交流论文,利用数学模型进行正交试验。后来,我在简化二维移流扩散方程浓度分布公式的基础上,克服数学上的困难,推导出污染混合区最大长度、最大宽度和面积的理论计算公式及外边界标准曲线方程。

2012 年春节期间,我和家人在青岛市博物馆参观时,看到青岛市老城区在德占时期修建的排水系统中的一节涵管,该涵管断面上大、下小有利于小流量冲刷,避免泥沙淤积。其断面形状呈现窄深型,我就联想到水力最佳断面的特点,对德式蛋形断面与等效圆形断面进行了优缺点比较和水力学特性分析及特征水深的简化算法研究。在《中国给水排水》《人民长江》上分别发表了《青岛市老排水涵管德式蛋形断面的水力学分析》《蛋形断面明渠正常水深和临界水深的简化算法》2 篇论文,为该断面的水力设计提供了理论依据。

现在手机是人们交流的必备工具,信息量大。我有一个习惯,就是经常会输入一些专业主题词、关键词进行搜索,点开或下载一些感兴趣的文章来阅读。在一天晚饭后,当我阅读到某权威期刊上的一篇文章时,遗憾的发现作者主观地认为:"在河流断面任意排污口位置情况下,污染混合区的最大长度仍应为污染混合区边缘的等浓度线与直线 $y=0$ 两交点之间的距离,最大宽度与排放口至岸边的距离基本无关"。对此,我通过深入系统地分析研究,定义了离岸系数(η),给出河流从岸边排放到中心排放污染混合区形状随 η 的变化过程图,即从靠岸形似歪把斜切拉瓜、临界形似偏头尖椒、离岸形似偏头青椒的形状演变。在《水利学报》2014 年第 8、第 9 期上,发表了《河流污染混合区特性计算方法

后记

及排污口分类准则Ⅰ：原理与方法》《河流污染混合区特性计算方法及排污口分类准则Ⅱ：应用与实例》2 篇论文，纠正了这一错误假设和研究结果。

观察中发现，根据常系数移流扩散方程求解的污染混合区外边界标准曲线形状，不能表示出长江黄沙溪市政排污口的污染混合区形状。分析认为，在扩散云团随时间不断扩大的过程中，扩散时间越长，迁移扩散距离越远，受大尺度涡旋体的主导作用增强。据此，我借鉴大气扩散系数，开创性提出河流横向扩散系数与迁移扩散距离 x 成比例的假设，即变横向扩散系数的概念。在 Water Science and Technology 2017 年第 1 期上，发表了论文 Calculation method for steady-state pollutant concentration in mixing zones considering variable lateral diffusion coefficient，给出黄沙溪市政排污口污染混合区这种类型的外边界标准曲线方程。之后，考虑到河流岸边排污混合区一般较窄，基本位于流速随离岸距离增大逐渐增大的区域，提出河流流速横向分布随离岸距离的指数分布规律，求解了变流速和变横向扩散系数的变系数移流扩散方程。在《水利学报》2019 年第 3 期上，发表了论文《考虑河流流速和横向扩散系数变化的污染混合区理论分析及其分类》，给出河流各种类型污染混合区外边界标准曲线方程的统一表达式。

污水处理厂尾水排放口（或通过暗渠）通常设置在河流或水库岸边，在排放口附近形成的带状污染混合区，大多位于纵向移流作用占主导地位和横向与垂向扩散系数相异的水下倾斜岸坡区域。我主持完成了 2 项国家自然科学基金项目，开展了"倾斜岸坡和复杂岸坡河库污染物浓度分布的理论分析及侧向与垂向扩散系数的实验研究"，公开发表论文 13 篇（含铅垂岸 2 篇），获国家发明专利授权 2 项（实验装置）。对江河水库岸边污染混合区和水域纳污能力的计算，推动环境水力学的学科发展，具有重要的理论价值和实际意义。

观察发现，河流中心排放污染混合区标准曲线与现行水工隧洞和交通隧道的马蹄形断面形状十分相似。通过深入研究，我创建的异形椭圆方程为

$$\left(\frac{y}{b}\right)^2 = -\mathrm{e}\frac{x}{2a}\ln\left(\frac{x}{2a}\right)$$

式中：a 为对称轴 x 方向（轴向）最大半长度；b 为非对称轴 y 方向（横向）最大半宽度，对应的 x 坐标为 $x_\mathrm{c} = 2a\mathrm{e}^{-1}$，e 为自然常数。

异形超椭圆方程为

$$\left(\frac{y}{b}\right)^p = -\mathrm{e}\left(\frac{x}{2a}\right)^q \ln\left(\frac{x}{2a}\right)^q$$

式中：最大半宽度对应的 x 坐标为 $x_\mathrm{c} = 2a\mathrm{e}^{-1/q}$，丰度指数 p 和偏度指数 q 均为正常数。当 $p=2$、$q=1$ 时，即为异形椭圆。

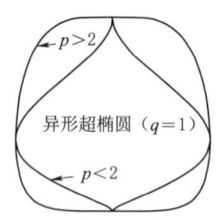

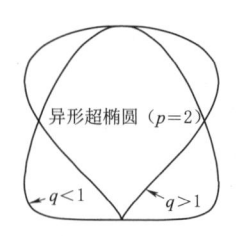

发表这一系列的学术论文和授权发明专利成果共 11 项，包括 A New Two-Parameter Heteromorphic Elliptic Equation: Properties and Applications、《一种新型异形椭圆

无压隧洞断面的水力学分析》《一种新型异形椭圆隧道横断面的性质及优化设计》和《一种新的异形超椭圆方程、形状特征及其应用前景》等。这些成果给出了马蹄形、蛋形、飞机截面、鱼雷、飞碟等 20 种图形/图案相应的异形超椭圆方程的特征参数，在应用于工程和器物设计时，电子计算机的应用、结构设计、力学（含流体力学）性能、施工与制造关键技术等研究课题，为相关专业的研究生和学者，提出了崭新的研究方向。

以异形椭圆和椭圆为基本图形，构建了 7 种类型的 3 参数异形椭球面方程，发表《三参数异形椭球面方程、几何特征及应用前景》《几种新型异形椭球面方程、几何特征及其应用前景》等学术论文。据此，可设计出多种新型的蛋形仿生建筑外形。

试想一下，为什么异形椭圆和异形超椭圆方程能够表示出果实、叶子的形状呢？原因在于果实、叶子在生长过程中是通过果柄（果蒂）、叶柄连续输入水分和营养，而异形椭圆和异形超椭圆方程都是由河流中心连续点源排放形成的污染混合区等浓度线推导而来，这也许就是自然界千差万别事物的共性。

《论文选集》中水环境预测理论与方法系列论文的公开发表，也不都是一帆风顺的。有专家认为数学模型发展很快，具有地形适应性强等特点，实际应用很方便；理论计算只能在简化地形条件下求解，适用范围有限，意义不大。我想真理是伟大的，不管前面有多少艰难险阻，都要把真理追求到底！我认为数值离散后的数学模拟计算像物理模型一样是实验研究范畴，高等数学的连续、光滑与可导被颠覆。所以，数学模拟并不能代替理论计算，不能轻视对理论解的探求。《论文选集》的系列理论研究成果为水功能区管理与水环境质量控制提供了简便、快捷的计算公式，也可以对水质模型的建立、验证和数据的分析归纳起到理论指导作用。

* * *

1983 年晋级助教，1988 年晋升讲师，1993 年破格晋升副教授，1999 年晋升教授，2014 年被聘为博士研究生指导教师，2015 年被聘为二级教授（岗）。

1994 年我获原机械电子工业部青年教师教书育人特等奖，我领导的西安理工大学水力学教研室/水力学研究所连续 3 年获学校先进集体。在我 1995 年调入青岛建筑工程学院后，校党委书记王兆伦研究员、校长张连德教授鉴于我在教学科研上的突出成绩，选拔我担任教务处副处长和环境工程系主任。我不负所望，在教学改革与管理上发挥所长，敢抓敢管，1999 年环境工程系获校本科教学工作合格评价先进集体和科研管理先进集体。2001 年环境工程系独揽全校 3 项山东省教学成果奖、2 个实验室顺利通过山东省重点实验室验收。2002 年环境工程系成为全校第一个升格更名的学院，即环境与市政工程学院。

1998 年环境工程系党总支书记尹明昕介绍我加入中国共产党。在入党支部大会上，牛健南教授发言说："……武老师创造性地开展工作，为环境工程系的建设和发展呕心沥血、鞠躬尽瘁。"

2012 年 12 月，在我参加主研的国家重大水污染控制专项"十一五"课题"南水北调东线南四湖水质综合改善方案及支撑技术与示范"结题验收后，我做了肾癌手术。我仍然坚守在教学、科研第一线，活跃在学术舞台。次年，申请并成功获批国家自然科学基金 1 项，继续招收、指导、培养出硕士研究生 21 人，公开发表论文 46 篇，申请并授权的国家发明专利 9 项（其中 4 项已转让），在国内国际学术会议和高校、科研院所作学术报告、

后记

特邀报告和专题讲座58场次。一直关心我身体状况的赵文谦教授赞许地说："周虎，您精神可佳"。我承蒙青岛理工大学原党委书记兼校长王亚军的赏识、鼓励和关心，我们加了微信，王书记时常关心我要注意身体，共谋学校发展。

听闻学生们将出版我的《论文选集》，90岁高龄的赵文谦教授发来祝贺信息："周虎，学生们要给您出论文选集，可喜可贺。您这一生在学术上和工作上有很大成就和贡献，都是因为您有理想、有追求，加上勤奋踏实的精神，也因为家庭和谐有关。您的成就让我十分喜悦和欣慰"。为此，我还要感谢父亲武银和母亲王桃儿在那个困难的年代，含辛茹苦把我养大！我妻子王静的理解、支持和陪伴，儿子和女儿学业优秀，如今都是高校教师，使我无后顾之忧，可以集中精力搞科研。

这一篇已经写得很长，我感谢编者及读者的耐心，勉励青年学者既要有学术批判精神，敢于挑战权威，又要传承和发展环境水力学基础理论；做科学研究要持之以恒，切勿急功近利、半途而废；要有求知精神，痴迷、上瘾，只有这样才能从中享受研究的快乐和满足，就会收获创新成果。

最后，请允许我引用赵文谦教授在"第七届全国环境与生态水力学学术会议（宜昌，2006）"上的讲话，作为对环境与生态水力学领域青年朋友的几点寄语与希望："我们希望环境与生态水力学领域的同行们，特别是承担着开创未来的青年朋友们，让我们共同努力，开创一代学术研究新风。我们更加需要的是：多一些勤奋和踏实，少一些浮躁；多一些实实在在的创新工作成果，少一些华而不实包装；多一些真诚和友谊，少一些花架子。我们期盼着一代科学新风，早日吹遍祖国大地"。

武周虎

2024年12月7日于青岛